EWM mit SAP S/4HANA® – Architektur und Programmierung

SAP PRESS

SAP PRESS ist eine gemeinschaftliche Initiative von SAP SE und der Rheinwerk Verlag GmbH. Unser Ziel ist es, Ihnen als Anwendern qualifiziertes SAP-Wissen zur Verfügung zu stellen. SAP PRESS vereint das Know-how der SAP und die verlegerische Kompetenz von Rheinwerk. Die Bücher bieten Ihnen Expertenwissen zu technischen wie auch zu betriebswirtschaftlichen SAP-Themen.

Damit Sie nach weiteren Titeln Ihres Interessengebiets nicht lange suchen müssen, haben wir eine kleine Auswahl zusammengestellt.

Bauer et al.
Warehouse Management mit SAP S/4HANA
2023, 1.276 Seiten, geb.
ISBN 978-3-8362-9079-1
www.sap-press.de/5552

Shailesh Patil, Sudhakar Bandaru
Integrating EWM in SAP S/4HANA
2024, 542 Seiten, geb.
ISBN 978-1-4932-2502-6
www.sap-press.de/5780

Lange et al.
Warehouse Management mit SAP EWM
4., aktualisierte und erweiterte Auflage 2019, 1.160 Seiten, geb.
ISBN 978-3-8362-6792-2
www.sap-press.de/4824

Maximilian Münkel
Materialwirtschaft mit SAP S/4HANA – Customizing
2022, 649 Seiten, geb.
ISBN 978-3-8362-8346-5
www.sap-press.de/5303

Peter Zoellner, Robert Halm, Daniela Schapler, Karen Schulze

EWM mit SAP S/4HANA® – Architektur und Programmierung

Rheinwerk
Publishing

Liebe Leserin, lieber Leser,

SAP-Landschaften sind komplex, und wir alle wissen, wie schnell sich Technologien und Anforderungen in der IT-Welt ändern. Genau da setzt SAP PRESS an: mit Büchern, die nicht nur Theorie vermitteln, sondern konkret im Alltag helfen.

In diesem Buch finden Sie direkt umsetzbare Ratschläge, praktische Beispiele und Lösungen für drängende Herausforderungen. Unsere Autorinnen und Autoren sind Profis, die wissen, wo der Schuh drückt – und wie man Probleme effizient löst. Mit ihrer Erfahrung an Ihrer Seite können Sie Ihre SAP-Projekte gezielter angehen, fundiertere Entscheidungen treffen und die vielen Facetten von SAP besser meistern.

Ob Sie gerade erst beginnen oder schon lange im SAP-Umfeld tätig sind: Wir sind davon überzeugt, dass dieses Buch Ihnen hilfreiche Anleitungen und Tipps an die Hand gibt, um Ihre täglichen Aufgaben und Projekte erfolgreich zu meistern.

Wir freuen uns stets über Lob, aber auch über kritische Anmerkungen, die uns helfen, unsere Bücher zu verbessern. Zögern Sie also nicht, sich bei mir zu melden; Ihr Feedback ist jederzeit willkommen.

Wir wünschen Ihnen viele Aha-Momente und eine erfolgreiche Umsetzung mit diesem Buch!

Ihre Janina Schweitzer
Lektorat SAP PRESS

janina.schweitzer@rheinwerk-verlag.de
www.rheinwerk-verlag.de
Rheinwerk Verlag · Rheinwerkallee 4 · 53227 Bonn

Auf einen Blick

Wir hoffen, dass Sie Freude an diesem Buch haben und sich Ihre Erwartungen erfüllen. Ihre Anregungen und Kommentare sind uns jederzeit willkommen. Bitte bewerten Sie doch das Buch auf unserer Website unter **www.rheinwerk-verlag.de/feedback**.

An diesem Buch haben viele mitgewirkt, insbesondere:

Lektorat Janina Schweitzer
Lektorat der Originalausgabe Meagan White
Korrektorat Annette Lennartz, Bonn
Herstellung Nadine Preyl
Typografie und Layout Vera Brauner
Einbandgestaltung Silke Braun
Coverbild iStock: 1431499957 © jpgfactory
Satz III-Satz, Kiel
Druck Beltz Grafische Betriebe GmbH, Bad Langensalza

FSC
www.fsc.org
MIX
Papier | Fördert gute Waldnutzung
FSC® C089473

Dieses Buch wurde gesetzt aus der TheAntiquaB (9,35/13,7 pt) in FrameMaker.

Gedruckt wurde es mit mineralölfreien Farben auf chlorfrei gebleichtem, FSC®-zertifiziertem Offsetpapier (90 g/m²).

Hergestellt in Deutschland.

Bibliografische Information der Deutschen Nationalbibliothek:
Die Deutsche Nationalbibliothek verzeichnet diese Publikation in der Deutschen Nationalbibliografie; detaillierte bibliografische Daten sind im Internet über *http://dnb.dnb.de* abrufbar.

ISBN 978-3-367-10138-2

2., aktualisierte Auflage 2024

Die englische Originalausgabe erschien 2023 bei Rheinwerk Publishing, Inc. unter dem Titel »EWM with SAP S/4HANA: Architecture and Programming«.

Informationen zu unserem Verlag und Kontaktmöglichkeiten finden Sie auf unserer Verlagswebsite **www.rheinwerk-verlag.de**. Dort können Sie sich auch umfassend über unser aktuelles Programm informieren und unsere Bücher und E-Books bestellen.

Inhalt

Geleitwort

Heute nutzen bereits mehr als 3.000 Unternehmen aus verschiedenen Branchen SAP Extended Warehouse Management (SAP EWM) für ihre Lagerstandorte in mehr als 65 Ländern. Die aktuellen globalen Verwerfungen machen den Unternehmen noch stärker bewusst, dass eine funktionierende Lieferkette ein wesentlicher Erfolgsfaktor ist. Daher investieren sie weiter in ihre Lieferketten.

SAP EWM ist eine erstklassige Lagerverwaltungslösung, die für den Aufbau einer intelligenten Lieferkette unerlässlich ist und ein breites Spektrum abdeckt, von kleinen bis hin zu automatisierten High-End-Lagern, die als Produktionsversorgungslager, Distributionszentren und Transithubs fungieren. Die Anwendung ist in der Lage, die Kernprozesse im Lager zu optimieren, komplexe Prozessschritte zu vereinfachen und zu automatisieren, Redundanzen zu beseitigen und die Transparenz der Lagerabläufe und der Bestandssituation zu verbessern. Dies wird vor allem durch die enge Integration mit anderen Anwendungen wie SAP Transportation Management (SAP TM), Produktionssteuerungssystemen oder Sendungsverfolgungssoftware erreicht. Durch die Integration von Wearables, mobilen Geräten und moderner Radiofrequenzidentifikations-Technologie (RFID) werden sowohl die Benutzerfreundlichkeit als auch die Produktivität erhöht.

Beginnend mit SAP S/4HANA 1909 hat SAP die Funktionslücken zwischen dem dezentralen SAP EWM auf Basis von SAP S/4HANA und dem eigenständigen SAP EWM 9.5 geschlossen. Da SAP EWM der offizielle Nachfolger der ERP-Komponente Warehouse Management ist, wurden große Anstrengungen zur Vereinfachung unternommen, z. B. durch synchrone Buchungen von Warenbewegungen.

Da die Integration verschiedener Softwarelösungen einen Erfolgsfaktor für SAP darstellt, wurde die Einbindung von SAP EWM in Instandhaltungs- und Produktionsprozesse stark erweitert. In diesem Bereich hat SAP Just-in-time-, Kanban- und Work-in-progress-Handlings sowie dynamische Produktionsbereitstellungsfunktionen umgesetzt. Auch im Bereich der Integration mit dem Qualitätsmanagement hat SAP weitere Szenarien ermöglicht. Die größte Veränderung wurde jedoch bei der Integration zwischen SAP TM und SAP EWM auf der Grundlage eines gemeinsamen Objekts – des Frachtauftrags – vorgenommen, das als *erweiterter Warenannahme- und Versandprozess* (engl. *Advanced Shipping and Receiving*, kurz ASR) bezeichnet wird.

Nicht zuletzt, weil der Arbeitskräftemangel den Bedarf an Automatisierung in verschiedenen Bereichen des Lagers weiter vorantreibt, hat SAP vor Kurzem eine Integration von SAP EWM mit SAP Warehouse Robotics zur Verfügung gestellt.

Kein Lagerstandort gleicht dem anderen, und jedes Geschäft oder Unternehmen hat seine eigenen funktionalen Anforderungen, sodass es immer einen Bedarf an individuellen Anpassungen und Erweiterungen der Lagerverwaltungssoftware geben wird, entweder durch Konfiguration oder kundenspezifische Entwicklung. Basierend auf den neuen Technologien von SAP S/4HANA, die der Markterwartung folgen, ein Softwareprodukt einfach erweiterbar zu machen, hat SAP weiter in Application Programming Interfaces (APIs) investiert, die auf dem Open Data Protocol (OData) basieren. Diese APIs ermöglichen es SAP, Kernfunktionen von SAP EWM für die Außenwelt zugänglich zu machen. Mithilfe solcher APIs kann SAP die Anreicherung bestehender SAP-EWM-Funktionen für Anwender*innen vereinfachen. Weitere Technologien, in die SAP investiert hat, sind das allgemein verfügbare *ABAP RESTful Application Programming Model* und *ABAP Core Data Services Views* (CDS Views). Schließlich ist SAP auch ständig bestrebt, seine Anwender*innen dabei zu unterstützen, eine gute Qualität bei kundenspezifischen Entwicklungen sicherzustellen, und hat daher das ABAP Test Cockpit (ATC) um SAP-EWM-spezifische Prüfungen ergänzt.

Dies sind nur einige Beispiele dafür, wie innovativ die strategische Lagerverwaltungslösung von SAP ist. Das Unternehmen wird auch in Zukunft in weitere innovative Lagerfunktionen investieren, wie z. B. Kameraerkennung und spezielle mobile Anwendungen. Für die Zukunft plant SAP, sich weiter auf die Verbesserung der Benutzerfreundlichkeit zu konzentrieren und in rollenbasierte SAP-Fiori-Transaktionen zu investieren.

Dieses Buch hilft Ihnen, sich mit den Grundprinzipien der SAP-EWM-Architektur vertraut zu machen, damit Sie Ihre Entwicklungsentscheidungen für Ihre eigene SAP-EWM-Implementierung verbessern können. Sie sollten ein besonderes Augenmerk auf die Qualität und Leistung der Kundeneigenentwicklungen legen und sich dabei eng an die Standardprozesse halten, um sicherzustellen, dass Ihre Erweiterungen Ihre Lieferkette nachhaltig und effizient unterstützen und dass Sie von zukünftigen, bereits geplanten Innovationen profitieren können.

Die Autoren dieses Buches teilen mit Ihnen ihr wertvolles Wissen aus vielen Jahren praktischer Erfahrung in der Implementierungsunterstützung, Entwicklung und Optimierung von Embedded- und Decentralized-EWM-Systemen. Ich wünsche Ihnen viel Spaß beim Lesen dieses Buches und viele erfolgreiche Implementierungen von SAP EWM in SAP S/4HANA.

Florian Kuchta
Leiter Produktmanagement Logistik – private Cloud, SAP SE

Einleitung

SAP Extended Warehouse Management (SAP EWM) ist die strategische Softwarelösung von SAP für die Lagerverwaltung und wurde 2006 auf den Markt gebracht. EWM ist nun in SAP S/4HANA eingebettet und übertrifft die ursprüngliche Lagerverwaltungslösung von SAP S/4HANA, das *Warehouse Management*, in Bezug auf Funktionalität, Bereitstellung, Benutzerfreundlichkeit, Durchsatz und Skalierbarkeit bei Weitem. Dadurch kann es die erweiterten Anforderungen für den Betrieb großer Distributions-, Produktions- und Transit- oder Hub-Lager effektiver unterstützen.

[«]

Produktbezeichnungen in diesem Buch

In diesem Buch bezieht sich der Begriff *EWM* immer auf EWM in SAP S/4HANA, sowohl auf die dezentrale als auch auf eingebettete Deployment-Option. Wo eine Unterscheidung nach Deployment-Option erforderlich ist, verwenden wir den Begriff *Decentralized EWM* für das dezentrale EWM *auf Basis von SAP S/4HANA* und den Begriff *Embedded EWM* für das *in SAP S/4HANA* eingebettete EWM.

Sowohl die technischen als auch die funktionellen Verbesserungen von EWM erhöhen die Flexibilität der Software, erfordern aber auch ein angemessenes Verständnis der Implementierung und der Funktionsweise der Software. Um EWM erfolgreich implementieren und nutzen zu können, ist ein solides Verständnis seiner Funktionsprinzipien und Funktionalität unerlässlich – eine anspruchsvolle Anforderung bei einer komplexen Anwendung wie EWM.

Im Vergleich zu anderen betriebswirtschaftlichen Softwareanwendungen erfordern Lagerverwaltungslösungen oft einen höheren Anteil an kundenspezifischen Erweiterungen; kaum ein Lager wird vollständig mit Standardfunktionen betrieben, da die branchen- und standortspezifischen Anforderungen sehr unterschiedlich sind. Aus übergeordneter Sicht mögen die Kernprozesse der Lagerverwaltung identisch erscheinen, im Detail sind jedoch Unterschiede zu erkennen. SAP hat diese Varianz mit seiner langjährigen Erfahrung in der Entwicklung von Lagerverwaltungssoftware gut berücksichtigt. Die Konzeption und Entwicklung von EWM hat zu einer Vielzahl von Konfigurations- und Erweiterungsmöglichkeiten geführt. Die hohe Zahl an Customizing-Transaktionen, Business Add-ins (BAdIs) und Erweiterungs-Frameworks, die in EWM zur Verfügung steht, ist ein klarer Beleg für dieses Bemühen und ermöglicht eine maßgeschneiderte Implementierung des Systems ohne Modifikation des Quellcodes, die damit releasefähig ist.

Aufgrund unserer langjährigen Erfahrung in der Entwicklung von SAP-Lagerverwaltungssoftware und Beratung auf diesem Gebiet – speziell für EWM – haben wir uns entschlossen, eine zweite Auflage dieses Buches zu schreiben, um Ihnen weiterhin alle Informationen bereitzustellen, die Sie brauchen, damit Ihr Projekt von den Erweiterungsmöglichkeiten von EWM profitiert, und um Ihnen zahlreiche Beispiele für praktische Implementierungen als Referenz an die Hand zu geben. Der Zeitpunkt scheint günstig, denn mit zunehmender Produktreife setzen Kunden aus verschiedenen Branchen, die eine erweiterbare und aktiv weiterentwickelte Warehousing-Lösung für ihre globalen Aktivitäten suchen, immer häufiger EWM ein.

Wer sollte dieses Buch lesen?

Wir haben dieses Buch für alle geschrieben, die ihr architektonisches und technisches Verständnis von EWM in SAP S/4HANA vertiefen wollen. Dazu können Berater und Entwicklerinnen gehören, die EWM-Projekte planen oder daran arbeiten. Unser Buch kann auch als Leitfaden für Lösungsarchitekt*innen dienen, die die Kundenanforderungen und das Lösungsdesign an den bereitgestellten Standardfunktionen ausrichten, Funktionslücken des Standards identifizieren und nach Erweiterungsmöglichkeiten suchen.

In Implementierungsprojekten für Geschäftsanwendungen werden funktionale und technischen Rollen und Verantwortlichkeiten häufig voneinander getrennt. Dieses Verhalten ist bei der Implementierung von Lagerverwaltungslösungen in der Regel weniger ausgeprägt, weshalb das Buch den Anspruch erhebt, Prozess- und Technologiewissen gemeinsam darzustellen, wobei der Schwerpunkt auf den technischen Eigenschaften von EWM liegt. Die Zielgruppe und damit der Inhalt des Buches sind daher weniger nach Funktionalität oder Technologie getrennt, als dies im SAP-Umfeld oft der Fall ist.

Struktur und Inhalt

Die ersten drei Kapitel dieses Buches vermitteln Ihnen das Grundwissen, das Sie benötigen, um kundenspezifische Entwicklungen in EWM richtig zu planen, zu entwerfen und zu implementieren. Ihr Inhalt ist daher eher theoretisch, kann aber in einigen Fällen Programmierbeispiele enthalten, um die Verwendung grundlegender Programmierlogik und Frameworks in EWM zu erklären:

- **Kapitel 1**, »Flexible Lagerverwaltung mit Extended Warehouse Management«, spricht über die Bedeutung von Flexibilität für Softwarelösungen für die Lagerverwaltung und gibt einen Überblick über die Erweiterbarkeit von EWM.
- **Kapitel 2**, »Architektur«, beschreibt die Hauptkomponenten von EWM im Hinblick auf ihre Datenobjekte, Funktionen und die Integration mit anderen EWM-Softwarekomponenten. Grafische Darstellungen von Datenmodellen unterstützen die Erläuterungen. Sie erwerben das grundlegende Architekturwissen, das Sie

in die Lage versetzen soll, den richtigen Ort für eine Erweiterung zu identifizieren und deren Design zu planen, was im Wesentlichen die Arbeit eines Lösungsarchitekten bzw. einer Lösungsarchitektin beschreibt.

- In **Kapitel 3**, »Frameworks und Entwicklungswerkzeuge in EWM«, werden die wichtigsten Frameworks in EWM vorgestellt und ihre Verwendung in den einzelnen Komponenten der Software aufgezeigt. Wo anwendbar, werden explizite Erweiterungsoptionen für jedes Framework beschrieben. Deren Handhabung wird detailliert erläutert, da die meisten Erweiterungen mithilfe der Frameworks implementiert werden. Dieses Kapitel vermittelt das notwendige Grundwissen für die weitere Programmierung mit diesen Frameworks und ist daher besonders für Entwickler*innen nützlich.
- **Kapitel 4**, »Erweiterungen der SAP Best Practices für Embedded EWM«, baut auf den ersten drei Kapiteln auf. Es stellt die grundlegenden Erweiterungskonzepte anhand von Beispielen vor und vermittelt somit mehr praktisches Wissen. Die SAP Best Practices für Embedded EWM bilden die organisatorische und verfahrenstechnische Grundlage für diese Beispielerweiterungen. Wir stellen deren Lösungsaufbau im ersten Abschnitt des Kapitels vor.

  Im zweiten Abschnitt stellen wir zwei Prozessszenarien für den Wareneingang vor. Der dritte Abschnitt des Kapitels befasst sich wiederum mit den beiden Prozessszenarien des Warenausgangs. Der letzte Abschnitt des Kapitels schließlich stellt das Prozessszenario der periodischen Inventur vor. Im Rahmen einer Auswahl von fünf Prozessen, die Teil der SAP Best Practices für Embedded EWM sind, beschreiben wir neben Codebeispielen viele mögliche Erweiterungen im Detail.

  Auch wenn nicht die gesamte Funktionalität der EWM-Lösung von den SAP Best Practices abgedeckt ist, ist doch die Grundfunktionalität der Lagerlogistik darin enthalten. In diesem Buch beschränken wir die Darstellung von EWM sinnvollerweise auf den Funktionsumfang der SAP Best Practices, um den Fokus auf die Entwicklungen von Erweiterungen zu legen und diese nachvollziehbar zu machen.
- **Kapitel 5**, »Funktionsbausteine, Methoden und APIs für EWM«, beschreibt eine Auswahl von Kernfunktionen der Lagerlogistik. Dabei konzentrieren wir uns auf zentrale und häufig genutzte Funktionen und geben einen kurzen Überblick über deren Einsatzmöglichkeiten. Eine vollständige Darstellung aller Funktionen, die allein für die Lagerlogistik zur Verfügung stehen, würde sicherlich den Rahmen dieses Buches sprengen.
- **Kapitel 6**, »Nützliche Business Add-ins in EWM«, enthält eine Auflistung und Beschreibung der zentralen BAdIs der EWM-Kernanwendungen. Da allein in den EWM-Kernanwendungen mehr als 800 BAdIs zur Verfügung stehen, konzentrieren wir uns auch hier auf häufig genutzte BAdIs in den Funktionsbereichen Lieferabwicklung, Wellenmanagement und Lageraufgaben-/Lagerauftragsverarbeitung sowie Ausnahmebehandlung.

- In **Anhang A** finden Sie eine Sammlung von Programmierrichtlinien, die Sie bei der Erweiterung von EWM als Referenz verwenden können.
- In **Anhang B** werden abschließend einige Überlegungen zur Migration von SAP EWM nach EWM in SAP S/4HANA angestellt und mögliche Strategien und Vorgehensweisen zu diesem Thema vorgestellt.

Voraussetzungen

Bevor Sie zusätzliche Entwicklungen für EWM planen und implementieren, sollten Sie sicherstellen, dass die funktionalen Anforderungen nicht bereits durch standardmäßig bereitgestellte Funktionen abgedeckt sind. Daher sollten Sie, wenn Sie dieses Buch lesen, bereits über grundlegende Kenntnisse der EWM-Prozesse und des -Customizings verfügen, wie sie beispielsweise in EWM-Schulungslehrplänen angeboten oder in den Büchern »Warehouse Management mit SAP S/4HANA« (Bauer, Kappauf, Persich, SAP PRESS, 2023) und »Warehouse Management mit SAP EWM« (Lange, Bauer, Persich, Dalm, Sanchez, Adler, Massucci, Vonscheidt, SAP PRESS, 2019) vorgestellt werden. Dieses Buch baut auf diesem Wissen auf.

Das gesamte in diesem Buch vorgestellte Coding ist gut dokumentiert; dennoch setzen wir Grundkenntnisse in der Programmierung von ABAP Objects voraus. Sie finden die meisten der in diesem Buch enthaltenen Codingbeispiele als .txt-Dateien unter *www.sap-press.de/5888* auf der Registerkarte **Materialien**. Darüber hinaus haben wir diese Codingbeispiele öffentlich in den GitHub Repositories für den Benutzer EWMDEV (SAP S/4HANA EWM Architecture and Programming) veröffentlicht. Sie finden diese unter *https://github.com/ewmdev*. Die Repositories sind nach den Kapiteln dieses Buches strukturiert und benannt, in denen der Code vorgestellt wird. Sie können angezeigt, heruntergeladen und zu Test- und Referenzzwecken in einer Sandbox-Umgebung implementiert werden. Stellen Sie sicher, dass auf dem System, in das Sie den Code implementieren möchten, der neueste Build des Open-Source-GIT-Clients für ABAP (abapGit) installiert ist. Dieser Client stellt eine komfortable Verbindung zwischen Ihrem SAP-System und der GitHub-Plattform her. Sie finden ihn unter *https://abapgit.org* zusammen mit weiterer Dokumentation.

Unser Ziel ist es nicht, Ihnen das Programmieren in ABAP beizubringen, sondern Ihnen die Planung und Umsetzung von Erweiterungsentwicklungen in EWM zu erleichtern. Idealerweise verfügen Sie über ein SAP-System, in dem Sie die SAP Best Practices für Embedded EWM aktivieren können. So können Sie die Beispiele aus dem zweiten Teil des Buches nachspielen, was für Ihren Lernerfolg sicherlich optimal ist.

Informationskästen

Im gesamten Buch weisen Icons auf besondere Tipps, Hinweise und Beispiele hin:

- **Hinweis**
  Dieses Symbol hilft Ihnen, ein Thema zu vertiefen, indem es Ihnen entweder zusätzliche Informationen oder Links zu weiteren Ressourcen bietet.
- **Tipp**
  Dieses Symbol hebt Tipps hervor, die Ihnen die Arbeit erleichtern. Es weist Sie auch auf zusätzliche Informationen zu dem betreffenden Thema hin.
- **Beispiel**
  Mit diesem Symbol wird ein aktuelles Thema anhand von praktischen Beispielen erläutert und vertieft.
- **Achtung**
  Kästen mit dem diesem Symbol weisen Sie auf typische Probleme oder Fallstricke hin.

Danksagungen

Das Autorenteam möchte sich bei allen bedanken, die bei der Erstellung dieses Buches unterstützt und inspiriert haben, insbesondere beim EWM-Produktentwicklungsteam von SAP sowie bei Janina Schweitzer und allen beteiligten Mitarbeiter*innen des Rheinwerk Verlags.

Unser besonderer Dank gilt Florian Kuchta, der sich die wertvolle Zeit genommen hat, das Geleitwort für diese Ausgabe zu schreiben.

Wir danken auch unseren Beratungs- und Supportkolleg*innen bei SAP, prismat und abat.

Peter Zoellner, **Robert Halm**, **Daniela Schapler** und **Karen Schulze**

Kapitel 1
Flexible Lagerverwaltung mit Extended Warehouse Management

Kein Lager ist wie das andere. Die Vielfalt der gelagerten Güter und der Lagerstandorte stellt eine Herausforderung für die Lagerverwaltung mit Standardsoftware dar. In diesem Kapitel erörtern wir, inwiefern Extended Warehouse Management (EWM) die notwendige Flexibilität bietet, um spezifische Lageranforderungen zu erfüllen.

Neben der generellen Konfigurierbarkeit von SAP-Softwareprodukten nutzen Unternehmen häufig auch ihre Erweiterbarkeit. Aus diesem Grund gibt es eine Reihe von Software- und Beratungsunternehmen, die sich auf die Erweiterung von SAP-Software spezialisiert haben, und Unternehmen, die eigene Entwicklungsabteilungen unterhalten.

Auf der SAP-eigenen öffentlichen Plattform für SAP-Professionals, der *SAP Community* (*https://community.sap.com/*), tauschen sich täglich Tausende von Menschen über Tipps und Tricks aus, auch in puncto Entwicklung mit SAP-Software. In diesem Buch unterstützen wir SAP-Kunden, Beratungshäuser und Entwicklerteams bei der Erweiterung von EWM, denn unsere Projekterfahrung zeigt uns, dass die Erweiterbarkeit von SAP-Software in Implementierungsprojekten von Lagerverwaltungslösungen stark genutzt wird.

[+]

EWM in der SAP Community

Auch für EWM gibt es eine spezielle Themenseite in der SAP Community, die Sie unter *http://s-prs.de/v1013800* finden. Hier erhalten Sie wertvolle Informationen über neue Funktionen, die Produkt-Roadmap und Schulungen.

In den folgenden Abschnitten untersuchen wir die Gründe für diese Erweiterungsanforderungen und geben Ihnen einen Überblick über die Erweiterbarkeit von EWM. Neben den verschiedenen Deployment-Optionen für EWM in der Systemlandschaft, der Integration mit anderen SAP- und Nicht-SAP-Softwareprodukten und der Konfiguration der Lagerstruktur und der Prozessabläufe ist es vor allem die hohe Erweiterbarkeit von EWM, die die Flexibilität und Anpassungsfähigkeit der Software während der Implementierung und des Betriebs gewährleistet.

In diesem Buch bezieht sich der Begriff *EWM* immer auf EWM in SAP S/4HANA, sowohl auf die dezentrale als auch auf die eingebettete Deployment-Option. Wo eine Unterscheidung nach der Deployment-Option erforderlich ist, verwenden wir den Begriff *Decentralized EWM* für das dezentrale EWM basierend auf SAP S/4HANA und *Embedded EWM* für das in SAP S/4HANA eingebettete EWM.

1.1 Lagerverwaltung mit standardisierter Software – Deployment, Konfiguration und Erweiterung

Der Einsatz von Standardsoftware für die Verwaltung großer und komplexer Lager setzt eine hohe Anpassungsfähigkeit der Anwendung voraus, denn kein Lager gleicht dem anderen in Bezug auf Layout und Betrieb. Welche Einsatzmöglichkeiten die Software unterstützen muss und welche Anforderungen an ihre Konfigurierbarkeit gestellt werden, ergibt sich vor allem aus den folgenden Unterscheidungsmerkmalen von Lagern:

- physisches Layout (Einrichtung des Lagers)
- Verfügbarkeit von Lagerfläche und Raum (Kapazitätsauslastung)
- Beschaffenheit von Produkten (Lagerkonzepte)
- Automatisierungsgrad (z. B. Automatik und Roboter)
- Grad der Systemverfügbarkeit (Leistungsanforderungen und geplante Ausfallzeiten)

Es ist zu beachten, dass sich die Lagerungsanforderungen und die Anforderungen an die Systemverfügbarkeit im Laufe der Zeit häufig ändern können. Diese Änderungen können sich vor allem durch die Einführung neuer Produkte oder Automatisierungsanlagen sowie durch eine strategische Neuausrichtung der Lieferketten ergeben. Nicht selten haben sie eine Neueinrichtung oder Umstellung von Lagerbereichen zur Folge. Da eine Änderung des physischen Layouts kostspielig und zeitaufwendig sein und zu einem vorübergehenden Verlust von Lagerfläche führen kann, muss eine Lagerverwaltungssoftware flexibel sein, nicht nur um sie den neuen Anforderungen anpassen, sondern auch um zu aufwendige Anpassungen vermeiden zu können.

Solche häufig sehr detaillierten Kundenanforderungen sind schwer vorhersehbar und können im Rahmen der Konfigurierbarkeit von Software nicht mehr antizipiert werden. An dieser Stelle werden daher die Erweiterungsmöglichkeiten der Anwendung interessant.

Unter diesen Bedingungen müssen Architekt*innen von Standardsoftware vorerst die grundlegenden Anforderungen und Funktionen ermitteln. Die Betrachtung möglicher Variationen stellt aber ein weiteres Schlüsselelement des Designs von Standardsoftware dar, ebenso wie das Einbeziehen entsprechender Konfigurations- und Erweiterungsoptionen.

Unter *Flexibilität von Software* verstehen wir deshalb die Fähigkeit der Anwendung, sich releasestabil Kundenanforderungen anpassen zu lassen. Letztlich kann diese Flexibilität an der Zahl vorhandener Deployment-, Konfigurations- und Erweiterungsoptionen gemessen werden. Im nächsten Abschnitt werden wir über diese Optionen für EWM sprechen.

1.2 Flexibilität von EWM

Was ist also die Antwort von SAP auf den zuvor festgestellten Bedarf an flexiblen Softwarelösungen für die Lagerverwaltung? In diesem Abschnitt stellen wir einige Beispiele für die Deployment-Optionen, die Konfigurierbarkeit und die Erweiterbarkeit von EWM vor. Beginnen wir mit den Deployment-Optionen, die mit EWM in SAP S/4HANA verfügbar geworden sind.

Mit SAP S/4HANA sind zwei Deployment-Optionen für EWM verfügbar: Embedded EWM seit Version 1610 und Decentralized EWM seit Version 1809 FPS 02. Embedded EWM ist ein neues Angebot für die Lagerverwaltung, das direkt in SAP S/4HANA integriert ist (bisher in einer Basis- oder erweiterten Lizenzierungsoption). *SAP Extended Warehouse Management* (SAP EWM) auf Basis von SAP NetWeaver war dagegen seit dem ersten Release nur als eigenständiges System verfügbar. Obwohl Embedded und Decentralized EWM die gleiche Codebasis nutzen, bestehen funktionale Unterschiede, die hauptsächlich darauf zurückzuführen sind, dass die Integrationsarchitektur eines dezentralen Systems anderen Prinzipien folgt: Während Embedded EWM dem Simplification-Prinzipvon SAP S/4HANA folgt und sich auf die Eliminierung redundanter Transaktions- und Stammdaten konzentriert, verlässt sich Decentralized EWM weiterhin darauf, dass relevante Datenobjekte im System selbst verfügbar sind. So kann der Betrieb des dezentralen Systems auch dann sichergestellt werden, wenn das Backend-ERP-System möglicherweise nicht verfügbar ist. Solche funktionalen Unterschiede sollten neben strategischen und operativen Kriterien sowie Risiko- und Kostenabschätzungen bei der Wahl der richtigen Deployment-Option berücksichtigt werden.

[«]

SAP Best Practices für die Deployment-Optionen von EWM

SAP-Hinweis 1606493 enthält wertvolle Informationen zur EWM-Einführung. In diesem Sammelhinweis sind weitere sehr informative SAP-Hinweise für die Implementierung verlinkt. Betrachten Sie den Hinweis als Ausgangspunkt für die Bewertung einer Einführung von EWM. Wir empfehlen außerdem, die Releaseinformationen und

Funktionsrestriktionen für EWM in den neuesten verfügbaren SAP-S/4HANA-Versionen zu studieren.

Wir wenden uns nun den Konfigurations- und Erweiterungsmöglichkeiten zu. Dazu haben wir zwei neue Funktionalitäten von EWM als Beispiele gewählt, die wir hervorheben wollen, da sie im Warehouse Management (WM) in SAP ERP oder WM in SAP S/4HANA nicht verfügbar waren (und auch nicht in seinem Nachfolger in SAP S/4HANA, der *Lagerraumverwaltung*). Zum einen betrachten wir Aktivitätsbereiche als neue Elemente der Lagerorganisationsstruktur, zum anderen wenden wir uns der Modellierung von mehrstufigen Lagerprozessen durch die Lagerungssteuerung zu.

1.2.1 Aktivitätsbereich

EWM ermöglicht die Gruppierung von Lagerplätzen für eine bestimmte Aktivität, z. B. Einlagerung oder Kommissionierung. Solche Gruppierungen werden *Aktivitätsbereiche* genannt. Die Gruppierung von Lagerplätzen in Aktivitätsbereiche kann unabhängig von den Lagertypen oder den Lagerbereichszuordnungen der Lagerplätze erfolgen und ist auch nicht auf andere Lagerplatzmerkmale beschränkt.

Nach Einrichtung eines Aktivitätsbereichs und erfolgter Platzzuweisung werden die den Aktivitätsbereichen zugeordneten Lagerplätze nach konfigurierbaren Kriterien sortiert. Diese Platzsortierung wird für die Sequenzierung von Lageraufgaben innerhalb eines Lagerauftrags verwendet.

Bei den Aktivitätsbereichen lassen sich z. B. die folgenden Parameter des Lagerbetriebs konfigurieren:

- Aktivitäten (Definition und Ermittlung)
- Aktivitätsbereiche (Definition und Zuordnung von Lagerplätzen)
- Sortierreihenfolgen (für Lagerplätze innerhalb eines Aktivitätsbereichs)

Abbildung 1.1 zeigt die verfügbaren Customizing-Transaktionen für die Konfiguration von Aktivitätsbereichen.

Die Sortierung der Lagerplätze innerhalb eines Aktivitätsbereichs ist von großer Bedeutung: Sie steuert letztlich die Wege und Entfernungen, die von den Mitarbeiter*innen im Lager bei der Ausführung von Bewegungen zurückgelegt werden müssen, sowie die Auslastung der Lagerplätze. EWM bietet Konfigurationsoptionen für die Sortierlogik, die die Sortierreihenfolge steuert, wie in Abbildung 1.2 gezeigt.

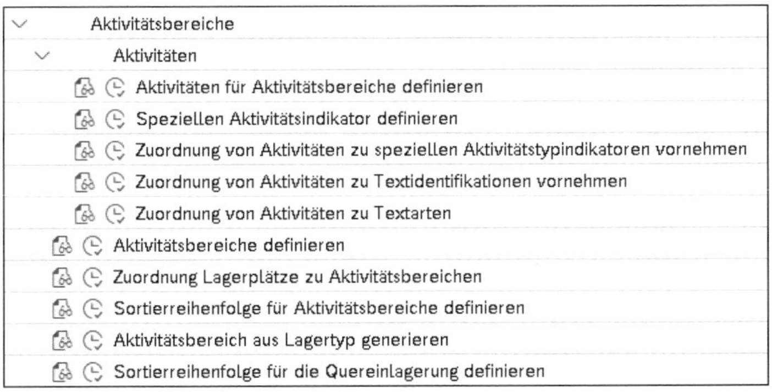

Abbildung 1.1 Konfigurationsmöglichkeit von Aktivitätsbereichen

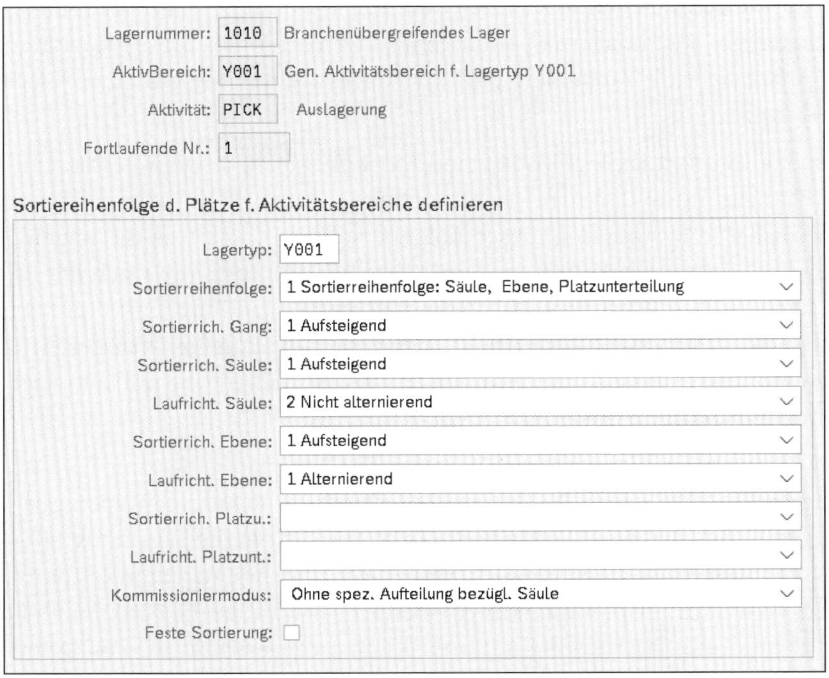

Abbildung 1.2 Konfigurationsmöglichkeit der Sortierreihenfolge

Diese vorhandenen Konfigurationsmöglichkeiten sollten die Sortieranforderungen vieler Lager bereits sehr gut abdecken. Sollten sie dennoch nicht ausreichen, stehen Ihnen zusätzlich ein Programm zum Upload von Sortierdaten aus externen Quellen und ein Business Add-in (BAdI) zur Verfügung, mit dem eine eigene Sortierlogik implementiert werden kann. Sie finden das BAdI im Einführungsleitfaden (IMG) über den Pfad **Business Add-Ins (BAdIs) für das Extended Warehouse Management • Stammdaten • Aktivitätsbereiche • BAdI: Sortierreihenfolge der Aktivitätsbereiche definieren**. Das BAdI ermöglicht es Ihnen, die gemäß den Konfigurationsparametern festgelegte Platzsortierung zu ändern. Die Sortierung wird als Importparameter der BAdI-Methode zur Verfügung gestellt und kann innerhalb des BAdI angepasst werden. Durch die Implementierung und Aktivierung des BAdI können Sie die Konfigurationsmöglichkeiten flexibel erweitern oder außer Kraft setzen.

1.2.2 Lagerungssteuerung – Modellierung von mehrstufigen Lagerungsprozessen

Das zweite Beispiel, das die Flexibilität von EWM bei der Konfiguration und Erweiterung verdeutlichen soll, betrifft die Funktionalität der Lagerungssteuerung. Diese gibt es in einer layoutorientierten und in einer prozessorientierten Variante, die beide auch gleichzeitig verwendet werden können. Mithilfe der Lagerungssteuerung können Sie z. B. die zusätzlichen Aktivitäten definieren, die für bestimmte Produkte oder Bewegungen vor der Einlagerung durchgeführt werden sollen. Diese Aktivitäten können als Arbeitsschritte modelliert und im Rahmen eines Lagerungsprozesses festgelegt werden.

Wenn dies so konfiguriert ist, legt EWM eine *Lageraufgabe* an, um den Bestand aus der Wareneingangszone an den Arbeitsplatz zu bewegen, sobald der Wareneingang abgeschlossen ist. Die Bestätigung dieser Aufgabe stößt automatisch die nachfolgende Lageraufgabe zur Einlagerung an. Damit dies funktioniert, muss sich der Bestand tatsächlich in einer Handling Unit befinden, da die Handling Unit den Fortschritt innerhalb des Prozessablaufs verfolgt, indem sie den aktuellen Prozessschritt festhält. Die jeweiligen Prozessschritte können flexibel modelliert und mit layoutorientierten Schritten kombiniert werden.

Sie können z. B. einstellen, dass auf dem Weg von der Wareneingangszone zum Arbeitsplatz die Bestände zwischen Ressourcen verschiedener Ressourcentypen übergeben werden müssen. Auf diese Weise können Sie das System die Lageraktivitäten in hohem Maße steuern lassen und die Sichtbarkeit der Bestände zu jedem Zeitpunkt erhöhen. Ähnlich wie im Beispiel der Aktivitätsbereiche kann auch die Funktionalität der Lagerungssteuerung über Konfigurationsoptionen eingerichtet werden. Abbildung 1.3 und Abbildung 1.4 zeigen die jeweiligen Customizing-Transaktionen für die layoutorientierte und prozessorientierte Lagerungssteuerung, die ein hohes Maß an Flexibilität auch bei der Konfiguration komplexerer Prozessabläufe ermöglichen.

Es kann aber vorkommen, dass Sie eine Anforderung haben, die nicht allein durch die Konfiguration abgedeckt werden kann. Nehmen wir an, Sie wollen in bestimmten Situationen oder für bestimmte Produkte einen Übergabeplatz des layoutorientierten Aufbaus auslassen oder einen prozessorientierten Schritt überspringen. Hierfür stehen wiederum BAdIs zur Verfügung, mit denen Sie die Logik der Lösung individuell auf Ihre besonderen Anforderungen der Lagerungssteuerung zuschneiden können, wie in Abbildung 1.5 gezeigt.

Layoutorientierte Lagerungssteuerung definieren

Lage...	Von-...	Von-...	Typ	Nac...	Ganze HU	HU-Gr	Fortlaufen...	Zwischenlagertyp	Zwischenlagerberei...	Zwischenlagerplatz	Lagerprozessart	I-Punkt	K-Punkt
1010	Y011	YG01			X Bewegung einer Handling Unit...		1	Y001	010T		Y352	☐	☐
1010	Y011	YG01	Y001	YINB	nicht relevant		1	Y001	010T			☐	☐
1010	Y011	YG01	Y051	YG01	nicht relevant		1					☐	☐
1010	Y011	YG01	Y051	YG02	X Bewegung einer Handling Unit...		1	Y001	02IN			☐	☑
1010	Y011	YG02			X Bewegung einer Handling Unit...		1	Y001	020T		Y352	☐	☐
1010	Y011	YG02	Y001	YINB	nicht relevant		1	Y001	020T			☐	☐
1010	Y011	YG02	Y051	YG01	X Bewegung einer Handling Unit...		1	Y001	01IN			☐	☑
1010	Y011	YG02	Y051	YG02	nicht relevant		1					☐	☐
1010	Y051	YG01	Y011	YG01	nicht relevant		1					☐	☐
1010	Y051	YG02	Y011	YG02	nicht relevant		1					☐	☐
1010	Y061		Y011	YG01	nicht relevant		1	Y001	01IN		Y351	☐	☐
1010	Y061		Y011	YG02	nicht relevant		1	Y001	02IN		Y351	☐	☐
1010	Y820		Y011	YG01	nicht relevant		1	Y001	01IN		Y351	☐	☐
1010	Y820		Y011	YG02	nicht relevant		1	Y001	02IN		Y351	☐	☐

Abbildung 1.3 Konfiguration der layoutorientierten Lagerungssteuerung

Dialogstruktur

- Externer Lagerungsprozessschritt
- Prozessorientierte Lagerungssteuerung
- Lagerungsprozess - Definition
  - Zuordnung Lagerungsprozessschritt
- Externer Lagerungsprozess: Steuerung pro L...

Lagerungsprozess - Definition

Lage...	Lagerungsprozess	Beschreibung	Richtung
1010	YI01	Entladen und Einlagerung	Einlagerung
1010	YI02	Einschritt-Einlagerung	Einlagerung
1010	YINQ		Einlagerung
1010	Y002	Kommiss., Verpacken, Bereitst., Laden	1 Auslagerung
1010	YR01	Nachschub	2 Interne Bewegung

Abbildung 1.4 Konfiguration der prozessorientierten Lagerungssteuerung

Struktur

- Business Add-Ins (BAdIs) für das Extended Warehouse Management
  - Stammdaten
  - Wareneingangsprozess
  - Warenausgangsprozess
  - Lagerinterne Prozesse
  - Prozessübergreifende Einstellungen
    - Handling Units
    - Lagerauftragserstellung
    - Lageraufgabe
      - Quittierung einer Lageraufgabe
      - Erstellung von Lageraufgaben
      - BAdI: Palletierungsdaten zur Einlagerung ermitteln
      - BAdI: Greifzeitermittlung in der Lageraufgabe
      - BAdI: Änderung der Arbeitslastdaten beim Anlegen einer Lageraufgabe
      - Lageraufgabe zur Lageranforderung
      - Layoutorientierte Lagerungssteuerung
        - Hinweise zur Implementierung
        - BAdI: Layoutorientierte Lagerungssteuerung
        - BAdI: Priorisierung in der layoutorientierten Lagerungssteuerung
        - BAdI: Kapazitätsprüfung in der layoutorientierten Lagerungssteuerung
      - Prozessorientierte Lagerungssteuerung
        - Hinweise zur Implementierung
        - BAdI: Prozessprofil setzen
        - BAdI: Prozessorientierte Lagerungssteuerung
        - BAdI: Ändern der Erstellungsebene für Entladen von Lageraufgaben

Abbildung 1.5 Erweiterungsmöglichkeiten der Lagerungssteuerung

1.3 Zusammenfassung

EWM bietet in beiden verfügbaren Deployment-Optionen eine große Vielfalt an konfigurierbaren und erweiterbaren Funktionen. Letztlich stehen in der neuesten Version von EWM in SAP S/4HANA mehr als 800 Customizing-Tabellen und 800 BAdIs allein für das Modul Lagerlogistik zur Verfügung, das als das Kernmodul von EWM angesehen werden kann.

EWM kann somit als hochflexible Lagerverwaltungslösung bezeichnet werden. Zahlreiche Anforderungen mittlerer Komplexität können bereits durch den großen Funktionsumfang der Standardsoftwareanwendung und deren Konfigurierbarkeit abgedeckt werden. Sind Erweiterungen notwendig, können diese häufig durch BAdI-Implementierungen oder durch den Einsatz spezialisierter Frameworks zur Anpassung und Erweiterung von z. B. mobilen Transaktionen oder Monitoring-Anwendungen realisiert werden. Mit diesen Mitteln können Sie releasestabile Erweiterungen anlegen. Die Erfahrung lehrt, dass solche Erweiterungsmöglichkeiten in EWM-Einführungsprojekten häufig genutzt werden, insbesondere bei der Umsetzung sehr kundenspezifischer Anforderungen. Sie werden in Kapitel 3, »Frameworks und Entwicklungswerkzeuge in EWM«, lernen, wie Sie die Erweiterungs-Frameworks verwenden. Lassen Sie uns im nächsten Kapitel jedoch erst einmal einen Blick auf die EWM-Architektur werfen, um Ihr Verständnis der Software aus technischer Sicht zu vertiefen.

Kapitel 2
Architektur

Um in EWM programmieren zu können, müssen Sie die einzelnen Komponenten der Software verstehen. In diesem Kapitel beschreiben wir die Funktionen und Objekte der wichtigsten Komponenten. Anschließend erörtern wir ihre Integration mit dem SAP-ERP- oder SAP-S/4HANA-System.

Die Architektur von EWM in SAP S/4HANA umfasst eine Vielzahl von Anwendungskomponenten und Objekten, die zusammen die reichhaltige Funktionalität des Systems ausmachen. Die Funktionen und Eigenschaften einiger dieser Komponenten werden wir in diesem Kapitel detailliert besprechen. Dazu gehören:

- **Lieferabwicklung (siehe Abschnitt 2.1)**
  Die Lieferabwicklung nimmt Anforderungen an das Lager zur Ein- und Auslagerung sowie zur Umlagerung oder Umbuchung von Beständen entgegen, die hauptsächlich in der Auftragsverwaltung des SAP-ERP- oder SAP-S/4HANA-Systems initiiert werden. Sie ist daher eng mit den Funktionen der Materialwirtschaft, des Vertriebs sowie der Lieferabwicklung und Produktionsplanung des SAP-ERP- oder SAP-S/4HANA-Systems verbunden. Auch mit den meisten EWM-Komponenten ist sie eng verzahnt.
- **Lagerlogistik (siehe Abschnitt 2.2)**
  Die Lagerlogistik, die häufig als Kernstück der Lagerverwaltung betrachtet wird, stellt eine Vielzahl von Funktionen bereit, die für die Planung und Ausführung von Aktivitäten innerhalb des Lagers erforderlich sind. Dazu verwendet sie vorwiegend Lageraufgaben und Lageraufträge.
- **Bestandsverwaltung (siehe Abschnitt 2.3)**
  Die Bestandsverwaltung ermöglicht es, die Bestände in verschiedenen räumlichen und physischen Zuständen auf der Ebene von Lagerplätzen, Ressourcen und Transporteinheiten zu verwalten. Sie ist eng mit der Bestandsführung innerhalb der Materialwirtschaft (ERP-Komponente MM) verknüpft.
- **Qualitätsprüfung (siehe Abschnitt 2.4)**
  Für die Qualitätsprüfung von eingehenden und gelagerten Waren ist EWM eng mit der Anlieferung und der Bestandsführung (in EWM Bestandsverwaltung genannt) verbunden. Decentralized EWM stützt sich dabei wie SAP EWM weiterhin auf die

Quality Inspection Engine, während Embedded EWM diese Engine größtenteils überflüssig macht und direkt mit dem Qualitätsmanagement (Modul QM) von SAP S/4HANA verbunden ist.

- **Integration mit ERP-Systemen (siehe Abschnitt 2.5)**
  Die Integration mit ERP-Systemen kann als Querschnittskomponente von EWM betrachtet werden, da die meisten der zuvor genannten Funktionsbereiche nativ mit dem SAP-ERP- oder SAP-S/4HANA-System verbunden sind. In Abschnitt 2.5 stellen wir zahlreiche Schnittstellen für die Integration von SAP ERP bzw. SAP S/4HANA und EWM vor. Dabei gehen wir sowohl auf die Unterschiede zwischen Decentralized und Embedded EWM als auch auf die Integrationsmöglichkeiten für Nicht-SAP-ERP-Systeme ein.

Andere Komponenten von EWM, wie z. B. das Ressourcenmanagement, das Materialflusssystem, die Ausnahmenbehandlung und die Verwaltung von logistischen Zusatzleistungen, um nur einige wenige zu nennen, werden in diesem Kapitel nicht berücksichtigt, können aber ansatzweise in den folgenden Kapiteln besprochen werden. In diesem Kapitel konzentrieren wir uns auf die unserer Meinung nach zentralen und am häufigsten verwendeten Komponenten von EWM.

2.1 Lieferabwicklung

Die *EWM-Lieferung* in ihren verschiedenen Formen, die technisch oft auch als *Lageranforderung* bezeichnet wird, ist eines der Schlüsselobjekte in EWM. In diesem Abschnitt erklären wir, wie dieses recht komplexe Datenobjekt aufgebaut ist. Wir werden uns dabei an die Bezeichnung *Lieferung* halten.

Die Zu- und Abgänge von Beständen im Lager werden in der Regel auf der Grundlage von Anlieferungen und Auslieferungen in EWM ein- und ausgebucht. Wenn EWM mit einem SAP-ERP- oder SAP-S/4HANA-System integriert ist, werden EWM-Lieferungen mit Bezug auf einen entsprechenden SAP-ERP- oder SAP-S/4HANA-Beleg angelegt, z. B. eine Lieferung, die aus einer Bestellung oder einem Kundenauftrag resultiert.

Die Lieferung wird in EWM in unterschiedlichen Belegen abgebildet. Je nach Funktion und Verarbeitungsphase können verschiedene Arten von Belegen verwendet werden, die in vordefinierte Belegtypen eingeteilt werden. In Decentralized EWM werden die Belegtypen *Anforderungen* und *Benachrichtigungen* unterschieden (Kopien des zuvor angelegten SAP-ERP- oder SAP-S/4HANA-Belegs). Sie sind in einer dezentralen Umgebung unerlässlich für die Kommunikation mit SAP ERP, SAP S/4HANA oder anderen ERP-Systemen, d. h. Nicht-SAP-ERP-Systemen. Daneben gibt es *Lieferungen* und *Lieferaufträge* als Verarbeitungsbelege, die parallel zum Lagerbetrieb bearbeitet und aktualisiert werden. Embedded EWM nutzt nur die Verarbeitungsbelege, um Redundanzen von Belegen zu beseitigen.

Tabelle 2.1 gibt einen Überblick über alle in der Lieferabwicklung in EWM verwendeten Belegtypen und nennt für jeden von ihnen die zentrale Transaktion sowie seine Verfügbarkeit in SAP S/4HANA.

Belegtyp	Bezeichnung	EWM-Transaktion	Verfügbar in SAP S/4HANA
IDR	Anlieferungsbenachrichtigung	/SCWM/IDN	▪ Embedded: nein ▪ Decentralized: optional
ODR	Auslieferungsanforderung	/SCWM/ODR	▪ Embedded: nein ▪ Decentralized: optional
POR	Umbuchungsanforderung	/SCWM/IM_DR	▪ Embedded: nein ▪ Decentralized: optional
GRN	erwartete Wareneingangsbenachrichtigung	/SCWM/GRN	▪ Embedded: nein ▪ Decentralized: optional
PDI	Anlieferung	/SCWM/PRDI	▪ Embedded: ja ▪ Decentralized: ja
PDO	Auslieferungsauftrag	/SCWM/PRDO	▪ Embedded: ja ▪ Decentralized: ja
SPC	Umbuchung	/SCWM/IM_PC	▪ Embedded: ja ▪ Decentralized: ja
EGR	erwarteter Wareneingang	/SCWM/GRPE /SCWM/GRPI	▪ Embedded: nein ▪ Decentralized: ja
WMR	Umlagerung	/SCWM/IM_ST	▪ Embedded: ja ▪ Decentralized: ja
FDO	Auslieferung	/SCWM/FD	▪ Embedded: ja ▪ Decentralized: ja
PWR	Produktionsmaterialanforderung	/SCWM/PMR	▪ Embedded: ja ▪ Decentralized: ja

Tabelle 2.1 Übersicht der Belegtypen und zugehörigen Transaktionen

In den folgenden Abschnitten beschreiben wir, wie die Lieferungen im logistischen Gesamtablauf eingeordnet werden, und geben einen Überblick über die wichtigsten technischen Objekte.

[»]

Produktionsmaterialanforderung

Die *Produktionsmaterialanforderung* wurde als Teil der *erweiterten Produktionsintegration* eingeführt. Sie entstammt dem Produktions- oder Prozessauftrag in SAP ERP oder SAP S/4HANA. Zur Verteilung dieses Objekts werden jedoch nicht die allgemeinen Lieferschnittstellen verwendet. Außerdem gelten die strengen Änderungsrestriktionen, wie sie sonst nach Verteilung eines Belegs aus SAP ERP oder SAP S/4HANA nach EWM üblich sind, für die Produktionsmaterialanforderung nicht.

2.1.1 Funktionen der Lieferabwicklung

Die Lieferabwicklung bietet eine Reihe von Funktionen zur Durchführung verschiedener logistischer Aktivitäten im Lager. Sie hat insbesondere die Aufgabe, Anlieferungs-, Auslieferungs- und interne Umlagerungs- und Umbuchungsanforderungen von Beständen entgegenzunehmen, zu bearbeiten und die Ausführung an das jeweilige SAP-ERP- oder SAP-S/4HANA-System zurückzumelden.

Die Komponente verwendet verschiedene, für den jeweiligen Business-Kontext maßgeschneiderte Belege. Auf diese verschiedenen Belege gehen wir in diesem Abschnitt näher ein.

Bei der Verteilung von SAP-ERP- oder SAP-S/4HANA-Lieferungen an Decentralized EWM können Benachrichtigungen oder Anforderungen angelegt werden. Aus diesen Belegen werden dann über die Transfer-Serviceklasse `/SCDL/CL_TS_MANAGEMENT` (Methode `TRANSFER_OBJ`) wiederum EWM-Lieferungen erzeugt. Die Vorgängerbelege können als inhaltliche Vorlagen für die Anlage der Lieferungen angesehen werden. Das heißt, auf der Grundlage der Daten des Vorgängerbelegs werden die EWM-spezifischen Informationen aus dem Customizing (z. B. Belegtypen, Positionstypen, Lagerprozessarten) und Stammdaten (z. B. Lagerprodukt, Lagerplatz, Charge) gelesen, um die Lieferung entsprechend anzureichern. Anhand von Belegfluss und Statusverwaltung werden die Aktivitäten, die während der Bearbeitung der Lieferung von den Mitarbeitenden im System durchgeführt wurden, in den Belegen dokumentiert. So haben Sie immer einen Überblick über den aktuellen Bearbeitungsfortschritt des jeweiligen Belegs im System.

Einen schematischen Überblick über die Beziehung zwischen Benachrichtigungen und Lieferungen in Decentralized und Embedded EWM finden Sie in Abbildung 2.1. Die Darstellung zeigt, welche Lieferobjekte aus einem SAP-ERP- oder SAP-S/4HANA-System letztendlich welche EWM-Lieferungen erzeugen.

Hinsichtlich der Architektur der Belege gibt es jedoch keinen Unterschied zwischen Benachrichtigungen und Lieferungen. Technisch gesehen sind alle Belege in der Lieferabwicklung identisch aufgebaut und modelliert. Dafür sorgt ein gemeinsames Grundgerüst, das wir im folgenden Abschnitt vorstellen werden.

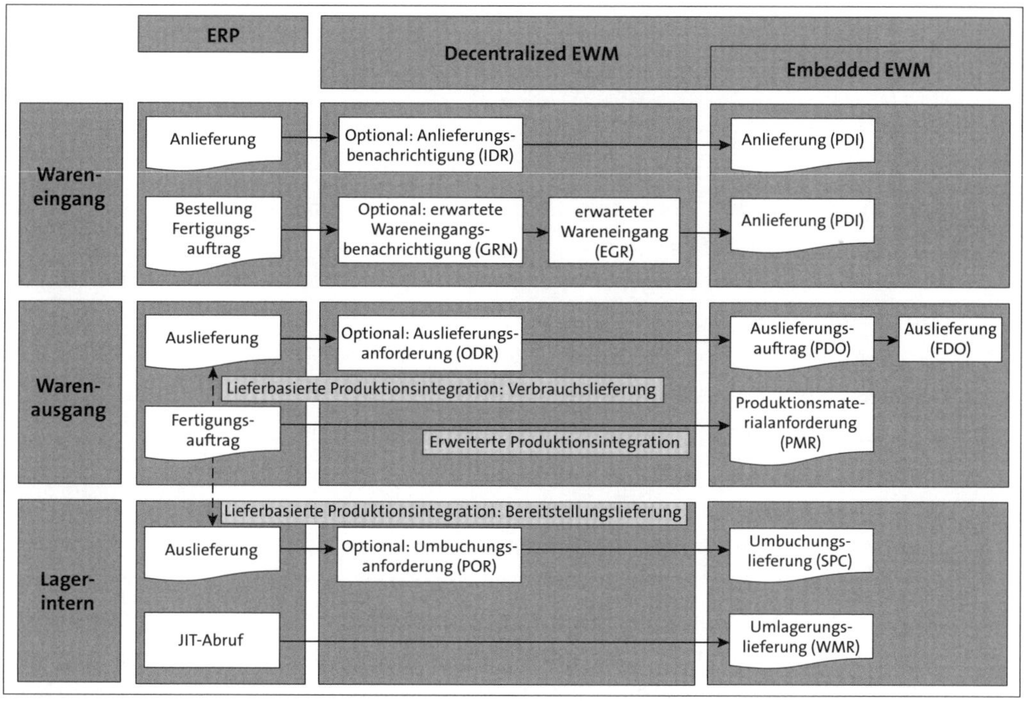

Abbildung 2.1 Beziehung zwischen Benachrichtigungen und Lieferungen in den beiden EWM-Deployment-Optionen

[+]

EWM-Lieferabwicklung in SAP S/4HANA

Weitere Informationen zu den von EWM in SAP S/4HANA unterstützten Prozessen der Lieferabwicklung und Hinweise auf Konfigurationsmöglichkeiten finden Sie in der Anwendungsdokumentation im SAP Help Portal (*http://help.sap.com/*). Folgen Sie auf der Startseite diesem Pfad: **SAP S/4HANA • Product Assistance • Geschäftsanwendungen für Unternehmen • Supply Chain • Lagerung • Extended Warehouse Management (EWM) • Lieferabwicklung**.

2.1.2 Datenmodell der EWM-Lieferung

Die Objekte für die Lieferungen in EWM wurden auf der Basis von ABAP Objects modelliert. Beim Lesen dieser Objekte werden Instanzen angelegt, die technisch die jeweiligen Lieferungen darstellen. Auf diese Objektinstanzen kann dann zugegriffen werden, um bestimmte Aspekte des Objekts auf Belegkopf- oder auf Positionsebene zu aktualisieren, z. B. Liefertermine.

Neben dem reinen Lesen von Datenbankdaten laufen beim Lesen bzw. Anlegen solcher Objektinstanzen weitere automatische Prozesse im Hintergrund ab; unter anderem werden auf den Objektinstanzen Ermittlungen und Validierungen durchgeführt, um dynamische Daten, z. B. aggregierte Mengen, Zustände usw., auszuwerten und zu ändern.

In den folgenden Abschnitten erläutern wir die Modellierung des Lieferobjekts in EWM näher. Wir beginnen im folgenden Abschnitt mit dem Modellierungs-Framework *Business Object Processing Framework* (BOPF) und sehen uns dann einige Schlüsselaspekte des Objekts und des Datenzugriffs an. Dazu erläutern wir die Art und Weise, wie Ermittlungen, Validierungen und Aktionen auf EWM-Lieferungen durchgeführt werden.

Business Object Processing Framework (BOPF)

BOPF ist ein Framework für die Implementierung von Business-Objekten, das den Prinzipien einer *serviceorientierten Architektur* (SOA) folgt. Es enthält die notwendigen Funktionen für die Implementierung von Objekten zur Abbildung von Geschäftsbelegen und unterstützt einen einheitlichen Modellierungsstandard. Das SOA-Konzept basiert hauptsächlich auf *Enterprise Services*, die einem strengen Governance-Prozess unterliegen, um eine einheitliche betriebswirtschaftliche Semantik für bestehende und zukünftige Anwendungen sicherzustellen. Die von SAP gelieferten Enterprise Services sind entlang von Geschäftsprozessen strukturiert und können zu automatisierten Prozessabläufen zusammengefügt werden.

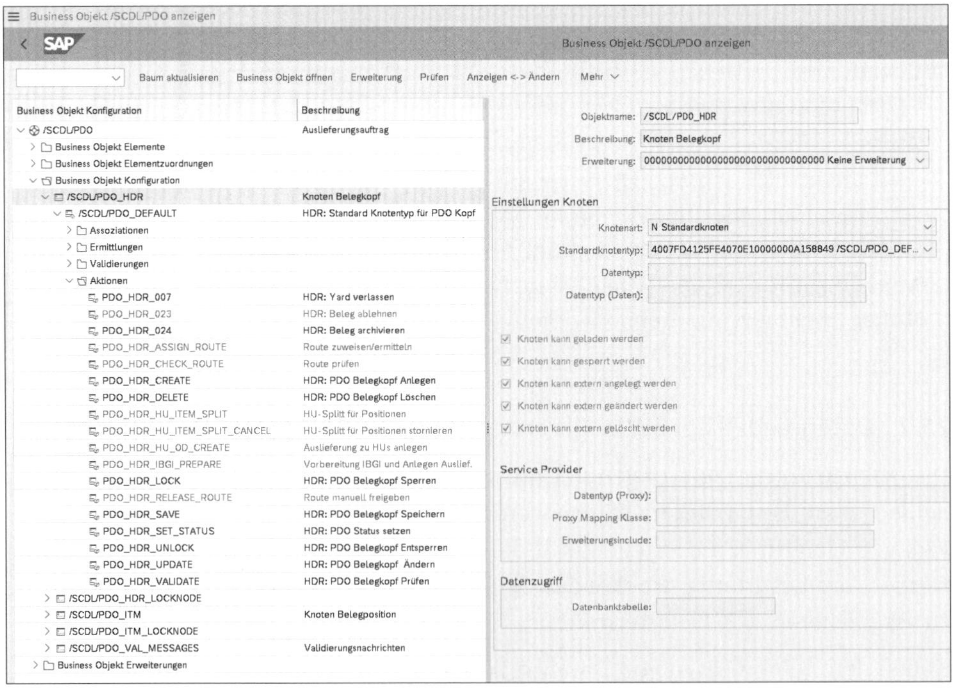

Abbildung 2.2 BOPF-Konfigurationsoberfläche zu Objekt /SCDL/PDO

BOPF kontrolliert die Geschäftslogik der Anwendung und sorgt für die Bereitstellung, Pufferung und Speicherung von Daten. Somit sind Geschäftslogik und Datenverwaltung strikt voneinander getrennt, ebenso wie die Änderung und Kontrolle der verwalteten Daten. Aus Sicht der Softwarekomponente der Applikationsplattform (AP) ist das heutige BOPF, wie es in verschiedenen SAP-Produkten verwendet wird (z. B. SAP Transportation Management (SAP TM)), nicht mehr mit dem in EWM verwendeten BOPF kompatibel; die Grundlagen sind jedoch in der EWM-Lieferabwicklung noch erkennbar. Über die Transaktion /BOPF/CONF_UI erhalten Sie ein Einblick in die klar strukturierte Modellierung der verschiedenen Belegtypen der EWM-Lieferabwicklung (siehe Abbildung 2.2).

Aufbau des EWM-Lieferobjekts

Ein EWM-Lieferobjekt besteht immer aus einem *Lieferkopf* und mindestens einer *Lieferposition*. Die technische Beziehung ergibt sich aus dem Schlüssel, der die `DOCID` (global eindeutige interne Kopfidentifikation) und die `ITEMID` (global eindeutige interne Positionsidentifikation) beinhaltet. Darüber hinaus werden standardmäßig die folgenden weiteren Objekteigenschaften, *Aspekte* genannt, zugewiesen:

- Status
- Termine
- Referenzbelege
- aggregierte Mengen
- Lokationen
- Geschäftspartner
- Belegfluss

Zusätzliche Datenobjekte, die Sie optional verwenden können, wie z. B. Handling Units, Transporteinheiten, Texte usw., werden ebenfalls von den entsprechenden Anwendungen mit der Lieferung verknüpft. Abbildung 2.3 zeigt grob den Aufbau der Lieferung bzw. des Lieferobjekts.

Ein Lieferobjekt wird auf der Kopfebene durch Belegtypen dargestellt (siehe auch Tabelle 2.1) sowie durch Positionstypen auf der Positionsebene. Diese Beleg- und Positionstypen bilden die Grundlage, um die betriebswirtschaftlichen Eigenschaften eines jeden Belegs zu kategorisieren.

Ab dem Release SAP S/4HANA 2022 gibt es in EWM folgende Positionstypen für die Belegtypen:

- DLV: Normal-Lieferposition (PDI und PDO)
- PAC: Verpackungsposition (PDI und PDO)
- RET: Retourenposition (PDI und PDO)

- TXT: Textposition (PDI und PDO)
- CGO: Transitposition (PDI und PDO)
- WIP: Ware in Arbeit (PDI)
- VAL: Wertposition (PDO)
- CMP: Komponente (PWR)
- OCP: Komponente Ausgang (PWR)

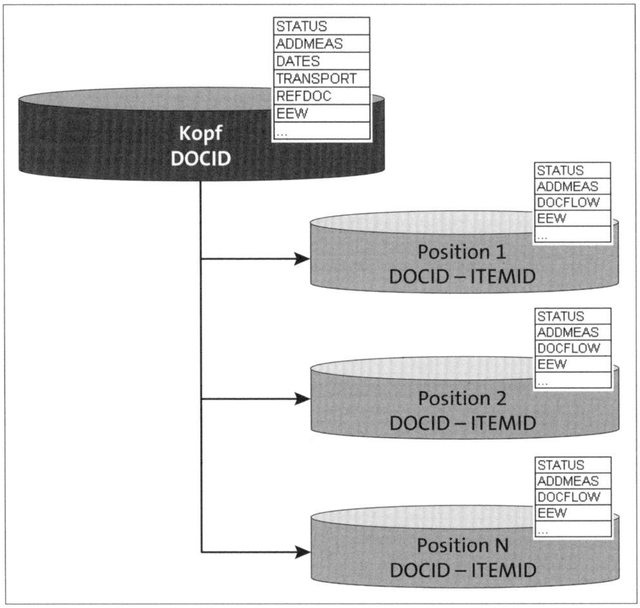

Abbildung 2.3 Aufbau des Lieferobjekts in EWM

Darüber hinaus werden auf der Positionsebene unter anderem folgende Hierarchieebenen unterschieden:

- Hauptposition (DSP)
- Chargensplitposition (BSP)
- Liefersplitposition (FSD)

Die gesplitteten Positionen können in EWM z. B. auftreten, wenn Sie den Warenausgang nur für eine bestimmte Position und nicht für die gesamte Lieferung buchen (Liefersplit) oder wenn Sie verschiedene Chargen für eine einzige Hauptposition kommissionieren (Chargensplit). Splitpositionen stehen immer in einer festen Hierarchie zur Hauptposition.

Tabelle 2.2 zeigt die Datenbanktabellen für Kopf- und Positionsdaten in der Lieferabwicklung. Weitere Datenbanktabellen für die genannten Objekte finden Sie in den ABAP-Dictionary-Objekten des Pakets /SCDL/DATA_MODEL.

Datenbanktabelle	Bezeichnung
/SCDL/DB_REQH	Anlieferungsbenachrichtigung/ Auslieferungsanforderung: Kopf
/SCDL/DB_REQI	Anlieferungsbenachrichtigung/ Auslieferungsanforderung: Position
/SCDL/DB_PROCH_I	Anlieferung: Kopf
/SCDL/DB_PROCI_I	Anlieferung: Position
/SCDL/DB_PROCH_O	Auslieferungsauftrag: Kopf
/SCDL/DB_PROCI_O	Auslieferungsauftrag: Position
/SCDL/DB_DLVH_O	Auslieferung: Kopf
/SCDL/DB_DLVI_O	Auslieferung: Position
/SCDL/DB_PROCH_P	Produktionsmaterialanforderung: Kopf
/SCDL/DB_PROCI_P	Produktionsmaterialanforderung: Position

Tabelle 2.2 Datenbanktabellen für Lieferungskopf und -position

Struktur und Konzept des Lieferobjekts in EWM erlauben es, auf einzelne Positionen zuzugreifen und diese fortzuschreiben, ohne die gesamte Lieferung zu sperren. Dies hat in der Praxis den großen Vorteil, dass verschiedene Positionen einer Lieferung parallel bearbeitet werden können, z. B. bei der Kommissionierung, ohne Sperrkonflikte hervorzurufen.

Aus Sicht der Performance ergibt sich daraus noch ein weiterer Vorteil: Prozesse, die mit Lieferdaten arbeiten, können auf Positionsebene verwaltet werden. So müssen nur die betroffenen Positionsdaten und nicht alle anderen Positionen des jeweiligen Lieferbelegs in den Arbeitsspeicher geladen werden.

Service Provider und Aspekte

Damit alle EWM-Anwendungen über eine zentrale Schnittstelle auf ein Lieferobjekt zugreifen können, werden sogenannte *Service Provider* (SP) verwendet. Diese Service Provider bestehen aus Interfaces und ihren jeweiligen Methoden, die es den Anwendungen ermöglichen, Aktionen für ein bestimmtes *Business-Objekt* (BO) auszuführen. Außerdem dienen die Service Provider dazu, die angeforderten Daten aus dem Business-Objekt zurückzugeben, gut aufbereitet in den jeweiligen Strukturen der aufrufenden Anwendung. Diese Architektur ermöglicht eine generische Nutzung des Business-Objekts, die auf die spezifischen Anforderungen der einzelnen EWM-Anwendungen zugeschnitten ist.

In EWM gibt es zwei zentrale Service Provider:

- /SCDL/CL_SP: Service Provider der Lieferung
- /SCWM/CL_SP: UI Service Provider

Diese abstrakten Klassen bilden mit ihren Interfaces die Grundlage für die speziellen Anwendungsbereiche innerhalb der EWM-Lieferabwicklung. Der Hauptunterschied zwischen den Klassen /SCDL/CL_SP und /SCWM/CL_SP besteht darin, dass die UI Service Provider – abhängig von der jeweiligen Transaktion – diverse Felder oder Eigenschaften der Business-Objekte ausblenden und zusätzliche Prüfungen durchführen, bevor das Objekt fortgeschrieben wird. Außerdem werden die Objektdaten durch die UI Service Provider um Kurzbeschreibungen angereichert. Die verschiedenen Ausprägungen der Service Provider der EWM-Lieferabwicklung sind grafisch in Abbildung 2.4 dargestellt.

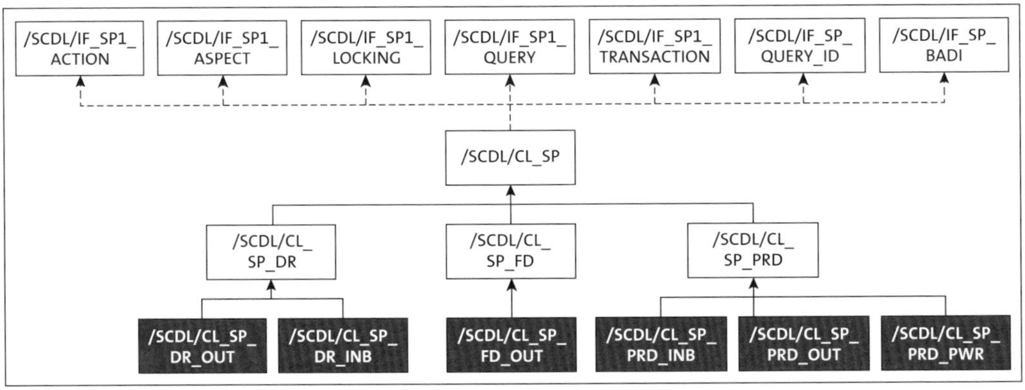

Abbildung 2.4 Architektur der Service Provider /SCDL/CL_SP

Die Strukturen, über die die Service Provider mit den Anwendungsprogrammen kommunizieren, werden *Aspekte* genannt. Ein Aspekt repräsentiert jeweils ein bestimmtes Attribut des Business-Objekts. So gibt es z. B. einen Aspekt für Termindaten auf der Kopfebene (/SCDL/S_SP_A_HEAD_DATE) und einen Aspekt für Termindaten auf der Positionsebene (/SCDL/S_SP_A_ITEM_DATE).

In der serviceorientierten Architektur wird zwischen *Schlüsselaspekten* und Aspekten unterschieden. Dabei enthält der Schlüsselaspekt immer den semantischen Schlüssel eines Objekts (ähnlich einem Primärschlüssel). Alle Aspekte müssen einem Schlüsselaspekt zugeordnet werden, um eindeutig identifizierbar zu sein.

Um dem hoch dynamischen Ansatz dieser Architektur Rechnung zu tragen, gibt es zu den jeweiligen Aspekten keine spezifischen Repository-Objekte. Daher muss beim Aufruf der SP-Methoden sichergestellt werden, dass der gewünschte Kontext übergeben wird. Die entsprechenden Definitionen finden sich als Konstanten innerhalb der beiden Interfaces /SCDL/IF_SP_C und /SCWM/IF_SP_C.

Das Codingbeispiel in Listing 2.1 zeigt Ihnen beispielhaft, wie Sie einige Aspekte und die wichtigsten SP-Methoden nutzen können. Zunächst legen Sie Objektinstanzen mit Referenz auf die SP-Klassen /SCDL/CL_SP_PRD_OUT (Auslieferungsauftrag) und /SCDL/CL_SP_MESSAGE_BOX (Sammler für Nachrichten in der Lieferabwicklung) an. Wir verwenden hier die Klasse /SCDL/CL_SP_PRD_OUT, weil wir eine Auslieferung selektieren wollen. Die Message-Box wird wiederum benötigt, um eventuelle Nachrichten zu erfassen, z. B. im Fehlerfall.

Beispielreport für die Lieferabwicklung

Das in den folgenden Listings dieses Kapitels vorgestellte Coding ist Teil eines Beispielprogramms, das Sie in Ihr eigenes System kopieren können, um sich mit der Verarbeitung von EWM-Lieferungen vertraut zu machen. Kopieren Sie die Codingteile einfach der Reihe nach. Sie können das Coding auch von der GitHub-Plattform unter *https://github.com/* abrufen, wenn Sie den abapGit-Client installiert haben, mit dem Sie direkt von Ihrem SAP-System aus mit GitHub interagieren können. Das Coding ist im GitHub-Repository **ewmdevbook_2.1** zu finden.

```
*&---------------------------------------------------------------------*
*& Report ZEWMDEVBOOK_21
*&---------------------------------------------------------------------*
*& Example Report for Delivery Processing
*&---------------------------------------------------------------------*
REPORT zewmdevbook_21.

PARAMETERS: p_lgnum  TYPE /scwm/lgnum     OBLIGATORY,
            p_docno  TYPE /scdl/dl_docno  OBLIGATORY,
            p_itemno TYPE /scdl/dl_itemno OBLIGATORY,
            p_wt_fm  RADIOBUTTON GROUP wtcr,
            p_wt_api RADIOBUTTON GROUP wtcr.


"2.1 Object Instances /SCDL/ SP
BREAK-POINT ID zewmdevbook_21.
TRY.
    DATA(lo_message_box) = NEW /scdl/cl_sp_message_box( ).
    DATA(lo_sp)          = NEW /scdl/cl_sp_prd_out(
      io_message_box = lo_message_box
      iv_doccat      = /scdl/if_dl_doc_c=>sc_doccat_out_prd
      iv_mode        = /scdl/cl_sp=>sc_mode_classic ).
```

```
  CATCH /scdl/cx_delivery.
ENDTRY.
```

Listing 2.1 Erstellen der erforderlichen Objektinstanzen

Selektieren Sie nun einen Positionsaspekt über die Nummer einer Lieferung in SAP ERP oder SAP S/4HANA und die zugehörigen Positionsnummern. Wie das funktioniert, zeigen wir in Listing 2.2. Im folgenden Abschnitt erklären wir, was mit den komplexen Selektionskriterien geschieht.

```
"2.2 Example /SCDL/ SP based Query
DATA: lt_bopf_items TYPE /scdl/t_sp_a_item.

lo_sp->query(
  EXPORTING
    query      = /scdl/if_sp_c=>sc_qry_item
    selections = VALUE /scdl/t_sp_selection(
   ( fieldname = /scdl/if_dl_logfname_c=>sc_docno_h
     sign      = wmegc_sign_inclusive
     option    = wmegc_option_eq
     low       = |{ p_docno ALPHA = IN }| )
   ( fieldname = /scdl/if_dl_logfname_c=>sc_itemno_i
     sign      = wmegc_sign_inclusive
     option    = wmegc_option_eq
     low       = |{ p_itemno ALPHA = IN }| ) )
  IMPORTING
    outrecords = lt_bopf_items
    rejected   = DATA(lv_rejected) ).
IF lv_rejected = abap_true.
  DATA(lt_messages) = lo_message_box->get_messages( ).
  CALL METHOD /scwm/cl_tm=>cleanup( ).
  EXIT.
ENDIF.
```

Listing 2.2 Beispielaufruf der Methode /SCDL/IF_SP1_QUERY~EXECUTE

Der Rückgabewert `lt_bopf_items` enthält sowohl das Feld `DOCID` als auch das Feld `ITEMID`, die GUIDs für Kopf und Position. Beide Werte werden benötigt, um den Schlüsselaspekt `/scdl/t_sp_k_item` weiter zu verwenden. Als Nächstes können Sie den Aspekt für Ihre Position selektieren, der die Lieferbedingungen enthält (siehe Listing 2.3).

```
"2.3 Example /SCDL/ SP based Aspect Selection
DATA: lt_a_item_delterms TYPE /scdl/t_sp_a_item_delterm.

lo_sp->select(
  EXPORTING
    inkeys       = CORRESPONDING /scdl/t_sp_k_item( lt_bopf_items )
    aspect       = /scdl/if_sp_c=>sc_asp_item_delterm
  IMPORTING
    outrecords   = lt_a_item_delterms
    rejected     = lv_rejected
    return_codes = DATA(lt_return_codes) ).

IF lv_rejected = abap_true.
  lt_messages = lo_message_box->get_messages( ).
  CALL METHOD /scwm/cl_tm=>cleanup( ).
  EXIT.
ELSEIF line_exists( lt_return_codes[ failed = abap_true ] ).
  lt_messages = lo_message_box->get_messages( ).
  CALL METHOD /scwm/cl_tm=>cleanup( ).
  EXIT.
ENDIF.
```

Listing 2.3 Beispielaufruf der Methode /SCDL/IF_SP1_ASPECT~SELECT

Falls Sie die Lieferposition um kundeneigene Felder erweitert haben und diese Felder lesen oder aktualisieren möchten, verwenden Sie anstelle von SC_ASP_ITEM_DELTERM den Aspekt SC_ASP_ITEM_EEW_PRD. Wenn Sie keine bestimmte Position für die Lieferung lesen wollen oder wenn Sie zunächst alle Positionen der Lieferung ermitteln wollen, könnten Sie den Aufruf in Listing 2.4 verwenden.

```
"2.4 Example /SCDL/ SP based Aspect Selection by Relation
lo_sp->select_by_relation(
  EXPORTING
    relation  = /scdl/if_sp_c=>sc_rel_head_to_item
    inrecords = CORRESPONDING /scdl/t_sp_k_head( lt_bopf_items )
    aspect    = /scdl/if_sp_c=>sc_asp_head
  IMPORTING
    outrecords   = lt_bopf_items
    rejected     = lv_rejected
    return_codes = lt_return_codes ).

SORT lt_bopf_items ASCENDING.
DELETE ADJACENT DUPLICATES FROM lt_bopf_items.
LOOP AT lt_bopf_items ASSIGNING FIELD-SYMBOL(<bopf_item>).
```

```
  WRITE: / 'BOPF',
           <bopf_item>-itemno,
           <bopf_item>-itemcat,
           <bopf_item>-itemtype.
ENDLOOP.
```

Listing 2.4 Beispielaufruf der Methode /SCDL/IF_SP1_ASPECT~SELECT_BY_RELATION

Wir empfehlen, Aspekte nur dann zu verwenden, wenn Sie bestimmte Einzelinformationen aus einem Lieferobjekt selektieren müssen oder wenn Sie bestimmte Kundenfelder fortschreiben möchten. Sie sollten Standardfelder der Aspekte nur in Ausnahmefällen mit den hier verwendeten Methoden überschreiben, und auch nur dann, wenn Sie sich absolut sicher sind, welche Auswirkungen dies hat; andernfalls kann es zu Dateninkonsistenzen kommen.

Im Allgemeinen benötigt ein Lieferobjekt jedoch verschiedene Informationen aus unterschiedlichen Aspekten. Um diese Informationen zu übermitteln, gibt es weitere Methoden, die wir im nächsten Abschnitt erläutern werden.

Verwendung der EWM-Liefer-Query

Um EWM-Lieferungen zu selektieren, ohne direkt einzelne Aspekte verwenden zu müssen, bietet SAP die Methode QUERY an. Diese Methode gehört zu einer der Hauptklassen des Objektmanagers /SCWM/CL_DLV_MANAGEMENT. Je nachdem, welche Art von Belegtyp Sie lesen möchten, müssen Sie die entsprechende Klasse verwenden. Anlieferungsbenachrichtigungen werden z. B. mit einer anderen Klasse gelesen als Anlieferungen. Tabelle 2.3 zeigt die Klassenreferenzen, die Sie verwenden sollten, um mit der Methode QUERY die Objekte nach den einzelnen Belegtypen zu selektieren.

Dokumentkategorie	Klasse
IDR	/SCWM/CL_DLV_MANAGEMENT_DR
ODR	/SCWM/CL_DLV_MANAGEMENT_DR
POR	/SCWM/CL_DLV_MANAGEMENT_DR
EGR	/SCWM/CL_DLV_MANAGEMENT_DR
PDI	/SCWM/CL_DLV_MANAGEMENT_PRD
PDO	/SCWM/CL_DLV_MANAGEMENT_PRD
SPC	/SCWM/CL_DLV_MANAGEMENT_PRD
WMR	/SCWM/CL_DLV_MANAGEMENT_PRD

Tabelle 2.3 Belegtypen und zugehörige Query-Klassen

Dokumentkategorie	Klasse
FDO	/SCWM/CL_DLV_MANAGEMENT_FD
PWR	/SCWM/CL_DLV_MANAGEMENT_PRD

Tabelle 2.3 Belegtypen und zugehörige Query-Klassen (Forts.)

Das Programmierbeispiel in Listing 2.5 zeigt Ihnen, wie die Query-Methode des UI Service Providers verwendet wird, um die Kopf- und Positionsinformationen eines Auslieferungsauftrags mit komplexen Selektionskriterien über eine Lieferungsnummer aus SAP ERP oder SAP S/4HANA zu lesen (Exportparameter IT_SELECTION).

```
"2.5 Example Delivery EWM Service Provider based Query
BREAK-POINT ID zewmdevbook_21.
"Get instance of service provider class
DATA(lo_delivery) = NEW /scwm/cl_dlv_management_prd( ).
"Call query method of service provider class
TRY.
    CALL METHOD lo_delivery->query
      EXPORTING
        iv_doccat       = /scdl/if_dl_c=>sc_doccat_out_prd
        it_selection    = VALUE /scwm/dlv_selection_tab(
            ( fieldname = /scdl/if_dl_logfname_c=>sc_docno_h
              sign      = wmegc_sign_inclusive
              option    = wmegc_option_eq
              low       = |{ p_docno ALPHA = IN }| ) )
        is_read_options = VALUE #(
data_retrival_only      = abap_true
mix_in_object_instances = /scwm/if_dl_c=>sc_mix_in_load_instance )
      IMPORTING
        et_headers      = DATA(lt_srv_headers)
        et_items        = DATA(lt_srv_items)
        eo_message      = DATA(lo_message).
    IF lo_message IS BOUND.
      DATA(lt_message) = lo_message->get_messages( ).
    ENDIF.
  CATCH /scdl/cx_delivery INTO DATA(lx_delivery).
    IF lx_delivery->mo_message IS BOUND.
      lo_message->add( lx_delivery->mo_message ).
    ENDIF.
ENDTRY.

LOOP AT lt_srv_headers ASSIGNING FIELD-SYMBOL(<srv_header>).
```

```
  WRITE: / 'SRV ',
           <srv_header>-docno,
           <srv_header>-doccat,
           <srv_header>-doctype.
ENDLOOP.
```

Listing 2.5 Beispielaufruf einer EWM-Service-Provider-basierten Lieferungsselektion

Wenn Sie komplexere Selektionskriterien verwenden wollen, müssen Sie den Zusammenhang zwischen den entsprechenden Datenbankfeldern – in unserem Beispiel die SAP-ERP- oder SAP-S/4HANA-Liefernummer – und den logischen Feldnamen kennen. Diese Zuordnung finden Sie im EWM-Einführungsleitfaden unter **Prozessübergreifende Einstellungen • Lieferung – Lageranforderung • Erweiterung von Lieferung – Lageranforderung • Logische Feldnamen definieren**.

Alternativ können Sie die Konstanten für die logischen Feldnamen auch in den folgenden Interfaces finden:

- /SCDL/IF_DL_LOGFNAME_C
- /SCWM/IF_DL_LOGFNAME_C

Damit stellt das System neben den Kopf- oder Positionsdaten noch weitere lieferungsbezogene Informationen zur Verfügung. Je nach verwendeter Klasse können dies z. B. zugeordnete Handling Units oder Transporteinheiten sein.

Die Selektion der Lieferobjekte kann unter Umständen starken Einfluss auf die Performance eines Prozesses haben. Das hängt nicht nur davon ab, wie viele Belege und Positionen zu lesen sind, sondern auch davon, welche Zustände oder Werte aus den Datenbankinformationen zur Laufzeit berechnet werden müssen. Spezielle Kopf- und Positionsinformationen, z. B. Statuswerte und Mengenrollen, sind dynamisch (transienter Zustand) und müssen zur Laufzeit auf Basis anderer statischer Werte (persistenter Zustand) berechnet werden. Eine Übersicht über die Merkmale eines Status finden Sie im EWM-Einführungsleitfaden unter **Prozessübergreifende Einstellungen • Lieferung – Lageranforderung • Statusverwaltung • Statusprofile definieren**.

Beachten Sie, dass es auf Kopf- und Positionsebene unterschiedliche Konfigurationen für einen Status geben kann. Bei Auslieferungsaufträgen z. B. ist der Status DPI (Kommissionierung) auf Positionsebene persistent. Auf der Kopfebene wird er jedoch zur Laufzeit aus dem Status der Positionen berechnet und ist daher transient.

Um das Selektionsverhalten der Liefer-Query zu steuern, liefert SAP die folgenden Strukturen als Importparameter aus:

- IS_READ_OPTIONS steuert das Leseverhalten.
- IS_INCLUDE_DATA bezieht bestimmte Aspekte ein.
- IS_EXCLUDE_DATA schließt bestimmte Aspekte aus.

Der Parameter IS_EXCLUDE_DATA ist jedoch veraltet und wird hier nur der Vollständigkeit halber erwähnt. Sie sollten ihn in Ihren Implementierungen nicht verwenden.

Bei der Programmierung sollten Sie im jeweiligen Kontext genau prüfen, wozu Sie das Lieferobjekt benötigen (Lese- oder Schreibzugriffe). Prüfen Sie darüber hinaus, welche Daten in den Selektionsergebnissen wirklich erforderlich sind.

[zB]

Query-Steuerung bei der Datenselektion

In einer Abfrage spezieller Auslieferungen möchten Sie ermitteln, für welche dieser Belege der Warenausgang bereits gebucht wurde. Der zu prüfende Status auf Positionsebene heißt DGI und ist persistent. Sie würden also die Liefer-Query für einen Nur-Lese-Zugriff aufrufen und benötigen nur ET_ITEMS als Rückgabeparameter. Eine Objektinstanz anzulegen und dynamische Werte zu berechnen ist nicht notwendig. Entsprechend können Sie das Kennzeichen DATA_RETRIVAL_ONLY in der Struktur IS_READ_OPTIONS verwenden und den Strukturwert IS_INCLUDE_DATA-ITEM_STATUS setzen.

Eine detaillierte Beschreibung, wie die speziellen Selektionsoptionen verwendet werden können, finden Sie in der Dokumentation der Methode QUERY der Klasse /SCWM/CL_DLV_MANAGEMENT_PRD. In jedem Fall sollten Sie vor jedem Aufruf der Liefer-Query aus Performancegründen die entsprechenden Selektionsoptionen setzen.

Ein weiterer wesentlicher Bestandteil von Lieferungen sind die jeweiligen Positionsmengen. EWM bietet verschiedene Funktionen zur Bearbeitung von Lieferpositionen, für die die Statusverwaltung allein nicht ausreicht. Stellen Sie sich z. B. vor, Sie möchten genau wissen, welche Menge bei einem Teilwareneingang noch nicht vom System verbucht wurde, d. h., welche Menge noch eingehen muss. Dieser Aspekt wird über einzelne *Mengenrollen* abgebildet.

Die aktuellen Mengen einer Lieferposition finden Sie auf der Benutzeroberfläche der Lieferung auf der Registerkarte **Zusätzl. Mengen**. Ähnlich wie bei der Statusverwaltung gibt es auch bei der Mengenverrechnung persistente und transiente Werte. Zum Beispiel wird die Mengenrolle W1 (Kommissionierung geplant) aus dem Belegfluss einer Position zur Laufzeit berechnet.

Der *Belegfluss* ist technisch gesehen ein separates Framework, weshalb wir an dieser Stelle nicht näher darauf eingehen werden. Im Wesentlichen stellt er Knotenbeziehungen dar, die Informationen über bestimmte Aktionen zu einer Lieferposition enthalten.

Eine Übersicht über die Eigenschaften aller Mengenrollen sowie deren Ermittlung finden Sie im EWM-Einführungsleitfaden unter **Prozessübergreifende Einstellungen • Lieferung – Lageranforderung • Mengenverrechnung**.

Das Beispiel in Listing 2.6 zeigt, wie man die Positionshierarchie sowie Status und Mengenrollen auswertet. Wir verwenden die bereits selektierte Positionstabelle `lt_srv_items` und prüfen zunächst, ob Splitpositionen existieren.

```
"2.6 Example UI SP Delivery Hierarchy
LOOP AT lt_srv_items ASSIGNING FIELD-SYMBOL(<srv_item>).
  "Check hierarchy
  DATA(lo_corr) = /scwm/cl_dlv_correlation=>get_instance( ).
  LOOP AT <srv_item>-hierarchy ASSIGNING FIELD-SYMBOL(<srv_item_hierarchy>).
    TRY.
        CALL METHOD lo_corr->get_hier_cat
          EXPORTING
            iv_hierarchy_type = <srv_item_hierarchy>-hierarchy_type
          IMPORTING
            ev_hierarchy_cat  = DATA(lv_cat).
      CATCH /bopf/cx_frw.
    ENDTRY.
    "Skip split items
    IF  lv_cat = /scdl/if_dl_hierarchy_c=>sc_cat_ssp
    AND <srv_item_hierarchy>-parent_object IS NOT INITIAL.
      DATA(lv_skip) = abap_true.
      EXIT.
    ENDIF.
  ENDLOOP.
  IF lv_skip = abap_true.
    DELETE lt_srv_items.
    CONTINUE.
  ENDIF.
```

Listing 2.6 Hierarchie der Lieferpositionen auswerten

Die Serviceklassen, die für die Hierarchieermittlung verwendet werden, sind unter `/SCWM/CL_DLV*` im Paket `/SCWM/DELIVERY` zusammengefasst . In diesem Paket werden die Kernfunktionen der Lieferabwicklung entwickelt.

Nun schauen wir uns den Status `DPI` (Kommissionierung) an, um die Positionen zu ermitteln, die noch nicht vollständig kommissioniert wurden, vorausgesetzt, sie sind überhaupt für die Kommissionierung relevant (siehe Listing 2.7).

```
  TRY.
      DATA(ls_status) = <srv_item>-status[
        status_type = /scdl/if_dl_status_c=>sc_t_picking ].

      IF ls_status-status_value = /scdl/if_dl_status_c=>sc_v_not_relevant.
        DELETE lt_srv_items.
```

```
        CONTINUE.
      ELSEIF ls_status-status_value NE /scdl/if_dl_status_c=>sc_v_finished.
        "Item & not yet completely picked.
        MESSAGE i001(zewmdevbook_21) WITH <srv_item>-itemno.
        CONTINUE.
      ENDIF.
    CATCH cx_sy_itab_line_not_found.
      "Item & not relevant for picking.
      MESSAGE i003(zewmdevbook_21) WITH <srv_item>-itemno.
  ENDTRY.
```

Listing 2.7 Auswerten eines Lieferpositionsstatus

Schließlich prüfen wir über die Mengenrolle PA (Packen) für Positionen, die nach der Kommissionierung noch nicht vollständig verpackt wurden, ob sie überhaupt für das Verpacken relevant sind (siehe Listing 2.8).

```
  TRY.
      DATA(ls_addmeas) = <srv_item>-addmeas[
       qty_role = /scdl/if_dl_addmeas_c=>sc_qtyrole_pack
       qty_category = /scdl/if_dl_addmeas_c=>sc_qtycat_open ].
      IF ls_addmeas-qty NE 0.
        "Item & not yet completely packed.
        MESSAGE i002(zewmdevbook_21) WITH <srv_item>-itemno.
      ENDIF.
    CATCH cx_sy_itab_line_not_found.
      "Item & not relevant for packing.
      MESSAGE i004(zewmdevbook_21) WITH <srv_item>-itemno.
  ENDTRY.
ENDLOOP.
```

Listing 2.8 Auswerten einer Lieferpositionsmengenrolle

Alternative Ansätze für die Arbeit mit EWM-Datenobjekten sind innerhalb von SAP-S/4HANA-APIs verfügbar gemacht worden. Diese wurden teilweise im Rahmen der Bereitstellung von Lagerverwaltungsfunktionalität in SAP S/4HANA Cloud eingeführt. Es wurden mehrere SAPUI5-basierte Transaktionen geschaffen, die in einer solchen Umgebung zusammen mit neuen OData-Services verwendet werden können. Die APIs können als Wrapping Layer um die klassischen Funktionsbausteine betrachtet werden und ermöglichen eine durchgehend objektorientierte Programmierung und den externen Zugriff. Im Allgemeinen wird empfohlen, mit den verfügbaren APIs zu arbeiten, bevor man sich den Methoden auf der Ebene des /SCDL/-Service-Providers zuwendet, da diese eine einfachere Parameterbehandlung ermöglichen.

Listing 2.9 zeigt ein Beispiel für die Verwendung solcher APIs im Rahmen der Selektion von Lieferungsdaten nach der zuvor angegebenen Liefernummer.

```
"2.7 Example Delivery API based Query
BREAK-POINT ID zewmdevbook_21.
"Set warehouse request of type Outbound Delivery Order
DATA: lo_whr_api_outb TYPE REF TO /scwm/if_api_whr_outbound.
TRY.
    /scwm/cl_api_factory=>get_service( IMPORTING eo_api = lo_whr_api_outb ).
    "Set warehouse number obligatory for API
    /scwm/cl_tm=>set_lgnum( p_lgnum ).
    "Map business keys to warehouse request keys and read ODOs
    lo_whr_api_outb->/scwm/if_api_warehouse_request~get_keys_for_bus_keys(
          EXPORTING
            it_whr_bus_keys =
                        VALUE /scwm/if_api_warehouse_request=>yt_whr_bus_key(
              ( docno = |{ p_docno ALPHA = IN }| ) )
          IMPORTING
            et_whr_keymap   = DATA(et_keys_map) ).

    lo_whr_api_outb->read_outbound_dlv_order(
      EXPORTING
        it_whr_key       = CORRESPONDING #( et_keys_map )
        is_include       = VALUE #( head_refdoc = abap_true )
        is_read_options  = VALUE #( fast_for_display = abap_true
                                    include_deleted  = abap_true )
        is_locking       = VALUE #( lock_result = abap_false )
      IMPORTING
        et_headers       = DATA(lt_whr_api_headers) ).
  CATCH /scwm/cx_api_faulty_call.
ENDTRY.

LOOP AT lt_whr_api_headers ASSIGNING FIELD-SYMBOL(<whr_api_header>).
  WRITE: / 'API ',
           <whr_api_header>-docno,
           <whr_api_header>-doccat,
           <whr_api_header>-doctype.
ENDLOOP.
```

Listing 2.9 Beispiel einer API-basierten Lieferungsselektion

Wir legen hier eine Objektinstanz für einen Auslieferungsauftrag an und instanziieren den Service mit der statischen API-Factory-Methode /SCWM/CL_API_FACTORY=>GET_SERVICE. Bevor Sie die technischen GUIDs der EWM-Lieferung der Liefernummer aus

SAP ERP oder SAP S/4HANA zuordnen, müssen Sie die Lagernummer für den Transaktionsmanager mit der Methode /SCWM/CL_TM=>SET_LGNUM festlegen. Nachdem Sie die GUIDs zugeordnet haben, können Sie die Lieferungsinformationen ganz einfach über die zuvor erwähnten Übergabeparameter is_include und is_read_options abfragen. Eine Schleife über die zurückgegebenen Kopfzeilen der Lieferbelege gibt schließlich einige der Daten auf dem Bildschirm aus.

2.1.3 Integration mit anderen EWM-Komponenten

In Abschnitt 2.1.1 haben wir die zentrale Funktion der Lieferabwicklung skizziert und in Abschnitt 2.1.2, »Datenmodell der EWM-Lieferung«, haben wir beschrieben, wie die Service Provider der jeweiligen Anwendungsprogramme die Lieferobjekte verwalten und fortschreiben. Eine der bedeutendsten EWM-Komponenten ist in diesem Zusammenhang die *Lageraufgabenverarbeitung* zur Lageranforderung. Durch diese Komponente werden die speziellen Lageraufgaben zur Einlagerung und Kommissionierung mit Bezug zu einer Lageranforderung angelegt. Im Gegensatz dazu gibt es auch Lageraufgaben, die nicht mit einer Lageranforderung zusammenhängen. Für diese nicht lieferungsbezogenen Lageraufgaben nutzen wir jedoch andere Funktionen der Lageraufgabenverarbeitung.

Das Programmierbeispiel in Listing 2.10 zeigt, wie einfach es ist, den Funktionsbaustein /SCWM/TO_CREATE_WHR zu verwenden, um die Lageraufgaben für Lieferungen anzulegen. Auch hier verwenden wir die bereits selektierte Tabelle lt_srv_items als Referenz. Da wir im Bereich der /SCWM/-Komponenten arbeiten, müssen wir auch die entsprechende Lagernummer übergeben, die im Parameter p_lgnum zu finden ist.

```
"2.8 Sample Call of Function Module /SCWM/TO_CREATE_WHR
DATA: lt_create_whr TYPE /scwm/tt_to_prep_whr_int,
      lt_ltap_vb    TYPE /scwm/tt_ltap_vb,
      lt_bapiret    TYPE bapirettab,
      lv_severity   TYPE bapi_mtype.

BREAK-POINT ID zewmdevbook_21.
IF p_wt_fm = abap_true.
  "Call Central Cleanup
  /scwm/cl_tm=>cleanup( EXPORTING iv_lgnum = p_lgnum ).
  "Transfer DLV Keys
  LOOP AT lt_srv_items ASSIGNING <srv_item>.
    DATA(ls_create_whr) = VALUE /scwm/s_to_prepare_whr_int(
      rdocid  = <srv_item>-docid
      ritmid  = <srv_item>-itemid
      rdoccat = <srv_item>-doccat ).
    APPEND ls_create_whr TO lt_create_whr.
```

```
  CLEAR ls_create_whr.
ENDLOOP.
"Trigger WT Creation for Warehouse Request per Function Module
CALL FUNCTION '/SCWM/TO_CREATE_WHR'
  EXPORTING
    iv_lgnum       = p_lgnum
    iv_bname       = sy-uname
    it_create_whr  = lt_create_whr
    iv_update_task = abap_false
    iv_commit_work = abap_true
  IMPORTING
    et_ltap_vb     = lt_ltap_vb
    et_bapiret     = lt_bapiret
    ev_severity    = lv_severity.
```

Listing 2.10 Beispielaufruf von /SCWM/TO_CREATE_WHR

Der Rückgabeparameter `et_ltap_vb` liefert die angelegten Lageraufgaben zurück. Die Tabelle `et_bapiret` und die Variable `ev_severity` enthalten das Erstellungsprotokoll sowie die aggregierte Nachrichtenart (E, I etc.). Wenn Sie in einem Projekt eine eigene UI-Transaktion für diese Anwendung implementieren wollen, z. B., um den Endanwender*innen die angelegten Lageraufgaben vor dem Sichern anzuzeigen, verwenden Sie den Funktionsbaustein `/SCWM/TO_PREP_WHR_UI_INT` anstelle von `/SCWM/TO_CREATE_WHR`. Die Programmlogik ist grundsätzlich identisch. Der Unterschied besteht darin, dass die Lageraufgaben bei dem Funktionsbaustein `/SCWM/TO_PREP_WHR_UI_INT` zunächst nur während der Laufzeit (transient) angelegt und dann je nach Aktion des Benutzers oder der Benutzerin entweder publiziert und gesichert oder per Rollback gelöscht werden. Wenn Sie den Funktionsbaustein `/SCWM/TO_PREP_WHR_UI_INT` verwenden, sind Sie vollständig für die gesamte Verbuchungssteuerung (Commit) verantwortlich. Um sich mit der dahinterstehenden Logik vertraut zu machen, schauen Sie sich den Funktionsbaustein `/SCWM/TO_CREATE_WHR` an. Hier kümmert sich der Funktionsbaustein `/SCWM/TO_PREP_WHR_INT` sowohl um die transiente Lageraufgabenerstellung als auch, je nach Rückmeldung, um die anschließende Verbuchung.

[»]

Übergabeparameter des Funktionsbausteins /SCWM/TO_CREATE_WHR

Der Funktionsbaustein `/SCWM/TO_CREATE_WHR` hat verschiedene Parameter, die alle im Funktionsbaustein selbst gut dokumentiert sind. Im Codingbeispiel in Listing 2.10 haben wir nur die wichtigsten Parameter verwendet.

Ähnlich wie zuvor für die Arbeit mit Lieferungen gezeigt, wurden in EWM in SAP S/4HANA auch APIs für Lageraufgaben und die Lagerauftragsbearbeitung zur Verfügung gestellt. In Kapitel 5, »Funktionsbausteine, Methoden und APIs für EWM«, finden Sie weitere Informationen zu den EWM-APIs. Listing 2.11 zeigt ein Beispiel dafür, wie die Methode `create_for_whr` der API `/scwm/if_api_whse_task` verwendet werden kann, um die Anlage von Lageraufgaben für Lieferpositionen anzustoßen.

```
"2.9 Sample Call of /SCWM/IF_API_WHSE_TASK
DATA: lo_wt_api TYPE REF TO /scwm/if_api_whse_task.
ELSEIF p_wt_api = abap_true.
  TRY.
     /scwm/cl_api_factory=>get_service( IMPORTING eo_api = lo_wt_api).
      "Trigger WT Creation for Warehouse Request per API
      lo_wt_api->create_for_whr(
          EXPORTING
            iv_whno        = p_lgnum
            it_create      = CORRESPONDING #( lt_srv_items )
          IMPORTING
            et_created_wht = DATA(lt_created_whr_wht)
            eo_message     = DATA(lo_error_msg) ).

      lo_error_msg->get_messages(
IMPORTING et_message =  DATA(lt_error_msg)
                 et_bapiret = lt_bapiret ).
    CATCH /scwm/cx_api_whse_task.
  ENDTRY.
ENDIF.
WRITE: / 'Number of messages from WT creation:', lines( lt_bapiret ).
```

Listing 2.11 Beispielaufruf der API /SCWM/IF_API_WHSE_TASK

[«]

Verfügbarkeit von APIs für EWM

Bevor Sie die APIs für EWM verwenden, sollten Sie im SAP-Hinweis 3115182 nachsehen, welche APIs ab welchem SAP-S/4HANA-Release für EWM verfügbar sind.

Die folgenden zusätzlichen EWM-Komponenten interagieren ebenfalls mit Lieferobjekten:

- EWM-Stammdaten
- Verpacken

- Wellenmanagement
- Arbeitsverwaltung
- Bausatzabwicklung
- Cross-Docking
- logistische Zusatzleistungen (LZL)
- Warenannahme und Versand
- erweiterte Warenannahme und Versand
- Transit-Lagerung
- Produktionsintegration
- Just-in-time-Abwicklung (JIT)

In den folgenden Kapiteln dieses Buches werden wir Ihnen einige Implementierungsbeispiele für die Lieferabwicklung vorstellen. In Abschnitt 3.6.6, »Entwicklungsprojekt: Verpacken von Anlieferungen«, wird z. B. beschrieben, wie die Lieferabwicklung mit speziellen Verpackungsfunktionen zusammenarbeitet.

[»]

Lieferreferenzen in der Bestandsverwaltung

Ein großer Vorteil von EWM ist die Bestandstrennung basierend auf dem Lieferbezug. So können Sie z. B. bereits kommissionierte Bestände problemlos innerhalb des Lagers bewegen, ohne dass der Bezug zur Lieferung verloren geht. Der Lieferbezug des Bestandes bleibt durchgängig eindeutig identifizierbar.

Darüber hinaus umfasst die Lieferabwicklung Schnittstellen für die Integration folgender Komponenten:

- Quality Inspection Engine in Decentralized EWM (QIE)
- Qualitätsmanagement in Embedded EWM (QM)
- Post Processing Framework (PPF)
- Routenfindung (Routing-Guide)
- SAP Global Trade Services (SAP GTS)
- SAP Transportation Management (SAP TM)

Zusätzlich zu den verschiedenen Schnittstellen und Aufrufmöglichkeiten für Lieferobjekte bietet EWM auch eine Reihe von BAdIs, die es Ihnen ermöglichen, Ihre eigenen Ermittlungen und Validierungen für Lieferungen durchzuführen sowie kundeneigene Felder zu verwalten. SAP liefert Beispielimplementierungen für verschiedene BAdIs der Lieferabwicklung aus, um Ihnen eine Programmiervorlage zur Orientierung an die Hand zu geben.

[+]

Weitere Quellen für technische Informationen zur Lieferabwicklung
Für weitere technische Informationen empfehlen wir Ihnen How-to-Guides zur Lieferabwicklung wie »How to Access ›Delivery-Warehouse Request‹ Objects in EWM in SAP S/4HANA« und »How to Enhance an EWM Delivery with Own Coding in SAP S/4HANA«. Diese finden Sie im Support Content des SAP Help Portal unter der URL *https://help.sap.com/docs/SUPPORT_CONTENT/sewm/* im Ordner **EWM General Information**.

2.2 Lagerlogistik

Die Lagerlogistikkomponente von EWM umfasst alle Warenbewegungen, sowohl innerhalb des Lagers als auch um das Lager herum. EWM unterstützt zahlreiche Prozesse wie die Warenannahme im Lager, den Wareneingang und den Einlagerungsprozess. Es unterstützt auch interne Lagerprozesse, wie z. B. Inventur, Qualitätsprüfung, Nachschub und Umorganisation.

Als wichtigste Prozesse werden oft die Kommissionierung und der Versand angesehen. Als Basis für fast alle logistischen Folgeprozesse dient der Lagerlogistik dabei der *Lieferbedarf* anhand von Lieferungen oder Lageranforderungen. Der für Auslieferungsvorgänge zu verarbeitende Beleg, *Auslieferungsauftrag* genannt, bildet die Grundlage für Planung und Reporting des Warenausgangs im Lager. Zu diesem Beleg können Sie den aktuellen Bearbeitungsstatus und den Belegfluss für alle abhängigen Belege einsehen.

Im Modul *Warenannahme und Versand* werden komplette Lieferungen, deren Positionen oder einzelne Handling Units einer *Transporteinheit* zugeordnet. Sie können Transporteinheiten wiederum *Fahrzeugen* zuweisen, wobei einem Fahrzeug mehrere Transporteinheiten zugeordnet sein können. Der zentrale Beleg für die Ausführung und Dokumentation von Aktivitäten im Lager ist in EWM die *Lageraufgabe*. Sie dient der Bewegung von Beständen und/oder Handling Units gemäß den in den Lieferpositionen angegebenen Daten. Es ist aber auch möglich, Lageraufgaben ohne Bezug zu einer Lieferung anzulegen und zu bearbeiten, z. B. für lagerinterne Prozesse wie Nachschub oder Umlagerung.

Zusätzlich zur Lageraufgabe können weitere Prozesse durchgeführt werden, wie z. B. Qualitätsprüfungen bei der Anlieferung (siehe Abschnitt 2.4). Logistische Zusatzleistungen (LZL) können in den An- und Auslieferungsprozess integriert werden. Im Auslieferungsprozess werden die Lieferpositionen in *Wellen* gruppiert. Lageraufgaben werden für eine komplette Welle angelegt und nach konfigurierbaren Kriterien, d. h. den Regeln für die Erstellung von Lageraufträgen, zu *Lageraufträgen* gebündelt.

2.2.1 Warenannahme und Versand

Ein eingehendes Transportmittel, z. B. ein Lkw, enthält oft mehr als eine Lieferung. Um diese Tatsache im EWM-System abzubilden, können Sie ein separates Objekt – die Transporteinheit – anlegen und Lieferungen, Lieferpositionen oder Handling Units der Transporteinheit-Aktivität (TE-Aktivität) zuordnen.

Wenn Sie eine Transporteinheit anlegen, wird neben der Transporteinheit im Hintergrund immer auch eine Aktivität angelegt. Diese Transporteinheit-Aktivität selbst ist nicht bearbeitbar. Es gibt sie auch für andere Objekte in Warenannahme und Versand, vor allem für Fahrzeuge und Tore. Transporteinheit-Aktivitäten sind immer für einen bestimmten Zeitraum gültig, der in der Aktivität definiert ist. Die Transporteinheit-Aktivität wird durch die Nummer der externen Transporteinheit und den Frachtführer definiert. Es kann mehrere *geplante* Aktivitäten, aber nur eine *aktive* Aktivität geben; eine Aktivität wird durch die Ankunft der Transporteinheit am Kontrollpunkt aktiviert. Einem Fahrzeug können die Aktivitäten einer oder mehrerer Transporteinheiten zugeordnet werden.

Die Verwendung des Objekts Fahrzeug bringt nur dann einen Mehrwert, wenn mehr als eine Transporteinheit verwendet wird, z. B. ein Lkw mit Anhänger. Wenn eine Lieferung auf mehrere Transporteinheiten verteilt wird, kann dies im System durch direkte Zuordnungen der Lieferpositionen oder Handling Units zu diesen Transporteinheiten abgebildet werden. Dies geschieht vor allem im Warenausgangsprozess beim Beladen, wenn die endgültigen Auslieferungen noch nicht bekannt sind und noch mit den Lageranforderungen gearbeitet wird.

[»]

Yard Management in EWM

Als *Yard* oder auch *Hof* bezeichnen wir den Bereich außerhalb des Lagers, in dem die ankommenden und abgehenden Transporteinheiten abgefertigt werden. Mit dem Yard Management in EWM können Sie nicht nur die am Tor ankommenden Transporteinheiten registrieren, sondern ihnen auch Lokationen zuweisen und sie innerhalb des Yards bewegen. Sie können Parkplätze belegen und Lageraufgaben anlegen, um die Transporteinheit zu ihrem Ziel zu bewegen, in der Regel zu einem Tor. Dies bietet die Möglichkeit der Parkplatzverwaltung und der Verwaltung zusätzlicher Transporteinheiten, z. B. von Wechselbrücken oder Anhängern, die mit eigenen Ressourcen bewegt werden müssen.

Die Tore des Lagers, an denen Transporteinheiten beladen und entladen werden, müssen im Lager einem Lagerplatz zugeordnet werden. Diese sogenannten *Torplätze* sind notwendig, um Lageraufgaben für die Tore zu anzulegen. Dabei geht es aber nicht um physisch vorhandene Plätze, auf denen die Waren tatsächlich gelagert werden. Arbeiten Sie mit dem Yard Management, müssen die Tore auch einem Lagerplatz außerhalb des Lagers zugeordnet werden – dem Platz, an dem die Transporteinheit am Tor steht. Das Yard wird nur über die Verknüpfung der Torplätze innerhalb und außerhalb des Lagers mit einem Lager verbunden.

Die Bewegung einer Transporteinheit mit einer Lageraufgabe an einen Torplatz erzeugt oder aktiviert automatisch eine *Toraktivität* für die Transporteinheit. An einem Tor kann nur eine Transporteinheit angedockt werden. Aus diesem Grund empfehlen wir die Verwendung der Yard-Management-Komponente nur für zeitnahe Buchungen. Ohne Yard Management müssen Sie Toraktivitäten manuell in der Pflegetransaktion der Transporteinheit anlegen und aktivieren. Warenannahme und Versand arbeiten auf der Grundlage der Aktivierung und Deaktivierung von Transporteinheitsstatus mit Zeitstempeln (aktuelles Datum und Uhrzeit).

Die Verwendung von Transporteinheiten bietet auch die Möglichkeit, Bestände auf der Transporteinheit-Lokation zu verwalten. So können Sie Wareneingänge schneller buchen, ohne Lagerraum zu beanspruchen. Bereitstellungszonen für ausgehende Prozesse werden nicht nur durch den Warenausgang entlastet, sondern auch durch das Beladen der Transporteinheit, sodass Sie Bereitstellungszonen besser verwalten können. Natürlich ist die Beladung auch ohne Transporteinheiten möglich; in diesem Fall wird der Bestand auf den logischen Torplatz verschoben. Die Bestandstransparenz ist damit nicht mehr gewährleistet, da der Torplatz physisch nicht vorhanden ist und der Bestand nicht kontrolliert werden kann. Es ist also nicht klar, wo sich die Ware tatsächlich befindet.

Die Transporteinheit-Aktivität enthält Informationen darüber, wann die Transporteinheit im Lager erwartet wird und wann sie das Lager wieder verlassen wird. Die Aktivität kann zusätzliche Informationen über den Fahrer oder die Fahrerin und das Transportmittel (z. B. das Fahrzeugkennzeichen), einschließlich anderer Identifikationen und Siegelinformationen, enthalten. Vor allem aber enthält sie Statusinformationen.

Die Transporteinheit-Aktivität wird durch die Benutzeraktion **Ankunft am Kontrollpunkt** aktiviert, die Sie im Menü finden. Wenn das Yard Management aktiviert ist, wird die Handling Unit der Transporteinheit auf den Platz am Kontrollpunkt bewegt. Von diesem Zeitpunkt an kann die Transporteinheit mit Lageraufgaben innerhalb des Yards zu einem Tor bewegt werden, wo sie beladen oder entladen wird. Wenn kein freies Tor vorhanden ist, kann die Transporteinheit vorübergehend auf einen Parkplatz bewegt werden.

Wir werden nun einen genaueren Blick auf die Wareneingangs- und Warenausgangsvorgänge werfen und anschließend das der Warenannahme und dem Versand zugrunde liegende Datenmodell betrachten.

Warenannahme

In der Warenannahme entscheidet das Customizing, ob der Wareneingang auf die Lokation der Transporteinheit bzw. den Torplatz oder auf die Bereitstellungszone gebucht wird, und damit, ob die Ware abgeladen werden muss oder nicht. Das Customizing für den Wareneingang finden Sie im EWM-Einführungsleitfaden unter **Prozessübergreifende Einstellungen • Warenannahme und Versand • Allgemeine Einstellungen • Steuerung von Warenbewegungen einrichten**. Wenn ein Wareneingang für eine Transporteinheit oder auf einen Torplatz gebucht wird, ist eine Entladung mithilfe einer Lageraufgabe erforderlich. Bei einem Wareneingang in die Bereitstellungszone ist kein Entladen erforderlich, aber dieser Prozess wird dennoch mit einer einfachen Entladung unterstützt. Nachdem die Transporteinheit entladen wurde, kann sie erst das Tor und dann den Kontrollpunkt verlassen oder sie kann mit einer Aktivität für ausgehende Transporteinheiten erneut zum Laden verwendet werden.

Status

Die Objekte Transporteinheit und Fahrzeug sehen eine Reihe von Status vor, um den aktuellen Zustand einer Aktivität zu dokumentieren, z. B. **Ankunft am Kontrollpunkt**, **Ankunft am Tor**, **Entladen gestartet** und **Entladen beendet**.

Status, die es sowohl für die Lieferung als auch für die Transporteinheit gibt, werden zwischen diesen beiden Objekten synchronisiert. Die Transporteinheit informiert die Lieferung bei der Ankunft am Kontrollpunkt über ihre eigene Statusänderung, wodurch der Status für die Lieferung auf **Im Yard** gesetzt wird. Wenn bereits ein Tor für die Transporteinheit vorgesehen ist, wird auch die Torinformation an die Lieferposition weitergegeben, falls noch keine offene Lageraufgabe für die Lieferposition existiert. Die *Bereitstellungszonenfindung* wird aufgerufen, um eine optimierte Bereitstellungszone für das Tor auf Lieferpositionsebene zu finden. Bei Änderung der Transporteinheit findet direkt eine Synchronisierung zwischen der Transporteinheit und der Lieferung statt. Aus diesem Grund werden die Lieferungen gesperrt und müssen änderbar sein. Ansonsten ist die Änderung der Transporteinheit nicht möglich.

Statusänderungen an der Lieferung können, ebenso wie Änderungen des Lade- oder Warenbewegungsstatus, zu einer Neuberechnung des entsprechenden Status in der Transporteinheit-Aktivität führen. Mengenänderungen und Umpacken führen gegebenenfalls zu einer Kapazitätsänderung der Transporteinheit-Aktivität. Änderungen in der Lieferung, wie z. B. Status- oder Mengenänderungen, die sich auf die Transporteinheit auswirken, werden nicht direkt in der Transporteinheit fortgeschrieben, sondern führen zur Einplanung einer PPF-Aktion, die die Transporteinheit synchronisiert (siehe Abbildung 2.5).

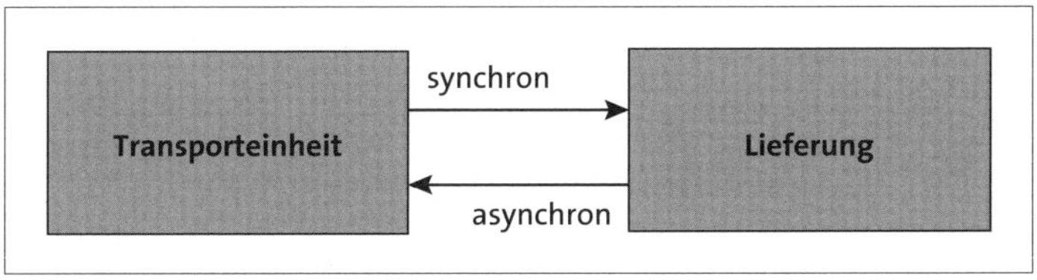

Abbildung 2.5 Synchronisierung zwischen Lieferung und Transporteinheit

Transporteinheiten enthalten nur Referenzen

Transporteinheiten enthalten keine eigenen Mengen-, Produkt- oder Handling-Unit-Informationen, sondern nur Verweise auf die Lieferung, die jeweilige Lieferposition und eventuell auf Handling Units. Aus diesem Grund zeigt die Pflegetransaktion der Transporteinheit immer den aktuellen Stand der Daten der Handling Units in der Anlieferung an. Diese Daten stimmen nach dem Entladen nicht unbedingt mit den Daten der empfangenen Handling Units überein.

Versand

Für den Versand kann eine Transporteinheit an einem Kontrollpunkt ankommen, die nur Waren abholt, oder es kann eine Transporteinheit wiederverwendet werden, die zuvor eingehende Waren geliefert hat und noch auf dem Yard oder am Tor steht und für die eine aktive eingehende Aktivität vorhanden ist. Für eine solche Transporteinheit kann eine ausgehende Aktivität aktiviert werden, wobei das System die eingehende Aktivität automatisch abschließt. Wenn sich die eingehende Transporteinheit an einem Tor befindet, wird auch für die Aktivität der ausgehenden Transporteinheit eine Toraktivität angelegt und aktiviert. Ist das Yard Management aktiv, ändert sich dabei die Lokation der Transporteinheit nicht.

Die transportierten Objekte, vor allem Handling Units, müssen nicht unbedingt für den Transport eingeplant werden, sondern können auch spontan durch das Beladen einer Transporteinheit zugeordnet werden. Im Warenausgang kann deshalb nicht automatisch vom System ermittelt werden, wann die zugeordneten Lieferungen vollständig beladen sind. Daher muss der Status **Beladen beendet** immer manuell gesetzt oder zumindest bestätigt werden; dieser Status ist Voraussetzung dafür, dass die Transporteinheit den Kontrollpunkt wieder verlassen kann.

Für die ungeplante Beladung von Transporteinheiten sind Lageraufgaben notwendig, die die Zuordnung von Handling Units zu Transporteinheiten ermöglichen. Ohne manuelle Nach-Datenvorgabe legt das System eine Lade-Lageraufgabe immer auf dem Torplatz des aus der Lieferposition ermittelten Tores an. Nutzen Sie zum

Quittieren einer solchen Lageraufgabe eine RF-Transaktion (*Radio Frequency*), wird die Lageraufgabe automatisch auf die an diesem Tor aktive Transporteinheit quittiert und damit eine Zuordnung zwischen Handling Unit und Transporteinheit vorgenommen.

Datenmodell

Die Komponente Warenannahme und Versand ist Teil des Namensraumes /SCWM/. Ihre Zuständigkeit ist in der technischen Komponente SCM-EWM-SR und ihren Unterkomponenten zusammengefasst. Neben den Objekten Transporteinheit, Fahrzeug und Tor beinhaltet die Komponente auch die Funktionalität der *Bereitstellungszonen- und Torfindung* sowie die Be- und Entladungsfunktionen. Diese Funktionen sind auch für die Lieferabwicklung relevant, unabhängig von der Verwendung von Transporteinheiten.

Das Paket /SCWM/SHP_RCV ist in fünf Unterpakete unterteilt. Darüber hinaus gibt es das Paket /SCWM/YARD_MGMT für die Funktionalität des Yard Managements. Tabelle 2.4 listet die Pakete auf, die für die Komponente Warenannahme und Versand relevant sind.

Paket	Funktion
/SCWM/SHP_RCV_CORE	Bearbeitung der Objekte Transporteinheit, Fahrzeug, Tor und Bereitstellungszone
/SCWM/SHP_RCV_CUST	Customizing der Tabellen, Pflege-Views, Funktionen zum Lesen von Customizing und [F4]-Wertehilfen
/SCWM/SHP_RCV_PPF	Implementierungen des PPF
/SCWM/SHP_RCV_UI	Transaktionen zur Bearbeitung von Transporteinheit-, Fahrzeug- und Toraktivitäten
/SCWM/ERP_TM_INTEGRATION	Customizing und IDocs zur Integration des Transportmanagements in SAP ERP oder SAP S/4HANA (LE-TRA)
/SCWM/YARD_MGMT	Transaktionen zur Definition von Checkpoints, Bearbeitung von Check-in und Check-out sowie Bewegungen auf dem Yard

Tabelle 2.4 Pakete für Warenannahme und Versand

Die Verarbeitung von Belegdaten erfolgt über die in Abbildung 2.6 dargestellten Klassen. Jede Aktivität wird von einer eigenen Instanz der jeweiligen Klasse verwaltet. Die Daten sind in den Klassen zu finden, die mit /SCWM/CL_SR_DO... beginnen. Die Geschäftslogik wird über die zugehörigen Klassen ausgeführt, die mit /SCWM/CL_SR_BO... beginnen und einen Verweis auf die aktuelle Instanz der Daten enthalten. Der

Objektmanager /SCWM/CL_SR_BOM verwaltet die Instanzen von Business-Objekten, deren Namen mit /SCWM/CL_SR_BO... beginnen.

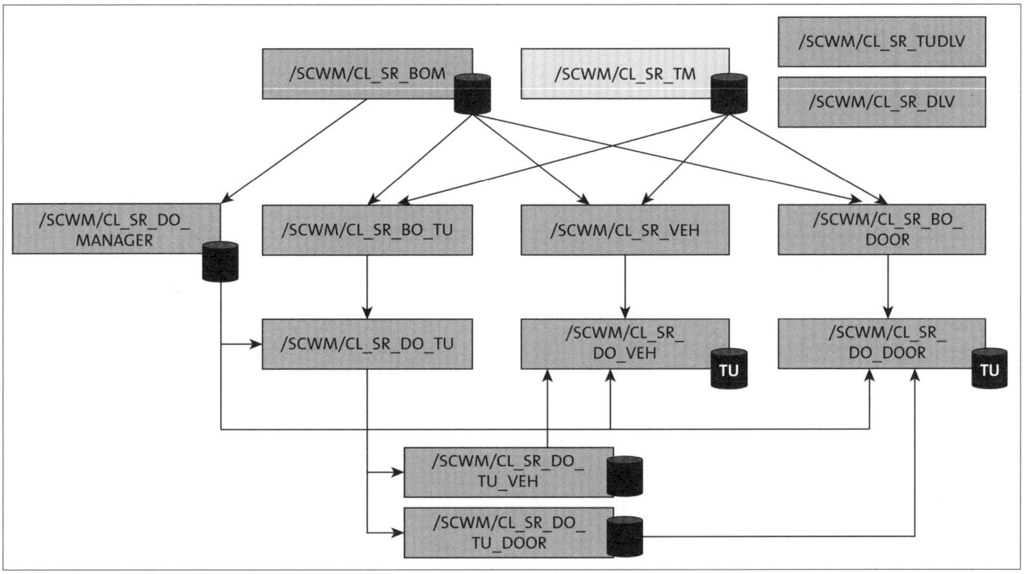

Abbildung 2.6 Klassenmodell in Warenannahme und Versand

Die Verknüpfungen zwischen einer Transporteinheit und einem Fahrzeug oder Tor werden in eigenen Klassen verwaltet, die in der Klasse /SCWM/CL_SR_DO_TU referenziert werden. Aus Gründen der Performance werden auch für die entsprechenden Tor- und Fahrzeuginstanzentabellen mit Schlüsseln der zugehörigen Transporteinheiten vorgehalten.

Die Verknüpfung zwischen Transporteinheiten und Lieferung wird in der Klasse /SCWM/CL_SR_TUDLV verwaltet. Diese Klasse ist unabhängig von den anderen Klassen und kann auch ohne diese verwendet werden, wenn keine weiteren Informationen über die Transporteinheit oder das Fahrzeug benötigt werden. Die Klasse /SCWM/CL_SR_DLV dient als Schnittstelle der Transporteinheit zur Lieferung. Sie informiert die Lieferung über Zuordnungs- und Statusänderungen.

Die Klasse /SCWM/CL_SR_DO_MANAGER existiert nur noch aus historischen Gründen und darf nicht direkt verwendet werden. Lediglich die Methoden zum Lesen/Einrichten aller relevanten Objekte bleiben erhalten und dürfen nur vom Objektmanager der Klasse /SCWM/CL_SR_BOM verwendet werden.

Die drei Objekte in Warenannahme und Versand, also Transporteinheit, Tor und Fahrzeug, bestehen jeweils aus dem Objektkopf und einer beliebigen Anzahl von Aktivitäten zu diesem Objekt. Für einen Eintrag in der Tabelle /SCWM/TUNIT oder /SCWM/VEHICLE muss mindestens ein Eintrag in der Aktivitätstabelle /SCWM/TU_SR_ACT bzw.

/SCWM/VEH_SR_ACT vorhanden sein. Alle weiteren Tabellen enthalten die für die Aktivität relevanten Daten. Die Datenbanktabellen der Objekte sind in Tabelle 2.5 aufgelistet. Die Transporteinheit und das Fahrzeug werden gelöscht, wenn die letzte Aktivität gelöscht wird.

Objekt	Tabelle	Aktivität	Zusätzliche Tabelle
Transporteinheit	/SCWM/TUNIT	/SCWM/TU_SR_ACT	/SCWM/TU_STATUS /SCWM/TU_IDENT /SCWM/TUNIT_SEAL /SCWM/TU_VEH /SCWM/TU_DOOR /SCWM/TU_DLV
Fahrzeug	/SCWM/VEHICLE	/SCWM/VEH_SR_ACT	/SCWM/VEH_STATUS /SCWM/VEH_IDENT
Tor	/SCWM/TDOOR	/SCWM/DOOR_SRACT	–

Tabelle 2.5 Tabellen von Objekten in Warenannahme und Versand

Das Objekt *Tor* hat einen besonderen Status, da es im Customizing definiert wird. Beim Anlegen einer Aktivität muss ein Eintrag für das Tor vorhanden sein, und Toraktivitäten können nicht als eigenständige Entitäten angelegt werden. Sie können allerdings auch nur mit einer Referenz auf eine Transporteinheit-Aktivität existieren. Das bedeutet, dass für jeden Eintrag in der Tabelle /SCWM/DOOR_SRACT ein Eintrag in der Tabelle /SCWM/TU_DOOR vorhanden sein muss.

Für so gut wie jede Aktion, die für eine Aktivität durchgeführt werden kann, werden die BAdIs /SCWM/EX_SR_ACTION_TU für Transporteinheiten, /SCWM/EX_SR_ACTION_VEH für Fahrzeuge und /SCWM/EX_SR_ACTION_DOOR für Tore aufgerufen. Diese BAdIs können für benutzerdefinierte Prüfungen verwendet werden.

Da die drei Objekte voneinander abhängig sind und manche Änderungen sich auf mehr als ein Objekt auswirken, muss die Konsistenz der Objekte bei der Datenänderung gewährleistet sein. Aus diesem Grund wird, wenn eine beliebige Methode einer /SCWM/CL_SR_BO_...-Klasse ausgeführt wird, vor der ersten Datenänderung eine Kopie der Datenobjektinstanz /SCWM/CL_SR_DO... gespeichert. Darüber hinaus wird dabei die Klasse /SCWM/CL_SR_TM informiert, dass eine solche Kopie erzeugt wurde.

Wenn eine Aktion erfolgreich ist, ruft die Anwendung, die die Aktion aufgerufen hat, z. B. bei Ankunft am Kontrollpunkt, die Klasse /SCWM/CL_SR_TM auf, um alle gespeicherten Objektinstanzen zu initialisieren und darüber zu informieren, dass sie die Kopie wieder verwerfen sollen.

Wenn innerhalb einer Aktion in einem der Objekte ein Fehler auftritt, wird die Klasse /SCWM/CL_SR_TM ebenfalls aufgerufen. Sie informiert alle gespeicherten Business-Objekt-Instanzen, die aktuelle Datenobjektreferenz zu verwerfen und durch die Kopie zu ersetzen. Außerdem wird sichergestellt, dass im Fall eines Fehlers die Daten auf allen Objekten dieselben sind wie vor dem Start der Aktion.

Integration von SAP Transportation Management ohne Warenannahme und Versand in EWM in SAP S/4HANA

Bevor wir diesen Abschnitt abschließen, möchten wir den *Erweiterten Warenannahme- und Versandprozess* in EWM als eine neue Integrationsmethode von EWM und SAP Transportation Management (SAP TM) erwähnen, bei der die Transporteinheit oder das Fahrzeug als redundante Objekte in EWM obsolet werden. Der Frachtauftrag aus SAP TM fungiert in diesem Szenario als einziges Objekt für die Transportausführung. Diese neue Funktion ist umfangreich und wird noch erweitert. Wir empfehlen Ihnen, dazu die SAP-Hilfe sowohl für EWM als auch für SAP TM zu konsultieren. Als weitere Informationsquelle kann das E-Bite »Integrated TM and EWM in SAP S/4HANA« von Mrinal K. Roy dienen (SAP PRESS 2021, siehe *www.sap-press.de/5315*).

2.2.2 Lageraufgabe und Lagerauftrag

Warenbewegungen innerhalb des Lagers erfolgen über das Objekt *Lageraufgabe*. Für Bestandsbuchungen, wie Wareneingänge, Warenausgänge und Umbuchungen, erzeugt das System zu Dokumentationszwecken abgeschlossene Lageraufgaben ohne Lagerauftrag. Ansonsten werden die Lageraufgaben in der Regel einem *Lagerauftrag* zur Ausführung im Lager zugeordnet.

Umlagerungen innerhalb des Lagers bestehen aus geplanten und abgeschlossenen Lageraufgaben. Beim Anlegen einer geplanten Lageraufgabe wird automatisch ein Lagerauftrag gemäß den im Customizing definierten *Lagerauftragserstellungsregeln* erzeugt. Der Lagerauftrag kann einer Ressource zugeordnet werden und dient der Aktualisierung und Quittierung zugeordneter Lageraufgaben.

Der Zweck einer Lageraufgabe kann durch ihre *Lagerprozessart* identifiziert werden (TRART). Die verfügbaren Arten sind in Tabelle 2.6 aufgelistet. Die für die Lageraufgabe verfügbaren Daten hängen von dieser Art ab (siehe Tabelle 2.9 für weitere Informationen).

Lagerprozessart	Bezeichnung
1	Einlagerung
2	Auslagerung
3	interne Bewegung

Tabelle 2.6 Lagerprozessarten in EWM

Lagerprozessart	Bezeichnung
4	Inventur
5	Wareneingangsbuchung
6	Warenausgangsbuchung
7	Umbuchung

Tabelle 2.6 Lagerprozessarten in EWM (Forts.)

Einlagerung und Auslagerung können in mehreren Schritten erfolgen. Welche Schritte das sind, kann prozessbedingt (in diesem Fall wird der Schrittablauf durch die *prozessorientierte Lagerungssteuerung* abgebildet) oder layoutbedingt sein (mit Abbildung durch die *layoutorientierte Lagerungssteuerung*). Die verschiedenen Lagerprozessschritte der prozessorientierten Lagerungssteuerung sind in der Regel optional und einige können an jeder beliebigen Stelle des Prozesses durchgeführt werden. Die meisten internen Prozessschritte können regelbasiert definiert werden, d. h., sie können in einen Prozess aufgenommen werden, werden aber nur ausgeführt, wenn ein entsprechender Beleg vorliegt. Diese Schritte sind zweistufig und müssen nach der Umlagerung manuell abgeschlossen werden, während einstufige Prozessschritte automatisch mit der Quittierung der Lageraufgabe abgeschlossen werden. Bei jedem Prozessschritt legt das System fest, ob der Abschluss des Prozessschritts automatisch zur Anlage einer Lageraufgabe des nächsten Schritts führt oder ob dies zu einem späteren Zeitpunkt geschieht, z. B. beim Abschluss einer Handling Unit an einem Arbeitsplatz. Für den Einsatz der prozessorientierten Lagerungssteuerung ist es notwendig, mit Handling Units zu arbeiten, die als Träger der Lagerungssteuerungsinformationen vorwiegend dem Prozessfortschritt dienen.

In den folgenden Abschnitten erläutern wir die Datenermittlung für die Ein- und Auslagerung näher. Wir beginnen mit den Einlagerungsvorgängen im Lager und gehen dabei auf mögliche Aktivitäten beim Wareneingang ein, gefolgt von den Auslagerungsvorgängen beim Warenausgang. Nach einem tieferen Einblick in die Datenmodelle der Kernobjekte von Lageraufgaben und Lageraufträgen beschreiben wir schließlich die grundlegende Logik von Ein- und Auslagerungsstrategien.

Lagerprozessart 1 (Einlagerung)

Der Einlagerungsprozess besteht aus Handling-Unit- und Produktlageraufgaben. Die finale Einlagerung kann mit beiden Arten von Lageraufgaben durchgeführt werden. Auf diese Weise ist auch eine Einlagerung von bestandsgemischten Handling Units möglich. Produktlageraufgaben haben immer einen Anlieferungsbezug, während sich Handling-Unit-Lageraufgaben nur auf einen Beleg beziehen, wenn dieser eindeutig ist.

Wenn Lageraufgaben vor dem Wareneingang angelegt werden, werden die Von-Daten der Einlagerungslageraufgabe aus der Wareneingangslokation der referenzierten Lieferposition bestimmt. Nach dem Wareneingang werden die Von-Daten aus der Lokation der zu bewegenden Handling Units oder Bestände bestimmt. Die Nach-Daten stammen aus der Lagerprozessart oder der Einlagerungsstrategie (für die letzte Einlagerungsaufgabe).

Prozessorientierte Lagerungssteuerung im Wareneingang

Im Wareneingang ist der letzte Prozessschritt immer die Einlagerung. Die Lageraufgaben für diesen Prozessschritt können jedoch zu jedem beliebigen Zeitpunkt während des Einlagerungsprozesses angelegt werden. Dies geschieht über die Kennzeichnung **Produkt/HU-LB** bei der Zuordnung des Lagerungsprozessschritts zu einem Lagerungsprozess im Customizing. In diesem Fall werden die Lageraufgaben mit dem Status **Wartend** angelegt und keinem Lagerauftrag zugeordnet.

Die folgenden Schritte beschreiben einen mehrstufigen Wareneingangsprozess und erläutern die Rollen der Objekte Lageraufgabe und Handling Unit:

1. **Transporteinheit zum Tor bewegen**
   Nach Ankunft einer Transporteinheit kann diese bei aktivem Yard Management mithilfe von Lageraufgaben im Yard bewegt werden. Eine solche Lageraufgabe bewegt technisch gesehen eine Handling Unit, die wie die Transporteinheit heißt. Die Von-Daten werden aus der aktuellen Lokation der Transporteinheit/Handling Unit ermittelt. Sie kann die Nach-Daten entweder aus der Lagerprozessart oder durch manuelle Eingabe erhalten. Bei Quittierung der Lageraufgabe dockt die Transporteinheit an ein Tor an. Wenn kein Yard Management verwendet wird, muss das Andocken an ein Tor manuell durchgeführt werden.
2. **Entladen**
   Wenn der Wareneingang einer Lieferposition in die Bereitstellungszone gebucht wird, ist das Entladen nicht zwingend erforderlich, kann aber durch sogenanntes *einfaches Entladen* erfolgen. In der Lieferung wird ein Belegfluss über die entladene Menge erzeugt und der Status **Entladen** für die Handling Units gesetzt. Wird der Wareneingang einer Lieferposition auf die Transporteinheit oder einen Torplatz gebucht, müssen Handling Units oder unverpackter Bestand über Lageraufgaben entladen werden. Das Entladen ist ein integraler Bestandteil des Wareneingangsprozesses. Für das Entladen gibt es grundsätzlich zwei Möglichkeiten:
   - *Entladen ohne Lagerungsprozess*
     Für unverpackten Bestand oder Handling Units ohne Lagerungsprozess legt das System nur eine Lageraufgabe mit der Lagerprozessart der Lieferposition an. In diesem Fall bildet die Lageraufgabe zugleich das Entladen und Einlagern ab. Das Entladen der Handling Unit bzw. Lieferposition quittiert damit auch die Einlagerung. Die Quittierung des Entladens bestätigt auch dann den Einlagerungs-

schritt, wenn keine manuelle Interaktion mit einer Änderung des Bestimmungsortes durchgeführt wird. Über die Transaktion **Entladen** (/SCWM/UNLOAD) ist es auch möglich, die Handling Unit auf den Bereitstellungsplatz der Lieferposition zu entladen.

- *Entladung mit Lagerungsprozess*
  Der erste Lagerprozessschritt der Lagerungssteuerung in der Handling Unit muss der Entladeschritt sein. Wenn die Lageraufgabenerstellung für diese Handling Unit aufgerufen wird, legt das System automatisch eine Handling-Unit-Lageraufgabe vom Wareneingangsplatz der Lieferposition zur Bereitstellungszone der Anlieferung an. Für das Entladen ist eine Lageraufgabe mit einer Lagerauftragserstellungsregel vom Erstellungstyp **Laden/Entladen** sinnvoll. Diese können Sie im EWM-Einführungsleitfaden unter **Prozessübergreifende Einstellungen • Lagerauftrag • Erstellungsregeln für Lageraufträge definieren** anlegen (siehe Abbildung 2.7).

Lagerauftragserstellungsregeln

Lagernummer	LAER	Beschreibung	ErstellTyp
1010	UL01	Entladen	Laden / Entladen
1010	Y001	Kommissionierung ganzer Paletten	Konsolidierungsgruppe
1010	Y002	Mehrkundenkommissionierung Fachboden	Konsolidierungsgruppe
1010	Y003	Kommissionier. 1 Kunde aus Kommibereich	Konsolidierungsgruppe
1010	Y004	Sammelnachschub Schmalgang an Fachboden	Kommissionierweg
1010	Y005	Schmalgang: Nachschub zum Kommibereich	Kommissionierweg
1010	Y006	Vollentnahme bei Mengeneinheit = PAL	Konsolidierungsgruppe
1010	Y007	Nachschub zum Kommibereich Blocklager B	Kommissionierweg
1010	Y008	Vollpalettenentnahme	Kommissionierweg
1010	Y009	Teilentnahme	Kommissionierweg
1010	YPAL	Max. 1 LB, kein Filter, keine Sortierung	Kommissionierweg
1010	YPI1	LA für 20 Inventurpositionen	Inventur
1010	YSC1	Verschrottung ganzer Paletten	Kommissionierweg
1010	YSC2	Verschrottung loser Ware	Kommissionierweg

Abbildung 2.7 Lagerauftragserstellungstyp in der Lagerauftragserstellungsregel

Wenn die Entlade-Lageraufgaben vom System automatisch aus dem PPF oder für eine komplette Lieferung oder Transporteinheit manuell angelegt werden, werden alle Lageraufgaben parallel angelegt. In diesem Fall werden alle Lageraufgaben einem Lagerauftrag zugeordnet. Abhängig von der in der Lagerauftragserstellungsregel konfigurierten Anzahl von Mitarbeitenden werden zusätzliche Lageraufträge ohne Lageraufgaben angelegt, um eine parallele Entladung mithilfe von mobilen Geräten über Radio Frequency zu ermöglichen. Durch die Quittierung einer Lageraufgabe zur Entladung wird die Lageraufgabe aus dem Hauptlagerauftrag neu dem Lagerauftrag des jeweiligen Mitarbeiters oder der Mitarbeiterin zugewiesen. Das bedeutet, dass mehrere Benutzer*innen denselben Arbeitsvorrat bearbeiten können, ohne dass es eine vordefinierte Entladungsreihenfolge gibt. Am Ende wird die Identität des Benutzers oder der Benutzerin dokumentiert, der oder die die einzelne Handling Unit entladen hat.

3. **Zählen**
   Das Zählen kann als regelbasierter Schritt in die Lagerungssteuerung aufgenommen werden. Ist eine Handling-Unit-Position aufgrund eines vorhandenen Zählbelegs für die verpackte Lieferposition zählrelevant, wird eine Handling-Unit-Lageraufgabe für eine Zählstation angelegt. Dort wird der Inhalt der Handling Unit gezählt, und der Schritt ist damit abgeschlossen. Wenn der Zählschritt nicht als regelbasiert gekennzeichnet ist, wird die Handling Unit unabhängig vom Vorhandensein eines Zählbelegs an die Zählstation gebracht. Bei Lieferpositionen mit einem Zähl- und Qualitätsprüfschritt oder einem LZL-Schritt muss der Zählschritt *vor* diesen Schritten in die Lagerungssteuerung aufgenommen werden. Bei Lagerprozessen, bei denen eine Dekonsolidierung und die Einlagerung nach dem Entladen notwendig sind, kann die Zählung implizit durch die Quittierung dieser Lageraufgaben abgeschlossen werden.

4. **Qualitätsprüfung**
   Eine Qualitätsprüfung kann als weiterer regelbasierter Schritt in den Lagerprozess einbezogen werden. Wenn für den Inhalt der Handling Unit ein Qualitätsprüfbeleg/Prüflos existiert, wird eine Lageraufgabe für den durch den Beleg (Prüfeinstellungen) ermittelten Prüfplatz angelegt. Die Handling Unit wird jedoch nur auf den Arbeitsplatz der ersten relevanten Qualitätsprüfung bewegt. Enthält die Handling Unit mehrere prüfungsrelevante Positionen mit unterschiedlichen Prüfplätzen, muss das Routing zwischen diesen manuell erfolgen. Wenn kein Prüfplatz ermittelt werden kann, wird keine Handling-Unit-Lageraufgabe erzeugt, und der Schritt muss auf dem aktuellen Platz abgeschlossen werden. Nach Abschluss der Qualitätsprüfung muss die Handling Unit als erledigt gekennzeichnet werden. Das System prüft nicht, ob sich noch ungeprüfter Bestand in der Handling Unit befindet.

5. **Logistische Zusatzleistung**
   Der Prozessschritt für die Ausführung von LZL sollte ebenfalls als regelbasiert definiert werden. Dieser Schritt ist relevant, wenn mindestens eine Position der Handling Unit einen LZL-Auftrag enthält. Für einen LZL-Arbeitsplatz wird eine Handling-Unit-Lageraufgabe angelegt. Nach Abschluss der LZL muss der Benutzer oder die Benutzerin die Handling Unit als erledigt kennzeichnen. Obwohl der LZL-Schritt an jeder Stelle des Lagerungsprozesses durchgeführt werden kann, ist die Bearbeitung eines Produkts nach einer möglichen Qualitätsprüfung am sinnvollsten.

6. **Dekonsolidierung**
   Die *Dekonsolidierung* ist ein optionaler Schritt in der Lagerungssteuerung, der als regelbasiert gekennzeichnet werden kann. Um einen Dekonsolidierungsschritt

zu verwenden, ist es zwingend erforderlich, vor oder mit dem Dekonsolidierungsschritt Einlagerungslageraufgaben anzulegen. Diese Einlagerungslageraufgaben werden mit dem Status **Wartend** angelegt. Eine Handling Unit ist dann für die Dekonsolidierung relevant, wenn es für den Inhalt der Handling Unit mehr als eine Lageraufgabe gibt und diese Lageraufgaben unterschiedliche Dekonsolidierungsgruppen beinhalten. Der Inhalt der Handling Unit muss umgepackt werden, damit die entstehenden Handling Units für die Einlagerung verwendet werden können. Der Schritt der Dekonsolidierung muss ebenfalls manuell als erledigt gesetzt werden.

7. **Einlagerung**
   Die Einlagerung ist immer der letzte Schritt im Wareneingangsprozess. Sie können die Lageraufgabe für diesen Schritt zu jedem Zeitpunkt des Prozesses anlegen. Im Schritt Einlagerung legen Sie eine Lageraufgabe zur Einlagerung an oder aktivieren eine bereits vorhandene Lageraufgabe zur Einlagerung mit dem Status **Wartend**.

Lagerprozessart 2 (Auslagerung)

Der Auslieferungsprozess beginnt immer mit einer Produktlageraufgabe mit Bezug zu einem Auslieferungsauftrag, was als *Kommissionierung* bezeichnet wird. Für diese Produktlageraufgabe erfolgt die Von-Daten-Ermittlung über die Lagerprozessart aus der Lieferposition unter Anwendung der Auslagerungsstrategie. Die Nach-Daten werden aus den Bereitstellungsdaten der Auslieferungsauftragsposition gelesen.

Bei der Anlage von Kommissionier-Lageraufgaben werden diese zu Lageraufträgen mit Lagerauftragserstellungsregeln gebündelt. In der Kommissionierung bietet die Lagerauftragserstellung die meisten Optimierungsmöglichkeiten und verschiedene Szenarien (siehe Tabelle 2.7). Aus diesem Grund ist es sinnvoll, so viele Lageraufgaben wie möglich gemeinsam anzulegen. Hierfür bietet EWM die Wellenfunktionalität an. In Wellen werden Lieferungspositionen, die in einem bestimmten Zeitraum kommissioniert werden sollen, zusammengefasst, und mit einer Wellenfreigabe werden die Lageraufgaben für alle Positionen innerhalb dieses Pools angelegt.

Erstellungstyp	Bezeichnung
Konsolidierungsgruppe	Wenn möglich, werden alle Lageraufgaben für eine Konsolidierungsgruppe gemeinsam kommissioniert. Auf diese Weise werden alle Produkte, die für denselben Kunden bestimmt sind, in einem frühen Stadium zusammengehalten (verpackt). Der Kommissionierweg ist etwas länger, aber Sie können möglicherweise auf ein zusätzliches Umpacken verzichten.

Tabelle 2.7 Lagerauftragserstellungstypen für die Kommissionierung

Erstellungstyp	Bezeichnung
Kommissionierweg	Die Lageraufgaben werden nach dem Kommissionierweg sortiert und dann so gebündelt, dass die kürzesten Wege zurückgelegt werden. Die Kommissionierenden arbeiten in verschiedenen Bereichen. Die Produkte müssen jedoch zu einem Packtisch gebracht werden, um die Lieferungen zu konsolidieren.
Pick, Pack und Pass (systemgeführt)	Die Lageraufgaben werden entsprechend der Konsolidierungsgruppe innerhalb eines Aktivitätsbereichs gebündelt. Die Reihenfolge der Lageraufträge einer Konsolidierungsgruppe wird im Customizing festgelegt, und nur ein Lagerauftrag ist jeweils aktiv, andere stehen in Wartestellung. Die Quittierung eines Lagerauftrags aktiviert den nächsten Lagerauftrag der gleichen Konsolidierungsgruppe im nächsten Aktivitätsbereich. Für dieses Szenario müssen dem Aktivitätsbereich für die Lagerauftragserstellung mehrere Aktivitätsbereiche zugeordnet werden.
Pick, Pack und Pass (benutzergeführt)	In diesem Szenario werden die Lageraufgaben ebenfalls in einer Konsolidierungsgruppe pro Aktivitätsbereich gebündelt, aber alle Lageraufträge sind aktiv.

Tabelle 2.7 Lagerauftragserstellungstypen für die Kommissionierung (Forts.)

Prozessorientierte Lagerungssteuerung im Warenausgang

In diesem Abschnitt beschreiben wir einen mehrstufigen Warenausgangsprozess und erläutern die Rollen der Objekte Lageraufgabe und Handling Unit in diesem Prozess:

1. **Kommissionierung**
   Die Anlage von Lageraufgaben für die Kommissionierung erfolgt, wie vorab schon beschrieben, auf der Basis der Daten der Auslieferungsauftragspositionen und der Konfiguration der Auslagerungsstrategien.
2. **Logistische Zusatzleistungen**
   Der Prozessschritt für die Ausführung von LZL sollte als regelbasierter Schritt innerhalb des Lagerprozesses gepflegt werden. In diesem Fall ist der Schritt nur dann relevant, wenn ein LZL-Auftrag für die Auslieferungsauftragsposition existiert. Wenn LZL der zweite Schritt innerhalb des Lagerungsprozesses ist, werden die Kommissionier-Lageraufgaben bereits für den LZL-Arbeitsplatz angelegt. Bei der Quittierung von Kommissionier-Lageraufgaben müssen Kommissionier-Handling-Units verwendet werden. Wenn das LZL nicht der zweite Schritt innerhalb des

Lagerungsprozesses ist, wird eine zusätzliche Handling-Unit-Lageraufgabe für den LZL-Arbeitsplatz angelegt.

3. **Verpacken**
   Wenn Lageraufgaben im Lagerauftrag nach Kommissionierwegen gebündelt werden, kommissionieren meist verschiedene Kommissionierende die Bestände für eine Lieferung. Für den Versand muss dieser Bestand konsolidiert und an einem Packarbeitsplatz verpackt werden. In diesem Fall werden Kommissionier-Lageraufgaben direkt für den Packarbeitsplatz angelegt. Mit dem LZL-Schritt werden die Handling Units bei Bedarf mit einer Handling-Unit-Lageraufgabe vom LZL-Arbeitsplatz zum Packtisch bewegt. Der Verpackungsschritt im Lagerprozess muss durch Abschluss der Handling Unit manuell am Arbeitsplatz bestätigt werden.
4. **Bereitstellen**
   Im Bereitstellungsschritt werden die Handling Units über Handling-Unit-Lageraufgaben vom Arbeitsplatz in die Bereitstellungszone gebracht. Die Nach-Daten werden aus der Auslieferungsauftragsposition ermittelt.
5. **Beladen**
   Die Beladung erzeugt Handling-Unit-Lageraufgaben von der Bereitstellungszone bis zum Tor der Auslieferungsauftragsposition. Die Quittierung einer Lageraufgabe an einen Tor-Platz wird als Lade-Lageraufgabe definiert und erzeugt einen Belegflusseintrag in den Auslieferungsauftragspositionen sowie einen Status für die Handling Unit im Fall einer Handling-Unit-Bewegung. Wenn bei der Quittierung der Lageraufgabe mit RF eine Transporteinheit am Tor angedockt ist, wird als Ziel der Lageraufgabe direkt diese Transporteinheit angegeben.

Datenmodell

Die Verarbeitung von Lageraufgaben findet sich im Paket `/SCWM/CORE`. Die Lagerauftragserstellung ist dem Paket `/SCWM/WHO` zugeordnet.

Geplante Lageraufgaben legen einen Eintrag in der Tabelle `/SCWM/ORDIM_O` und einen identischen Eintrag in der Tabelle `/SCWM/ORDIM_L` an. Beim Bestätigen oder Stornieren dieser geplanten Lageraufgabe wird der Eintrag in der Tabelle `/SCWM/ORDIM_O` gelöscht und ein neuer Eintrag in der Tabelle `/SCWM/ORDIM_C` erzeugt. Damit wird sichergestellt, dass die Tabelle der offenen Lageraufgaben kleingehalten wird und die Zugriffe entsprechend performant sind. Lageraufgaben beziehen sich immer auf einen Lagerauftrag in der Tabelle `/SCWM/WHO`. Die zum Lagerauftrag angelegten Kommissionier-Handling-Units sind in Tabelle `/SCWM/WHOHU` zu finden.

Tabelle 2.8 listet die Tabellen auf, in denen die Daten für die Verarbeitung von Lageraufgaben gespeichert sind.

Tabelle	Verwendung
/SCWM/ORDIM_O	geplante Lageraufgaben mit Status **Offen** oder **Wartend**
/SCWM/ORDIM_OS	Serialnummern für offene Lageraufgaben
/SCWM/ORDIM_L	Protokolltabelle für geplante Lageraufgaben. Es handelt sich um eine Kopie des Originaleintrags in /SCWM/ORDIM_O, der die Anfangswerte dokumentiert. Sie wird zu keinem Zeitpunkt aktualisiert.
/SCWM/ORDIM_LS	Serialnummern für Protokolltabelle
/SCWM/ORDIM_C	abgeschlossene Lageraufgaben
/SCWM/ORDIM_CS	Serialnummern für abgeschlossene Lageraufgaben
/SCWM/ORDIM_H	Bestandsinformationen für rückgemeldete Handling-Unit-Lageraufgaben mit Mischbeständen
/SCWM/ORDIM_HS	Serialnummern auf gemischten Handling-Unit-Lageraufgaben mit Bezug auf Tabelle /SCMW/ORDIM_H
/SCWM/ORDIM_E	Ausnahmecodes zu abgeschlossenen Lageraufgaben

Tabelle 2.8 Tabellen für Lageraufgaben

Die mit einer Lageraufgabe zu bewegende Menge kann in Teilmengen quittiert werden. Dies wird als *Split* der Lageraufgabe bezeichnet. Zu einer offenen Lageraufgabe wird eine quittierte Lageraufgabe mit der bestätigten Teilmenge erstellt. Dies ist z. B. erforderlich, wenn die Menge auf mehrere Nach-Handling-Units (Kommissionier-Handling-Units) aufgeteilt wird oder wenn die Von-Handling-Unit eine geschachtelte Handling Unit ist und die Kommissionierung aus einem Teil einer Sub-Handling-Unit oder aus einigen kompletten Sub-Handling-Units erfolgt. Die Schlüssel der Tabellen /SCWM/ORDIM_O und /SCWM/ORDIM_L sind die Lagernummer und die Lageraufgabe. Die bestätigten Lageraufgaben enthalten zusätzlich eine Positionsnummer.

Die Attribute der Lageraufgabe lassen sich in die folgenden Gruppen unterteilen:

- *technische Daten* wie Benutzername, Erstellungsdatum, Ressource, Queue, Bestätigungsdatum usw.
- *Bestandsmerkmale* wie Produkt, Menge, Charge, Bestandskategorie usw.
- *Von-Daten*, also eine Lokation im Lager, an der sich der abzuholende Bestand befindet, wie z. B. Von-Lagerplatz, Von-Handling-Unit, Von-Ressource oder Von-Transporteinheit
- *Nach-Daten*, also eine Lokation im Lager, an die der Bestand gebracht werden soll, wie z. B. ein Nach-Lagerplatz, eine Nach-Handling-Unit, eine Nach-Ressource oder eine Nach-Transporteinheit

- *Zusatzdaten*, darunter allgemeinere Attribute wie das Feld FLGHUTO, das die Bewegung der kompletten Von-Handling-Unit angibt, oder das Feld HOMVE, das für die Produktlageraufgaben angibt, dass der gesamte Bestand der Von-Handling-Unit bewegt werden soll und ob die Bewegung der kompletten Handling Unit möglich ist

Organisatorische Daten werden immer gefüllt. Bestandsmerkmale werden nur bei Produktbewegungen, Bestandsänderungen und Handling-Unit-Bewegungen mit eindeutigem Bestand gefüllt. Von- und Nach-Daten hängen von der Art der Lageraufgabe ab. Welche Daten bei welcher Buchung (Lagerprozessart und Produkt- oder Handling-Unit-Buchung) gefüllt werden, können Sie Tabelle 2.9 entnehmen. Die dargestellten Lagerprozessarten sind in der Tabelle /SCWM/T333A definiert.

Vorgang	Lagerprozessart	Von	Nach	Bestand	Zusatzdaten
Produktwareneingang	5	–	X	X	–
Handling-Unit-Wareneingang	5	–	X	optional	FLGHUTO
Produkt-Warenausgang	6	X	–	X	–
Handling-Unit-Warenausgang	6	X	–	optional	FLGHUTO
Umbuchung	7	X	X	X	–
Produkt-Ein-, -Aus- oder -Umlagerung	1, 2, 3	X	X	X	HOMVE HUENT
Handling-Unit-Ein-, -Aus- oder -Umlagerung	1, 2, 3	X	X	optional	FLGHUTO MOVEHU
Inventur einer kompletten Handling Unit	4	X	X	optional	FLGHUTO
Inventur eines Produkts auf einer Lokation	4	X	X	X	–

Tabelle 2.9 Bereitgestellte Daten in Lageraufgaben nach Art des Vorgangs

Von- und Nach-Daten umfassen die Lokation und die Handling Unit. Neben der Lokation wird immer auch die betroffene GUID_HU (Handling-Unit-GUID) gefüllt. Bei Dummy-Handling-Units bleibt die Handling-Unit-Identifikation initial, sodass leicht zu erkennen ist, ob es sich um eine reale oder eine virtuelle Handling Unit handelt. Das Kennzeichen FLGHUTO zeigt an, ob die Lageraufgabe als Handling-Unit-Buchung angelegt wurde. Wenn der Nach-Lagertyp keine Handling-Units zulässt, wird nur der Inhalt der Handling Unit bewegt, was über das Kennzeichen MOVEHU zu erkennen ist.

Wird eine Produktlageraufgabe für den kompletten Bestand einer Handling Unit angelegt, ist diese durch das Kennzeichen HOMVE gekennzeichnet. In diesem Fall kann die komplette Handling Unit wie eine Handling-Unit-Lageraufgabe bewegt werden, und das Kennzeichen HUENT wird gesetzt, um die Bewegung der Handling Unit zu kennzeichnen.

Lageraufgaben können verschiedene Status haben (siehe Tabelle 2.10).

Status	Verwendung
Offen	Die geplante Lageraufgabe wartet auf Bearbeitung.
Wartend	Eine geplante Lageraufgabe, die den verfügbaren Bestand und Nachplatz reserviert; kann noch nicht bearbeitet werden.
Quittiert	Die Lageraufgabe ist abgeschlossen.
Storniert	Die geplante Umlagerung wurde zurückgenommen.

Tabelle 2.10 Mögliche Status von Lageraufgaben

[«]

Geplante Lageraufgaben werden nie gelöscht

Geplante Lageraufgaben können nur storniert, aber nicht gelöscht werden. Abgeschlossene Lageraufgaben und Bestandsbuchungen können nicht storniert werden. Sie müssen in umgekehrter Richtung mit einer neuen Lageraufgabe gebucht werden.

Von-Daten-Ermittlung

Bei Einlagerungslageraufgaben für Anlieferungspositionen ohne Wareneingang werden die Von-Daten aus dem Wareneingangsplatz der Anlieferungsposition ermittelt. Nach dem Wareneingang werden die Von-Daten mit Bezug auf die Anlieferungsposition aus dem Bestand entnommen. Bei manuellen Produktlageraufgaben (Transaktion /SCWM/ADPROD) oder Handling-Unit-Lageraufgaben (Transaktion /SCWM/ADHU) muss der Bestand von dem Benutzer oder der Benutzerin manuell ausgewählt werden, um eine Lageraufgabe anlegen zu können.

Für Kommissionier-Lageraufgaben werden die Von-Daten durch verfügbare Mengen (Tabelle /SCWM/AQUA) mithilfe einer Auslagerungsstrategie und einer Packspezifikation für das Produkt ermittelt. Eine Ausnahme von dieser Regel ist die Anlage einer Lageraufgabe für ein Cross-Dock-Szenario. In diesem Fall enthält der Auslieferungsauftrag bereits Informationen über die Anlieferung, mit der der Bestand in das Lager kam, und die Lageraufgabe sucht nach Bestand mit Anlieferungsbezug, für den die Einlagerung noch nicht abgeschlossen wurde. Die Ermittlung der Von-Daten erfolgt in der Funktionsgruppe /SCWM/REM_BIN_DET.

Abbildung 2.8 zeigt das Customizing der Auslagerungsstrategie. Die im Customizing definierte Auslagerungsstrategie wird zur Ermittlung des Von-Lagerplatzes für die Von-Handling-Unit verwendet. Wenn im Von-Lagertyp eine Mengenklassifizierung definiert ist, ruft das System die Packspezifikationsfindung mit der Konditionsart `OWHT` auf. Anhand der Mengenklassifizierung des Lagertyps wird der relevante Level der Packspezifikation gelesen und die operative Mengeneinheit ermittelt. Aufgrund dieser Mengeninformation kann eine Rundung der Lageraufgabenmenge vorgenommen werden (z. B., um sicherzustellen, dass nur ganze Kartons kommissioniert werden) oder die Menge kann auf eine Einheit der operativen Mengeneinheit reduziert werden (z. B. in einem Blocklager, wo pro Palette eine Lageraufgabe angelegt werden muss).

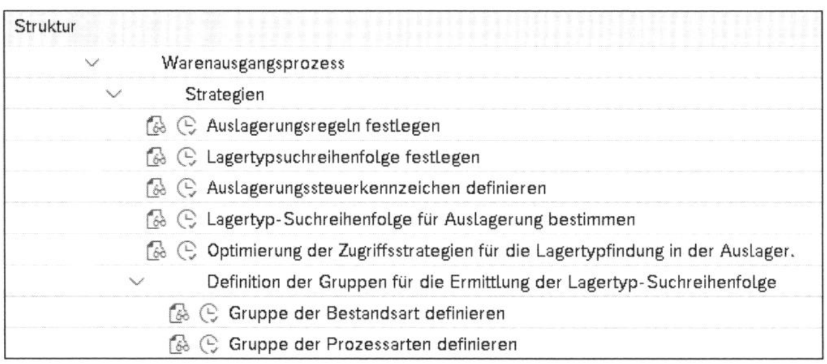

Abbildung 2.8 Customizing für Auslagerungsstrategien

Mit den BAdIs, die in Abbildung 2.9 aufgeführt sind, kann die Auslagerungsstrategie und damit die betroffene Von-Daten-Ermittlung kundenspezifisch angepasst werden. So kann z. B. die operative Mengeneinheit eingestellt werden, wenn der Bestand in einer anderen als der standardisierten Mengeneinheit in einer Handling Unit gelagert wird.

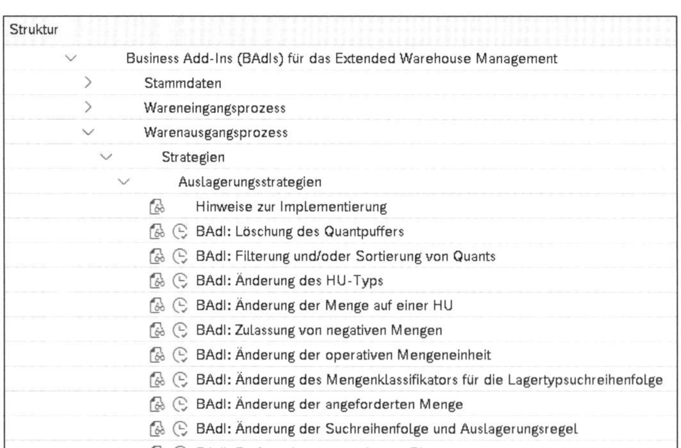

Abbildung 2.9 Business Add-ins zur Beeinflussung der Auslagerungsstrategie

Um die parallele Anlage von Lageraufgaben zu ermöglichen, wird der Von-Lagerplatz mit einer Lesesperre versehen. Dadurch kann eine beliebige Anzahl paralleler Prozesse auf diese Daten zugreifen. Für die Menge der angelegten Lageraufgaben wird eine exklusive Sperre verwendet, um die Verfügbarkeit zu gewährleisten. Bei Produktlageraufgaben mit einer bestimmten Von-Handling-Unit erhält die Handling Unit ebenfalls eine Shared-Sperre. Dies gilt auch für das Umpacken an einem Arbeitsplatz. Beim Bewegen einer kompletten Handling Unit oder beim Umpacken einer kompletten Handling Unit erhält die Handling Unit eine exklusive Sperre. Daher muss vor dem Umpacken oder Bewegen der Handling Unit der Umpackbestand gesichert werden.

Nach-Daten-Ermittlung

Die Nach-Daten für die finale Einlagerung werden durch die für das Produkt definierte Einlagerungsstrategie bestimmt. Die Definition der Einlagerungsstrategie erfolgt im Customizing des Wareneingangsprozesses (siehe Abbildung 2.10).

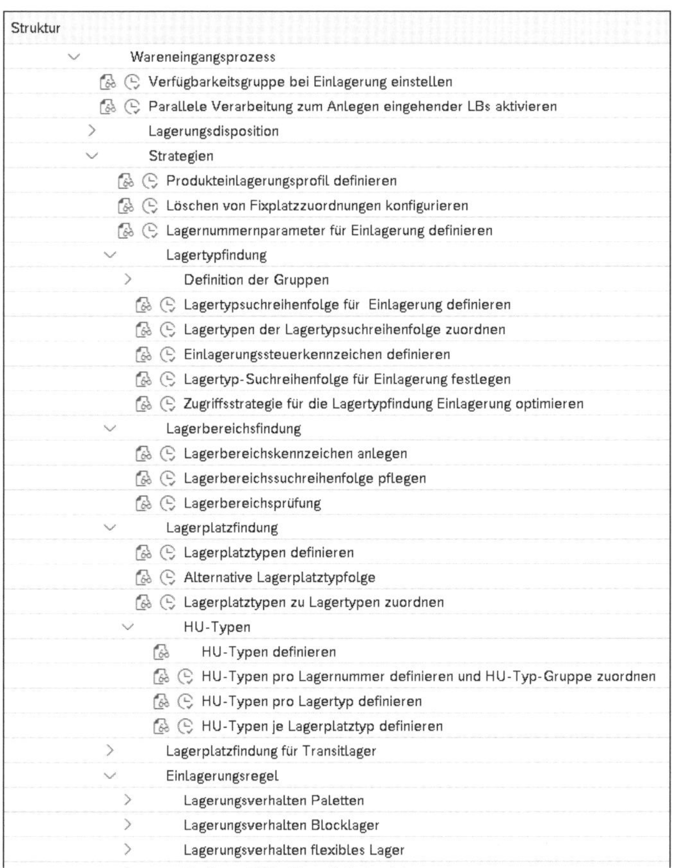

Abbildung 2.10 Customizing für Einlagerungsstrategien

Bei anderen Prozessen werden die Nach-Daten aus der Lieferposition oder dem Lagerprozessschritt (z. B. Arbeitsplatz) übernommen oder manuell definiert.

Die Ermittlung bzw. Prüfung der Nach-Daten erfolgt in der Funktionsgruppe /SCWM/PUT_BIN_DET. Hier wird je nach Einstellung des Lagertyps (siehe Abbildung 2.11) die Mischbelegungs- und Kapazitätsprüfung aufgerufen. Bei der Bewegung einer kompletten Handling Unit (Handling-Unit-Lageraufgabe oder Produktlageraufgabe für den kompletten Handling-Unit-Inhalt) wird die Kapazität der Handling Unit für die Kapazitätsprüfung herangezogen. Die Mischbelegungs- und Kapazitätsprüfung erfolgt in der Funktionsgruppe /SCWM/HUFUNC. Hierfür wird der Funktionsbaustein /SCWM/TO_HU_INT aufgerufen. Die Nach-Handling-Unit (sofern es sich nicht um eine Dummy-Handling-Unit handelt, siehe Abschnitt 2.3.2, »Handling Units«) wird immer exklusiv gesperrt. Nach-Lagerplätze werden auch exklusiv gesperrt, wenn eine Mischbelegungs- und Kapazitätsprüfung durchgeführt werden muss. Die Deaktivierung der Kapazitätsinformationen kann für Arbeitsplätze und Bereitstellungszonen sinnvoll sein.

Abbildung 2.11 Einstellungen zu Mischbelegung und Kapazitätsprüfung im Lagertyp

Bei reinen Produktlageraufgaben wird über die Konditionsart 0WHT eine Packspezifikationsfindung durchgeführt. Die Kapazitätsdaten werden bis zu der relevanten Ebene in der Packspezifikation ermittelt, die durch die Mengenklassifizierung für die Einlagerung definiert ist (oder die allgemeine Mengenklassifizierung, wenn keine spezifische gefunden wird). Es werden nur Handling-Unit-relevante Ebenen verwendet. Wird keine Packspezifikation gefunden, werden die Kapazitätsdaten der Basismengeneinheit aus dem Produktstamm verwendet. Produkte mit Catch-Weight-Management stellen hier eine Ausnahme dar. Hier wird je nach Klassifizierung die Menge als Kapazität herangezogen.

Über BAdI-Implementierungen können alle Parameter der Einlagerungsstrategie beeinflusst werden. Eine Übersicht über die verfügbaren BAdIs für die Einlagerungsstrategie finden Sie in Abbildung 2.12.

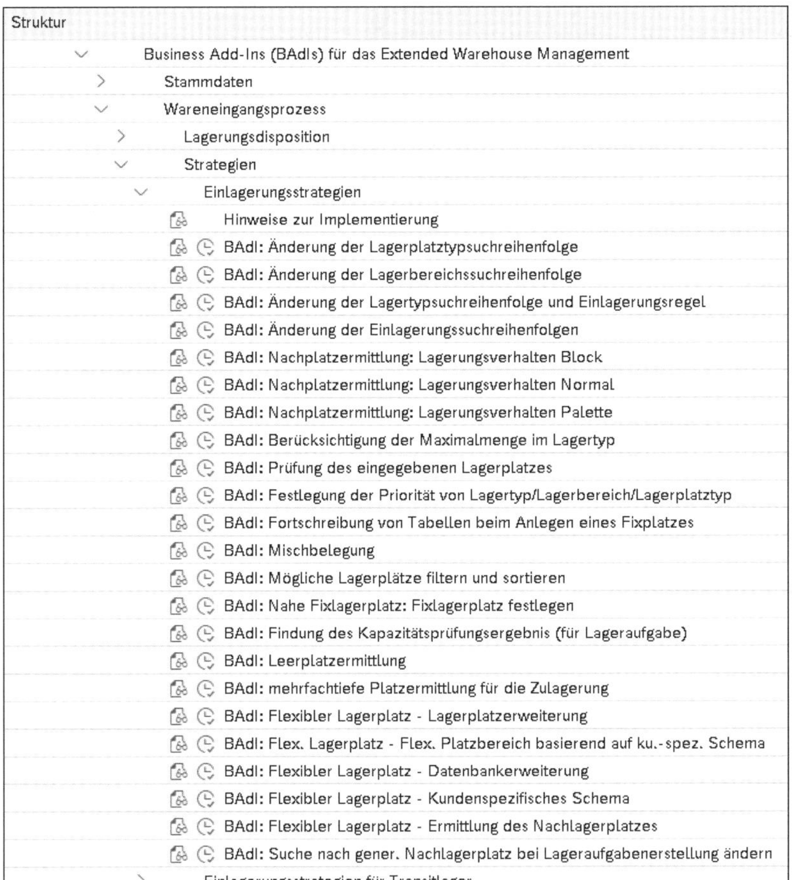

Abbildung 2.12 Business Add-ins zur Beeinflussung der Einlagerungsstrategie

2.3 Bestandsverwaltung

Bestandsdaten und Hierarchien werden in EWM in der *Logistics Inventory Management Engine* (LIME) verwaltet. Das Bestandsdatenmodell von EWM und der LIME enthält drei Objekttypen:

- Lokation
- Handling Unit
- Bestand

Die Objekte dieser Typen bilden eine Hierarchie, wobei die Bestände immer in Handling Units gelagert werden. Handling Units können andere Handling Units enthalten, und eine Handling Unit ist immer mit einer Lokation verankert. Ein Beispiel ist in Abbildung 2.13 zu sehen.

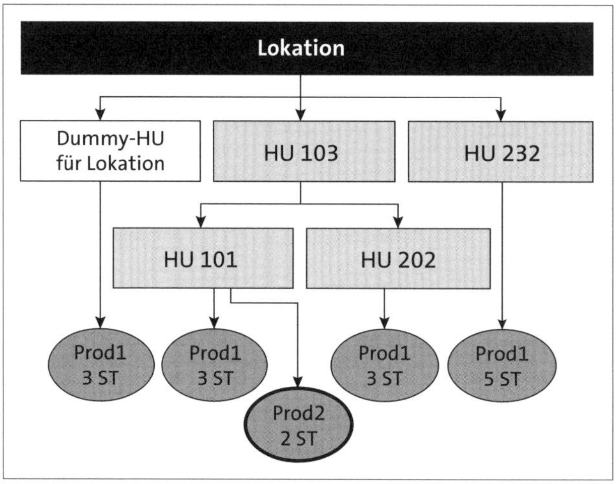

Abbildung 2.13 Beispiel für Bestände und Hierarchien in der Logistics Inventory Management Engine

Obwohl die LIME auch Bestand in Lokationen verwalten kann, wurde die Entscheidung getroffen, dies in EWM nicht zuzulassen. Bestand ist nur in Handling Units erlaubt, um den einheitlichen Zugriff auf diesen über ein übergeordnetes Objekt zu erleichtern.

Die LIME bietet auch die Möglichkeit, Lokationen hierarchisch abzulegen. Diese Option wird in EWM aber ebenfalls nicht genutzt. Eine Lokation kann nur Handling Units enthalten und ist immer die oberste Ebene einer Hierarchie von Handling Units.

Als generische Engine arbeitet die LIME in ihren Tabellen nur mit *Globally Unique Identifiers* (GUID) innerhalb der Hierarchien und des Bestandes. Die Tabelle `/LIME/NTREE` ist für die Hierarchien zuständig, die Tabellen `/LIME/NQUAN` und `/LIME/NSERIAL` für den Bestand. In den Indextabellen der die LIME nutzenden Applikationen (z. B. EWM) ist für diese GUIDs der betriebswirtschaftliche Schlüssel hinterlegt.

Alle Indextabellen der Bestandsverwaltung in EWM beginnen mit Mandant und Lagernummer. Diese Datenstruktur ermöglicht es der LIME, ein einheitliches Coding für alle Anwendungen zu verwenden. Für den Zugriff über die Indextabellen der Anwendungen generiert die LIME spezifischen Code für die Zuweisung der Indextabellen.

In den folgenden Abschnitten werden wir einen tieferen Einblick in einige Aspekte der Bestandsverwaltung in EWM geben. Dazu gehören die Objekte Lokation, Handling Unit und Bestand.

2.3.1 Lokationen

In EWM gibt es vier Arten von Lokationen für die Verwaltung von Bestandsmengen:

- Lagernummer
- Plätze
- Ressourcen
- Transporteinheiten

In Tabelle 2.11 finden Sie die vier Lokationsindextabellen, ihre Verwendungen, Schlüssel und verknüpften Stammdaten.

Tabelle	Verwendung	Schlüssel	Stammdaten
/SCWM/LOC_IW01	Plätze (Lagerplätze, Arbeitsplätze, Tore usw.)	LGNUM LGTYP LGPLA	/SCWM/LAGP
/SCWM/LOC_IW02	Ressourcen	LGNUM RSRC	/SCWM/RSRC
/SCWM/LOC_IW03	Lagernummer (logische Lokation)	LGNUM LGNUM_VIEW	–
/SCWM/LOC_IW04	Transporteinheit	LGNUM TU_NUM	/SCWM/TUNIT

Tabelle 2.11 Lokationsindextabellen

Der Lokationsindex (GUID_LOC) für Plätze, Ressourcen und Transporteinheiten wird bei der Anlage der entsprechenden Stammdaten angelegt. Der Lokationsindex für die Lagernummer (Tabelle /SCWM/LOCK_IW03) wird bei der Definition der Lagernummer oder beim ersten Buchen mit einem Bestand angelegt.

Auf der Ebene der Lagernummer werden der virtuelle Bestand (z. B. Plan-Handling-Units in der Anlieferung) und Differenzmengen gespeichert. Aus Transparenzgründen gibt es für die unterschiedlichen Arten von Differenzmengen in einer Lagernummer unterschiedliche Lokationen. Derzeit sind dies die folgenden:

- Differenzen zu Bewertungsmengen (nur bei Verwendung von Catch-Weight-Management)
- auszugleichende Differenzen
- Mengen ohne Lagerplatzzuordnung

2.3.2 Handling Units

Für jede Lokation existiert eine namensgleiche Handling Unit, die zur Lagerung von unverpacktem Bestand verwendet wird. Diese wird ebenfalls mit dem Stammdatum angelegt und unterscheidet sich von den für Benutzer sichtbaren Handling Units durch den Parameter VHI (Virtual Handling Unit Indicator), der von der Logistics Inventory Management Engine im Index vordefiniert ist. Diese Dummy-Handling-Units sind zwar im UI nicht sichtbar, werden aber im Programmablauf als normale Handling Units verwendet.

Jede Handling Unit wird durch die Indextabelle /SCWM/HU_IW01 definiert, deren Schlüssel sich aus den Feldern LGNUM, HUIDENT und VHI zusammensetzt. Die zugehörigen Attribute finden sich für aktive Handling Units in der Tabelle /SCWM/HUHDR. Enthält eine Handling Unit lieferungsbezogenen Bestand, so wird aus Gründen der Performance zusätzlich die Referenz auf den Lieferkopf in der Tabelle /SCWM/HUREF abgelegt. Jede Handling Unit kann über die Verwendung eines Statusobjekts in der Tabelle /SCWM/HUSTOBJ und die Status in Tabelle /SCWM/HUSSTAT mehrere Status haben.

Neben der eindeutigen Identifikation einer Handling Unit (HUIDENT) kann es noch mehrere weitere Identifikationen für eine Handling Unit geben. Diese sind in der Tabelle /SCWM/HU_IDENT zu finden. Die Handling-Unit-Position ist der Bestand, und EWM-spezifische Bestandsattribute finden Sie in der Tabelle /SCWM/QUAN. Jeder Wareneingang oder Warenausgang erzeugt einen Eintrag in der Tabelle /SCWM/GMHUHDR, in der die Attribute der Handling Unit zum Zeitpunkt der Warenbewegung gespeichert werden. Auch für die anderen Tabellen gibt es entsprechende /SCWM/GMHU*-Tabellen, in denen Mengen- und Hierarchieinformationen gespeichert werden.

Die Handling-Unit-Indextabelle enthält das Feld VHI, das der Klassifizierung der verschiedenen Arten von Handling Units dient. Das Feld VHI wird auch in der Tabelle /SCWM/HUHDR als Attribut zur Verfügung gestellt und kann die folgenden Werte annehmen:

- ' ' (Space): reale Handling Unit (physisch vorhanden)
- A: Dummy-Handling-Unit für alle Arten von Lokationen
- B: Plan-Handling-Unit (nur bei Anlieferung möglich)
- E: Transporteinheit

- C, P, U: Dummy-Handling-Unit für Differenzmengen
- R: Dummy-Handling-Unit für die Rundung von Residuen
- W: geplante Versand-Handling-Unit

Der Parameter VHI ermöglicht die Bildung verschiedener Arten von Handling Units mit der gleichen Identifikation. Es kann Handling Units mit der gleichen Identifikation wie z. B. einem Lagerplatz geben. Plan-Handling-Units bilden eine Ausnahme, da ihre Verwendung des Parameters VHI in der Logistics Inventory Management Engine zu einer veränderten GUID beim Wareneingang führen würde. Da dies nicht passieren darf, sind die VHI geplanter Handling Units nur in der Tabelle /SCWM/HUHDR und nicht in der Logistics Inventory Management Engine vorhanden.

Bei der Anlage einer Transporteinheit wird eine Lokation angelegt, der zwei Handling Units zugeordnet werden: eine Dummy-Handling-Unit mit VHI = 'A', um unverpackte Waren beim Verladen oder im Wareneingang abzubilden, und eine Handling Unit mit VHI = 'E'. Letztere Handling Unit wird bei aktivem Yard Management verwendet, um die Transporteinheit zwischen Lagerplätzen zu bewegen und sie mit Lageraufgaben von Kontrollpunkten zu Parkplätzen und Toren zu bewegen. Damit können Transporteinheiten wie normale Handling Units ohne besonderen Programmieraufwand und mit gewöhnlichen Lageraufgaben bewegt werden. Außerdem hat diese Art von Handling Unit den Vorteil, dass sie immer leer ist, d. h. keinen Inhalt aufweist und damit keine Performanceprobleme beim Bewegen von großen Transporteinheiten auftreten, weil der Inhalt der Transporteinheit nicht mit bewegt wird. Sie können eine Handling Unit beim Einchecken auf den Checkpoint-Platz und beim Auschecken zurück auf die Lokation der Transporteinheit bewegen.

2.3.3 Bestand

Lokationen und Handling Units haben einen einfachen lokalen Schlüssel, während der Bestand eine große Anzahl von Schlüsselfeldern aufweist, was zu einer Trennung des Bestandes führt. Ein Datensatz mit einzelnen Merkmalen wird als *Quant* bezeichnet. Der Tabellenschlüssel eines Quants enthält den Index der Handling Unit, in der sich der Bestand befindet (GUID_PARENT), und den Bestandsindex (GUID_STOCK).

In den folgenden Abschnitten werden wir uns die Aspekte des Bestandes genauer ansehen und uns mit Feldtypen, Indizes, Zählern und Mengen befassen.

Feldtypen

Beim logischen (betriebswirtschaftlichen) Schlüssel lassen sich drei Arten von Feldern unterscheiden. Wir unterteilen sie in die Typen A, B und C (siehe Tabelle 2.12).

Feld	Typ	Bezeichnung	Verwendung
LGNUM_STOCK	A	Lagernummer	fester Schlüssel für alle Bestände innerhalb eines Lagers
MATID	A	Produkt	Stammdaten des Produkts, die in EWM vorhanden sein müssen
BATCHID	A	Charge	Stammdaten für eine Charge, die in EWM vorhanden sein müssen
CAT	A	Bestandsart	mögliche Verwendung des Bestandes (z. B. freie Verwendung in der Einlagerung/gesperrt in der Einlagerung/verfügbar)
STOCK_USAGE	A	Bestandsverwendung	Normalbestand, Projektbestand, Kundeneinzelbestand
OWNER OWNER_ROLE	A	Eigentümer	EWM-Geschäftspartner, der den Bestand aus finanzieller Sicht besitzt (normalerweise identisch mit dem Verfügungsberechtigten, abweichend bei Konsignations- und Kundenbestand)
ENTITLED ENTITLED_ROLE	A	Verfügungsberechtigter	EWM-Geschäftspartner, der Entscheidungen über den Bestand trifft (in SAP ERP oder SAP S/4HANA repräsentiert durch das Werk)
STOCK_DOCCAT STOCK_DOCNO STOCK_ITMNO	A	Art der Referenz Nummer Position	Kundenauftragsbestand mit Auftragsnummer und -position oder Projektbestand mit Projektnummer
DOCCAT DOCID ITEMID	B	Belegreferenz	Bezieht sich normalerweise auf eine Lieferung, bei Differenzen jedoch auf einen Inventurbeleg oder eine Lageraufgabe.
INSPTYP INSPID	B	Prüfbelegreferenz	für zu prüfenden Bestand bzw. für geprüften Bestand, für den noch keine Folgeaktion ausgeführt wurde
IDPLATE	B	Bestandsidentifikation	Eindeutige Identifikation des Quants; kann im Wareneingang und Warenausgang verwendet werden.

Tabelle 2.12 Felder für den betriebswirtschaftlichen Bestandsschlüssel

Feld	Typ	Bezeichnung	Verwendung
WDATU	C	Wareneingangsdatum	Datum, an dem der Bestand dem Lager zugebucht wurde
VFDAT	C	Verfallsdatum	Datum, an dem die Haltbarkeit des Produkts/der Charge endet
COO	C	Herkunftsland	Land, in dem das Produkt hergestellt wurde
BRESTR	C	Chargenzustand	Zustand der Charge (frei/gesperrt)
STK_SEG_LONG	C	Bestandssegment	ab SAP S/4HANA 2022, verwendet für die Bestandssegmentierung

Tabelle 2.12 Felder für den betriebswirtschaftlichen Bestandsschlüssel (Forts.)

Im Folgenden werden die verschiedenen Feldtypen genauer beschrieben:

- **Typ A**
  Dies sind Felder, die den Bestand klassifizieren. Sie werden im Bestandsindex der Logistics Inventory Management Engine als Schlüssel verwendet. Die Felder beziehen sich entweder auf Stammdaten (z. B. das Feld **Produkt**) oder auf eine Liste von Festwerten (z. B. das Feld **Bestandsart**). Die Anzahl aller möglichen Kombinationen von A-Feldern ist daher begrenzt. Da es wahrscheinlich ist, dass ein Bestand für einen Bestandsindex (z. B. Produkt A mit Bestandsart F2) mehrfach vorhanden ist, ist die Wiederverwendbarkeit des Indexeintrags hoch. Die Felder sind in der Struktur /SCWM/S_STOCK zusammengefasst.
- **Typ B**
  Hierbei handelt es sich um Referenzdaten, die für eine eindeutige Verarbeitung notwendig sind und somit zu unterschiedlichen Quants führen. Da die Referenzdaten eindeutig und fortlaufend sind, eignen sich diese Felder nicht als Schlüssel für den Bestandsindex in der Logistics Inventory Management Engine. Oft ist der Bestand (z. B. Produkt A mit Charge B) temporär und einmalig an einen Referenzbeleg gebunden, wie z. B. ein Prüflos oder eine Lieferung. Da die Referenzdaten nicht wiederkehren, werden sie nicht im Index der Logistics Inventory Management Engine gespeichert. Die Referenzattribute sind in der Struktur /SCWM/S_QUAN_STOCK2 enthalten.
- **Typ C**
  Dies sind Bestandsmerkmale, die nicht zu eigenen Quants führen. Gesteuert über das Customizing kann eine Zulagerung des Bestandes verhindert werden. Die Bestandsattribute sind in der Struktur /SCWM/S_QUAN_STOCK1 zusammengefasst.

Bestandsindextabellen

Eine Bestandsindextabelle besteht aus einem Schlüsselteil und einem Datenteil. Die Schlüsselfelder der Tabelle /SCWM/STOCK_IW01 finden Sie in Tabelle 2.13. Der Bestandsindex, der durch GUID_STOCK dargestellt wird, ist im Datenteil verfügbar.

Feld Name	Bezeichnung
LGNUM	Lagernummer/Lagerkomplex
MATID	Produkt
CAT	Bestandsart
STOCK_USAGE	Bestandsverwendung
OWNER	Eigentümer
OWNER_ROLE	Partnerrolle des Eigentümers (Geschäftspartner)
ENTITLED	Verfügungsberechtigter
ENTITLED_ROLE	Partnerrolle des Verfügungsberechtigten (Geschäftspartner)
STOCK_CNT	Zähler, um unterschiedliche Bestände in B-Feldern durch eine begrenzte Anzahl von Indizes zu ermöglichen

Tabelle 2.13 Bestandsindextabelle /SCWM/STOCK_IW01

Zähler zur Bestandstrennung

Unterscheidet sich Bestand nur in Feldern von Typ B, so hätte dieser Bestand den gleichen Bestandsindex (GUID_STOCK). Um Bestand mit unterschiedlichen Referenzen vom Typ B in derselben Handling Unit zu behandeln, erweitert ein weiterer technischer Schlüssel, der *Zähler für die Bestandstrennung* (STOCK_CNT), die Bestandsindextabellen in der Logistics Inventory Management Engine. Dies ist ein numerischer Zähler.

Der erste Bestand in einer Handling Unit wird mit dem Index des kaufmännischen Schlüssels und dem Zähler 0 in der Indextabelle angelegt. Wird weiterer Bestand mit demselben betriebswirtschaftlichen Schlüssel in den A-Feldern, aber mit einer Differenz in einem B-Feld in dieselbe Handling Unit gepackt, wird ein weiterer Eintrag mit demselben kaufmännischen Schlüssel und dem Zähler 1 angelegt. Für jeden weiteren Bestand mit einer anderen Referenz wird ein weiterer Index mit einem höheren Zähler angelegt.

[zB]

2

Verwendung des Zählers zur Bestandstrennung

Es wird dasselbe Produkt (derselbe Bestand) für mehrere Lieferpositionen kommissioniert und für den Versand auf demselben Bereitstellungsplatz bereitgestellt. Bei der Bereitstellung des Bestandes für die Lieferposition 4711 10 wird ein Quant mit einem Index S0 angelegt. In EWM verweist das Quant auf die Lieferposition 4711 10. Für eine andere Lieferposition, 4713 10, wird das gleiche Produkt kommissioniert und auf dem gleichen Lagerplatz bereitgestellt. Da es bereits ein Quant mit demselben kaufmännischen Schlüssel gibt, wird ein neuer Index mit STOCK_CNT = '1', Index S1, angelegt. Ein Bestand mit demselben betriebswirtschaftlichen Schlüssel, aber einer anderen Bestandsreferenz erzeugt zusätzliche Indizes mit einer höheren STOCK_CNT.

Wenn die Lieferung 4711 als Warenausgang gebucht wird, wird das Quant mit dem Bestandsindex S0 gelöscht. Wird eine neue Menge mit demselben betriebswirtschaftlichen Schlüssel auf den Platz gestellt, wird der Index S0 wieder verwendet.

Die maximale Anzahl für STOCK_CNT ist also die maximale Anzahl von Quants innerhalb einer Handling Unit mit gleichem betriebswirtschaftlichem Schlüssel, aber unterschiedlichen Referenzen.

In der Anwendungstabelle /SCWM/QUAN wird im Index der Logistics Inventory Management Engine (GUID_STOCK) auch der Index mit STOCK_CNT = '0' gespeichert (GUID_STOCK0). Durch die Platzierung der beiden Indizes in der Logistics Inventory Management Engine sind schnellere Vergleiche und Abfragen möglich. Für die Ermittlung der verfügbaren Menge oder die Mischbestandsprüfung ist die Referenz irrelevant. Hier wird nur mit GUID_STOCK0 gearbeitet.

Abschließend erklären wir noch, warum es nicht nur eine EWM-Bestandsindextabelle gibt, sondern vier, wie in Tabelle 2.14 aufgeführt.

Tabelle	Bestand
/SCWM/STOCK_IW01	Nicht-chargengeführte Produkte: ■ normaler Bestand ■ Lieferantenkonsignation ■ Zusatzpackmittel
/SCWM/STOCK_IW02	Chargengeführte Produkte: ■ normaler Bestand ■ Lieferantenkonsignation ■ Zusatzpackmittel

Tabelle 2.14 Vier Bestandsindextabellen in EWM

Tabelle	Bestand
/SCWM/STOCK_IW03	Produkte (mit oder ohne Charge), die einer Auslieferung, einer Lageraufgabe oder einem Inventurbeleg zugeordnet sind
/SCWM/STOCK_IW04	Sonderbestände (mit oder ohne Charge) wie Kundenauftragsbestand und Projektbestand

Tabelle 2.14 Vier Bestandsindextabellen in EWM (Forts.)

Um leere Schlüsselfelder in den Indextabellen zu vermeiden, gibt es für chargengeführte Produkte eine eigene Indextabelle, /SCWM/STOCK_IW02. Nicht chargengeführte Produkte werden im Index /SCWM/STOCK_IW01 aufgeführt. Bestände, die für eine Lieferung kommissioniert werden, stehen für andere Kommissionierungen nicht mehr zur Verfügung. Aus diesem Grund gibt es für den kommissionierten Bestand eine eigene Indextabelle (/SCWM/STOCK_IW03). Der Sonderbestand für Projekt- und Kundenauftragsbestand wird in einer vierten Indextabelle (/SCWM/STOCK_IW04) verwaltet. In der Logistics Inventory Management Engine werden die Bestandsindextabellen in der Kurzform W01 bis W04 verwendet.

Bei der Verwendung von Chargen oder Sonderbeständen mit einmaligen Werten werden mit der Zeit zu viele Einträge nach einer kurzen Verwendungszeit in den Indextabellen der Logistics Inventory Management Engine (z. B. nach dem Verkauf einer Charge) veraltet und überflüssig. Mit dem Report /LIME/BACKGROUND_DELETE_EXEC werden Indexeinträge gelöscht, für die es keine Mengen mehr in EWM gibt.

Bei der Buchung von EWM-Bestand in der Logistics Inventory Management Engine stellen BAdI-Implementierungen sicher, dass die Buchung über die EWM-Anwendung erfolgt. Dies bedeutet, dass ein direkter Aufruf der Funktionsbausteine der Logistics Inventory Management Engine in benutzerdefinierten Programmen nicht möglich ist. Es sind nur Lesezugriffe erlaubt.

Mengen

Felder der Mengentabelle /LIME/NQUAN können dem Schlüsselteil oder dem Datenteil zugeordnet werden. Die Felder des Schlüsselteils finden Sie in Tabelle 2.15.

Feldname	Bezeichnung
GUID_STOCK	Identifikation des Bestandsschlüssels mit Indexreferenz im Datenteil
GUID_PARENT	Identifikation der Handling Unit/Lokation, in der sich der Bestand befindet
VSI	virtueller Bestandsindikator

Tabelle 2.15 Schlüssel von Tabelle /LIME/NQUAN

Feldname	Bezeichnung
QUAN	Menge
UNIT	Mengeneinheit

Tabelle 2.15 Schlüssel von Tabelle /LIME/NQUAN (Forts.)

Im Datenteil befindet sich die Indexkennung der Bestandsindextabelle IDX_STOCK, in der die betriebswirtschaftlichen Daten zum jeweiligen GUID_STOCK definiert sind (W01 verweist z. B. auf die Tabelle /SCWM/STOCK_IW01). Mit der Mengeneinheit als Teil des Schlüssels ist es möglich, mehrere Mengen eines Bestandes zu speichern. EWM verwendet diese Funktion beim Catch-Weight-Management.

Der virtuelle Bestandsindikator ermöglicht die Lagerung verschiedener Arten von Beständen. Zum virtuellen Bestand gehören Bestände in geplanten Anlieferungs-Handling-Units vor dem Wareneingang oder Mengen von Bausatzköpfen, die nicht bestandsgeführt sind.

Zusätzlich zu den physischen Mengen in der Logistics Inventory Management Engine speichert EWM die *verfügbaren Mengen* in der Tabelle /SCWM/AQUA. Die verfügbaren Mengen sind aggregierte Mengen innerhalb einer Top Handling Unit oder auf Lagerplatzebene, abzüglich der Mengen, für die offene Lageraufgaben bestehen. Lagerplätze werden Lagertypen zugordnet, die im Customizing definiert werden und das Lager strukturieren. Auf der Ebene des Lagertyps wird entschieden, ob die verfügbare Menge auf der Ebene der Handling Unit oder des Lagerplatzes liegt. Für alle Lokationsarten außer dem Lagerplatz wird die verfügbare Menge auf der Ebene der Handling Unit definiert.

Die Ebene der verfügbaren Menge legt fest, auf welcher Ebene die automatische Anlage von Lageraufgaben erfolgt. Wenn die verfügbare Menge auf der Ebene des Lagerplatzes definiert ist (nur bei Blocklagerung empfohlen), wird eine Lageraufgabe nur mit den Platzinformationen angelegt. Die Lagerbeschäftigten müssen bei der Bestätigung der Lageraufgabe die Handling Unit eingeben, die sie ausgelagert haben oder aus der der Bestand ausgelagert wurde. Bei der Verfügbarkeitsebene der Handling Unit wird bereits in der Lageraufgabe eine Von-Handling-Unit angegeben, die für die Kommissionierung verwendet werden soll.

Wenn manuelle Lageraufgaben aus einer Handling Unit unterhalb der Verfügbarkeitsebene angelegt werden (untergeordnete Handling Unit oder Platz), muss das System wissen, dass die Menge aus dieser Handling Unit für eine andere Lageraufgabe nicht verfügbar ist. Die Menge wird im Eintrag für die verfügbare Menge in Tabelle /SCWM/AQUA reduziert, und eine reservierte Menge wird auf die in der Lageraufgabe verwendete Handling Unit geschrieben. Die reservierte Menge wird in der

Logistics Inventory Management Engine als eine Menge mit einem virtuellen Bestandskennzeichen (R) gespeichert.

Es gibt zwei Möglichkeiten, Bestand in EWM zu buchen:

- Mengenänderungen (Wareneingänge und -ausgänge, Inventurbuchungen und Differenzen) und Änderungen von Bestandsattributen (Umbuchungen) werden durch verschiedene Methoden und Funktionsbausteine ausgelöst und mit dem Funktionsbaustein `/SCWM/GM_CREATE` gebucht.
- Umlagerungen werden immer mit Lageraufgaben bearbeitet. Während Einträge in Tabelle `/SCWM/QUAN` gelöscht werden, wenn die Menge 0 ist, bleibt der Eintrag in Tabelle `/LIME/NQUAN` so lange bestehen, wie die Handling Unit existiert. Auf diese Weise sind Einträge in der Tabelle `/LIME/NQUAN` auch für leere Lagerplätze (leere Handling Units) vorhanden.

2.4 Qualitätsprüfung

Durch eine frühzeitige Qualitätskontrolle des Wareneingangs können Sie sicherstellen, dass nur einwandfreie Waren im Lager gelagert und schließlich den Lieferanten bezahlt werden. Durch Ad-hoc-Kontrollen der gelagerten Waren sowie durch wiederkehrende Kontrollen können Sie die Qualität der Bestände während der gesamten Lagerzeit auf einem hohen Niveau halten.

Wie wir in Kapitel 1, »Flexible Lagerverwaltung mit Extended Warehouse Management«, kurz erwähnt haben, wurden mit der Einführung von Embedded EWM Redundanzen im Bereich der Qualitätsprüfung deutlich reduziert, indem das Qualitätsmanagement in SAP S/4HANA anstelle der *Quality Inspection Engine* genutzt wird – ganz im Sinne des Versprechens von SAP S/4HANA, Prozesse zu vereinfachen. Für Decentralized EWM wurde aber entschieden, weiterhin die Quality Inspection Engine einzusetzen. Aus diesem Grund finden Sie im Folgenden Abschnitte zur Qualitätsprüfung in Embedded EWM und Decentralized EWM. Sie beschreiben jeweils die verfügbaren Prüfverfahren und geben einen Überblick über die technische Implementierung für beide EWM-Deployment-Optionen.

Es ist für Sie vielleicht interessant zu wissen, dass die EWM-Qualitätsprüfung auf das *Service Adapter Framework* angewiesen ist, um die korrekten Klassen zu bestimmen, die beim Aufrufen der mit der Qualitätsprüfung verbundenen Funktionen verwendet werden sollen. Diese Ermittlung ist abhängig von der jeweiligen EWM-Deployment-Option, die hier auch als *Kontext* bezeichnet wird. Tabelle 2.16 zeigt die auf dem Service Adapter Framework basierenden Services, die für die jeweilige Qualitätsprüfungsfunktionalität definiert wurden, wobei zwischen der Quality Inspection Engine (Decentralized EWM) und dem Qualitätsmanagement (Embedded EWM) unterschieden werden muss.

Funktion	Service Adapter Framework Interface	(Sub-)Klassen	Superklasse
Prüfplanung	■ /SCWM/IF_AF_QINSP_INT	■ /SCWM/CL_QDOC ■ /SCWM/CL_QLOT_S4	■ /SCWM/CL_QINSP_SUPER
Folgeaktionen	■ /SCWM/IF_AF_QFU_INT	■ /SCWM/CL_QFU ■ /SCWM/CL_QFU_S4	■ /SCWM/CL_QFU_SUPER
Wareneingangs-kontrolle	■ /SCWM/IF_AF_QGR_CONTROL	■ /SCWM/CL_QGR_CONTROL_INSPDOC ■ /SCWM/CL_QGR_STEUERUNG_QLOT_S4	–
Prüfplanung Produktion	■ /SCWM/IF_AF_QINSP_MFG	■ /SCWM/CL_QDOC_MFG ■ /SCWM/CL_QLOT_MFG_S4	–
Retourenprüfung	■ /SCWM/IF_AF_QM_RETURNS_INT	■ /SCWM/CL_RETURNS_ITEM ■ /SCWM/CL_RETURNS_ITEM_S4	–
Einrichtung Qualitätsprüfung	■ /SCWM/IF_AF_QSETUP_INT	■ /SCWM/CL_QSETUP ■ /SCWM/CL_QSETUP_S4	–
Teilentscheid	■ /SCWM/IF_AF_QUI_PINSP_INT	■ /SCWM/CL_QUI_INSPELM ■ /SCWM/CL_QUI_INSPPLOT_S4	■ /SCWM/CL_QUI_PINSP_SUPER
Verwaltung Qualitätsprüfbestand	■ /SCWM/IF_AF_QUI_STOCK_INT	■ /SCWM/CL_QUI_INSP_STOCK ■ /SCWM/CL_QUI_INSP_STOCK_S4	■ /SCWM/CL_QUI_INSP_STOCK_SUPER
Customizing Qualitätsprüfung	■ /SCWM/IF_QCUST_SEL	■ /SCWM/CL_QCUST_SEL_INT ■ /SCWM/CL_QCUST_SEL_INT_S4	–
Transaktionsmanager Qualitätsprüfregel	■ /SCWM/IF_QRS_TA_MANAGER	■ /SCWM/CL_QRS_TA_MANAGER ■ /SCWM/CL_QRS_TA_MANAGER_S4	■ /SCWM/CL_QRS_TA_MANAGER_SUPER

Tabelle 2.16 Qualitätsprüfungsbezogene Services des Service Adapter Frameworks

Innerhalb des Service Adapter Frameworks werden Superklassen in der Regel dann eingesetzt, wenn zwischen den einzelnen Kontexten eine gemeinsame Funktionalität erforderlich ist. Die Superklasse stellt dann gemeinsam nutzbare Methoden bereit. Die Subklassen, die auch als *Adapterklassen* bezeichnet werden, implementieren dann individuell die Methoden der Serviceschnittstelle für den jeweiligen Kontext und die im weiteren Verlauf verwendeten Datenobjekte. Klassen für Embedded EWM enthalten in der Regel das Suffix _S4.

In den folgenden beiden Abschnitten gehen wir auf die einzelnen Aspekte der Qualitätsprüfung in den beiden Deployment-Optionen von EWM ein. Wir beginnen mit Decentralized EWM, da die Qualitätsprüfung für EWM hier ihren Ursprung hat. Dann wenden wir uns Embedded EWM zu, wobei wir uns auf die Hauptunterschiede im Vergleich zur Qualitätsprüfung in Decentralized EWM konzentrieren. In beiden Abschnitten wenden wir uns zunächst den Funktionen zu und besprechen dann die Objekte und Datenmodelle. Für Decentralized EWM beschäftigen wir uns außerdem mit Integrationsthemen.

[+]

Übersichten über die Unterschiede zwischen den EWM-Deployment-Optionen

SAP hat für die EWM-Deployment-Optionen Übersichten für die neuesten Versionen von SAP S/4HANA veröffentlicht, die Informationen zu den Funktionsunterschieden zwischen Embedded und Decentralized EWM enthalten, teilweise im Vergleich zum letzten SAP-EWM-Release 9.5. Solche Übersichtsdokumente sind z. B. dem SAP-Hinweis 3218648 beigefügt. Wir empfehlen sie z. B., um die Unterschiede in der Abwicklung der Qualitätsprüfung zu verstehen. Ähnliche SAP-Hinweise sollten auch für niedrigere SAP-S/4HANA-Versionen verfügbar sein. Stellen Sie sicher, dass Sie die für Ihren Systemstand gültige Version berücksichtigen.

2.4.1 Qualitätsprüfung in Decentralized EWM

In diesem Abschnitt konzentrieren wir uns auf die Qualitätsprüfung in Decentralized EWM. Im Einzelnen erläutern wir die Funktionen, die Objekte und das Datenmodell sowie die Integration.

Funktion

Zu funktionellen Darstellung betrachten wir vorerst die verfügbaren Prüfobjekttypen und wenden uns dann der Prüfbeleganlage, der Einbindung der Prüfung in den Wareneingangsprozess, der Erfassung von Prüfergebnissen und der Durchführung von Folgeaktionen zu.

Prüfobjekttypen

Verschiedene Arten von EWM-Objekten, die im Lager einer Qualitätsprüfung unterliegen können, werden durch *Prüfobjekttypen* definiert. Die Planung und Durchführung von Prüfaktivitäten erfolgt über sogenannte *Prüfbelege*, die nach Auswertung von Prüfregeln mit unterschiedlichen Findungsattributen pro Prüfobjekttyp angelegt werden, die als *Eigenschaften* bezeichnet werden. Prüfobjekttypen bieten die Möglichkeit, auf der Grundlage solcher Eigenschaften unterschiedliche Auswertungen von Prüfregeln durchzuführen. Die Prüfobjekttypen sind in der Tabelle `QIE_IOBTYP` zu finden.

Prüfregeln enthalten wiederum weitere Aspekte der durchzuführenden Prüfung, die durch *Argumente* definiert werden. Prüfregeln werden in der Tabelle `QIE_IRULE` gespeichert.

Decentralized EWM verwendet die Quality Inspection Engine, um die Anforderungen an die Qualitätsprüfung zu erfüllen. Diese Softwarekomponente wurde entwickelt, um eine serviceorientierte Lösung für qualitätsbezogene Aktivitäten zu bieten, die von verschiedenen Systemen aufgerufen werden kann. Sie bietet die Flexibilität, verschiedene EWM-Objekte wie Lieferungen, Bestand oder Handling Units bei der Qualitätsprüfung zu berücksichtigen, Prüfergebnisse zu erfassen und Folgeaktionen auszulösen. Sie ermöglicht auch die Anbindung an externe Qualitätsmanagementsysteme, um detailliertere Inspektionen durchzuführen oder erweiterte Anforderungen an die Ergebniserfassung zu erfüllen.

Die Prüfobjekttypen der Quality Inspection Engine können nicht mit dem Standard ausgeliefert werden. Sie müssen pro System (mandantenübergreifend) generiert werden. Vor der Generierung der Prüfobjekttypen müssen im Customizing Ermittlungsattribute, die bereits genannten Eigenschaften, definiert werden. Änderungen an Prüfobjekttypen führen zu einem Verlust aller bisher angelegten Daten. Aus diesem Grund gibt es in Decentralized EWM *Versionen* eines Prüfobjekttyps. Bereits angelegte Prüfbelegdaten können zwar nicht mehr zur Bearbeitung verwendet, aber noch gelesen werden. Vorhandene Prüfbelege können also weiterhin angezeigt werden. Aus Sicht der Quality Inspection Engine wird eine neue Prüfobjekttypversion dennoch als neuer Prüfobjekttyp betrachtet.

Tabelle 2.17 führt die Prüfobjekttypen auf, die von Decentralized EWM unterstützt werden.

Prüfobjekttyp	Bezeichnung
1	Vorprüfung Anlieferung
2	Zählprüfung Anlieferung

Tabelle 2.17 Verfügbare Prüfobjekttypen in Decentralized EWM

Prüfobjekttyp	Bezeichnung
3	Qualitätsprüfung Retourenlieferung
4	Qualitätsprüfung Produkt/Charge Anlieferung
5	Qualitätsprüfung Produkt/Charge lagerintern
6	Vorprüfung Handling Unit

Tabelle 2.17 Verfügbare Prüfobjekttypen in Decentralized EWM (Forts.)

Betrachten wir die Prüfobjekttypen aus Tabelle 2.17 etwas detaillierter:

- **Vorprüfung Anlieferung (POT1)**
  Hierbei handelt es sich um eine erste grobe Prüfung, um festzustellen, ob eine Lieferung angenommen oder abgelehnt wird. Jede logistische Buchung in EWM für diese Lieferung bestätigt diese Lieferung automatisch als angenommen. Eine Aktion ist nur im Falle einer Ablehnung erforderlich. Die Lieferung wird dann vollständig zurückgewiesen. Der Vorteil der Vorprüfung ist, dass sie eine einheitliche Berichterstattung über die Qualität der Lieferung des Spediteurs oder Lieferanten ermöglicht.
- **Vorprüfung Handling Unit (POT6)**
  Bei dieser Prüfung werden die Packstücke einer Lieferung vor dem Wareneingang auf äußere Schäden hin untersucht. Der Prüfbeleg wird für jede Anlieferung angelegt. Die Handling-Unit-Prüfung ist in einer mobilen RF-Transaktion implementiert und kann nur dort bearbeitet werden. Jede Handling Unit muss gescannt und als gut oder schlecht bewertet werden. Am Ende wird für den Inhalt aller für gut befundenen Handling Units ein Produktprüfbeleg angelegt (wenn die Prüfregel für die Produktprüfung zugeordnet werden kann). Alle Handling Units werden dann im Wareneingang gebucht, wobei der Inhalt der schlecht bewerteten Handling Units in die Bestandsqualifikation *Sperrbestand* gebucht wird.
- **Produktprüfungen (POT2, POT3, POT4 und POT5)**
  Produktprüfungen ermöglichen es Ihnen, Produkte auf ihre Produkteigenschaften hin zu prüfen und ihre zukünftige Verwendung zu bewerten und zu bestimmen. Hierfür werden die folgenden Verfahren angewendet:
  - Zählprüfung im Wareneingang (Hat keinen Einfluss auf die Bestandsattribute und löst daher keine Folgeaktion aus, nur Mengenkorrekturen als Differenzbuchungen. Dies ist zusätzlich zu anderen Prüfungen, etwa POT3 und POT4, möglich.)
  - Qualitätsprüfung in der Anlieferung
  - Qualitätsprüfung in der Retourenanlieferung (Gilt für alle Retourenprozesse.)
  - lagerinterne (Ad-hoc-)Qualitätsprüfung

Im Gegensatz zu den Vorprüfungen und der Zählprüfung ist es bei der Produktprüfung möglich, Stichproben zu nehmen und die Prüfung an ein externes System auszulagern. Dies ermöglicht komplexere Prüfungen, wie z. B. merkmalsbasierte Prüfungen im Qualitätsmanagement in SAP ERP oder SAP S/4HANA. Mit POT4 ermöglicht es EWM auch, die Stichprobenmenge, die über das Stichprobenverfahren in SAP ERP oder SAP S/4HANA berechnet wird, von der Restmenge zu separieren, wobei nur die Stichprobenmenge im Qualitätsprüfbereich des Lagers bearbeitet wird. Die Restmenge kann unterdessen schon endgültig eingelagert werden. Decentralized EWM speichert die Stichprobenmenge im Feld **Externer Stichprobenumfang** des Prüfbelegs, während Embedded EWM sie einfach im Prüflos hält. Die Trennung wird erreicht, indem die Stichprobenmenge auf einen anderen Prüfobjekttyp **S** gebucht wird (normalerweise **A** für POT4). Beide Quants haben denselben Prüfbeleg- oder Prüflosbezug. Im folgenden Schritt kann dann die Stichprobenmenge ausgewählt werden, ähnlich wie bei einem Teilmengenentscheid.

Eine Prüfregel legt mit ihren Argumenten alle Parameter der Prüfung fest: den Prüfprozess, die Stichprobenermittlung, die möglichen Entscheide und Befunde, den Ort der Prüfung und das System, in dem die Prüfergebnisse erfasst werden. Die Findung einer Prüfregel erfolgt über Attribute, die vor der Aktivierung eines Prüfobjekttyps definiert werden. EWM verfügt über einen vordefinierten Satz von Prüfregelattributen, die für die Regelfindung anhand einer bestimmten Sortierreihenfolge verwendet werden können. Die Findung der Prüfregel erfolgt umso schneller, je weniger Attribute vorhanden sind.

Ein Prüfbeleg wird erzeugt, wenn im Customizing der Lagernummer der Prüfobjekttyp aktiviert ist und zu den gegebenen Attributen eine Prüfregel gefunden werden kann. Sie können die Prüfregelfindung in Transaktion /SCWM/QRSIM und auf Ebene der Anlieferungsposition in Transaktion /SCWM/PRDI simulieren und testen.

[«]

Erlaubte Zeichen in der Prüfregelfindung

Für die Attribute der Prüfregelfindung kann der komplette ANSI-Zeichensatz verwendet werden. Es dürfen jedoch keine Sonderzeichen oder Vorzeichen verwendet werden. Generell empfehlen wir, im Customizing und in den Stammdaten keine Sonderzeichen und Vorzeichen zu verwenden.

Prüfregeln können eine lokationsunabhängige Bestandsart für den Qualitätsprüfbestand definieren. Bei der Anlage eines Produktprüfbelegs wird der Bestand in diese Bestandsart gebucht (auch geplanter Bestand) und mit einer Prüfbelegsreferenz versehen. Dadurch kann bei einer Entscheidung auf der Grundlage des Prüfbelegs der entsprechende Bestand eindeutig gefunden werden. Darüber hinaus kann der Prüfbeleg am Prüfarbeitsplatz so entsprechend bearbeitet und aktualisiert werden.

Ferner gewährleistet der Bezug zum Prüfbeleg im Bestand eine adäquate Einbindung in den Einlagerungsprozess. Bestandsrelevante Handling Units werden entsprechend der im Prozessschritt der Prüfregel eingestellten Konfiguration bewegt. Sollte eine Probe bei einer Stichprobenprüfung bewegungsrelevant sein, beeinflusst die Qualitätsprüfung nur die Bewegung dieser Probe. Der Restbestand wird regulär und ohne Einfluss der Qualitätsprüfung eingelagert.

Anlage von Prüfbelegen

Die Qualitätsprüfung für einen Prüfobjekttyp muss nach dessen Generierung im System für jede Lagernummer aktiviert werden. Zur Anlage von Prüfbelegen müssen Sie weitere Einstellungen vornehmen, wie z. B. den Nummernkreis des Prüfbelegs, Positionen, Stichproben und den Zeitpunkt der Prüfbeleganlage angeben. Wenn Sie die Prüfung in einem externen System durchführen wollen, müssen Sie die Anbindungsinformationen auch auf der Ebene des Prüfobjekttyps für jede Lagernummer pflegen. Nur wenn diese Informationen gepflegt sind, können Sie später in der Prüfregel die Argumente für die externe Prüfung angeben.

Lieferbezogene Prüfbelege können mit der Aktivierung der Anlieferung angelegt werden. Alternativ ist der Status **Im Yard** ein weiterer möglicher Zeitpunkt für deren Anlage. Ein Produktprüfbeleg muss vor der Anlage einer Einlagerungslageraufgabe angelegt werden, da die Prüfung Auswirkungen auf den Bestand und den Einlagerungsprozess haben kann.

Die Vorprüfung der Anlieferung (POT1) und die Zählprüfung (POT2) werden direkt als aktive Belege angelegt. Produktprüfungen im Anlieferungsprozess (POT3 und POT4) werden in der Regel beim Wareneingang aktiviert, da die Prozesse der *Annahmeprobenprüfung* (Einkauf) oder *Vorabprüfung in der Produktion* (Fertigung) nicht in der Prüfregel definiert sind. Bei diesen Prozessen kann oder muss sogar ein Entscheid getroffen werden, *bevor* ein Wareneingang bearbeitet wird (z. B. über die Funktionalität der *Wareneingangssteuerung*). Bei der Stichprobenprüfung mit bestandsrelevanten Proben erfolgt die Zuordnung der Proben zu den Handling Units im Wareneingang.

Manuell angelegte Ad-hoc-Produktprüfungen (POT5) über den Lagerverwaltungsmonitor werden automatisch bei der Anlage des Prüfbelegs aktiviert. Eine eventuell erforderliche Umlagerung des entsprechenden Bestandes an einen Prüfarbeitsplatz erfordert eine manuelle Lageraufgabenanlage.

Prüfbelege werden in Übereinstimmung mit der Ausprägung der Prüfregel angelegt. Ein Prüfbeleg kann ein oder mehrere *Elemente* enthalten, bei denen es sich entweder um Proben oder Positionen handelt. Mithilfe einer *Probeziehanweisung*, die mit der Prüfregel für die Prüfbeleganlage verknüpft ist, werden Proben für den Prüfbeleg erzeugt. In der Transaktion /SCWM/QIDPR (Produktprüfbeleg bearbeiten) können manuelle Elemente vom Typ **Position** angelegt werden, z. B. auf der Ebene der Handling Unit des zu prüfenden Bestandes. Verwendungsentscheide, die am Prüfarbeitsplatz getroffen werden, erzeugen ebenfalls Elemente vom Typ **Position** pro (teilweise) entschiedenem Bestand und Ergebnis.

Einbindung in den Wareneingangsprozess

Die Qualitätsprüfung wird als dynamischer Schritt im Lagerprozess definiert, und die prozessorientierte Lagerungssteuerung prüft, ob prüfungsrelevante Positionen in der Handling Unit enthalten sind. Diese Positionen können vollständige Prüfungen oder eine bestandsrelevante Stichprobe erfordern. Wenn im Lagerprozessschritt für die Qualitätsprüfung kein Nach-Lagerplatz angegeben ist, wird die Prüfregel gelesen und es wird geprüft, ob sie einen Lagerprozessschritt enthält, der einen Nach-Lagerplatz definiert. Abbildung 2.14 zeigt ein Beispiel dafür, wie die prozessorientierte Lagerungssteuerung mit Prüfschritten aussehen kann.

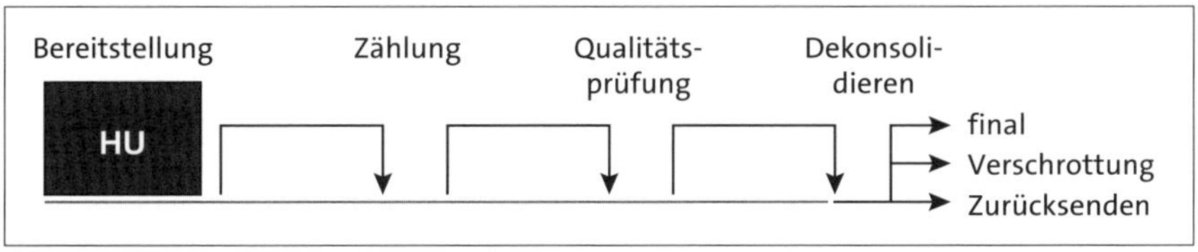

Abbildung 2.14 In den Einlagerungsprozess integrierte Qualitätsprüfung

Nach dem Wareneingang und der optionalen Entladung wird die Handling Unit zu einem Zählarbeitsplatz gefahren. Nach Abschluss der Zählung wird sie bei Bedarf zum Prüfarbeitsplatz und anschließend zur Dekonsolidierung gebracht. Hier wird der Bestand entsprechend seiner endgültigen Bestimmung (Einlagerung, Verschrottung, Zwischenlagerung) umgepackt.

Die Zählprüfung muss vor der Qualitätsprüfung erfolgen, und die Verarbeitung von logistischen Zusatzleistungen ist erst nach der Qualitätsprüfung sinnvoll. Die Dekonsolidierung kann zu jedem Zeitpunkt des Prozesses erfolgen. Vor der Qualitätsprüfung ist es sinnvoll, die Stichproben vom Restbestand zu trennen und nur die Stichproben zum Prüfarbeitsplatz zu bringen, während der Restbestand bereits im Lager eingelagert werden kann.

Wenn die prozessorientierte Lagerungssteuerung nicht aktiv ist oder die Anlieferung nicht verpackt ist, werden die Produktlageraufgaben immer für denjenigen Prüfarbeitsplatz angelegt, der durch den Prozessschritt in der Prüfregel festgelegt ist. Bei einer Stichprobenprüfung werden nur die Stichproben an den Arbeitsplatz verschoben. Wenn kein Prüfarbeitsplatz ermittelt werden kann, wird keine Lageraufgabe angelegt.

Prüfergebnisse

Die Ergebniserfassung und Verwendungsentscheide für die Qualitätsprüfung können über die Bearbeitung des Prüfbelegs (Transaktionen /SCWM/QIDPR, /SCWM/

QIDHU, /SCWM/QIDDH) erfolgen, an einem Prüfarbeitsplatz (Transaktion /SCWM/QINSP) oder in einem externen System. Die Transaktionen zur Bearbeitung des Prüfbelegs ermöglichen es Ihnen, einen Verwendungsentscheid über den gesamten Prüfbeleg zu treffen. Bei produktbezogenen Prüfbelegen kann über Stichproben oder den Inhalt kompletter Handling Units entschieden werden. Innerhalb der Transaktion für den Prüfarbeitsplatz ist der Verwendungsentscheid auch auf Bestandsebene verfügbar. Hier ist es auch möglich, die Menge, das Produkt und die Charge zu korrigieren.

Ein Prüfergebnis besteht mindestens aus einem Verwendungsentscheid und einer Folgeaktion. Darüber hinaus können Prüfbefunde (in Form von Fehlercodes und Aufwandsangaben) erfasst und eine Dokumentation (z. B. ein Foto) beigefügt werden. Befund und Dokumentation sind optional und müssen nicht verwendet werden.

Verwendungsentscheide und Folgeaktionen können separat zugewiesen werden. Sie können z. B. einen Verwendungsentscheid auf der Ebene des Arbeitsplatzes treffen und eine Folgeaktion auf der Benutzeroberfläche des Prüfbelegs erfassen. In der Prüfregel definieren Sie eine Codegruppe, der mögliche Entscheidungscodes zugeordnet sind, die Sie über den EWM-Einführungsleitfaden einrichten können. Dazu wählen Sie den Pfad **Prozessübergreifende Einstellungen • Qualitätsmanagement • Qualitätsmanagement für dezentrales EWM • Prüfergebnisse • Entscheidungscodes festlegen**. Hier werden Entscheidungscodes, Fehlercodes und Folgeaktionen definiert. Definieren Sie zunächst mögliche Entscheidungscodes und Codegruppen und ordnen Sie dann die Entscheidungscodes den Codegruppen zu (siehe Abbildung 2.15). Bei der Zuordnung von Entscheidungscodes zu Codegruppen legen Sie zusätzlich fest, welcher Entscheidungscode bei einer automatischen Entscheidung verwendet wird.

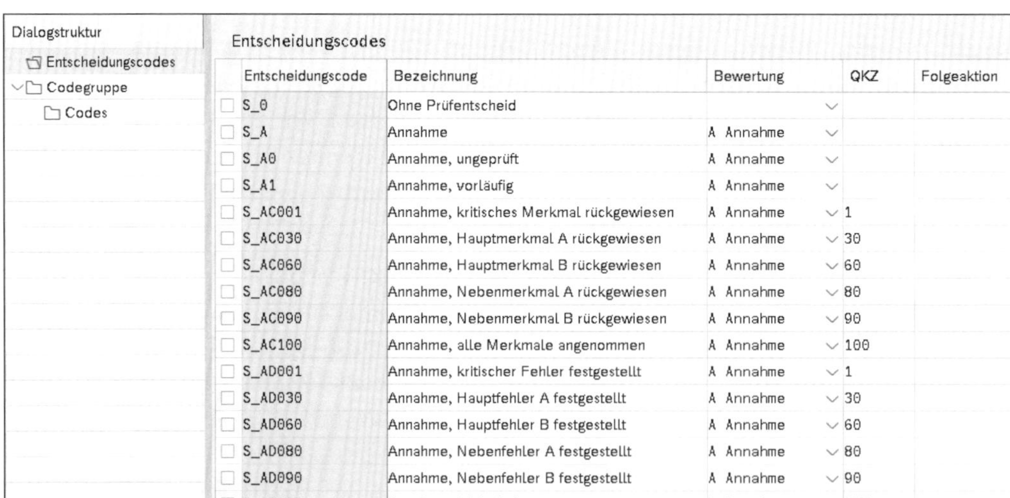

Entscheidungscode	Bezeichnung	Bewertung	QKZ	Folgeaktion
S_0	Ohne Prüfentscheid			
S_A	Annahme	A Annahme		
S_A0	Annahme, ungeprüft	A Annahme		
S_A1	Annahme, vorläufig	A Annahme		
S_AC001	Annahme, kritisches Merkmal rückgewiesen	A Annahme	1	
S_AC030	Annahme, Hauptmerkmal A rückgewiesen	A Annahme	30	
S_AC060	Annahme, Hauptmerkmal B rückgewiesen	A Annahme	60	
S_AC080	Annahme, Nebenmerkmal A rückgewiesen	A Annahme	80	
S_AC090	Annahme, Nebenmerkmal B rückgewiesen	A Annahme	90	
S_AC100	Annahme, alle Merkmale angenommen	A Annahme	100	
S_AD001	Annahme, kritischer Fehler festgestellt	A Annahme	1	
S_AD030	Annahme, Hauptfehler A festgestellt	A Annahme	30	
S_AD060	Annahme, Hauptfehler B festgestellt	A Annahme	60	
S_AD080	Annahme, Nebenfehler A festgestellt	A Annahme	80	
S_AD090	Annahme, Nebenfehler B festgestellt	A Annahme	90	
S_AD100	Annahme, fehlerfrei	A Annahme	100	

Abbildung 2.15 Definition von Entscheidungscodes und Codegruppen für Decentralized EWM

Im Customizing der Folgeaktionen definieren Sie die Folgeaktion und kümmern sich um die einzelnen Lagernummern und die Steuerungsparameter der Qualitätsprüfung (siehe Abbildung 2.16). Anschließend ordnen Sie die Folgeaktion den Codegruppen zu, die Sie im Customizing der Entscheidungscodes definiert haben. Damit kann pro Prüfregel die Selektion von Entscheidungscodes und Folgeaktionen vorgegeben werden.

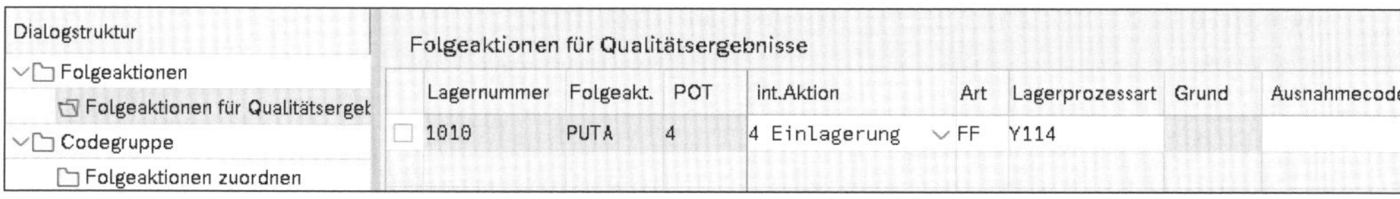

Abbildung 2.16 Definition von Folgeaktionen

Für einen Verwendungsentscheid können Sie eine Folgeaktion vorschlagen. Es gibt auch ein BAdI, mit dem sich die vorgeschlagene Folgeaktion bestimmen lässt (siehe Tabelle 2.19 im Abschnitt »Objekte und Datenmodell«). Der Vorschlag einer Folgeaktion ist erforderlich, wenn Sie externe Prüfungen verwenden, da die QIE-Schnittstelle keine Folgeaktion enthält. Da die Tabelle der Entscheidungscodes in der Quality Inpection Engine liegt, die Folgeaktion aber ein EWM-Objekt ist, gibt es zur Folgeaktion keine Wertehilfe oder -prüfung. Folgeaktionen können je nach Prüfobjekttyp unterschiedlich definiert werden.

Da die Entscheidung und damit die Folgeaktion im Rahmen einer externen Prüfung erst nach Abschluss der Prüfung mitgeteilt werden, wird die Verarbeitung der Folgeaktion nur einmal aufgerufen. Sie ist in der Quality Inspection Engine über den Erweiterungsspot `QIE_OBJECTS_INSP_DOCUMENT` implementiert. Die Implementierung erfolgt in der Klasse `/SCWM/CL_QFU` mit der Methode `IF_QIE_INSP_DOC_EVENTS~ON_EVENT_RAISED`. Diese ruft wiederum die Methode `DECIDED` auf, die eine Entscheidung auf Prüfbelegebene implementiert.

Folgeaktionen

In diesem Abschnitt werden die verschiedenen Szenarien für die Auslösung einer Folgeaktion in Decentralized EWM beschrieben, die aus dem am Ende der Qualitätsprüfung getroffenen Verwendungsentscheid resultiert.

Im Retourenmanagement (in SAP Customer Relationship Management (SAP CRM) oder der erweiterten Retourenabwicklung) kann bereits im Auftragsbeleg eine Folgeaktion definiert werden. Alle relevanten Daten werden dabei an Decentralized EWM weitergegeben, eine echte Prüfung findet nicht statt. Ein Wareneingang wird entsprechend der zuvor bereitgestellten Informationen gebucht.

Das Retourenmanagement kann eine Folgeaktion im eigenen System anfordern. In diesem Szenario prüft das EWM die Waren nur und sammelt die Entscheidungen. Die

Informationen werden an das Retourenmanagement zurückgegeben und von dort muss eine Folgeaktion angestoßen werden. In diesem Szenario wird das Feld FUPEXT im Prüfbeleg gesetzt. Es legt fest, welches System über die Folgeaktion entscheiden soll.

Beim Retourenmanagement von SAP CRM und in der erweiterten Retourenabwicklung kann EWM auch entscheiden, dass die Folgeaktion durch SAP CRM oder die erweiterte Retourenabwicklung initiiert werden muss.

Wenn es sich nicht um eine Retoure handelt oder ein Retourensystem ein spezielles Szenario erzwingt, wird die Folgeaktion entweder in EWM angelegt oder durch die im Customizing für den betreffenden Entscheidungscode definierte Standardfolgeaktion bestimmt.

Jeder Entscheid führt zu einer Änderung des Bestandes. Zumindest der Prüfobjekttyp (Feld INSPTYP) und die Referenz auf den Prüfbeleg (Feld INSPID) werden dabei zurückgesetzt. In Erwartung einer Entscheidung über die Folgeaktion werden diese Felder geändert bzw. gelöscht, wenn die Entscheidung über die Folgeaktion getroffen ist. Die Bestandsart, das Produkt und die Charge können bei Ausführung der Folgeaktion ebenfalls im Rahmen einer Umbuchung geändert werden.

Ein Entscheid auf Ebene des Prüfbelegs ist für den gesamten auf ihn gebuchten Bestand gültig. Bei Prüfungen auf Bestandsebene kann eine Entscheidung auf Ebene der Handling Unit (wenn der vollständige Inhalt der Handling Unit betroffen ist) oder auf Ebene des Bestandes eine eigene Folgeaktion nach sich ziehen. Bei einer Stichprobenprüfung legt die Prüfregel fest, worauf sich die Folgeaktion bezieht.

Möglich sind hierbei folgende Alternativen:

- Die Folgeaktion ist nur für den Stichprobenbestand relevant.
- Die Folgeaktion bezieht sich auf die Stichprobe und den restlichen Bestand der Handling Unit, aus der die Stichprobe entnommen wurde.
- Die Stichprobe ist vernichtend, der Bestand wird verschrottet.
- Die Stichprobe ist vernichtend, und die Folgeaktion bezieht sich auf die Handling Unit, aus der die Stichprobe entnommen wurde.
- Die Stichprobe ist nicht relevant für eine Folgeaktion, es wird mit der Folgeaktion auf Ebene des Prüfbelegs gearbeitet.

Wenn die Stichprobe bestandsrelevant ist, wird die Menge der Stichprobe beim Wareneingang durch den Wert »B« im Feld INSPTYP gekennzeichnet. Der Wert des Feldes INSPID entspricht dem eindeutigen Schlüssel (GUID) der Stichprobe.

Eine Folgeaktion umfasst drei Steuerungsparameter und einen Ausnahmecode. Die folgenden Steuerungsparameter sind enthalten:

- **Interne Aktion**
  Als interne Aktionen sind die folgenden Prozesse vorgesehen:
  - Fortsetzung der Einlagerung mit Umbuchung in frei verwendbaren Bestand
  - Umbuchung in den Sperrbestand
  - Anlage einer Umlagerungsbestellung an ein anderes Lager
  - Anlage einer lagerinternen Qualitätsprüfung (POT5) zur weiteren oder detaillierteren Untersuchung
  - Stichprobenverbrauch
  - Auslösen eines BAdI zur Folgeaktion
  - weitere Prozesse für die Fehlerbearbeitung und das Retourenmanagement
- **Nach-Bestandsart**
  Die Pflege einer lokationsunabhängigen Bestandsart führt zu einer Umbuchung des Bestandes in diese Bestandsart. Während des Entscheids wird diese Umbuchung mit der Änderung der Prüfbelegreferenz vorgenommen.
- **Lagerprozessart**
  Durch die Definition einer Lagerprozessart wird eine Lageraufgabe unter Verwendung dieser Lagerprozessart angelegt. Dies gilt nicht für Folgeaktionen mit der internen Aktion **Einlagerung**. Bei der Option **Gesperrter Bestand** ist es z. B. sinnvoll, eine Lageraufgabe für einen bestimmten Lagertyp anzulegen, der (ausschließlich) für die Verschrottung verwendet wird.
- **Ausnahmecode**
  Die Ausnahmebehandlung wird aufgerufen, wenn ein Ausnahmecode definiert ist. Projektspezifische Erweiterungen im Rahmen der Folgeaktion sind durch die Implementierung des BAdI für Folgeaktionen möglich. Die Folgeaktionsverarbeitung ist in der Klasse `/SCWM/CL_QFU` zu finden, die über ihre Methoden verschiedene Einstiegsmöglichkeiten der Folgeaktionsverarbeitung bietet:
  - `INSPDOC_DECISION`
    Bearbeitet den Gesamtprüfbestand des Prüfbelegs.
  - `ELEMENT_DECISION`
    Bearbeitet die Handling Unit und/oder den Bestand, auf die/den das Element verweist, gemäß der Prüfregel.

Alle Methoden ermitteln vorab die erforderlichen Daten, die an die Methode `STOCK_ACTION` der Klasse `/SCWM/CL_QFU_SUPER` übergeben werden müssen. Sie ist Teil des Erweiterungsspots `/SCWM/ES_QFU` bzw. des BAdI `/SCWM/EX_QFU` bzw. `/SCWM/EX_QFU_STOCK_ACTION`.

Objekte und Datenmodell

Wie bereits erwähnt, können die Prüfobjekttypen der Quality Inspection Engine nicht mit dem Standard ausgeliefert werden. Aus diesem Grund müssen die Prüfobjekttypen im Kundensystem generiert werden, wobei die EWM-basierte Konfiguration verwendet wird. Jede Generierung eines Prüfobjekttyps erzeugt einen neuen eindeutigen Schlüssel (GUID) und damit eine neue Prüfobjekttypversion. Es kann nur eine aktive Version eines Prüfobjekttyps geben, und definierte Prüfregeln sind nur für die Version gültig, die zum Zeitpunkt ihrer Anlage aktiv war.

[»]

Versionsverwaltung des Prüfobjekttyps

Bei der Erzeugung oder Aktivierung einer neuen Prüfobjekttypversion gehen alle definierten Stammdaten zu diesem Prüfobjekttyp verloren. Die Programme arbeiten nur mit der aktiven Version des Prüfobjekttyps. Die Prüfobjekttypversion ist unabhängig von der Lagernummer und mandantenübergreifend.

Die Quality Inspection Engine ist im Paket QIE implementiert. Dessen wichtigste Unterpakete sind QIE_COMMON und QIE_OBJECTS_INSP. Letzteres Paket ist für die Anlage und Bearbeitung von Prüfbelegen zuständig. Es enthält außerdem die Datenbanktabellen QIE_INSP_DOC für den Prüfbeleg und QIE_ELEMENT für Prüfelemente, die auch als Prüfbelegpositionen betrachtet werden können. EWM-spezifische Daten zu den jeweiligen Datenobjekten sind innerhalb der SAP-Includes definiert, die mit dem Präfix SI_ beginnen.

In ähnlicher Weise sehen die Tabellen des Prüfbelegs und des Befundes Customer Includes mit dem Präfix CI_ vor. Diese Include-Strukturen können Sie mithilfe der Vorwärtsnavigation durch einen Doppelklick auf das (zunächst nicht vollständig vorhandene) Include bei der Anzeige der entsprechenden Datenbanktabelle in Transaktion SE11 anlegen.

Tabelle 2.18 zeigt die verfügbaren QIE-Tabellen, basierend auf den SAP- und Customer Includes für jedes Datenobjekt und jede Tabelle.

Datenobjekt	Datenbanktabelle	SAP-Include	Customer Include
Prüfbeleg	QIE_INSP_DOC	SI_QIE_TS_INSP_DOC_CONS, SI_QIE_TS_IRULE_ARGS_CONS	CI_QIE_TS_INSP_DOC_CONS
Argumente der Prüfregel	QIE_IRULE_ARGS	SI_QIE_TS_IRULE_ARGS_CONS	–

Tabelle 2.18 Tabellen (Strukturen) der Qualitätsprüfung mit SAP- und Customer Includes

Datenobjekt	Datenbanktabelle	SAP-Include	Customer Include
Prüfelement	QIE_ELEMENT	SI_QIE_TS_DRWI_ATTR_CONS	–
Probezieh-anweisung	QIE_SAMP_DRWI	SI_QIE_TS_DRWI_ATTR_CONS	–
Befund	QIE_FINDING	SI_QIE_TS_FIND_ATTR	CI_QIE_TS_FIND_ATTR

Tabelle 2.18 Tabellen (Strukturen) der Qualitätsprüfung mit SAP- und Customer Includes (Forts.)

Der EWM-Teil der Qualitätsprüfung ist im Paket /SCWM/QINSP enthalten. Eine Ausnahme bildet die Integration mit dem SAP-ERP-System, die vorwiegend für die (erweiterte) Retourenabwicklung genutzt wird und in der Funktionsgruppe /SCWM/ERP_QFU zu finden ist, die dem Paket /SCWM/EWM_INTEGRATION zugeordnet ist. Auf der Seite von SAP ERP oder SAP S/4HANA speichern die Tabellen /SPE/INSPECRESH (Prüfbefund Kopf), /SPE/INSPECRESP (Prüfbefund Position) und /SPE/INSPECRESC (Prüfbefund Positionscodes), die dem Paket /SPE/RET_INSPECTIONS zugeordnet sind, die Ergebnisse der Retourenprüfung zur Verfolgung zwischen den Systemen.

Die Qualitätsprüfung sieht eine ganze Reihe von Kundenerweiterungsmöglichkeiten vor, sowohl in der Komponente QIE als auch in der Komponente /SCWM/. Die in der Komponente /SCWM/ verfügbaren Erweiterungsspots und BAdIs finden Sie in Tabelle 2.19. Weitere verfügbare BAdIs finden Sie in QIE-basierten Erweiterungsspots über die Transaktion SE20 oder im Einführungsleitfaden.

Erweiterungspot	BAdI	Beschreibung
/SCWM/ES_QFU	/SCWM/EX_QFU	Folgeaktionen
	/SCWM/EX_QFU_BATCH_DATA	Chargenmerkmale beim Prüfentscheid
	/SCWM/EX_QFU_CLOSE_HU	Handling-Unit-Abschluss nach Entscheidung auf Kopfebene des Prüfbelegs
	/SCWM/EX_QFU_SAVE	Sichern der im BAdI /SCWM/EX_QFU gesammelten Daten
	/SCM/EX_QFU_SET_FUCODE	vordefinierte Folgeaktion ermitteln
	/SCWM/EX_QFU_SET_IN_EXTSYST	Folgeaktionen extern pflegen und ausführen

Tabelle 2.19 Erweiterungsspots der Qualitätsprüfung in Decentralized EWM

Erweiterungspot	BAdI	Beschreibung
/SCWM/ES_QFU (Forts.)	/SCWM/EX_QFU_STO	Bestellung anlegen
	/SCWM/EX_QFU_STOCK_ACTION	Bestandsaktion nach Entscheid beeinflussen
	/SCWM/EX_QFU_STOCK_ACTION_WT	Anpassung der Produktlageraufgaben nach Prüfentscheid
	/SCWM/EX_QFU_STOCK_ITEMS_4_FUP	Folgeaktivitäten vor der Sperrung von Handling Unit(s)
/SCWM/ES_QM_CNT	/SCWM/EX_QM_CNT	Erweiterung der Zählrelevanz von Lieferpositionen
/SCWM/ES_QM_DIV	/SCWM/EX_QGR_CONTROL	Beeinflussung der Wareneingangskontrolle für Anlieferungspositionen
	/SCWM/EX_QM_SAMPLE_ROUND_QTY	Rundung der Stichprobenmengen für den externen Stichprobenumfang
	/SCWM/EX_QM_STOCK_EXTSMPLE_QTY	Bestandsselektion für die Stichprobe
	/SCWM/EX_QM_STOCK_INSP_EXT	Aktivierung bestandsbezogener Qualitätsprüfungen oder Fehlerbearbeitung
	/SCWM/EX_QM_STOCK_SAMPLE_SORT	Bestandssortierung bei verändertem Stichprobenumfang
/SCWM/ES_QM_INSP	/SCWM/EX_QM_INSP_CHANGE	Prüfung ändern (Produkt-/Chargenprüfung)
	/SCWM/EX_QM_INSP_CHECK_LOCK	Prüfung auf Sperre (Produkt-/Chargenprüfung)
	/SCWM/EX_QM_INSP_RELEVANZ	Prüfrelevanz beeinflussen (Produkt-/Chargenprüfung)
	/SCWM/EX_QM_IOT5_CREA_ALL	Entscheidung, ob alle Bestandszeilen bearbeitet werden
/SCWM/ES_QM_PRP	/SCWM/EX_QM_PRP	Prüfbelegattribut schreiben

Tabelle 2.19 Erweiterungsspots der Qualitätsprüfung in Decentralized EWM (Forts.)

Erweiterungspot	BAdI	Beschreibung
/SCWM/ES_QM_SUMMARY	/SCWM/EX_QM_INSPDOC_AUTO_DEC	Steuerung des Hintergrundentscheids für Prüfbeleg
	/SCWM/EX_QM_INSP_SUMMARY	Definition benutzerdefinierter Kriterien für Prüfungen

Tabelle 2.19 Erweiterungsspots der Qualitätsprüfung in Decentralized EWM (Forts.)

Die Vorabprüfung für Handling Units ist ein Sonderfall, da hier keine Planung stattfindet, die durch ein Ergebnis abgeschlossen wird. Die Vorabprüfung von Handling Units ist im Funktionsbaustein /SCWM/QHU_INSPECTION implementiert. Dieser Funktionsbaustein erwartet eine Liste von Handling Units: die gut und die schlecht bewerteten. Aus dieser Liste wird ein neuer Prüfbeleg mit einer Position pro Handling Unit angelegt. Über diese wird auch gleich entschieden, und der Wareneingang wird für alle Handling Units entsprechend dem Ergebnis gebucht.

Es gibt eine Standard-RF-Transaktion zum Scannen dieser Handling Units, die den genannten Funktionsbaustein verwendet. Eine benutzerdefinierte RF-Transaktion oder SAP GUI-Transaktion ist denkbar, bei der dieser Scan auch den Entladeschritt enthalten könnte.

Integration

In der Wareneingangsbearbeitung – insbesondere in der Produktprüfung – haben wir multifunktionale Anforderungen. EWM bietet ein Höchstmaß an Flexibilität bei der Wareneingangsprüfung und der Folgeverarbeitung. Erweiterte Funktionalität bei der Prüfung bietet auch die Integration externer Prüfsysteme wie SAP ERP oder SAP S/4HANA. Hier ist es möglich, Prüfergebnisse merkmalsbasiert zu protokollieren, was die Quality Inspection Engine selbst nicht leisten kann. Bei Retouren beeinflusst das Kundenmanagement (mit SAP CRM) die Produktbehandlung oft mehr als die tatsächliche Qualität der Produkte, und eine Rückmeldung an das Retourensystem über die Qualität ist erwünscht.

Im folgenden Abschnitt stellen wir die Möglichkeiten der Integration von Decentralized EWM und dem Qualitätsmanagement in SAP ERP bzw. SAP S/4HANA vor. Dabei geht es vor allem um die Erzeugung eines Prüfloses im SAP-ERP- oder SAP-S/4HANA-System, ausgelöst durch Decentralized EWM, sowie um die Weitergabe des Verwendungsentscheids aus SAP ERP oder SAP S/4HANA an EWM, wodurch möglicherweise logistische Folgeaktionen ausgelöst werden.

Anbindung eines externen Systems

Bei Bedarf kann die Wareneingangsprüfung in einem externen System stattfinden, wobei die Anlage und Replikation von Prüfbelegen von EWM ausgelöst wird. Während die Kommunikation der Quality Inspection Engine mit einem externen System im Allgemeinen über SAP Process Integration (SAP PI) erfolgt, kann EWM auch direkt mit dem Qualitätsmanagement in SAP ERP oder SAP S/4HANA integriert werden. Bei dieser Integration wird die Prüfart 17 (Herkunft Fremdsystem) im Qualitätsmanagement verwendet. Die Kommunikation findet über Remote Function Calls (RFC) statt.

Um Decentralized EWM mit einem externen Prüfsystem zu integrieren, muss ein solches System im Customizing der Quality Inspection Engine definiert (siehe Abbildung 2.17) und den Prüfobjekttypen auf Lagerebene zugeordnet werden. Für die zugeordneten Prüfobjekttypen bietet die Prüfregel zusätzliche Felder für das externe System (z. B. **Prüfart 17**), um die externe Prüfung für diese Prüfregel zu aktivieren. Bei Prüfbelegen dieser Prüfregel wird der Beleg bei der Beleganlage an das externe System verteilt und erwartet die Ergebnisse vom externen System. Für die Anbindung eines externen Qualitätsmanagementsystems ist SAP-Hinweis 1278425 zu beachten.

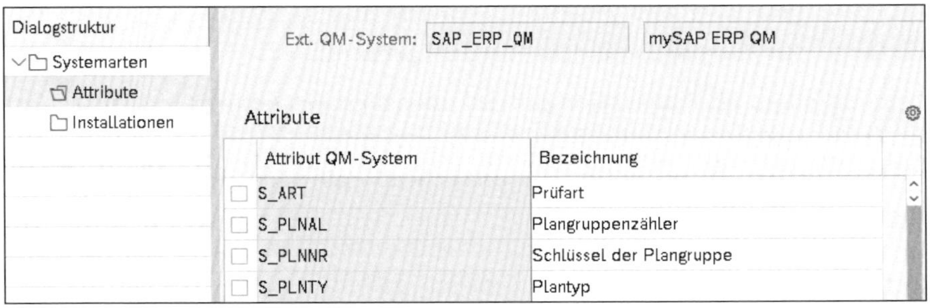

Abbildung 2.17 Prüfmerkmale für ein externes Qualitätsmanagementsystem

Bei der Prüfung in einem externen System können Ergebnisse nur auf Stichproben- oder Belegebene erfasst werden. Eine Folgeaktion auf Bestandsebene ist aufgrund unvollständiger Bestandsinformationen im externen System nicht möglich. Für Prüfbelege, die an ein externes System verteilt werden, ist die Ergebniserfassung auch in EWM möglich, wodurch ein möglicher Ausfall des externen Systems überwunden wird.

Die Kommunikation zwischen EWM und einem externen System wird vollständig von der Quality Inspection Engine übernommen. Das entsprechende Customizing finden Sie im EWM-Einführungsleitfaden unter **Prozessübergreifende Einstellungen • Qualitätsmanagement • Qualitätsmanagement für dezentrales EWM • Kommunikation mit einem externen QM-System • Externe QM-Systeme festlegen**. Legen Sie ein externes Qualitätsmanagementsystem an und ordnen Sie die Attribute zu, die in der Prüfregel gepflegt werden müssen. Abbildung 2.17 zeigt ein Beispiel für die Integration mit dem Qualitätsmanagement in SAP ERP. Auf der gleichen Ebene ordnen Sie die Installation dieses Systems zu.

[+]

Leitfaden zur Konfiguration des EWM-Qualitätsmanagements und der Quality Inspection Engine für Decentralized EWM

Wir empfehlen die Lektüre des Leitfadens zur EWM-Konfiguration für die Qualitätsprüfung mit Decentralized EWM mit dem Titel »How-To Configure Quality Management Processes for Decentralized EWM Based on SAP S/4HANA«. Sie finden diesen Leitfaden im Support Content des SAP Help Portal unter *https://help.sap.com/docs/SUPPORT_CONTENT/sewm/* im Ordner **EWM General Information**. Um mehr über die Funktionalität und die Konfigurationsoptionen und -anforderungen zu erfahren, können Sie außerdem die Dokumentation zum Qualitätsmanagement für Decentralized EWM im SAP Help Portal (*https://help.sap.com/*) lesen.

Ergebnisrückmeldung für Retouren

Bei Retouren wird für jeden Entscheid über die geprüfte Menge ein Belegflusseintrag erzeugt. Bei der Mengenverrechnung weiß die Lieferposition damit, wann die Prüfung abgeschlossen ist. Der Abschluss der Prüfung ist zwingend erforderlich, um die Retoure abzuschließen. Nach Abschluss der Prüfung wird eine PPF-Aktion ausgelöst, um die Ergebnisse an SAP ERP oder SAP S/4HANA zu senden. Je nach Art des Originalsystems oder des Retourenvorgangs werden die Ergebnisse dann weiter an ein entsprechendes System, wie z. B. SAP CRM, übermittelt.

Folgeaktionsverarbeitung aus externem System

Retouren können festlegen, dass EWM nur die Prüfung durchführt und das Ergebnis erfasst, die Entscheidung über die Folgeaktion aber vom Retourensystem (SAP CRM, erweiterte Retourenabwicklung, SAP ERP oder SAP S/4HANA) getroffen wird. Abhängig von der Folgeaktion legt das System eine Lieferung mit Bezug auf das Prüfergebnis an oder ruft direkt den Funktionsbaustein `/SCWM/QM_FOLLOW_UP` auf, um die Folgeaktion auszuführen, wenn keine Lieferung erforderlich ist (wie z. B. bei der Einlagerung). Es ist möglich, weitere Folgeaktionen zu realisieren, über die Umbuchungen oder Auslieferungen mit Bezug auf das Prüfergebnis gebucht werden.

2.4.2 Qualitätsmanagement in Embedded EWM

In diesem Abschnitt konzentrieren wir uns auf die Qualitätsprüfung in Embedded EWM. Insbesondere besprechen wir die Funktionen, die Objekte und das Datenmodell und weisen dabei auf Unterschiede zu Decentralized EWM hin.

Funktion

Wie bereits in der Einleitung zu Abschnitt 2.4 erwähnt, greift Embedded EWM auf die klassische Qualitätsmanagementkomponente in SAP S/4HANA zurück, um Qualitätsprüfungen auszulösen und durchzuführen und deren Nachbearbeitung zu gewährleisten. Die Kernfunktionalität für Qualitätsprüfungen in Embedded EWM ist sicherlich mehr oder weniger identisch mit der in Decentralized EWM. Die Umstellung auf das Qualitätsmanagement in SAP S/4HANA erforderte jedoch die Abkehr von den meisten auf der Quality Inspection Engine basierenden Objekten und Funktionen, was zu einigen Einschränkungen führte, während im Bereich der Stammdaten durch Reduzierung von Redundanzen Vereinfachungen erzielt und sogar neue Funktionen wie die Fehlerbearbeitung bereitgestellt werden konnten.

In den folgenden Abschnitten gehen wir auf die Anlage von Prüflosen, die Erfassung von Prüfergebnissen, die Auslösung von Folgeaktionen und die Fehlerbearbeitung ein.

Anlage von Prüflosen

Nachdem der eingehende oder bereits vorhandene Bestand als prüfungsrelevant eingestuft wurde, wird die Erzeugung eines *Prüfloses* aus dem Embedded EWM heraus ausgelöst. Während QIE-basierte Objekte wie Prüfbelege, Prüfelemente und Befunde im QIE-basierten Stichprobenentnahmeverfahren nicht mehr verwendet werden, kann die Prüfloserzeugung immer noch durch eine Prüfregel ausgelöst werden, die die Erzeugung und Aktivierung eines Prüfobjekttyps erfordert. Ab SAP S/4HANA 1909 ist es jedoch möglich, ganz ohne Prüfregeln zu arbeiten. In diesem Fall greift das System auf die qualitätsmanagementbezogenen Daten des Materialstamms (Tabelle `QMAT`) und den Qualitätsprüfungsinfosatz (Tabelle `QINF`) zurück, um die Prüfrelevanz zu ermitteln. POT3 (Qualitätsprüfung Retourenlieferung), POT4 (Qualitätsprüfung Produkt/Charge Anlieferung) und POT5 (Qualitätsprüfung Produkt/Charge lagerintern), deren Bedeutung in Abschnitt 2.4.1, »Qualitätsprüfung in Decentralized EWM«, beschrieben wurde, werden in Embedded EWM weiterhin verwendet und müssen dementsprechend aktiviert werden, während Vorprüfungen (POT1 und POT6) sowie die Zählprüfung (POT2) nicht mehr verfügbar sind. Der neue Prüfobjekttyp POT7 (logistische Fehlerbearbeitung) ist für Embedded EWM ab SAP S/4HANA verfügbar. Mit diesem Typ können Sie qualitätsmanagementbasierte Fehler und entsprechende Bestandsbuchungen oder Verschrottungen anlegen, die möglicherweise in Qualitätsmeldungen umgewandelt werden. POT7 ist ab S/4HANA 2023 auch für Decentralized EWM verfügbar. Mit POT4 für Anlieferungen werden in Embedded EWM neben der Prüfung nach Wareneingang auch die Prüfprozesse *Annahmeprobenprüfung* und *Vorabprüfung in der Produktion* unterstützt.

[+]

Konfiguration des Qualitätsmanagements für Embedded EWM

Wir empfehlen Ihnen, die Dokumentation zum Qualitätsmanagement für Embedded EWM im SAP Help Portal (*https://help.sap.com/*) zu lesen, um weitere Einzelheiten zu den Funktionen sowie den Konfigurationsoptionen und -anforderungen zu erfahren.

Tabelle 2.20 zeigt die Prüfarten, die für Embedded EWM zur Verfügung gestellt wurden. Sie spiegeln und erweitern die bereits bekannten Prüfarten des Qualitätsmanagements in SAP S/4HANA, denen die Ziffer **17** als Präfix hinzugefügt wird. Dies bezieht sich auf die Herkunft des Prüfprozesses aus einem externen System, d. h. einem System außerhalb von SAP S/4HANA, das sowohl von Embedded als auch von Decentralized EWM verwendet wird.

Prüfarten ohne Verwendung von Prüfregeln	Bezeichnung	Prüfarten bei Verwendung von Prüfregeln	Bezeichnung
–	–	17	Prüfung in EWM
01	Eingangsprüfung beim WE zur Bestellung	1701 1702	EWM-Prüfung externes System
04	Prüfung beim WE aus der Produktion	1704	EWM: WE-Prüfung aus der Produktion
08	Prüfung bei einer Umlagerung	1708	EWM: Umlagerungsprüfung
09	wiederkehrende Prüfung von Chargen	1709	EWM: wiederkehrende Prüfung von Chargen

Tabelle 2.20 Unterstützte Qualitätsmanagement-Prüfarten in Embedded EWM

Für POT4 können Sie Stichproben verwenden und die Stichprobenermittlung aktivieren, die mit dem Stichprobenverfahren des Qualitätsmanagements in SAP S/4HANA zur Verfügung steht. Mit gesplitteten Stichprobenmengen ist es möglich, die Stichprobenmenge von der Restmenge zu trennen und nur die Stichprobenmenge in den Qualitätsprüfbereich zu verschieben. Die Restmenge kann dann zur endgültigen/vorläufigen Einlagerung übergeben werden. Die Trennung wird erreicht, indem die Stichprobenmenge auf den Prüfobjekttyp **S** gebucht wird. Beide Quants, die Stichprobe und die Restmenge, tragen dieselbe Prüflosreferenz. Bei verpacktem Bestand wird die Handling Unit bei der Verbringung in den Qualitätsprüfbereich nicht gesplittet, während unverpackte Bestandsmengen durch Bestandsmengeneinheit, Packspezifikationsmengen oder mithilfe des BAdI `/SCWM/EX_QM_SAMPLE_ROUND_QTY` gerundet werden, da es sinnvoll sein kann, die Menge auf ganze Einheiten aufzurunden, um Behälter nicht zu öffnen. Der Stichprobensplit wird synchron nach dem Wareneingang ausgelöst. Technisch wird der unverpackte Bestand in der Klasse `/SCWM/CL_QLOT_S4` mit der Methode `PROCESS_QINSP_GM_PROD` verarbeitet. Der verpackte Bestand wird mit der Methode `PROCESS_QINSP_GM_HU` der gleichen Klasse bearbeitet.

Prüfergebnisse

In Embedded EWM wird der Verwendungsentscheid auf Basis des Prüfloses aus dem SAP-S/4HANA-Qualitätsmanagement getroffen. Das Prüflos ermöglicht optional eine detaillierte Erfassung von Qualitätsprüfergebnissen und Merkmalen. Teilmengenentscheide werden auch in Embedded EWM unterstützt, indem das aus der Integration mit dem SAP-S/4HANA-Qualitätsmanagement bekannte Popup der Benutzeroberfläche von Decentralized EWM wiederverwendet wird. Dadurch können Entscheide auf der Ebene von Handling Units getroffen werden.

> **Teilmengenentscheide mit EWM-getriggerten Prüflosen**
>
> In SAP-Hinweis 3298981 erhalten Sie einen schnellen Überblick über die partielle Entscheidungsfindung für Qualitätsmanagement-Prüflose mit EWM. Der Hinweis enthält auch weitere Informationen und Links zu anderen interessanten Themen im Zusammenhang mit der Qualitätsmanagementabwicklung.

Entscheidungscodes und Codegruppen für den Verwendungsentscheid müssen über das Qualitätsmanagement von SAP S/4HANA eingerichtet oder angepasst werden. Abbildung 2.18 zeigt ein Beispiel für eine Codegruppe, die für die Qualitätsprüfung bei der EWM-Lieferabwicklung angelegt wurde.

Abbildung 2.18 Codegruppen für Verwendungsentscheid in Embedded EWM

Folgeaktionen

Folgeaktionen in Embedded EWM werden durch Verwendungsentscheide ausgelöst, die im Rahmen des Prüfloses im SAP-S/4HANA-Qualitätsmanagement getroffen wurden. Da das SAP-S/4HANA-Qualitätsmanagement Funktionsbausteine verwendet, um flexibel auf Entscheide zu reagieren, stellt die EWM-Integration zur Folgeaktionsverarbeitung zwei Funktionsbausteine zur Verfügung, die hinter den EWM-bezogenen Entscheidungscodes aufgerufen werden können, um logistische Folgeaktionen auszulösen:

- `QFOA_EWM_LOG_FOLLOW_UP_S4` für Entscheide zur Gesamtmenge (Prüflosebene)
- `QTFA_EWM_LOG_FOLLOW_UP_S4` für Verwendungsentscheide auf Teilmengen (Teilmengenentscheid)

Bei *Prüfverzicht* (Skip-Lot-Verfahren), d. h., wenn Qualitätsprüfungen aufgrund der aktuellen Qualitätsstufe übersprungen werden können, erhält Embedded EWM die Informationen sofort bei der Prüflosanlage und initiiert direkt die Buchung in den freien Bestand.

Fehlerbearbeitung

Embedded EWM unterstützt den neuen Prüfobjekttyp POT7 zur Fehlerbearbeitung. Sobald Qualitätsmängel im Lager entdeckt werden, können Sie diese mit der App **Fehler im Lager erfassen** anlegen und weiterverfolgen. Die App ermöglicht es Ihnen, bestandsbezogene Aktionen auszulösen, z. B. die Buchung von Bestand in den Status **Gesperrt** oder **Frei** oder die Erfassung einer Verschrottung mit Kontierung einer Kostenstelle. Fehler können als *Qualitätsmeldungen* weiterverarbeitet werden, auf deren Grundlage wiederum weitere bestandsbezogene Aktionen ausgelöst oder Mitteilungen an Lieferanten oder Qualitätssachverständige eingereicht werden können. Der EWM-Bestand verweist auf die Fehler- oder Qualitätsmeldungsnummer mit dem Prüfobjekttyp **G**.

Beim Anlegen von Fehlern oder Qualitätsmeldungen und der Selektion von Folgeaktionen werden die Methoden `CHECK_EWM_DATA` und `CHECK_ERP_DATA` der Klasse `/SCWM/CL_QUI_DEFECT` aufgerufen, um Bestandsprüfungen und -selektionen durchzuführen. Diese Methoden werden vom Funktionsbaustein `/SCWM/QUI_DEFECT_FUP_S4` aufgerufen, der wiederum den Funktionsbaustein `/SCWM/QUI_DEFECT_FUP` aufruft.

Beim Speichern des Fehlers sorgt die Methode `SAVE_FOLLOW_UP_PROCESSING` der Klasse `/SCWM/CL_QUI_DEFECT` für die Ausführung der Folgeaktionen durch mehrere Klassen, die das Interface `/SCWM/IF_QFU` implementieren und von der Klasse `/SCWM/CL_QFU_ACTION` erben. Pro Folgeaktion ist eine Subklasse zu finden, z. B. `/SCWM/CL_QFU_SCRAP_COMPL` für die Erfassung einer Verschrottung mit Kontierung auf einer Kostenstelle.

Die Fehlerbearbeitung wurde mit SAP S/4HANA 2023 auch für Decentralized EWM verfügbar gemacht.

Objekte und Datenmodell

Embedded EWM ist vollständig in das bestehende Datenmodell für das Qualitätsmanagement in SAP S/4HANA integriert. Als zentrale ABAP-Dictionary-Objekte der Qualitätsmanagementkomponente möchten wir die folgenden transparenten Tabellen erwähnen:

- `QALS` speichert das Prüflos im SAP-S/4HANA-Qualitätsmanagement.
- `Q_LOT_SERIAL` enthält serialnummernbezogene Prüfdaten.
- `QALT` beinhaltet Teillose.
- `QPRS` beinhaltet Stichproben.
- `QAVE` speichert die getroffenen Verwendungsentscheide.

Wie in Decentralized EWM sieht auch die Qualitätsprüfung in Embedded EWM eine ganze Reihe von Möglichkeiten zur Kundenerweiterung vor. Sie sind jedoch weniger zahlreich als in Decentralized EWM, da einige BAdIs dort mit Funktionen verbunden waren, die in Embedded EWM nicht mehr unterstützt werden. Im Allgemeinen empfehlen wir, bei Erweiterungen rund um Qualitätsprüfungen in Decentralized EWM die auf der Quality Inspection Engine basierenden BAdIs und in Embedded EWM die qualitätsmanagementbasierten BAdIs und User-Exits zu berücksichtigen. Die verfügbaren Erweiterungsspots und BAdIs finden Sie in Tabelle 2.21.

Erweiterungspot	BAdI	Bezeichnung
/SCWM/ES_QFU	/SCWM/EX_QFU_SAVE	Sichern der im BAdI /SCWM/EX_QFU gesammelten Daten
	/SCWM/EX_QFU_STOCK_ACTION	Bestandsaktion nach Entscheid beeinflussen
	/SCWM/EX_QFU_STOCK_ACTION_WT	Anpassung der Produktlageraufgaben nach Prüfentscheid
/SCWM/ES_QM_DIV	/SCWM/EX_QGR_CONTROL	Beeinflussung der Wareneingangskontrolle für Anlieferungspositionen
	/SCWM/EX_QM_SAMPLE_ROUND_QTY	Runden von Probemengen für externen Stichprobenumfang
	/SCWM/EX_QM_STOCK_EXTSMPLE_QTY	Bestandsselektion für Stichprobenumfang
	/SCWM/EX_QM_STOCK_INSP_EXT	Aktivierung bestandsbasierter Qualitätsprüfungen ohne Fehlerbearbeitung
	/SCWM/EX_QM_STOCK_SAMPLE_SORT	Bestandssortierung für geänderten Stichprobenumfang
/SCWM/ES_QM_INSP	/SCWM/EX_QM_INSP_CHANGE	Prüfung ändern (Produkt-/Chargenprüfung)
	/SCWM/EX_QM_INSP_RELEVANCE	Prüfrelevanz setzen (Produkt-/Chargenprüfung)
/SCWM/ES_QM_PRP	/SCWM/EX_QM_PRP	Datenübergabe an Prüfbelegeigenschaften

Tabelle 2.21 Erweiterungsspots der Qualitätsprüfung in Embedded EWM

2.5 Integration mit ERP-Systemen

Als zentraler Bestandteil der Distributions- und Produktionslogistik ist die Lagerverwaltung eng mit dem Auftragsmanagement und der Bestandsführung verbunden, beides Kernkomponenten eines ERP-Systems. Transportmanagement, Fertigungsabwicklung und Qualitätsmanagementsysteme können als weitere potenzielle Integrationspunkte für die Lagerverwaltung in Betracht gezogen werden. In diesem letzten Abschnitt dieses Kapitels erläutern wir die Integration von EWM mit SAP ERP oder SAP S/4HANA sowie mögliche Integrationsoptionen für ERP-Systeme von Drittanbietern. Des Weiteren heben wir einige Unterschiede in der Integration mit SAP S/4HANA bei der Verwendung von Embedded EWM hervor.

EWM bietet eine Vielzahl von Schnittstellen zur Integration mit SAP- und Drittsystemen unter Verwendung verschiedener Kommunikationsmethoden und -technologien. Die Liste der Integrationsszenarien beginnt mit SAP Business Warehouse (SAP BW) und SAP Global Trade Services (SAP GTS) und reicht bis zu verschiedenen Drittanbietersystemen für die Produktionsdurchführung, die Materialflusssteuerung, die Stichprobeninventur oder das Yard Management, um nur einige zu nennen.

Die Integration von EWM mit SAP ERP oder SAP S/4HANA bietet die grundlegendsten und umfassendsten Schnittstellen. Die Integration von ERP-Systemen von Drittanbietern mit Decentralized EWM ist technisch möglich, sollte jedoch als individuelles Kundenprojekt in seiner Gesamtheit betrachtet werden.

In diesem Abschnitt möchten wir die ERP-Integration näher beleuchten. Zu diesem Zweck stellen wir zunächst die Schnittstellenblöcke vor, die für die Integration mit SAP ERP oder SAP S/4HANA relevant sind. Wir behandeln die Verarbeitung von ein- und ausgehenden Nachrichten sowie Aufrufstellen und Erweiterungsoptionen für die Nachrichten der einzelnen Schnittstellenblöcke. Fast jedes EWM-Implementierungsprojekt verwendet die eine oder andere Eigenentwicklung für die Integration mit SAP ERP oder SAP S/4HANA.

Im zweiten Teil dieses Abschnitts erfahren Sie, welche Ansätze es für die Integration mit ERP-Systemen von Drittanbietern gibt und wie Sie die Implementierung einer solchen Integration planen sollten. Schließlich stellen wir weitere Unterschiede bei der Verwendung von Embedded EWM in SAP S/4HANA vor, die in den vorangegangenen Abschnitten noch nicht erwähnt wurden.

2.5.1 Integration mit SAP ERP und SAP S/4HANA

Bei der Integration von EWM mit SAP ERP oder SAP S/4HANA sind vier Aspekte für uns von größerem Interesse. Auf diese Aspekte werden wir im Folgenden näher eingehen:

- Anbindung verschiedener SAP-ERP- oder SAP-S/4HANA-Releases an EWM (SAP-ERP- oder SAP-S/4HANA-Versionskontrolle). Dieser Aspekt ist nur für Decentralized EWM relevant.
- Schnittstellen für Belegdaten:
  - Lieferschnittstelle
  - Warenbewegungsschnittstelle
  - Transportschnittstelle
  - Qualitätsmanagementschnittstelle (nur für Decentralized EWM, da Embedded EWM das Prüflos des zentralen ERP-Systems nutzt)
- Stammdatenschnittstellen (basierend auf Application Link Enabling, ALE, oder dem Datenreplikations-Framework, DRF). Diese Schnittstellen sind für Decentralized EWM relevant, da Embedded EWM die entsprechenden Daten des zentralen Systems nutzt:
  - Material (IDoc-Nachrichtentyp `MATMAS`)
  - Geschäftspartner (Datenreplikations-Framework), Kunde und Lieferant (IDoc-Nachrichtentypen `DEBMAS` und `CREMAS`), durch Customer-Vendor-Integration (CVI)
  - Chargen- und Chargenklassifizierung (IDoc-Nachrichtentypen `BATMAS` und `CLFMAS`)
  - Packvorschrift zu Packspezifikation (RFC)
- Mapping der Datenmodelle für die Lagerverwaltung zwischen SAP ERP oder SAP S/4HANA und EWM

Die meisten relevanten Objekte für die Integration von SAP ERP oder SAP S/4HANA können im Object Navigator (Transaktion SE80) über das Paket `/SCWM/ERP_INTEGRATION` schnell gefunden und aufgerufen werden.

Gemeinsames Customizing in EWM in SAP S/4HANA

Bevor wir uns den Schnittstellen zwischen EWM und ERP-Systemen zuwenden, möchten wir kurz auf die gemeinsamen Customizing-Tabellen eingehen, die mit dem SAP-S/4HANA-basierten EWM eingeführt wurden, um Datenredundanzen bei der Integration von SAP S/4HANA und EWM zu vermeiden. Auf einige zuvor verfügbare SAP-ERP-basierte Customizing-Datenobjekte, die meist mit zusätzlichen Materialattributen verknüpft sind, wird auch im SAP-S/4HANA-basierten EWM zugegriffen. Tabelle 2.22 zeigt die gemeinsamen Customizing-Objekte zusammen mit den in SAP EWM verwendeten Tabellen. Mithilfe von *Redirection CDS Views* (CDS = Core Data Services) werden Lesezugriffe auf die SAP-EWM-Tabellen automatisch auf die verknüpften SAP-S/4HANA-Tabellen umgeleitet, und zwar auf Grundlage der in den Redirection CDS Views enthaltenen Feldzuordnung.

Objekt	SAP-S/4HANA-Tabelle	SAP-EWM-Tabelle	Redirection CDS View
Catch-Weight-Profil für Eingabe der Bewertungsmenge	TCWQPROC	/SCWM/TCWPROC	/SCMB/V_TCWPROC
Catch-Weight-Toleranzgruppe	TCWQTOLGR	/SCWM/TCWTOLGR	/SCMB/V_TCWTOLGR
Qualitätsprüfgruppe	TQGRP	/SCWM/TQGRP	/SCMB/V_TQGRP
Transportgruppe	TTGR	/SCMB/V_TTGR	/SAPAPO/TTGR
Lager-Materialgruppe	TWHMATGR	/SCMB/TWHMATGR	/SCMB/V_TWHMATGR
Lager-Raumbedingung	TWHSTC	/SCMB/TWHSTC	/SCMB/V_TWHSTC
Handhabungskennzeichen	THNDLCD	/SCMB/THNDLCD	/SCMB/V_THNDLCD
Handling-Unit-Typ	THUTYP	/SCWM/THUTYP	/SCMB/V_THUTYP
Serialnummernprofil	TSERIAL	/SCWM/TSERIAL	/SCMB/V_TSERIAL
Materialgruppe Packmittel	TVEGR	/SCWM/TPACKGR	/SCMB/V_TVEGR
Lieferpriorität	TPRIO	/SCDL/TDLVPRIO	–
Incoterms	TINC	/SCMB/TINC	/SCMB/V_TINC
Versandbedingungen	TVSB	/SCDL/TSRVLVL	–

Tabelle 2.22 Gemeinsame Customizing-Tabellen für SAP S/4HANA und EWM

Bei der Migration von SAP EWM zu EWM in SAP S/4HANA ist es erforderlich, diese Tabellen im Auge zu behalten, wenn sie in benutzerdefiniertem Code verwendet werden.

Versionskontrolle

Die Entwicklung des eigenständigen SAP-EWM-Systems erfolgte mit SAP ERP 6.0. Dieses Release bietet daher deutlich umfangreichere Schnittstellen zur Anbindung von Decentralized EWM als ältere SAP-ERP-Releases. Dies ist vor allem auf mehrere Erweiterungen der Lieferschnittstelle zurückzuführen, die bereits für die Anbindung an das dezentrale WM (die Warehouse-Management-Komponente in SAP ERP) genutzt wurde. Die Lieferschnittstelle umfasst vor allem folgende Vorgänge:

- Rückmeldung von Teilwareneingängen an SAP ERP
- Split von Anlieferungen in SAP EWM

- Stornierung von lieferungsbezogenen Warenausgangsbuchungen in SAP EWM
- Anlage von An- und Auslieferungen in SAP EWM
- Kommissionier-Zurückweisung und Änderungen an Auslieferungen in SAP EWM vor der Rückmeldung an SAP ERP

Die SAP-Kunden forderten jedoch auch die Möglichkeit, SAP EWM mit älteren Releaseständen als SAP ERP 6.0 zu verbinden. Aus diesem Grund hat SAP mit dem SAP-EWM-Release 5.1 die *SAP-ERP-Versionskontrolle* ausgeliefert, über die SAP-ERP-Releases ab 4.6C mit SAP EWM integriert werden können. Die Integration mit diesen frühen Releaseständen ging allerdings mit funktionalen Einschränkungen von SAP EWM einher, da die funktional eingeschränkte IDoc-Schnittstellenfunktionalität der älteren SAP-ERP-Releases genutzt wird. Einen Überblick über die Verfügbarkeit der einzelnen Schnittstellenfunktionen in den verschiedenen SAP-ERP-Releases finden Sie in Abschnitt 2.5.2, »Integration mit ERP-Systemen von Drittanbietern«. Die Verwendung von IDoc-Schnittstellen ist eine mögliche, wenn auch funktional eingeschränkte und selten genutzte Alternative zur Integration von SAP EWM mit SAP ERP, SAP S/4HANA und ERP-Systemen anderer Hersteller.

[»]

Business Functions für die Integration von SAP ERP mit EWM

Ab SAP ERP 6 EHP 3 steht die Business-Funktion `LOG_LE_INTEGRATION` für erweiterte SAP-ERP-Integrationsfunktionen, insbesondere im Bereich der Lieferschnittstelle, zur Verfügung. Diese Business Function wird in SAP S/4HANA bereits aktiv ausgeliefert. Genaue Informationen zu den zusätzlichen Funktionen finden Sie in den Releaseinformationen zu den Enhancement Packages für EWM und SAP ERP sowie in SAP-Support-Hinweis 1423321.

Schnittstellen für Belegdaten

Der Austausch von Belegdaten zwischen SAP ERP oder SAP S/4HANA und EWM basiert hauptsächlich auf zwei Schnittstellenblöcke: der Lieferschnittstelle und der Warenbewegungsschnittstelle. Während die *Lieferschnittstelle* hauptsächlich verwendet wird, um Anweisungen an das Lager aus SAP ERP oder SAP S/4HANA zu kommunizieren, wird die *Warenbewegungsschnittstelle* für alle von EWM ausgelösten Warenbewegungen verwendet. Die Anweisungen aus SAP ERP oder SAP S/4HANA werden über geplante Aktivitäten rund um den Bestandszugang oder -abgang sowie Umbuchungen umgesetzt. EWM bestätigt seinerseits deren Ausführung. Warenbewegungen, wie Umbuchungen und Bestandsdifferenzbuchungen, die für Anpassungen des Bestandes in SAP ERP oder SAP S/4HANA relevant sind, werden über die Warenbewegungsschnittstelle von EWM kommuniziert.

Darüber hinaus können Sie zwei zusätzliche Schnittstellen für die Integration mit dem Transport- und Qualitätsmanagement aktivieren: Während die *Transportschnittstelle* speziell die Integration mit der Transportmanagementfunktionalität von SAP ERP oder SAP S/4HANA unterstützt, kann die *Qualitätsmanagementschnittstelle* für die Anbindung beliebiger Qualitätsmanagementsysteme genutzt werden. Die Integration mit dem Qualitätsmanagement von SAP ERP oder SAP S/4HANA ist in diesem Fall nur eine von mehreren möglichen Systemalternativen, aber die einzige von SAP standardmäßig angebotene. Abbildung 2.19 gibt einen Überblick über die einzelnen Schnittstellen für Belegdatenobjekte, die im weiteren Verlauf dieses Abschnitts näher beschrieben werden.

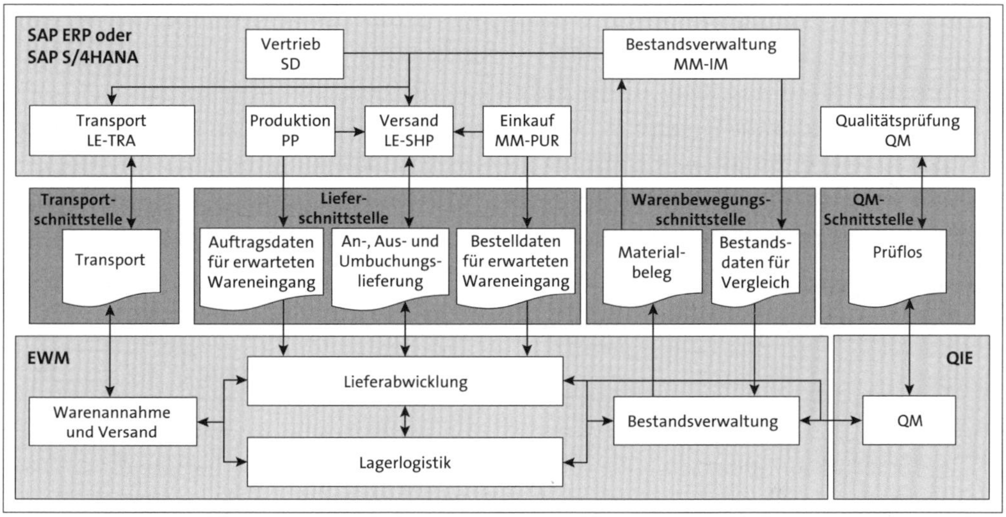

Abbildung 2.19 Schematische Darstellung der Integration von Belegdaten zwischen SAP ERP oder SAP S/4HANA und Decentralized EWM

In den nächsten Abschnitten werden die Hauptschnittstellen zwischen EWM und SAP ERP bzw. SAP S/4HANA für Lieferung, Warenbewegung, Transport, Qualitätsmanagement und Stammdaten genauer betrachtet. Dabei gehen wir auf die einzelnen Nachrichten der Schnittstellenblöcke ein.

[+]

Bearbeitung des Inhalts aus EWM-Nachrichten in den SAP-ERP- oder SAP-S/4HANA-Eingangsqueues

Aufgrund der großen Nachfrage hat SAP Konfigurationsoptionen zur Verfügung gestellt, die es ermöglichen, den Inhalt von hängenden Queues in SAP ERP oder SAP S/4HANA auf der Eingangsseite der Nachrichtenverarbeitung von EWM zu ändern. Wir empfehlen, den Konfigurationsleitfaden im Anhang zum SAP-Hinweis 2244179 zu lesen, wenn Sie diese Optionen zur Änderung der Queueinhalte nutzen möchten.

Lieferschnittstelle

Die Lieferschnittstelle ist sicherlich die komplexeste und funktional umfangreichste der vier Schnittstellenblöcke. Über sie werden alle geplanten Wareneingänge und Warenausgänge, die von SAP-ERP- oder SAP-S/4HANA-Seite initiiert werden, kommuniziert sowie Umbuchungsanforderungen für das Lager. Nach der Verteilung der Lieferungen aus SAP ERP oder SAP S/4HANA liegt die Beleghoheit bei EWM. Danach können Belegänderungen von SAP ERP oder SAP S/4HANA nur noch angefordert werden und hängen vom Status des Belegs in EWM ab. EWM kann jedoch seinerseits Änderungen, Splits und Bestätigungen von Lieferbelegen zurück an SAP ERP oder SAP S/4HANA übermitteln.

Letztendlich ermöglicht die Lieferschnittstelle die Anlage von Lieferbelegen in EWM, die an SAP ERP oder SAP S/4HANA verteilt und bestätigt werden. In den folgenden Abschnitten beschreiben wir die Architektur der Eingangs- und Ausgangsnachrichtenverarbeitung der Lieferschnittstelle genauer. Außerdem finden Sie hier eine kurze Beschreibung der einzelnen Nachrichten sowie eine Erläuterung, wie ihre Verwendung nach Belegtypen unterschieden wird (An- oder Auslieferung, Umbuchung, Produktionsmaterialanforderung).

[+]

Fehlersuche bei der Integration von SAP ERP oder SAP S/4HANA

Zum Debuggen der SAP-ERP- oder SAP-S/4HANA-Integration und speziell der Lieferschnittstelle empfehlen wir, die Transaktion SAAB zu verwenden. Hier können Sie den Breakpoint `/SCWM/ERPINTEGRATION` aktivieren. Darüber hinaus möchten wir Sie auf die folgenden Breakpoints hinweisen: `/SCWM/ERPDETERMINATION` für SAP-ERP- oder SAP-S/4HANA-basierte Ermittlungen und `/SCWM/ERPVALIDATION` für spezifische Prüfungen und Validierungen.

Für eine detaillierte Analyse des Nachrichteninhalts können Sie die Verarbeitung der eingehenden Nachrichten auch auf allgemeiner Ebene anhalten, indem Sie die Queueverarbeitung in Transaktion SMQR deregistrieren oder indem Sie (für Ihren SAP-Benutzer individuell) den Parameter `/SPE/IF_DEBUG_QRFC` im SAP-ERP- oder SAP-S/4HANA-System und den Parameter `/SCWM/IF_DEBUG_QRFC` in EWM aktivieren.

Innerhalb von Transaktion SMQ2 können Sie dann die angehaltenen Einträge in der Nachrichtenqueue finden, wie in Abbildung 2.20 gezeigt, und ihre weitere Verarbeitung im Debugging-Modus veranlassen. Mit einem Doppelklick auf den Queuenamen wird der Inhalt der Nachricht angezeigt.

Löschen Auffrischen LUW anzeigen LUW ausführen LUW debuggen Mehr

Mdt	Benutzer	Funktionsbaustein	Queue-Name	Datum	Zeit	Statustext	TID	Original-TID	Host
100		/SCWM/OUTB_DLV_SAVEREPLICA	DLVSS4HCLNT1000080006536	19.09.2023	09:07:42	Die Transaktion wurde aufgezeichnet	0A0022494150650964DE	0A0022494830650964DD	vhcals4h

Abbildung 2.20 Beispiel eines Queueeintrags in SMQ2

Stellen Sie sicher, dass Sie zuvor die richtigen Anzeigeprogramme in der qRFC-Verwaltung (queued RFC) hinterlegt haben (Transaktion SMQE), wie in Abbildung 2.21 gezeigt.

Eintrag löschen   Auffrischen   Event-Registrierung   Event-Deregistrierung   Mehr

Queue-Name	Type	Aktion	Event-Funktion	Anzeigeprogramm
DLV*	P			/SCWM/QRFC_APPL_LOG_DISPLAY
DLW*	P			/SPE/QUEUE_DISPLAY_TOOLS
EWM*	P			/SPE/QUEUE_DISPLAY_TOOLS
PR*	P			/SCWM/QRFC_APPL_LOG_DISPLAY
WM*	P			/SPE/QUEUE_DISPLAY_TOOLS

Abbildung 2.21 Anzeigeprogramme in der qRFC-Verwaltung

EWM-Eingangsverarbeitung

Die Lieferabwicklung in EWM ist über die Lieferschnittstelle eng mit der SAP-ERP- oder SAP-S/4HANA-Komponente für den Versand integriert. Abbildung 2.22 zeigt die Verarbeitung ausgehender Nachrichten in SAP ERP oder SAP S/4HANA und die Verarbeitung eingehender Nachrichten für Lieferbelege in EWM.

Die Versandkomponente des SAP-ERP- oder SAP-S/4HANA-Systems initiiert die Nachrichtenverarbeitung. Die Dispatcher-Anwendung ist für die Replikation von An- und Auslieferungen verantwortlich. Die verschiedenen SAP-ERP- oder SAP-S/4HANA-Komponenten, die mit EWM integriert sind, können Lieferbelege anlegen, die über die Klasse `/SPE/CL_DLV_DISPATCH` an EWM weitergeleitet werden. Sie können kundenindividuell steuern, welche Daten für An- und Auslieferungen repliziert werden, indem Sie die entsprechenden Methoden des BAdI `SMOD_V50B0001` implementieren, um z. B. zusätzliche Daten an EWM zu übergeben.

Übermittlung zusätzlicher Lieferdaten

In SAP-Hinweis 351303 finden Sie detaillierte Informationen und eine Beispielimplementierung der BAdI-Definition `SMOD_V50B0001`, die zum Versenden von unstrukturierten benutzerdefinierten Daten mit der BAPI-Struktur (Business Application Programming Interface) `EXTENSION1` verwendet werden kann. Außerdem werden die einzelnen Methoden des BAdI aufgeführt, die im Rahmen der Eingangs- und Ausgangsverarbeitung von Nachrichten verwendet werden.

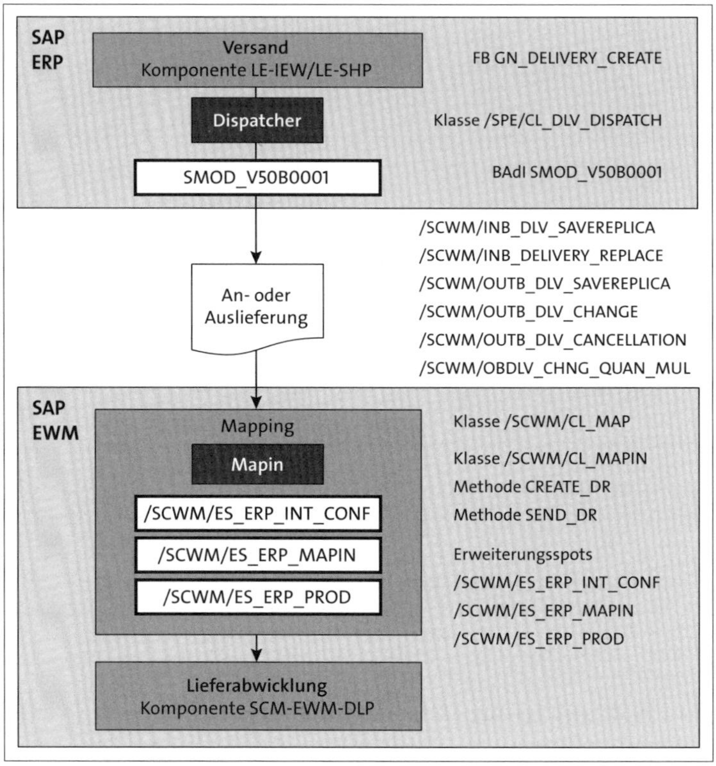

Abbildung 2.22 Eingangsverarbeitung der Lieferschnittstelle

Die Verarbeitung eingehender Nachrichten in EWM beginnt mit einer Überführung der Datenstrukturen des Lieferobjekts aus SAP ERP oder SAP S/4HANA in die Datenstrukturen des EWM-Lieferobjekts. Die Klasse `/SCWM/CL_MAPIN` ist für die Abbildung der Datenstrukturen und die Datenübertragung an die EWM-Lieferabwicklung zur Anlage einer Lieferung verantwortlich. Neben dem Mapping von Bestands- und Stammdaten übernimmt sie die Bestimmung von Belegtypen, Beleg- und Positionsarten. Wird beispielsweise eine Umbuchung von SAP ERP oder SAP S/4HANA ausgelöst, wird die SAP-ERP- oder SAP-S/4HANA-Auslieferung einem EWM-Umbuchungsbelegtyp zugeordnet. Über die BAdIs des Erweiterungsspots `/SCWM/ES_ERP_MAPIN`, die am Ende des Mapping-Prozesses aufgerufen werden, können Sie z. B. die Datenübergabe von kundeneigenen Daten nach Ihren Vorgaben beeinflussen. Die Lieferabwicklung führt dann weitere Ermittlungen und Validierungen durch, während die Lieferung in einen Belegtyp überführt wird, der für die Lagerverwaltung verwendet wird.

[»]

Erweiterungsmöglichkeiten der EWM-Eingangsverarbeitung

Für die EWM-Eingangsverarbeitung der Lieferschnittstelle gibt es die folgenden Erweiterungsmöglichkeiten:

- BAdI zur Beleg- und Positionsartenfindung
- BAdI für Änderungen/Ergänzungen des Daten-Mappings
- BAdI für die Anlage von Produkten mit Anlieferungsverteilung

Die genaue Bezeichnung der verfügbaren BAdIs für die Integration von SAP ERP oder SAP S/4HANA finden Sie in Abschnitt 6.1, »Lieferabwicklung«.

Tabelle 2.23 bis Tabelle 2.30 geben einen Überblick über die einzelnen lieferungsbezogenen Nachrichten. Die Tabellen sind in zwei Gruppen unterteilt:

- eingehende Nachrichten von Anlieferungen (Tabelle 2.23 bis Tabelle 2.25)
- eingehende Nachrichten von Auslieferungen bzw. Produktionsmaterialanforderung (Tabelle 2.26 bis Tabelle 2.30)

Kurzbeschreibung	Verteilung Anlieferung an EWM
Funktion	Repliziert eine Anlieferung aus SAP ERP oder SAP S/4HANA in EWM.
Funktionsbaustein	/SCWM/INB_DLV_SAVEREPLICA
IDoc	SHP_IBDLV_SAVE_REPLICA*
Ausgeführt bei	▪ Anlage einer Anlieferung in SAP ERP oder SAP S/4HANA über die Transaktionen VL60 und VL31N ▪ Anlage einer Anlieferung in SAP ERP oder SAP S/4HANA nach Rückmeldung eines Fertigungsauftrags ▪ Übertragung der erwarteten Wareneingangsdaten auf Anforderung von SAP ERP oder SAP S/4HANA bis EWM hin ▪ Übernahme der erwarteten Wareneingangsdaten aus SAP ERP oder SAP S/4HANA bei Freigabe von Fertigungsaufträgen

Tabelle 2.23 Eingangsschnittstelle Replikation Anlieferung nach EWM

Kurzbeschreibung	Änderungsanfrage für eine Anlieferung
Funktion	Beantragt die Änderung einer Anlieferung nach der Verteilung aus SAP ERP oder SAP S/4HANA.
Funktionsbaustein	/SCWM/INB_DELIVERY_REPLACE
Ausgeführt bei	Änderung oder Löschung einer Anlieferung aus SAP ERP oder SAP S/4HANA über die Transaktion VL60

Tabelle 2.24 Eingangsschnittstelle der Anlieferung: Änderungsanfrage aus SAP ERP oder SAP S/4HANA

Hinweis	Wird beantwortet durch den Aufruf des Funktionsbausteins /SPE_INB_DELIVERY_RESPONSE in SAP ERP oder SAP S/4HANA.

Tabelle 2.24 Eingangsschnittstelle der Anlieferung: Änderungsanfrage aus SAP ERP oder SAP S/4HANA (Forts.)

Kurzbeschreibung	Änderung der Prioritätspunkte von Anlieferungspositionen
Funktion	Repliziert eine Änderung der Prioritätspunkte für Anlieferungspositionen als Folge von Änderungen an Bestellpositionen. Die Änderung der EWM-Lieferung erfolgt nicht durch eine Änderung der SAP-ERP- oder SAP-S/4HANA-Lieferung; daher wird nicht direkt die Lieferschnittstelle für die Aktualisierung verwendet.
Funktionsbaustein	/SCWM/INB_PO
Ausgeführt bei	Änderung der Priorität von Bestellpositionen

Tabelle 2.25 Eingangsschnittstelle der Anlieferung: Prioritätspunkte

Kurzbeschreibung	Replikation Auslieferung an EWM
Funktion	Legt eine Auslieferung in EWM nach Anlage und Verteilung einer Auslieferung in SAP ERP oder SAP S/4HANA an.
Funktionsbaustein	/SCWM/OUTB_DLV_SAVEREPLICA
IDoc	SHP_OBDLV_SAVE_REPLICA*
Ausgeführt bei	▪ Anlage einer Auslieferung in SAP ERP oder SAP S/4HANA über die Transaktionen VL10x, VL01N und VL01NO ▪ Anlage einer Kundenretourenlieferung in SAP ERP oder SAP S/4HANA, die in eine EWM-Anlieferung umgewandelt wird ▪ Anlage einer Lieferantenretourenlieferung in SAP ERP oder SAP S/4HANA ▪ Anlage einer Auslieferung zur Komponentenbereitstellung eines Fertigungsauftrags in SAP ERP oder SAP S/4HANA ▪ Anlage einer Auslieferung zur Verbrauchsbuchung von Komponenten mit Fertigungsauftragsrückmeldung in SAP ERP oder SAP S/4HANA ▪ Anlage einer Auslieferung mit einer Verbrauchsbuchung in SAP ERP oder SAP S/4HANA über die Transaktionen MB1A/MIGO ▪ Anlage einer Umbuchung in SAP ERP oder SAP S/4HANA durch die Transaktionen MB1B /MIGO

Tabelle 2.26 Eingangsschnittstelle der Auslieferung: Replikation nach EWM

Kurzbeschreibung	Übermittlung des Status einer ungeprüften Auslieferung an EWM
Funktion	Meldet die Löschung von ungeprüften Lieferungen aus SAP ERP oder SAP S/4HANA, was die Löschung ungeprüfter Lieferungen in EWM auslöst.
Funktionsbaustein	/SCWM/OUTB_DLV_CHANGE
Ausgeführt bei	Überführung von ungeprüften in geprüfte Lieferungen in SAP ERP oder SAP S/4HANA, initiiert von SAP CRM

Tabelle 2.27 Eingangsschnittstelle der Auslieferung: Statusänderung ungeprüfter Lieferungen

Kurzbeschreibung	Stornierung von Auslieferungen
Funktion	Kommuniziert die Stornierung einer Auslieferung in SAP ERP oder SAP S/4HANA beim Stornieren einer Produktionsrückmeldung.
Funktionsbaustein	/SCWM/OUTB_DLV_CANCELLATION
Ausgeführt bei	Stornierung der Produktionsrückmeldung in SAP ERP oder SAP S/4HANA über die Transaktion CO13

Tabelle 2.28 Eingangsschnittstelle der Auslieferung: Stornierung

Kurzbeschreibung	Mengenänderung der Auslieferung
Funktion	Beantragt eine Änderung der Lieferpositionsmenge in EWM.
Funktionsbaustein	/SCWM/OBDLV_CHNG_QUAN_MUL
Ausgeführt bei	Änderungen am Kundenauftrag in SAP ERP oder SAP S/4HANA durch Transaktion VA02 oder SAP CRM
Verfügbarkeit	SAP ERP 6.04 (Business Function LOG_LE_INTEGRATION) für den Kundenauftrag (SD)

Tabelle 2.29 Eingangsschnittstelle der Auslieferung: Anfrage zur Mengenänderung

Kurzbeschreibung	Anlage und Änderung von Produktionsmaterialanforderungen in EWM

Tabelle 2.30 Erweiterte Produktionsintegration: Anlage und Änderung einer Produktionsmaterialanforderung

Funktion	Legt eine Produktionsmaterialanforderung in EWM auf der Grundlage eines SAP-ERP- oder SAP-S/4HANA-Fertigungsauftrags an und überträgt relevante Änderungen von SAP-ERP- oder SAP-S/4HANA-Seite.
Funktionsbaustein	/SCWM/PRODUCTION_WHR_MAINTAIN
Ausgeführt bei	Materialbereitstellung, Fertigstellung und Abschluss von Fertigungsaufträgen in SAP ERP oder in SAP S/4HANA
Verfügbarkeit	SAP ERP 6.06/SAP EWM 9.2 (erweiterte Produktionsintegration)

Tabelle 2.30 Erweiterte Produktionsintegration: Anlage und Änderung einer Produktionsmaterialanforderung (Forts.)

EWM-Ausgangsverarbeitung

Die Ausgangsverarbeitung von Änderungen, Splits oder Bestätigungen von Lieferungen in EWM wird durch entsprechende Aktionen des PPF eingeplant und ausgelöst. Diese durchsuchen das *Nachrichtenprotokoll*, das von der Bestandsverwaltung oder Lieferabwicklung geschrieben wird, nach relevanten Änderungseinträgen des jeweiligen Belegs. Wird ein Eintrag gefunden, wird die Ausgabeverarbeitung durch Aufruf des entsprechenden Funktionsbausteins im SAP-ERP- oder SAP-S/4HANA-System gestartet, und zwar in der Methode `SEND_BAPI` der Klasse `/SCWM/CL_MAPOUT` und nach Abschluss des Mappings des EWM-Lieferobjekts auf das von SAP ERP oder SAP S/4HANA benötigte Format. Die Eingangsverarbeitung des SAP-ERP- oder SAP-S/4HANA-Systems führt die entsprechende Funktion für den Lieferbeleg aus. Wie in der SAP-ERP- bzw. SAP-S/4HANA-Ausgangsverarbeitung steht die BAdI-Definition `SMOD_V50B0001` auch in der ERP-Eingangsverarbeitung zur Verfügung und bietet verschiedene Methoden zur Verarbeitung und Validierung der eingehenden Belegdaten. Abbildung 2.23 zeigt einen schematischen Überblick über die EWM-Ausgangsverarbeitung.

[»]

Erweiterungsmöglichkeiten der EWM-Ausgangsverarbeitung

Für die EWM-Ausgangsverarbeitung der Lieferschnittstelle gibt es die folgenden Erweiterungsmöglichkeiten:

- BAdI für Änderungen des Belegdaten-Mappings
- BAdI zum Hinzufügen von Einträgen in das Nachrichtenprotokoll

Ausführlichere Beschreibungen der verfügbaren BAdIs für die Integration von SAP ERP oder SAP S/4HANA finden Sie in Abschnitt 6.1, »Lieferabwicklung«.

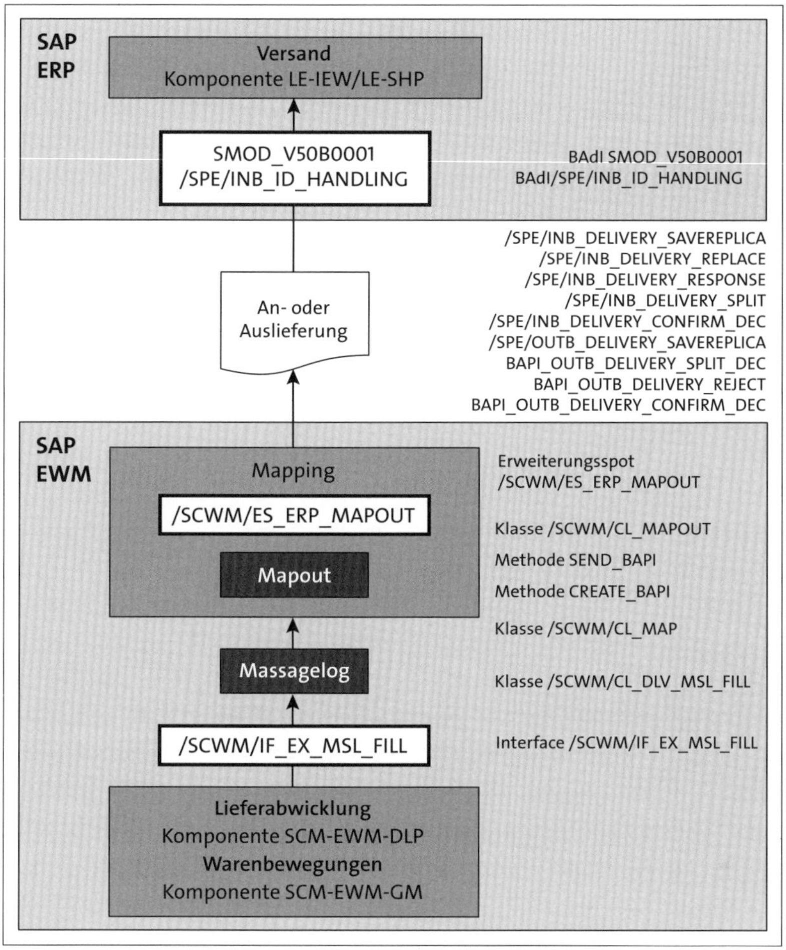

Abbildung 2.23 Ausgangsverarbeitung der Lieferschnittstelle

In Tabelle 2.31 bis Tabelle 2.44 listen wir die Funktionsbausteine auf, die von EWM aufgerufen werden, um Belegdaten an das SAP-ERP- oder SAP-S/4HANA-System zu senden. In Fällen, in denen eine IDoc-Nachricht verfügbar ist und die SAP-ERP- oder SAP-S/4HANA-Integration über IDocs funktioniert, wird diese Schnittstelle alternativ von der Methode `SEND_BAPI` der Klasse `/SCWM/CL_MAPOUT` aufgerufen. Die folgenden Tabellen sind in zwei Gruppen unterteilt:

- Funktionsbausteine für die Ausgangsverarbeitung von Anlieferungen (Tabelle 2.31 bis Tabelle 2.38)
- Funktionsbausteine für die Ausgangsverarbeitung von Auslieferungen (Tabelle 2.39 bis Tabelle 2.44)

Kurzbeschreibung	Replikation von Anlieferungen nach SAP ERP oder SAP S/4HANA
Verarbeitung ausgehender Nachrichten	/SCWM/CL_MAPOUT_ID_REPLICA
Funktion	Repliziert eine in EWM angelegte Anlieferung nach SAP ERP oder SAP S/4HANA.
Ausgeführt bei	Anlage von Anlieferungen in EWM
Aufgerufener Funktionsbaustein in SAP ERP oder SAP S/4HANA	/SPE/INB_DELIVERY_SAVEREPLICA

Tabelle 2.31 Ausgangsschnittstelle von Anlieferungen: Replikation nach SAP ERP oder SAP S/4HANA

Kurzbeschreibung	Replikation von Anlieferungsänderungen nach SAP ERP oder SAP S/4HANA
Verarbeitung ausgehender Nachrichten	/SCWM/CL_MAPOUT_ID_REPLACE
Funktion	Kommuniziert Änderungen von EWM-Anlieferungen an SAP ERP oder SAP S/4HANA
Ausgeführt bei	▪ Anlage von Chargensplitpositionen ▪ Änderung der Chargenmerkmale ▪ Anlage einer neuen Anlieferungsposition ▪ Löschung der Anlieferung
Aufgerufener Funktionsbaustein in SAP ERP oder SAP S/4HANA	/SPE/INB_DELIVERY_REPLACE

Tabelle 2.32 Ausgangsschnittstelle von Anlieferungen: Änderungen an SAP ERP oder SAP S/4HANA

Kurzbeschreibung	Antwort auf eine Änderungsanfrage für eine Anlieferung
Verarbeitung ausgehender Nachrichten	/SCWM/CL_MAPOUT_ID_RESPONSE
Funktion	Antworten auf eine Änderungsanfrage, die durch die Nachricht /SPE/INB_DELIVERY_REPLACE angestoßen wird
Ausgeführt bei	Änderungsanfrage ausgelöst durch Transaktion VL60

Tabelle 2.33 Ausgangsschnittstelle von Anlieferungen: Antwort auf Änderungsanfrage

Aufgerufener Funktionsbaustein in SAP ERP oder SAP S/4HANA	/SPE/INB_DELIVERY_RESPONSE

Tabelle 2.33 Ausgangsschnittstelle von Anlieferungen: Antwort auf Änderungsanfrage (Forts.)

Kurzbeschreibung	Anlieferungssplit in EWM
Verarbeitung ausgehender Nachrichten	/SCWM/CL_MAPOUT_ID_SPLIT_DEC
Funktion	Kommuniziert einen Anlieferungssplit in EWM an SAP ERP oder SAP S/4HANA.
Ausgeführt bei	▪ Teilbestätigung einer Anlieferung mit Ausnahmecode ▪ Teilbestätigung einer Anlieferung im Kit-to-Stock-Szenario (angestoßen durch SAP ERP oder SAP S/4HANA) ▪ Löschung einer Anlieferungsposition über die Transaktion /SCWM/PRDI
Aufgerufener Funktionsbaustein in SAP ERP oder SAP S/4HANA	/SPE/INB_DELIVERY_SPLIT

Tabelle 2.34 Ausgangsschnittstelle von Anlieferungen: Anlieferungssplit

Kurzbeschreibung	Anlieferungsbestätigung an SAP ERP oder SAP S/4HANA
Verarbeitung ausgehender Nachrichten	▪ /SCWM/CL_MAPOUT_ID_REJECT ▪ /SCWM/CL_MAPOUT_ID_CONF_DEC ▪ /SCWM/IDOC_OUTPUT_IBDLV_CONFDC
Funktion	Bestätigt den Wareneingang und die Fertigstellung von Anlieferungen an SAP ERP oder SAP S/4HANA.
Ausgeführt bei	▪ Wareneingangsbestätigung (Kopf- oder Handling-Unit-Ebene), Voll- und Teilmengenwareneingang ▪ Stornierung des Wareneingangs ▪ Komplettsetzen der Anlieferungsposition ▪ Ablehnung der Anlieferung
Aufgerufener Funktionsbaustein in SAP ERP oder SAP S/4HANA	/SPE/INB_DELIVERY_CONFIRM_DEC

Tabelle 2.35 Ausgangsschnittstelle von Anlieferungen: Rückmeldung an SAP ERP oder SAP S/4HANA

Sendet IDoc	SHP_IBDLV_CONFIRM_DECENTRAL*

Tabelle 2.35 Ausgangsschnittstelle von Anlieferungen: Rückmeldung an SAP ERP oder SAP S/4HANA (Forts.)

Kurzbeschreibung	Abfrage von erwarteten Wareneingangsdaten aus EWM, SAP ERP oder SAP S/4HANA zu Fertigungsaufträgen
Funktion	Anlage oder Löschung von erwarteten Wareneingangsbelegen in EWM
Ausgeführt bei	Anforderung von Daten zu erwarteten Wareneingängen für Fertigungsaufträge über die Transaktion /SCWM/ERP_EGR_DELETE (EWM) oder /SPE/EGR (SAP ERP oder SAP S/4HANA)
Aufgerufener Funktionsbaustein SAP ERP oder SAP S/4HANA	/SPE/INB_EGR_CREATE_PROD
Hinweis	Die Daten werden über den Funktionsbaustein /SCWM/INB_DLV_SAVEREPLICA nach EWM repliziert.

Tabelle 2.36 Ausgangsschnittstelle von Anlieferungen: Anforderung des erwarteten Wareneingangs für Fertigungsaufträge

Kurzbeschreibung	Abfrage von erwarteten Wareneingangsdaten aus EWM oder SAP ERP oder SAP S/4HANA zur Bestellung
Funktion	Anlage oder Löschung von erwarteten Wareneingangsbelegen in EWM
Ausgeführt bei	Anforderung von Daten zu erwarteten Wareneingängen zu Bestellungen und Lieferplänen über die Transaktion /SCWM/ERP_EGR_DELETE (EWM) oder /SPE/EGR (SAP ERP oder SAP S/4HANA)
Aufgerufener Funktionsbaustein SAP ERP oder SAP S/4HANA	/SPE/INB_EGR_CREATE_POSA
Hinweis	Die Daten werden über den Funktionsbaustein /SCWM/INB_DLV_SAVEREPLICA nach EWM repliziert.

Tabelle 2.37 Ausgangsschnittstelle von Anlieferungen: Anforderung des erwarteten Wareneingangs zu Bestellungen oder Lieferplänen

Kurzbeschreibung	Aufruf der Transaktion VL60
Funktion	Ermöglicht den Aufruf der Transaktion VL60 in SAP ERP oder SAP S/4HANA aus der EWM-Lieferabwicklung.
Ausgeführt bei	Anlage einer Anlieferung über die Transaktion /SCWM/PRDI. Der Aufruf der Transaktion VL60 muss über ein BAdI implementiert werden.
Aufgerufener Funktionsbaustein SAP ERP oder SAP S/4HANA	/SPE/INB_CALL_TRX_VL60

Tabelle 2.38 Ausgangsschnittstelle von Anlieferungen: Aufruf von Transaktion VL60

Kurzbeschreibung	Replikation von Auslieferungen an SAP ERP oder SAP S/4HANA
Verarbeitung ausgehender Nachrichten	/SCWM/CL_MAPOUT_OD_SAVEREPLICA
Funktion	Repliziert eine in EWM angelegte Auslieferung an SAP ERP oder SAP S/4HANA
Ausgeführt bei	Anlage einer Auslieferung in EWM (direkter Auslieferungsauftrag)
Aufgerufener Funktionsbaustein SAP ERP oder SAP S/4HANA	/SPE/OUTB_DELIVERY_SAVEREPLICA
Erhältlich seit	SAP ERP 6.03 (Business Function LOG_LE_INTEGRATION)

Tabelle 2.39 Ausgangsschnittstelle von Auslieferungen: Replikation von Auslieferungen nach SAP ERP oder SAP S/4HANA

Kurzbeschreibung	Auslieferungssplit
Verarbeitung ausgehender Nachrichten	▪ /SCWM/CL_MAPOUT_OD_SPLIT_DEC ▪ /SCWM/IDOC_OUTPUT_OBDLV_SPLTDC
Funktion	Kommuniziert einen Auslieferungssplit.
Ausgeführt bei	▪ Warenausgangsbuchung für eine Auslieferung mit Teilkommissionierbestätigung ▪ Anlage einer Auslieferung mit verschiedenen Routen auf Positionsebene (Route in EWM festgelegt) ▪ teilweise Bestätigung einer Umbuchung

Tabelle 2.40 Ausgangsschnittstelle von Auslieferungen: Auslieferungssplit

Aufgerufener Funktionsbaustein SAP ERP oder SAP S/4HANA	BAPI_OUTB_DELIVERY_SPLIT_DEC
Sendet IDoc	SHP_OBDLV_SPLIT_DECENTRALIZED01

Tabelle 2.40 Ausgangsschnittstelle von Auslieferungen: Auslieferungssplit (Forts.)

Kurzbeschreibung	Antwort auf eine Änderungsanfrage
Verarbeitung ausgehender Nachrichten	/SCWM/CL_MAPOUT_OD_REJECT_CRM
Funktion	Übermittlung von Antworten auf die durch die Nachricht /SCWM/OBDLV_CHNG_QUAN_MUL initiierte Änderungsanfrage
Ausgeführt bei	Beantwortung von Änderungsanfragen aus Transaktion VA02 in SAP ERP oder SAP S/4HANA
Aufgerufener Funktionsbaustein SAP ERP oder SAP S/4HANA	BAPI_OUTB_DELIVERY_REJECT
Erhältlich seit	SAP ERP 6.04 (Business Function LOG_LE_INTEGRATION)

Tabelle 2.41 Ausgangsschnittstelle von Auslieferungen: Antwort auf Änderungsanfrage

Kurzbeschreibung	Auslieferungsbestätigung
Verarbeitung ausgehender Nachrichten	▪ /SCWM/CL_MAPOUT_OD_CONF_DEC ▪ /SCWM/IDOC_OUTPUT_OBDLV_CONFDC
Funktion	Bestätigt Warenbewegungen zu Auslieferungen, Umbuchungen und Rücklieferungen an SAP ERP oder SAP S/4HANA.
Ausgeführt bei	▪ Anlage einer finalen Auslieferung (im Rechnung-vor-Warenausgang-Szenario) ▪ Warenausgangsbuchung ▪ Bestätigung einer Umbuchung
Aufgerufener Funktionsbaustein SAP ERP oder SAP S/4HANA	BAPI_OUTB_DELIVERY_CONFIRM_DEC
Sendet IDoc	SHP_OBDLV_CONFIRM_DECENTRAL*

Tabelle 2.42 Ausgangsschnittstelle von Auslieferungen: Bestätigung

Kurzbeschreibung	Verfügbarkeitsprüfung in SAP ERP oder SAP S/4HANA
Verarbeitung ausgehender Nachrichten	/SCWM/CL_AVAIL_CHECK_ERP
Funktion	Prüft die Verfügbarkeit von Beständen in SAP ERP oder SAP S/4HANA.
Ausgeführt bei	Verfügbarkeitsprüfung bei der Anlage von EWM-Auslieferungen
Aufgerufener Funktionsbaustein SAP ERP oder SAP S/4HANA	BAPI_MATERIAL_AVAILABILITY
Erhältlich seit	SAP ERP 6.03 (Business Function LOG_LE_INTEGRATION)

Tabelle 2.43 Ausgangsschnittstelle von Auslieferungen: Verfügbarkeitsprüfung in SAP ERP oder SAP S/4HANA

Kurzbeschreibung	Rechnungsanforderung von EWM
Verarbeitung ausgehender Nachrichten	/SCWM/SR_INVOICE_CREATE
Funktion	Beantragt die Anlage einer Rechnung in SAP ERP oder SAP S/4HANA.
Ausgeführt bei	Anforderung der Rechnungsanlage aus der EWM-Auslieferung über die Transaktion /SCWM/FDO oder von der Transporteinheit über die Transaktion /SCWM/TU
Aufgerufener Funktionsbaustein SAP ERP oder SAP S/4HANA	/SPE/CRATE_NEW_BILLING_CALL
Erhältlich seit	SAP ERP 6.00

Tabelle 2.44 Ausgangsschnittstelle von Auslieferungen: Anforderung einer Rechnung

Warenbewegungsschnittstelle

Die Warenbewegungsschnittstelle besteht aus einer einzigen Nachricht mit dem Namen /SPE/GOODSMVT_CREATE, die in EWM ausgelöste Bestandsanpassungen ohne Lieferbezug an SAP ERP oder SAP S/4HANA meldet. Sie finden alle relevanten ABAP-Dictionary-Objekte im Paket /SCWM/ERP_INTEGRATION. Im SAP-ERP- oder SAP-S/4HANA-System werden über diese Schnittstellennachricht entsprechende Materialbelege erzeugt. Die Bestandsverwaltung in EWM erkennt an der jeweiligen Warenbewegung, ob diese an SAP ERP bzw. SAP S/4HANA gemeldet werden muss. Dies ist z. B. bei Umbuchungen von EWM-Bestandsarten der Fall, die sich durch die Verfügbarkeitsgruppe oder die lokationsunabhängige Bestandsart (SAP-ERP- oder SAP-S/4HANA-Bestandsart) unterscheiden. Abbildung 2.24 zeigt die Architektur der Warenbewegungsschnittstelle. Für eine kundenspezifische Erweiterung der Warenbewegungsschnittstelle steht ein BAdI zur Änderung der Materialbelegdaten zur Verfügung.

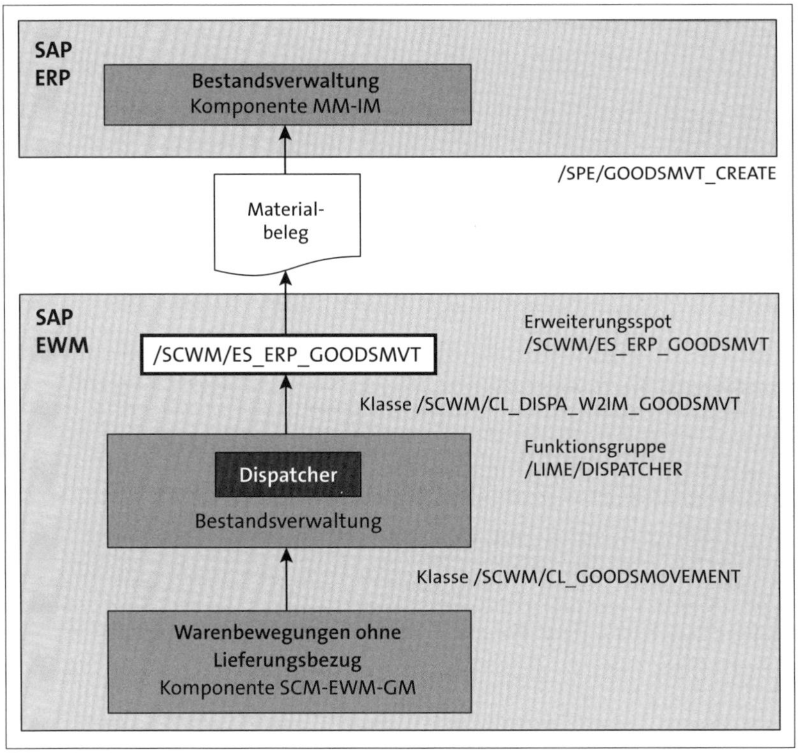

Abbildung 2.24 Warenbewegungsschnittstelle

Tabelle 2.45 und Tabelle 2.46 enthalten einige weitere technische und funktionale Hintergrundinformationen zur Warenbewegungsschnittstelle. Sie finden hier auch die Bezeichnungen der Funktionsbausteine, die die Bestandsdaten für den Bestandsabgleich zwischen SAP ERP bzw. SAP S/4HANA und EWM lesen.

Kurzbeschreibung	Replikation der Warenbewegung nach SAP ERP oder SAP S/4HANA
Verarbeitung ausgehender Nachrichten	▪ /SCWM/CL_DISPA_W2IM_GOODSMVT ▪ /SCWM/IDOC_OUTPUT_GOODSMVT_CR

Tabelle 2.45 Ausgangsschnittstelle für in EWM ausgelöste Warenbewegungen: Replikation nach SAP ERP oder SAP S/4HANA

Funktion	Replikation von Warenbewegungen ohne Lieferbezug nach SAP ERP oder SAP S/4HANA
Ausgeführt bei	■ Verbuchung von Bestandsdifferenzen über die Transaktionen /SCWM/DIFF_ANALYZER, /SCWM/WM_ADJUST und /SCWM/ERP_STOCKCHECK ■ ungeplanter Warenausgang über Transaktion /SCWM/ADGI ■ Umbuchungen über Transaktion /SCWM/POST
Aufgerufener Funktionsbaustein in SAP ERP oder SAP S/4HANA	/SPE/GOODSMVT_CREATE
Sendet IDoc	MBGMCR*
Erhältlich seit	SAP ERP 4.6C (IDoc) SAP ERP 6.00 (Funktionsbaustein)

Tabelle 2.45 Ausgangsschnittstelle für in EWM ausgelöste Warenbewegungen: Replikation nach SAP ERP oder SAP S/4HANA (Forts.)

Kurzbeschreibung	Bestand aus SAP ERP oder SAP S/4HANA für Bestandsabgleich
Funktion	Liest Bestand aus SAP ERP oder SAP S/4HANA.
Ausgeführt bei	Bestandsabgleich über Transaktion /SCWM/ERP_STOCKCHECK
Aufgerufener Funktionsbaustein in SAP ERP oder SAP S/4HANA	/SPE/MATERIAL_STOCK_READ, alternativ die ältere Version L_MM_MATERIALS_READ_QUANTITY
Erhältlich seit	SAP ERP 6.00

Tabelle 2.46 Selektion des Bestandes aus SAP ERP oder SAP S/4HANA für EWM-Bestandsabgleich

Transportschnittstelle

Sie können die Transportschnittstelle mit SAP ERP oder SAP S/4HANA ab SAP-EWM-Release 7.01 nutzen. Das Paket /SCWM/ERP_TM_INTEGRATION enthält die zugehörigen Entwicklungsobjekte. Eingehende und ausgehende Transporte, die Sie in SAP ERP oder SAP S/4HANA planen, können in EWM als Transporteinheiten oder Fahrzeuge über das IDoc SHPMNT05 repliziert werden. In diesem Integrationsszenario spielt SAP ERP bzw. SAP S/4HANA also die Rolle des Transportplanungssystems. Für den Fall, dass Sie den Transport in EWM selbst oder in einem Transportplanungssystem eines Drittanbieters planen, das Sie mit EWM integriert haben, können Sie die EWM-Transporteinheiten oder -Fahrzeuge auch zum Zeitpunkt der Transportbestätigung nach

SAP ERP oder SAP S/4HANA replizieren. Auf diese Weise können die Bearbeitung des Transports, der Belegdruck oder die Frachtkostenabrechnung im SAP-ERP- oder SAP-S/4HANA-System als Folgeaktivitäten der Transportbestätigung durchgeführt werden. Abbildung 2.25 zeigt die Architektur zur Integration der Transportabwicklung.

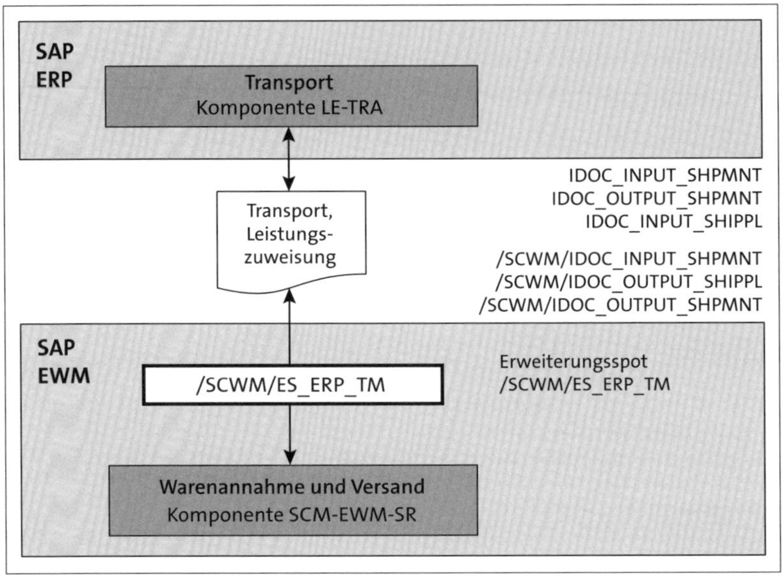

Abbildung 2.25 Transportschnittstelle

[»]

Verfügbarkeit von LE-TRA in SAP S/4HANA

Gemäß der in SAP-Hinweis 2269324 beschriebenen Kompatibilitätsumfangsmatrix ist LE-TRA nicht die strategische Lösung für die Frachtverwaltung. Sie wird jedoch bis Ende 2030 zur Verfügung stehen, sodass wir die Schnittstelle hier noch erwähnen.

Für die Erweiterung der Transportschnittstelle und die Änderung der Transportdaten stehen mehrere BAdIs zur Verfügung. Für die Replikation eines Transports von SAP ERP oder SAP S/4HANA nach EWM steht ein IDoc zur Verfügung, wie in Tabelle 2.47 gezeigt.

Kurzbeschreibung	Replikation eines Transports
Verarbeitung eingehender Nachrichten	/SCWM/IDOC_INPUT_SHPMNT
Empfängt IDoc	SHPMNT05

Tabelle 2.47 Eingangsschnittstelle für die Replikation von Transporten aus SAP ERP oder SAP S/4HANA nach EWM

Funktion	Repliziert einen SAP-ERP- oder SAP-S/4HANA-Transport als EWM-Transporteinheit oder -Fahrzeug.
Ausgeführt bei	Aktivierung eines geplanten Transports in SAP ERP oder SAP S/4HANA
Erhältlich seit	SAP EWM 7.01

Tabelle 2.47 Eingangsschnittstelle für die Replikation von Transporten aus SAP ERP oder SAP S/4HANA nach EWM (Forts.)

Für die Kommunikation von Transporten aus EWM an SAP ERP oder SAP S/4HANA stehen zwei IDocs zur Verfügung. Das eine repliziert und bestätigt die EWM-Transporteinheit oder das EWM-Fahrzeug als Transport an SAP ERP bzw. SAP S/4HANA, während das andere verwendet wird, um die Zuordnung von Lieferungen zu einem Transport zu löschen. Ausführlichere Informationen finden Sie in Tabelle 2.48 und Tabelle 2.49.

Kurzbeschreibung	Vervielfältigung/Bestätigung eines Transports
Verarbeitung ausgehender Nachrichten	/SCWM/IDOC_OUTPUT_SHPMNT
Sendet IDoc	SHPMNT05
Funktion	Repliziert und bestätigt eine EWM-Transporteinheit oder ein Fahrzeug als Transport in SAP ERP oder SAP S/4HANA.
Ausgeführt bei	Auschecken einer Transporteinheit oder eines Fahrzeugs
Erhältlich seit	SAP EWM 7.01

Tabelle 2.48 Ausgangsschnittstelle für die Replikation von Transporten aus EWM an SAP ERP oder SAP S/4HANA

Kurzbeschreibung	Löschung der Lieferungszuweisung
Verarbeitung ausgehender Nachrichten	/SCWM/IDOC_OUTPUT_SHIPPL
Empfängt IDoc	TPSSHT01
Funktion	Kommunikation der Löschung von Lieferungszuordnungen in einer EWM-Transporteinheit

Tabelle 2.49 Ausgangsschnittstelle zur Löschung von Lieferungszuordnungen aus EWM an SAP ERP oder SAP S/4HANA

Ausgeführt bei	Änderung der Zuordnung von Lieferungen zu einer Transporteinheit in EWM oder Löschen einer EWM-Transporteinheit
Erhältlich seit	SAP EWM 7.01

Tabelle 2.49 Ausgangsschnittstelle zur Löschung von Lieferungszuordnungen aus EWM an SAP ERP oder SAP S/4HANA (Forts.)

Qualitätsmanagementschnittstelle

Um im Rahmen der Qualitätskontrolle im Lager Prüfbelege zu replizieren und zu aktualisieren, kommunizieren SAP ERP bzw. SAP S/4HANA und Decentralized EWM nicht direkt, sondern über die Quality Inspection Engine miteinander. Die Quality Inspection Engine ist als Consumer-Anwendung eng mit EWM verbunden. Das Paket `QIE_COMMUNICATION` enthält die relevanten Entwicklungsobjekte für die Integration von Consumer-Anwendungen mit der Quality Inspection Engine.

Die Quality Inspection Engine übernimmt die Aufgabe, die Prüfbelege vorzubereiten und zu speichern, während EWM die Anlage von Prüfbelegen sowie Folgeaktionen auf der Grundlage der Prüfergebnisse initiiert. Die Qualitätsprüfung kann nun entweder in EWM oder in SAP ERP bzw. SAP S/4HANA durchgeführt werden, wo neben der Anlage von QIE-Prüfbelegen auch Prüflose aus dem Qualitätsmanagement in SAP ERP bzw. SAP S/4HANA angelegt werden können. SAP ERP bzw. SAP S/4HANA bieten ein vollwertiges Qualitätsmanagement für die Bearbeitung von Prüflosen, das umfangreiche Funktionen zur Verfügung stellt und die Möglichkeit bietet, alle relevanten Qualitätsprüfungsaktivitäten Ihres Unternehmens in einem einzigen System zu verwalten.

Abbildung 2.26 zeigt die Architektur der Integration des Qualitätsmanagements. Die Quality Inspection Engine kann mit einem SAP-ERP- oder SAP-S/4HANA-System oder über SAP PI auf der Basis von IDocs auch mit anderen Qualitätsmanagementsystemen kommunizieren. Allerdings könnte die Integration mittels *queued Remote Function Calls* (qRFCs) geeigneter sein, da diese Integrationstechnologie auch für die meisten anderen Schnittstellen zwischen EWM und SAP ERP bzw. SAP S/4HANA verwendet wird.

[»]

Aktivierung der qRFC-Technologie für die Qualitätsmanagementschnittstelle

SAP-Hinweis 1278425 informiert Sie über die Aktivitäten, die für den Einsatz des Qualitätsmanagements notwendig sind, und enthält eine Beispielimplementierung für das BAdI `QPLEXT_COMM_TEC`, das bestimmt, welche Integrationstechnologie für die SAP-ERP- oder SAP-S/4HANA-Integration verwendet wird.

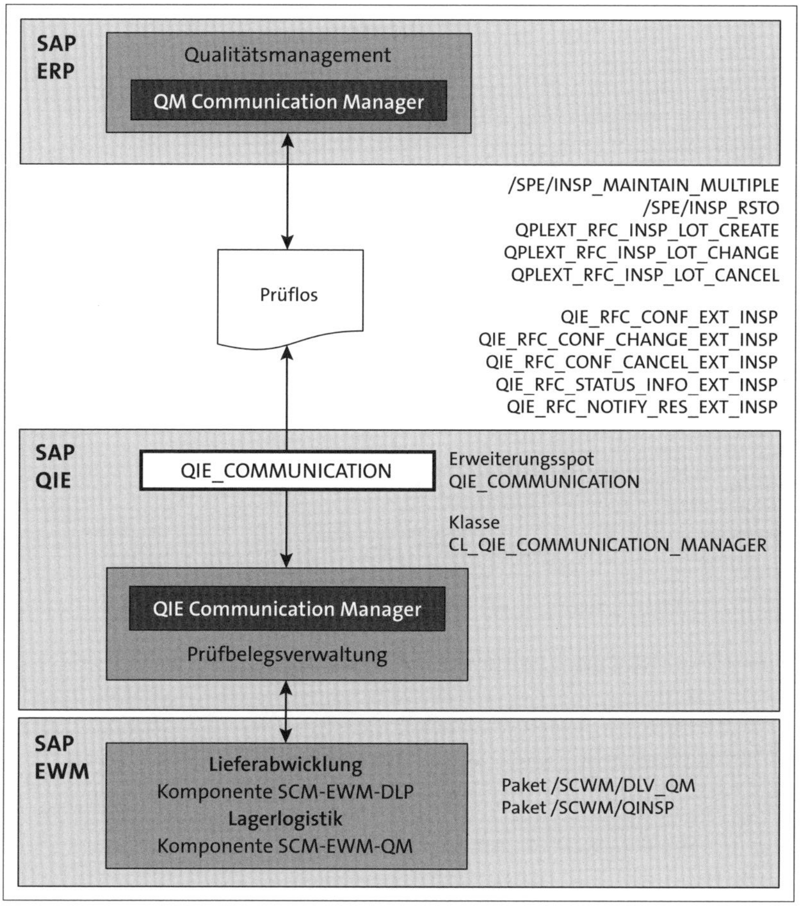

Abbildung 2.26 Qualitätsmanagementschnittstelle

Es ist ein BAdI zur Änderung der QIE-Kommunikation verfügbar und kann zur Erweiterung der Qualitätsmanagement-Kommunikation verwendet werden. Dieses BAdI bietet die notwendige Flexibilität, um die Schnittstelle mit eigenen Mitteln zu betreiben.

Tabelle 2.50 bis Tabelle 2.58 beschreiben die von der qRFC-Technologie verwendeten Nachrichten. Die Tabellen sind in zwei Gruppen unterteilt:

- Funktionsbausteine für die Eingangsverarbeitung des Prüfbelegs (siehe Tabelle 2.50 bis Tabelle 2.54)
- Funktionsbausteine für die Ausgangsverarbeitung des Prüfbelegs (siehe Tabelle 2.55 bis Tabelle 2.58)

Kurzbeschreibung	Anlagebestätigung für die externe Prüfung
Funktion	Bestätigt die Anlage eines (externen) Prüfbelegs (z. B. Prüflos in SAP ERP oder SAP S/4HANA).
Funktionsbaustein	`QIE_RFC_CONF_EXT_INSP`
Ausgeführt bei	Erzeugung des externen Prüfbelegs

Tabelle 2.50 Eingangsschnittstelle des Prüfbelegs: Bestätigung der Anlage eines externen Prüfbelegs

Kurzbeschreibung	Änderungsbestätigung für die externe Prüfung
Funktion	Bestätigt die Änderung eines (externen) Prüfbelegs (z. B. Prüflos in SAP ERP oder SAP S/4HANA).
Funktionsbaustein	`QIE_RFC_CONF_CHANGE_EXT_INSP`
Ausgeführt bei	Änderung des externen Prüfbelegs

Tabelle 2.51 Eingangsschnittstelle des Prüfbelegs: Rückmeldung der Änderung

Kurzbeschreibung	Stornobestätigung aus externer Prüfung
Funktion	Bestätigt die Stornierung eines (externen) Prüfbelegs (z. B. Prüflos in SAP ERP oder SAP S/4HANA).
Funktionsbaustein	`QIE_RFC_CONF_CANCEL_EXT_INSP`
Ausgeführt bei	Stornierung des externen Prüfbelegs

Tabelle 2.52 Eingangsschnittstelle des Prüfbelegs: Bestätigung der Stornierung

Kurzbeschreibung	Statusinformation aus externer Prüfung
Funktion	Bestätigt die Aktualisierung des Status eines (externen) Prüfbelegs (z. B. eines Prüfloses in SAP ERP oder SAP S/4HANA).
Funktionsbaustein	`QIE_RFC_STATUS_INFO_EXT_INSP`
Ausgeführt bei	Statusaktualisierung des externen Prüfbelegs

Tabelle 2.53 Eingangsschnittstelle des Prüfbelegs: Bestätigung der Statusaktualisierung

Kurzbeschreibung	Prüfentscheid aus externer Prüfung
Funktion	Bestätigt das Ergebnis der externen Prüfung.
Funktionsbaustein	QIE_RFC_NOTIFY_RES_EXT_INSP
Ausgeführt bei	Rückmeldung des Ergebnisses des externen Prüfvorgangs

Tabelle 2.54 Eingangsschnittstelle des Prüfbelegs: Rückmeldung des Prüfergebnisses

Kurzbeschreibung	Prüflosanlage in SAP ERP oder SAP S/4HANA
Funktion	Beantragung der Prüflosanlage in SAP ERP oder SAP S/4HANA
Ausgeführt bei	Anlage von Prüfbelegen in EWM
Ruft Funktionsbaustein auf	QPLEXT_RFC_INSP_LOT_CREATE

Tabelle 2.55 Ausgangsschnittstelle des Prüfbelegs: Antrag auf Prüflosanlage

Kurzbeschreibung	Prüflosänderung in SAP ERP oder SAP S/4HANA
Funktion	Beantragung von Prüflosänderungen in SAP ERP oder SAP S/4HANA
Ausgeführt bei	Änderung von Prüfbelegen in EWM
Ruft Funktionsbaustein auf	QPLEXT_RFC_INSP_LOT_CHANGE

Tabelle 2.56 Ausgangsschnittstelle des Prüfbelegs: Antrag auf Prüflosänderung

Kurzbeschreibung	Stornierung von Prüflosen in SAP ERP oder SAP S/4HANA
Funktion	Beantragt die Stornierung von Prüflosen in SAP ERP oder SAP S/4HANA.
Ausgeführt bei	Stornierung von Prüfbelegen in EWM
Ruft Funktionsbaustein auf	QPLEXT_RFC_INSP_LOT_CANCEL

Tabelle 2.57 Ausgangsschnittstelle des Prüfbelegs: Antrag auf Stornierung eines Prüfloses

Kurzbeschreibung	Prüflosergebnis einer Retoure
Funktion	Kommuniziert Prüflosergebnisse für Retouren an SAP ERP oder SAP S/4HANA zur weiteren Verteilung an SAP CRM
Ausgeführt bei	Bestätigung des Prüflosergebnisses von Rücksendungen
Ruft Funktionsbaustein auf	/SPE/INSP_MAINTAIN_MULTIPLE

Tabelle 2.58 Ausgangsschnittstelle des Prüfbelegs: Rückmeldung von Prüfergebnissen für Retouren

[+]

Probleme mit der Qualitätsmanagementschnittstelle, die nicht von SAP ERP oder SAP S/4HANA ausgelöst werden

Wenn Sie in EWM Probleme mit den Rückmeldungen von Nachrichten aus dem Qualitätsmanagement in SAP ERP oder SAP S/4HANA haben, empfehlen wir Ihnen, die in SAP-Hinweis 2787311 beschriebenen Aktivitäten zur Problemlösung durchzugehen.

Stammdatenschnittstellen

Für die Verteilung von Stammdaten zwischen SAP ERP oder SAP S/4HANA und EWM werden die Technologien *Application Link Enabling* (ALE) und *Datenreplikations-Framework* (DRF) verwendet. ALE ist schon seit Langem im Einsatz, während das DRF noch recht neu ist. Die EWM-Integration macht jedoch nur von einem Bruchteil der Datenobjekte Gebrauch, die normalerweise kommuniziert würden. Die folgenden Stammdatenobjekte werden über die genannten Technologien von SAP ERP oder SAP S/4HANA an EWM kommuniziert:

- Geschäftspartner (Lieferant/Spediteur und Kunde) unter Verwendung von ALE oder DRF
- Material unter Verwendung von ALE
- Regeln für die Qualitätsprüfung über Qualitätsdaten zum Material unter Verwendung von ALE
- Qualitätsprüfungsregeln über Qualitätsinfosatz über RFC (kann über ein Business Transaction Event ausgelöst werden)
- Charge (einschließlich Klassifizierung) unter Verwendung von ALE
- Packvorschrift an Packspezifikation über RFC (Core Interface, CID)

Abbildung 2.27 gibt einen Überblick über die einzelnen Schnittstellen für Stammdatenobjekte, die wir im weiteren Verlauf dieses Abschnitts näher beschreiben.

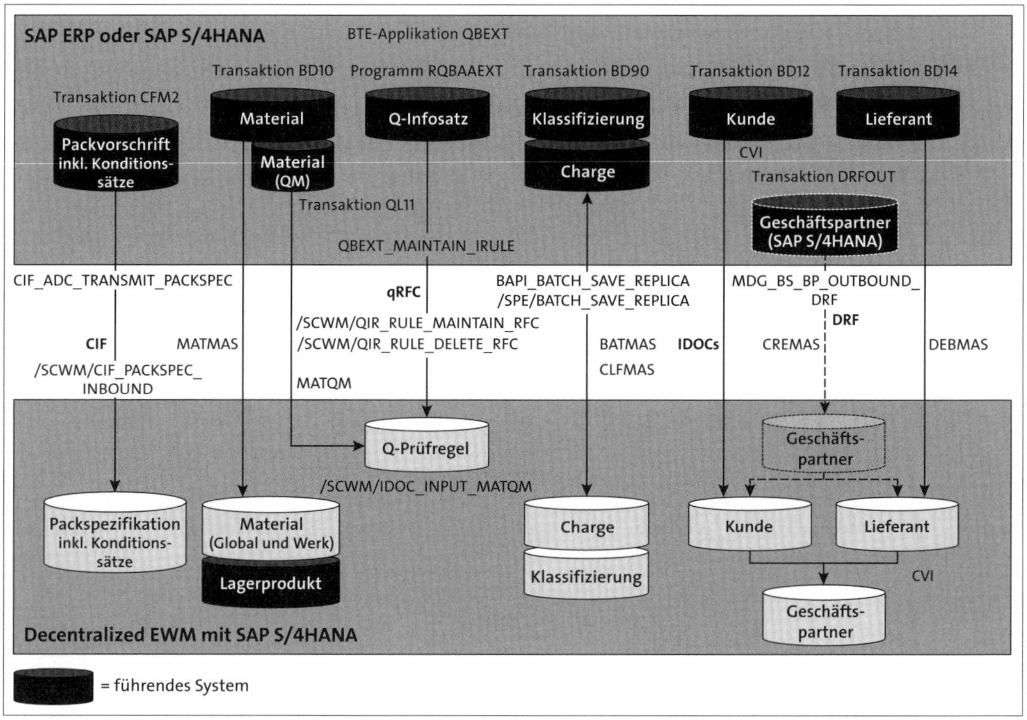

Abbildung 2.27 Überblick über die Integration von SAP ERP oder SAP S/4HANA für Stammdatenobjekte in Decentralized EWM

[«]

Erweiterte Einstellungen für die ALE-Datenübertragung

SAP-Hinweis 2881061 enthält Informationen zu erweiterten Einstellungen für die ALE-Datenübertragung, z. B. zu zusätzlichen Filteroptionen für die IDoc-Kommunikation. Im beigefügten Dokument »Decentralized EWM-Erweiterte Einstellungen für ALE-Datenübertragung« finden Sie weitere Anwendungsbeispiele und Details, einschließlich der Konfiguration.

Für die Replikation von Geschäftspartnern aus SAP ERP nach EWM wird ALE verwendet, für die Replikation aus SAP S/4HANA ist hingegen auch die Verwendung des DRF möglich. Materialstammsätze, Chargen und Chargenklassifizierungen werden ebenfalls über ALE repliziert. Die in EWM aufgerufenen Funktionsbausteine finden Sie in Tabelle 2.59 bis Tabelle 2.69.

Kurzbeschreibung	Replikation des Kundenstamms aus SAP ERP oder SAP S/4HANA
Funktion	Legt neben Kunden über die CVI auch Geschäftspartner in EWM an.

Tabelle 2.59 Replikation von Kunden nach EWM

IDoc-Nachrichtentyp	DEBMAS
Ausgeführt bei	Transaktion BD12 (Kunden senden)

Tabelle 2.59 Replikation von Kunden nach EWM (Forts.)

Kurzbeschreibung	Replikation des Lieferantenstamms aus SAP ERP oder SAP S/4HANA
Funktion	Legt neben Lieferanten über die CVI auch Geschäftspartner in EWM an.
IDoc-Nachrichtentyp	CREMAS
Ausgeführt bei	Transaktion BD14 (Kreditor senden)

Tabelle 2.60 Replikation von Lieferanten nach EWM

[»]

Nummernkreiskonflikte bei Geschäftspartnern

Wenn sich die Nummernkreise für Ihre Lieferanten und Kunden in SAP ERP überschneiden, kann es zu Nummernkreiskonflikten mit den in EWM angelegten Geschäftspartnern kommen. Wir empfehlen, SAP-Hinweis 3194346 auf mögliche Lösungen für dieses Problem zu prüfen.

Kurzbeschreibung	Replikation von Geschäftspartnern aus SAP S/4HANA über das DRF
Funktion	Legt Geschäftspartner in EWM an. Legt über die CVI auch die zugehörigen Kunden oder Lieferanten an. Kann nur in SAP S/4HANA eingerichtet werden und erfordert keine Aktivierung von CREMAS- und DEBMAS-IDocs.
Funktionsbaustein	MDG_BS_BP_AUSGANGS_DRF
Ausgeführt bei	Transaktion DRFOUT (Datenreplikation ausführen)

Tabelle 2.61 Replikation von Geschäftspartnern nach EWM über das DRF

Kurzbeschreibung	Replikation des Materialstamms aus SAP ERP oder SAP S/4HANA
Funktion	Erzeugt Materialien (Produkte) in EWM.
IDoc-Nachrichtentyp	MATMAS
Ausgeführt bei	Transaktion BD10 (Material senden)

Tabelle 2.62 Replikation von Materialien nach EWM

Kurzbeschreibung	Replikation von Daten zur Qualitätsprüfung von Materialen aus SAP ERP oder SAP S/4HANA
Funktion	Erzeugt bei Verwendung des IDoc-Eingangsfunktionsbausteins /SCWM/IDOC_INPUT_MATQM (anstelle von IDOC_INPUT_MATQM, der die Qualitätsstammdaten des Materials replizieren würde) Prüfregeln in EWM.
IDoc-Nachrichtentyp	MATQM
Ausgeführt bei	Transaktion QL11 (Prüfeinstellungen senden)

Tabelle 2.63 Replikation von Qualitätsprüfungsdaten zum Material nach EWM

Kurzbeschreibung	Replikation des Chargenstamms aus SAP ERP oder SAP S/4HANA
Funktion	Erzeugt Chargen in EWM.
IDoc-Nachrichtentyp	BATMAS
Ausgeführt bei	Transaktion BD90 (Initiale Übertragung Chargenstammsätze)

Tabelle 2.64 Replikation von Chargen nach EWM

Kurzbeschreibung	Replikation von Klassifizierungsdaten aus SAP ERP oder SAP S/4HANA
Funktion	Legt (Chargen-)Klassifizierungsdaten in EWM an.
IDoc-Nachrichtentyp	CLFMAS
Ausgeführt bei	Transaktion BD90 (Initiale Übertragung Chargenstammsätze)

Tabelle 2.65 Replikation von Klassifizierungsdaten nach EWM

Kurzbeschreibung	Anlage/Änderung von Chargen in EWM
Funktion	Anlegen/Ändern von Chargen in SAP ERP oder SAP S/4HANA
Ausgeführt bei	Anlage einer Charge in EWM mit Bezug auf eine Anlieferung und einen Fertigungsauftrag oder über die Transaktion MSC1N (Charge anlegen) und MSC2N (Charge ändern)
Aufgerufener Funktionsbaustein	BAPI_BATCH_SAVE_REPLICA oder /SPE/BATCH_SAVE_REPLICA, je nach Batch-Update-Modus der SAP-ERP- oder SAP-S/4HANA-Versionskontrolle

Tabelle 2.66 Anlage von Chargen in SAP ERP oder SAP S/4HANA aus EWM

Kurzbeschreibung	Replikation von Bewertungspreisen nach EWM
Funktion	Anlage und Aktualisieren von Bewertungspreisen aus SAP ERP oder SAP S/4HANA in EWM
Ausgeführt bei	Herunterladen der Bewertungspreise über die EWM-Transaktion /SCWM/VALUATION_SET
Aufgerufener Funktionsbaustein	/SPE/MBEW_GEN_ARRAY_READ
Erhältlich seit	SAP ERP 6.00

Tabelle 2.67 Replikation von Bewertungspreisen nach EWM

Kurzbeschreibung	Replikation von Kontierungsdaten nach EWM
Funktion	Anlage und Aktualisieren von Kontierungsdaten aus SAP ERP oder SAP S/4HANA in EWM
Ausgeführt bei	Herunterladen von Kontierungsdaten über die EWM-Transaktion /SCWM/ACC_IMP_ERP
Aufgerufener Funktionsbaustein	/SPE/AAC_DETERMINATION
Erhältlich seit	SAP ERP 6.03

Tabelle 2.68 Replikation von Kontierungsdaten nach EWM

Kurzbeschreibung	Replikation von Produktionsversorgungsbereichen an EWM
Funktion	Anlegen und Aktualisieren von Produktionsversorgungsbereichen aus SAP ERP oder SAP S/4HANA in EWM
Ausgeführt bei	Herunterladen von Produktionsversorgungsbereichen über EWM-Transaktion /SCWM/PSA_REPLICATE
Aufgerufener Funktionsbaustein	L_WM_GET_DATA
Erhältlich seit	SAP ERP 6.00

Tabelle 2.69 Replikation von Produktionsversorgungsbereichen nach EWM

Zusätzliche Stammdatenobjekte, die Sie für den Betrieb Ihres Lagers mit EWM benötigen (z. B. Lagerproduktdaten, Lagerplätze oder Packspezifikationen), können über

2

Upload-Reports in EWM hochgeladen werden. Es sind Migrationswerkzeuge verfügbar, um Dateidownloads von SAP ERP oder SAP S/4HANA bezüglich Lagerverwaltungsdaten zum Import in SAP EWM zu ermöglichen. Weitere Optionen zum Laden von SAP-EWM-Stammdaten in ein SAP-S/4HANA-basiertes EWM gibt es bei der Migration von SAP EWM. Solche Funktionen werden mit dem Migrationscockpit bereitgestellt. Weitere Informationen zur Migration von SAP EWM nach EWM in SAP S/4HANA finden Sie in Anhang B.

Mapping der Bestandsdatenmodelle zwischen SAP ERP oder SAP S/4HANA und EWM

Ein weiterer zentraler Aspekt der Integration zwischen SAP ERP oder SAP S/4HANA und EWM sind die unterschiedlichen Bestandsdatenmodelle, die von den beiden Systemen verwendet werden. Viele der verwendeten Schnittstellen müssen bei der Verarbeitung von Eingangs- und Ausgangsnachrichten ein Mapping der Bestandsdaten vornehmen. Abbildung 2.28 zeigt die Schlüsselfelder für das Mapping zwischen SAP ERP oder SAP S/4HANA und EWM.

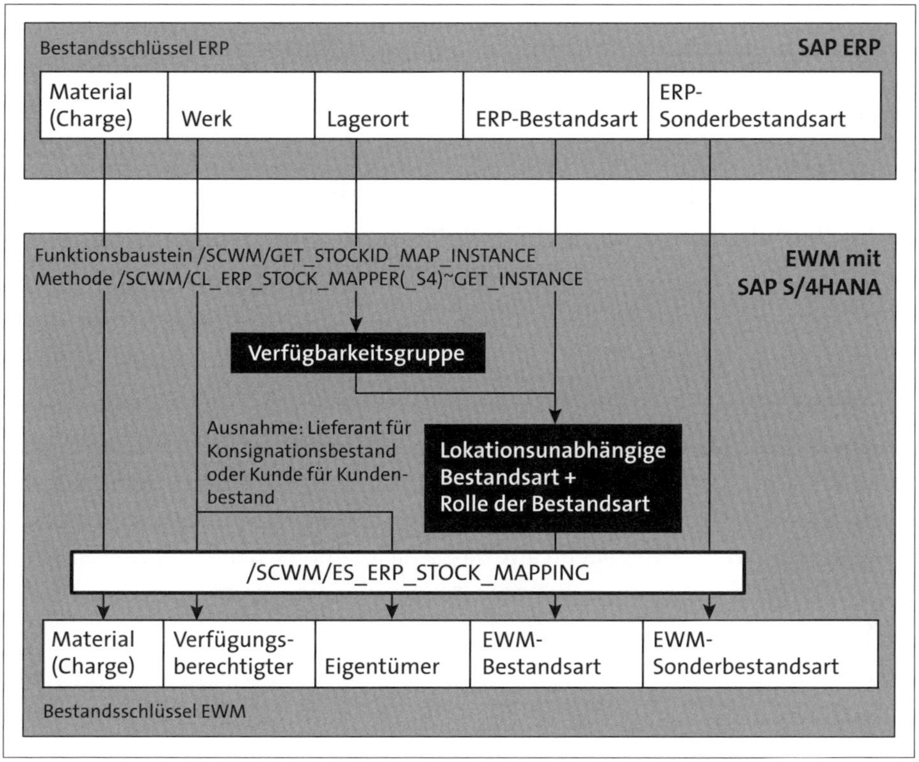

Abbildung 2.28 Mapping der Bestandsdatenmodelle zwischen SAP ERP oder SAP S/4HANA und EWM

Die Klasse /SCWM/CL_MAP für die SAP-ERP- bzw. SAP-S/4HANA-Integration ist ein gutes Beispiel für das Mapping von Bestandsdaten. Im Konstruktor dieser zentralen Klasse wird der Funktionsbaustein /SCWM/GET_STOCKID_MAP_INSTANCE aufgerufen, um Instanzen für das Mapping von Bestandsdaten zwischen SAP ERP oder SAP S/4HANA und EWM zu erzeugen. Dieser Funktionsbaustein ist Teil der Funktionsgruppe /SCWM/ERP_STOCKID_MAPPING, die das Bestandsdaten-Mapping in lokalen Klassen steuert. Für kundeneigene Erweiterungen des Bestandsdaten-Mappings ruf der Funktionsbaustein kurz nach der Ausführung des Standard-Mapping-Verfahrens ein BAdI auf. Sollten Sie in Erwägung ziehen, dieses BAdI zu implementieren, empfehlen wir Ihnen, dies mit äußerster Vorsicht zu tun, da eine fehlerhafte Implementierung zu schweren Schäden an Ihren Bestandsdaten in EWM führen kann.

EWM in SAP S/4HANA ermöglicht auch die Verwendung des Service Adapter Frameworks (SAF) für die Instanziierung von Bestandsschlüssel-Mappings zwischen den Bestandsdatenmodellen SAP ERP oder SAP S/4HANA und EWM. Die Klassen /SCWM/CL_ERP_STOCK_MAPPER und /SCWM/CL_ERP_STOCK_MAPPER_S4 implementieren das zugrunde liegende Interface /SCWM/IF_STOCKID_MAPPING und enthalten die gesamte erforderliche Geschäftslogik.

Das EWM-Bestanddatenmodell kann z. B. um zusätzliche Bestandsarten erweitert werden. Sie müssen jedoch immer die Lagerorte im SAP-ERP- oder SAP-S/4HANA-System berücksichtigen. Zusätzliche Bestandsarten benötigen in den meisten Fällen zusätzliche Lagerorte im SAP-ERP- oder SAP-S/4HANA-System, da die Standardzuordnung von SAP ERP bzw. SAP S/4HANA zu EWM die Bestandsart in SAP ERP oder SAP S/4HANA und den Lagerort auf der Grundlage einer eindeutigen EWM-Bestandsart bestimmt. Sie könnten jedoch das erwähnte BAdI implementieren, um eine benutzerdefinierte Zuordnungsregel zu definieren.

2.5.2 Integration mit ERP-Systemen von Drittanbietern

Die Integration von EWM mit einem Drittanbieter-ERP-System ist technisch möglich. Sie erfordert jedoch eine Machbarkeitsanalyse für Ihre spezielle Situation und sollte als eigenes Teilprojekt innerhalb des EWM-Implementierungsprojekts geplant werden. Sie sollten den erforderlichen Aufwand nicht unterschätzen. In diesem Abschnitt erörtern wir einige Aspekte, die Sie im Rahmen einer solchen Integration berücksichtigen sollten.

Zunächst müssen Sie sich für einen Integrationsansatz entscheiden. Es gibt zwei Hauptansätze, die machbar erscheinen. Der übliche Weg ist es, das Drittanbieter-ERP-System über eine Middleware-Lösung mit EWM zu verbinden, die sich um das Mapping und Routing der verschiedenen Nachrichten kümmert. Abbildung 2.29 zeigt eine mögliche Systemlandschaft für diesen Ansatz. Der zweite Ansatz ist die direkte

Anbindung des Drittanbieter-ERP-Systems an EWM (ohne Middleware); dies ist unserer Ansicht nach jedoch keine sinnvolle Option.

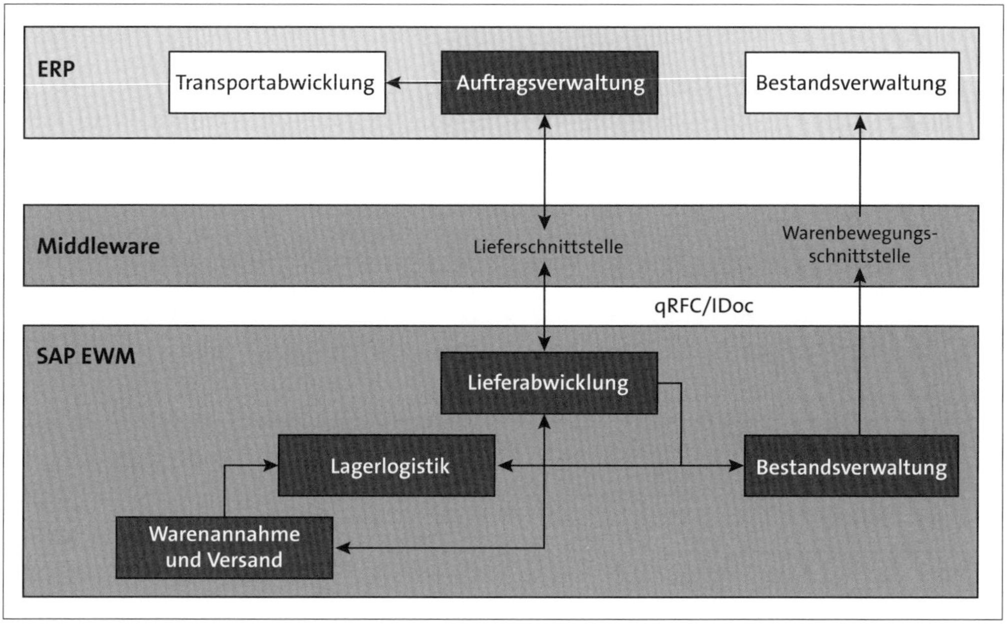

Abbildung 2.29 Integration eines Drittanbieter-ERP-Systems über Middleware

Integration mit einem Drittanbieter-ERP-System über Middleware

Bei der Integration von EWM mit einem Drittanbieter-ERP-System über eine Middleware-Lösung müssen Sie sich darüber im Klaren sein, dass die Middleware-Lösung wahrscheinlich Zugriff auf die Metadaten aller verwendeten Schnittstellen benötigt. Da EWM bei der Verarbeitung ausgehender Nachrichten Funktionsbausteine aus dem ERP-System aufruft, müssen Sie einen Weg finden, die Metadaten der entsprechenden ERP-Funktionsbausteine verfügbar zu machen. Ein möglicher Ansatz hierfür wäre, die Metadaten aus einem anderen ERP-System abzurufen, falls ein solches in Ihrer Systemlandschaft vorhanden ist. Andernfalls könnten Sie zumindest die Struktur der ERP-Funktionsbausteine in EWM oder einem anderen Repository-System definieren, um die erforderlichen Metadaten verfügbar zu machen.

Darüber hinaus besteht die Möglichkeit, ein SAP-S/4HANA-System zwischen die Middleware und EWM zu schalten. Dieser Ansatz ist vor allem dann sinnvoll, wenn Sie bereits planen, irgendwann in der Zukunft SAP S/4HANA einzuführen. Ein möglicher Vorteil dieser Lösung ist, dass Sie die volle Funktionalität der Lieferschnittstelle nutzen können und möglicherweise weniger Anpassungs- und Mapping-Aufwand zwischen Auftragsverwaltung und Bestandsverwaltung bzw. -führung bei den Schnittstellen in Ihrem ERP-System haben. Die zusätzliche Integration eines SAP- S/4HANA-Systems erscheint weniger nachteilig, wenn Sie ohnehin planen, dieses in Zukunft stärker zu nutzen. In diesem Szenario müssten Sie jedoch zusätzlichen Konfigurations-, Test- und Migrationsaufwand einplanen.

Abbildung 2.30 zeigt eine schematische Darstellung dieses Integrationsansatzes. Sie sollten die Vor- und Nachteile für Ihre eigene Situation genau ermitteln und abwägen, insbesondere im Hinblick auf die verfügbaren Integrationsmöglichkeiten und Schnittstellen des ERP-Systems.

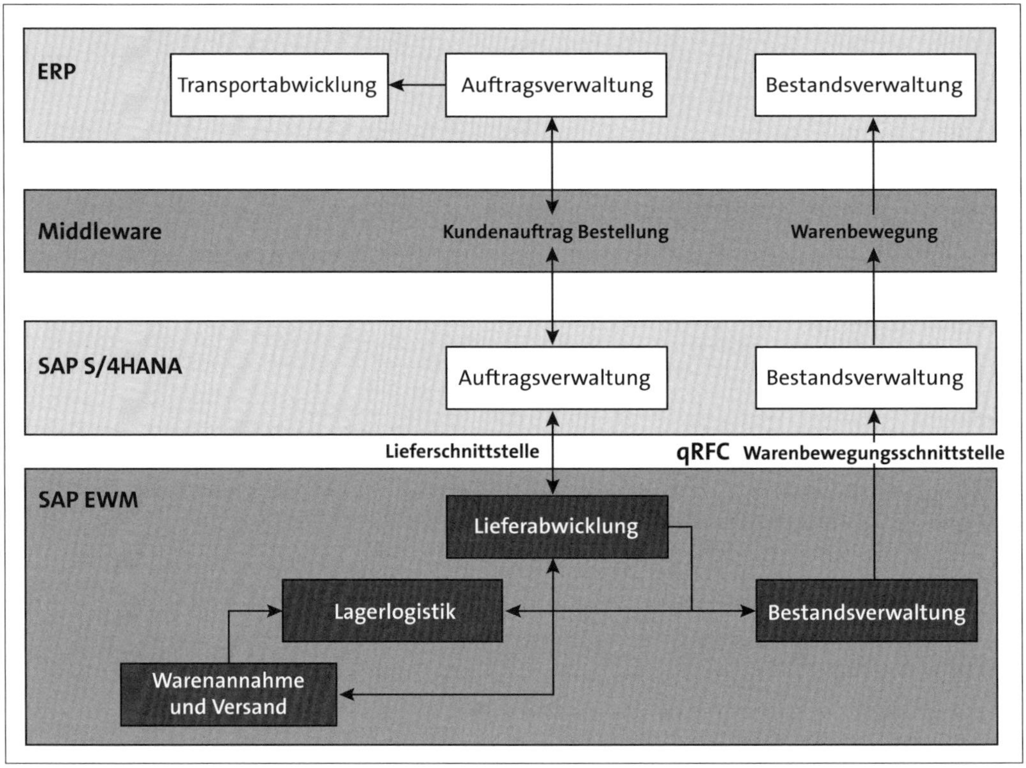

Abbildung 2.30 Integration von Drittanbieter-ERP-Systemen über Middleware und SAP ERP oder SAP S/4HANA

Die nächste Entscheidung, die Sie treffen müssen, betrifft die Integrationstechnologie, die Sie verwenden werden: qRFC oder IDoc. Die Integration mit IDocs sollte technisch die einfachere Lösung sein, bringt aber auch eine eingeschränkte Funktionalität der Lieferschnittstelle mit sich. Die funktionalen Einschränkungen von IDocs haben wir in Tabelle 2.70, Tabelle 2.71 und Tabelle 2.72 aufgezeigt. Wenn Sie Funktionen benötigen, die mit IDocs nicht implementiert werden können, sollten Sie die qRFC-Technologie verwenden.

Funktionen im Wareneingang	Unterstützt mit IDoc?
vollständige Bestätigung des Wareneingangs	ja
teilweise Wareneingangsbestätigung (mehrfach)	nein
Wareneingang mit Mengenänderung	ja, beim Wareneingang
Anlegen/Ändern von Chargen in der Anlieferung	nein
Ablehnung der Anlieferung	ja, beim Wareneingang
Anlieferungssplit	nein
Stornierung der Anlieferung	nein
Anlage von Anlieferungen aus EWM	nein
Status **Im Yard**	ja, nur EWM
erwarteter Wareneingang	nein

Tabelle 2.70 Unterstützte Schnittstellenfunktionalität für Wareneingänge mit IDocs

Funktionen im Warenausgang	Unterstützt mit IDoc?
vollständige Bestätigung des Warenausgangs	ja
Auslieferungssplit	ja
Warenausgang zur Verschrottung	ja
Löschen einer Chargensplitposition	ja
Null-Setzung der Auslieferung	ja
Chargensplits	ja, beim Warenausgang
Chargenänderungen	ja, beim Warenausgang
Storno Warenausgang	nein
Kommissionier-Zurückweisung	nein
Storno Auslieferungssplit	nein
Rechnung vor Warenausgang	nein
Löschen von Auslieferungen	nein
Anlage von Auslieferungen in EWM	nein
zusätzliche Position aus EWM (z. B. Packmittel)	nein

Tabelle 2.71 Unterstützte Schnittstellenfunktionalität für Warenausgänge mit IDocs

Funktionen von internen Prozessen	Unterstützt mit IDoc?
Umbuchung aus ERP	ja
Umbuchung aus EWM	ja
Bestandsabgleich EWM-ERP	ja
Verbuchung von Differenzen nach ERP	ja
Upload Bewertungspreise aus ERP (Inventurtoleranz)	nein

Tabelle 2.72 Unterstützte Schnittstellenfunktionalität bei internen Prozessen mit IDocs

[+]

Leitfaden für die IDoc-basierte Integration mit einem Nicht-SAP-ERP-System

SAP-Hinweis 3140478 informiert über die Möglichkeiten der Anbindung von Decentralized EWM an ein Nicht-SAP-ERP-System über IDoc-Schnittstellen ab SAP S/4HANA 2021 FPS 1. Es steht außerdem ein Leitfaden zur Verfügung, der zeigt, wie ein Basisszenario mit An- und Auslieferungen unter Verwendung von ALE-IDocs eingerichtet werden kann. Sie finden den Leitfaden mit dem Titel »How to Integrate a Non-SAP ERP System with a Decentralized EWM on SAP S/4HANA via ALE IDoc« im Support Content des SAP Help Portal unter *https://help.sap.com/docs/SUPPORT_CONTENT/sewm/* im Ordner **EWM General Information**.

Die in Abschnitt 2.5.1, »Integration mit SAP ERP und SAP S/4HANA«, erwähnten Einstellungen zur ERP-Versionskontrolle ermöglichen es Ihnen, die Integration unabhängig von der gewählten Integrationstechnologie (IDoc/qRFC) so zu konfigurieren, dass sie Ihren funktionalen Anforderungen entspricht. Die Standardeinstellungen unterstützen sicher nicht alle Ihre Integrationsanforderungen. Möchten Sie z. B. verhindern, dass Wareneingangsbuchungen storniert werden können, weil Ihr altes ERP-System dies nicht unterstützt, können Sie solche Einstellungen über die ERP-Versionskontrolle vornehmen.

[+]

Verhinderung der Verwendung von Auslieferungssplits

In SAP-Hinweis 1600871 finden Sie Informationen darüber, wie Sie die Anlage aufgeteilter Lieferungen in EWM verhindern. Da Ihr Nicht-SAP-ERP-System diese Funktion von SAP ERP bzw. SAP S/4HANA wahrscheinlich nicht unterstützt, sollten Sie die in diesem SAP-Hinweis enthaltenen Informationen berücksichtigen.

Zusätzlich zu diesen eher technischen Aspekten sollten Sie einige wesentliche Punkte der funktionalen Systemintegration nicht vergessen. Analysieren Sie die Anwendungsarchitekturen Ihres ERP-Systems und des EWM-Systems, um zu verstehen, ob die logistischen Verarbeitungslogiken der Systeme überhaupt zueinanderpassen. Entscheidend ist dabei die Frage, ob die notwendigen Schnittstellen im ERP-System bereits vorhanden oder zumindest konzeptionell realisierbar sind. Die Verfügbarkeit und Funktionalität der von EWM bereitgestellten Schnittstellen haben wir in Abschnitt 2.5.1, »Integration mit SAP ERP und SAP S/4HANA«, beschrieben.

Darüber hinaus gilt es zu entscheiden, welches der beiden Systeme sich an die Bedingungen und die Schnittstellensituation des anderen anpassen muss. Diese Frage ist nicht leicht zu beantworten. Es lässt sich gut argumentieren, dass der EWM-Standard nicht verändert werden sollte, insbesondere, um eine zukünftige Anbindung an SAP ERP oder SAP S/4HANA offenzuhalten. Andererseits könnten Änderungen am bestehenden ERP-System schwierig sein, weil es möglicherweise technisch veraltet, schlecht unterstützt oder unzureichend dokumentiert ist.

Nach der Klärung der Integrationsarchitektur sollten Sie die Art der erforderlichen Schnittstellen analysieren und sich mit der Zuordnung der Felder für jede Nachricht befassen. Das Anhalten der Nachrichtenverarbeitung durch eine Deregistrierung der Queue, wie zuvor in Abschnitt 2.5.1, »Integration mit SAP ERP und SAP S/4HANA«, beschrieben, ist wichtig, um zu verstehen, welche Daten von EWM empfangen und versendet werden sollen. Zu diesem Zweck ist es nützlich, eine SAP-S/4HANA-Installation zur Verfügung zu haben, die mit EWM integriert ist, um zu verstehen, wie das ERP-System in verschiedenen Prozessszenarien mit EWM kommuniziert.

[+]

Integration mit einem Drittanbieter-ERP-System über die Lieferschnittstelle

SAP-Hinweis 1465477 bietet fünf mögliche Lösungen für die Anlage benutzerdefinierter ausgehender Nachrichten oder Schnittstellen auf der Grundlage von EWM-Lieferungen. Sollten Sie im Rahmen Ihres EWM-Implementierungsprojekts benutzerdefinierte Schnittstellen planen, berücksichtigen Sie die in diesem SAP-Hinweis enthaltenen Informationen für das technische Lösungsdesign.

Der letzte Aspekt, den Sie bei der Integration mit dem ERP-System eines Drittanbieters berücksichtigen müssen, ist die Abbildung der Bestandsdatenmodelle. Wie bereits im vorherigen Abschnitt beschrieben, bietet EWM für die Integration mit SAP ERP sein eigenes Bestandsdaten-Mapping in der Eingangs- und Ausgangsverarbeitung. Besondere Bedeutung kommt dabei der EWM-Bestandsart zu, die letztlich über die Verfügbarkeitsgruppe, die lokationsunabhängige Bestandsart und die Bestandsartenrolle mit dem ERP-Lagerort gemappt wird. Bei der Integration mit einem fremden ERP-System müssen Sie das Bestandsdatenmodell des fremden ERP-Systems nicht nur auf das EWM-Bestandsdatenmodell, sondern auch auf das SAP-ERP- oder SAP-S/4HANA-Bestandsdatenmodell abbilden.

Die Standardschnittstellen kennen nur die Felder des ERP-Bestandsdatenmodells, was sich als Engpass in Ihrem Integrationsprojekt erweisen kann. Daher müssen Sie entweder die relevanten Schnittstellen um benutzerdefinierte Felder für Bestandsdaten erweitern oder das Bestandsdatenmodell des Drittanbieter-ERP-Systems auf ein »virtuelles« ERP-Bestandsdatenmodell abbilden, bevor es wiederum auf das EWM-Bestandsdatenmodell im EWM-System selbst abgebildet wird. Im letzteren Fall würden Sie Bestandsdaten an EWM übermitteln, als ob EWM mit SAP ERP verbunden wäre, was diesen Aspekt der Integration, zumindest von EWM-Seite aus, einfach zu handhaben erscheinen lässt. Dieser Ansatz ist vor allem dann sinnvoll, wenn Sie die Einführung von SAP S/4HANA in naher Zukunft planen und die Einrichtung des SAP-S/4HANA-Bestandes möglicherweise bereits definiert haben.

2.5.3 SAP-S/4HANA-Integration in Embedded EWM

Neben den bereits beschriebenen Unterschieden zwischen Decentralized und Embedded EWM in Bezug auf Qualitätsprüfung und Stammdaten gibt es einige teilweise konfigurierbare Unterschiede, um die Prozesskomplexität und Datenredundanz in Embedded EWM weiter zu reduzieren. Diese werden in den folgenden Abschnitten skizziert. Abbildung 2.31 gibt einen Überblick über die weiteren Schnittstellen zwischen dem ERP-Teil von SAP S/4HANA und den EWM-Komponenten.

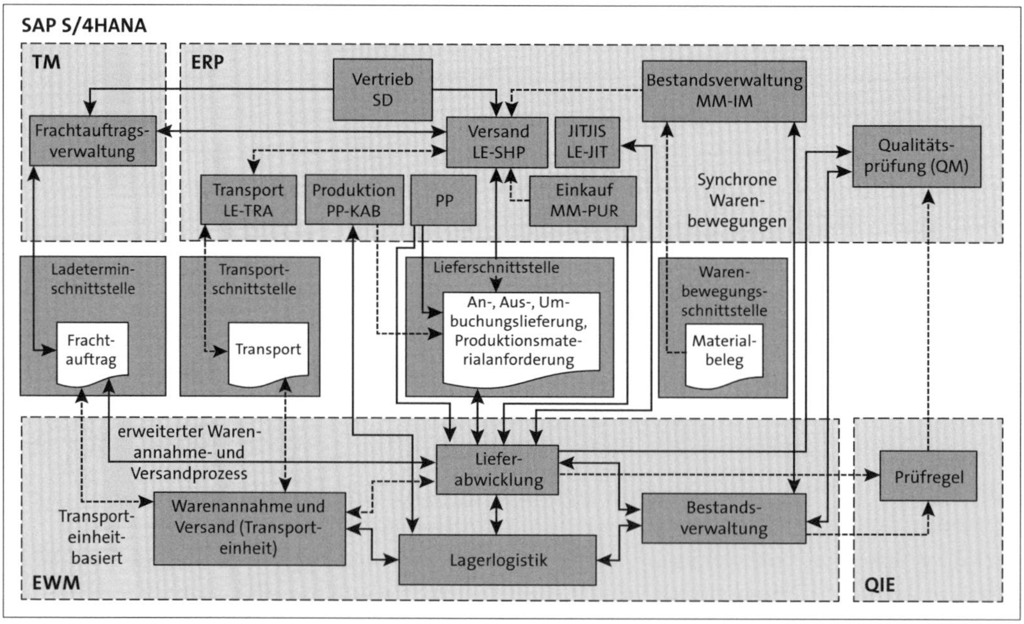

Abbildung 2.31 Schematische Darstellung der Integration von Belegdaten zwischen SAP S/4HANA und Embedded EWM

Gestrichelte Pfeile markieren optionale Schnittstellen, die bei der Integration von Embedded EWM in Kundenimplementierungen wahrscheinlich nicht verwendet werden, da sie gleichzeitig Optionen für eine schlankere und direktere Integration aktivieren, die als durchgehende Pfeile dargestellt sind.

Sie könnten sich jedoch auch für die weniger schlanke Integrationsoption entscheiden, um weitere EWM-Funktionen nutzen zu können, die nur mit dieser Option verfügbar sind. Gute Gründe hierfür sind die Entscheidung, nicht auf die Lieferabwicklung in Kanban zu verzichten, um neben den Lieferungen das Wellenmanagement für die Kanban-Versorgung nutzen zu können, oder die Entscheidung, nicht auf die Transporteinheit für die Frachtauftragsmanagement-Integration zu verzichten, um für die Statusverfolgung und Bewegungen von Transporteinheiten und Fahrzeugen weiterhin das EWM-basierte Yard Management nutzen zu können. Dass Sie sich für den Verzicht auf Prüfregeln für die Prüfloserzeugung oder die Aktivierung synchroner Warenbewegungen (zumindest von EWM nach SAP S/4HANA) entscheiden, ist allerdings wahrscheinlicher, da die Vorteile der Reduktion von Datenredundanzen und der engeren Integration überwiegen.

Verzicht auf erwartete Wareneingänge

Um die Prozesse zu vereinfachen und Datenredundanzen bei der Replikation und Aktualisierung von Belegdatenobjekten zwischen SAP S/4HANA und EWM zu vermeiden, wurde in Embedded EWM auf die Verwendung von persistenten erwarteten Wareneingangsbelegen verzichtet. Stattdessen wurde überall dort, wo für die Anlage von Anlieferungen Belegdaten aus SAP S/4HANA in EWM benötigt werden, ein direkter Zugriff auf Bestellungen und Fertigungsaufträge aus der EWM-Lieferabwicklung zur Verfügung gestellt. Auch hier wird das Service Adapter Framework verwendet, um zwischen Embedded und Decentralized EWM zu unterscheiden.

Für den erwarteten Wareneingang gibt das Service Adapter Framework im Kontext von Embedded EWM eine Instanz der Klasse `/SCWM/CL_EGR_MANAGER_S4` für das Service-Interface `/SCWM/IF_EGR_MANAGER` zurück. Außerdem verwendet die Klasse `/SCWM/CL_DLV_EGR2PDI_S4` die Klasse `/SCWM/CL_DLV_EGR2PDI` für die Anlieferungsanlage unter Verwendung der die Bestell- oder Fertigungsauftragsdaten aufrufenden Klasse `/SCWM/CL_EGR_READER_S4`. In dieser Klasse werden gegebene Belegdaten aus SAP S/4HANA gelesen und EWM-Objekten zugeordnet, um transiente erwartete Wareneingangsdaten zu emulieren.

In diesem Prozess wurde der Erweiterungsspot `/SCWM/ES_EGR_S4` (Erweiterungen zum erwarteten Wareneingang in SAP S/4HANA) zur Verfügung gestellt, um kundenspezifische Ermittlungen und Daten-Mappings zu den emulierten erwarteten Wareneingangsdaten zu ermöglichen. Er enthält die BAdIs `/SCWM/EX_MAP_EGR_DOCTYPE_S4` (Abbildung von Beleg- und Positionsart für erwarteten Wareneingang) und `/SCWM/EX_MAP_EGR_S4` (Abbildung erwarteter Wareneingangsdaten), mit denen die Ermittlung der erwarteten Wareneingangsbeleg- und -positionsart und das Mapping von Belegdaten aus SAP S/4HANA auf transiente erwartete EWM-Wareneingangsobjekte beeinflusst werden können. Diese erwarteten Wareneingangsdaten werden dann schließlich für das Anlegen von Anlieferungen verwendet, wobei hauptsächlich bestehende Kopierfunktionen wiederverwendet werden. BAdIs des Erweiterungsspots /SCWM/ES_DLV_EGR2PDI (zusätzliche Daten von erwartetem Wareneingängen zu Anlieferung kopieren) stehen in diesem Zusammenhang weiterhin zur Verfügung.

Verzicht auf Benachrichtigungsbelege in der Lieferabwicklung

Auf die Verwendung von Benachrichtigungsbelegen in der Lieferschnittstelle wurde für Embedded EWM verzichtet, was auch als *Skip-Request-Funktionalität* bezeichnet wird. Die Möglichkeit, in Decentralized EWM Benachrichtigungsbelege anzulegen, wenn z. B. Stammdaten fehlen, ist in Embedded EWM nicht mehr erforderlich. Daher bleiben für die Lieferobjekte in Embedded EWM nur noch Verarbeitungsbelege übrig. Wir werden nicht näher auf die technischen Details eingehen, wie das Überspringen der Benachrichtigungen erreicht wird. Im Wesentlichen wurde die Logik des Transfer- oder Transition-Service zwischen der Benachrichtigung und dem Verarbeitungsbeleg während des Mappings in EWM in die Nachrichtenverarbeitungsschicht des jeweiligen Belegtyps verlagert (siehe Abschnitt 2.1.1, »Funktionen der Lieferabwicklung«). BAdIs für die benutzerdefinierte Bestimmung von EWM-Lieferaspekten bleiben dabei allerdings vollständig verfügbar.

Optionaler Verzicht auf QIE-Prüfregeln

Embedded EWM unterstützt optional die Nutzung des Qualitätsmanagements ohne Verwendung von Prüfregeln auf Basis der Quality Inspection Engine. Um die Relevanz der Qualitätsprüfung zu prüfen, kann das System so konfiguriert werden, dass es direkt auf die Qualitätsprüfungsdaten des Materialstamms zugreift, wodurch Redundanzen bei Objekten zur Steuerung der Qualitätsmanagementplanung vermieden werden. Die transparente Tabelle /SCWM/QIOTWM_NIR enthält prozessrelevante Daten für EWM, wenn keine Prüfregel verwendet wird. Die lokationsabhängige Bestandsart und der externe Prozessschritt können somit aus der Lagernummer, dem Prüfobjekttyp, dem Prüfprozess und der Qualitätsprüfgruppe abgeleitet werden.

Auch hier wurde das Service Adapter Framework genutzt, um über den Service /SCWM/IF_AF_QINSP_INT die richtigen Prüfeinstellungen für den gegebenen Kontext zu finden. Für Embedded EWM wird die Klasse /SCWM/CL_QLOT_S4 instanziiert, und die Customizing-Einstellungen werden über die Klasse /SCWM/CL_QCUST_SEL_INT_S4 gelesen. Die Qualitätsdaten des Materialstamms, die in der Tabelle QMAT abgelegt sind, werden dann um die EWM-relevanten Daten angereichert, um das Prüflos zu erzeugen (Tabelle QALS).

Optionale synchrone Warenbewegungen

Für Embedded EWM gab es schon früh eine Initiative, EWM-ausgelöste Warenbewegungen näher an die SAP-S/4HANA-basierte Bestandsführungskomponente heranzuführen und dadurch potenziell gestoppte Queues in der bis dahin asynchronen Warenbewegungsschnittstelle zu beseitigen. Dazu wurde die Buchungsabwicklung auf eine synchrone Verarbeitung geändert. Im synchronen Modus, der optional auf der Ebene der Lagernummer aktiviert werden kann, werden den Benutzer*innen alle Probleme oder Fehler angezeigt, die entweder in EWM oder der Bestandsführung der Materialwirtschaft auftreten, wenn sie versuchen, die Buchung aus EWM-Transaktionen wie /SCWM/POST, /SCWM/DIFF_ANLALYZER, /SCWM/ADGI und /SCWM/ISU vorzunehmen.

Gleichzeitig wurde versucht, die von SAP S/4HANA ausgelösten Lagerbuchungen und die von der Produktionsplanung ausgelösten Kanban-Ereignisse für EWM zu vereinfachen. Optional kann dazu auf die Lieferschnittstelle verzichtet werden. Stattdessen legt EWM dann Lageraufgaben (Warenbewegungen) an und löst gleichzeitig Materialbelege in der Materialwirtschaft oder Kanban-Statusaktualisierungen in der Produktionsplanung aus. Darüber hinaus würde das synchrone Setup für Bestandsbuchungen auch die Kombination von Lagerorten aus EWM und der Materialwirtschaft in einem Materialbeleg ermöglichen, ausgelöst durch die jeweiligen Materialwirtschaftstransaktionen, insbesondere Transaktion MIGO. In den folgenden Abschnitten werden wir uns die neu verfügbare Funktionalität der synchronen Buchungen genauer ansehen.

Synchrone Buchungen von SAP S/4HANA nach EWM

Die Bestandsführung in SAP S/4HANA nutzt den zentralen Funktionsbaustein `MB_CREATE_GOODS_MOVEMENT` für ihre Bestandsbuchungen. Dieser Funktionsbaustein kann einen Parameter auf der Kopfebene des Materialbelegs (`IMKPF-EWM_SYNC_POST_REQ`) importieren, um eine Warenbewegung von SAP S/4HANA nach EWM synchron zu buchen. Der Funktionsbaustein prüft weiterhin, ob die beabsichtigte Bewegung wirklich EWM-relevant ist, d. h., er prüft grundsätzlich, ob eine entsprechende Lagernummer in Embedded EWM (`IMSEG-EWM_LGNUM`) und eine EWM-relevante Bewegungsart vorliegen. Außerdem muss der EWM-Lagerplatz vorhanden sein (`IMSEG-EWM_LGPLA`). Sollten diese Voraussetzungen nicht erfüllt sein, kann der Funktionsbaustein zu dem Prozessschritt der Lieferungsanlage zurückkehren, z. B. wenn die Lagernummer von Decentralized EWM verwaltet wird. Ansonsten wird in EWM die Klasse `/SCWM/CL_EWM_GOODSMVT_SYNC` für synchrone Warenbewegungen über das Interface `/SCWM/IF_EWM_GOODSMVT_SYNC` aufgerufen. Schließlich wird entweder der EWM-Funktionsbaustein `/SCWM/GM_CREATE` zum Auslösen einer EWM-Warenbewegung verwendet oder der Funktionsbaustein `/SCWM/GM_CANCEL` im Fall von Stornierungen von Warenbewegungen aufgerufen.

Erweiterungsspot /SCWM/ES_CORE_GM enthält die BAdIs /SCWM/EX_CORE_GM_GMDOC_PACK (Packvorschlag bei Wareneingang) und /SCWM/EX_CORE_GM_GMDOC_WT (automatische Lageraufgabenanlage bei Wareneingang). Diese können mit benutzerdefinierter Logik implementiert werden, um festzulegen, ob und wie die automatische Anlage von Handling Units und Lageraufgaben für Wareneingangsbuchungen erfolgen soll, die bei synchronen Warenbewegungen von SAP S/4HANA nach EWM ausgelöst werden.

Transaktion MIGO

Im Laufe der verschiedenen SAP-S/4HANA-Versionen wurden mehr und mehr Warenbewegungsbuchungen, nicht nur durch die Transaktion MIGO, sondern auch durch die meisten fertigungsbezogenen Transaktionen für Warenbewegungen, für die Synchronisation zwischen SAP S/4HANA und EWM eingerichtet. Transaktion MIGO bietet jedoch die meisten Erweiterungsfunktionen für die EWM-Integration, bis hin zu Dialogerweiterungen. Abbildung 2.32 zeigt ein Beispiel für einen Warenausgang mit Kontierung auf einer Kostenstelle mit Bewegungsart 201. Sobald die Bewegungsart für synchrone Warenbewegungen in der jeweiligen Lagernummer aktiviert wurde, bietet die Transaktion MIGO die Registerkarte **Lagerverwaltung** für die Eingabe weiterer EWM-bezogener Daten an, z. B. zur Eingabe des Lagerplatzes. Sie ermöglicht auch den direkten Zugriff auf die Bestandsübersicht des jeweiligen Lagers und erfragt die Bestandssituation, sobald das zu buchende Material definiert wurde.

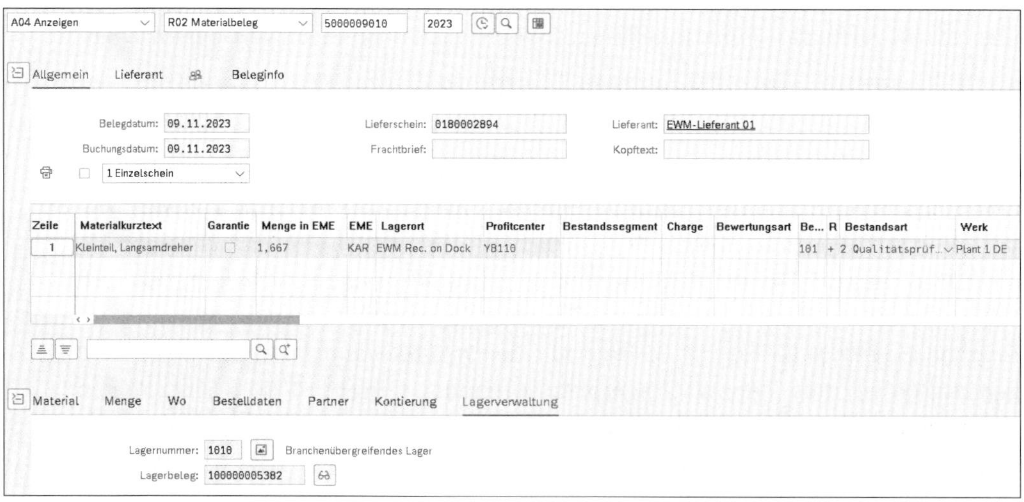

Abbildung 2.32 Transaktion MIGO: Registerkarte »Lagerverwaltung« für synchrone Warenbewegungsbuchungen

Die Registerkarte **Lagerverwaltung** für die Eingabe von EWM-bezogenen Daten wurde durch die Erweiterungsimplementierung /SCWM/CL_EI_MIGO_WHSE_TAB_S4 der BAdI-Definition MB_MIGO_BADI_INT zur Verfügung gestellt, die SAP-intern verwendet wird. Die BAdI-Implementierung reicht alle weiteren Aufrufe grundsätzlich an die Klasse /SCWM/CL_MIGO_S4 weiter, die die Hauptgeschäftslogik enthält. Es existieren weitere Klassen, die für die verschiedenen Prozesse und Referenzbelege benötigt werden, um die MIGO-getriggerte Verarbeitung von synchronen Warenbewegungen in Richtung EWM zu unterstützen. Sie tragen die Bezeichnung /SCWM/CL_MIGO_*_S4, z. B. /SCWM/CL_MIGO_WHSE_S4. Die Klasse /SCWM/CL_MIGO_WHSE_S4 ist für das Mapping von SAP-S/4HANA- und EWM-Lagernummern sowie für verschiedene zusätzliche Prüfungen zuständig. Andere Klassen verwalten die Handhabung von Referenzbelegen sowie die Handhabung von Verpackungs- oder Nachplatzvorschlägen, die innerhalb der verschiedenen Prozesse verfügbar sind. Wir empfehlen, diese Klassen durchzugehen, um einen detaillierten Überblick über die technische Implementierung zu erhalten.

Kanban

Bei *Simplified Kanban* geht es weniger um die Synchronisation von Warenbewegungen, auch wenn der Warenausgang für Kanban synchrone Bestandsbuchungen unterstützt. Vielmehr geht es um den Verzicht auf das Lieferobjekt in der Kommunikation zwischen SAP S/4HANA und EWM für den Nachschub von Beständen von externen Lieferanten oder von Lagern an die Produktionslinie, die z. B. in Kanban-Behältern gehalten werden. In diesem Fall wird beim Behälterereignis **Leer** eine Nachschublageraufgabe direkt für die Produktionsversorgung angelegt und kann beim Behälterereignis **Voll** auch direkt bestätigt werden, beides ausgelöst von der Kanban-Plantafel. Simplified Kanban unterstützt auch die Anzeige, die Stornierung und die Rückabwicklung von Lageraufgaben.

Die Parameter Bedarf und Bereitstellung werden durch sogenannte *Regelkreise* definiert. Diese Regelkreise wurden erweitert, um die Pflege zusätzlicher EWM-bezogener Daten zu ermöglichen – vor allem des Nach-Lagerplatzes und der Aktivierung von Simplified Kanban über die Nachschubstrategie **Umlagerung** (siehe Abbildung 2.33).

Die EWM-bezogenen Kanban-Ereignisse werden meist von Unterprogrammen der Funktionsgruppe MPKB (Behälterverwaltung für Kanban) ausgelöst, die zum Paket MD05 gehören. Die gesamte Integration zwischen Kanban in der Produktionsplanung in SAP S/4HANA und EWM erfolgt über direkte Methodenaufrufe über das Interface /SCWM/IF_KANBAN_WT_CONTROL und die implementierende Klasse /SCWM/CL_KANBAN_WT_CONTROL. In der anderen Richtung, d. h. von EWM zu Kanban in der Produktionsplanung in SAP S/4HANA, gehen alle Aufrufe über das Interface /SCWM/IF_KANBAN_WT_POST_PRC_S4 und die implementierende Klasse /SCWM/CL_KANBAN_WT_POST_PRC_S4. Hier wurde das Service Adapter Framework für die Klassenermittlung und Instanziierung verwendet, wobei der Service /SCWM/IF_KANBAN_WT_POST_PRC genutzt wird.

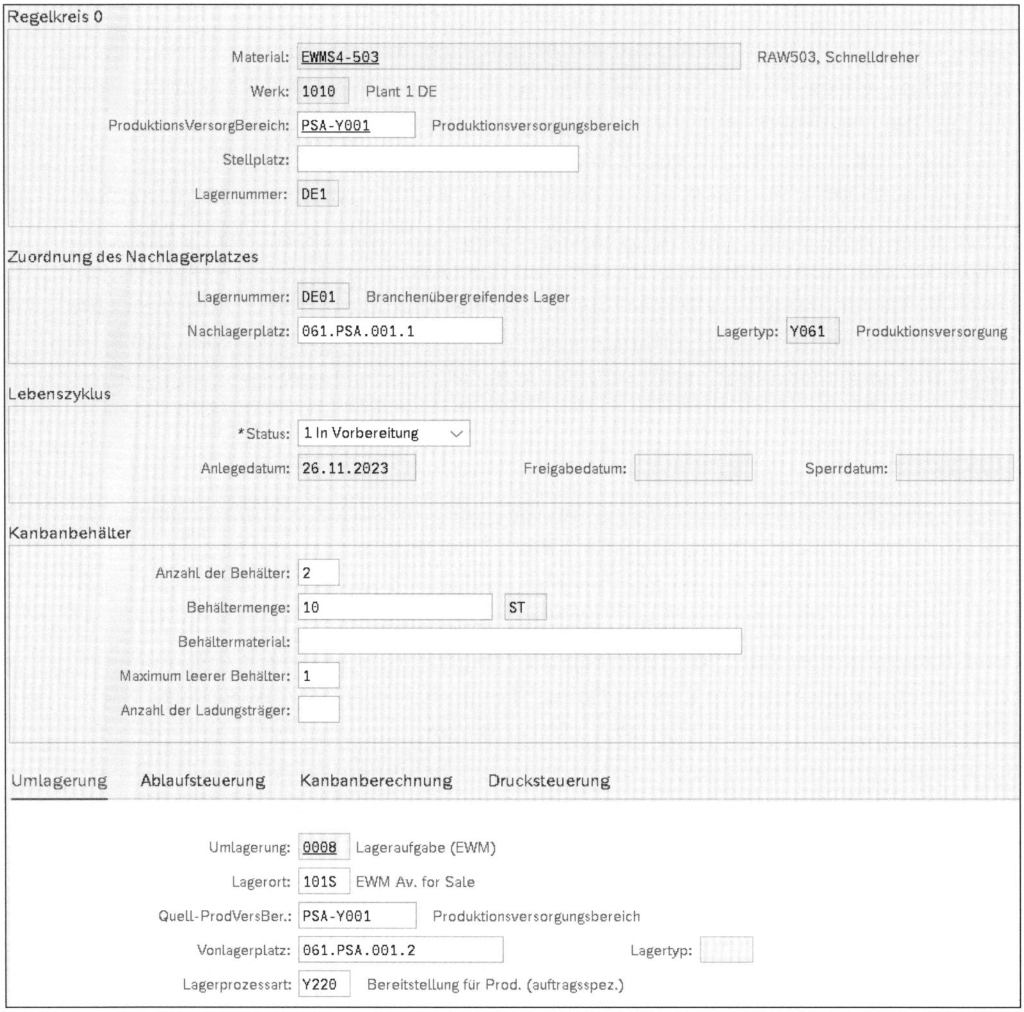

Abbildung 2.33 Erweiterte Regelkreiseinstellungen für EWM-bezogene Daten

Synchrone Buchungen von EWM nach SAP S/4HANA

Das Service Adapter Framework stellt den Service und das gleichnamige Interface /SCWM/IF_ERP_GOODSMVT_SYNC zur Instanziierung der Klasse /SCWM/CL_ERP_GOODSMVT_SYNC_S4 im Kontext von Embedded EWM (S4_OP_INT) zur Verfügung. Von hier aus wird die Klasse /SCWM/CL_ERP_GM_MAPOUT für eine schlanke Simulation der SAP-S/4HANA-Warenbewegungsbuchung aufgerufen. Die Serviceklasse selbst wird im zentralen Funktionsbaustein der EWM-basierten Warenbewegungen, /SCWM/GM_CREATE, aufgerufen. Wenn die aktuelle Bestandsbuchung für die synchrone ERP-Buchung relevant ist und keine Fehler aus der SAP-S/4HANA-Buchungssimulation zurückgemeldet werden, wird die EWM-Warenbewegung mit dem Funktionsbaustein /SCWM/GM_POST durchgeführt.

Danach wird die SAP-S/4HANA-Warenbewegungsbuchung mit dem Funktionsbaustein /SCWM/ERP_GM_SYNC_UPD_S4 und mit einem synchronen Aufruf des Funktionsbausteins /SPE/GOODSMVT_CREATE durchgeführt, d. h. in der gleichen Logical Unit of Work (LUW). Das BAdI /SCWM/EX_ERP_GOODSMVT_EXT steht für kundenspezifische Änderungen an der Warenbewegungsbuchung (z. B. für eine kundenspezifische Bewegungsartenfindung) im Vorfeld zur Verfügung. Hat der Bestand jedoch einen Liefer- oder Produktionsmaterialanforderungsbezug oder ist aus anderen Gründen nicht relevant für die synchrone Buchung, wird die SAP-S/4HANA-Warenbewegungsbuchung mit einem asynchronen Aufruf des Funktionsbausteins /SPE/GOODSMVT_CREATE durchgeführt. Dies wird über eine passende Collection der Logistics Inventory Management Engine in einer separaten LUW mit dem Funktionsbaustein /LIME/DOCUMENT_POST veranlasst.

Optionaler Verzicht auf die Transporteinheit für Warenannahme und Versand

Während die schon früher verfügbare EWM-Integration mit SAP Transportation Management (SAP TM) über EWM-Transporteinheiten arbeitete, hat die Integration von SAP TM und EWM über den *erweiterten Warenannahme- und Versandprozess* ein anderes, vereinfachtes Design. Die Transporteinheit wird grundsätzlich übersprungen, und die EWM-Lieferungen und -Handling-Units werden direkt in den *Frachtauftrag* aus SAP TM auf der Ebene der einzelnen *Frachteinheit* integriert. Darüber hinaus wurde mit SAP S/4HANA 2020 eine neue Belegart namens *Sendung* eingeführt, die nur von der Integration mit dem erweiterten Warenannahme- und Versandprozess unterstützt wird. Mit dieser Belegart können Transportbedarfe nach bestimmten Kriterien gruppiert werden, z. B. nach der gleichen Quell- und Ziellokation oder dem gleichen Lieferdatum und der gleichen Uhrzeit. Darüber hinaus wurden weitere Status eingeführt, die eine häufigere Datensynchronisation zwischen der SAP-S/4HANA- oder EWM-Lieferung und dem SAP-TM-Frachtauftrag ermöglichen. Nicht zuletzt ermöglicht der erweiterte Warenannahme- und Versandprozess eine Kombination von Lagerorten aus EWM und MM in einem Frachtauftrag.

Das Service Adapter Framework wurde erneut verwendet, um zwischen verschiedenen Transportplanungsarten zu unterscheiden, die auf der Ebene des EWM-Lieferkopfes gespeichert sind. Der Service und das gleichnamige Interface /SCWM/IF_AF_SR_TRANSPORT instanziieren die Klasse /SCWM/CL_AF_SR_TRANSPORT, die gemeinsame Methoden für Warenannahme und Versand bzw. für den erweiterten Warenannahme- und Versandprozess implementiert.

Die gesamte Integration von EWM und SAP TM mit ihren verschiedenen Möglichkeiten ist ein zu umfangreiches Thema, um hier ausführlich behandelt zu werden. Wir empfehlen daher, zusätzliche Informationsquellen zu nutzen, z. B. die Dokumentation zu EWM und SAP TM im SAP Help Portal.

Integration der Just-in-time-Verarbeitung mit EWM

Die Just-in-time-Verarbeitung (JIT) ist ein gängiges und häufig genutztes Konzept in der Serienfertigung und der diskreten Fertigung, z. B. in der Automobilindustrie, das sich mit Linienanlieferungsprozessen für große Mengen von Produkten befasst und eine präzise Vorhersage des Nachschubs ermöglicht. Es basiert auf einer engen Abstimmung zwischen Lieferanten und der Produktion. Embedded EWM kann Umlagerungslieferungen aus JIT-Abrufen anlegen (und aktualisieren), die von der JIT-Anwendung generierte Nachschubanforderungen darstellen. Wir empfehlen einen Blick in die SAP-Hilfe zu EWM, um einen guten Überblick über die JIT-Abwicklung im Hinblick auf die Integration mit Embedded EWM zu erhalten.

Erweiterungsspot `/SCWM/ES_JIT` enthält BAdIs für kundenspezifische Felder in JIT-Lieferungen (`/SCWM/EX_JIT_CUSTOM_FIELDS`) und Monitorselektionen (`/SCWM/EX_JIT_CUSTOM_SELECT_MON`) sowie Zuordnungen von Lieferbeleg- und Positionsarten (`/SCWM/EX_JIT_MAP_DOCTYPE`).

[+]

Erweiterungsleitfaden für die JIT- und EWM-Integration

Wir empfehlen Ihnen dringend die Lektüre des »Erweiterungsleitfadens für die JIT-EWM-Integration«, um weitere Informationen über die JIT- und EWM-Integrationsarchitektur und die Erweiterungsoptionen in der Linienanlieferungsverarbeitung zu erhalten. Dabei sollten nicht nur JIT-basierte Prozesse berücksichtigt werden, sondern auch die BAdIs weiterer EWM-Komponenten, die für die Erweiterung des Gesamtprozesses mit kundenspezifischer Logik von Interesse sein könnten. Der Leitfaden ist im Support Content des SAP Help Portal unter *https://help.sap.com/docs/SUPPORT_CONTENT/sewm/* im Ordner **EWM General Information** verfügbar.

2.6 Zusammenfassung

In diesem Kapitel haben wir die grundlegenden Architekturelemente der EWM-Lösung vorgestellt, darunter die Lieferabwicklung, Warenannahme und den Versand, die Lagerlogistik und die Qualitätsprüfung. Wir haben auch einen Überblick über die technische Kohärenz zwischen den verschiedenen Objekten des EWM-Systems gegeben. Dies sollte Ihnen ein gutes Verständnis dafür vermitteln, wie Bestände mit EWM verwaltet werden, insbesondere im Hinblick auf die Bestandstrennung und -differenzierung.

Schließlich haben wir die Kommunikationsschnittstellen und -methoden zwischen SAP ERP oder SAP S/4HANA und EWM beschrieben, einschließlich der Stamm- und

Belegdaten sowohl für Decentralized als auch für Embedded EWM. Sie sollten damit nun eine gute Grundlage haben, um zu verstehen, wie der Kommunikationsfluss zwischen den beiden Systemen funktioniert und was zu beachten ist, wenn Sie EWM mit einem Drittanbieter-ERP-System integrieren.

Im nächsten Kapitel beschreiben wir die wichtigsten Frameworks, die von EWM verwendet werden, z. B. den Lagerverwaltungsmonitor, das RF-Framework und das PPF. Wir gehen in diesem Zusammenhang darauf ein, wie Sie diese Frameworks am effizientesten in Ihren Erweiterungen einsetzen können.

Kapitel 3

Frameworks und Entwicklungswerkzeuge in EWM

3

Stabile kundeneigene Entwicklungen zu erstellenkann mit den richtigen Frameworks und Entwicklerwerkzeugen einfach sein. In diesem Kapitel erfahren Sie, welche Frameworks in EWM zu finden sind und wie sie eingesetzt werden. Anhand von Beispielen lernen Sie den Umgang mit den Frameworks und Tools.

In diesem Kapitel möchten wir Ihnen die Flexibilität von EWM in Bezug auf Eigenentwicklungen auf der Basis vorhandener Frameworks und Entwicklungswerkzeuge näherbringen. Zu diesem Zweck werden wir anhand von anschaulichen Beschreibungen und zahlreichen Beispielen zeigen, welche Frameworks und Entwicklungswerkzeuge in EWM zur Verfügung stehen, um kundenspezifische Entwicklungen zu realisieren. Wir werden dabei auf zwei Arten von Frameworks eingehen: Zum einen werden wir die EWM-spezifischen Frameworks besprechen, darunter den Lagerverwaltungsmonitor, das Easy-Graphics-Framework (EGF), das Radio-Frequency-Framework (RF-Framework) und den Arbeitsplatz. Zum anderen werden wir uns mit der SAP-weit verwendeten Komponente Post Processing Framework (PPF) und der auf SAP S/4HANA basierenden Key-User-Erweiterbarkeit für benutzerdefinierte Felder auseinandersetzen.

Die SAP-Produktentwicklungsteams haben alle diese Frameworks bei der Entwicklung von EWM intensiv genutzt. Es stehen also zahlreiche Vorlagen für Eigenentwicklungen zur Verfügung, und die Frameworks sind gut geeignet, um projektspezifische Anforderungen an die Lagerverwaltung mit EWM umzusetzen.

3.1 Lagerverwaltungsmonitor

Mit dem *Lagerverwaltungsmonitor* sind Sie immer gut über die Situation in Ihrem Lager informiert. In diesem Abschnitt zeigen wir Ihnen, wie der auf Basis eines eigenen Frameworks konzipierte Lagerverwaltungsmonitor schnell und einfach erweitert werden kann.

Eine Grundvoraussetzung für jede Lagerverwaltungssoftware ist die Bereitstellung von Tools zur Überwachung der aktuellen Tagessituation im Lager. EWM stellt hierfür mit dem Lagerverwaltungsmonitor ein zentrales Werkzeug zur Verfügung. Der Lagerverwaltungsmonitor ist innerhalb eines Frameworks im Paket `/SCWM/MONITOR_FRAMEWORK` modelliert, was es Ihnen ermöglicht, einen oder mehrere Monitore bzw. Ansichten innerhalb des Monitors entsprechend den Anforderungen Ihres Unternehmens auf der Grundlage der Lagernummer zu konfigurieren. Mit diesem Tool können Sie alle lagerbezogenen Belege und Bestände auswählen und überwachen, wobei knotenspezifische Methoden zum Auslösen von Aktionen für die jeweiligen Objekte bereitgestellt werden. Der Lagerverwaltungsmonitor bietet auch Funktionen für die Pflege von Lagerplatz- und Lagerproduktstammdaten. Darüber hinaus ermöglicht es Ihnen der zusätzliche *Alert-Monitor*, bestimmte zeitkritische Lagerprozesse zu überwachen und die notwendigen Aktionen auszulösen.

Starten Sie den Lagerverwaltungsmonitor über den Menüpfad **Extended Warehouse Management • Monitoring • Lagerverwaltungsmonitor** (oder mit Transaktion /SCWM/MON).

In den folgenden Abschnitten stellen wir dar, wie der Lagerverwaltungsmonitor aufgebaut ist. Außerdem zeigen wir Ihnen, welche Möglichkeiten es neben dem Customizing gibt, um individuelle Anforderungen in den Monitor zu integrieren.

3.1.1 Grundlagen und technischer Aufbau

Ein wesentlicher Vorteil des Frameworks für den Lagerverwaltungsmonitor besteht darin, dass Sie den Monitor sehr einfach um eigene Knoten oder Funktionen erweitern können. Im Lagerverwaltungsmonitor gibt es mehr als 300 Monitorknoten, die in die folgenden Kategorien unterteilt sind:

- Ausgang
- Eingang
- Inventur
- Belege
- Bestand und Platz
- Ressourcenmanagement
- Produktstammdaten
- Alert
- Arbeitsmanagement
- Lagerleistungsabrechnung
- Materialflusssystem
- Werkzeuge

Die Benutzeroberfläche des Lagerverwaltungsmonitors basiert auf dem ALV Grid Control und ist in drei Ansichtsbereiche unterteilt, die sich benutzerspezifisch flexibel in ihrer jeweiligen Größe ausrichten lassen (siehe Abbildung 3.1). Auf der linken Seite finden Sie den Knotenhierarchiebaum und rechts die oberen und unteren Ansichtsbereiche. Der Hierarchiebaum dient nur der Navigation.

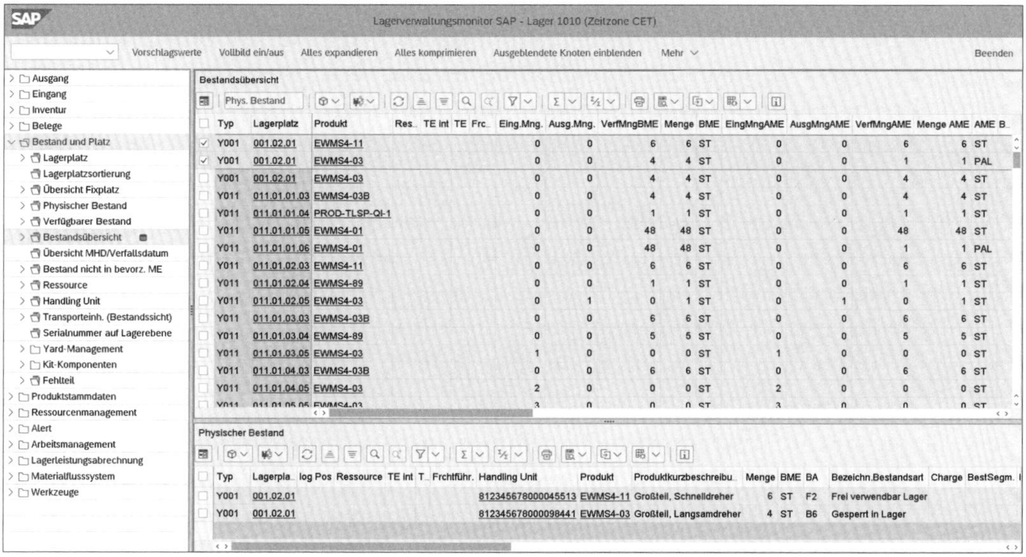

Abbildung 3.1 Lagerverwaltungsmonitor: Struktur der Benutzeroberfläche

Der Knotenhierarchiebaum besteht aus zwei Arten von Knoten: Klassifizierungsknoten und Profilknoten. Der Unterschied zwischen den beiden liegt in ihren Aufgaben:

- *Klassifizierungsknoten* sind lediglich Sammelordner, in denen andere Klassifizierungsknoten und/oder Profilknoten gruppiert werden. Ihnen ist kein Knotenprofil zugeordnet. Die Anordnung des Hierarchiebaumes ist logisch sortiert. Zusammenhängende Informationen werden normalerweise in Knoten gruppiert.
- Die *Profilknoten* enthalten – entsprechend ihrem jeweils zugeordneten Knotenprofil – Informationen, die nach einem Doppelklick auf den entsprechenden Knoten im rechten Ansichtsbereich angezeigt werden. Ein Profilknoten repräsentiert eine bestimmte Objektklasse. Die Subknoten (Kindknoten) der Hauptprofilknoten sind ebenfalls Profilknoten und stehen in einer logisch und hierarchisch untergeordneten Beziehung zu ihren Elternknoten. Sie können z. B. eine Teilmenge ihrer übergeordneten Knoten abbilden (z. B. kann dem übergeordneten Knoten **Lagerauftrag** ein Knoten **Lageraufgabe** zugeordnet sein). Dies wird per Drilldown umgesetzt: Für ein Selektionsergebnis werden die Daten eines abhängigen Objekts selektiert, ohne dass erneut Selektionskriterien eingegeben werden müssen. Die Selektionskriterien und die Anzeige der untergeordneten Daten hängen logisch von denen des übergeordneten Knotens ab.

[zB]

Abhängigkeiten in der Knotenhierarchie

Wählen Sie den Knoten **Belege • Lagerauftrag** (übergeordneter Knoten), um Lageraufträge auszuwählen. Im oberen Ansichtsbereich auf der rechten Seite des Bildschirms können Sie dann die Schaltfläche **Lageraufgabe** für die ausgewählten Lageraufträge verwenden, um die zugehörigen Lageraufgaben im unteren Ansichtsbereich anzuzeigen (Drilldown). Dieselben Lageraufgaben werden auch angezeigt, wenn Sie den Knoten **Lagerauftrag** öffnen/aufklappen und diese Lageraufgaben direkt über den entsprechenden **Lageraufgaben**-Knoten mit denselben Selektionsbedingungen auswählen. Technisch gesehen wird in beiden Fällen der Funktionsbaustein `/SCWM/WO_TO_MON` aufgerufen.

Es gibt jedoch Lageraufgaben, denen kein Lagerauftrag zugeordnet ist (z. B. inaktive Lageraufgaben oder Lageraufgaben für Warenbewegungen). Diese Objekte können im **Lageraufgaben**-Knoten nicht ausgewählt werden, da sie offensichtlich nicht auf den übergeordneten Knoten verweisen. Solche Lageraufgaben müssen Sie über den übergeordneten Knoten der **Lageraufgabe** (**Belege • Lageraufgabe**) auswählen.

Die technische Struktur und die Beziehungen der Knotenhierarchie werden in Abbildung 3.2. dargestellt Die entsprechenden Customizing-Einstellungen finden Sie im EWM-Einführungsleitfaden unter **Monitoring • Lagerverwaltungsmonitor**.

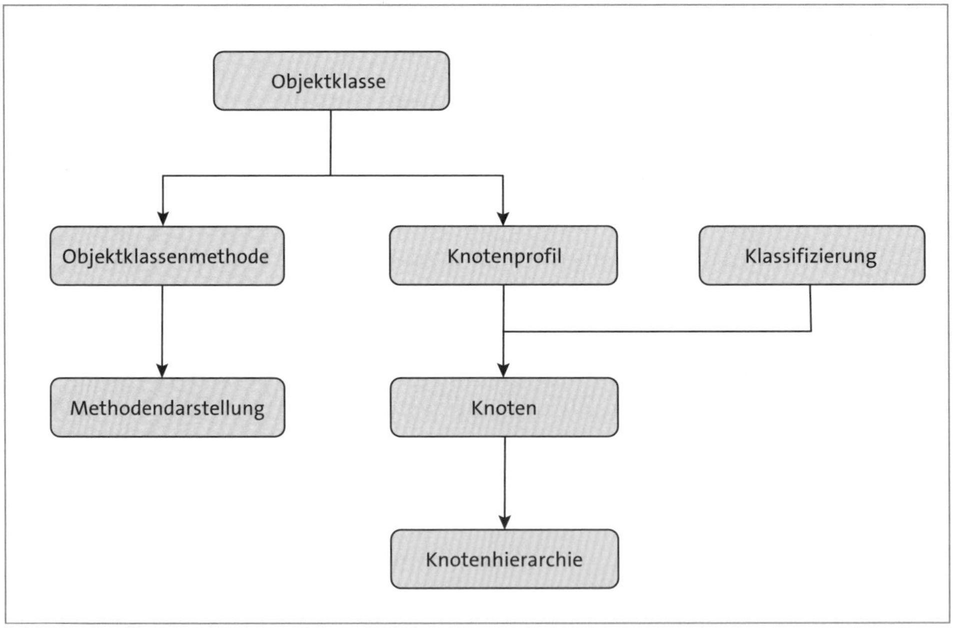

Abbildung 3.2 Technischer Aufbau des Lagerverwaltungsmonitors

Neben der Struktur und der Knotenhierarchie weist das Framework des Lagerverwaltungsmonitors zwei weitere wichtige Merkmale auf, nämlich die Monitormethoden und Hotspots:

- Die *Monitormethoden* können jedem Objekt im EWM-Einführungsleitfaden unter **Monitoring • Lagerverwaltungsmonitor • Objektklassenmethoden definieren** zugeordnet werden. Mit diesen Methoden, die eine eigene ABAP-Logik enthalten, können Sie im jeweiligen Kontext bestimmte Funktionen ausführen, z. B., um ausgewählte Lageraufgaben zu bestätigen oder zu stornieren. Ob eine Methode als Drucktaste im Dropdown-Menü oder als reguläre Drucktaste mit oder ohne Text bzw. Symbol dargestellt wird, müssen Sie in der *Methodenpräsentation* definieren. Sie benötigen dazu keine speziellen Dynpro- oder ABAP-List-Viewer-Kenntnisse. Das Framework übernimmt die gesamte Integration und UI-Steuerung für Sie.
- Für bestimmte Objekte gibt es auch die Möglichkeit, Navigationssprünge in die objektspezifischen Transaktionen zu integrieren. Diese Objekte werden dann zu *Hotspots*. Einen Überblick über die Objekte bzw. die verfügbaren Dienste gibt Tabelle 3.1. Sie erkennen Hotspots daran, dass sie im ALV Grid unterstrichen sind (wie z. B. die Lagerplätze in Abbildung 3.1). Über einen Hotspot gelangen Sie von der entsprechenden Servicemethode aus in eine Detailanzeige des entsprechenden Objekts, für den Lagerplatz z. B. in die Transaktion /SCWM/LS03. Neben den bereits vorkonfigurierten Hotspots können Sie bei Bedarf auch eigene Hotspots implementieren. Die notwendigen Einstellungen können Sie im EWM-Einführungsleitfaden unter **Monitoring • Lagerverwaltungsmonitor • Navigation definieren** vornehmen.

Service	Beschreibung
ATTACH	Anlage
BATCH	Charge
BIN	Lagerplatz
CUSTOM	kundenspezifisch
DLV	Lieferung
DOCKEY	Belegschlüssel
GENERIC	generisch
HU	Handling Unit
ILT	indirekte Arbeit

Tabelle 3.1 Verfügbare Services für Hotspots im Lagerverwaltungsmonitor

Service	Beschreibung
MMDOC	Materialbeleg (Embedded EWM)
MMDOCITM	Materialbelegposition
MSGTXT	Langtext
PI	Inventur
PROD	Produkt
PSHU	Plan-Versand-Handling Unit
PSPEC	Packspezifikation
QINSPDOC	Qualitätsprüfbeleg
SLG1	Anwendungsprotokoll
TO	Lageraufgabe
TU	Transporteinheit
URL	URL
VAS	LZL-Auftrag
VEH	Fahrzeug
WAVE	Welle
WO	Lagerauftrag
WORKC	Arbeitsplatz
YARDMOVE	Yard-Bewegung

Tabelle 3.1 Verfügbare Services für Hotspots im Lagerverwaltungsmonitor (Forts.)

Um den Monitor an kundenspezifische Prozesse und Besonderheiten im Lager anpassen zu können, bietet EWM grundsätzlich zwei Optionen an, die sich miteinander kombinieren lassen:

- **Anlegen eines neuen Monitors über das Customizing**
  Mithilfe des Customizings können Sie sehr flexibel und ohne Modifikationen völlig neue Monitore oder auch Varianten des Standardmonitors mit eigenen Knoten und Hierarchien und neuen Funktionen implementieren.
- **Variantenpflege über das Kontextmenü**
  Endanwender*innen können direkt über das Kontextmenü zu jedem Hierarchieknoten einen eigenen *Variantenknoten* anlegen, Layoutvarianten zuordnen oder Knoten komplett ausblenden.

Ein weiteres praktisches Feature der Variantenpflege ist, dass Sie Ihrem eigenen Variantenknoten individuelle Selektionsvarianten zuordnen können. Dazu legen Sie einfach eine persönliche Selektionsvariante für ein Selektionsbild an und ordnen diese dann über die Funktion **Selektionsvariante zuordnen** im Kontextmenü dem Variantenknoten zu (siehe Abbildung 3.3).

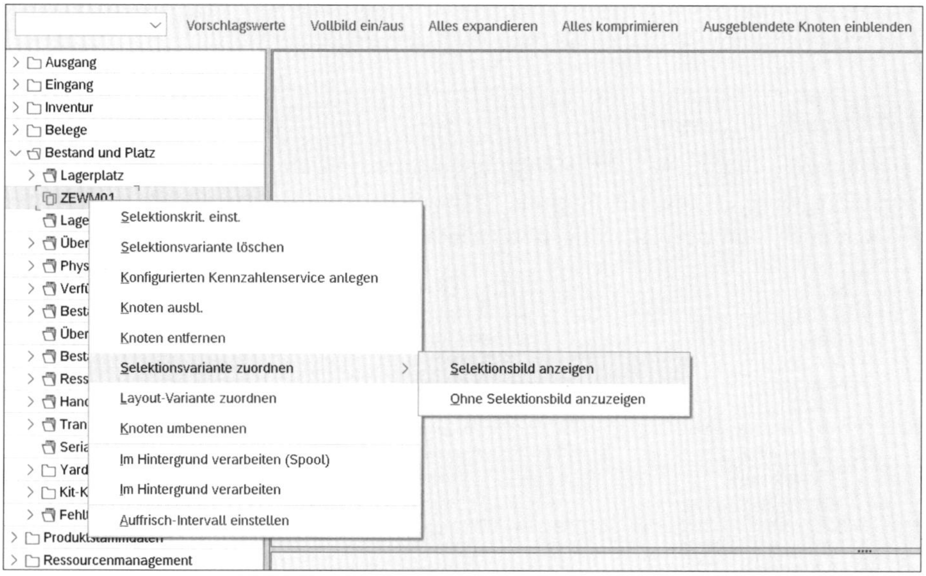

Abbildung 3.3 Variantenknoten konfigurieren

Die Selektion **Ohne Selektionsbild anzuzeigen** bewirkt, dass ein Doppelklick auf diesen Variantenknoten das Selektionsbild überspringt und direkt die Selektion mit der gepflegten Variante und deren Werten startet. Die Option **Mit Selektionsbild einblenden** zeigt anstelle des Standardselektionsbildes Ihr individuelles Selektionsbild mit den jeweils vordefinierten Werten. Darüber hinaus können Sie im Customizing benutzerübergreifende Selektionsvarianten und ALV-Layouts zu einem Monitorknoten pflegen. Sie finden die entsprechenden Einstellungen im EWM-Einführungsleitfaden unter **Monitoring • Lagerverwaltungsmonitor • Knoten definieren** (Ordner **Knoten definieren**). Mit diesem Customizing haben Sie diese Einstellungen allen Benutzenden zur Verfügung gestellt. Sie können über das Transport Management System (TMS) in allen Systemen bereitgestellt werden.

Kontextmenü von Knoten

Für einige Knoten bietet SAP eine Funktion an, mit der Sie direkt über das Kontextmenü konfigurierte Kennzahlenservices anlegen können. Weitere Informationen zu den EWM-Kennzahlenservices erhalten Sie in Abschnitt 3.2, »Easy Graphics Framework und Kennzahlenservices«.

Wir gehen im Folgenden davon aus, dass Sie in Ihrem Projekt einen neuen kundenindividuellen Monitor anlegen wollen. Sie können diesen Vorgang entweder direkt abhängig von der Lagernummer oder unabhängig davon per Wildcard-Logik realisieren. Auch bei der Wildcard-Logik ist Ihr neuer Monitor lagernummernabhängig, wenn er später mit einer bestimmten Lagernummer gestartet wird. Der einmal konfigurierte Monitor kann jedoch ohne lagernummerspezifisches Customizing für mehrere Lagernummern in gleicher Weise wiederverwendet werden.

Monitorbaum anpassen

Verwenden Sie die IMG-Aktivität **Monitorbaum anpassen**, um den Lagerverwaltungsmonitor zu konfigurieren. Mit der einfach zu bedienenden Benutzeroberfläche lassen sich Änderungen und Erweiterungen sehr einfach erledigen (siehe Abbildung 3.4).

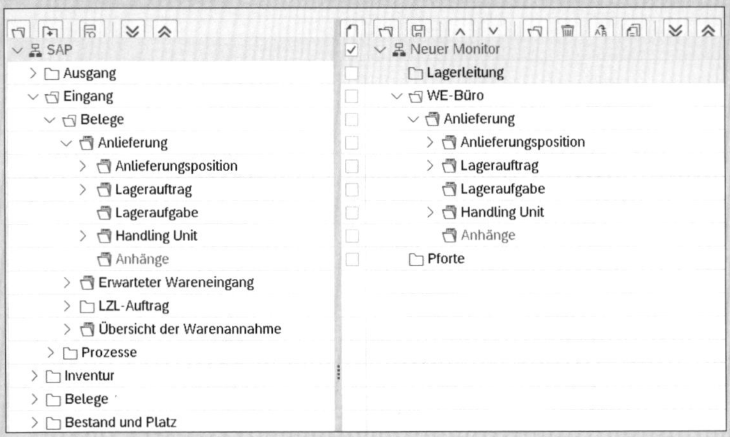

Abbildung 3.4 IMG-Aktivität »Monitorbaum anpassen«

Wenn Sie den Lagerverwaltungsmonitor anpassen, empfehlen wir Ihnen, immer zuerst den Standardmonitor zu kopieren. Sie können diese Aktivität im EWM-Einführungsleitfaden unter **Monitoring • Lagerverwaltungsmonitor • Monitore definieren** durchführen. Geben Sie im Feld **Lagernummer** die Wildcard »****« und im Feld **Monitor** den Wert »SAP« ein, und wählen Sie die Drucktaste **Kopieren als ...** Vergeben Sie einen neuen Namen für den Monitor, und sichern Sie die Änderungen. Der große Vorteil dieser Vorgehensweise ist, dass Sie immer die Möglichkeit haben, auf den Standardmonitor umzuschalten, insbesondere im Produktivsystem.

Sie sollten im Kopierschritt alle Knotenhierarchien übernehmen. Wenn Sie bestimmte Knoten für Ihr Projekt nicht benötigen (z. B. den Knoten **Arbeitsmanagement**), empfehlen wir Ihnen, diese Knoten einfach auszublenden. Wenn sie später benötigt werden, ist es wesentlich einfacher, die ausgeblendeten Knoten wieder einzublenden, als eine komplette Hierarchie neu aufzubauen. Das Ausblenden von Knoten erfolgt ebenfalls in der zuvor genannten Customizing-Aktivität. Setzen Sie das Kennzeichen **Knot. aus.** für die entsprechende Knotenkombination, wie in Abbildung 3.5 gezeigt.

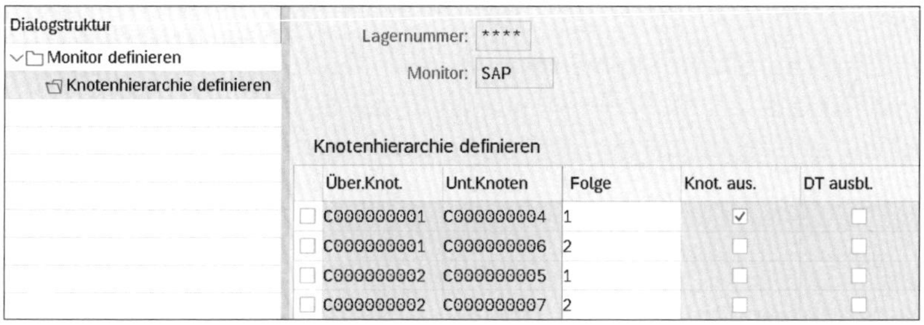

Abbildung 3.5 Pflege der Knotenhierarchie

Wenn Sie einen gewünschten Knoten nicht sofort finden können, können Sie den Benutzerparameter /SCWM/MON_TECH für Ihr Benutzerprofil auswählen und aktivieren, indem Sie seinen Wert auf »X« setzen. Starten Sie danach den Lagerverwaltungsmonitor in einem neuen Modus. Jetzt zeigt das System die technischen Knotennamen anstelle der üblichen Beschreibungen an (siehe Abbildung 3.6).

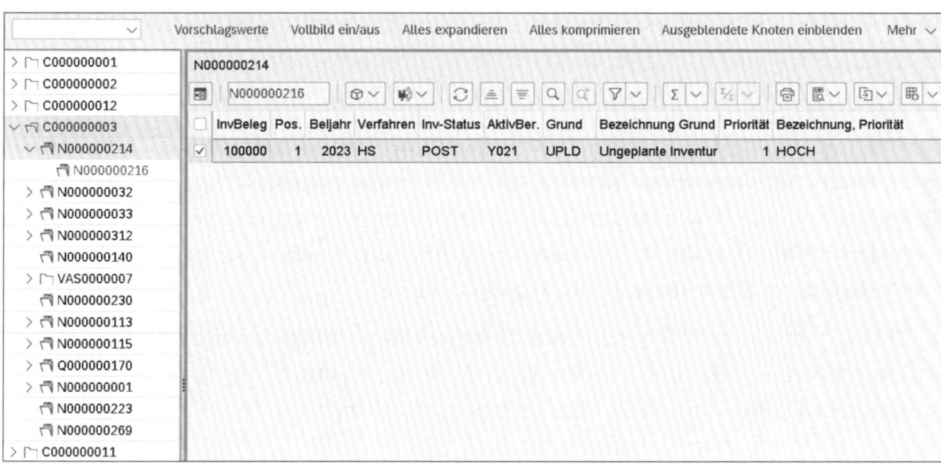

Abbildung 3.6 Knotenhierarchie: technische Bezeichnungen

Sie können die benötigten Informationen finden, wenn Sie zwischen diesen beiden Modi wechseln. Beachten Sie, dass die angezeigten Hauptknoten im Hierarchiebaum alle Subknoten des virtuellen übergeordneten ROOT-Knotens sind. Alle anderen Knotenbeschreibungen können abgeleitet werden.

Für die verschiedenen Tätigkeitsfelder in einem Lager und die daraus resultierenden unterschiedlichen Anforderungen an die Monitorknoten und Funktionen können Sie nun auf diese Weise einen oder mehrere eigene Monitore einstellen.

[+]

Berechtigungen im Monitor

Sie können den Zugriff auf einzelne Knoten eines bestimmten Monitors und deren integrierte Funktionen (z. B. die Monitormethoden) mit der Berechtigungssteuerung auf Benutzerebene einschränken. Verwenden Sie dazu das Berechtigungsobjekt `/SCWM/MO`.

3.1.2 Erweiterungsoptionen

Neben der Möglichkeit, Ihre eigenen Monitore mit einfachen Customizing-Aktivitäten zu konfigurieren, besteht häufig der Bedarf an individuellen Selektionen und Auswertungen. Vielleicht benötigen Sie z. B. Lageraufträge, die auf der Grundlage bestimmter Lageraufgabenattribute auswählbar sind, oder Sie haben Standard-Business-Objekte mithilfe der verfügbaren Erweiterungs-Includes um benutzerdefinierte Felder erweitert und möchten nun diese Business-Objekte auf der Grundlage solcher benutzerdefinierten Felder auswählen. Dazu können Sie eigenen Knoten im entsprechenden Hierarchiekontext definieren. Wie Sie mit Erweiterungs-Includes arbeiten, beschreiben wir in Abschnitt 3.5, »Key-User-Erweiterbarkeit für benutzerdefinierte Felder«.

Um einen eigenen Monitorknoten zu implementieren, benötigen Sie einen Funktionsbaustein, der dem neuen Knoten im Customizing zugeordnet wird. In Abschnitt 4.3.4, »Erweiterung 1V5c: Erweiterung des Lagerverwaltungsmonitors«, zeigen wir an einem konkreten Beispiel, wie eine solche Implementierung aussehen kann und welche Customizing-Schritte dafür notwendig sind.

Für die Deklaration der Übergabeparameter des Funktionsbausteins sollten Sie Standardparameter verwenden. Tabelle 3.2 zeigt, welche Standardparameter zur Verfügung stehen. Damit können Sie alle Optionen ausschöpfen, die das Framework im Bereich des Knotenhierarchiebaumes bietet.

Parameter	Datentyp	Funktion
Import		
IV_LGNUM	/SCWM/LGNUM	Lagernummer
IV_VARIANT (optional)	VARIANT	Selektionsvariante, die optional verwendet werden kann

Tabelle 3.2 Standardparameter für die Definition der Funktionsschnittstelle

Parameter	Datentyp	Funktion
Import		
IV_MODE	/SCWM/DE_MON_FM_MODE	Ausführungsmodus: ■ 1 = normal ■ 2 = ohne Selektionsbild ■ 3 = Ausführung über Selektionsvariante ■ 4 = Auffrischen
IT_DATA_PARENT (optional)	z. B. /SCWM/TT_WO_DET_MON_OUT	Daten vom übergeordneten Elternknoten
Changing		
CT_TAB_RANGE	RSDS_TRANGE	Selektionsoptionen des vorherigen Knotens
CT_FIELDCAT	LVC_T_FCAT	Feldkatalog zur Steuerung des List Viewers
Export		
EV_RETURNCODE	XFELD	Abbruchkennzeichen (durch Benutzer*in)
EV_VARIANT	VARIANT	Selektionsvariante
ET_DATA	z. B. /SCWM/TT_TO_DET_MON_OUT	Selektionsergebnis

Tabelle 3.2 Standardparameter für die Definition der Funktionsschnittstelle (Forts.)

Bei der Implementierung Ihrer eigenen Funktion sollten Sie in jedem Fall folgende Ablaufschritte für die Verarbeitungslogik berücksichtigen:

1. Prüfen, ob die Selektionsvariante verwendet wird
2. Löschen von Dynpro-Elementen
3. Zuordnung von Selektionsoptionen und Parametern zu den Datenbanktabellen und -feldern
4. Füllen der Selektionskriterien gemäß der verwendeten Selektionsvariante, falls vorhanden
5. Im Fall eines Drilldowns Anwendung der Selektionskriterien aus dem übergeordneten Knoten
6. Prüfen, ob der Selektionsbildschirm angezeigt werden soll
7. Übergabe der Selektionskriterien
8. Konvertierung und Anreicherung der Selektionsergebnisse (z. B. um Bezeichnungen), falls erforderlich

Achten Sie besonders auf die Performance Ihres eigenen Monitorknotens. Die meisten Knotenpunkte des Lagerverwaltungsmonitors sind für den operativen Einsatz konzipiert. Das heißt, die Benutzer*innen müssen jederzeit und schnell an die entsprechenden Informationen gelangen können. Deshalb stellt der Monitor verschiedene Knoten zur Verfügung, die jeweils einen eigenen Selektionsschwerpunkt haben. Oft kommt im Projekt die Frage auf: Warum können einzelne Informationen aus mehreren Knoten (z. B. Lageraufgaben und Handling-Unit-Informationen) nicht in einem einzigen Knoten zusammengefasst werden?

Die Erklärung liegt darin, dass bestimmte Suchstrategien und Datenbankzugriffe für den jeweiligen Knotenkontext optimiert angepasst werden. Eine Kombination kann dazu führen, dass diese Optimierungen unterlaufen werden, sodass das Laufzeitverhalten für die Benutzer*innen nicht mehr akzeptabel ist. Darüber hinaus sollten Sie einen weiteren Aspekt berücksichtigen, der sich negativ auf das Laufzeitverhalten auswirken kann: Wenn die Benutzer*innen zu wenige oder gar keine Selektionsbedingungen auswählen, sollten Sie eine Warnung einbauen, damit sie die Möglichkeit haben, die Selektion abzubrechen, bevor eine Datenbanktabelle komplett geladen wird. Zur Orientierung können Sie die Verwendung des Funktionsbausteins `/SCWM/CHK_PARENT_FIELD_SEL` vergleichen.

In der Konzeptions- und Implementierungsphase eines Monitorknotens sollten Sie immer berücksichtigen, dass das Datenvolumen in einer Produktivumgebung sehr viel größer sein wird als in den Entwicklungs- und Testsystemen.

[»]

Weitere Informationen zur Erweiterung des Lagerverwaltungsmonitors

Weitere Informationen zur Erweiterung des Lagerverwaltungsmonitors finden Sie in SAP-Hinweis 1824039 im SAP Support Portal (*http://support.sap.com*). Im Anhang dieses Support-Hinweises finden Sie einen Leitfaden (»How To Add Application Content to the Warehouse Management Monitor«) zur Erweiterung des Lagerverwaltungsmonitors, der neben detaillierten technischen Beschreibungen auch eine Menge wertvoller Beispielcodings enthält. Sie können diesen Leitfaden im Support Content des SAP Help Portals unter *https://help.sap.com/docs/SUPPORT_CONTENT/sewm/* im Ordner **EWM General Information** finden.

3.2 Easy Graphics Framework und Kennzahlenservices

Sie können die Prozesse in Ihrem Lager überwachen und steuern, indem Sie Kennzahlen grafisch durch das *Easy Graphics Framework* (EGF) im *Lagercockpit* (Transaktion /SCWM/EGF) darstellen lassen. Mithilfe großer Flachbildschirme, die z. B. im Wareneingangs- und Warenausgangsbereich des Lagers angebracht sind, können den Lagerist*innen aktuelle Grafiken angezeigt werden, die ihnen z. B. mitteilen, in welchen Lagerbereichen Arbeit ansteht oder überfällig ist. Ein Beispiel dafür, wie ein solcher Bildschirm aussehen könnte, finden Sie weiter unten in Abbildung 3.8.

SAP liefert für das Lagercockpit mit dem EGF und den *Kennzahlenservices* zwei Frameworks aus, die Sie in Ihrem EWM-Projekt verwenden können. Mit mehr als 50 mitgelieferten Kennzahlenservices und 18 verschiedenen Diagrammtypen (vom vertikalen Balken bis zum Tachometer) können viele Kundenanforderungen schon ohne zusätzliche Entwicklung erfüllt werden. Um mehr als eine Kennzahl innerhalb der gleichen Grafik darzustellen oder um z. B. Soll-Werte hinzuzufügen, ist jedoch meist zusätzliche Entwicklung erforderlich. In den folgenden Abschnitten stellen wir zunächst die Grundlagen des EGF vor und zeigen Ihnen dann eine Zusatzentwicklung unter Verwendung dieses Frameworks.

[+]

KPIs für das Lager

EWM in SAP S/4HANA bietet eine interessante Alternative für die grafische Darstellung von Daten: *Lager-KPIs*, auf die über die gleichnamige SAP Fiori App zugegriffen werden kann. EWM stellt viele KPIs und CDS Views standardmäßig zur Verfügung. Wir empfehlen Ihnen, den Umfang der verfügbaren KPI- und CDS Views für EWM in der neuesten Version von SAP S/4HANA im SAP Help Portal zu überprüfen. Sie finden diese Information dort im Abschnitt **Analytics**.

Mit der App **KPIs und Berichte verwalten** können Sie Standard- und benutzerdefinierte CDS Views verwenden, um individuelle KPIs anzulegen. Ein kurzes Beispiel für die Anlage von KPIs finden Sie im Leitfaden »Outbound Delivery Order CDS Query for SAP Smart Business in S/4HANA Cloud«, der im Support Content des SAP Help Portals unter *https://help.sap.com/docs/SUPPORT_CONTENT/sewm/* im Ordner **EWM General Information** verfügbar ist. Abbildung 3.7 zeigt ein Beispiel für Lager-KPIs.

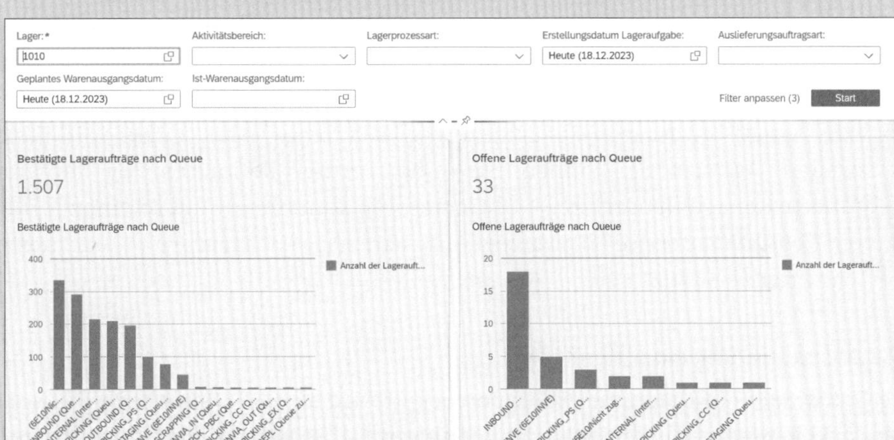

Abbildung 3.7 Beispiel für CDS-basierte Lager-KPIs

3.2.1 Grundlagen

Zunächst möchten wir einige wichtige Begriffe und Komponenten des EGF und des Frameworks für Kennzahlenservices einführen. Kurz gesagt verwenden Sie einen Kennzahlenservice, um den Wert einer Kennzahl zu ermitteln (Teil 1), und das EGF, um die Kennzahl grafisch darzustellen (Teil 2).

Teil 1: Kennzahl mit dem Kennzahlenservice-Framework ermitteln

Im EWM-Einführungsleitfaden finden Sie unter **Monitoring • Kennzahlenservices • Basiskennzahlenservice (BKS) definieren** die von SAP ausgelieferten *Basiskennzahlenservices* (BKS). Beliebte Beispiele sind unter anderem die Anzahl der Auslieferungspositionen und die Anzahl der Lageraufgaben. Ein Basiskennzahlenservice besteht neben seiner Bezeichnung aus zwei Funktionsbausteinen, die im gleichnamigen Framework hinterlegt werden:

- **Funktionsbaustein für das Selektionsbild**
  Der erste Funktionsbaustein definiert das Selektionsbild. Die Nutzer*innen verwenden dieses Bild, um Selektionsparameter einzugeben und Selektionsvarianten zu definieren (wie Sie später in Abbildung 3.11 sehen werden). Dieser Funktionsbaustein gibt als Ergebnis den Variantennamen der Selektionsvariante zurück.
- **Funktionsbaustein zur Ergebnisermittlung**
  Der zweite Funktionsbaustein führt die Datenbankselektion auf Grundlage der Selektionsvariante durch und liefert die resultierende Kennzahl zurück.

Sie können einen Basiskennzahlenservice aus dem Basiskennzahlenservice-Framework mithilfe eines Assistenten zusammenstellen. Die Schritte dieses Assistenten unterstützen Sie dabei, neben einer Selektionsvariante (mit Bezeichnung) (obligatorisch) auch Schwellenwerte (optional) einzugeben. Das Ergebnis des Assistenten ist dann ein neuer *konfigurierter Kennzahlenservice* (KKS). Wenn Sie einen konfigurierten Kennzahlenservice ausführen, gibt das System eine Kennzahl ohne Einheit zurück, z. B. `"Anzahl der dringenden Auslieferungspositionen heute" = 2930`. Mithilfe eines zweiten Assistenten können Sie eine Formel definieren, die mehrere konfigurierte Kennzahlenservices und Operatoren kombiniert und so einen *formelbasierten Kennzahlenservice* (FKS) anlegt, z. B. `"Durchschnittliche Anzahl der Lieferpositionen nach Benutzer" = 2930 ÷ 30 = 97,3`.

Teil 2: Visualisierung einer Kennzahl

Eine Grafik oder ein Diagramm im Lagercockpit wird als *EGF-Objekt* bezeichnet. Ein Lagercockpit besteht aus einem oder mehreren EGF-Objekten. Abbildung 3.8 zeigt das **EGFDemo Cockpit** im Lagercockpit, das vier verschiedene EGF-Objekte beinhaltet.

Jede Kennzahl, die von einem konfigurierten Kennzahlenservice oder einem formelbasierten Kennzahlenservice ermittelt wird, kann im Lagercockpit mit einem der folgenden Diagrammtypen angezeigt werden: Ampel, Tachometer, Säule, Balken oder Zeitreihe.

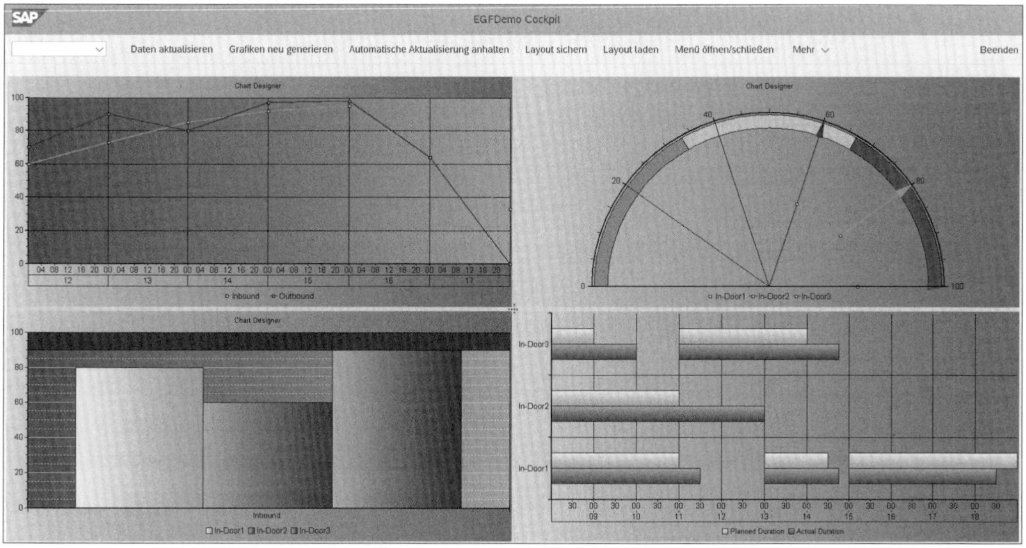

Abbildung 3.8 EGF-Democockpit

Es gibt auch EGF-Objekte, die nicht auf einem konfigurierten Kennzahlenservice basieren. Für die Überwachung eines Materialflusssystems steht beispielsweise das EGF-Objekt **Status MFS Ressource** zur Verfügung, das eine Ampel anzeigt. Die Zahlen für dieses EGF-Objekt werden durch eine individuelle Datenbankselektion bestimmt.

Im Lagercockpit in Transaktion WHS_COCKPIT finden Sie vordefinierte EGF-Objekte. Wenn ein Benutzer dieses Cockpit startet, ruft das Framework die Servicemethoden des zugeordneten *EGF-Objektdienstleisters* auf, um die Kennzahlen zu ermitteln und anzuzeigen. Für ein EGF-Objekt, das auf einem konfigurierten oder formelbasierten Kennzahlenservice basiert, wird die Methode `GET_DATA` der Klasse `/SCWM/CL_EG_SP_MS` aufgerufen, um den Wert zu ermitteln und ein darstellungsunabhängiges *Chart-Objekt* mit der Klasse `/SCWM/CL_EGF_CHART_DATA` zu erzeugen. Dieses Chart-Objekt wird vom Framework in einen der 18 verfügbaren Chart-Typen des *Internet Graphics Service* umgewandelt.

Mit der Methode `GET_DATA` fragt das Framework nach *Kategorien* und *Serien* eines Chart-Objekts. Würden Sie eine Tabelle verwenden (siehe Tabelle 3.3), entsprächen die Kategorien den Spalten und die Serien den Zeilen.

	Kategorie A	Kategorie B	Kategorie C
Serie 1	Wert 1,1	Wert 1,2	Wert 1,3
Serie 2	Wert 2,1	Wert 2,2	Wert 2,3

Tabelle 3.3 Kategorien und Serien für das Diagrammobjekt

3.2.2 Kundenspezifische Entwicklung: Basiskennzahlenservice

Liegt in einem Projekt eine der folgenden Voraussetzungen vor, sollte ein neuer Basiskennzahlenservice entwickelt werden:

- Der Service soll für verschiedene Kennzahlen wiederverwendbar sein.
- Die Benutzer*innen sollen die Möglichkeit haben, die Kennzahl mit vordefinierten Selektionsparametern zu beeinflussen.

Wenn keine dieser Voraussetzungen gegeben ist, können Sie eine individuelle Datenbankselektion verwenden, indem Sie die Methode `GET_DATA` des EGF einsetzen (siehe Abschnitt 3.2.4, »Kundenspezifische Entwicklung: EGF-Objekt-Dienstleister«).

Als Entwickler*in können Sie mit geringem Aufwand einen einfachen Kennzahlenservice für viele der im Lagerverwaltungsmonitor verfügbaren Kennzahlen anlegen. In unserem Beispiel werden wir einen Basiskennzahlenservice für die Anzahl von Wellenpositionen entwickeln. Dieser Basiskennzahlenservice kann dann für mehrere Kennzahlen verwendet werden, wie z. B. für die benötigte Anzahl von Mitarbeitenden, die für die Kommissionierung innerhalb des Arbeitsmanagements benötigt werden, oder für ein Übersichtsdiagramm zur Kommissionierung von Wellen im Lagercockpit.

Die Kennzahl »Anzahl Wellenpositionen« können Sie im Lagerverwaltungsmonitor finden, wenn Sie die Werte der Spalte **AnzPos** (Anzahl der Positionen) im Monitorknoten **Belege • Welle** über die Treffermenge summieren (siehe Abbildung 3.9).

Wenn Sie die Kennzahl im Monitor finden, können Sie die bestehende Selektion für den Basiskennzahlenservice wiederverwenden. Entspricht die Monitorselektion jedoch nicht den Performanceanforderungen des Projekts, muss eine neue Datenbankselektion entwickelt werden. Ein Vorteil der Wiederverwendung der Monitorselektion ist jedoch, dass Sie die Details des Datenbankmodells nicht kennen müssen.

Zur Entwicklung eines Basiskennzahlenservice sind die folgenden Schritte erforderlich:

1. Legen Sie in Transaktion SE80 (ABAP Workbench) eine neue Funktionsgruppe an, z. B. `ZBKS_WAVE_KPI`.
2. Legen Sie innerhalb der neuen Funktionsgruppe einen Funktionsbaustein für das Selektionsbild an, z. B. `Z_BKS_WAVE_SELSCREEN` (siehe Listing 3.1).

3. Legen Sie innerhalb der neuen Funktionsgruppe einen Funktionsbaustein für die Wertermittlung an, z. B. Z_WAVE_KPI_1 (siehe Listing 3.2).
4. Definieren Sie den neuen Basiskennzahlenservice im Einführungsleitfaden des Basiskennzahlenservice-Frameworks.
5. Legen Sie einen konfigurierten Kennzahlenservice auf der Grundlage des Basiskennzahlenservice an.

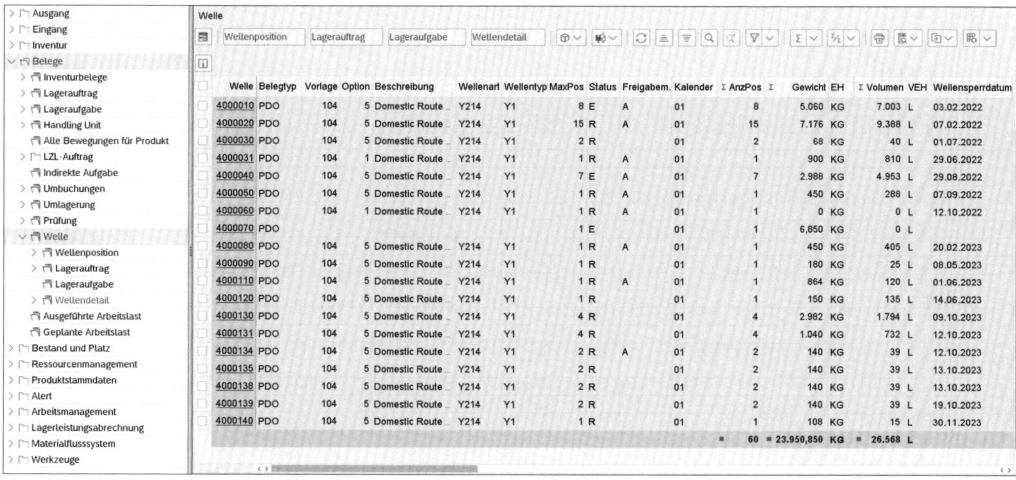

Abbildung 3.9 Kennzahlen KPI 1: Anzahl der Wellenposten

Der Funktionsbaustein für das Selektionsbild in Schritt 2 (z. B. Z_BKS_WAVE_SELSCREEN) muss genau die angegebene Schnittstelle haben, sonst kann er später vom Framework und vom Assistenten nicht dynamisch gerufen werden. Sie können entweder ein neues Selektionsbild innerhalb des Funktionsbausteins programmieren oder einfach das Selektionsbild nutzen, das im Lagerverwaltungsmonitor verwendet wird. Wenn Sie sich für Letzteres entscheiden, haben Sie den Vorteil, die Selektion und das Ergebnis im Monitor testen zu können.

```
FUNCTION z_bks_wave_selscreen.
*"----------------------------------------------------------------
*"*"Local Interface:
*"  IMPORTING
*"     REFERENCE(IV_DYNNR) TYPE  DYNNR
*"  CHANGING
*"     REFERENCE(CV_VARIANT) TYPE  VARIANT
*"----------------------------------------------------------------
  DATA: lv_lgnum TYPE /scwm/lgnum.
  "Provide the hidden WH field for the WH MON screens
  GET PARAMETER ID '/SCWM/LGN' FIELD lv_lgnum.
```

```
  CALL FUNCTION '/SCWM/WAVEHDR_MON'
    EXPORTING
      iv_lgnum   = lv_lgnum
      iv_variant = cv_variant
    IMPORTING
      ev_variant = cv_variant.
  "Return current variant
  cv_variant = sy-slset.

ENDFUNCTION.
```

Listing 3.1 Funktionsbaustein für das Selektionsbild des neuen Basiskennzahlenservice

Auch der Funktionsbaustein für die Wertermittlung in Schritt 3 (z. B. Z_WAVE_KPI_1; siehe Listing 3.2) benötigt eine vordefinierte Schnittstelle, um sicherzustellen, dass sowohl das Framework als auch der Assistent ihn dynamisch rufen können. In unserem Beispiel wird die Monitorabfrage wiederverwendet. Dazu haben wir uns den Funktionsbaustein /SCWM/WAVEHDR_O_MON des entsprechenden Knotenprofils P0000179 in der IMG-Aktivität **Monitoring • Lagerverwaltungsmonitor • Knoten definieren** zunutze gemacht.

```
FUNCTION z_wave_kpi_1.
*"--------------------------------------------------------------
*"*"Local Interface:
*"  IMPORTING
*"     REFERENCE(IV_LGNUM)   TYPE  /SCWM/LGNUM
*"     REFERENCE(IV_VARIANT) TYPE  VARIANT
*"     REFERENCE(IV_REPID)   TYPE  /SCWM/DE_MS_REPID
*"  EXPORTING
*"     REFERENCE(EV_RESULT)  TYPE  /SCWM/DE_MS_RESULT
*"     REFERENCE(EV_UNIT)    TYPE  /SCWM/DE_UNIT
*"  EXCEPTIONS
*"      ERROR
*"--------------------------------------------------------------

  DATA: lt_data TYPE /scwm/tt_wavehdr_det_mon_out,
        lv_rc   TYPE sysubrc.

  "1.Check the existence of the variant
  CALL FUNCTION 'RS_VARIANT_EXISTS'
    EXPORTING
      report  = iv_repid
      variant = iv_variant
```

```
    IMPORTING
      r_c      = lv_rc
    EXCEPTIONS
      OTHERS   = 99.
  IF lv_rc NE 0 OR sy-subrc NE 0.
    RAISE error.
  ENDIF.
  "2.Call the monitor selection with selscreen IV_Variant
  CALL FUNCTION '/SCWM/WAVEHDR_O_MON'
    EXPORTING
      iv_lgnum       = iv_lgnum
      iv_variant     = iv_variant
      iv_mode        = '2'
    IMPORTING
      et_data        = lt_data
    EXCEPTIONS
      error_message = 99.
  IF sy-subrc NE 0.
    RAISE error.
  ENDIF.
  "3.Summarize the number of items in the wave
  LOOP AT lt_data ASSIGNING FIELD-SYMBOL(<ls_data>).
    ev_result = ev_result + <ls_data>-noitm.
  ENDLOOP.

ENDFUNCTION.
```

Listing 3.2 Funktionsbaustein für die Werteermittlung des neuen Basiskennzahlenservice

Um Schritt 4 auszuführen, wählen Sie die IMG-Aktivität **Monitoring • Kennzahlenservices • Basiskennzahlenservice (BKS) definieren**. Legen Sie einen neuen Eintrag an (z. B. ZWV1), und tragen Sie die Namen der Funktionsbausteine aus Schritt 2 und 3 ein (siehe Abbildung 3.10). In den Feldern **Report-ID** und **Selektionsbild** müssen Sie den Programmnamen und die Nummer des Selektionsbildes angeben, in dem sich das Coding befindet. Da wir hier die Codierung aus dem Monitor wiederverwenden, geben wir die folgenden Werte ein: /SCWM/SAPLWIP_WAVE und 0100. Als **BKS-Gruppe** können Sie entweder eine bereits vorhandene Gruppe wählen (z. B. »08« für die Gruppe **Verschiedenes**) oder in der vorangehenden IMG-Aktivität eine neue Gruppe definieren.

Um die Schritte abzuschließen, passen Sie den neuen Basiskennzahlenservice mithilfe des Assistenten an. Sie haben dabei zwei Optionen:

- Legen Sie einen lokalen konfigurierten Kennzahlenservice mit der Transaktion /SCWM/TLR_WIZARD (konfigurierter Kennzahlenservice mit Assistent) aus dem SAP-Menü an.
- Legen Sie einen konfigurierten Kennzahlenservice an, der unter Verwendung der IMG-Aktivität **Monitoring • Kennzahlenservices • Konfigurierter Kennzahlenservice mit Assistent** in Folgesysteme transportiert werden kann.

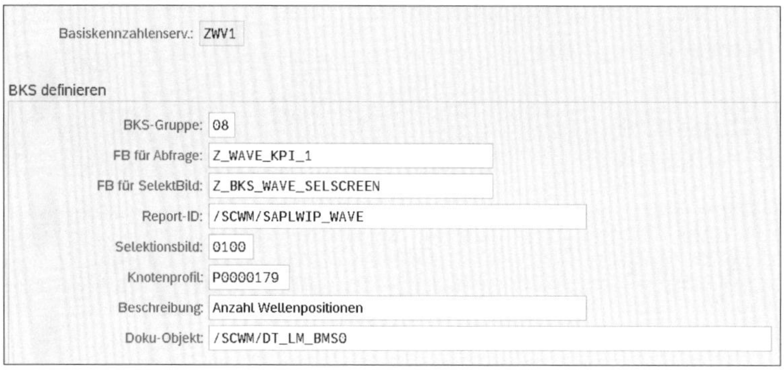

Abbildung 3.10 Neuen Basiskennzahlenservice im Einführungsleitfaden definieren

In beiden Fällen unterstützt Sie der Assistent in sieben Schritten dabei, einen neuen konfigurierten Kennzahlenservice anzulegen. Zuerst geben Sie einen Namen (z. B. WV01) und die Lagernummer ein. Dann wählen Sie Ihren neuen Basiskennzahlenservice aus (z. B. ZWV1), den Sie in der Gruppe 08 (**Verschiedenes**) finden. Im Schritt **Variante auswählen** können Sie Selektionsvarianten anlegen oder bearbeiten und damit den Funktionsbaustein Z_BKS_WAVE_SELSCREEN aus Schritt 2 testen. In unserem Beispiel geben Sie das aktuelle Datum ein und wählen Wellenpositionen im Zeitfenster von 8:00 bis 10:00 Uhr aus, wie in Abbildung 3.11 dargestellt.

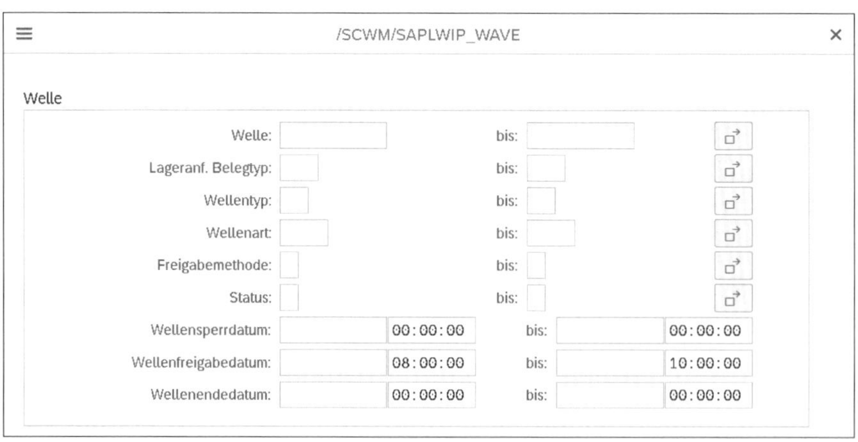

Abbildung 3.11 Selektionsvariante mit Datum und Uhrzeit der Wellenfreigabe

Der Assistent nimmt alle notwendigen Einstellungen für das EGF-Objekt des konfigurierten Kennzahlenservice (z. B. _<LGNUM>WV01T) vor, wie in Abbildung 3.12 gezeigt.

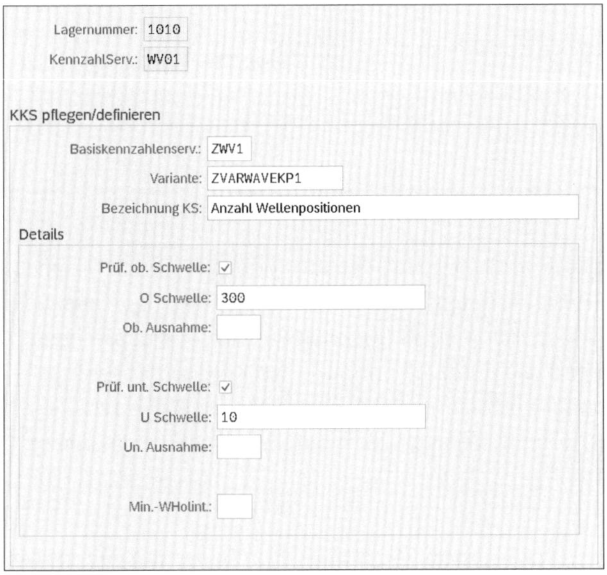

Abbildung 3.12 Definition des konfigurierten Kennzahlenservice WV01

Sie können für den konfigurierten Kennzahlenservice nun ein Diagramm im Lagercockpit anzeigen (siehe Abbildung 3.13).

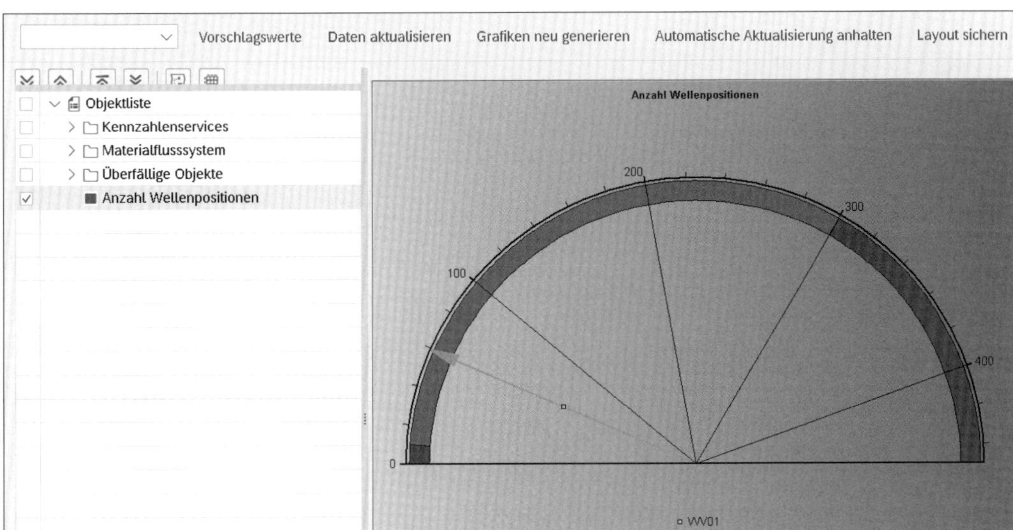

Abbildung 3.13 Ergebnis als Tachometer im Lagercockpit

Wenn Sie den Assistenten nicht verwenden möchten, müssen Sie die Einstellungen in den folgenden IMG-Aktivitäten (Transaktionscodes in Klammern) manuell vornehmen:

- **Konfigurierten Kennzahlenservice definieren** (/SCWM/MS_TLR_A)
- **Objekte definieren** (/SCWM/EGF_OBJECT)
- **Cockpits definieren** (/SCWM/EGF_COCKPIT)

Kennzahlenserie

Wiederholen Sie den letzten Schritt und legen Sie auch die konfigurierten Kennzahlenservices WV02, WV03 und WV04 an, indem Sie das Zeitintervall auf dem Selektionsbildschirm auf 10–12 Uhr, 12–14 Uhr und 14–18 Uhr einstellen (bzw. entsprechend wichtige Zeitfenster in Ihrem Lager). Mit den vier konfigurierten Kennzahlenservices/Kennzahlen können Sie die Übung in Abschnitt 3.2.4, »Kundenspezifische Entwicklung: EGF-Objekt-Dienstleister«, durchführen, bei der mehrere Kennzahlen in einem Diagramm dargestellt werden.

Starten Sie nun das Lagercockpit (Transaktion /SCWM/EGF) mit der ausgelieferten EGF-Implementierung `WHS_COCKPIT` und Ihrer Lagernummer. Fügen Sie über die Schaltfläche **Ausgeblendete Objekte einblenden** das EGF-Objekt `<LGNUM>WV01T` in die Objektliste ein. Klicken Sie doppelt auf das neue Objekt, und das System zeigt das Diagramm für die Kennzahl an. Das System wählt den Chart-Typ **Zeitreihe**, aber über das Kontextmenü können Sie den Chart-Typ z. B. auf **Tachometer** (Wert **012**) ändern (siehe Abbildung 3.14).

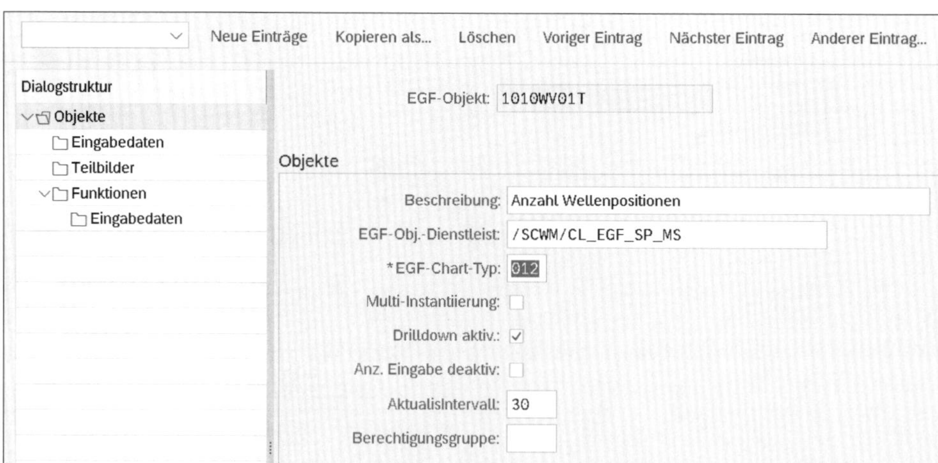

Abbildung 3.14 EGF-Chart-Typ auf »Tachometer« ändern

Klicken Sie auf **Layout sichern**, um zu vermeiden, dass Sie die Kennzahl bei jedem Start der Transaktion wieder einblenden und aktivieren müssen. Das in Abbildung 3.15 gezeigte Pop-up-Fenster erscheint, und Sie können es als Standardlayout festlegen und das aktuelle Layout einschließlich der Eingabedaten speichern.

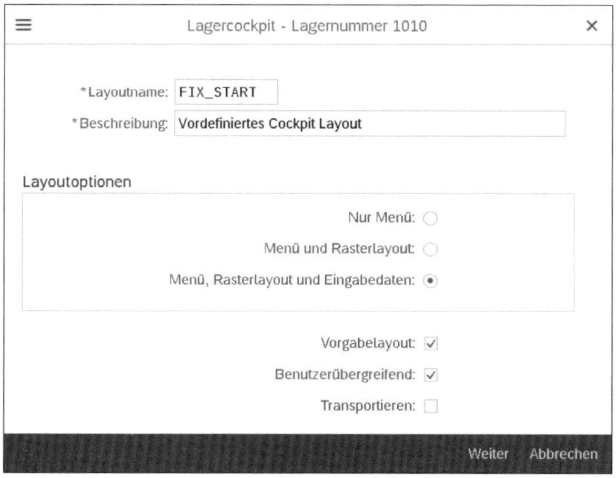

Abbildung 3.15 Layout für Lagercockpit speichern

Der Assistent setzt den Chart-Typ für einen Kennzahlenservice automatisch auf **Zeitreihe** (Wert **011**). Um dies nachträglich zu ändern, führen Sie die Transaktion /SCWM/EGF_OBJECT aus und hinterlegen Sie den Wert **012** (Tachometer).

3.2.3 Diagrammvorlage anpassen

Sie können das Aussehen der Diagrammvorlage für ein EGF-Objekt ohne Coding verbessern. Die Optik des Lagercockpits kann attraktiver gestaltet werden, indem Farben, Schriftarten und Ähnliches geändert werden.

Starten Sie dazu die Transaktion /SCWM/EGF_CHART (Chart-Vorlage bearbeiten). Über den Menüpunkt **Chart-Vorlage • Aus Datenbank laden** können Sie z. B. den Chart-Typ 012 (Tachometer) laden. In einem ersten Schritt speichern Sie Ihre eigene Vorlage speziell für Ihr EGF-Objekt aus Abschnitt 3.2.2, »Kundenspezifische Entwicklung: Basiskennzahlenservice«. Verwenden Sie die Schaltfläche **Wert** ❶ aus dem Menü (siehe Abbildung 3.16), um den aktuellen Ergebniswert Ihres EGF-Objekts zu laden. Wechseln Sie in den Änderungsmodus, indem Sie im Menü die Schaltfläche **Vorlage ändern** ❷ wählen. Nun können Sie in den globalen Einstellungen die Hintergrundfarbe oder die Breite und Farbe der Tachonadel ändern. Sie können auch die Beschreibungen ändern oder einige Beschriftungen hinzufügen.

Wenn Sie fertig sind, speichern Sie die Chart-Vorlage erneut; mit der Option **Benutzerübergreifend** können Sie Ihre Änderungen für alle Benutzer sichtbar machen.

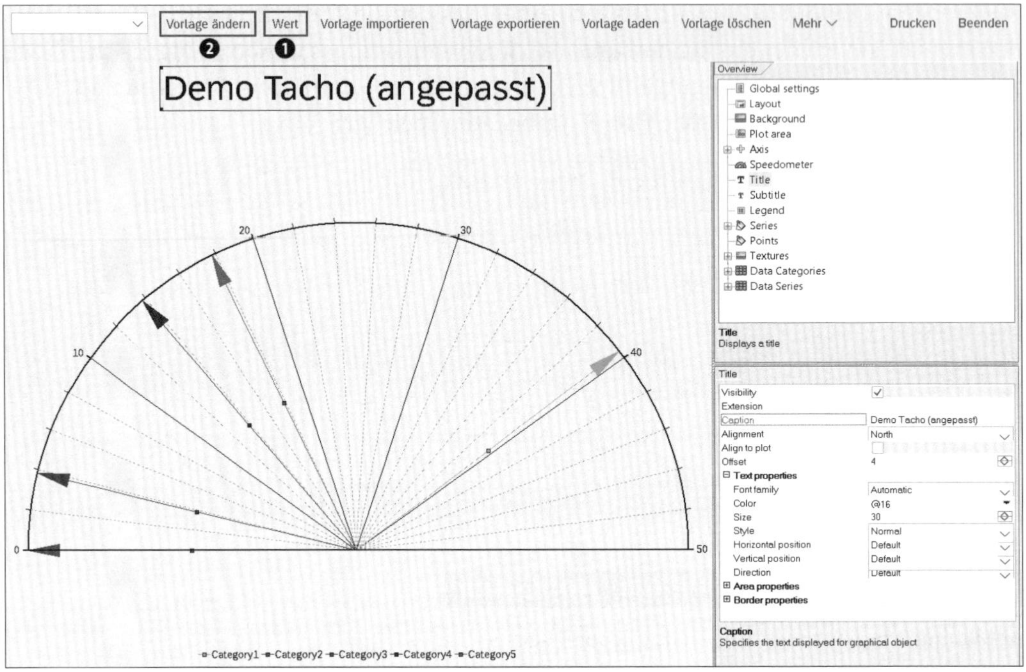

Abbildung 3.16 Chart-Vorlage für Ihr EGF-Objekt anpassen

3.2.4 Kundenspezifische Entwicklung: EGF-Objekt-Dienstleister

Im EWM-Standard haben Sie mehrere EGF-Objekt-Dienstleister zur Verfügung, die das Coding enthalten, um z. B. Kennzahlen des Materialflusssystems, konfigurierte Kennzahlenservices und überfällige Lagerobjekte anzuzeigen. In Transaktion SE24 (Class Builder) finden Sie die vollständige Liste der Standarddienstleister als Klassen, die das Interface /SCWM/IF_EGF_SP des EGF-Objekt-Dienstleisters implementieren.

Da das Lagercockpit ein Framework ist, ermöglicht es Ihnen, recht einfach Ihre eigenen EGF-Objekt-Dienstleister und Ihre eigenen EGF-Objekte zu entwickeln. Um ein neues EGF-Objekt einschließlich eines neuen Dienstleisters zu entwickeln, sind die folgenden Schritte erforderlich:

1. **Spezifikation**
   Auf Grundlage der Anforderung legen Sie fest, welche Kennzahl auf welche Weise angezeigt werden soll.
2. **Design**
   Welche Benutzereingaben sind für die Auswertung der Kennzahl erforderlich? Entweder ist keine Eingabe erforderlich, oder Sie lassen den Benutzer Optionen eingeben (z. B. Lagernummer). Sie müssen außerdem entscheiden, ob Sie eine ge-

nerische Dienstleisterklasse entwickeln und diese für mehrere EGF-Objekte verwenden wollen.

3. **Realisierung**
   Legen Sie eine neue Klasse (z. B. `ZCL_EGF_SP_TMS`) in Transaktion SE24 an, die das Interface `/SCWM/IF_EGF_SP` implementieren muss. In unserem Beispiel werden wir die Methode `GET_DATA` implementieren.
4. **Konfiguration**
   Legen Sie im SAP-Menü oder im Einführungsleitfaden ein neues EGF-Objekt an. Ordnen Sie den Chart-Typ, die Eingabeparameter und den EGF-Objekt-Dienstleister zu. Anschließend fügen Sie das neue EGF-Objekt einem Lagercockpit hinzu.
5. **Feinabstimmung**
   Passen Sie Farben, Linien und Überschriften für Ihr neues EGF-Objekt an (siehe Abschnitt 3.2.3, »Diagrammvorlage anpassen«).

In den nächsten Abschnitten zeigen wir Ihnen, wie Sie all diese Schritte durchführen können.

Spezifikation

Gemeinsam mit dem Fachbereich legen Sie die neue Kennzahl fest und bestimmen, wie sie angezeigt werden soll. In unserem Beispiel für die tägliche Überwachung der Wellenpositionen möchten wir die tatsächliche Anzahl der Wellenpositionen für mehrere Zeitintervalle in einem Diagramm anzeigen (**Ist**). Darüber hinaus möchten wir innerhalb desselben Diagramms auch die erwartete Anzahl der Wellenpositionen (**Soll**) anzeigen. Sie können z. B. ein Microsoft-Excel-Diagramm als Vorlage für die Anzeige verwenden (siehe Abbildung 3.17).

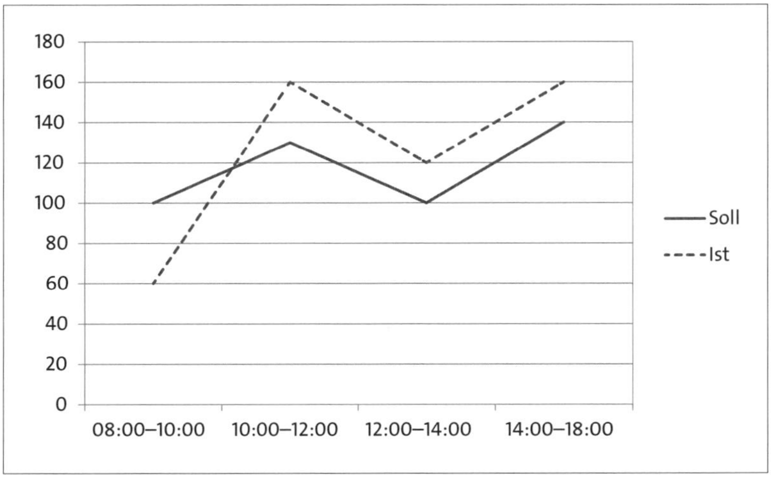

Abbildung 3.17 Im Lagercockpit anzuzeigende Diagrammvorlage

Design

In unserem Beispiel werden wir zwei Benutzereingaben zulassen: die Lagernummer und die auf die Wellenpositionen zugeschnittenen Kennzahlenservices (z. B. WV01, WV02, WV03 und WV04) aus Abschnitt 3.2.2, »Kundenspezifische Entwicklung: Basiskennzahlenservice«.

In einer neuen Datenbanktabelle ZEGF_MS_TARGET tragen Sie die Soll-Werte für die konfigurierten Kennzahlenservices WV01–WV04 ein. Starten Sie dazu Transaktion SE11 (ABAP Dictionary) und legen Sie die Felder an, die in Tabelle 3.4 beschrieben werden. Vergessen Sie nicht, die Tabelle zu aktivieren.

Feld	Datenelement	Schlüssel	Prüftabelle oder Suchhilfe
CLIENT	MANDT	ja	keine
LGNUM	/SCWM/LGNUM	ja	/SCWM/T300
MEAS_SERV	/SCWM/DE_MS	ja	/SCWM/SH_MS_TLR
VALUE	/SCWM/DE_EGF_VALUE	nein	keine

Tabelle 3.4 Felder von Tabelle ZEGF_MS_TARGET

Anschließend generieren Sie mit Transaktion SE55 (Tabellenpflegegenerator) einen Pflege-View.

In Transaktion SM30 (Tabellensicht-Pflege) starten Sie Ihren Pflege-View und geben die Zielwerte für die Schlüssel WV01 bis WV04 ein, z. B. 70, 150, 90 und 12.

Realisierung

Beim Anlegen des neuen EGF-Objekt-Dienstleisters ZCL_EGF_SP_TMS weisen Sie in Transaktion SE24 (Class Builder) das Interface /SCWM/IF_EGF_SP zu und implementieren die Methode GET_DATA wie in Listing 3.3 gezeigt.

```
METHOD /scwm/if_egf_sp~get_data.
  DATA: lv_label      TYPE /scwm/de_egf_label,
        ls_title      TYPE /scwm/s_egf_chart_title,
        ls_subtitle   TYPE /scwm/s_egf_chart_title.

  BREAK-POINT ID zewmdevbook_324.

  "1. Get user-input: get warehouse number
  ASSIGN it_object_input[ tablename = '/SCWM/S_MS_RESULT_SEL_UI' ]
    TO FIELD-SYMBOL(<ls_selection>).
  IF sy-subrc IS NOT INITIAL.
```

```
    RETURN.
  ENDIF.
  ASSIGN <ls_selection>-frange_t[ fieldname = /scwm/if_ui_pl_c=>sc_field_
                                                                lgnum ]
    TO FIELD-SYMBOL(<ls_frange_t_read>).
  IF sy-subrc IS NOT INITIAL
  OR <ls_frange_t_read> IS INITIAL.
    RETURN.
  ENDIF.
  DATA(ls_selopt) = VALUE rsdsselopt( <ls_frange_t_read>-selopt_t[ 1 ] ).
  DATA(ls_tms)    = VALUE /scwm/s_ex_ms_result( lgnum = ls_selopt-low ).
  IF ls_tms-lgnum IS INITIAL.
    RETURN.
  ENDIF.
  "2. Get user-input: table of Measurement Services
  ASSIGN <ls_selection>-frange_t[ fieldname = 'TMS' ]
    TO <ls_frange_t_read>.
  IF sy-subrc IS NOT INITIAL.
    RETURN.
  ENDIF.
  "3. Set the labels for the two Series: Actual and Target
  DATA(ls_data_result) = VALUE /scwm/s_egf_point_general(
                label = 'Actual Values'
                id    = 'ACTUAL' ).
  DATA(ls_data_target) = VALUE /scwm/s_egf_point_general(
                label = 'Target Values'
                id    = 'TARGET' ).
  eo_chart_data = NEW /scwm/cl_egf_chart_data( ).
  "4. For each Meas. Serv., create values in the 2 Series
  LOOP AT <ls_frange_t_read>-selopt_t INTO ls_selopt.
    CLEAR: ls_tms-meas_serv, ls_tms-ms_result.
    ls_tms-meas_serv = ls_selopt-low.
    "5. Get description of Measurement Service for category
    SELECT SINGLE meas_serv_txt
      FROM  /scwm/tms_text
      INTO  lv_label
      WHERE langu = sy-langu
      AND   lgnum = ls_tms-lgnum
      AND   meas_serv = ls_tms-meas_serv
      AND  ms_type = 'T'. "tailored ms
    eo_chart_data->add_category(
      EXPORTING
        iv_category = lv_label ).
```

```
    "6. Get result of the meas. service (= ACTUAL Series)
    CALL FUNCTION '/SCWM/MS_EVALUATE'
      EXPORTING
        iv_lgnum     = ls_tms-lgnum
        iv_meas_serv = ls_tms-meas_serv
        iv_ms_type   = 'T'
        iv_update_db = abap_false
        iv_alert     = abap_true
      IMPORTING
        ev_result    = ls_tms-ms_result.
    ls_data_result-value = ls_tms-ms_result.
    eo_chart_data->add_series_general(
      EXPORTING
        iv_label = ls_data_result-label
        is_point = ls_data_result
        iv_id    = ls_data_result-id ).
    "7. Get target value from a Z-Database (= Target Series)
    SELECT SINGLE value
      FROM zegf_ms_target
      INTO ls_data_target-value
      WHERE lgnum     = ls_tms-lgnum
      AND   meas_serv = ls_tms-meas_serv.
    IF sy-subrc IS INITIAL.
      eo_chart_data->add_series_general(
        EXPORTING
          iv_label = ls_data_target-label
          is_point = ls_data_target
          iv_id    = ls_data_target-id ).
    ENDIF.
  ENDLOOP.
ENDMETHOD.
```

Listing 3.3 GET_DATA-Methode der neuen Serviceklasse

Die Methode GET_DATA bewirkt Folgendes:

- In den Codingabschnitten "1 und "2 wird die Benutzereingabe (Lagernummer und konfigurierter Kennzahlenservice) vom Importparameter übernommen. Diese generische Einstellung ermöglicht es Ihnen, diese Klasse für mehrere konfigurierte Kennzahlenservices zu verwenden, nicht nur für die Wellenpositionskennzahlen.
- In Codingabschnitt "3 definieren wir zwei Serien (Ist und Soll bzw. ACTUAL und TARGET).
- In den Codingabschnitten "4 und "5 werden alle konfigurierten Kennzahlenservices durchlaufen und jeweils als Kategorie in das Chart übertragen.

- In den Codingabschnitten "6 und "7 ermitteln wir für jede Kategorie zwei Werte: den Ist-Wert aus dem konfigurierten Kennzahlenservice und den Soll-Wert aus der Z-Tabelle.

Konfiguration

Zur Konfiguration des EGF-Objekts für das tägliche Monitoring der Verteilung der Wellenpositionen gehen Sie wie folgt vor:

1. Legen Sie in Transaktion /SCWM/EGF_OBJECT (Kennzahlenservice im Lagercockpit definieren) einen neuen Eintrag mit den folgenden Eigenschaften an:
   - **Name**: `_ZWAVE02`
   - **Beschreibung**: Wellen Tagesverteilung
   - **EGF-Objekt-Dienstleister**: `ZCL_EGF_SP_TMS` (aus dem vorherigen Schritt)
   - **EGF-Chart-Typ**: 004 (Säulen)
   - **Multi-Instanziierung**: ja
   - **Aktualisierungsintervall**: 30 Minuten
2. Nachdem Sie den neuen Eintrag gespeichert haben, wählen Sie den Ordner **Eingabedaten** und erstellen zwei neue Einträge (siehe Abbildung 3.18):
   - Eintrag für die Lagernummer:
     - **Tabellenname**: `/SCWM/S_MS_RESULT_SEL_UI`
     - **Feldname**: `LGNUM`
     - **ReihFlg.**: 1
     - **Mehrfachw.**: nein
     - **Von-Wert** (Mussfeld): ja
     - **Titel**: ja
     - **Param.-ID**: `/SCWM/LGN`
   - Eintrag für ein oder mehrere konfigurierte Kennzahlenservices:
     - **Tabellenname**: `/SCWM/S_MS_RESULT_SEL_UI`
     - **Feldname**: `TMS`
     - **ReihFlg.**: 2
     - **Mehrfachw.**: ja
     - **Von-Wert** (Mussfeld): ja

     Titel: nein

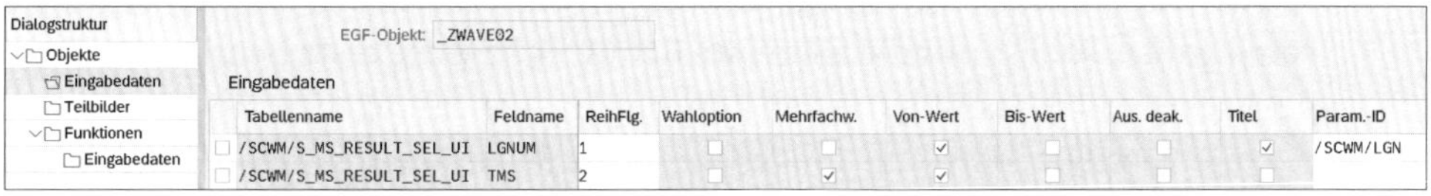

Tabellenname	Feldname	ReihFlg.	Wahloption	Mehrfachw.	Von-Wert	Bis-Wert	Aus. deak.	Titel	Param.-ID
/SCWM/S_MS_RESULT_SEL_UI	LGNUM	1	☐	☐	☑	☐	☐	☑	/SCWM/LGN
/SCWM/S_MS_RESULT_SEL_UI	TMS	2	☐	☑	☑	☐	☐	☐	

Abbildung 3.18 Konfiguration der Eingabedaten

Mit diesen beiden neuen Einträgen geben Sie den Benutzer*innen die Möglichkeit, beim Start des Kennzahlenservice Selektionskriterien einzugeben (wie in Abbildung 3.20 zu sehen). Das EGF generiert das Selektionsbild-Pop-up auf Grundlage dieser Definition.

3. Wählen Sie nun den Ordner **Teilbilder** und listen Sie alle zulässigen Chart-Typen auf: 001 (Gestapelte Linien), 002 (Profile), 003 (Balken), 004 (Säulen), 008 (Ring), und 009 (Unterteilter Kreis). Somit haben die Benutzer*innen die Möglichkeit, die Anzeige der Kennzahl zu ändern. Beachten Sie, dass Sie nur Chart-Typen auflisten sollten, die von der Dienstleisterklasse unterstützt werden.
4. Als letzten Schritt ordnen Sie Ihr neues EGF-Objekt `_ZWAVE02` in der Transaktion /SCWM/EGF_COCKPIT einem Cockpit zu (z. B. `ZWAVE_COCKPIT`). Zur Feinabstimmung können Sie in Ihrem EGF-Objekt den Titel »Anzahl Wellenpositionen« hinzufügen oder die Zielwerte als Linie statt als Balken anzeigen.

Nun können Sie das neue Objekt im Lagercockpit testen. Abbildung 3.19 zeigt die Ausgabe des EGF-Objekts.

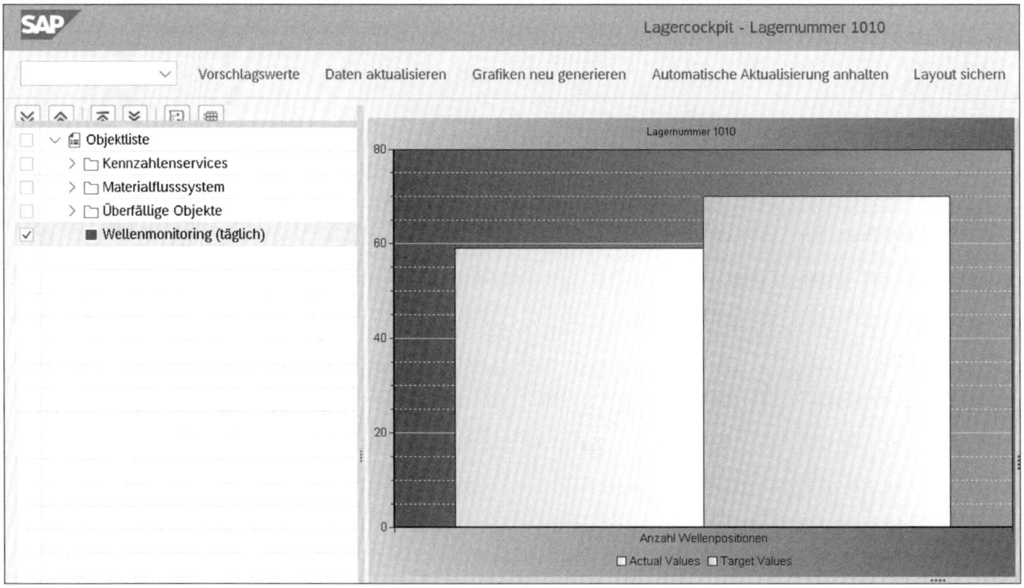

Abbildung 3.19 Neue EGF-Objektergebnisse für den konfigurierten Kennzahlenservice WV01

Das Layout speichert die Anzeige des EGF-Objekts (z. B. den Chart-Typ) und die Benutzereingaben, sodass nur die allererste Benutzer bzw. die erste Benutzerin die Namen des Lagers und des konfigurierten Kennzahlenservice eingeben muss. Bei Bedarf können die Benutzer*innen die Eingaben für die Selektionskriterien zu einem späteren Zeitpunkt über das Kontextmenü ändern (siehe Abbildung 3.20).

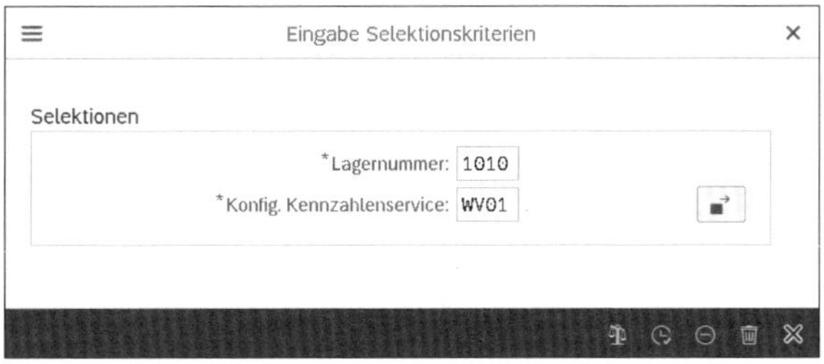

Abbildung 3.20 Selektionskriterien für EGF-Objekte (generiertes Pop-up-Fenster)

3.3 Radio Frequency Framework

In vielen EWM-Projekten ist eine neue oder erweiterte RF-Transaktion erforderlich, um Anforderungen an optimierte Arbeitsabläufe und Benutzerinteraktionen zu erfüllen. In diesem Abschnitt erfahren Sie unter anderem, wie Sie das RF-Framework nutzen können, um eine neue RF-Transaktion zu entwickeln.

RF-Transaktionen sind einfache, hochspezialisierte Benutzeroberflächen. Während Lagerarbeiter*innen eine physische Aufgabe im Lager ausführen (z. B. eine Palette von einem Hochregal in die Warenausgangszone bewegen), verwenden sie ein mobiles Gerät, um die Aufgabe im System angezeigt zu bekommen und nach Erledigung zu bestätigen. Neben einem solchen mobilen Gerät, das in der Regel aus einem Bildschirm mit einer kleinen Tastatur besteht, kann auch ein Headset mit Mikrofon verwendet werden (Pick-by-Voice). Die RF-Benutzeroberfläche gibt den Benutzer*innen kleinschrittige und präzise Informationen vor, um sicherzustellen, dass sie die physische Aufgabe Schritt für Schritt ausführen können.

SAP liefert eine Sammlung von mehr als 80 RF-Transaktionen aus, die unverändert oder als Vorlage verwendet werden können. Eine RF-Transaktion wird im RF-Framework entwickelt und gepflegt und kann nicht eigenständig wie eine klassische SAP-Transaktion ausgeführt werden. Daher lautet ihre vollständige Bezeichnung *logische RF-Transaktion*. RF-Transaktionen werden in der *RF-Laufzeitumgebung* ausgeführt (Transaktion /SCWM/RFUI).

Durch die Entwicklung von Funktionsbausteinen und die Pflege von Customizing-Einträgen können Sie dem RF-Framework kundenspezifische RF-Transaktionen hinzufügen. Das RF-Framework unterstützt die Entwicklerteams bei der strikten Trennung von Benutzeroberfläche und Geschäftslogik. In einem typischen EWM-Projekt werden mindestens zwei Arten von RF-Geräten verwendet: ein Handheld-Gerät mit einem kleinen Bildschirm und ein Gabelstaplergerät mit einem großen Bildschirm. Dieselbe RF-Transaktion kann auf beiden Geräten mit derselben Geschäftslogik (die in Funktionsbausteinen erfasst ist), aber mit unterschiedlichen Anzeigevarianten (kleiner Bildschirm und großer Bildschirm) ausgeführt werden.

Neben der Möglichkeit, das RF-Framework für die Entwicklung eigener RF-Transaktionen zu nutzen, bietet es auch die folgenden Funktionen:

- ein Generierungsprogramm, um alle Standardbildschirme an eine neue Bildschirmgröße anzupassen
- einen Assistenten zum Kopieren und Anpassen einzelner Bildschirme
- Customizing zur Definition von Transaktionsmenüs für verschiedene Benutzergruppen

Eine RF-Transaktion kann im SAP GUI oder in einem Webbrowser über ITSmobile ausgeführt werden.

[+]

Technische Dokumentation zum RF-Framework und SAP Screen Personas

Wir laden Sie ein, den Leitfaden »Radio Frequency« (früher bekannt als »RF Cookbook«) zu lesen. Für weitere technische Informationen steht außerdem der Leitfaden »SAP Screen Personas for Mobile RF Devices in Extended Warehouse Management in SAP S/4HANA« zur Verfügung. Mit SAP Screen Personas lässt sich ein SAP-Fiori-ähnliches, leicht anpassbares Design erreichen, ohne ITSmobile verwenden zu müssen. Sie finden beide Leitfäden in der Liste der verfügbaren EWM-How-to-Guides im Support Content des SAP Help Portals unter *https://help.sap.com/docs/SUPPORT_CONTENT/sewm/* im Ordner **EWM General Information**.

Alle in den folgenden Abschnitten referenzierten IMG-Aktivitäten finden Sie über den Pfad **Mobile Datenerfassung • Radio Frequency (RF) Framework**. Wir werden nun jede der erforderlichen Customizing-Aktivitäten, die das RF-Framework bietet, im Detail durchgehen und ihre Parameter und Konfigurationsoptionen erläutern.

3.3.1 Grundlagen

In diesem Abschnitt definieren wir die wichtigsten Begriffe rund um das RF-Framework. Wir geben dabei jeweils Beispiele, wie diese Begriffe/Definitionen in einem Projekt angewendet werden können:

- **Anzeigeprofil**

  Das Anzeigeprofil legt die Größe des Bildschirms (in der Regel über die Anzahl der Zeilen und Spalten) und die Anzahl der Schaltflächen fest. Das Anzeigeprofil ** wird von SAP ausgeliefert und kann für RF-Geräte mit einer Größe von 8 Zeilen und 40 Spalten verwendet werden. Es zeigt vier Schaltflächen an.

  Typische Verwendung in einem Projekt: In einem Projekt gibt es in der Regel zwei Arten von Bildschirmen: auf Gabelstaplern montierte Bildschirme (z. B. 8 Zeilen und 40 Spalten) und Handhelds mit kleinen Bildschirmen (z. B. 30 Zeilen und 12 Spalten).

- **Anwendung**
  Die Anwendung ist die organisatorische Einheit des RF-Frameworks. Ursprünglich wurde das Framework mit der Möglichkeit entwickelt, es auch anderen Anwendungen als EWM nutzbar zu machen. EWM-RF-Transaktionen verwenden die Anwendung 01.

  Typische Verwendung in einem Projekt: Verwenden Sie für Ihre neuen EWM-RF-Transaktionen immer den Wert 01.

- **Darstellungsprofil**
  Mit dem Darstellungsprofil können Sie lagerspezifische Logik in einer RF-Transaktion abbilden. Sie verknüpfen jedes Lager mit genau einem Darstellungsprofil, aber Sie können das gleiche Darstellungsprofil in mehreren Lagern verwenden. Das Darstellungsprofil ist ein Schlüssel in vielen Customizing-Tabellen des Frameworks. Während der Laufzeit versucht das Framework zunächst, darstellungsprofilspezifische Einträge zu finden. Wenn keine Einträge gefunden werden, werden Einträge mit **** verwendet, was das Standarddarstellungsprofil ist.

  Typische Verwendung in einem Projekt: Als Faustregel gilt, dass es für jedes Lager ein Darstellungsprofil geben sollte.

- **Personalisierungsprofil**
  Ein Personalisierungsprofil legt für eine Benutzergruppe fest, welche RF-Transaktionen verfügbar und in welcher Menüstruktur diese Transaktionen aufgeführt sind. Pro Darstellungsprofil können Sie ein oder mehrere Personalisierungsprofile definieren. Im EWM-Einführungsleitfaden pflegen Sie die Personalisierungsprofile mit dem *RF-Menümanager*. Im SAP-Menü des EWM ordnen Sie das Personalisierungsprofil dann unter **Stammdaten • Ressourcenmanagement • Benutzer pflegen** (Transaktion /SCWM/USER) einem Benutzer zu. Mit dem Personalisierungsprofil können Sie auch die Anzahl der zu verifizierenden Felder auf einem Bild beeinflussen; so müssen Anfänger*innen beispielsweise bei der Kommissionierung den Lagerplatz und die Menge bestätigen, während fortgeschrittene Benutzer*innen dies nur für den Lagerplatz tun müssen.

  Typische Verwendung in einem Projekt: Anstelle des Standardpersonalisierungsprofils ** (mit mehr als 80 RF-Transaktionen in einer dreistufigen Menühierarchie) sollten Sie ein Mastermenü anlegen, das nur die RF-Transaktionen enthält, die in Ihrem Lager verwendet werden. Weitere Personalisierungsprofile (z. B. O1 für den Warenausgang und R1 für den Wareneingang) können dann zusätzlich eingerichtet werden, um sicherzustellen, dass spezielle Benutzergruppen nur auf die von ihnen benötigten RF-Transaktionen Zugriff haben und diese in einem schlanken Menü schnell erreichen können.

- **RF-Umgebung**
  Mit Transaktion /SCWM/RFUI starten Sie die RF-Laufzeitumgebung im SAP GUI (siehe Abbildung 3.21). Der erste Bildschirm ist der Anmeldebildschirm ❶, auf dem

Sie das Lager, die Ressource und das Endgerät angeben. Das zweite Bild ist das Hauptmenü ❷, von dem aus Sie weitere Untermenüs oder RF-Transaktionen ❸ aufrufen können. Jede RF-Transaktion kann aus einem oder mehreren Bildern bestehen.

Typische Verwendung in einem Projekt: In den frühen Phasen des Projekts verwenden Sie die SAP-GUI-Transaktion /SCWM/RFUI, um die RF-Transaktionen zu entwickeln und zu testen. Später wechseln Sie für den operativen Betrieb zu ITSmobile.

Abbildung 3.21 Ablauf in der RF-Umgebung: Bildschirmgröße 8 × 40

- **(Logische) RF-Transaktion**
  Eine RF-Transaktion ist ein Benutzerdialog, der in der RF-Umgebung läuft. Jede RF-Transaktion wird über das RF-Menü gestartet und besteht normalerweise aus einem oder mehreren Bildern.

  Typische Verwendung in einem Projekt: In einem Projekt werden die neuen logischen RF-Transaktionen im Z*-Namensraum angelegt. Eine leicht verständlich aufgebaute RF-Transaktion hat in der Regel ein oder zwei Bilder, maximal vier.

- **Schritt**
  Eine RF-Transaktion kombiniert einen oder mehrere Schritte. Normalerweise besteht ein Schritt aus einem Bildschirm, mehreren Funktionscodes und mehreren Funktionsbausteinen (wie Sie in Abbildung 3.24 sehen werden).

  Typische Verwendung in einem Projekt: Sie legen zunächst die Schritte und Bilder Ihrer neuen RF-Transaktion fest und verknüpfen dann die Bildschirme mit Funktionscodes. Es ist auch üblich, Standard-RF-Transaktionen so zu erweitern, dass bestimmte Schritte übersprungen oder automatisch verarbeitet werden.

- **Validierungsprofil**
  Das Validierungsprofil ist Teil einer RF-Transaktion. Es listet alle Felder für einen Schritt/Bildschirm auf, bei denen eine Validierung sinnvoll ist. Ein Beispiel ist das Feld **Lagerplatz**, das den Benutzer*innen normalerweise zuerst angezeigt wird. Um sicherzustellen, dass sie zum richtigen Lagerplatz gehen, um die Lageraufgabe auszuführen, richten Sie ein Verifizierungsfeld ein, und das System fordert die Benutzer*innen auf, den Barcode des Lagerplatzes zu scannen, bevor sie den Schritt bestätigen.

Hinweis: In der IMG-Aktivität **Mobile Datenerfassung • Verifizierungssteuerung** können Sie steuern, welche Validierungsfelder in welchem Kontext obligatorisch sind.

Typische Verwendung in einem Projekt: Für jedes Feld auf Ihrem Bildschirm, in dem die Benutzer*innen einen Barcode scannen können (z. B. Produkt, Lagerplatz, Handling Unit), richten Sie normalerweise ein Validierungsfeld ein.

- **Anwendungsparameter**
  Ein Anwendungsparameter kann eine ABAP-Tabelle oder Struktur sein. Die Anwendungsparameter und ihre Daten werden innerhalb einer RF-Transaktion vom Framework an die Funktionsbausteine weitergegeben. Das Framework aktualisiert die Anwendungsparameter mit den Werten, die die Benutzer*innen auf dem Bildschirm eingegeben haben, und zeigt die Werte der Anwendungsparameter an, nachdem sie in einem Funktionsbaustein geändert wurden.

  Typische Verwendung in einem Projekt: Fassen Sie alle in Ihrer RF-Transaktion benötigten Anzeigefelder in einer Struktur (z. B. `ZZS_RF1`) im ABAP Dictionary zusammen. Definieren Sie dann einen Anwendungsparameter `ZSRF1` für diese Struktur. Anschließend können Sie diesen Parameter in den Schnittstellen Ihrer Funktionsbausteine verwenden.

- **Funktionscode**
  Ein Funktionscode kann bis zu 6 Zeichen lang sein. Jede Schaltfläche auf dem RF-Bildschirm kann mit einem Funktionscode verknüpft werden (siehe Abbildung 3.22); z. B. ist die Schaltfläche **F1 Ende** mit dem Funktionscode `COMPLT` und der Funktionstaste [F1] verknüpft. Wenn ein Benutzer diese Schaltfläche oder die Funktionstaste [F1] verwendet, übersetzt das System dies in den Funktionscode und übergibt diesen Code an die Anwendung.

  Nicht jeder Funktionscode wird den Benutzer*innen über eine Schaltfläche angeboten, da dies auf kleinen Bildschirmen zu viel Platz beanspruchen würde. Daher werden die häufigsten Funktionscodes (und Funktionstasten) für alle RF-Transaktionen nicht als Schaltflächen in den Standard-RF-Transaktionen angezeigt:

  - [F7] (`BACKF`): Mit dieser Funktionstaste können Sie einen Schritt zurückgehen.
  - [F6] (`CLEAR`): Mit dieser Funktionstaste löschen Sie den Wert des aktuellen Eingabefeldes.
  - [F6] und [F6] (`CLEAR ALL`): Mit zweimaligem Drücken der Funktionstaste werden alle Eingabefelder des aktuellen Bildschirms gelöscht.
  - [F5] (`MORE`): Die Benutzer*innen können sich die Schaltflächen der zweiten Funktionscodegruppe ansehen.
  - [F9] (`FULLMS`): Die Benutzer*innen können den vollständigen Meldungstext anzeigen, falls das System eine Fehler- oder Erfolgsmeldung ausgibt.

– F8 (LIST): Wenn für ein Feld eine Wertehilfe angegeben ist, werden mit dieser Funktionstaste alle zulässigen Werte angezeigt.

Typische Verwendung in einem Projekt: Nutzen Sie die genannten häufigen Funktionscodes in Ihren eigenen RF-Transaktion, um sicherzustellen, dass die Benutzer*innen in allen RF-Transaktionen dasselbe Systemverhalten erleben.

- **Funktionscodegruppe**
  Da Sie nur eine begrenzte Anzahl von Schaltflächen (z. B. vier) auf einem Bildschirm anzeigen können, erlaubt das Framework die Verwendung von zwei Funktionscodegruppen. So definieren die Funktionstasten F1, F2, F3 und F4 die Gruppe 01 (❶ in Abbildung 3.22), die den Benutzer*innen standardmäßig angezeigt wird. Wenn die Benutzer*innen die Funktionstaste F5 (MORE) nutzen, zeigt das Framework die Schaltflächen/Funktionstasten der Gruppe 02 ❷ an. Die Funktionstaste F5 wird durch eine kleine Schaltfläche mit Pfeilsymbol (>) angezeigt (wie in Abbildung 3.22 markiert).

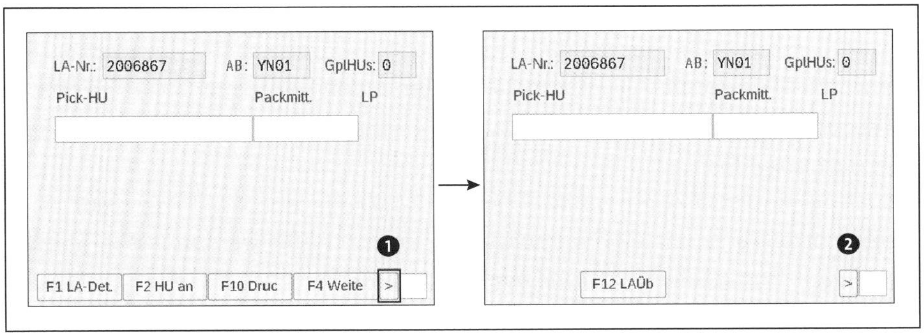

Abbildung 3.22 Bildschirm mit zwei Funktionscodegruppen

  Typische Verwendung in einem Projekt: Da viele Funktionen auf einem Bildschirm normalerweise die Komplexität erhöhen, sollten Sie versuchen, nur eine Funktionscodegruppe zu verwenden. In vielen Standard-RF-Transaktionen können Sie das Kennzeichen **Deaktivieren** verwenden, um Schaltflächen zu reduzieren und die Anzahl der Funktionen gering zu halten.

- **Datenerfassung**
  Dieses Feld wurde für die Pick-by-Voice-Anwendung eingeführt. Das RF-Framework kann auch für Sprachanwendungen verwendet werden. Bei einer Sprachanwendung verfügen die Benutzer*innen nicht über ein RF-Gerät mit einem Display, sondern arbeiten mit einem Headset und einem Mikrofon. Alle Informationen auf einem sehr einfachen RF-Bildschirm werden ihnen vorgelesen, und die Benutzereingabe erfolgt ausschließlich über die Sprache.
  Typische Verwendung in einem Kundenprojekt: Verwenden Sie den Standardwert initial (**Allgemeine Datenerfassung**), wenn Sie ein Handheld-Gerät einrichten. Für Sprachgeräte verwenden Sie den Wert 1 (**Spracherkennung**).

Um das RF-Framework vollständig zu verstehen, empfehlen wir die Verwendung von zwei Checkpoint-Gruppen:

- /SCWM/RF_FRAME_STEP (Schrittablauf)
- /SCWM/RF_FRAME_VERIF (Verifizierungsprofil)

Während des Testens können Sie sich die technischen Bezeichner eines Dynpros in einer RF-Transaktion anzeigen lassen, indem Sie die Tastenkombination [Strg] + [⇧] + [F1] verwenden oder den Benutzerparameter /SCWM/RF_TECH_TITLE setzen.

Da Sie nun mit den grundlegenden Definitionen vertraut sind, können wir in den folgenden Abschnitten eine neue RF-Transaktion anlegen. So haben Sie die Möglichkeit, die Funktionen des RF-Frameworks kennenzulernen und sie in einem einfachen Beispiel anzuwenden.

BAdIs können umfangreiches RF-Customizing überflüssig machen

In SAP S/4HANA 2021 wurde der neue Erweiterungsspot /SCWM/ES_RF_CUST eingeführt, der eine Reihe von BAdIs enthält, die darauf abzielen, potenziell umfangreiches RF-Customizing zu vermeiden. Wenn Sie Ihr eigenes Customizing in das RF-Framework integrieren möchten, um den Schrittablauf, das Funktionscodeprofil oder die RF-Subscreen-Bestimmung zu steuern, oder wenn Sie die gleiche RF-Transaktion mit anderen Standardwerten oder Feldsteuerungen verwenden möchten, ohne Customizing hinzufügen oder kopieren zu müssen, empfehlen wir Ihnen, die im Erweiterungsspot enthaltenen BAdIs zu prüfen. Weitere Details finden Sie im BAdI und in der Interface-Dokumentation der enthaltenen BAdI-Definitionen.

3.3.2 Radio Frequency Framework und Web-Dynpro-ABAP-Transaktionen

Bei Nutzung des RF-Frameworks verwenden Sie als Entwickler*in nicht die klassische Programmierlogik der Web-Dynpro-ABAP-Ereignisse PBO (Process before Output) und PAI (Process after Input). Das Framework richtet vielmehr den SAP-GUI-Status mit den Funktionscodes ein, die im Einführungsleitfaden für die RF-Transaktion definiert wurden. Es sucht in den EWM-Einführungsleitfaden-Tabellen nach dem Bildschirm, der angezeigt wird und danach, welcher Funktionsbaustein für welchen Funktionscode oder welches Prüffeld aufgerufen werden soll (siehe Abbildung 3.23).

Sie entwickeln die Subscreens und die Funktionsbausteine in einer neuen benutzerdefinierten Funktionsgruppe. Für jeden Schritt legen Sie folgende Objekte an:

- einen Subscreen
- einen oder mehrere Funktionsbausteine (in der Regel einen für PBO und mehrere für PAI)
- das Customizing für den Schrittablauf im RF-Framework

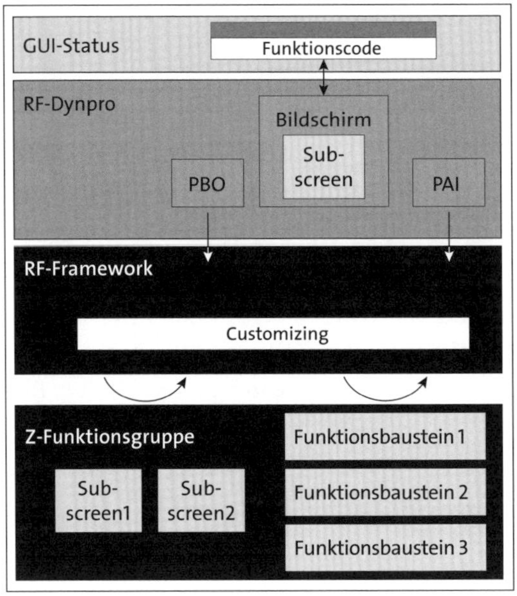

Abbildung 3.23 Ermittlung von Subscreens, PAI und PBO über das Customizing des RF-Frameworks

Bevor Sie die Customizing-Einträge im RF-Framework manuell anlegen, ist es hilfreich, ein Ablaufdiagramm mit den Bildern, Funktionscodes und Funktionsbausteinen zu erstellen. Das Ablaufdiagramm in Abbildung 3.24 zeigt, dass das Framework für den Funktionscode `INIT` den Funktionsbaustein `ZPBO_1` aufruft, bevor der Bildschirm `ZB1` angezeigt wird. Im Funktionsbaustein `ZPBO_1` fügen wir Logik hinzu, um die Werte des Bildschirms `ZB1` zu löschen bzw. vorzubelegen. Auf dem Bildschirm `ZB1` haben die Benutzer*innen zwei anwendungsspezifische Funktionscodes zur Verfügung: `ENTER` und `ZF1`. Bei der Benutzereingabe [↵] ruft das Framework den Funktionsbaustein `ZPAI_E1` auf, um z. B. eine Kontextvalidierung der Benutzereingabe durchzuführen. Wenn der Benutzer oder die Benutzerin die Transaktion abschließen möchte, verwendet er oder sie den Funktionscode `ZF1`. Der Funktionsbaustein `ZPAI_ZF1` wird aufgerufen und implementiert die Logik zur Speicherung der vom Benutzer oder der Benutzerin eingegebenen Anwendungsdaten.

Sie können die vordefinierten Funktionscodes `INIT` und `ENTER` verwenden. Wenn Sie weitere Funktionscodes benötigen, können Sie im Framework neue definieren, z. B. `ZF1`, und diese mit Funktionstasten verknüpfen. Da nicht jedes mobile Gerät alle Funktionstasten ([F1] bis [F12]) anbietet, sollten Sie vor dem Einrichten einer Funktionstaste zunächst die verwendete Hardware daraufhin prüfen.

Abbildung 3.25 zeigt die notwendigen Customizing-Einträge, die für den Schrittablauf der beispielhaften RF-Transaktion erforderlich sind, die wir in Abschnitt 3.3.6, »Realisierung der neuen RF-Transaktion im System«, aufbauen werden.

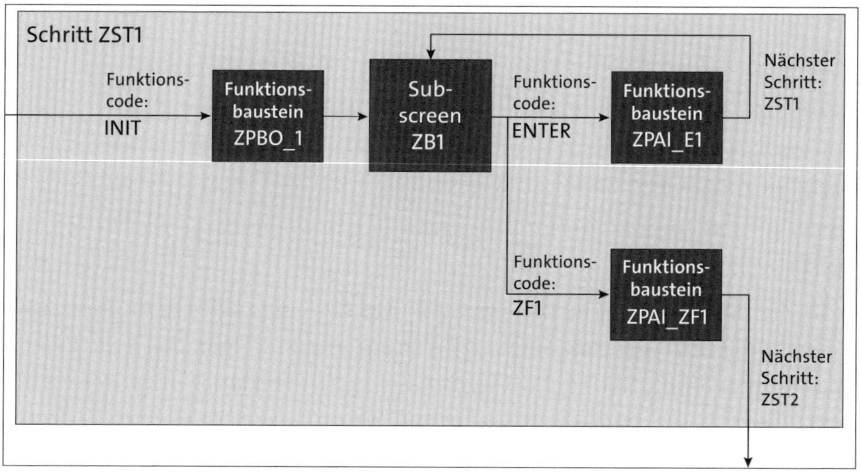

Abbildung 3.24 Ablaufdiagramm für einen Schritt in einer RF-Transaktion

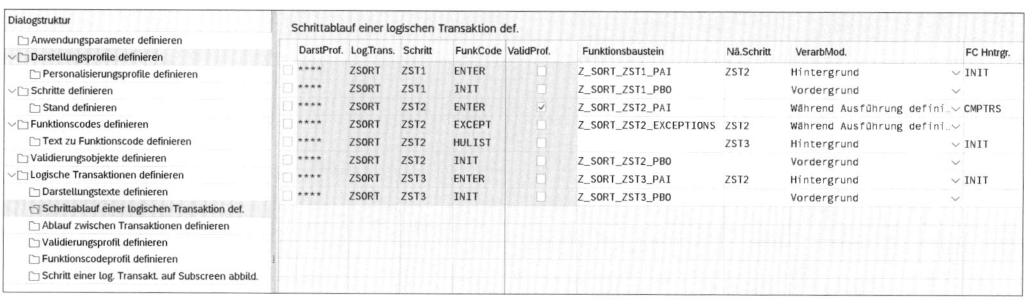

Abbildung 3.25 Erforderliche Customizing-Einträge für Schritt ZST1 aus dem Ablaufdiagramm

Außerdem müssen Sie im Ordner **Schritt einer log. Transakt. auf Subscreen abbild.** den Subscreen ZB1 für den Schritt ZST1 pflegen. Für jede RF-Transaktion (z. B. ZBOOK1) müssen Sie einen Initialschritt definieren, in diesem Fall ZST1.

3.3.3 Neues Anzeigeprofil anlegen

Sobald Sie wissen, welche RF-Hardware in Ihrem Projekt verwendet wird, können Sie damit beginnen, die Bildschirme an die Anzeigegröße der Hardware anzupassen. In unserem Beispiel werden wir die Bildschirme auf eine Anzeigegröße mit 12 Zeilen und 20 Spalten umstellen.

Dies erfolgt in drei Schritten:

1. Sie erzeugen ein neues Anzeigeprofil im Einführungsleitfaden.
2. Sie passen gegebenenfalls das Layout der neuen Dynpros manuell im Screen Painter (Transaktion SE51) an.

3. Sie legen einen neuen Eintrag für das Endgerät an und ordnen ihm das Anzeigeprofil zu.

Im Folgenden wird beschrieben, wie Sie diese drei Schritte durchführen.

Neues Anzeigeprofil generieren

Um ein neues Anzeigeprofil im Einführungsleitfaden anzulegen, müssen Sie wie folgt vorgehen:

1. Starten Sie die IMG-Aktivität **RF Bildmanager**. Auf der Registerkarte **Anzeigeprofil** geben Sie im Feld **Anzeigeprofil** den Wert »**« ein und betätigen dann die Drucktaste **Profil übernehmen**. In dem Pop-up-Fenster geben Sie den Namen des neuen Anzeigeprofils (z. B. »H1«) und die Bildschirmgröße ein: in diesem Beispiel »12« für die **Bildhöhe** und »20« für die **Bildbreite** (siehe Abbildung 3.26). Auch die Breite des Menüs (**Lng Menüeintrag**) muss gekürzt werden, z. B. auf den Wert »20«.

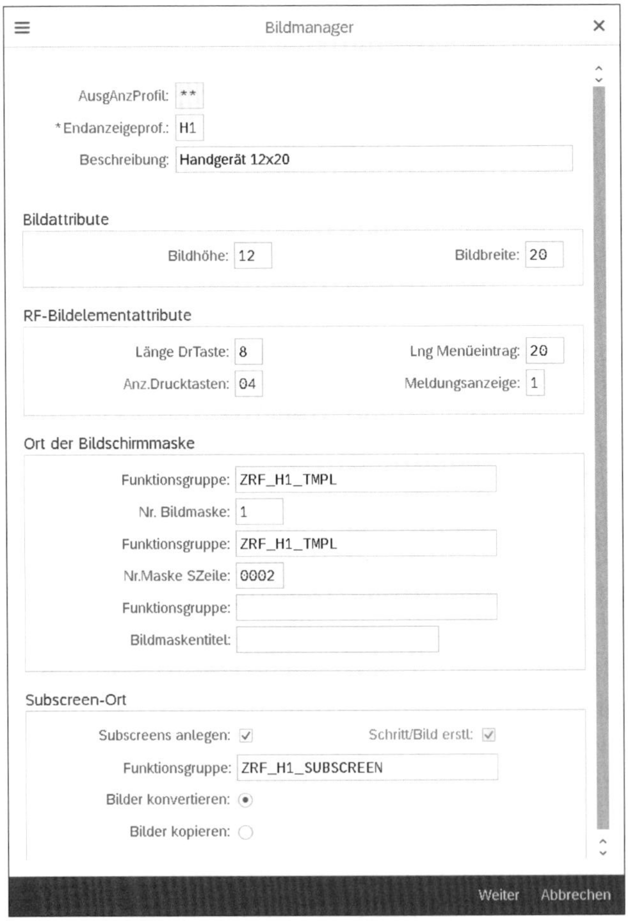

Abbildung 3.26 Anzeigeprofil »H1« generieren

2. Geben Sie die **Funktionsgruppe** für die Vorlagebilder ein (z. B. »ZRF_H1_TMPL«). Das System generiert diese Funktionsgruppe und kopiert die beiden Standard-RF-Vorlagebildschirme in diese Gruppe. Die neu angelegten Bildschirme haben die neue Größe, müssen aber in der Regel noch manuell angepasst werden.
3. Im Bereich **Subscreen-Ort** setzen Sie das Kennzeichen **Subscreens anlegen** und geben eine zweite **Funktionsgruppe** an (z. B. »ZRF_H1_SUBSCREEN«). Das System kopiert dann alle im RF-Framework für das Anzeigeprofil ** gefundenen Subscreens und konvertiert sie ebenfalls in die neue Größe. Wenn das System auf Größenkonflikte stößt, erhalten Sie entsprechende Einträge im Nachrichtenprotokoll.

Kennzeichen »Subscreen anlegen«

Wenn Sie das Kennzeichen **Subscreens anlegen** nicht setzen, fehlen Ihnen nicht nur die anwendungsspezifischen RF-Transaktionsbildschirme, sondern auch die allgemeinen Bildschirme für die An- und Abmeldung und die Menüübersicht.

4. Wenn die Anlage abgeschlossen ist, wechseln Sie zur Registerkarte **Bilder** und geben das neue Anzeigeprofil »H1« ein. Sie sehen die neu angelegten Customizing-Einträge für alle RF-Transaktionen, wie in Abbildung 3.27 gezeigt. Das Ampelsymbol für jeden Subscreen zeigt an, ob die Konvertierung ohne technischen Konflikt funktioniert hat. Ein technischer Konflikt bedeutet, dass das System ein Feld nicht übernehmen konnte, weil z. B. nicht genügend Platz auf dem Bildschirm vorhanden war. Das System kürzt die Felder so weit wie nötig, wenn das neue Anzeigeprofil weniger Platz auf dem Bildschirm hat als das Vorlageprofil.

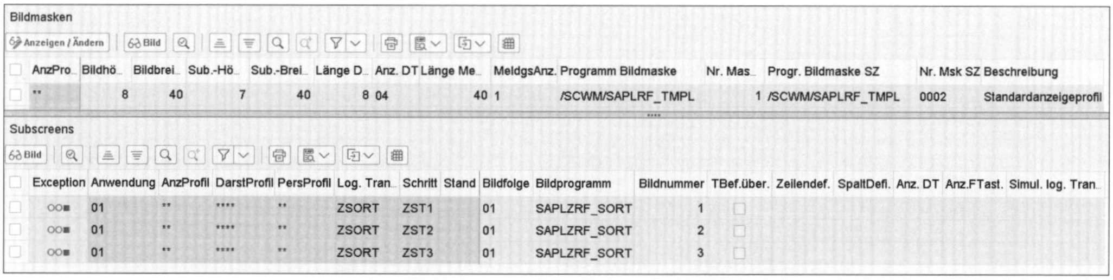

Abbildung 3.27 RF-Framework-Customizing-Einträge für die neuen Subscreens

Layout der Dynpros anpassen

Wenn der Platz auf den Bildschirmen mit der neuen Größe kleiner ist als auf dem Standardbildschirm, müssen die automatisch angelegten Bildschirme manuell angepasst werden. Viele Felder (z. B. Lagerplatz, Handling Unit) werden verkürzt und somit werden den Benutzer*innen wichtige Informationen nicht angezeigt. In Abbildung 3.28 und Abbildung 3.29 sehen Sie beispielhaft Bildschirme vor und nach der manuellen Anpassung.

Starten Sie Transaktion SE80 und überprüfen Sie das Layout der Dynpros im Screen Painter. Beginnen Sie zunächst mit den Vorlage-Dynpros 1 und 2 in der Funktionsgruppe ZRF_H1_TMPL und stellen Sie sicher, dass der generierte Platz für die Subscreens vollständig angezeigt wird. Eventuell sollten Sie die Schaltflächen so verschieben, dass Sie die Anzahl der Zeilen im Subscreen von 8 auf 10 erhöhen können. Bei den Subscreens handelt es sich um die Bilder für die zentralen RF-Transaktionen **Anmelden** ❶ (RFLOGN), **Abmelden** (RFLOGF), **Menü** ❷ (RFMENU) und **Liste** (RFLIST), die Sie auch im Screen Painter überprüfen sollten.

Der RF-Menü-Subscreen (z. B. Bildschirm Nummer ❷ in Abbildung 3.28) zeigt sechs Menüeinträge, wie sie auf dem Vorlagenbild des Anzeigeprofils ** angeordnet waren. Da Sie nun mehr Zeilen zur Verfügung haben, können Sie weitere Menüzeilen im Screen Painter hinzufügen, indem Sie die Felder der Struktur /SCWM/S_RF_SCRELM verwenden und weitere Schaltflächen anlegen (siehe Abbildung 3.29). Stellen Sie sicher, dass Sie in der Bildgruppe 003 den Wert »001« zuweisen, damit das RF-Framework nicht verwendete Menüzeilen deaktivieren kann.

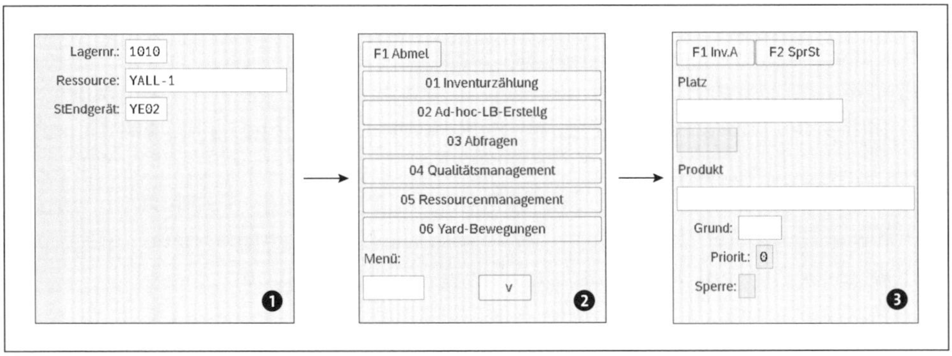

Abbildung 3.28 RF-Bildschirme vor manuellen Anpassungen

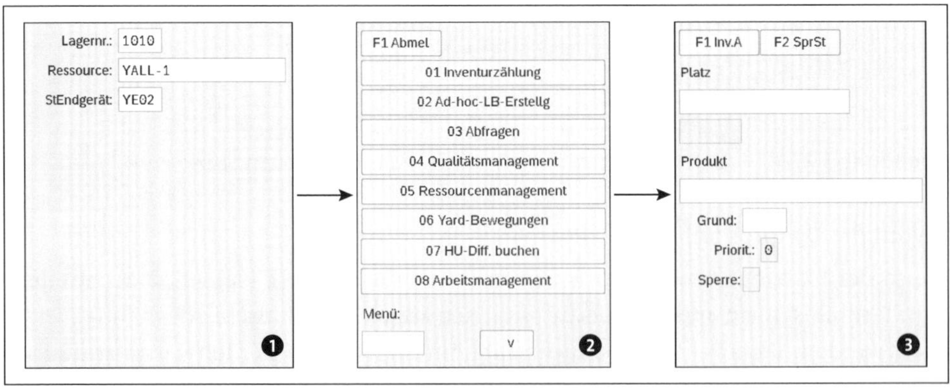

Abbildung 3.29 RF-Bildschirme nach manuellen Anpassungen

Neuen Eintrag für Endgeräte anlegen und zuweisen

Um das neue Anzeigeprofil H1 zu verwenden, rufen Sie das SAP-Menü auf und starten die Transaktion /SCWM/PRDVC (Endgeräte pflegen). Legen Sie einen neuen Eintrag an, z. B. »HAND«, und ordnen Sie diesem Eintrag das Anzeigeprofil H1 zu. Wenn Sie das Kennzeichen **Vorschlag** setzen, wird den Benutzer*innen bei der Anmeldung in der RF-Umgebung das Endgerät dieses Anzeigeprofils auf dem Anmeldebildschirm vorgeschlagen. Sie können nun die Standardbildschirmgröße (siehe Abbildung 3.21) mit der neuen Handheld-Bildschirmgröße (siehe Abbildung 3.29) vergleichen.

3.3.4 Neues RF-Menü anlegen

In diesem Abschnitt zeigen wir Ihnen, wie Sie das RF-Standardmenü in ein projektspezifisches Hauptmenü kopieren. Sie sollten diesen Schritt zu Beginn des Projekts durchführen, um zu vermeiden, dass Sie das Standard-RF-Menü durch Hinzufügen oder Löschen von Menüeinträgen anpassen müssen.

Um das Standardmenü zu kopieren, sind die folgenden vier Schritte erforderlich:

1. Legen Sie ein neues Darstellungsprofil und ein neues Personalisierungsprofil an. Dies geschieht in der IMG-Aktivität **Schritte in logischen Transaktionen definieren**. Im Ordner **Darstellungsprofile definieren** legen Sie einen neuen Eintrag an, z. B. »D001«. Markieren Sie diesen Eintrag und navigieren Sie zum Ordner **Personalisierungsprofile definieren**. Dort legen Sie einen neuen Eintrag an, z. B. »MM«, mit der Bezeichnung »Mastermenü«.
2. Behalten Sie in der IMG-Aktivität **RF-Menümanager** die Standardwerte auf dem Eingabebildschirm bei und verwenden Sie die Funktion **Menü kopieren**. Geben Sie im Pop-up-Fenster das Darstellungsprofil und das Personalisierungsprofil aus Schritt 1 ein (z. B. »D001« und »MM«) und fahren Sie mit [↵] fort. Das System zeigt nun das neue RF-Menü in einer Baumstruktur auf der rechten Seite des Bildschirms an. Auf der linken Seite des Bildschirms sehen Sie eine Liste mit allen möglichen RF-Transaktionen und Menü-/Untermenüpunkten. Sobald eine neue RF-Transaktion in Ihrem Projekt verfügbar ist, können Sie diese in das Hauptmenü aufnehmen. Wenn Sie bereits einige RF-Transaktionen oder Untermenüs kennen, die im Projekt nicht verwendet werden, können Sie diese mit der Drucktaste **Löschen** entfernen.
3. Ordnen Sie das neue Darstellungsprofil (z. B. D001) der in Ihrem Projekt verwendeten Lagernummer zu. Dies geschieht in der IMG-Aktivität **Darstellungsprofil zu Lager zuordnen**.
4. In der Transaktion /SCWM/USER (Benutzer pflegen) ordnen Sie den Benutzerkonten das neue Menü (z. B. MM) zu.

Melden Sie sich nun in der RF-Umgebung an (Transaktion /SCWM/RFUI) und überprüfen Sie die neue Menüstruktur.

3.3.5 Spezifikation und Design einer neuen RF-Transaktion

In diesem Abschnitt zeigen wir Ihnen, wie Sie eine neue RF-Transaktion spezifizieren und entwerfen können. Wir legen die fiktive Transaktion »Kommissionier-HU sortieren« an, kurz »Kommi-HU sortieren«. Eine Spezifikation sollte den betriebswirtschaftlichen Kontext enthalten und die Funktionslücke in der Standardsoftware beschreiben. Achten Sie darauf, dass Sie zuerst den einfachen Fall nennen und die Ausnahmen separat auflisten. Dadurch wird sichergestellt, dass sich der Entwurf der RF-Transaktion im Sinne der Benutzerfreundlichkeit auf den Hauptanwendungsfall konzentrieren kann.

RF-Transaktionen unterstützen hochspezialisierte Arbeitsschritte im Lager, was bedeutet, dass in der Regel jede RF-Transaktion für nur eine bestimmte Aufgabe geeignet ist. Wenn Sie eine RF-Transaktion mit zu vielen Optionen und Bildschirmen entwickeln, sollten Sie bedenken, dass sie für die Endbenutzer*innen schwer zu bedienen sein oder eine spezielle Schulung erfordern könnte.

Spezifikation: Kommissionier-HU sortieren

Die fiktive Spezifikation der RF-Transaktion »Kommi-HU sortieren« könnte folgenden Inhalt haben:

- **Prozess**
  Warenausgang für Kleinteile
- **Kontext**
  Ein Gabelstapler bringt die Kommissionier-Handling-Units nach Beendigung der Kommissionierung für mehrere Aufträge zum Bereitstellungsplatz für gemischte Handling Units. Die Mitarbeitenden an diesem Bereitstellungsplatz scannen jeden Artikel der Kommissionier-Handling-Unit und packen die Artikel um, indem sie sie in die Versand-Handling-Unit des entsprechenden Kunden sortieren. Sie wiederholen diesen Schritt, bis alle Artikel der Kommissionier-Handling-Unit in die entsprechenden Versand-Handling-Units umgepackt sind.
- **Kundenspezifische Entwicklung**
  Für diesen Umpackschritt ist eine neue RF-Transaktion erforderlich. Der einfache Fall (~ 80 %) wird im System wie folgt ablaufen:
  - Auf dem Eingabebild (Subscreen 1) scannen die Benutzer*innen den Barcode des Kommissionier-Etiketts ein, und das System identifiziert den Artikel, der umgepackt werden muss.
  - Auf dem zweiten Bild (Subscreen 2) zeigt das System das Produkt, die Produktbezeichnung, die Konsolidierungsgruppe und die Menge an, die über den Barcode identifiziert wurden. Auf diese Weise können die Benutzer*innen überprüfen, ob das System den richtigen Bestand identifiziert hat und ob die Artikel in ihrer Hand mit den Systemdaten übereinstimmen.

– Die Benutzer*innen scannen die Versand-Handling-Units auf dem zweiten Bildschirm, und das System prüft, ob die Position für diese Versand-Handling-Unit zugelassen ist (indem es die Konsolidierungsgruppe überprüft). Ist dies der Fall, verpackt das System die Position in die Versand-Handling-Unit und navigiert wieder zu Bildschirm 1, damit die Benutzer*innen die nächste Position scannen können.

Die folgenden Ausnahmen können auftreten und müssen vom System behandelt werden:

- Der Gabelstaplerfahrer oder die -fahrerin vergaß, die Kommissionier-Handling-Unit zu bestätigen, und die Benutzer*innen erhalten beim Verpacken nach dem Scannen des ersten Barcodes dieser Kommissionier-Handling-Unit die Fehlermeldung **Offene Lageraufgabe vorhanden**. Da dies nur selten vorkommt (schätzungsweise < 1 %), werden die Benutzer*innen für solche Fälle geschult, die Standard-RF-Transaktion WKMNHU (manuelle Selektion nach Handling Unit) zu verwenden, um die offene Aufgabe zu bestätigen.
- Die Benutzer*innen scannen eine falsche Versand-Handling-Unit. Das System gibt die Fehlermeldung **Konsolidierungsgruppe stimmt nicht überein** aus und löscht das Feld **Handling Unit**.
- Wenn die Benutzer*innen entscheiden, dass die Kommissionier-Handling-Unit voll ist, schließen sie die Handling Unit mit der RF-Standardtransaktion PAHUCH (HU bearbeiten). Das endgültige Handling-Unit-Etikett für den Versand mit der Lieferadresse und dem Gewicht wird vom System gedruckt.
- Die Benutzer*innen verwenden die RF-Standardtransaktion PAHUCS (Versand-HU anlegen), um neue Versand-Handling-Units anzulegen. Zu diesem Zeitpunkt druckt das System ein vorläufiges Handling-Unit-Etikett, das nur den Barcode der Handling Unit und die Konsolidierungsgruppe enthält.

Gestaltung

Für das Design empfehlen wir, die Bildschirme zunächst als Mock-up anzulegen, z. B. in Word oder Excel (siehe Abbildung 3.30). Aufgrund der geringen Bildschirmgröße gibt es viele Einschränkungen, die sich auf den Prozess oder die Benutzerfreundlichkeit auswirken können. Beziehen Sie die Key User in den Entwurf mit ein und simulieren Sie den Arbeitsablauf so weit wie möglich mithilfe von Mock-ups.

Um die Ablauflogik der benötigten Funktionscodes und Funktionsbausteine zu definieren, erstellen Sie zunächst ein Ablaufdiagramm (siehe Abbildung 3.31). Die Benutzer*innen starten im RF-Menü mit der neuen RF-Transaktion ZSORT. Diese besteht aus zwei Schritten, ZST1 und ZST2, denen jeweils ein Subscreen zugeordnet ist.

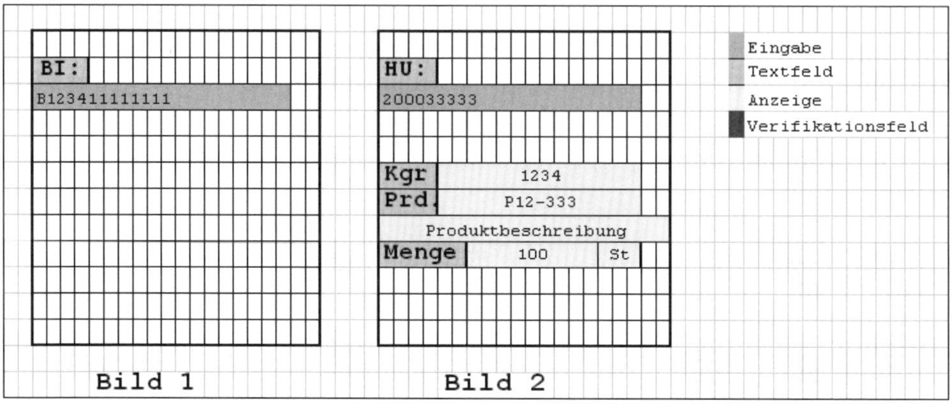

Abbildung 3.30 Mock-up der neuen RF-Bildschirme

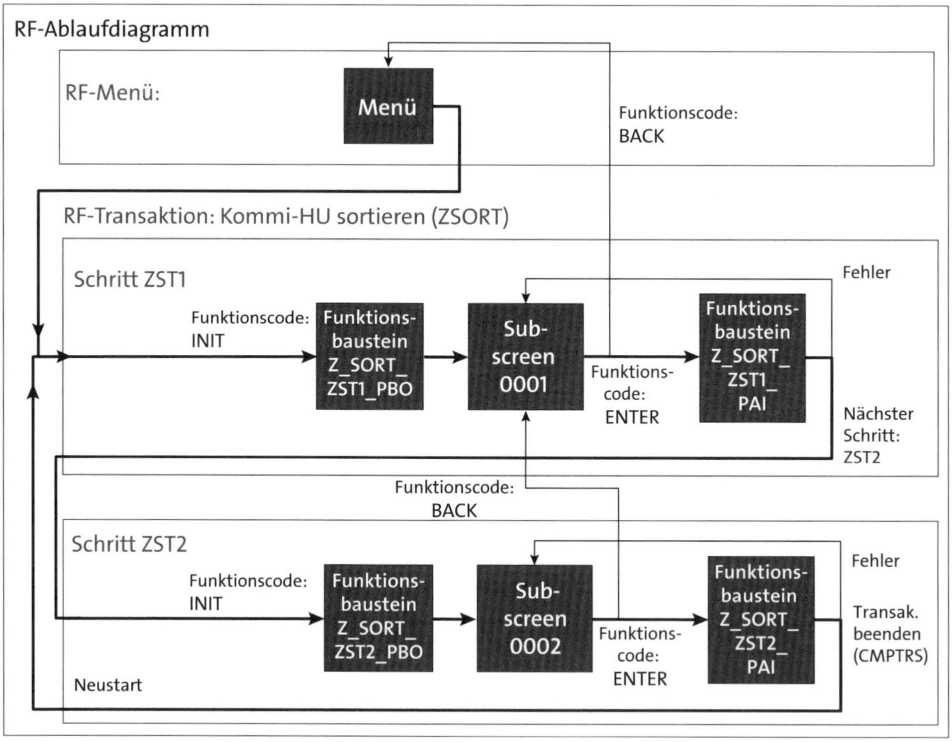

Abbildung 3.31 Ablaufdiagramm für die neue RF-Transaktion »Kommi-HU sortieren«

Für den Startschritt ZST1 wird der Funktionscode `INIT` verwendet, um das Ereignis PBO mit dem Funktionsbaustein `Z_SORT_ZST1_PBO` zu behandeln. Dieser Funktionsbaustein initialisiert die Werte auf Dynpro 1. Wenn die Benutzer*innen die Eingabe auf Dynpro 1 durch Drücken von [↵] bestätigen, wird der Funktionsbaustein `Z_SORT_ZST1_PAI` vom Framework aufgerufen. Er prüft die Eingabe, und wenn z. B. der Barcode vom System nicht decodiert werden kann, erscheint eine Fehlermeldung auf Bild 1.

Tritt kein Fehler auf, fährt das Framework mit Schritt ZST2 fort und ruft den Funktionsbaustein Z_SORT_ZST2_PBO für den Funktionscode INIT des Bildes 2 auf. Die Benutzer*innen scannen den Barcode der Handling Unit ein, und nachdem sie [↵] gedrückt haben, wird das Ereignis PAI ausgelöst. Das Framework ruft den Funktionsbaustein Z_SORT_ZST2_PAI auf und verifiziert die Eingabe. Wenn die Handling Unit akzeptiert wird, aktualisiert das System die Datenbank, und mit dem Funktionscode CMPTRS (Ende Transaktion) ist die RF-Transaktion abgeschlossen und wird automatisch neu gestartet. Auf beiden Bildschirmen können die Benutzer*innen mit der Funktionstaste [F7] (Funktionscode BACK) zurücknavigieren. Mit dem Ablaufdiagramm wird es einfacher, die erforderlichen Customizing-Einträge im RF-Framework vorzunehmen.

3.3.6 Realisierung der neuen RF-Transaktion im System

Die Realisierung der neuen RF-Transaktion kann in zwei Phasen erfolgen:

- In Phase A legen Sie die RF-Transaktion mit ihrem vollständigen RF-Framework-Customizing und noch leeren Funktionsbausteinen/Bildern an.
- In Phase B fügen Sie die betriebswirtschaftliche Logik in die Funktionsbausteine ein.

Wenn Ihr Projekt mehrere neue RF-Transaktionen erfordert, können Sie die Arbeit so aufteilen, dass sich ein Entwicklerteam auf das RF-Framework konzentriert und die in Phase A beschriebenen Aufgaben erledigt. Ein weiteres Entwicklerteam kann sich dann in Phase B auf die Logik konzentrieren und muss nicht unbedingt über detaillierte Kenntnisse des RF-Frameworks verfügen.

In der folgenden Schritt-für-Schritt-Beschreibung der Realisierung beziehen wir uns auf das Anzeigeprofil H1 aus Abschnitt 3.3.3, »Neues Anzeigeprofil anlegen«, und die RF-Transaktion »Kommissionier-HU sortieren« aus Abschnitt 3.3.5, »Spezifikation und Design einer neuen RF-Transaktion«.

Phase A: Realisierung des Dialoggerüsts

In dieser Phase sind fünf Schritte zu durchlaufen:

1. Legen Sie eine neue Funktionsgruppe, z. B. ZRF_SORT, in Transaktion SE80 an. Legen Sie darin vier Funktionsbausteine an: Z_SORT_ZST1_PBO, Z_SORT_ZST1_PAI, Z_SORT_ZST2_PBO und Z_SORT_ZST2_PAI. Navigieren Sie zum Hauptprogramm SAPLZRF_SORT und fügen Sie ihm das RF-Framework-Include /SCWM/IRF_SSCR hinzu. Zu diesem Zeitpunkt ist kein Coding innerhalb der Funktionsbausteine erforderlich. Wenn Sie jedoch eine BREAK-POINT-Anweisung in die leeren Funktionsbausteine einfügen, können Sie die Navigation später problemlos testen.

2. Innerhalb der Funktionsgruppe `ZRF_SORT` legen Sie zwei Dynpros an, 0001 und 0002. Ändern Sie den Dynprotyp für beide Dynpros auf **Subscreen**. Geben Sie im Abschnitt **Weitere Attribute • Zeilen/Spalten** im Feld **Zeilen** den Wert »10« und im Feld **Spalte** den Wert »20« ein, wenn Sie mit dem Anzeigeprofil H1 arbeiten. Navigieren Sie zum Layout (Screen Painter) und fügen Sie zunächst nur eine Beschriftung für jedes der beiden Bilder ein, z. B. »Screen 1« und »Screen 2«. Fügen Sie auf der Registerkarte **Ablauflogik** eine Zeile zum Aufruf des Moduls `status_sscr` im PBO und eine Zeile zum Aufruf des Moduls `user_command_sscr` im PAI hinzu.
3. Legen Sie im Customizing des RF-Frameworks die Einträge für die neue RF-Transaktion ZSORT an. Dieser Schritt ist recht knifflig, und wir beschreiben alle notwendigen Details für diesen Schritt im folgenden Abschnitt.
4. Fügen Sie die neue RF-Transaktion in das RF-Menü ein (siehe Abschnitt 3.3.4, »Neues RF-Menü anlegen«, Schritt 2).
5. Melden Sie sich in der RF-Umgebung an und starten Sie die neue RF-Transaktion. Navigieren Sie zwischen den beiden Bildern mit den Tasten [↵] und [F7]. Überprüfen Sie, ob die Ablauflogik funktioniert, wie in Abbildung 3.32 dargestellt. Wenn Sie die Transaktion aus dem RF-Menü ❶ starten, sehen Sie zunächst ein Bild mit dem Text **Screen 1** ❷. Mit [↵] gelangen Sie zu einem Bildschirm mit dem Text **Screen 2** ❸. Durch erneutes Drücken von [↵] startet das System die Transaktion erneut, und es erscheint ein Bildschirm mit dem Text **Screen 1**. Mit der Funktionstaste [F7] können Sie zum Menü zurückkehren.

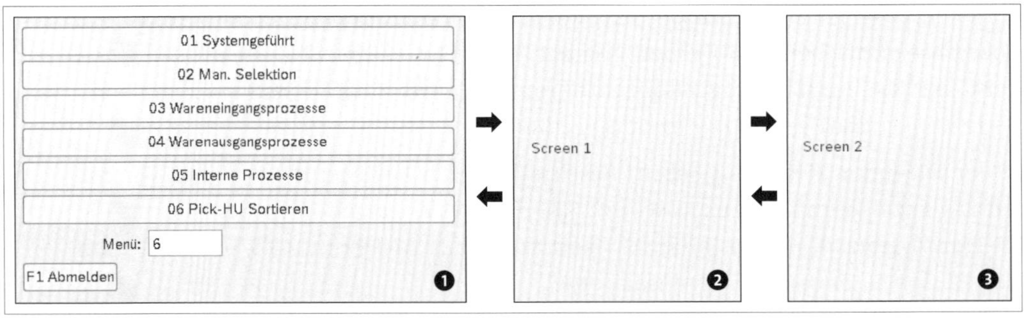

Abbildung 3.32 Dialoggerüst der neuen RF-Transaktion

Mit dem erfolgreichen Test aller Funktionscodes in der RF-Umgebung ist die Phase A abgeschlossen.

Customizing-Einträge anlegen

Um die erforderlichen Customizing-Einträge für die neue RF-Transaktion anzulegen, führen Sie die folgenden Schritte aus:

1. Starten Sie die IMG-Aktivität **Schritte in logischen Transaktionen definieren**. Legen Sie zwei neue Einträge im Ordner **Schritte definieren an**: ZST1 und ZST2.
2. Legen Sie im Ordner **Logische Transaktionen definieren** einen neuen Eintrag an: ZSORT. Geben Sie eine Beschreibung ein, und geben Sie im Feld **Initialer Schritt** »ZST1« ein. Speichern und markieren Sie den neuen Eintrag vor der weiteren Einrichtung.
3. Definieren Sie im Ordner **Darstellungstexte definieren** die Beschreibung in allen projektrelevanten Sprachen (siehe Tabelle 3.5) ein. Wenn Sie mit mehreren Darstellungsprofilen arbeiten, die sich in der Länge ihrer Menüs unterscheiden, müssen Sie die Beschreibung nach Länge und Sprache pflegen. Denken Sie daran, dass das Framework auch bei einem 20-spaltigen Bildschirm 2 Spalten benötigt, um die Menünummer in den angezeigten Text zu generieren.

Sprache	Darstellungsprofil	Personalisierungsprofil	Größe	Präsentation Text
DE	****	**	20	Pick-HU sortieren
DE	****	**	40	Kommissionier-HU sortieren
EN	****	**	20	Sort Pick-HU

Tabelle 3.5 Einträge im Ordner »Darstellungstexte definieren«

4. Legen Sie im Ordner **Ablauf zwischen Transaktionen definieren** einen neuen Eintrag für die logische Transaktion ZSORT an (siehe Tabelle 3.6), und wählen Sie im Feld **Standardnavigation** die Option **3 – Selbe Transaktion**. Diese Option wird empfohlen, wenn eine Benutzerin mehr oder weniger den ganzen Tag in derselben Transaktion arbeiten wird.

Darstellungsprofil	Personalisierungsprofil	Logische Transaktion	Standardnavigation
****	**	ZSORT	3 – Selbe Transaktion

Tabelle 3.6 Eintrag im Ordner »Ablauf zwischen Transaktionen definieren«

5. Legen Sie im Ordner **Schritt einer logischen Transaktion auf Subscreen abbilden** für die beiden neuen Bilder zwei neue Einträge im Customizing an (siehe Tabelle 3.7):
   - **Anwendung**: Geben Sie für EWM immer »01« ein.
   - **Darstellungsprofil und Personalisierungsprofil**: Definieren Sie Ihre neue Transaktion für die Vorlagenprofile »****« und »**«.
   - **Anzeigeprofil**: Geben Sie das Anzeigeprofil »H1« ein.

- **Stand**: Geben Sie immer den Vorlagenwert »******« ein.
- **Bildfolge**: Geben Sie immer den Wert »01« ein.

Anwendung, Darstellungsprofil und Personalisierungsprofil	Anzeigeprofil	Logische Transaktion	Schritt, Stand, Bildfolge	Programm- und Bildnummer
01, ****, **	H1	ZSORT	ZST1, ******, 01	SAPLZRF_SORT, 1
01, ****, **	H1	ZSORT	ZST2, ******, 01	SAPLZRF_SORT, 2

Tabelle 3.7 Zuweisung von Subscreens zu Schritten

6. Legen Sie im Ordner **Funktionscodeprofil definieren** vier neue Einträge mit den Werten von Tabelle 3.8 an. Die Schlüsselfelder, die in der Tabelle nicht angezeigt werden, sind fest vorgegeben:
   - **Darstellungsprofil**: ****
   - **Personalisierungsprofil**: **
   - **Anzahl der Drucktasten**: **
   - **Anzahl der Funktionstasten**: **
   - **Logische Transaktion**: ZSORT
   - **Stand**: *******
   - **Bildfolge**: 01

Schritt	Funktionscodegruppe	Funktionscode	Funktionstaste
******	01	EINGEBEN	↵
******	01	ZURÜCK	F7
******	01	FULLMS	F9
******	01	CLEAR	F6

Tabelle 3.8 Einträge im Ordner »Funktionscodeprofil definieren«

7. Da Sie im Feld **Schritt** den Wert ****** pflegen, gelten die Funktionscodes für alle Schritte dieser logischen Transaktion.

[»]

Standardfunktionscodes verwenden

Da alle anderen RF-Transaktionen die Funktionstaste F7 für den Funktionscode BACK verwenden, sollten Sie dies auch bei einer neuen RF-Transaktion tun. Dasselbe gilt für die Funktionscodes FULLMS und CLEAR. Fügen Sie diese in Ihre neue RF-Transaktion ein, da die Benutzer*innen sie früher oder später benötigen werden:

- F9 **(FULLMS)**
  Benutzer*innen können sich den vollständigen Text einer Fehlermeldung anzeigen lassen.
- F6 **(CLEAR)**
  Benutzer*innen können den Eintrag im aktuellen Eingabefeld löschen. Bei zweimaliger Verwendung werden die Einträge in allen Eingabefeldern auf diesem Bildschirm gelöscht.

8. Legen Sie im Ordner **Schrittablauf einer logischen Transaktion definieren** vier neue Einträge für das Darstellungsprofil **** und die logische RF-Transaktion ZSORT an (siehe Tabelle 3.9). Alle Einträge müssen mit dem Ablaufdiagramm übereinstimmen (siehe Abbildung 3.31).

Für den Schritt ZST2 und den Funktionscode ENTER setzen wir den **Verarbeitungsmodus** auf 0 (definiert während der Ausführung), da das Coding entscheiden soll, ob die Transaktion abgeschlossen werden kann oder nicht.

Schritt	Funktionscode	Funktionsbaustein	Nächster Schritt	Verarbeitungsmodus und Hintergrundfunktionscode
ZST1	INIT	Z_SORT_ZST1_PBO	–	2 – Vordergrund
ZST1	ENTER	Z_SORT_ZST1_PAI	ZST2	1 – Hintergrund, INIT
ZST2	INIT	Z_SORT_ZST2_PBO	–	2 – Vordergrund
ZST2	ENTER	Z_SORT_ZST2_PAI	–	0 – während der Ausführung definiert, CMPTRS

Tabelle 3.9 Einträge im Ordner »Schrittablauf einer logischen Transaktion definieren«

Phase B: Entwicklung der betriebswirtschaftlichen Programmlogik

Phase B gliedert sich in fünf Schritte:

1. Legen Sie einen neuen Anwendungsparameter im ABAP Dictionary und im RF-Framework an.
2. Entwerfen Sie das Layout der beiden neuen Subscreens, indem Sie die Felder des neuen Anwendungsparameters verwenden.
3. Legen Sie in Transaktion SAAB eine neue Checkpoint-Gruppe ZEWMDEVBOOK_336 an und schalten Sie die Option **Break** ein.
4. Fügen Sie die Anwendungsparameter in die Schnittstelle der vier neuen Funktionsbausteine ein und fügen Sie die Logik hinzu:

- TOP-Include der Funktionsgruppe ZRF_SORT (siehe Listing 3.4)
- Funktionsbaustein Z_SORT_ZST1_PBO (siehe Listing 3.5)
- Funktionsbaustein Z_SORT_ZST1_PAI (siehe Listing 3.6)
- Funktionsbaustein Z_SORT_ZST2_PBO (siehe Listing 3.7)
- Funktionsbaustein Z_SORT_ZST2_PAI (siehe Listing 3.8)

Die Programmierbeispiele, die Sie in den folgenden Abschnitten am Ende jedes Schrittes finden, enthalten die jeweiligen Details.

5. Testen Sie Ihre neue RF-Transaktion in der RF-Umgebung mit einigen Testdaten.

Die Einzelheiten zu diesen fünf Schritten werden in den folgenden Abschnitten erläutert.

Neue Dictonary-Struktur anlegen

Legen Sie im ABAP Dictionary (Transaktion SE11) eine neue Dictionary-Struktur ZRF_SORT mit den Feldern an, die in Tabelle 3.10 enthalten sind. Einige der Felder (z. B. IDPLATE, RFHU) werden zur Anzeige von Informationen auf den Bildschirmen verwendet, andere (z. B. SOURCE_HU, GUID_STOCK) intern zur Verarbeitung der Daten.

Komponente	Komponententyp	Verwendung
IDPLATE	/SCWM/DE_RF_IDPLATE	Subscreen 1, Eingabefeld
RFHU	/SCWM/DE_RF_RFHU_LONG	Subscreen 2, Eingabefeld
DSTGRP	/SCWM/DE_RF_DSTGRP	Subscreen 2, Ausgabefeld
MATNR	/SCWM/DE_RF_MATNR	Subscreen 2, Ausgabefeld
MAKTX	/SCWM/DE_RF_MAKTX	Subscreen 2, Ausgabefeld
VSOLA	/SCWM/DE_RF_VSOLA	Subscreen 2, Ausgabefeld
ALTME	/SCWM/DE_RF_ALTME	Subscreen 2, Ausgabefeld
LGNUM	/SCWM/LGNUM	intern
SOURCE_HU	/SCWM/GUID_HU	intern
GUID_STOCK	/LIME/GUID_STOCK	intern

Tabelle 3.10 Felder des neuen Anwendungsparameters in Struktur ZRF_SORT

Legen Sie in der IMG-Aktivität **Mobile Datenerfassung • Radio Frequency (RF) Framework • Schritte in logischen Transaktionen definieren** im Ordner **Anwendungsparameter definieren** einen neuen Eintrag für den Parameter ZSORT an. Geben Sie im Feld **Parametertyp** den Strukturnamen »ZRF_SORT« ein.

[+]

Barcodefelder im Radio Frequency Framework

Wenn Sie ein Eingabefeld zum Scannen eines Barcodes (z. B. Handling Unit) verwenden möchten, versuchen Sie, die vorhandenen Standardfelder wiederzuverwenden. Das Feld RFHU wird in vielen RF-Transaktionen zum Scannen des Handling-Unit-Barcodes verwendet. Es ist länger (50 Zeichen) als die Identifikation der Handling Unit (20 Zeichen), und außerdem ist der RFHUL-Konvertierungsexit mit diesem Feld verknüpft. Daher wird das RF-Framework den Barcode automatisch decodieren, indem es z. B. die im Customizing gepflegte EAN128-Spezifikation verwendet, sodass ein in EAN128 angegebenes Präfix aus der Benutzereingabe entfernt und nur die Handling-Unit-Identifikation an die Anwendung übergeben wird.

Neue Felder zu Subscreens hinzufügen

Fügen Sie die neuen Felder den Subscreens hinzu, indem Sie den grafischen Screen Painter im Object Navigator (Transaktion SE80) verwenden. Beginnen Sie mit Subscreen 1 und importieren Sie über die Drucktaste **Dictionary/Programmfelder-Fenster (F6)** die Felder der Struktur ZRF_SORT. Platzieren Sie das Feld IDPLATE auf Dynpro 1.

Für Dynpro 2 platzieren Sie die Felder RFHU, DSTGRP usw. auf dem Bild (siehe Tabelle 3.10, wo die Spalte **Verwendung** den Subscreen 2 vorgibt, und siehe Abbildung 3.30 für Details zum Layout). Speichern und aktivieren Sie beide Dynpros.

Wenn Sie Ihre Anwendung später nicht im SAP GUI, sondern in ITSmobile testen wollen, müssen Sie auch die HTML-Templates für die neuen Dynpros anlegen.

Umpacklogik ausführen

Im Beispielcoding verwenden wir die Serviceklasse /SCWM/CL_WM_PACKING für das Umpacken des Artikels von der Kommissionier-Handling-Unit in die Versand-Handling-Unit. Die Methoden dieser Serviceklasse, die vom Standard bereitgestellt werden, sorgen für das Sperren der relevanten Objekte (siehe Transaktion SM12). Wir wollen sicherstellen, dass mehrere Benutzer*innen gleichzeitig an derselben Kommissionier-Handling-Unit arbeiten können (aber nur an unterschiedlichen Positionen) und dass nur ein Benutzer bzw. eine Benutzerin etwas in die Versand-Handling-Unit packen kann. Sie können die Sperrlogik in Transaktion SM12 (Sperreinträge) überprüfen.

Neue RF-Transaktion testen

Um die RF-Transaktion zu testen, müssen Sie eine Kommissionier-HU für eine oder mehrere Auslieferungen vorbereiten und die lieferungsübergreifende Kommissionierung anwenden. Jede Position in der Kommissionier-HU muss eine Bestandsidentifikation haben, die in der Regel aus der Verknüpfung von Lagernummer und Lageraufgabe besteht. Ein Produktlabel sollte während der Kommissionierung gedruckt worden sein und nun von den Benutzer*innen gescannt werden können. Als Nächstes bereiten Sie leere Versand-Handling-Units (eine für jeden Kunden) am Packtisch vor. Dann können Sie die RF-Transaktion testen.

Melden Sie sich dazu in der RF-Umgebung an und wählen Sie die Transaktion **Kommissionier-HU sortieren** aus dem Menü. Wenn Sie im SAP GUI und ohne mobiles Gerät testen, versuchen Sie, die mobile Handhabung zu simulieren, indem Sie die Maus nicht verwenden. Die Lagerarbeiter*innen werden später auch keine Maus zur Verfügung haben. Prüfen Sie, ob das System automatisch das richtige Eingabefeld fokussiert, geben Sie den Barcode ein und drücken Sie nach jeder Eingabe [↵] (siehe Abbildung 3.33). Wählen Sie die RF-Transaktion **06** aus, und drücken Sie [↵] ❶. Wenn Sie eine gültige Bestandsidentifikation eingeben, gelangen Sie zum zweiten Bild ❷. Die Anzeigefelder für Produkt, Konsolidierungsgruppe und Menge sind zur Anzeige vorausgefüllt.

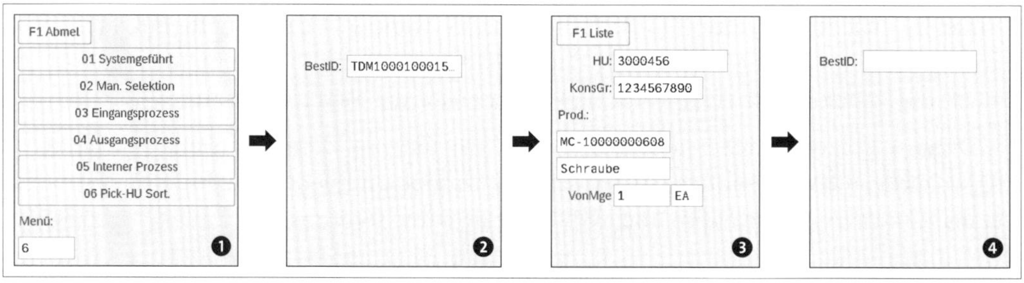

Abbildung 3.33 Neue RF-Transaktion testen

Die Benutzer*innen können das Produkt und die Menge überprüfen und die richtige Versand-Handling-Unit auswählen, indem sie die Konsolidierungsgruppe vergleichen. Beim nächsten Drücken von [↵] nach der Eingabe des Barcodes für die Versand-Handling-Unit packt das System den Bestand um ❸, und die Transaktion startet erneut ❹. Zur Überwachung des Umpackvorgangs können Sie den Arbeitsplatz (Transaktion /SCWM/PACK) anzeigen und nach jedem Scan im RF-Framework die Anzeige aktualisieren. Sie können auch die Bestandsidentifikation eines Artikels am Arbeitsplatz selektieren.

Vergessen Sie nicht, die Ausnahmen zu testen. Versuchen Sie z. B., eine falsche Bestandsidentifikation oder eine falsche Handling Unit einzugeben. Das System sollte mit einer Fehlermeldung reagieren.

[»]

Erfolgs-, Warn- und Fehlermeldungen im RF-Framework

Nach einem erfolgreichen Umpacken gibt das System keine Erfolgsmeldung aus. Dies unterscheidet sich deutlich von den üblichen Desktop-Transaktionen. Dass keine Erfolgsmeldungen ausgegeben werden, ist Teil der RF-Philosophie in EWM, da dies für die Benutzer*innen lästig sein könnte. Wenn die Benutzer*innen in unserem Beispiel 200 Umverpackungen pro Stunde vornehmen, wären Erfolgsmeldungen ziemlich überflüssig. Eine Fehlermeldung hingegen, die nur angezeigt wird, könnte von den Benutzer*innen übersehen werden. Die meisten mobilen Geräte sind in der Lage, ein Ton- oder Vibrationssignal auszugeben. Sie können EWM so einrichten, dass Werte für Erfolgs- oder Fehlertöne (z. B. 1 = Fehler, 2 = Erfolg) an das mobile Gerät gesendet werden (Transaktion /SCWM/PRDVC (Präsentationsgeräte pflegen). Dieser Fehlertonwert muss jedoch im Webbrowser übersetzt werden, damit eine Sounddatei auf der Hardware abgespielt wird.

In einigen Anwendungen, in denen schnell gescannt wird (z. B. beim Verladen), können Sie eine Erfolgsmeldung (mit einem kleinen Ton) hinzufügen, damit die Benutzer*innen wissen, wann das System für den nächsten Scan bereit ist.

Im Folgenden finden Sie das Coding für die vier Funktionsbausteine. Beginnen Sie mit dem erforderlichen Coding im TOP-Include der Funktionsgruppe, das Sie in Listing 3.4 sehen.

```
FUNCTION-POOL zrf_sort.
TYPE-POOLS: wmegc.
DATA: go_pack  TYPE REF TO /scwm/cl_wm_packing,
      go_stock TYPE REF TO /scwm/cl_ui_stock_fields.
```

Listing 3.4 Globale Parameter in der Funktionsgruppe

Geben Sie dann das Coding für den Funktionsbaustein Z_SORT_ZST1_PBO ein (siehe Listing 3.5), der vor der Anzeige des Dynpros 1 ausgeführt wird, um die erforderlichen Objekte zu initialisieren und die Bildschirmfelder zu löschen.

```
FUNCTION z_sort_zst1_pbo.
*"----------------------------------------------------------------
*"*"Local Interface:
*"  CHANGING
*"     REFERENCE(ZSORT) TYPE  ZRF_SORT
*"----------------------------------------------------------------
  DATA: ls_rsrc TYPE /scwm/rsrc.

  BREAK-POINT ID zewmdevbook_336.

  "1. Init the work area
  CLEAR zsort.
  "Get warehouse number of this resource
  CALL FUNCTION '/SCWM/RSRC_RESOURCE_MEMORY'
```

```
    EXPORTING
      iv_uname = sy-uname
    CHANGING
      cs_rsrc  = ls_rsrc.
  zsort-lgnum  = ls_rsrc-lgnum.

  "2. Init packing & transaction manager
  /scwm/cl_tm=>set_lgnum( iv_lgnum = zsort-lgnum ).
  IF go_pack IS NOT BOUND.
    go_pack = NEW /scwm/cl_wm_packing( ).
  ENDIF.
  DATA(ls_pack_controle) = VALUE /scwm/s_pack_controle(
    cdstgrp_mat    = abap_true "take over cons.group
    chkpack_dstgrp = '2' "check while repack products
    processor_det  = abap_true ).
  go_pack->init(
     EXPORTING
       iv_lgnum          = zsort-lgnum
       is_pack_controle = ls_pack_controle
     EXCEPTIONS
       error             = 1
       OTHERS            = 2 ).
  IF sy-subrc <> 0.
    /scwm/cl_pack_view=>msg_error( ).
  ENDIF.

  "3. Init stock-ui
  IF go_stock IS INITIAL.
    CREATE OBJECT go_stock.
  ENDIF.

ENDFUNCTION.
```

Listing 3.5 Parameter und Coding für Funktionsbaustein Z_SORT_ZST1_PBO

Implementieren Sie nun den Funktionsbaustein Z_SORT_ZST1_PAI, der aufgerufen wird, nachdem die Benutzer*innen einen Barcode in das Eingabefeld von Dynpro 1 gescannt haben (siehe Listing 3.6). Das System prüft, ob die Benutzereingabe durchführbar ist (siehe Kommentare "1 und "2) und ob es offene Lageraufgaben für die Von-Handling-Unit gibt (siehe Kommentar "3). Dann übergibt das System die Werte in die Struktur ZSORT zur weiteren Verarbeitung an das nächste Bild (siehe Kommentar "4).

```
FUNCTION z_sort_zst1_pai.
*"----------------------------------------------------------------
*"*"Local Interface:
*"  CHANGING
*"     REFERENCE(ZSORT) TYPE  ZRF_SORT
*"----------------------------------------------------------------
  DATA: lt_rng_idplate TYPE rseloption,
        lt_huitm       TYPE /scwm/tt_huitm_int,
        lv_lines       TYPE sy-tabix,
        lv_open_to     TYPE xfeld.

  BREAK-POINT ID zewmdevbook_336.

  "1. Validation of user-input
  CLEAR: zsort-source_hu, zsort-guid_stock.
  IF zsort-idplate IS INITIAL.
    MESSAGE 'Enter a stock identification' TYPE wmegc_severity_err.
  ENDIF.
  "2. Check if ID is a valid stock identification
  DATA(ls_rng_idplate) = VALUE rsdsselopt(
    low    = zsort-idplate
    sign   = wmegc_sign_inclusive
    option = wmegc_option_eq ).
  APPEND ls_rng_idplate TO lt_rng_idplate.

  CALL FUNCTION '/SCWM/HU_SELECT_QUAN'
    EXPORTING
      iv_lgnum   = zsort-lgnum
      ir_idplate = lt_rng_idplate
    IMPORTING
      et_huitm   = lt_huitm
    EXCEPTIONS
      OTHERS     = 99.
  DELETE lt_huitm WHERE vsi <> wmegc_physical_stock.
  TRY.
      DATA(ls_huitm) = VALUE #( lt_huitm[ idplate = zsort-idplate ] ).
    CATCH cx_sy_itab_line_not_found.
      CLEAR zsort-idplate.
      MESSAGE 'Stock Identification not found' TYPE wmegc_severity_err.
      RETURN.
  ENDTRY.
  "3. Validations
  CALL FUNCTION '/SCWM/CHECK_OPEN_TO'
```

```
    EXPORTING
      iv_hu    = ls_huitm-guid_parent
      iv_lgnum = zsort-lgnum
    IMPORTING
      ev_exist = lv_open_to
    EXCEPTIONS
      OTHERS   = 99.
  IF sy-subrc <> 0.
    MESSAGE ID sy-msgid TYPE sy-msgty NUMBER sy-msgno
    WITH sy-msgv1 sy-msgv2 sy-msgv3 sy-msgv4.
  ENDIF.
  IF lv_open_to IS NOT INITIAL.
    MESSAGE 'Open Task exists for pick-HU' TYPE wmegc_severity_err.
  ENDIF.
  "4. Set technical fields in RF application
  zsort-source_hu  = ls_huitm-guid_parent.
  zsort-guid_stock = ls_huitm-guid_stock.

ENDFUNCTION.
```

Listing 3.6 Parameter und Coding für Funktionsbaustein Z_SORT_ZST1_PAI

Bevor Bild 2 angezeigt wird, ruft das RF-Framework den Funktionsbaustein Z_SORT_ZST2_PBO auf und führt das Coding aus (siehe Listing 3.7). Das System liest die Werte, die auf dem Bildschirm angezeigt werden (siehe Kommentar "1) und übergibt sie in die Struktur ZSORT (siehe Kommentar "2).

```
FUNCTION z_sort_zst2_pbo.
*"----------------------------------------------------------------
*"*"Local Interface:
*"  CHANGING
*"     REFERENCE(ZSORT) TYPE  ZRF_SORT
*"----------------------------------------------------------------

BREAK-POINT ID zewmdevbook_336.

  "1. Get item details
  go_pack->get_hu_item(
    EXPORTING
      iv_guid_hu    = zsort-source_hu
      iv_guid_stock = zsort-guid_stock
    IMPORTING
      es_huitm = DATA(ls_huitm)
    EXCEPTIONS
```

```
    OTHERS = 99 ).
  IF sy-subrc <> 0. "technical error
    MESSAGE ID sy-msgid TYPE sy-msgty NUMBER sy-msgno
    WITH sy-msgv1 sy-msgv2 sy-msgv3 sy-msgv4.
  ENDIF.
  "2. Set application screen fields
  zsort-dstgrp = ls_huitm-dstgrp.
  zsort-vsola  = ls_huitm-quana.
  zsort-altme  = ls_huitm-altme.
  CALL METHOD go_stock->get_matkey_by_id
    EXPORTING
      iv_matid = ls_huitm-matid
    IMPORTING
      ev_matnr = zsort-matnr
      ev_maktx = zsort-maktx.

ENDFUNCTION.
```

Listing 3.7 Parameter und Coding für Funktionsbaustein Z_SORT_ZST2_PBO

Zu guter Letzt tragen Sie das Coding für den Funktionsbaustein Z_SORT_ZST2_PAI ein (siehe Listing 3.8). Der Funktionsbaustein prüft, ob die Benutzer*innen eine valide Versand-Handling-Unit gescannt haben (siehe Kommentare "1 und "2) und wenn ja, packt er den Artikel von der Kommissionier-Handling-Unit in die Versand-Handling-Unit um (siehe Kommentar "3). Dann wird alles in der Datenbank gespeichert (siehe Kommentar "4).

```
FUNCTION z_sort_zst2_pai.
*"----------------------------------------------------------------------
*"*"Local Interface:
*"  CHANGING
*"     REFERENCE(ZSORT) TYPE  ZRF_SORT
*"----------------------------------------------------------------------

  BREAK-POINT ID zewmdevbook_336.

  "0. Stay on this screen (default)
  /scwm/cl_rf_bll_srvc=>set_prmod(
  /scwm/cl_rf_bll_srvc=>c_prmod_foreground ).
  "1. Validation of user-input
  IF zsort-rfhu IS INITIAL.
    MESSAGE 'Enter Handling Unit' TYPE wmegc_severity_err.
  ENDIF.
```

```
"2. Get destination hu
go_pack->get_hu(
  EXPORTING
    iv_huident = CONV #( zsort-rfhu )
  IMPORTING
    es_huhdr   = DATA(ls_dest_hu)
  EXCEPTIONS
    OTHERS = 99 ).
IF sy-subrc <> 0.
  CLEAR zsort-rfhu. "Scanning Error
  MESSAGE ID sy-msgid TYPE sy-msgty NUMBER sy-msgno
  WITH sy-msgv1 sy-msgv2 sy-msgv3 sy-msgv4.
ENDIF.
IF ls_dest_hu-copst IS NOT INITIAL.
  MESSAGE 'HU is closed' TYPE wmegc_severity_err.
ENDIF.
"3. Repack item into the dest hu
DATA(ls_quan) = VALUE /scwm/s_quan( quan = zsort-vsola
                                    unit = zsort-altme ).
go_pack->repack_stock(
  EXPORTING
    iv_dest_hu    = ls_dest_hu-guid_hu
    iv_source_hu  = zsort-source_hu
    iv_stock_guid = zsort-guid_stock
    is_quantity   = ls_quan
  EXCEPTIONS
    OTHERS = 99 ).
IF sy-subrc <> 0.
  MESSAGE ID sy-msgid TYPE sy-msgty NUMBER sy-msgno
  WITH sy-msgv1 sy-msgv2 sy-msgv3 sy-msgv4.
ENDIF.
"4. Save
go_pack->/scwm/if_pack_bas~save(
  EXPORTING
    iv_commit = abap_true
    iv_wait   = abap_true
  EXCEPTIONS
    OTHERS = 99 ).
IF sy-subrc <> 0.
  ROLLBACK WORK.
  /scwm/cl_tm=>cleanup( ).
  MESSAGE ID sy-msgid TYPE sy-msgty NUMBER sy-msgno
  WITH sy-msgv1 sy-msgv2 sy-msgv3 sy-msgv4.
```

```
  ENDIF.
  "5. Navigate to the transaction end
  /scwm/cl_rf_bll_srvc=>set_prmod(
    /scwm/cl_rf_bll_srvc=>c_prmod_background ).

ENDFUNCTION.
```

Listing 3.8 Parameter und Coding für Funktionsbaustein Z_SORT_ZST2_PAI

3.3.7 Realisierung eines Validierungsprofils

In diesem Abschnitt stellen wir Ihnen Validierungsobjekte und Validierungsprofile vor. Außerdem werden wir die RF-Transaktion ZSORT um ein Validierungsprofil erweitern.

Validierungsobjekt

Ein *Validierungsobjekt* im RF-Framework besteht in der Regel aus einem Anzeigefeld und einem (einstelligen) Eingabefeld. In Abbildung 3.34 sehen Sie einen Bildschirm, auf dem die Benutzer*innen die Information erhalten, welcher Platz das nächste Ziel ist (Anzeigefeld mit dem Wert **011.01.16.05**). Neben diesem Anzeigefeld ist ein Ein-Zeichen-Feld zur Eingabe geöffnet. Es handelt sich um das Verifikationsfeld, in dem die Benutzer*innen den Barcode des Regalplatzes einscannen. Aus Platzgründen zeigt das Verifikationsfeld nur ein Zeichen an. Es kann jedoch mehrere Zeichen aufnehmen, und der gescannte Barcode (z. B. 021010602) passt somit in das Feld. Das System vergleicht die gemachte Eingabe mit dem entsprechenden Anzeigefeld auf Übereinstimmung. Ist im Validierungsprofil für dieses Validierungsobjekt ein Funktionsbaustein hinterlegt, muss es keine exakte Übereinstimmung für eine erfolgreiche Validierung geben, z. B. um einen Barcode ohne Bindestrich mit dem Code mit Bindestrich abzugleichen.

In unserem Beispiel sorgt hierfür der Funktionsbaustein `/SCWM/RF_PICK_BIN_CHECK`. Wenn die Eingabe vom System akzeptiert wird, wird das Feld in den Anzeigemodus gesetzt, und der Fokus wandert zum nächsten Eingabefeld, z. B. der Menge. Hier bietet das Feld zur Überprüfung der Menge (**VMng**) Platz zur Anzeige mehrerer Zeichen, da wir erwarten, dass die Benutzer*innen einen Wert mithilfe der Tastatur eingeben, anstatt einen Barcode zu scannen.

Das Ziel von Validierungsobjekten ist es, die Qualität im Lager in Bezug auf die Bestandssituation zu erhöhen und zu überprüfen, ob die Benutzer*innen den richtigen Lagerplatz nutzen. Je mehr die Benutzer*innen jedoch prüfen müssen, desto mehr Zeit wird für die Durchführung der eigentlichen Aufgabe im System benötigt. Anstatt also die Benutzer*innen beispielsweise die Von-Handling-Unit und das Produkt mit zwei Scans überprüfen zu lassen, sollten sie das Produkt nur mit einem Scan überprüfen. Wenn in einem Lager täglich 3.000 Entnahmen durchgeführt werden, bedeutet dies, dass anstelle von 6.000 Scans nur 3.000 Scans durchgeführt werden.

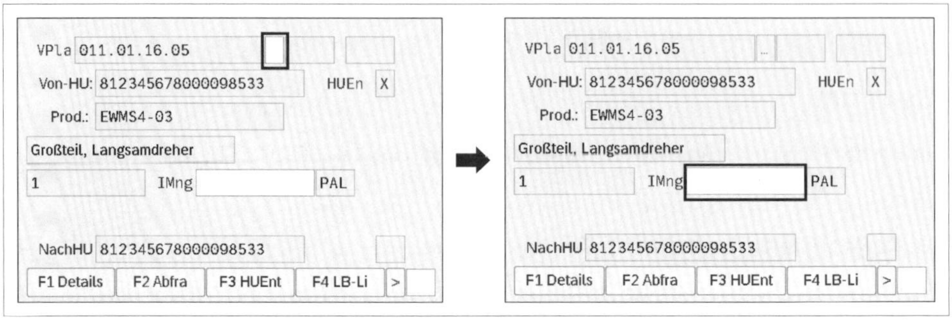

Abbildung 3.34 Validierungsobjekte für Lagerplatz und Menge

Wenn die Benutzer*innen einen falschen Barcode einscannen, gibt das RF-Framework eine Fehlermeldung aus und löscht den Feldinhalt automatisch. Enthält der gescannte Barcode den Datenbezeichner eines GS1-Barcodes, wird dieser in den meisten Fällen vom RF-Framework decodiert. Enthält ein SSCC-Barcode beispielsweise die Zeichenfolge [FNC1]00123456780000000001, übersetzt das RF-Framework diese in den Wert 123456780000000001, für den EWM mit dem Funktionsbaustein `/SCWM/RF_EAN128_SPLIT_VALID` eine Handling Unit finden kann.

Validierungsprofil

Für jede RF-Transaktion können Sie ein Validierungsprofil mit einer Liste von Validierungsobjekten pro Schritt einrichten. Für jedes Validierungsobjekt wird das RF-Framework die angegebenen Funktionsbausteine aufrufen. Das RF-Framework beginnt mit der Suche nach einem Eintrag im Validierungsprofil mit dem vollständigen Schlüssel (Darstellungsprofil, Personalisierungsprofil, logische Transaktion und Schritt). Wenn kein Eintrag für den vollständigen Schlüssel gefunden wird, verwendet das RF-Framework eine spezielle Platzhalterlogik, um einen Eintrag zu ermitteln: Das Darstellungsprofil wird auf ** gesetzt, das Personalisierungsprofil auf ****, und für die logischen Transaktionen werden die Platzhalter XX****, XXXX** und ****** verwendet. Wenn Sie sich die Einzelheiten ansehen möchten, schauen Sie in der Methode `/SCWM/CL_RF_BLL_DB=>VALID_PRF_GET` nach.

Erweitern der RF Transaktion ZSORT um ein Validierungsobjekt

In der RF-Transaktion ZSORT wollen wir nun eine Validierung für das Feld Produkt hinzufügen. Wir gehen hier davon aus, dass jedes Produkt in unserem Projektlager mit einem Barcode versehen ist. Normalerweise führt die Produktionsabteilung diese Kennzeichnung durch. Um die Qualität zu erhöhen, möchten wir, dass die Benutzer*innen den Produkt-Barcode und die Bestandsidentifikation des Kommissionier-Etiketts scannen.

Ziel dieses Beispiels ist es, zu zeigen, wie Sie Validierungsobjekte im RF-Framework einrichten. Die folgenden fünf Schritte sind dazu erforderlich:

1. Erweitern Sie die Struktur `ZRF_SORT` im ABAP Dictionary (Transaktion SE11) um das Feld `MATNR_VERIF` über das Datenelement `/SCWM/DE_RF_MATNR_VERIF`.
2. Starten Sie den Screen Painter für Dynpro 2 in der Funktionsgruppe `ZRF_SORT`. Fügen Sie das neue Feld `MATNR_VERIF` direkt neben dem Feld `MATNR` ein. Fügen Sie die Attribute des Feldes `MATNR_VERIF` hinzu, wie in Abbildung 3.35 gezeigt:
   - **Rollbar** = ja
   - drittes Gruppenfeld = 002
   - **visLänge** (sichtbare Länge) = 1

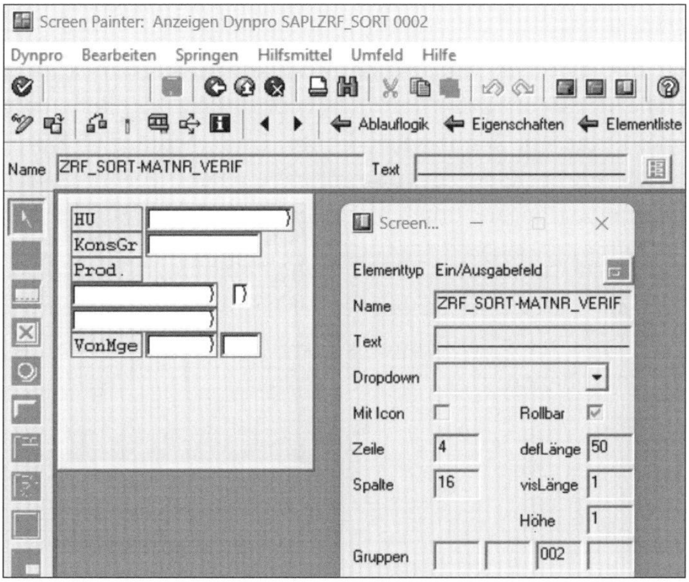

Abbildung 3.35 Screen-Painter-Attribute für das Validierungsfeld MATNR_VERIF

   Durch den Wert 002 im dritten Gruppenfeld erkennt das RF-Framework, dass es sich um ein Validierungsfeld handelt. Das RF-Framework stellt sicher, dass das Feld vor der Validierung für Eingaben offen und nach der Validierung für Eingaben geschlossen ist.

3. Starten Sie die IMG-Aktivität **Schritte in logischen Transaktionen definieren**. Im Ordner **Validierungsobjekte definieren** finden Sie einen bestehenden `MATNR`-Eintrag für das Produktfeld. In einem benutzerdefinierten Projekt können Sie hier ein neues Objekt hinzufügen, wenn keines der Standardobjekte passt.

4. Wählen Sie die neue RF-Transaktion ZSORT aus und wechseln Sie zum Ordner **Validierungsprofil definieren**. Hier legen Sie einen Eintrag mit den folgenden Werten an:
   - **Darstellungsprofil**: ****
   - **Personalisierungsprofil**: **
   - **Logische Transaktion**: ZSORT
   - **Schritt**: ZST2
   - **Stand**: ******
   - **Validierungsobjekt**: MATNR
   - **Anwendungsparameter**: ZSORT
   - **Eingabefeld Validierung**: MATNR_VERIF
   - **Listenfeld Validierung**: MATNR
   - **Verifikationsfeld**: ja
5. Im Ordner **Ablauf der logischen Transaktionsschritte definieren** müssen Sie das Kennzeichen **Validierungsprofil prüfen** für den Schritt ZST2 und den Funktionscode ENTER setzen. Mit diesem Kennzeichen konzentriert sich das RF-Framework zunächst auf die Validierungsfelder und unterbricht die Benutzer*innen mit einer Fehlermeldung, wenn die Überprüfung fehlschlägt.

Testen Sie nun erneut die RF-Transaktion ZSORT (siehe Abbildung 3.36) und überprüfen Sie das Validierungsfeld. Der Unterschied bei der Lösung ohne Validierungsfeld besteht darin, dass das System Sie das Umpacken nicht bestätigen lässt, solange Sie das Produkt nicht gescannt haben.

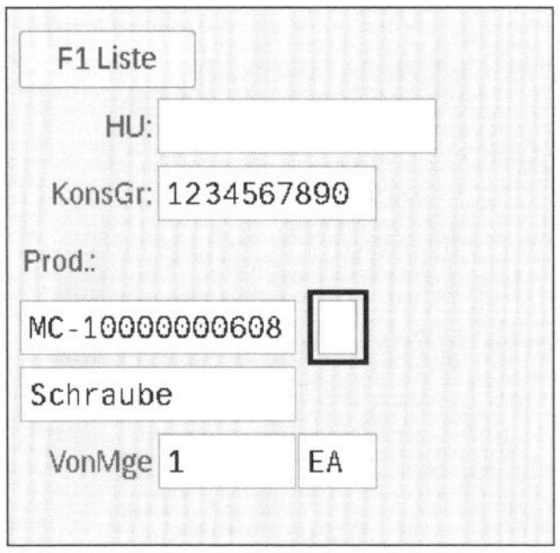

Abbildung 3.36 Validierung des Produkts

Wenn das System das Scannen von EAN-/UPC-Barcodes zulassen soll, müssen Sie im Validierungsprofil einen Funktionsbaustein für die Prüfung angeben. Beispiele sind die Funktionsbausteine /SCWM/RF_MATNR_VALID oder /SCWM/RF_PICK_MATID_CHECK.

3.3.8 Wertehilfe im Radio Frequency Framework mit Funktionstaste F8

Die Wertehilfen im RF-Framework unterscheiden sich von denen in einer SAP-GUI-Transaktion auf dem Desktop oder in einem Webbrowser. In einer Desktop-Transaktion kann die Wertehilfe eines Feldes über die Funktionstaste [F4] oder eine Dropdown-Liste aufgerufen werden. Im Webbrowser arbeitet man normalerweise mit Dropdown-Listen. In den Anfangsjahren der mobilen Geräte waren die Bildschirme keine Touchscreens, und daher ist im RF-Framework die Funktionstaste [F8] für die Wertehilfe verbunden (siehe Abbildung 3.37). Wenn ein Benutzer [F8] drückt ❶, prüft das RF-Framework, ob eine Wertehilfe für das ausgewählte Feld definiert ist (siehe z. B. das Feld **Ressource** auf dem Anmeldebildschirm in Abbildung 3.37). Das Framework zeigt dann alle definierten Werte für dieses Feld in einem Listenbildschirm an, und die Benutzer*innen können einen Eintrag auswählen, indem sie eine laufende Nummer eingeben (z. B. den Wert »19«, wenn der 19. Eintrag in der Liste ausgewählt werden soll, wie in Abbildung 3.37 ❷). Durch Drücken von [↵] wird der nächste Bildschirm angezeigt ❸ und der gewählte Wert befüllt.

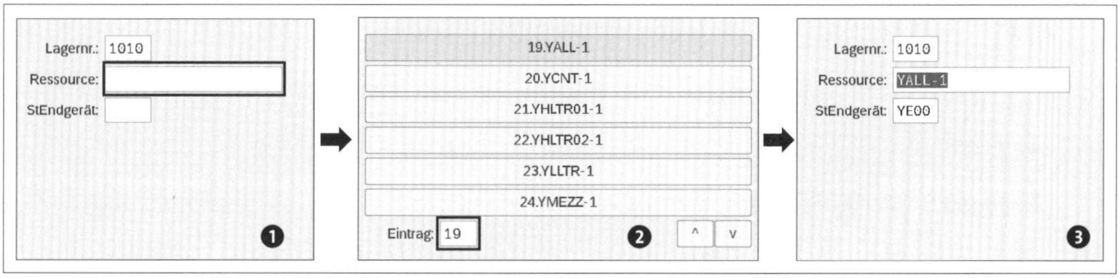

Abbildung 3.37 Wertehilfe für Ressourcenfeld

Um eine Wertehilfe Ihren eigenen RF-Bildschirmen hinzuzufügen, müssen Sie lediglich zwei Framework-Methoden im PBO-Funktionsbaustein aufrufen. Dann zeigt das RF-Framework die Werte auf dem Bildschirm an und gibt den gewählten Wert an das Eingabefeld zurück.

Zuerst rufen Sie die Methode `/SCWM/CL_RF_BLL_SRVC=>INIT_LISTBOX` auf, wobei Sie den Namen des Feldes übergeben. In einer Schleife übergeben Sie mit der Methode `/SCWM/CL_RF_BLL_SRVC=>INSERT_LISTBOX` alle zulässigen Werte an das Framework.

Beispiele finden Sie in der RF-Transaktion zur Anmeldung (RFMAIN, Schritt RFLOGN, Funktionscode `INIT`). Der PBO-Funktionsbaustein `/SCWM/RSRC_USER_DEF_SET_GET` legt die Wertehilfe für die Ressource an (siehe Formroutine `resource_listbox_fill` in Listing 3.9).

```
FORM resource_listbox_fill
  USING    value(iv_lgnum) TYPE /scwm/lgnum.
```

```
CONSTANTS cc_fieldname TYPE fieldname
               VALUE '/SCWM/S_RSC-RSC'.
FIELD-SYMBOLS <ls_rsrc> TYPE /scwm/rsrc.
DATA          lv_char40_val TYPE /scwm/de_rf_text.
DATA          lt_rsrc TYPE  TABLE OF /scwm/rsrc.


  /scwm/cl_rf_bll_srvc=>init_listbox( cc_fieldname ).
  SELECT * FROM /scwm/rsrc INTO TABLE lt_rsrc
         WHERE lgnum = iv_lgnum.
         CHECK sy-dbcnt IS NOT INITIAL.

* Pass the listbox values to the framework
  LOOP AT lt_rsrc ASSIGNING <ls_rsrc>.
      lv_char40_val = <ls_rsrc>-rsrc.
      /scwm/cl_rf_bll_srvc=>insert_listbox(
                 iv_fieldname = cc_fieldname
                 iv_value = lv_char40_val ).
  ENDLOOP.

ENDFORM.                             " resource_listbox_fill
```

Listing 3.9 Wertehilfe für Ressource vorbereiten

Als letzten Schritt müssen Sie im Customizing des RF-Frameworks für die Funktionstaste [F8] den Funktionscode LIST in Ihr Funktionscodeprofil aufnehmen.

3.3.9 Realisierung von Listen

Listen im RF-Framework unterscheiden sich von der Wertehilfe, da sie mehr Spalten anzeigen und somit mehr Informationen liefern. Je nach Bildschirmgröße zeigen Listen normalerweise zwei oder drei Spalten.

In diesem Abschnitt werden wir mit der Beispieltransaktion ZSORT fortfahren und ihr eine Liste möglicher Versand-Handling-Units hinzufügen. Benutzer*innen können die Liste verwenden, um alle offenen Versand-Handling-Units in ihrem Arbeitsbereich für den ausgewählten Kunden abzurufen. In der Liste wird neben der Handling-Unit-Nummer auch der Handling-Unit-Typ (Karton, Palette usw.) angezeigt.

Diese Erweiterung besteht aus drei Schritten:

1. Sie legen einen neuen Subscreen für die Handling-Unit-Liste an.
2. Sie legen zwei neue Funktionsbausteine für die PBO- und PAI-Verarbeitung vor und nach der Liste an.

3. Sie fügen einige Customizing-Einträge für den neuen Schritt ZST3 hinzu, damit das Framework den neuen Bildschirm und die neuen Funktionsbausteine aufrufen kann.

Die Einzelheiten zu diesen drei Schritten werden in den folgenden Abschnitten erläutert.

Einen neuen Subscreen anlegen

Auf dem neuen Bild sollen die Spalten **Handling Unit Identifikation** und **HU Typ** angezeigt werden. Außerdem soll in der ersten Spalte eine Zeilennummer angezeigt werden, sodass die Benutzer*innen später einfach eine Zeile auswählen können, indem sie die Zeilennummer eingeben.

Um die Realisierung dieses Schritts zu erleichtern, kopieren Sie ein bestehendes Listenbild 0201 aus der Funktionsgruppe /SCWM/RF_INQUIRY in unsere Funktionsgruppe ZRF_SORT. Dazu nutzen Sie den Object Navigator (Transaktion SE80). Bei diesem Kopieransatz müssen Sie nur die Spalten anpassen, wie in Abbildung 3.38 gezeigt.

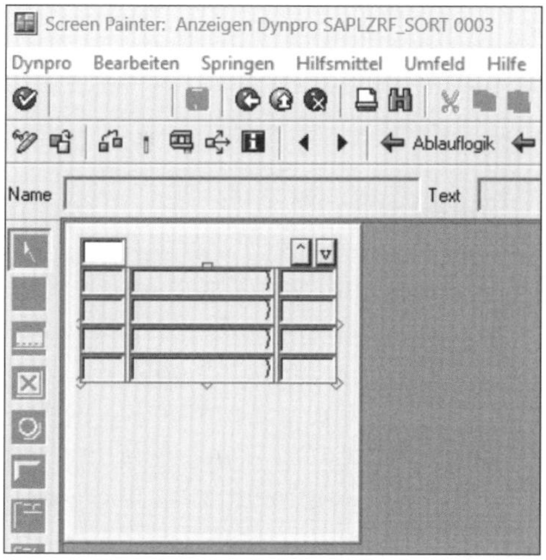

Abbildung 3.38 Subscreen 3 mit Steploop

Um die Spalten anzupassen, ändern Sie den Namen von Spaltenfeld 2 in /SCWM/S_RF_INQ_HU_LOOP-HUIDENT mit der Anzeigelänge 12 und setzen das Kennzeichen **Rollbar**. Ändern Sie in Feld 3 mit der Länge 4 den Namen in /SCWM/S_RF_INQ_HU_LOOP-LETYP. Alle Spalten sind reine Anzeigefelder, da wir nicht erwarten, dass die Benutzer*innen Eingaben in der Liste vornehmen.

Entfernen Sie alle anderen Felder auf dem Bildschirm, mit Ausnahme des Selektionsfeldes (/SCWM/S_RF_INQ_HU-SELNO, Eingabefeld) und der Schaltflächen zum Blättern nach oben und unten (/SCWM/S_RF_SCRELM-PGUP und /SCWM/S_RF_SCRELM-PGDN). Diese

Schaltflächen helfen den Benutzer*innen, in der Liste zu blättern, falls nicht alle Zeilen auf dem Bildschirm angezeigt werden können.

Überprüfen Sie die Ablauflogik des Bildschirms; sie unterscheidet sich von der unserer Bildschirme 1 und 2, da das Framework die Liste hier in einer Schleife, technisch einem *Step-Loop*, verarbeiten muss, wie in Listing 3.10 gezeigt.

```
PROCESS BEFORE OUTPUT.

 MODULE status_sscr_loop.
 LOOP.
    MODULE loop_output.
 ENDLOOP.
 MODULE loop_scrolling_set.

PROCESS AFTER INPUT.

 LOOP.
    MODULE loop_input.
  ENDLOOP.
 MODULE user_command_sscr.
```

Listing 3.10 Ablauflogik von Subscreen 3

Zwei neue Funktionsbausteine anlegen

Legen Sie den neuen Funktionsbaustein Z_SORT_ZST3_PBO mit dem Coding aus Listing 3.11 an. Der Funktionsbaustein fragt die Datenbank ab, um alle Handling Units zu finden, die dem Lagerplatz und dem Kunden entsprechen (siehe Kommentare "1 und "2). Diese Liste wird an das RF-Framework übergeben, indem der Anwendungsparameter CT_INQ_HU_LOOP (siehe Kommentar "3) gefüllt und dem Framework mit der Methode /SCWM/CL_RF_BLL_SRVC=>SET_SCR_TABNAME (siehe Kommentar "4) übergeben wird.

```
FUNCTION z_sort_zst3_pbo.
*"----------------------------------------------------------
*"*"Local Interface:
*"  CHANGING
*"     REFERENCE(ZSORT)          TYPE  ZRF_SORT
*"     REFERENCE(CT_INQ_HU_LOOP) TYPE  /SCWM/TT_RF_INQ_HU_LOOP
*"----------------------------------------------------------
  DATA: lt_huhdr    TYPE /scwm/tt_huhdr_int,
        ls_hu_loop TYPE /scwm/s_rf_inq_hu_loop,
        lt_dstgrp  TYPE rseloption,
        lt_lgpla   TYPE rseloption.
```

```
BREAK-POINT ID zewmdevbook_336.

"1. Get bin of the pick hu
go_pack->get_hu(
  EXPORTING
    iv_guid_hu = zsort-source_hu
  IMPORTING
    es_huhdr   = DATA(ls_huhdr)
  EXCEPTIONS
    OTHERS     = 99 ).
IF sy-subrc <> 0. "technical error
  MESSAGE ID sy-msgid TYPE sy-msgty NUMBER sy-msgno
  WITH sy-msgv1 sy-msgv2 sy-msgv3 sy-msgv4.
ENDIF.
DATA(ls_selopt) = VALUE rsdsselopt(
  low    = ls_huhdr-lgpla
  sign   = wmegc_sign_inclusive
  option = wmegc_option_eq ).
APPEND ls_selopt TO lt_lgpla.
ls_selopt-low = zsort-dstgrp.
APPEND ls_selopt TO lt_dstgrp.
"2. Get all HUs on this bin with same consolidation group
CALL FUNCTION '/SCWM/HU_SELECT_GEN'
  EXPORTING
    iv_lgnum  = zsort-lgnum
    ir_lgpla  = lt_lgpla
    ir_dstgrp = lt_dstgrp
  IMPORTING
    et_huhdr  = lt_huhdr
  EXCEPTIONS
    OTHERS    = 99.
IF sy-subrc <> 0.
  MESSAGE ID sy-msgid TYPE sy-msgty NUMBER sy-msgno
  WITH sy-msgv1 sy-msgv2 sy-msgv3 sy-msgv4.
ENDIF.
"3. Prepare List of HU
CLEAR ct_inq_hu_loop.
DELETE lt_huhdr WHERE copst IS NOT INITIAL.
LOOP AT lt_huhdr ASSIGNING FIELD-SYMBOL(<huhdr>).
  CLEAR ls_hu_loop.
  ls_hu_loop-seqno = sy-tabix.
  MOVE-CORRESPONDING <huhdr> TO ls_hu_loop.
  APPEND ls_hu_loop TO ct_inq_hu_loop.
ENDLOOP.
```

```
    "4. Set screen elements for RF Framework
    /scwm/cl_rf_bll_srvc=>init_screen_param( ).
    /scwm/cl_rf_bll_srvc=>set_screen_param('CS_INQ_HU').
    /scwm/cl_rf_bll_srvc=>set_screen_param('CT_INQ_HU_LOOP').
    CALL METHOD /scwm/cl_rf_bll_srvc=>set_scr_tabname
      EXPORTING
        iv_scr_tabname = '/SCWM/TT_RF_INQ_HU_LOOP'.
    CALL METHOD /scwm/cl_rf_bll_srvc=>set_line
      EXPORTING
        iv_line = 1.

ENDFUNCTION.
```

Listing 3.11 Parameter und Coding des Funktionsbausteins Z_SORT_ZST3_PBO

Der zweite neue Funktionsbaustein, Z_SORT_ZST3_PAI (siehe Listing 3.12) prüft, ob die Benutzerin eine Handling Unit aus der Liste ausgewählt hat, indem sie eine laufende Nummer eingibt (siehe Kommentar "1). Wenn dies der Fall ist, wird die ausgewählte Zeile durch Füllen des Anwendungsparameters ZSORT-RFHU (siehe Kommentar "2) zurückgegeben.

```
FUNCTION z_sort_zst3_pai.
*"----------------------------------------------------------------------
*"*"Local Interface:
*"  CHANGING
*"     REFERENCE(ZSORT)          TYPE  ZRF_SORT
*"     REFERENCE(CT_INQ_HU_LOOP) TYPE  /SCWM/TT_RF_INQ_HU_LOOP
*"     REFERENCE(CS_INQ_HU)      TYPE  /SCWM/S_RF_INQ_HU
*"----------------------------------------------------------------------

  BREAK-POINT ID zewmdevbook_336.

  "1. Validation of user-input
  DATA(ls_inq_hu) = VALUE /scwm/s_rf_inq_hu_loop(
    ct_inq_hu_loop[ cs_inq_hu-selno ] ).
  IF sy-subrc IS NOT INITIAL.
    MESSAGE e108(/scwm/rf_en) WITH cs_inq_hu-selno.
  ENDIF.
  "2. Forward user-selection to screen 2
  zsort-rfhu = ls_inq_hu-huident.
```

```
  /scwm/cl_rf_bll_srvc=>set_screen_param('ZSORT').

ENDFUNCTION.
```

Listing 3.12 Parameter und Coding für Funktionsbaustein Z_SORT_ZST3_PAI

Customizing-Einträge hinzufügen

Nun fügen Sie die erforderlichen Customizing-Einträge im RF-Framework hinzu.

Sie beginnen in der IMG-Aktivität **Schritte in logischen Transaktionen definieren**, wo Sie im Ordner **Schritte definieren** zunächst einen neuen Schritt, ZST3, anlegen. Im Ordner **Logische Transaktionen definieren** wählen Sie die RF-Transaktion ZSORT aus und navigieren zum Unterordner **Schritt einer logischen Transaktion auf Subscreen abbilden**. Hier sollten Sie einen vorhandenen Eintrag (z. B. für Schritt ZST2) kopieren und den Schrittnamen in ZST3 und die Bildnummer in 3 ändern.

Kopieren Sie im Unterordner **Funktionscodeprofil definieren** einen bestehenden Eintrag und ändern Sie den Schrittnamen in ZST2. Ändern Sie den Funktionscode in `HULIST` und weisen Sie ihn der Drucktaste 1 mit der Funktionstaste [F1] zu. Dieser Customizing-Eintrag hat die Auswirkung, dass auf Bild 2 die Drucktaste **F1-Liste** angezeigt wird.

Legen Sie im Unterordner **Schrittablauf einer logischen Transaktion definieren** drei neue Einträge an, wie in Tabelle 3.11 aufgeführt. Mit dem Funktionscode `HULIST` wird das Framework zum neuen Schritt ZST3 navigieren und den Funktionscode `INIT` automatisch im Hintergrund verarbeiten. Mit dem Funktionscode `ENTER` navigiert das Framework zurück zum Schritt ZST2.

Schritt	Funktionscode	Funktionsbaustein	Nächster Schritt	Verarbeitungsmodus und Hintergrundfunktionscode
ZST2	HULIST	–	ZST3	1-Hintergrund, INIT
ZST3	INIT	Z_SORT_ZST3_PBO	–	2-Vordergrund
ZST3	ENTER	Z_SORT_ZST3_PAI	ZST2	1-Hintergrund, INIT

Tabelle 3.11 Ablauf für Schritt ZST3

Wenn Sie nun, wie in Abbildung 3.39 gezeigt, die RF-Transaktion ZSORT ❶ testen, werden Sie die neue Drucktaste **F1 Liste** auf dem zweiten Bildschirm ❷ im oberen Bereich bemerken. Wenn Sie die Funktionstaste [F1] drücken, gelangen Sie auf das neue Bild ❸, das eine Liste der möglichen Handling Units anzeigt. Geben Sie hier die Nummer der Zeile ein, die Sie auswählen möchten, z. B. »15«. Sie gelangen zurück auf das zweite Bild ❹, und der Wert für das Feld **HU** wird mit der gewählten Handling Unit vorbelegt.

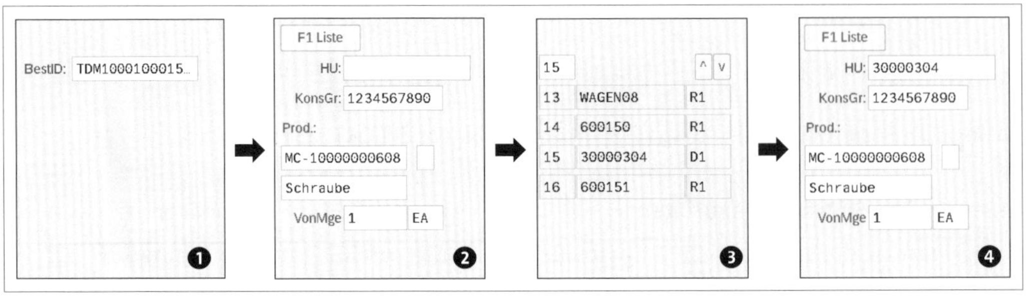

Abbildung 3.39 Test der RF-Transaktion ZSORT mit Handling-Unit-Liste

Einen Listenbildschirm zu Ihrer RF-Transaktion hinzuzufügen erfordert nicht allzu viel Aufwand, da das RF-Framework Sie bei diesem Schritt gut unterstützt. Der knifflige Teil besteht darin, innerhalb des begrenzten Platzes auf dem Bildschirm die richtigen Spalten auszuwählen, damit ein Benutzer oder eine Benutzerin die richtige Auswahl treffen kann.

3.3.10 Behandlung von Ausnahmen im RF-Framework

Das RF-Framework unterstützt die Benutzer*innen bei vielen RF-Transaktionen auch in vorhersehbaren Ausnahmesituationen. Bei der RF-Kommissionierung ist z. B. die Ausnahme **Nicht genügend Bestand auf Von-Lagerplatz** vordefiniert: Die Benutzer*innen geben einen Ausnahmecode, dann die Mengendifferenz ein und können mit ihrer Arbeit fortfahren. Ohne diese vordefinierte Ausnahme müssten die Benutzer*innen die Kommissionierung unterbrechen und einen Vorgesetzten oder eine Klärstelle um Hilfe bitten. Je häufiger eine Ausnahme auftreten kann, desto besser sollte die Software in der Lage sein, sie ohne großen Aufwand für die Benutzer*innen zu behandeln.

In RF-Transaktionen gibt es auf allen Bildschirmbildern, auf denen Ausnahmen vom System unterstützt werden, das Feld **Ausnahmecode**. Das Feld befindet sich normalerweise in der unteren rechten Ecke des Bildschirms. Für einige Ausnahmen, wie z. B. **Kommissionier-HU ist voll** (Ausnahmecode NEXT), ist keine weitere Benutzereingabe erforderlich. Für andere Ausnahmecodes, wie z. B. fehlende Bestände (Ausnahmecode DIFF), ist ein separates Bild zur Eingabe der Differenzmenge erforderlich.

Alle Ausnahmen erfordern eine Benutzerschulung, und wenn eine Ausnahme zu viele Eingaben erfordert (z. B. Lagerbestand, der bei der Inventur auf einem Platz gefunden wurde), ist die RF-Transaktion möglicherweise nicht die richtige Wahl, um die Ausnahme sofort zu behandeln.

In diesem Abschnitt erfahren Sie, wie Sie die RF-Transaktion ZSORT um zwei Ausnahmecodes, LIST und SKFD, erweitern können:

- Geben Sie die Ausnahme SKFD (Validierungsfeld überspringen) ein, wenn ein Benutzer den Produktbarcode nicht verifizieren kann.
- Geben Sie den Ausnahmecode LIST (Liste aller gültigen Exceptions) ein, um alle zulässigen Ausnahmen für eine bestimmte Transaktion anzuzeigen.

Beide Ausnahmen sind in Standard-RF-Transaktionen zu finden, daher beschreiben wir hier nur, wie sie in einer neuen RF-Transaktion aktiviert werden können. Dazu sind drei Schritte erforderlich:

1. Sie legen einen neuen Business-Kontext 9PA im Einführungsleitfaden an und ordnen die Ausnahmecodes SKFD und LIST innerhalb Ihrer Lagernummer zu.
2. Sie erweitern den Schrittablauf für die RF-Transaktion ZSORT, damit das Framework auf Ausnahmen reagieren kann.
3. Sie legen den Funktionsbaustein `Z_SORT_ZST2_EXCEPTIONS` an.

In den folgenden Abschnitten werden diese Schritte, die Sie im Object Navigator (Transaktion SE80) und im EWM-Einführungsleitfaden durchführen, im Detail beschrieben.

Anlegen eines neuen Business-Kontextes

Wir beginnen mit der Pflege der Ausnahmebehandlung im EWM-Einführungsleitfaden unter **Prozessübergreifende Einstellungen • Ausnahmebehandlung** im Ordner **Ausnahmecode Kontext Pflegen**. Hier legen Sie einen neuen Business-Kontext an. Geben Sie im Feld **Kontextname** »9PA« und als **Beschreibung** »Kommissionierartikel umpacken« ein. Navigieren Sie zu dem Unterordner **Ausführungsschritt zum Businesskontext zuordnen** für Ihren neuen Eintrag und ordnen Sie ihm den Schritt **18 RF-Verpacken von HU-Positionen** zu. Markieren Sie wiederum diesen Eintrag und navigieren Sie zum Unterordner **Int. Prozesscodes zuordnen**, wo Sie zwei neue Einträge mit den Bezeichnungen LIST und SKFD anlegen (siehe Abbildung 3.40).

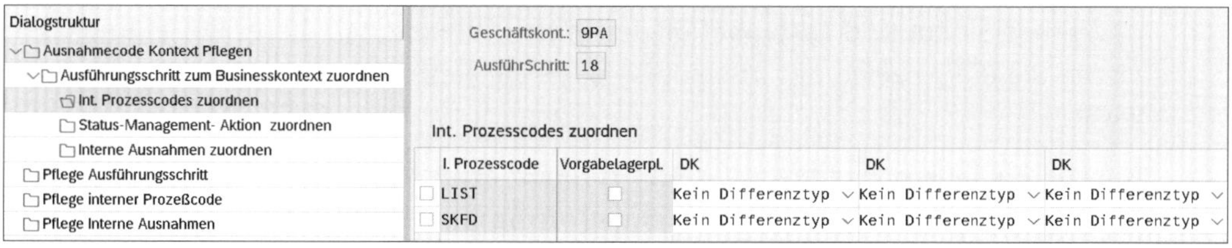

Abbildung 3.40 Customizing des neuen Business-Kontextes 9PA

In der IMG-Aktivität **Ausnahmecodes definieren** definieren Sie nun die benutzerspezifischen Ausnahmecodes mithilfe der lagerinternen Ausnahmecodes (z. B. 1010) definieren.

Wählen Sie zunächst den Ordner **Ausnahmecode erstellen** und legen Sie zwei neue Einträge an:

- 111: Geben Sie Ihr Lager, den Ausnahmecode 111 und eine Beschreibung »Produktvalidierung überspringen« ein.
- 999: Geben Sie Ihr Lager, den Ausnahmecode 999 und eine Beschreibung »Liste aller Ausnahmecodes« ein.

Markieren Sie einen Eintrag nach dem anderen und navigieren Sie zum Unterordner **Ausnahmecode definieren**, wo Sie einen Eintrag mit dem Business-Kontext 9PA und Schritt 18 anlegen. Fahren Sie mit dem Unterordner **Prozessparameter pflegen** fort und ordnen Sie dem Ausnahmecode 111 den internen Prozesscode SKFD zu. Für den Ausnahmecode 999 fügen Sie einen Eintrag mit dem internen Prozesscode LIST hinzu.

[+]

Numerische Ausnahmecodes

Solange das RF-Gerät über einen Bildschirm mit einer kleinen Tastatur verfügt, ist es besser, numerische Ausnahmecodes zu wählen als zeichenbasierte Codes. Bei den meisten Geräten ist es einfacher, »111« statt »SKFD« einzugeben, da sich die Zeichen oft nicht auf dem primären Tastensatz der Tastatur befinden.

Erweitern des Schrittablaufs

Gehen Sie zur IMG-Aktivität **Schritte in logischen Transaktionen definieren** und bringen Sie das RF-Framework dazu, Ausnahmen zuzulassen und zu behandeln.

Wählen Sie die RF-Transaktion ZSORT im Ordner **Logische Transaktionen definieren** und navigieren Sie zum Unterordner **Funktionscodeprofil definieren**. Kopieren Sie hier einen bestehenden Eintrag und ersetzen Sie den Schritt (neuer Wert ZST2) und den Funktionscode (neuer Wert EXCEPT). Aktivieren Sie das Kennzeichen **Ausnahme** und geben Sie im Feld **Tastenbefehl** den Wert »****« ein. Mit dieser Einstellung aktivieren Sie die Anzeige des Ausnahmecodefeldes auf Dynpro 2 der RF-Transaktion ZSORT.

Navigieren Sie zum Unterordner **Schrittablauf einer logischen Transaktion definieren** und kopieren Sie einen vorhandenen Eintrag. Ändern Sie den Wert im Feld **Schritt** in »ZST2« und den **Funktionscode** in »EXCEPT«. Im Feld **Funktionsbaustein** geben Sie »Z_SORT_ZST2_EXCEPTIONS« ein. Der Wert des Feldes **Nächster Schritt** ist »ZST2«, und im Feld **Verarbeitungsmodus** wählen Sie die Option »0« (**Während Ausführung definiert**).

Funktionsbaustein anlegen

Im letzten Schritt legen Sie den Funktionsbaustein Z_SORT_ZST2_EXCEPTIONS an, in dem die Ausnahmen von Dynpro 2 behandelt werden (siehe Listing 3.13).

```
FUNCTION z_sort_zst2_exceptions.
*"------------------------------------------------------------
*"*"Local Interface:
*"  CHANGING
*"     REFERENCE(ZSORT) TYPE  ZRF_SORT
*"------------------------------------------------------------

  CONSTANTS: lc_buscon(3)   VALUE '9PA',
             lc_execstep(2) VALUE '18'.

  DATA: ls_exccode TYPE /scwm/s_iexccode,
        lv_fcode   TYPE /scwm/de_fcode.

  BREAK-POINT ID zewmdevbook_336.

  "1. Checks & initializations
  IF zsort-source_hu IS INITIAL.
    RETURN.
  ENDIF.
  "Get shortcut
  DATA(lv_shortcut) = /scwm/cl_rf_bll_srvc=>get_shortcut( ).
  "Create instance of Exception object
  DATA(lo_excep) = /scwm/cl_exception_appl=>create_exception_object( ).
  "2. Verify exception code entered by the user
  ls_exccode-exccode = lv_shortcut.
  /scwm/cl_exception_appl=>verify_exception_code(
    EXPORTING
      is_appl_item_data = zsort
      iv_lgnum          = zsort-lgnum
      iv_buscon         = lc_buscon
      iv_execstep       = lc_execstep
      ip_excep          = lo_excep
    CHANGING
      cs_exccode        = ls_exccode ).
  "Exception code is not maintained in customizing
  IF ls_exccode-valid <> abap_true.
    "Exception code is not allowed
    MESSAGE e003(/scwm/exception)
    WITH ls_exccode-exccode.
```

```
    RETURN.
  ENDIF.
  "3. Handle exceptions
  CASE ls_exccode-iprcode.
    WHEN wmegc_iprcode_list.
      "4. Handle exception code "list"
      CALL FUNCTION '/SCWM/RSRC_EXCEPTION_LIST_FILL'
        EXPORTING
          iv_lgnum     = zsort-lgnum
          iv_buscon    = lc_buscon
          iv_exec_step = lc_execstep.
      lv_fcode = wmegc_iprcode_list.
      /scwm/cl_rf_bll_srvc=>set_fcode( lv_fcode ).
      /scwm/cl_rf_bll_srvc=>set_prmod(
        /scwm/cl_rf_bll_srvc=>c_prmod_background ).
      CALL METHOD /scwm/cl_rf_bll_srvc=>set_field
        EXPORTING
          iv_field = '/SCWM/S_RF_SCRELM-SHORTCUT'.
    WHEN wmegc_iprcode_skfd.
      "5. Handle exception code "Skip verification field"
      zsort-matnr_verif = zsort-matnr. "verify the product
      /scwm/cl_rf_bll_srvc=>set_prmod(
        /scwm/cl_rf_bll_srvc=>c_prmod_foreground ).
    WHEN OTHERS.
      "Exception code is not allowed
      MESSAGE e003(/scwm/exception) WITH lv_shortcut.
  ENDCASE.
  /scwm/cl_rf_bll_srvc=>clear_shortcut( ).

ENDFUNCTION.
```

Listing 3.13 Parameter und Coding für Funktionsbaustein Z_SORT_ZST2_EXCEPTIONS

Das Coding prüft zunächst, ob ein gültiger Ausnahmecode eingegeben wurde (siehe Kommentar "2), indem eine Standardmethode verify_exception_code der Klasse /SCWM/CL_EXCEPTION_APPL verwendet wird. Dabei werden die in Schritt 1 vorgenommenen Customizing-Einträge überprüft.

Das Coding arbeitet mit den internen Prozesscodes LIST und SKFD (siehe Kommentare "4 bis "5), und ist damit unabhängig von den externen Prozesscodes 111 oder 999.

Wenn Sie nun die erweiterte RF-Transaktion ZSORT testen, finden Sie das Feld **Ausnahmecode** im unteren rechten Teil des Bildschirms (siehe Abbildung 3.41). Sie können mit [⇆] zu dem Feld navigieren, anstatt die Maus zu benutzen. Wenn Sie »111« eingeben und [↵], wechselt das Verifizierungsfeld für das Produkt vom Eingabefeld zu einem verifizierten Ausgabefeld (❸ und ❹). Wenn Sie auf dem ersten Bild ❶ den Code »999« eingeben, zeigt das System ein Listenbild mit allen zulässigen Ausnahmen (❶ und ❷) an. Im Listenbild ❷ können Sie die laufende Nummer der Zeile eingeben, und das System übernimmt diesen Ausnahmecode automatisch in das Feld für den Ausnahmecode.

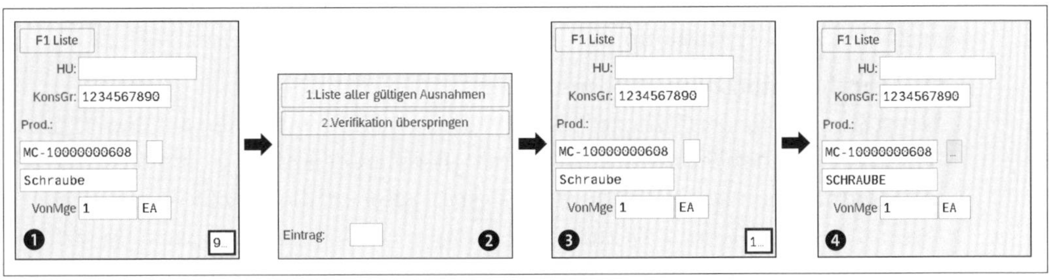

Abbildung 3.41 Test der Ausnahmecodes in der RF-Transaktion ZSORT

Viele RF-Standardtransaktionen behandeln Ausnahmen. Bevor Sie also Ihre eigenen Ausnahmen entwickeln, sollten Sie zuerst den Standard überprüfen. Sie finden die schon verfügbaren Funktionsbausteine im Function Builder (Transaktion SE37), indem Sie nach »/SCWM/RF_*_EXCEPTION« suchen.

3.3.11 Prozessfunktionen im Hintergrundmodus bei RF-Transaktionen

Im Customizing des RF-Frameworks können Sie für jede Kombination aus einem Schritt und einem Funktionscode wählen, ob ein anderer Funktionscode und Schritt automatisch im Hintergrund verarbeitet wird. Indem Sie die Einstellung von **Vordergrund** auf **Hintergrund** ändern, können Sie z. B. einige Standard-RF-Transaktionen optimieren, bei denen den Benutzer*innen zu viele Schritte (Bilder) angezeigt werden. Beim RF-Empfang von Handling Units können Sie mit dieser Art von Customizing z. B. das Bild überspringen, auf dem die Lieferanteninformationen angezeigt werden.

Bei einigen RF-Transaktionen kann die Entscheidung, ob im Hintergrund mit dem nächsten Bild fortgefahren oder beim aktuellen Bild verblieben wird, nur zur Laufzeit getroffen werden, abhängig von den Benutzereingaben. Setzen Sie in diesem Fall die dritte Option, **Während Ausführung definiert**. Beispiele für solche RF-Transaktionen sind RF-Kommissionierung und RF-Verpacken. Bei der RF-Kommissionierung wird den Benutzer*innen das zusätzliche Bild für die Prüfung auf niedrige Bestände nur dann angezeigt, wenn der aktuelle Lagerplatz leer ist. Beim RF-Verpacken zeigt das System das Anmeldebild für den Arbeitsplatz nur einmal pro Benutzersitzung an.

Wenn Sie die Option **Während Ausführung definiert** wählen, können Sie die Methode /SCWM/CL_RF_BLL_SRVC=>SET_PRMOD verwenden, um in den Vordergrund (Konstante /SCWM/CL_RF_BLL_SRVC=>C_PRMOD_FOREGROUND) oder in den Hintergrund (Konstante /SCWM/CL_RF_BLL_SRVC=>C_PRMOD_BACKGROUND) zu wechseln.

3.3.12 Verbesserung der Standard-RF-Transaktionen und Einsatz von RF-BAdIs

Es gibt drei Ansätze, um eine Standard-RF-Transaktion zu erweitern. Jeder dieser Ansätze kann je nach Projektanforderung Vor- und Nachteile aufweisen:

1. **Standardfunktionsbausteine umhüllen**
   Wenn Sie z. B. eine zusätzliche Prüfung oder neue Informationen auf dem Dynpro benötigen, können Sie diese Programmlogik oft an den Anfang oder das Ende der Standardfunktion (z. B. Funktionsbaustein SF) stellen, die für ein bestimmtes RF-Dynpro aufgerufen wird. Dazu legen Sie einen neuen Funktionsbaustein (z. B. NF) an, der die Standardfunktion SF aufruft. Vor oder nach dem Aufruf von SF geben Sie Ihre eigene Programmlogik ein. Im RF-Customizing kopieren Sie den Standard-Customizing-Eintrag für SF in Ihr Darstellungsprofil und verknüpfen ihn mit dem NF-Funktionsbaustein.

   Der Vorteil dieser Vorgehensweise ist, dass Sie sich so weit wie möglich an den Standard halten, sodass alle vom SAP-Standard vorgesehenen Codefixes auch in Ihrem Projekt gelten. Außerdem beschränken Sie das neue Coding auf ein bestimmtes Lager/Darstellungsprofil. Wenn Sie auf einen Softwarefehler stoßen, können Sie die Darstellungsprofile wieder auf den Standard umstellen und das Beispiel an den SAP-Support weitergeben. Wie beim Darstellungsprofil **** werden nur Standardfunktionsbausteine aufgerufen.

2. **Standardfunktionsbausteine kopieren**
   Wenn Sie eine Erweiterung benötigen, die nicht am Anfang oder Ende eines Funktionsbausteins hinzugefügt werden kann, müssen Sie den Standardfunktionsbaustein kopieren und das Coding irgendwo in der Mitte ändern. Ähnlich wie bei Ansatz 1 kopieren Sie den Customizing-Eintrag in Ihr Lager/Darstellungsprofil und tragen den kopierten Funktionsbaustein ein. Der Nachteil dieses Ansatzes ist, dass Sie die Pflege für das gesamte in Ihr Projekt kopierte Coding übernehmen müssen. Oftmals kopieren Sie die komplette Funktionsgruppe. Die von SAP zur Verfügung gestellten Korrekturen werden keine Auswirkungen haben, da Sie von der Standardverarbeitung abweichen.

3. **Verwendung der RF-BAdIs**
   Sie können die BAdIs des RF-Frameworks verwenden und Ihre eigenen Funktionsbausteine aufrufen und damit die Standardprogrammlogik ersetzen. Ein Vorteil dieses Ansatzes ist, dass Sie das Customizing des RF-Frameworks nicht verstehen

und auch nicht verwenden müssen. Der Nachteil ist, dass kein Customizing verwendet wird und somit alles durch Coding gelöst wird. Dies führt zu einer geringeren Transparenz für andere Entwickler*innen oder Projekte. Im schlimmsten Fall beginnen die Entwicklerteams, die diese BAdIs verwenden, neue Customizing-Tabellen zu entwickeln, die nur ein weiteres RF-Framework darstellen. Wenn Sie sich für diesen Ansatz entscheiden, sollten Sie einen Schalter vorsehen, damit Sie im Fall eines Fehlers, der vom SAP-Support untersucht werden muss, leicht zur reinen Standardverarbeitung wechseln können.

Die zentralen BAdIs des RF-Frameworks sind `/SCWM/EX_RF_FLOW_PRE` und `/SCWM/EX_RF_FLOW_POST`. Das eine wird aufgerufen, bevor jeder Schritt vom RF-Framework verarbeitet wird, und das andere wird nach jedem Schritt aufgerufen.

Neben der Möglichkeit, eine Standard-RF-Transaktion zu erweitern, können Sie auch einige grundlegende RF-Transaktionen wiederverwenden. Eine *RF-Kerntransaktion* kann in der Regel nicht in der RF-Umgebung ausgeführt werden und ist an den Platzhaltern in ihrem Namen zu erkennen; so verwendet die RF-Kommissionierung beispielsweise die Kerntransaktion PI**** und die RF-Einlagerung PT**** und PTHU**. Die Standardentwicklungen der RF-Kommissionierung wurden geclustert und die Einträge im RF-Framework wiederverwendet. Die Customizing-Einträge in der logischen Transaktion PI**** gelten für die gesamte Familie der RF-Kommissionierungstransaktionen. So verwenden die Kommissionierung nach Handling Unit (logische Transaktion PIBHU), die systemgeführte Kommissionierung (logische Transaktion PISYSG) usw. alle dieselben Customizing-Einträge, die Sie für PI**** finden.

Eine Möglichkeit ist auch die Wiederverwendung der RF-Kerntransaktionen. Dazu würden Sie z. B. die logische Transaktion PIZZ01 anlegen, die die Einstellungen von PI**** wiederverwenden würde. Die Namensraumregel wird hier dahingehend geändert, dass das Z nicht unbedingt am Anfang des Namens stehen muss.

Für den Schrittablauf selektiert das RF-Framework immer Einträge für die logische Transaktion (z. B. PIZZ01) und auch für die beiden möglichen RF-Kerntransaktionen PI**** und PIZZ**. Mit dem Konzept der RF-Kerntransaktionen wird die Anzahl der Customizing-Einträge minimiert, wenn Sie eine Gruppe von Transaktionen haben, die ähnlich sind.

3.4 Post Processing Framework

Für verschiedene Geschäftsprozesse kann es sinnvoll oder sogar notwendig sein, definierte Folgeaktionen auszulösen, die ereignisgesteuert sind. Wenn diese Aktionen den laufenden Prozess nicht beeinflussen, können sie vom auslösenden Prozess entkoppelt werden und parallel oder im Anschluss daran ablaufen. Die Verarbeitung verläuft ab diesem Zeitpunkt *asynchron*.

Im Gegensatz dazu steht die *synchrone* Verarbeitung. In diesem Fall werden alle Aktionen innerhalb einer *Logical Unit of Work* (LUW) sequenziell abgearbeitet und am Ende zusammen verbucht. Im Vergleich zur asynchronen Verarbeitung erhöht sich dadurch zwar die Gesamtlaufzeit, aber es wird auch sichergestellt, dass alle Routinen fehlerfrei ausgeführt werden.

[zB]

Formulare drucken

Ein typischer Anwendungsfall für eine asynchrone Verarbeitung ist das Drucken von Formularen. Buchen die Benutzer*innen innerhalb einer Dialogtransaktion den Warenausgang für eine Lieferung, sollen direkt im Anschluss die entsprechenden Versandpapiere gedruckt werden. In der Regel ist es nicht notwendig, diese Schritte synchron zu verarbeiten. Vielmehr müssten die Benutzer*innen nur den Warenausgang in der Dialogtransaktion buchen und dann eine Erfolgsmeldung erhalten. Auf eine weitere Meldung, dass auch der Druck erfolgreich war, sollten sie nicht warten müssen, da sie dies an den gedruckten Belegen erkennen werden. Hier können Sie den eigentlichen Druck der Versandpapiere einfach dem Status der erfolgreichen Warenausgangsbuchung als Folgeaktion zuordnen.

Die wichtigsten Merkmale und Erweiterungsmöglichkeiten von PPF werden im folgenden Abschnitt dargestellt und erläutert.

3.4.1 Grundlagen

Das PPF ist eine Softwarekomponente, die anwendungsübergreifend eingesetzt wird, um ereignisgesteuerte Aktionen auszulösen. Mithilfe von standardisierten Schnittstellen (Klassenschnittstellen) ermöglicht das Framework den verschiedenen SAP-Anwendungen, Aktionen auszulösen (z. B. Formulardruck, Generierung von Folgebelegen, Start von Workflows, Versand von E-Mails oder Alerts). Die Entscheidung, ob eine Aktion ausgelöst wird oder nicht, kann über konfigurierbare Bedingungen oder einfach durch die Verwendung von ABAP-Logik getroffen werden.

Das PPF wurde als objektorientierter Nachfolger der Nachrichtensteuerung entwickelt. Durch den leichten Zugang zu verschiedenen SAP-Anwendungen und die einfache Erweiterbarkeit bietet das PPF eine hohe Flexibilität und wird häufig für kundenspezifische Erweiterungen in EWM-Implementierungsprojekten verwendet. In den folgenden Abschnitten werden wir uns den Aufbau des PPF ansehen und dann seine Ablauflogik diskutieren.

Aufbau und Funktionen

Innerhalb des PPF werden *Aktionsdefinitionen* – gruppiert unter *Aktionsprofilen* und *Anwendungen* – verwaltet, die bestimmte ABAP-Logik enthalten. Diese Aktionsdefinitionen sind der definierte Rahmen für eine Aktion, die während eines Geschäftsprozesses ausgeführt werden soll. Sie enthalten alle Informationen über die Verarbeitungsart, den Verarbeitungszeitpunkt und die Bedingungen, die für die Verarbeitung der Aktion erfüllt sein müssen. Die Customizing-Einstellungen für Aktionsdefinitionen werden in der Tabelle `PPFTTTCU` abgelegt.

Zur Laufzeit erzeugt das PPF sogenannte *Trigger* (Instanzen einer Aktionsdefinition) für alle relevanten Aktionsdefinitionen. Die Relevanz hängt von der aufrufenden Anwendung ab. Diese Trigger lösen die eigentliche Aktionsverarbeitung (ABAP-Logik) aus. Die Trigger werden in der Tabelle `PPFTTRIGG` gespeichert.

Logischer Ablauf

Um den Zusammenhang zwischen der Anwendung und den Hauptfunktionen des PPF schematisch zu verdeutlichen, ist in Abbildung 3.42 die logische Abfolge des Frameworks in vereinfachter Form dargestellt.

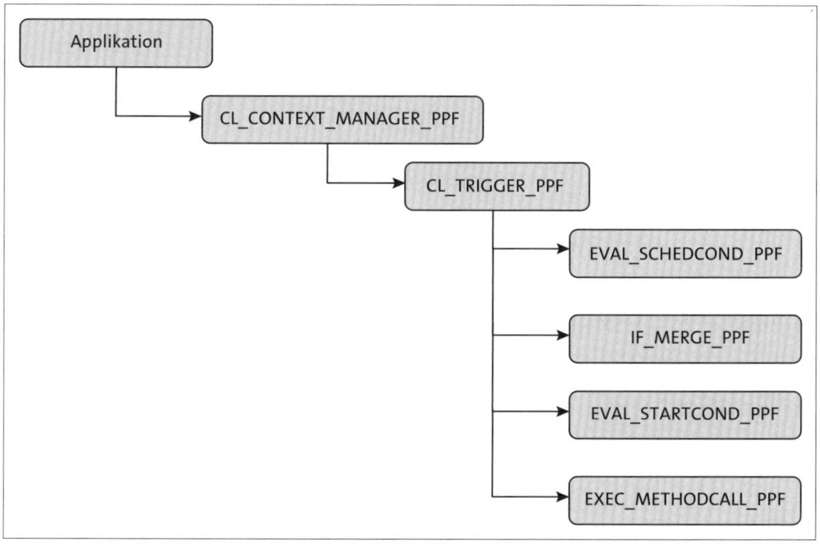

Abbildung 3.42 Schematische Ablauflogik des Post Processing Frameworks

Sie lautet wie folgt:

1. Das Anwendungsprogramm ruft den *PPF-Manager* (`CL_CONTEXT_MANAGER_PPF`) auf und übergibt die jeweilige Anwendung und das Aktionsprofil.

2. Der PPF-Manager stößt die Ermittlung des Triggers für eine PPF-Aktionsdefinition (CL_TRIGGER_PPF) an. Alle Aktionsdefinitionen, die unter dem spezifischen Aktionsprofil der Anwendung gruppiert sind, werden ermittelt und geprüft.
3. Für alle aktivierten Aktionsdefinitionen werden die *Einplanbedingungen* analysiert.
4. Wenn eine Einplanbedingung erfüllt ist, wird die gegebenenfalls eingestellte Verdichtungslogik geprüft, um festzustellen, ob die Aktion erneut ausgeführt werden darf.
5. Wenn alle vorangegangenen Prüfungen positiv ausfallen, wird als letzter Schritt die *Startbedingung* ausgewertet, sofern vorhanden.
6. Die Ausführung beginnt für alle zulässigen Trigger (es sei denn, die Option **Verarbeitung über Selektionsreport** ist als Verarbeitungszeitpunkt eingestellt).

Die Ausführung einer PPF-Aktion ist unter anderem abhängig vom Verarbeitungszeitpunkt der Aktionsdefinition. Die Konfigurationsmöglichkeiten für die Verarbeitungszeitpunkte von PPF-Aktionen sind in Abschnitt 3.4.2, »EWM und Post Processing Framework«, beschrieben.

[»]

Weitere Informationen zum Post Processing Framework

Weitere Informationen zum PPF finden Sie im Support Content des SAP Help Portals unter *https://help.sap.com/docs/SUPPORT_CONTENT/sewm/* im Ordner **EWM General Information**. Im Leitfaden »How to Use PPF in SAP EWM« finden Sie detaillierte technische Beschreibungen über die verfügbaren Klassenschnittstellen und Serviceklassen des PPF.

3.4.2 EWM und Post Processing Framework

In EWM werden einige PPF-Aktionen bereits im Standard ausgeliefert. Sie sind entweder für die korrekte Verarbeitungslogik einzelner Prozesse – insbesondere bei der Integration in SAP-S/4HANA-Komponenten – zwingend erforderlich oder optional als Mustervorlagen für die schnelle Prozessimplementierung zu verwenden.

Die folgenden PPF-Anwendungen sind für EWM in SAP S/4HANA verfügbar:

- /SCDL/DELIVERY: Lieferabwicklung
- /SCWM/SHP_RCV: Warenannahme und Versand
- /SCWM/WME: Warehouse Management Engine
- QIE: Quality Inspection Engine (Decentralized EWM)

Über die Transaktion SPPFCADM gelangen Sie in das zentrale Customizing-Menü für das PPF. Hier können Sie spezifische Einstellungen für bestehende Aktionsdefinitionen verwalten sowie Start- und Einplanbedingungen zuordnen. In diesem Zusammenhang haben Sie auch die Möglichkeit, eigene Aktionsdefinitionen sowie Start- und Einplanbedingungen anzulegen.

Sie können das Customizing einer Aktionsdefinition wie folgt aufrufen:

1. Markieren Sie die Anwendung und klicken Sie auf die Schaltfläche **Aktionsprofile und Aktionen definieren**.
2. Markieren Sie das Aktionsprofil und wählen Sie es in der Dialogstruktur durch Doppelklick auf **Aktionsdefinition** aus.
3. Markieren Sie die Aktionsdefinition und drücken Sie auf die Schaltfläche **Detail**. Sie befinden sich dann auf dem Bildschirm, der in Abbildung 3.43 gezeigt wird.

Abbildung 3.43 Customizing der Aktionsdefinitionen

4. Sie können die ABAP-Logik hinter jeder Aktionsdefinition finden, indem Sie in der Dialogstruktur die **Verarbeitungsarten** per Doppelklick auswählen und dann die Schaltfläche **Implementierung anzeigen** drücken. In Abschnitt 4.5.2, »Erweiterung 1V7a: Übernahme der Transporteinheit aus dem Wareneingang«, werden wir auf diese Einstellungen näher eingehen.

Auf der Registerkarte **Aktionsdefinition** finden Sie eine Reihe von Customizing-Optionen. Wie bereits in Abschnitt 3.4.1, »Grundlagen«, beschrieben, ist das PPF kein EWM-spezifisches Framework. Daher erläutern wir in den folgenden Abschnitten nur die Einstellungen, die für die Standardverarbeitung in EWM wesentlich sind: Verarbeitungszeitpunkt, Aktionsverdichtung sowie weitere Optionen und Bedingungen.

Verarbeitungszeitpunkt

Für den Verarbeitungszeitpunkt stehen über das Feld **Verarbeiten um** folgende Optionen zur Verfügung:

- **Sofortige Bearbeitung**
- **Verarbeitung beim Sichern des Belegs**
- **Verarbeitung über Selektionsreport**

Die Einstellungen **Verarbeitung beim Sichern des Belegs** und **Verarbeitung über Selektionsreport** lösen eine asynchrone Ausführung der PPF-Aktion aus. Dies bedeutet, dass die Aktion entkoppelt von der LUW verarbeitet wird.

Tabelle 3.12 enthält eine Übersicht über die verschiedenen Verarbeitungsarten.

Option	Verarbeitungsart
Sofortige Verarbeitung	innerhalb der aktuellen LUW vor `COMMIT WORK` (synchron)
Verarbeitung beim Sichern des Belegs	unmittelbar nach Beendigung der aktuellen LUW mit `COMMIT WORK` (asynchron)
Verarbeitung über Selektionsreport	nach Beendigung der aktuellen LUW mit `COMMIT WORK` über den Report `RSPPFPROCESS` zu einem beliebigen Zeitpunkt, z. B. als periodischer Job (asynchron)

Tabelle 3.12 Übersicht PPF Verarbeitungsarten

Im Allgemeinen sollten Sie (wenn möglich) die Einstellung **Sofortige Verarbeitung** vermeiden. Bei den Standard-PPF-Aktionen in der Anwendung `/SCDL/DELIVERY` ist diese Verarbeitungszeit ausdrücklich nicht erlaubt. Denn es besteht die Gefahr von Endlosschleifen oder anderen Seiteneffekten, wenn die PPF-Aktion selbst das aktuell bearbeitete Lieferungsobjekt verändert. Beachten Sie auch, dass die Einstellung **Sofortige Verarbeitung** direkte Auswirkungen auf das Laufzeitverhalten des Hauptprozesses hat, da dieser warten muss, bis die Ausführung der Aktionsdefinition abgeschlossen ist. Daher sollten Sie immer sorgfältig prüfen, ob Sie die sofortige Verarbeitung wirklich benötigen. Sie kann beim Drucken von Etiketten verwendet werden, wenn die Benutzer*innen erwarten, dass die Etiketten gedruckt werden, bevor sie den Beleg speichern, und die Etiketten ohne Einschränkungen wiederholt gedruckt werden können.

Aktionsverdichtung

Mithilfe der Verdichtungsoptionen können Sie steuern, ob eine PPF-Aktion für einen bestimmten Anwendungsschlüssel erneut ausgeführt werden darf. Genauer gesagt wird der PPF-Trigger geprüft. Je nach Einstellung prüft die Verdichtungslogik auch bereits vorhandene Trigger für einen Anwendungsschlüssel und löscht sie (falls erforderlich).

Normalerweise möchten Sie eine PPF-Aktion nur einmal ausführen (z. B. den Druck eines Handling-Unit-Etiketts). Aber diese Einstellung kann manchmal zu allgemein sein. Wenn die Aktion z. B. mit Fehlern verarbeitet wurde, wurde sie einmal ausgeführt und darf daher kein zweites Mal ausgeführt werden, auch wenn das Ergebnis für die Endbenutzer*innen nicht ausreichend war.

Die folgenden Optionen für die **Aktionsverdichtung** sind derzeit in EWM verfügbar:

- **EWM: Max. 1 Aktion pro Aktionsdefinition**
- **EWM: Max. 1 unbearbeitete Aktion pro Aktionsdefinition**
- **EWM: Max. 1 Aktion für jede Aktionsdefinition, nicht löschen**
- **EWM: Max. 1 unbearbeitete Aktion pro Aktionsdefinition, nicht löschen und sperren**
- **EWM: Keine Aggregation von Aktionen für jede Aktionsdefinition, nicht löschen**
- **Max. 1 Aktion für jede Aktionsdefinition**
- **Max. 1 unbearbeitete Aktion für jede Aktionsdefinition**
- **Max. 1 unbearbeitete Aktion für jede Aktionsdefinition, nicht löschen**
- **Max. 1 unverarbeitete Aktion je Verarbeitungsart**
- **Höchstzahl verarbeiteter Aktionen einstellen**
- **Keine Aktionsverdichtung**

Einige dieser Verdichtungslogiken wurden speziell in EWM für die Lieferabwicklung eingeführt. Sie enthalten eine spezielle Sperrlogik. Weitere Einzelheiten sind in Abschnitt 3.4.3, »Erweiterungsmöglichkeiten des Post Processing Frameworks«, beschrieben. Alle Verdichtungslogiken sind Implementierungen für das Interface `IF_MERGE_PPF`. Sie können auch Ihre eigenen Optionen für die Verdichtung von Aktionen implementieren, indem Sie eine Implementierung für dieses Interface anlegen.

Weitere Optionen

In der Transaktion, in der Sie die Customizing-Einstellungen für die Aktionsdefinitionen vornehmen (siehe Abbildung 3.43), gibt es weitere Customizing-Optionen zu den zuvor erläuterten Punkten. Im Folgenden werden die Optionen, die nicht dokumentiert oder nicht selbsterklärend sind, kurz beschrieben.

Das Kennzeichen **automatisch einplanen** sollte in EWM immer gesetzt sein. Andernfalls muss ein PPF-Trigger manuell über ein UI-Add-on ausgelöst werden, wie es aus den Enjoy-Transaktionen in SAP ERP und SAP S/4HANA bekannt ist. Diese Add-ons werden innerhalb des UI-Musters von EWM nicht verwendet.

Die Möglichkeit, im Dialog Änderungen vorzunehmen (Kennzeichen **im Dialog änderbar**), bezieht sich ausschließlich auf bestimmte Anwendungstransaktionen (z. B.

/SCWM/PRDI), die die PPF-Sicht integriert haben. EWM stellt diese Möglichkeit zur Verfügung, weil Endanwender*innen in Produktivsystemen in der Regel keine Berechtigung für die Administrationstransaktion SPPFP haben. Mit dieser Transaktion können Sie unabhängig von diesen Einstellungen die entsprechenden PPF-Aktionen immer bearbeiten.

Partnerfindungslogiken werden in EWM nicht verwendet. Verwenden Sie für die Findungstechnik nur die Einstellung **Findung über Transportierbare Bedingungen**. Alle anderen Optionen werden nicht unterstützt.

Beim **Regeltyp** können Sie zwischen BAdI- und Workflow-Bedingungen wählen. Diese Einstellung bezieht sich darauf, welche Logik bei der Bestimmung von Einplan- und Startbedingungen verwendet wird. In EWM werden die Bedingungen für alle Standard-PPF-Aktionsdefinitionen über BAdI-Filter und nicht über Workflow-Konfigurationen ermittelt.

[+]

Hinweise zur Performance

Da SAP die meisten PPF-Aktionsdefinitionen für EWM im aktivierten Zustand ausliefert, sollten Sie sich vor einem Produktivstart genau ansehen, welche PPF-Aktionen Sie für Ihre Geschäftsprozesse tatsächlich benötigen. Alle anderen Aktionen sollten Sie deaktivieren, da sonst die Einplanbedingungen aller aktivierten Aktionsdefinitionen unnötig geprüft werden. Die entsprechenden Einstellungen finden Sie im Customizing der Aktionsdefinitionen, bevor Sie in das Detailbild springen.

Darüber hinaus empfehlen wir Ihnen, die persistenten PPF-Objekte regelmäßig mit den entsprechenden Standardfunktionen aus den Datenbanktabellen zu löschen.

Bedingungen

Das *Triggern* einer PPF-Aktion bedeutet nicht zwangsläufig, dass sie auch ausgeführt wird. Triggern bedeutet lediglich, dass ein ausführbares PPF-Aktionsobjekt von einem bestimmten Anwendungsobjekt zur späteren Verwendung angelegt wird. Die Ausführungszeitpunkt dieses Objekts hängt von dem Verarbeitungszeitpunkt ab, der in der entsprechenden PPF-Aktionsdefinition festgelegt wurde.

Das PPF sieht zwei Arten von Bedingungen vor:

- Einplanbedingung
- Startbedingung

Durch die *Einplanbedingung* wird die PPF-Aktion zwar getriggert, aber ihre Ausführung kann durch eine *Startbedingung* gestoppt werden. Die PPF-Aktion erhält dann den Status **Unverarbeitet** und wird quasi gepuffert. Mit dem Report RSPPFPROCESS, den Sie als periodischen Job einplanen können, können Sie diese PPF-Aktionen erneut anstoßen. Dabei wird jeweils die entsprechende Startbedingung geprüft, während die Einplanbedingungen zu diesem Zeitpunkt nicht mehr relevant sind.

Aus technischer Sicht besteht ein großer Unterschied zwischen Einplanbedingungen und Startbedingungen. Bei den Einplanbedingungen werden Daten aus dem Speicher verwendet, die ausgewertet werden, bevor der Hauptprozess die Datenbank über den Arbeitsspeicher aktualisiert. Die Auswertung der Startbedingungen erfolgt dagegen erst, nachdem die Datenbank bereits aktualisiert wurde. Daher verwenden die Startbedingungen die Daten aus dieser aktualisierten Datenbank. Die Überprüfung der Startbedingungen bedeutet also eine Überprüfung der persistenten Objektzustände. Für die Einplanbedingungen werden transiente Objektzustände verwendet. Sie sollten sich dieser Tatsache bewusst sein.

Um eine Aktionsdefinition einer Einplanbedingung und eventuell einer Startbedingung zuzuordnen, wählen Sie die Anwendung in der Transaktion SPPFCADM aus und drücken die Drucktaste **Bedingungskonfiguration (transportierbare Bedingungen)**. Sie sollten den Bildschirm sehen, der in Abbildung 3.44 dargestellt ist.

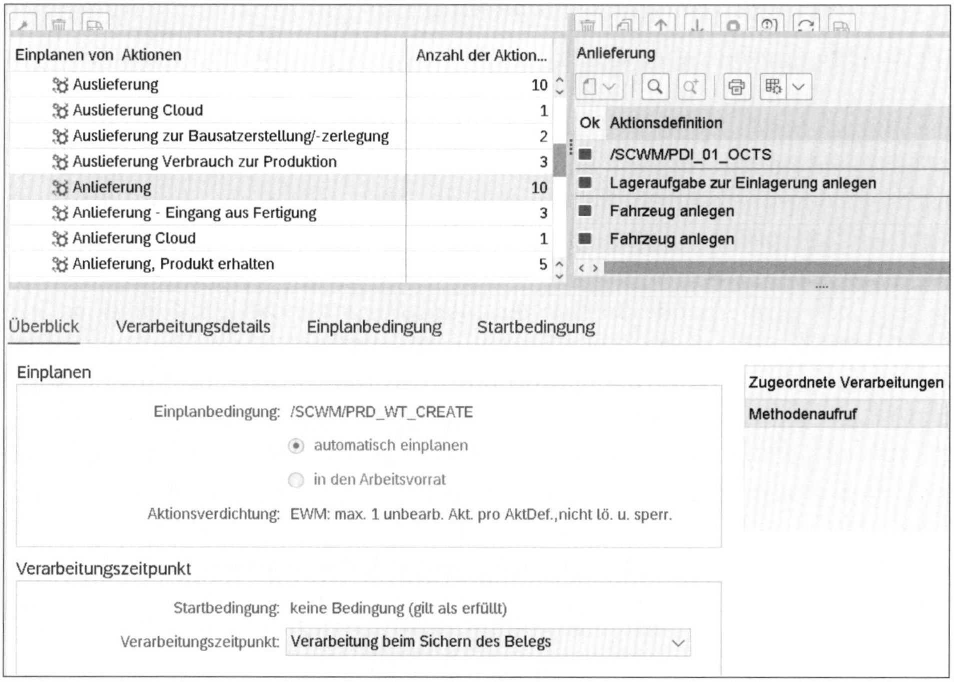

Abbildung 3.44 Customizing der Bedingungen für PPF-Aktionen

Klicken Sie doppelt auf das Aktionsprofil im oberen linken Bereich des Bildschirms, z. B. **Anlieferung**, und dann auf die **Aktionsdefinition** im oberen rechten Bereich des Bildschirms.

[+]

Technische Namen

Wenn Sie auf den Menüeintrag **Bearbeiten • Technische Namen an/aus** klicken, sehen Sie die bekannten technischen Namen der Aktionsprofile und Definitionen im oberen linken und oberen rechten Bereich der Transaktion.

Die Registerkarten **Überblick** und **Verarbeitungsdetails** enthalten jeweils Verwaltungsinformationen und allgemeine Customizing-Einstellungen.

Auf den Registerkarten **Einplanbedingung** und **Startbedingung** können Sie jede der verfügbaren Bedingungen einstellen. Die entsprechende BAdI-Implementierung erreichen Sie über die Schaltfläche **Bedingung bearbeiten**.

Bei der Auswertung von Bedingungen bietet EWM neben der statischen, d. h. hart codierten ABAP-Logik auch dynamische Findungen, die Sie konfigurieren können. Grundlage hierfür ist die *Konditionstechnik*. Da diese Technik nicht Teil von PPF ist, werden wir hier nicht näher darauf eingehen. Sie sollten jedoch wissen, dass es eine Alternative zu benutzerdefinierten Bedingungen gibt.

Die Konditionstechnik wird z. B. in der PPF-Anwendung `/SCWM/WME` verwendet. Auch in der Anwendung `/SCDL/DELIVERY` können Sie Konditionssätze verwenden, wenn Sie die entsprechende Einplanbedingung (z. B. `/SCWM/DLV_CONF_SC`) nutzen. Wenn Sie Konditionen auf der Basis von Konditionssätzen auswerten wollen, müssen Sie zunächst die entsprechenden Einstellungen im EWM-Customizing vornehmen (z. B. über den Menüpfad **Prozessübergreifende Einstellungen • Handling Units • Grundlagen • Drucken** im EWM-Einführungsleitfaden). Anschließend legen Sie Konditionssätze an, die entsprechende Konditionen enthalten. Sie können z. B. Konditionssätze für den Druck von Handling Units anlegen, indem Sie in EWM dem Menüpfad **Arbeitsvorbereitung • Drucken - Einstellungen • Konditionssätze für Druck anlegen (HUs)** (oder Transaktion /SCWM/PRHU6) folgen. Zur Laufzeit ermittelt das System die aktuellen Werte eines Objekts und vergleicht sie mit den von Ihnen definierten Konditionssätzen. Wenn ein übereinstimmender Satz gefunden wird, ist die Bedingung erfüllt. In Abschnitt 4.5.3, »Erweiterung 1V7b: Druck von Kommissionier-Etiketten auf einem mobilen Drucker«, finden Sie eine Eigenentwicklung, die Ihnen zeigt, wie die Konditionstechnik für Lageraufträge mit dem PPF zusammenspielt.

3.4.3 Erweiterungsmöglichkeiten des Post Processing Frameworks

In Implementierungsprojekten ist es normalerweise nicht notwendig, eigene Anwendungen oder eigene Aktionsprofile anzulegen. Häufiger ist es der Fall, dass Sie in bestimmten Prozessen aufgrund spezieller Anforderungen nicht die SAP-Standardmodule des PPF verwenden möchten. Für solche Fälle bietet das Framework mehrere Erweiterungsmöglichkeiten.

Bevor Sie mit Ihrer eigenen Implementierung beginnen, sollten Sie zunächst genau prüfen, welche der in diesem Abschnitt beschriebenen Möglichkeiten in Ihrem Fall am sinnvollsten ist. So kann es z. B. bereits ausreichen, einer im Standard verfügbaren Aktionsdefinition eine eigene Einplanbedingung zuzuordnen, anstatt das gesamte Set zu entwickeln.

Wenn Sie eigene Einplan- und Startbedingungen verwenden wollen, sollten Sie darauf achten, dass Sie an diesen Stellen keine zu komplexe Logik und vor allem keine potenziell »teuren« Datenbankaufrufe verwenden. Dies würde sich negativ auf die Gesamtlaufzeit der einzelnen Prozesse auswirken. Beachten Sie, dass Einplanbedingungen jedes Mal durchlaufen werden, wenn die jeweilige Aktionsdefinition geprüft werden muss. Dies geschieht bei jedem Aufruf des zugehörigen Aktionsprofils.

[zB]

Performance der Einplanbedingung

Bei jeder Änderung einer Anlieferung werden alle Aktionsdefinitionen geprüft, die unter den Aktionsprofilen `/SCDL/PRD_IN`, `/SCDL/PRD_CMMN`, `/SCWM/PDI_01`, `/SCWM/PDI_02` und `/SCWM/PDI_RECEIVED`, `/SCWM/PDI_WIP` und `/SCWM/PDI_WIP_COMMON` gruppiert sind. Dadurch werden alle zugeordneten Einplanbedingungen durchlaufen.

Angenommen, Sie bestätigen nacheinander zehn Lageraufgaben, die sich auf eine Anlieferung beziehen, über die Transaktion /SCWM/RFUI. Bei jeder Bestätigung wird die Lieferung aktualisiert und damit geändert. Das bedeutet, dass bei jeder Bestätigung alle relevanten Einplanbedingungen erneut durchlaufen werden. Dabei spielt es keine Rolle, ob die Änderung der Lieferung durch die Hintergrundverarbeitung oder eine Dialogtransaktion initiiert wird. Daher sollten Sie darauf achten, dass Ihre eigene Einplanbedingung für die Lieferung nur die zu bearbeitende Lieferposition liest und nicht versehentlich ein Lesen der gesamten Lieferung mit allen Positionen bewirkt.

Wir werden nun näher auf das Verfahren zur Anlage von benutzerdefinierten Einplan- und Startbedingungen, die Ausführung von Aktionen und weitere Erweiterungsmöglichkeiten des PPF eingehen.

Eigene Einplanbedingung anlegen

Wenn Sie Ihre eigene Einplanbedingung verwenden möchten, müssen Sie eine Implementierung für das klassische BAdI `EVAL_SCHEDCOND_PPF` anlegen. Achten Sie dabei darauf, dass Sie einen Filterwert anlegen oder einen bestehenden setzen.

In der Methode Ihrer implementierenden Klasse können Sie die Logik platzieren, die Sie benötigen. Bei der Implementierung müssen Sie beachten, dass Sie dem Framework mitteilen müssen, ob die Einplanung erfolgen soll oder nicht. Diese Information wird durch den Returncode Ihrer Methode gesteuert. Wenn die Einplanbedingung wahr ist, setzen Sie den Wert der Variablen `EP_RC` auf 0. Anschließend müssen

Sie Ihre neue Einplanbedingung einer Aktionsdefinition im Customizing zuordnen, wie in Abschnitt 3.4.2, »EWM und Post Processing Framework«, beschrieben.

Wenn Sie eine eigene Einplanbedingung für PPF-Aktionen der Anwendung /SCDL/DELIVERY implementieren wollen, sollten Sie einige Besonderheiten beachten. Innerhalb der Lieferabwicklung wird im PPF ein spezieller Sperrmechanismus verwendet, der sowohl die Einplanbedingung als auch die Verdichtungslogik betrifft. Aus Gründen der Performance laden viele EWM-Prozesse innerhalb der Lieferabwicklung, die auf Positionsebene arbeiten, nicht alle Positionen der jeweiligen Lieferung in den Arbeitsspeicher. Aus diesem Grund behandelt der Hauptprozess die eine Position im Arbeitsspeicher als die einzige, die mit der Lieferung verbunden ist. Gleichzeitig laufen diese Prozesse oft parallel ab. Da die Auswertung von Bedingungen für PPF-Aktionen auf Lieferkopfebene und die Parallelverarbeitung von Aufgaben auf Lieferpositionsebene erfolgt, werden die entsprechenden PPF-Aktionen für jede einzelne betroffene parallele Aufgabe ausgewertet. Um dieses Verhalten und die daraus resultierenden Seiteneffekte zu verhindern, werden LUW-übergreifende Sperrmechanismen eingesetzt.

Am Ende Ihrer Einplanmethode sollten Sie daher das ABAP-Coding aus Listing 3.14 implementieren.

```
METHOD if_ex_eval_schedcond_ppf~evaluate_schedule_condition.

    CASE flt_val.
      WHEN 'ZEWMDEVBOOK_343_FILTER'.
        ep_rc = 0.
      WHEN OTHERS.
        MESSAGE e001(zewmdevbook_343) WITH flt_val ip_ttype INTO DATA(msg).
        cl_log_ppf=>add_message(
          ip_problemclass = sppf_pclass_1
          ip_handle       = ip_protocol ).
        ep_rc = 99.
    ENDCASE.

    IF ep_rc = 0.
      "Check for already scheduled PPF actions
      ep_rc = /scdl/cl_common_ppf=>set_sched_cond_lock(
        io_context = io_context
        ip_ttype   = ip_ttype ).

    ENDIF.
  ENDMETHOD.
```

Listing 3.14 Beispielaufruf der Sperrlogik in der Lieferabwicklung

/SCDL/-Lieferabwicklung und -Einplanbedingungen

Wenn Sie Ihre eigene Aktionsdefinition in der Anwendung /SCDL/DELIVERY implementieren und keine expliziten Einplanbedingungen verwenden wollen, müssen Sie die Standardeinplanbedingung /SCWM/EMPTY_SCHED als Filter verwenden. Auf diese Weise wird die beschriebene Sperrlogik verwendet (vgl. Klasse /SCWM/CL_IM_PARPPF_BASIC_SCOND).

Eigene Startbedingung anlegen

Eine projektspezifische Startbedingung kann durch eine Implementierung des BAdI EVAL_STARTCOND_PPF angelegt werden. Ordnen Sie im Customizing des PPF die neue Startbedingung der Aktionsdefinition zu. Als Vorlage können Sie sich an der Klasse /SCWM/CL_IM_DLV_CONF_ST orientieren.

Eigene Aktion ausführen

Wenn Sie eine eigene ABAP-Logik für Ihre Aktionsdefinition implementieren wollen, legen Sie eine Implementierung für das BAdI EXEC_METHODCALL_PPF an. Weisen Sie dann den Filter der neuen Implementierung Ihrer Aktionsdefinition zu. In Abschnitt 4.5.2, »Erweiterung 1V7a: Übernahme der Transporteinheit aus dem Wareneingang«, werden wir die einzelnen Schritte anhand eines Beispiels erläutern.

Beachten Sie, dass es für die ABAP-Logik in Ihrer Verantwortung liegt, dem Framework mitzuteilen, ob die Verarbeitung erfolgreich war oder nicht. Diese Mitteilung ähnelt den Einplan- und Startbedingungen und verwendet ebenfalls Returncodes. Wenn alle relevanten Verarbeitungsschritte Ihrer Methode fehlerfrei ausgeführt wurden, setzen Sie den Wert der Variablen RP_STATUS auf sppf_status_processed; andernfalls setzen Sie ihn auf sppf_status_error. Die PPF-Konstanten können Sie über die Typgruppe SPPF in Ihr Coding einbinden.

Lassen Sie sich nicht verwirren

Einige PPF-Aktionen (z. B. /SCWM/PDI_01_WT_CREATE, Anlage von Lageraufgaben zur Lageranforderung) lösen nur eine Hintergrundverarbeitung aus, d. h., die eigentliche Funktion zur Anlage der Lageraufgaben wird entkoppelt von der PPF-Aktion ausgeführt. Dies kann dazu führen, dass die Aktion den Status **erfolgreich verarbeitet** aufweist, die entsprechenden Lageraufgaben aber tatsächlich nicht angelegt wurden. Sie können in einer solchen Situation das Anwendungsprotokoll einsehen oder versuchen, solche Lageraufgaben manuell anzulegen, indem Sie das Anlageprotokoll überprüfen.

Sonstige Erweiterungsoptionen

PPF-Aktionen, die in der Hintergrundverarbeitung ablaufen sollen (mit der Verarbeitungszeit **Verarbeitung beim Sichern des Belegs**), werden durch den Funktionsbaustein SPPF_PROCESS verarbeitet. Diese Verarbeitung findet standardmäßig als *transaktionaler RFC* (tRFC) statt. In manchen Situationen kann es sinnvoll sein, diese Aktionsverarbeitung zu serialisieren. Wenn Sie z. B. ein Objekt verbuchen, müssen Sie davon ausgehen, dass dieses Objekt gleichzeitig durch Parallelverarbeitung verbucht werden kann. Um die Serialisierung zu gewährleisten, müssen Sie das BAdI COMPLETE_PROC_PPF implementieren und dann über die Methode COMPLETE_METHOD einer Queue zuweisen. In diesem Fall wird der Funktionsbaustein SPPF_PROCESS als *queued RFC* (qRFC) aufgerufen.

Wenn eine bestimmte PPF-Aktion zur Ausführung bestimmt wurde, möchten Sie eventuell parallel dazu eine weitere spezifische Aktion auslösen (z. B. eine E-Mail-Benachrichtigung oder einen Alarm). Diese Option wird ebenfalls vom BAdI COMPLETE_PROC_PPF angeboten. Es wird aufgerufen, wenn sichergestellt ist, dass der ermittelte Trigger für eine Aktionsdefinition auch ausgeführt wird.

Darüber hinaus können Sie bei Bedarf auch Ihre eigene Anwendung und Ihre eigenen Aktionsprofile für Aktionsdefinitionen in PPF anlegen. Dieser Abschnitt sollte Ihnen anhand einiger Beispiele einen Überblick darüber gegeben haben, wie Sie das Post Processing Framework anpassen und um eigene Erweiterungen ergänzen können.

3.5 Key-User-Erweiterbarkeit für benutzerdefinierte Felder

Benutzerdefinierte Felderweiterungen von Business-Objekten – Schnittstellen und Benutzeroberflächen – sind eine der häufigsten Anforderungen in Implementierungsprojekten mit Standardsoftware. Als Teil der in SAP S/4HANA verfügbaren In-App-Erweiterungsoptionen bietet die *Key-User-Erweiterbarkeit* SAP-Fiori-basierte Werkzeuge an, die Sie unter anderem bei dieser Tätigkeit unterstützen.

In diesem Abschnitt zeigen wir grob, wie die App **Benutzerdefinierte Felder** verwendet werden kann, um Felderweiterungen in EWM anzulegen. Darüber hinaus stellen wir Optionen für manuelle benutzerdefinierte Felderweiterungen von EWM-Business-Objekten vor, für die (noch) keine Key-User-Erweiterbarkeit verfügbar ist.

3.5.1 Grundlagen

Die Key-User-Erweiterbarkeit ermöglicht es Ihnen, verschiedene Arten von Erweiterungen an bestehenden Standard-Business-Objekten zu implementieren und auch einfachere Business-Objekte neu anzulegen. Der Hauptzweck dieses Erweiterungskonzepts besteht darin, Key User in die Lage zu versetzen, Feld- und UI-Erweiterungen für ihre Benutzergruppe relativ einfach zu konfigurieren, während Entwicklungs- und Designteams sich um komplexere Entwicklungsaktivitäten kümmern können. Neben anderen Funktionen ermöglicht die Key-User-Erweiterbarkeit die Anlage von Felderweiterungen, Schnittstellen und Benutzeroberflächen für Business-Objekte zusammen mit benutzerdefinierter Logik, z. B. für die Feldsteuerung, die Wertvalidierung oder die Vorbelegung von Standardwerten.

Damit ein Business-Objekt mit der Key-User-Erweiterbarkeit um benutzerdefinierte Felder erweitert werden kann, muss es eine solche Erweiterbarkeit jedoch explizit vorsehen. Die Softwarearchitekt*innen bei SAP stellen im Entwicklungsprozess eines SAP-Softwareprodukts die grundlegenden Weichen für die Erweiterbarkeit eines Business-Objekts. Sie müssen Datenstrukturen und Programme flexibel und kohärent gestalten und konfigurieren, sodass eine Erweiterung des jeweiligen Business-Objekts durch automatische Generierung möglich ist und gleichzeitig die erforderliche Softwarestabilität gewährleistet wird. Eine solche Erweiterung bezieht sich oft nicht nur auf das Hinzufügen von Feldern zu Strukturen oder Tabellen, sondern auch auf UIs und jegliche Art von Schnittstellen.

Der zugrunde liegende Mechanismus für solche benutzerdefinierten Felderweiterungen basiert technisch auf Include-Strukturen, die einer speziellen Namenskonvention (`*INCL_EEW*`) folgen und für einen bestimmten Geschäftskontext im Geschäftskontext-Repository definiert sind. Wir werden solche Include-Strukturen als *Erweiterungs-Includes* bezeichnen.

Im Gegensatz zu der allgemein verfügbaren Erweiterungsoption über Appends sind Erweiterungs-Includes bereits aktiv in Standardstrukturen und -tabellen vorhanden. Bei der Veröffentlichung von benutzerdefinierten Feldern innerhalb einer Key-User-Erweiterbarkeits-App werden solche Felder unter Verwendung automatisch generierter Append-Strukturen zu den jeweiligen Erweiterungsstrukturen der erweiterten Objekte, als *Geschäftskontext* bezeichnet, hinzugefügt.

Hierfür stehen in der Regel zwei Verfahren zur Verfügung:

- **Manuelle Anlage von ABAP-verwalteten Feldern**
  Die manuelle Bearbeitung umfasst die Zuordnung von kundeneigenen Feldern zu einem Erweiterungs-Include über eine Append-Struktur in Transaktion SE11 (ABAP Dictionary). Dazu müssen Sie wissen, ob ein Erweiterungs-Include in der entsprechenden ABAP-Dictionary-Struktur oder -Tabelle, die Sie erweitern wollen, tatsächlich vorhanden ist. Auf diese Weise brauchen Sie die Key-User-Erweiterbarkeit nicht zu verwenden, sodass Sie die benutzerdefinierten Felder unabhängig von der SAP-Namenskonvention nach Ihren Wünschen benennen können, indem Sie Persistenz-Suffixe den im Rahmen der Key-User-Erweiterbarkeit definierten Feldnamen anhängen. Verwenden Sie solche Suffixe, um Konflikte bei der Feldbenennung zu vermeiden. Es gibt jedoch eine Möglichkeit, diese ABAP-verwalteten

Felder zu einem späteren Zeitpunkt in den Key-User-Erweiterbarkeits-Tools verfügbar zu machen, indem Sie die Transaktion SCFD_EUI verwenden.

[+]

Benennungsvorschlag für neue ABAP-verwaltete Felder

Um Namenskonflikte bei Ihren manuell angelegten Erweiterungsfeldern zu vermeiden (z. B. bei der Aktivierung oder beim System-Upgrade), empfiehlt SAP dringend, sie mit einem entsprechenden Feldsuffix anzulegen, das zum betriebswirtschaftlichen Kontext des jeweiligen Erweiterungs-Includes gehört (siehe Transaktion SCFD_REGISTRY). Idealerweise sollten Sie sich an der Namensgebung orientieren, die das System ansonsten verwenden würde. Dies ist keine Voraussetzung, kann aber das Risiko von Namenskonflikten auch für die Zukunft minimieren.

- **Automatische Generierung von benutzerdefinierten Feldern bei Nutzung der Key-User-Erweiterbarkeit**
  In diesem Fall definieren Sie das benutzerdefinierte Feld des ausgewählten Geschäftskontextes mithilfe der App **Benutzerdefinierte Felder**. Änderungen am entsprechenden Erweiterungs-Include für den erweiterten Geschäftskontext werden automatisch vorgenommen und abhängige Dictionary-Objekte aktiviert. Die App ermöglicht es Ihnen somit, ABAP-Dictionary-Objekte ohne spezifische ABAP-Kenntnisse zu erweitern und die Einrichtung von Felderweiterungen so zu beschleunigen. Die so generierten benutzerdefinierten Felder können in definierten Kontexten zur Verfügung gestellt werden.

[»]

Aktivierung der Key-User-Erweiterbarkeit

Vergewissern Sie sich vor der Verwendung der Key-User-Erweiterbarkeit, dass diese in Ihrem System aktiviert wurde. Zu diesem Zweck können Sie SAP-Hinweis 2283716 zurate ziehen. Insbesondere muss der *Adaptation Transport Organizer* eingerichtet werden, bevor eine benutzerdefinierte Erweiterung möglich ist. Da transportierbare ABAP-Dictionary-Objekte erzeugt werden, kümmert sich der Adaptation Transport Organizer im Hintergrund um die Anlage der entsprechenden Transportaufträge.

3.5.2 EWM und Key-User-Erweiterbarkeit

Wie bereits erwähnt, handelt es sich bei der Key-User-Erweiterbarkeit um ein neueres Erweiterungs-Framework auf Basis von SAP S/4HANA. Tabelle 3.13 zeigt Business-Objekte in EWM, die für benutzerdefinierte Felderweiterungen bei Nutzung der Key-User-Erweiterbarkeit interessant sein könnten. Für diese Business-Objekte, die hier als *Geschäftskontexte* bezeichnet werden, können Sie mithilfe der Anwendung **Benutzerdefinierte Felder** benutzerdefinierte Felder anlegen und veröffentlichen. Prüfen Sie die Datenbanktabelle CFD_W_BUS_CTXT (benutzerdefinierte Felder: Geschäftskontext-Repository) für weitere Business-Objekt-Referenzen.

Business-Objekt	Geschäftskontext	Suffix	Erweiterungs-Include
Geschäftspartner	BP_CUSTVEND1	BUS	INCL_EEW_BUT000
allgemeine Produktdaten	PRODUCT	PRD	PRD_INCL_EEW_PS
werksbezogene Produktdaten	PRODUCT_PLANT	PLT	PLNT_INCL_EEW_PS
lagerbezogene Produktdaten	/SCWM/PRODUCT_WAREHOUSE_DATA	WHD	/SCWM/S_PRD_WH_INCL_EEW_PS
lagertypbezogene Produktdaten	/SCWM/PRODUCT_STORAGETYPE_DATA	SST	/SCWM/S_PRD_WHST_INCL_EEW_PS
EWM-Lieferposition	/SCWM/DLV_ITEM_STR	CDI	/SCDL/INCL_EEW_DLV_ITEM_STR

Tabelle 3.13 Geschäftskontexte für die Key-User-Erweiterbarkeit mit EWM-Bezug

Gehen Sie folgendermaßen vor, um Erweiterungen mit der App **Benutzerdefinierte Felder** anzulegen:

1. **Einstellung des Adaptation Transport Organizers prüfen**
   Rufen Sie Transaktion S_ATO_SETUP auf und definieren Sie die Parameter des Adaptation Transport Organizers. Abbildung 3.45 zeigt ein Beispiel für die Einrichtung des Adaptation Transport Organizers. Zusätzlich zur Einrichtung des Namensraumes oder Präfixes ist es wichtig, das Paket anzugeben, unter dem die Änderungen gespeichert werden sollen.

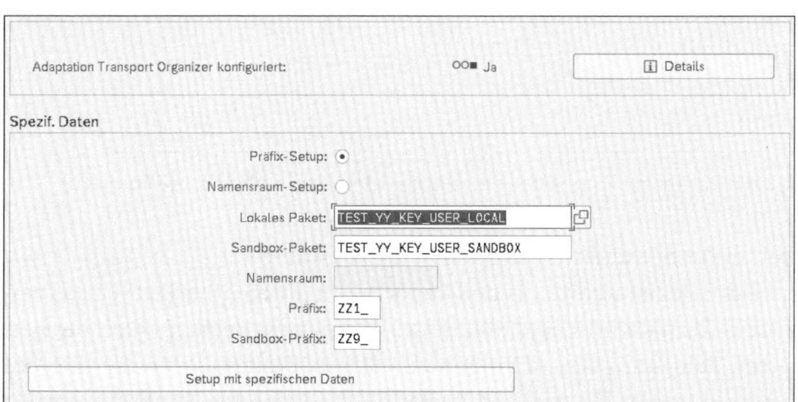

Abbildung 3.45 Einrichtung des Adaptation Transport Organizers

2. **Benutzerdefiniertes Feld anlegen und veröffentlichen**
Starten Sie die App **Benutzerdefinierte Felder** und klicken Sie auf die Schaltfläche **Erstellen** in der oberen rechten Ecke. Wählen Sie im Pop-up-Fenster den Geschäftskontext (das Datenobjekt) aus, der erweitert werden soll. Abbildung 3.46 zeigt die verfügbaren Kontexte für den Namensraum /SCWM/.

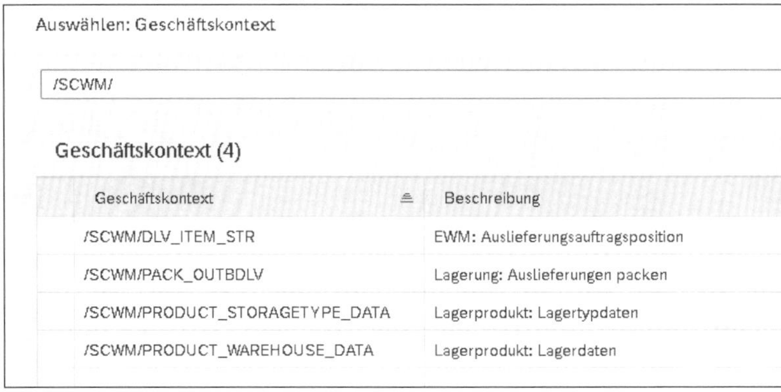

Abbildung 3.46 Verfügbare Geschäftskontexte für den Namensraum /SCWM/

Wählen Sie einen Geschäftskontext aus der Liste (z. B. /SCWM/PRODUCT_WAREHOUSE_DATA, um das Lagerprodukt zu erweitern), und fahren Sie mit der Definition der Feldparameter fort, wie in Abbildung 3.47 gezeigt.

Abbildung 3.47 Parameter eines neuen benutzerdefinierten Feldes definieren

3. **Sichtbarkeit eines benutzerdefinierten Feldes definieren**
Wechseln Sie zur Registerkarte **UIs und Reports**, um die Sichtbarkeit für das benutzerdefinierte Feld zu definieren. Abbildung 3.48 zeigt die Verfügbarkeit des benutzerdefinierten Feldes für Einstellungen zur Sichtbarkeit. Wählen Sie die Aktion **Verwendung aktivieren** für das Feld in der entsprechenden Funktion und dann **Veröffentlichen**.

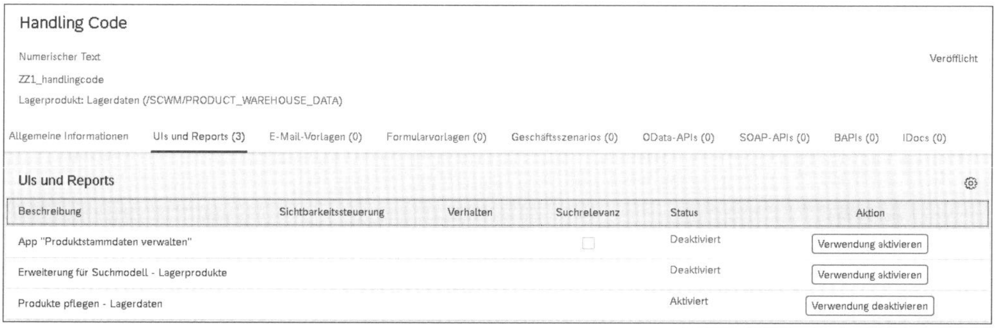

Abbildung 3.48 Einrichtung der Sichtbarkeit von benutzerdefinierten Feldern

4. **Ergebnisse prüfen**
   Sie können die Ergebnisse der Feldgenerierung sofort nach der Veröffentlichung überprüfen, indem Sie die Transaktion /SCWM/MAT1 (Lagerprodukt anzeigen/ändern/anlegen) aufrufen. In unserem Beispielfall befindet sich das Zusatzfeld **Handling Code** auf der Registerkarte **Lagerdaten** und ist dort eingabebereit (siehe Abbildung 3.49).

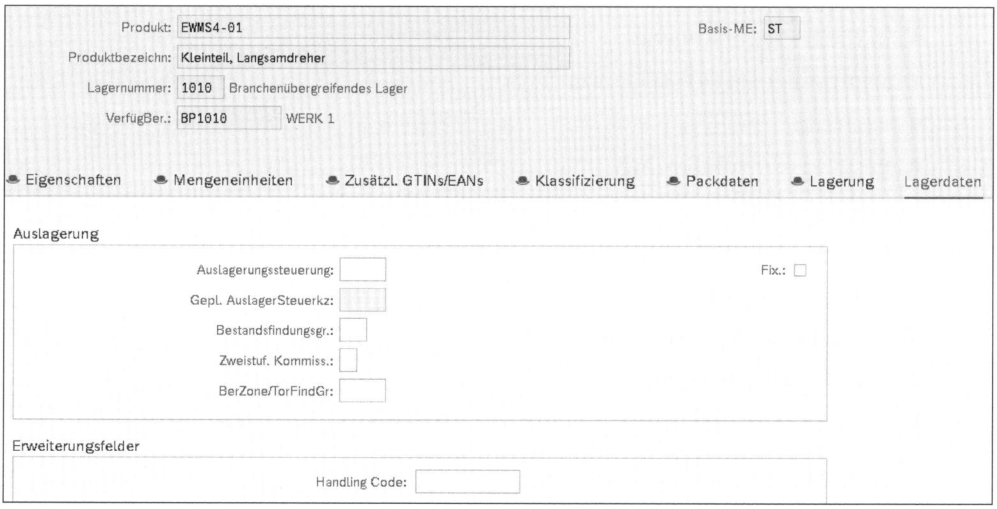

Abbildung 3.49 Ergebnis der Veröffentlichung eines benutzerdefinierten Feldes im Bereich »Erweiterungsfelder«

3.5.3 EWM-Erweiterungs-Includes

Im Gegensatz zu den bereits erwähnten Business-Objekten oder Geschäftskontexten für die Key-User-Erweiterbarkeit können Sie EWM-spezifische Business-Objekte, die nicht für die Key-User-Erweiterbarkeit vorgesehen sind, manuell erweitern. Bereits ausgelieferte Erweiterungs-Includes, die wir *EWM-Erweiterungs-Includes* nennen, können manuell erweitert werden, indem eine Append-Struktur hinzugefügt wird, was ohne registrierte Änderungen bzw. Modifikationen an Standard-ABAP-Dictionary-Objekten möglich ist. EWM-Erweiterungs-Includes sind für die folgenden Anwendungen und Business-Objekte zu finden:

- Lieferung (einschließlich erwarteter Wareneingang, Produktionsmaterialanforderung und JIT-Abruf)
- Lageraufgabe
- Lagerauftrag
- Handling Unit
- Transporteinheit
- Fahrzeug
- Tor
- verfügbarer und physischer Bestand
- Packspezifikation
- LZL-Auftrag
- Qualitätsprüfbeleg
- indirekte Lageraufgabe
- Kennzahlenservice Telegramm
- Fehlteile
- Bestandskonsolidierung
- Lagerprodukt
- Lagerprodukt-Lagertypdaten
- Lagerleistungsabrechnung
- Ergebnis der ABC-Analyse
- historische Arbeitsbelastung
- Bestands-Upload

Diese EWM-Erweiterungs-Includes wurden von SAP direkt in die zu einem ABAP-Dictionary-Objekt gehörenden Strukturen bzw. Datenbanktabellen eingebaut. Das Hinzufügen eines Feldes im Erweiterungs-Include für den Kopf der Handling Unit bewirkt beispielsweise, dass das Feld in der entsprechenden Datenbanktabelle sowie in den internen Strukturen des Handling-Unit-Objekts und in den Strukturen für die Anzeige der Handling-Unit-Kopfdaten erscheint, z. B. in den Listenanzeigen für den Handling-Unit-Kopf des Lagerverwaltungsmonitors. Die Verwendungsnachweise solcher Erweiterungs-Includes geben Ihnen Auskunft darüber, wo das neue Feld potenziell erscheinen wird. Auch das Hinzufügen von benutzerdefinierten Feldern für diese Business-Objekte sollte dem regulären Verfahren zur Verwendung von Append-Strukturen mit den entsprechenden EWM-Erweiterungs-Includes folgen.

Automatisch generierte oder anpassbare Bildschirmerweiterungen werden nicht durch manuelle Erweiterungen von EWM-Erweiterungs-Includes unterstützt. Viele Benutzeroberflächen einzelner Business-Objekte in EWM verwenden jedoch den SAP List Viewer (ALV), und die EWM-Erweiterungs-Includes sind meist in den jeweiligen ALV-Listen vorhanden, die den für die Datenanzeige verwendeten Strukturen zugrunde liegen. Aus diesem Grund sind benutzerdefinierte Felder oft in der Listenansicht von EWM-Business-Objekten zu finden, aber nicht in der Formularansicht. Falls für das Objekt verfügbar, können Sie BAdIs implementieren, sodass die Felder auch in der Formularansicht erscheinen. Eine Liste der verfügbaren BAdIs für Business-Objekte der Lieferabwicklung und Lagerlogistik finden Sie in Tabelle 3.14. Weitere Implementierungshinweise zu den jeweiligen BAdIs finden Sie in der Customizing-Dokumentation unter den aufgeführten Pfaden.

<table>
<tr><th>Datenobjekt</th><th>Erweiterungsspot für UI-Erweiterung</th></tr>
<tr><td>Lieferung</td><td>/SCWM/ES_DLV_UI_SCREEN</td></tr>
<tr><td colspan="2">EWM-Einführungsleitfaden-Pfad: Business Add-Ins (BAdIs) für das Extended Warehouse Management • Prozessübergreifende Einstellungen • Lieferung – Lageranforderung • BAdI: Dynpro-Erweiterungen für Kundenerweiterungsstrukturen
Gilt für die folgenden Transaktionen:
▪ /SCWM/EGR
▪ /SCWM/FD
▪ /SCWM/GRN
▪ /SCWM/IDN
▪ /SCWM/IM_DR
▪ /SCWM/IM_PC
▪ /SCWM/IM_ST
▪ /SCWM/ODR
▪ /SCWM/PRDI
▪ /SCWM/PRDO</td></tr>
<tr><td>Erwarteter Wareneingang</td><td>/SCWM/ES_GR</td></tr>
<tr><td colspan="2">EWM-Einführungsleitfaden-Pfad: Business Add-Ins (BAdIs) für das Extended Warehouse Management • Wareneingangsprozess • Erweiterungen für Wareneingangsprozess • Erweiterungen für Wareneingangsprozesse definieren
Gilt für die folgenden Transaktionen:
▪ /SCWM/GRPE
▪ /SCWM/GRPI
▪ /SCWM/GR</td></tr>
</table>

Tabelle 3.14 Erweiterungsmöglichkeiten für EWM-Benutzeroberflächen

<table>
<tr><th>Datenobjekt</th><th>Erweiterungsspot für UI-Erweiterung</th></tr>
<tr><td>LZL-Auftrag</td><td>/SCWM/ES_VAS_UI</td></tr>
<tr><td colspan="2">EWM-Einführungsleitfaden-Pfad: Business Add-Ins (BAdIs) für das Extended Warehouse Management • Prozessübergreifende Einstellungen • Logistische Zusatzleistung (LZL) • BAdI: Screen-Exit für einen LZL-Kopf
Gilt für die folgenden Transaktionen:
■ /SCWM/VAS
■ /SCWM/VASEXEC
■ /SCWM/VAS_I
■ /SCWM/VAS_INT
■ /SCWM/VAS_KTR
■ /SCWM/VAS_KTS
■ /SCWM/VAS_KTO</td></tr>
<tr><td>Packspezifikation</td><td>/SCWM/ES_PS_UI</td></tr>
<tr><td colspan="2">EWM-Einführungsleitfaden-Pfad: Business Add-Ins (BAdIs) für das Extended Warehouse Management – Stammdaten • Packspezifikation • Benutzeroberfläche der Packspezifikation
Gilt für die folgende Transaktion:
■ /SCWM/PACKSPEC</td></tr>
</table>

Tabelle 3.14 Erweiterungsmöglichkeiten für EWM-Benutzeroberflächen (Forts.)

[+]

Suche nach EWM-bezogenen Strukturen für Felderweiterungen

Mit der Objektsuche im ABAP Dictionary (Transaktion SE11) lassen sich Include-Strukturen für kundeneigene Felderweiterungen leicht finden. Verwenden Sie für die EWM-Komponente Lagerlogistik die Wildcard-Sucheingabe »/SCWM/INCL_EEW*«. Versuchen Sie es mit dem Suchstring »/SCDL/INCL_EEW*«, um die Lieferabwicklung in Ihre Suche einzubeziehen.

Wir werden in diesem Abschnitt das Lieferobjekt als Beispiel für eine manuelle benutzerdefinierte Felderweiterung in EWM hernehmen. Die entsprechenden Include-Strukturen finden Sie in Tabelle 3.15. Dabei ist besonders zu beachten, dass mehrere Lieferbelegarten (z. B. Anlieferungsavis und Auslieferungsanforderung) die gleichen Strukturen verwenden. Dies führt dazu, dass eine Erweiterung gleichzeitig in mehreren Belegarten verfügbar ist.

Erweiterungs-Include für Dokumentenkopf	Erweiterungs-Include für Belegposition
Anforderung und Benachrichtigung	
/SCDL/INCL_EEW_DR_HEAD_STR	/SCDL/INCL_EEW_DR_ITEM_STR
Auslieferungsauftrag (Bearbeitungsbeleg)	
/SCDL/INCL_EEW_DLV_HEAD_STR	SCDL/INCL_EEW_DLV_ITEM_STR

Tabelle 3.15 Erweiterungsmöglichkeiten für EWM-Lieferung

Die Auslieferung (finale Lieferung) verwendet dabei die gleichen Strukturen wie der Auslieferungsauftrag (Bearbeitungsbeleg). Es stehen eine Reihe von BAdIs zur Verfügung, aus denen die neuen Felder versorgt werden können. Für die Lieferabwicklung ist zu beachten, dass die Felder häufig aus SAP ERP oder SAP S/4HANA versorgt werden und dann an die verschiedenen Lieferbelegarten und gegebenenfalls auch in die nachfolgenden Lageraufgaben übergeben werden. Eine solche kundenspezifische Erweiterung erfordert die Verwendung verschiedener BAdIs, in denen die folgenden Aktivitäten durchgeführt werden:

1. Übertragung der Feldwerte aus dem SAP-ERP- oder SAP-S/4HANA-System in die Nachricht zur Lieferungsverteilung
2. Übergabe von Feldwerten an EWM im Rahmen der Eingangsverarbeitung von Nachrichten für die Lieferung in EWM
3. Übertragung von Feldwerten aus der Benachrichtigung in die Lieferung (nur bei Decentralized EWM anwendbar, wobei der Benachrichtigungsbeleg nicht übersprungen wird)
4. Übertragung der Feldwerte aus der Lieferung in die Lageraufgabe

Eine detaillierte Beschreibung dieser Vorgehensweise finden Sie im Beispiel für die Erweiterung des einfachen Warenausgangsprozesses in Abschnitt 4.4, »Einfacher Warenausgang zum Kunden (Kommissionier-Handling-Units als Versand-Handling-Units): 1G2«.

[«]

Screen-Erweiterungen für Web-Dynpro-Oberflächen in EWM

Mehrere EWM-Anwendungen, wie z. B. das Versandcockpit basieren auf der UI-Technologie Web Dynpro. SAP stellt Frameworks, wie z. B. den Floorplan Manager, zur Verfügung, mit denen Sie solche Anwendungen erweitern können. Eine detaillierte Beschreibung, wie Sie dabei vorgehen, finden Sie in SAP-Hinweis 1902754.

3.6 Arbeitsplatz

In diesem Abschnitt stellen wir den EWM-Arbeitsplatz als Transaktion und Benutzeroberfläche vor und erläutern seine Rolle als Framework. Zunächst werfen wir einen Blick auf die Architektur, die verschiedenen Anwendungsfälle im Standard und die Erweiterungsmöglichkeiten. Dann werden Sie das Framework anhand einiger spezifischer Beispiele zur Eigenentwicklung genauer kennenlernen.

[»]

SAP-Fiori-Apps zum Verpacken in EWM

EWM in SAP S/4HANA bietet einige neuere SAP-Fiori-Apps für bestimmte Funktionalitäten, z. B. zur Lieferungsanlage, Kommissionierung und zum Verpacken. Eine Liste der für EWM verfügbaren SAP-Fiori-Apps finden Sie in der SAP Fiori Apps Reference Library unter *https://fioriappslibrary.hana.ondemand.com/*. Filtern Sie nach der Komponente »SCM-EWM«. Die SAP-Fiori-Apps erlauben zwar eine gewisse Konfiguration, bieten aber nicht die Erweiterungsmöglichkeiten, die der klassische Arbeitsplatz bietet. Wir empfehlen Ihnen, die verschiedenen App-Optionen in Ihrem Projekt zu evaluieren, um eine optimale Wahl zu treffen, welche Apps Sie verwenden möchten.

3.6.1 Grundlagen und Architektur

Der EWM-Arbeitsplatz ist für Lagerarbeiter*innen gedacht, deren Tätigkeit das Verpacken ist. Ihre Hauptaufgabe besteht darin, Waren zu verpacken, zu etikettieren und zu konsolidieren, z. B. in Kartons oder auf Paletten, entweder für den Versand oder für die Einlagerung im Lager. Neben der physischen Arbeit müssen sie die Ergebnisse auf Desktop-Computern im System dokumentieren. Wir gehen nun auf die Nutzung der Arbeitsplatztransaktion und ihrer Bildbereiche ein und betrachten abschließend ihre architektonische Struktur und die verfügbaren BAdIs.

Verwendung des EWM-Arbeitsplatzes im Lager

Nachdem die Benutzer*innen ihre physische Arbeit erledigt haben (z. B. zehn Kartons auf eine Palette packen), dokumentieren sie die Packschritte im System. Idealerweise ist der im Lager befindliche Desktop-Computer mit einem Tastaturscanner und einem Drucker ausgestattet. Eine Maus steht oft nicht zur Verfügung, da die Benutzer*innen die körperliche Arbeit mit Handschuhen verrichten und die Umgebung staubig ist. In der Regel gibt es eine begrenzte Anzahl verschiedener Arbeitsabläufe, die die Benutzer*innen in EWM eingeben müssen: Umpacken von Bestand, Umpacken von Paletten, Schließen einer Palette usw.

Der EWM-Arbeitsplatz (siehe Abbildung 3.50) bietet zahlreiche Registerkarten, von denen jede für einen bestimmten Verpackungs-Workflow konzipiert ist, und könnte somit bereits im Standard zu den in Ihrem Lager erforderlichen Arbeitsabläufen passen. Wenn die Registerkarten nicht genau passen, können Sie über *Screen-BAdIs* eigene Registerkarten hinzufügen, in denen Sie die Eingabefelder für die Arbeitsabläufe in Ihrem Lager optimieren.

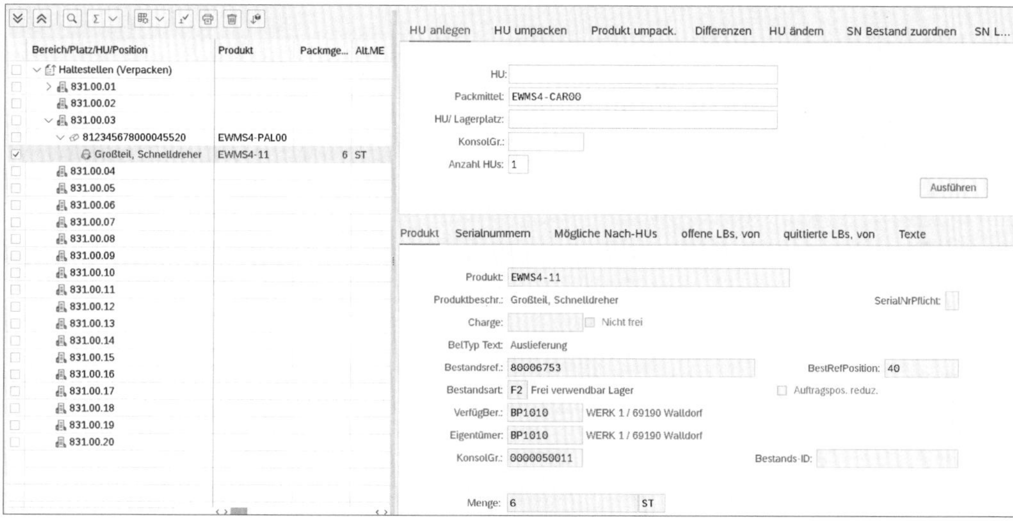

Abbildung 3.50 Benutzeroberfläche des Packarbeitsplatzes

Die Registerkarten im UI können über die IMG-Aktivität **Stammdaten • Arbeitsplatz • Arbeitsplatz-Layout definieren** ein- oder ausgeblendet werden. Idealerweise reduzieren Sie das Layout auf drei bis acht der 40 verfügbaren Registerkarten, sodass z. B. die Benutzer*innen am Warenausgangs-Packtisch nur die für ihre Aufgaben benötigten Registerkarten zur Verfügung haben. Auch die BAdI-Registerkarten können in dieser IMG-Aktivität ein- oder ausgeschaltet werden.

Bildschirmbereiche

Die Benutzeroberfläche (zu sehen in Abbildung 3.51) hat vier Bildschirmbereiche: der Statusbereich ❶, das Tree Control ❷, der Scannerbereich ❸ und den Detailbereich ❹.

Für die verschiedenen Bereiche haben Sie folgende Erweiterungsmöglichkeiten (für den Statusbereich gibt es keine Erweiterungsmöglichkeiten):

- Im Tree Control können Sie über das BAdI **Ändern der Darstellung im Tree-Control** z. B. die Icons ändern.
- Im Scannerbereich können Sie bis zu drei eigene Registerkarten hinzufügen, indem Sie die individuellen Bildschirme des BAdI **Eigene Screens in Benutzungsoberfläche des Arbeitsplatzes** verwenden. Eine Registerkarte bietet Platz für einfache Verpackungsabläufe, da sie etwa sechs Zeilen umfasst.

- Verwenden Sie das BAdI **Eigene Detail-Screens am Arbeitsplatz-Desktop-UI**, um bis zu fünf Registerkarten im Detailbereich hinzuzufügen. Eine neue Registerkarte bietet Platz für ca. 15 Zeilen, sodass sie zur Anzeige von Tabellen oder zur Unterstützung komplexerer Arbeitsabläufe verwendet werden kann.

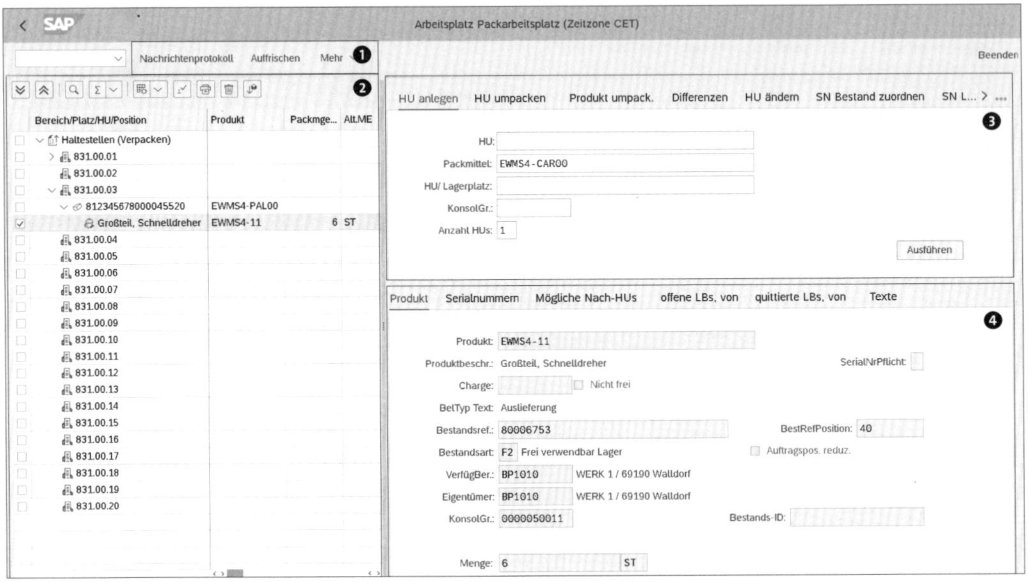

Abbildung 3.51 Hauptbildschirmbereiche: Tree, Scanner, Detail und Status

Architektur und BAdI-Nutzung

Die Benutzeroberfläche des Arbeitsplatzes wird in mehreren Standardtransaktionen verwendet. Tabelle 3.16 listet die Transaktionen sowie die zugehörigen Programme auf.

Name	Transaktion	Programm
Verpacken allgemein	/SCWM/PACK	/SCWM/RPACKENTRY
Dekonsolidieren im Wareneingang	/SCWM/DCONS	/SCWM/RSPREADENTRY
Rückmeldung für LZL anlegen	/SCWM/VASEXEC	/SCWM/RVASENTRY
Qualitätsprüfung und Zählung	/SCWM/QINSP (Decentralized EWM)	/SCWM/RQINSPENTRY
Plan-Versand-HUs pflegen	/SCWM/CAP	/SCWM/RPOPACKENTRY

Tabelle 3.16 Nutzung der Arbeitsplatz-Benutzeroberfläche

Name	Transaktion	Programm
Verpacken für An- oder Auslieferung	/SCWM/PRDI und /SCWM/PRDO, dann navigieren Sie im Menü zu **Folgefunktionen • Verpacken**.	/SCWM/RCALL_PACK_IBDL /SCWM/RCALL_PACK_OBDL
HU-Anzeige	/SCWM/MON, wählen Sie dann die Monitormethode **HU Anzeige**.	/SCWM/RHU_PACKING

Tabelle 3.16 Nutzung der Arbeitsplatz-Benutzeroberfläche (Forts.)

Allen Transaktionen gemeinsam ist die Anzeige und/oder Bearbeitung von Handling Units. In den Transaktionen für logistische Zusatzleistungen (LZL, /SCWM/VASEXEC) und Qualitätsprüfung (/SCWM/QINSP) können Sie zusätzlich zu den Handling Units auch LZL- oder Qualitätsprüfbelege bearbeiten.

Alle Transaktionen in Tabelle 3.16 bestehen aus zwei Teilen:

- Programm mit Selektionsoptionen (Einstiegsbild)
- Absprung auf den Hauptbildschirm **Arbeitsplatz** (siehe Abbildung 3.50)

Die verschiedenen Programme zu den Arbeitsplatztransaktionen finden Sie im Paket /SCWM/PACKING.

Abbildung 3.52 zeigt den Aufbau des Arbeitsplatzes in Bezug auf die verschiedenen Ebenen des Architekturmusters *Model View Controller* (MVC):

- Die View-/Controller-Ebene besteht aus mehreren Einstiegsbildern ❶ und dem Hauptbild ❷. Mit dem zentralen Funktionsbaustein /SCWM/PACKING_UI in der Funktionsgruppe /SCWM/UI_PACKING wird das Hauptbild gestartet.
- Die Funktionsgruppe /SCWM/UI_PACKING ❷ kümmert sich um alle SAP-GUI-Elemente (Tree Control, Grid Controls usw.) und sorgt dafür, dass alle relevanten Controls nach jeder Benutzerinteraktion (z. B. Löschen einer Handling Unit) aktualisiert werden. Sie setzt die Benutzereingaben in technische Schlüssel um und leitet sie über die globale Model-Instanz GIF_MODEL an die Model-Ebene weiter.
- Die Model-Ebene ❸ besteht aus mehreren Serviceklassen, die alle von der Basisklasse /SCWM/CL_PACK erben, die das Interface /SCWM/IF_PACK implementiert. Die Klasse bietet einfache Methoden wie CREATE_HU, DELETE_HU, PACK_STOCK usw. an. Wenn eine Methode erfolgreich war, löst sie ein Ereignis aus, das von der View-/Controller-Ebene behandelt werden kann, um den Bildschirm zu aktualisieren.
- Erfolgt das Verpacken für eine Plan-Handling-Unit, wird die Serviceklasse /SCWM/CL_DLVPACK_IBDL verwendet. Bei einer Plan-Handling-Unit werden die Bestandspositionen im Lager noch nicht in den Wareneingang gebucht. Nach der Waren-

eingangsbuchung des Bestandes wird die Serviceklasse /SCWM/CL_WM_PACKING verwendet, um das Umpacken von Handling Units zu dokumentieren. Bestand, der das Lager über eine Warenausgangsbuchung verlassen hat, kann nicht umgepackt werden, da dazu keine Serviceklasse existiert.

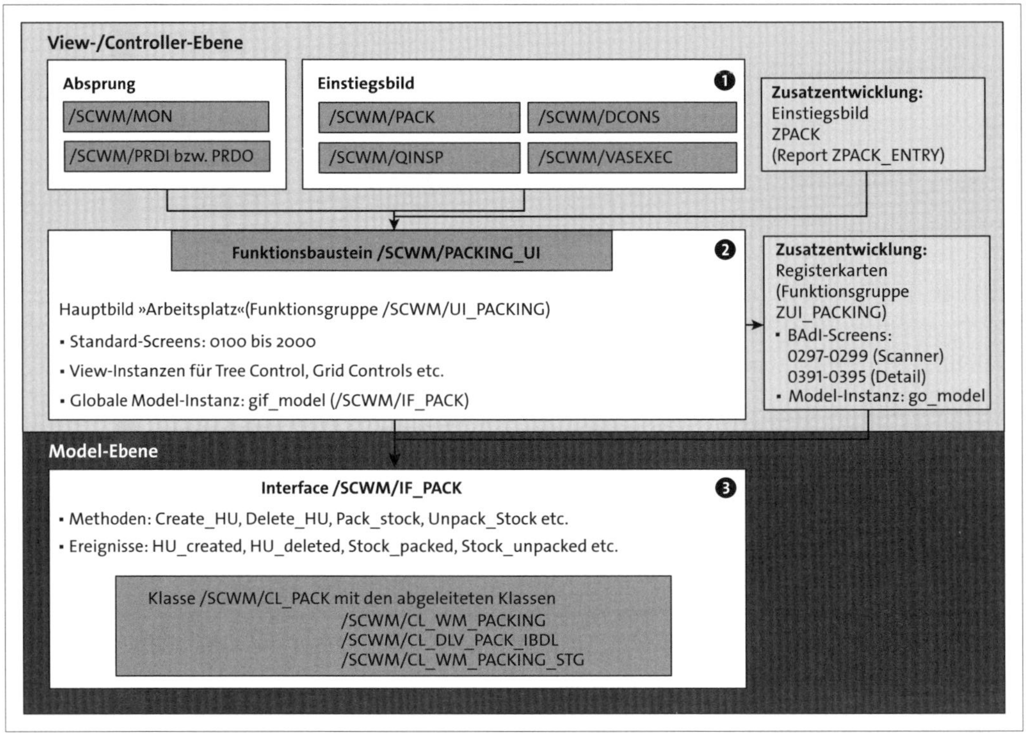

Abbildung 3.52 Model-, View- und Controller-Ebenen des Arbeitsplatzes

Die Model-Ebene mit ihrer Serviceklasse /SCWM/CL_WM_PACKING wird auch in vielen RF-Transaktionen verwendet. Wenn Sie planen, eine neue Benutzeroberfläche für das Verpacken zu entwickeln, z. B. in Web Dynpro, und den Arbeitsplatz nicht verwenden möchten, sollten Sie die Methoden der Serviceklasse /SCWM/CL_WM_PACKING auf jeden Fall wiederverwenden.

Alle Erweiterungsmöglichkeiten für den Arbeitsplatz über BAdIs finden Sie im EWM-Einführungsleitfaden im Ordner **Business Add-Ins (BAdIs) für das Extended Warehouse Management • Stammdaten • Arbeitsplatz • Benutzungsoberfläche für Arbeitsplatz anpassen**. Sie sind alle im Erweiterungsspot /SCWM/ES_WRKC_UI zusammengefasst.

Tabelle 3.17 soll Sie bei der Suche nach dem richtigen BAdI für Ihre Anforderung unterstützen. Neben dem Namen im EWM-Einführungsleitfaden und dem technischen Namen in den ersten beiden Spalten finden Sie in der Spalte »Ebene« die Information, auf welcher Ebene (Model/View/Controller) sich das BAdI befindet (❷ und ❸ in Abbildung 3.52). Die Spalte »Bildschirmbereich/Registerkarte« verweist auf die Position des BAdI-Aufrufes auf dem Bildschirm. So wird z. B. das BAdI /SCWM/EX_WRKC_UI_DEST_BIN im Scannerbereich (❸ in Abbildung 3.51) auf der Registerkarte **HU anlegen** aufgerufen. In der letzten Spalte finden Sie die Information, in welcher Servicemethode des Interface /SCWM/IF_PACK das BAdI aufgerufen wird. Ist die Spalte leer, findet der Aufruf dieses BAdIs nicht in einer Servicemethode statt.

BAdI-Name im EWM-Einführungsleitfaden	Technischer Name	Ebene in Abbildung 3.52	Bildschirmbereich/Registerkarte in Abbildung 3.51	Methode/Kontext
Zusätzliche Aktivitäten vor und nach dem Packen	/SCWM/EX_WRKC_PACK	❸	❷ und ❸	REPACK_STOCK, PACK_HU, PACK_BY_TO
Vorschlag Nach-Lagerplatz für Einlager-HU	/SCWM/EX_WRKC_UI_DEST_BIN	❷	❸, **HU anlegen**	–
Ermitteln der Lageraufgabe bei Dekonsolidierung	/SCWM/EX_WRKC_UI_WHTA_DCONS	❷	❸, **Dekonsolidieren**	–
Reaktion auf Änderung einer HU	/SCWM/EX_WRKC_UI_HU_CHANGED	❷	❹, **Kapazität**	–
Umpacken von HU oder Inhalt von HU	/SCWM/EX_WRKC_UI_FLAG_REPACK	❷	❸, **HU umpacken**	–
Selektion HU aus möglichen Nach-HUs	/SCWM/EX_WRKC_UI_DETERMINE_HU	❷	❸, **HU umpacken, Produkt umpacken**	–
Ermitteln des HU-Gewichts mit der Waage	/SCWM/EX_WRKC_UI_GET_WEIGHT	❷	❸, **HU ändern**	–
Ermitteln eines Packmittels für eine HU-Identifikation	/SCWM/EX_WRKC_UI_PAMT_FR_IDENT	❷	❸, **HU anlegen**	–

Tabelle 3.17 BAdIs des Arbeitsplatzes

BAdI-Name im EWM-Einführungsleitfaden	Technischer Name	Ebene in Abbildung 3.52	Bildschirmbereich/Registerkarte in Abbildung 3.51	Methode/Kontext
Ändern der Darstellung im Tree Control	/SCWM/EX_WRKC_UI_TREE_CONTROL	❷	❷	–
Ändern der aktiven Registerkarte im Desktop-Detailbereich	/SCWM/EX_WRKC_UI_DETAIL_TABS	❷	❹, alle	–
Setzen des GUI-Status	/SCWM/EX_WRKC_UI_GUI_STATUS	❷	–	–
Drucktaste für Navigation in den Produktstamm	/SCWM/EX_WRKC_UI_PRODUCTMASTER	❷	❹, **Produkt**	–
Eigene Screens in Benutzungsoberfläche des Arbeitsplatzes	/SCWM/EX_WRKC_UI_SCAN_SCREENS	❷	❸	–
Eigene Detail-Screens im Arbeitsplatz-Desktop-UI	/SCWM/EX_WRKC_UI_DETA_SCREENS	❷	❹	–
Methode, die nach dem Sichern ausgeführt wird	/SCWM/EX_WRKC_UI_AFTER_SAVE	❸	–	SAVE
Nach-HUs und Packmittel aus PVHUs	/SCWM/EX_WRKC_UI_PO_PROP	❷	❸, **HU umpacken, Produkt umpacken**	–
Menge und Einheit für Umpacken von HU-Position vorschlagen	/SCWM/EX_WRKC_PACK_QTY_PROPOSE	❷	❸, **Produkt umpacken**	–

Tabelle 3.17 BAdIs des Arbeitsplatzes (Forts.)

[»]

Auswirkungen von BAdI-Implementierungen

Beachten Sie, dass die oben aufgeführten BAdIs in mehreren Arbeitsplatztransaktionen aufgerufen werden. Möglicherweise sollten Sie Ihre Implementierung auf bestimmte Anwendungsfälle beschränken. Die funktionalen BAdIs, insbesondere diejenigen, die mit Stufe 3 aufgeführt sind, werden in vielen Standardfunktionen aufgerufen, z. B. in der Ad-hoc-Lageraufgabenerstellung und in RF-Transaktionen.

Neben den bereits erwähnten BAdIs gibt es auch objektspezifische BAdIs für Handling Units, Lageraufgaben und Ähnliches.

3.6.2 Erweitern des Einstiegsbildes

Wenn Sie die Eingabemaske des Arbeitsplatzes (siehe Abbildung 3.53) erweitern müssen, z. B. um weitere oder andere Selektionsparameter oder Anwendungsprüfungen hinzuzufügen, können Sie dies mit wenig Aufwand tun.

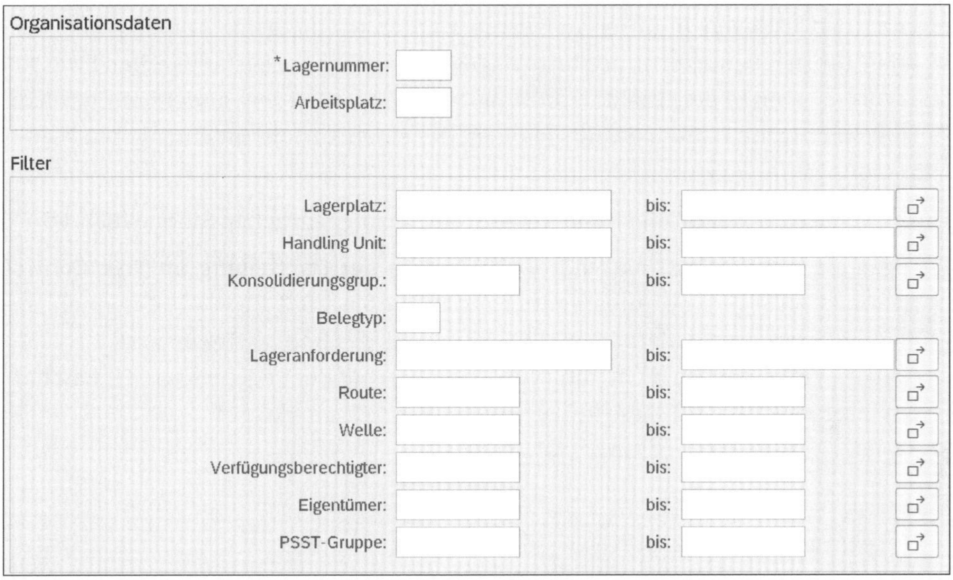

Abbildung 3.53 Eingabemaske für die Transaktion /SCWM/PACK: Verpacken allgemein

Alle in Tabelle 3.16 aufgeführten Programme weisen die gleiche Ablauflogik auf. Zunächst wird ein Bild mit einigen Selektionsparametern angezeigt, und dann werden einige Prüfungen durchgeführt. Als letzter Schritt wird der Funktionsbaustein `/SCWM/CALL_PACKUI` mit einer Liste von Handling Units aufgerufen, um zum Hauptbild des Arbeitsplatzes zu navigieren.

Nachdem Sie das Programm `/SCWM/RPACKENTRY` im ABAP-Editor (Transaktion SE38) in das Programm `ZPACK` kopiert haben, können Sie eigene Selektionskriterien hinzufügen oder die nicht verwendeten Selektionsparameter entfernen. Sie könnten auch einige weitere Prüfungen hinzufügen, bevor Sie die Benutzer*innen mit ihrer Arbeit auf dem Hauptbildschirm fortfahren lassen.

[+]

Nur bei vollkommissionierten Lieferungen mit dem Verpacken beginnen
Wenn Sie möchten, dass die Packer*innen am Arbeitsplatz nur mit dem Packen von Auslieferungen beginnen, für die die Kommissionierung vollständig abgeschlossen ist, können Sie das Programm wie beschrieben kopieren und eine Prüfung des Kommissionierstatus der Lieferung hinzufügen.

3.6.3 Entwicklungsprojekt: Icons im Tree Control ändern

Im Tree Control auf der linken Seite des Arbeitsplatzes (siehe Abbildung 3.50) werden Handling Units, Bestand und Lagerplätze mit verschiedenen Icons dargestellt. Um den Benutzer*innen die Arbeit zu erleichtern, können Sie für bestimmte Situationen eigene Icons festlegen. In unserem Beispiel werden wir das gelbe Ampelsymbol verwenden, um den Benutzer*innen anzuzeigen, dass sich diese Bestandszeilen ihres Arbeitsvorrats noch in der Qualitätsprüfung befinden. Außerdem ändern wir das Icon für abgeschlossene Handling Units in eines, das einen Karton mit einer gepunkteten Umrandungslinie zeigt.

Um eine solche Erweiterungsimplementierung anzulegen, gehen Sie wie folgt vor:

1. Legen Sie mit der IMG-Aktivität **BAdI: Ändern der Darstellung im Tree Control** (Transaktion SE19) eine Implementierung an, die Sie z. B. Z_EI_WRKC_UI nennen. Implementieren Sie die Methode CHANGE_TREE_LINE des BAdI /SCWM/EX_WRKC_UI_TREE_CONTROL. Vergessen Sie nicht, die Typgruppe ICON auf der Registerkarte **Eigenschaften** Ihrer neuen BAdI-Klasse hinzuzufügen, z. B. ZCL_IM_WRKC_UI.
2. Der Beispielcode für die gelbe Ampel ist in Listing 3.15 zu sehen.

```
METHOD /scwm/if_ex_wrkc_ui_tree_cntrl~change_tree_line.
    BREAK-POINT ID zewmdevbook_363.
    IF  cs_line-guid_type = '07' "product line
    AND cs_line-cat(1)    = 'Q'. "stock type
      cs_line-icon_node = icon_yellow_light.
    ENDIF.
    IF  cs_line-guid_type = '06' "hu line
    AND cs_line-copst IS NOT INITIAL. "hu completed
      cs_line-icon_node = icon_wf_replace_workitem.
    ENDIF.
  ENDMETHOD.
```

Listing 3.15 Anderes Icon für Qualitätsbestände einstellen

3. Starten Sie nach der Aktivierung des BAdI die Transaktion /SCWM/PACK (Verpacken allgemein), um Ihr Coding zu testen. Bestand, der sich in der Qualitätsprü-

fung befindet, wird mit dem gelben Ampelsymbol angezeigt, wie in Abbildung 3.54 gezeigt.

	Bereich/Platz/HU/Position	Produkt	PackmgeAME
☐	∨ 187654328000006277	EWMS4-PAL00	
☐	› Großteil, Langsamdreher	EB-EWMS4-03	10
☐	∨ 187654328000006321	EWMS4-PAL00	
☑	Großteil, Langsamdreher	EB-EWMS4-03	8
☐	∨ 187654328000006338	EWMS4-PAL00	
☑	Großteil, Langsamdreher	EB-EWMS4-03	4

Abbildung 3.54 Arbeitsplatz mit neuem Icon im Tree Control

Denken Sie daran, dass Ihr Code bei jeder Aktualisierung durch die Benutzer*innen ausgeführt wird, sodass Sie datenbankintensive Logik zur Bestimmung des richtigen Icons aus Gründen der Performance vermeiden sollten.

3.6.4 Entwicklungsprojekt: Neue Registerkarte im Scannerbereich

Im nächsten Beispiel zeigen wir Ihnen, wie Sie das Screen-BAdI für den Scannerbereich verwenden können, um eine projektspezifische Anforderung zum Umpacken von Bestand umzusetzen. Nehmen wir dabei an, die Standardregisterkarte **HU-Umpacken** sei zu komplex für Ihr Projekt.

Spezifikation

Die Benutzer*innen scannen zunächst eine Nach-Handling-Unit (z. B. Palette). Im nächsten Eingabefeld scannen sie eine oder mehrere Kommissionier-Handling-Units (z. B. Kartons; siehe Abbildung 3.55). Anschließend legt das System eine verschachtelte Handling Unit an (z. B. mehrere Kartons auf einer Palette). Die Palette kann in den nächsten Bearbeitungsschritten im Lager zum Scannen verwendet werden, z. B. beim Verladen.

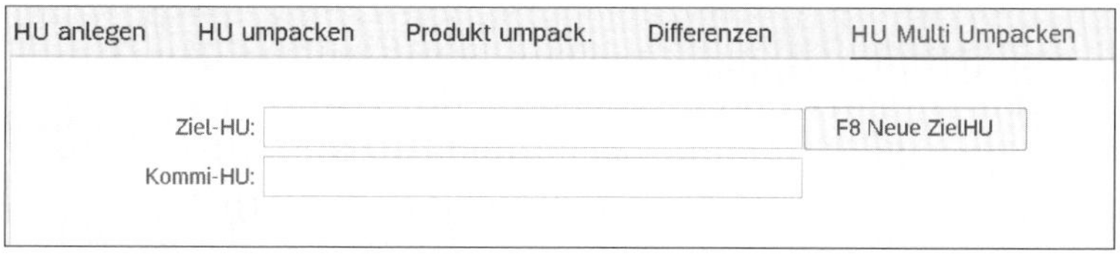

Abbildung 3.55 Neue Registerkarte »HU Multi Umpacken« im Scannerbereich

Der Wert der Nach-Handling-Unit bleibt in dieser Benutzeroberfläche gleich, solange die Benutzer*innen ihn nicht aktiv ändern. Die Drucktaste **F8 Neue Ziel-HU** wird angeboten, damit die Benutzer*innen zu einer leeren neuen Palette wechseln können. Das Ziel dieser Spezifikation ist es, die Anzahl der Scans zu minimieren.

Realisierung

Gehen Sie folgendermaßen vor, um eine neue Registerkarte in der Benutzeroberfläche des Arbeitsplatzes anzulegen:

1. Legen Sie im Object Navigator (Transaktion SE80) eine Funktionsgruppe an, z. B. ZUI_PACKING.
2. Legen Sie im neuen TOP-Include, z. B. LZUI_PACKINGTOP, der Funktionsgruppe ZUI_PACKING die globalen Parameter für die Von- und Nach-Handling-Unit an (siehe Listing 3.16).

```
FUNCTION-POOL ZUI_PACKING.
TABLES: /scwm/s_pack_view_scanner.
DATA: gs_dest_hu     TYPE /scwm/s_huhdr_int,
      gs_source_hu   TYPE /scwm/s_huhdr_int,
      go_model       TYPE REF TO /scwm/cl_wm_packing.
```

Listing 3.16 Quellcode des TOP-Includes

3. Kopieren Sie das Dynpro 0205 der Funktionsgruppe /SCWM/UI_PACKING in Ihre neue Funktionsgruppe aus Schritt 1. Benennen Sie das neue Dynpro z. B. mit »999«.
4. Ändern Sie die Ablauflogik von Dynpro 999, wie in Listing 3.17 gezeigt.

```
PROCESS BEFORE OUTPUT.
  MODULE status_999.

PROCESS AFTER INPUT.

  FIELD /scwm/s_pack_view_scanner-dest_hu_prop_ui
  MODULE scan_dest_hu_999 ON REQUEST.
  FIELD /scwm/s_pack_view_scanner-source_hu_ui
  MODULE scan_source_999 ON REQUEST.
  MODULE user_command_999.
```

Listing 3.17 Ablauflogik für Bildschirm 999

5. Starten Sie den Screen Painter für das Dynpro 999. Ändern Sie das Layout so, dass nur zwei Eingabefelder angezeigt werden (**Ziel-HU** und **Kommi-HU**). Neben dem Feld für die Nach-Handling-Unit wird eine Drucktaste mit der Bezeichnung **F8 Neue ZielHU** eingefügt. Siehe Details zum Layout in Abbildung 3.55. Verwenden Sie die Feldnamen SOURCE_HU_UI und DEST_HU_PROP_UI der Struktur /SCWM/S_PACK_VIEW_SCANNER.
6. Legen Sie das PBO-Modul status_999 in einem neuen Include an (siehe Listing 3.18). Mit diesem Modul sorgen Sie dafür, dass das System automatisch das nächste Eingabefeld fokussiert, sodass die Benutzer*innen nur noch Barcodes scannen können und ihre Arbeit nicht mit der Tastatur unterbrechen müssen.

```
MODULE status_999 OUTPUT.
  "Get the model instance for packing
  IF go_model IS INITIAL.
    /scwm/cl_wm_packing=>get_instance( IMPORTING eo_instance = go_model ).
  ENDIF.
  "Focus on the next field for input
  IF /scwm/s_pack_view_scanner-dest_hu_prop_ui IS INITIAL.
    SET CURSOR FIELD '/SCWM/S_PACK_VIEW_SCANNER-DEST_HU_PROP_UI'.
    EXIT.
  ENDIF.
  IF /scwm/s_pack_view_scanner-source_hu_ui IS INITIAL.
    SET CURSOR FIELD '/SCWM/S_PACK_VIEW_SCANNER-SOURCE_HU_UI'.
    EXIT.
  ENDIF.
ENDMODULE.
```

Listing 3.18 PBO-Modul Status 999

7. Legen Sie die PAI-Module `scan_dest_hu_999`, `scan_source_999` und `user_command_999` in einem neuen Include an (siehe Listing 3.19). Diese Module prüfen und verarbeiten die Eingaben in den Bildschirmfeldern und reagieren auf die Betätigung der Funktionstaste [F8]. Aktivieren Sie die Funktionsgruppe.

```
MODULE scan_dest_hu_999 INPUT.
  "User scanned a destination HU -> read HU
  CLEAR gs_dest_hu.
  IF NOT /scwm/s_pack_view_scanner-dest_hu_prop_ui
  IS INITIAL.
    /scwm/s_pack_view_scanner-dest_hu =
    /scwm/s_pack_view_scanner-dest_hu_prop_ui.
    go_model->get_hu(
      EXPORTING
        iv_huident = /scwm/s_pack_view_scanner-dest_hu
      IMPORTING
        es_huhdr   = gs_dest_hu
      EXCEPTIONS
        OTHERS     = 99 ).
    IF sy-subrc <> 0.
      CLEAR /scwm/s_pack_view_scanner-dest_hu_prop_ui.
      MESSAGE ID sy-msgid TYPE sy-msgty NUMBER sy-msgno
      WITH sy-msgv1 sy-msgv2 sy-msgv3 sy-msgv4.
    ENDIF.
  ENDIF.
ENDMODULE.
```

```
MODULE scan_source_999 INPUT.
  "User scanned a source HU -> read HU
  CLEAR gs_source_hu.
  IF NOT /scwm/s_pack_view_scanner-source_hu_ui IS INITIAL.
    /scwm/s_pack_view_scanner-source_hu =
    /scwm/s_pack_view_scanner-source_hu_ui.
    go_model->get_hu(
      EXPORTING
        iv_huident = /scwm/s_pack_view_scanner-source_hu
      IMPORTING
        es_huhdr   = gs_source_hu
      EXCEPTIONS
        OTHERS     = 99 ).
    IF sy-subrc <> 0.
      "Scan error -> user must repeat the scan
      CLEAR /scwm/s_pack_view_scanner-source_hu_ui.
      MESSAGE ID sy-msgid TYPE sy-msgty NUMBER sy-msgno
      WITH sy-msgv1 sy-msgv2 sy-msgv3 sy-msgv4.
    ENDIF.
  ENDIF.
* 2-98: Additional Checks...
* to be implemented
  "99 Repack the source-hu into the target-HU
  IF gs_source_hu IS NOT INITIAL AND
  gs_dest_hu IS NOT INITIAL.
    go_model->pack_hu(
      EXPORTING
        iv_source_hu = gs_source_hu-guid_hu
        iv_dest_hu   = gs_dest_hu-guid_hu
      EXCEPTIONS
        error        = 1
        OTHERS       = 2 ).
    IF sy-subrc <> 0.
      MESSAGE ID sy-msgid TYPE sy-msgty NUMBER sy-msgno
      WITH sy-msgv1 sy-msgv2 sy-msgv3 sy-msgv4.
    ENDIF.
    /scwm/cl_pack=>go_log->init( ).
    "Clear input field for the next source-hu
    CLEAR: gs_source_hu,
    /scwm/s_pack_view_scanner-source_hu_ui.
  ENDIF.
ENDMODULE.
```

```
MODULE user_command_999 INPUT.
  "User wants to scan a new target hu, clear the field
  IF sy-ucomm = 'F8'.
    CLEAR /scwm/s_pack_view_scanner-dest_hu_prop_ui.
    "Set function code to default
    CALL FUNCTION 'SAPGUI_SET_FUNCTIONCODE'
      EXCEPTIONS
        OTHERS = 99.
    IF sy-subrc <> 0.
      MESSAGE ID sy-msgid TYPE sy-msgty NUMBER sy-msgno
      WITH sy-msgv1 sy-msgv2 sy-msgv3 sy-msgv4.
    ENDIF.
  ENDIF.
ENDMODULE.
```

Listing 3.19 Include für PAI-Module

Um die neue Registerkarte im Arbeitsbereich sichtbar zu machen, müssen Sie die folgenden Schritte ausführen:

1. Öffnen Sie den EWM-Einführungsleitfaden und legen Sie eine Erweiterungsimplementierung für die Aktivität **BAdI: Eigene Screens in Benutzungsoberfläche des Arbeitsplatzes** an, die Sie z. B. Z_EI_WRKC_UI_SCAN nennen. Geben Sie einen Namen für die BAdI-Implementierung ein, z. B. ZEX_WRKC_UI_SCAN, und wählen Sie das BAdI /SCWM/EX_WRKC_UI_SCAN_SCREENS. Geben Sie einen Klassennamen ein (z. B. ZCL_IM_WRKC_UI_SCAN) und fahren Sie fort. Wie in Abbildung 3.56 gezeigt, verweisen Sie auf das neue Programm SAPLZUI_PACKING und den Subscreen 999 auf der Registerkarte **Erw.implementierungs-Elemente** für Dynpro 297 (BADI_SCANNER_TAB3).

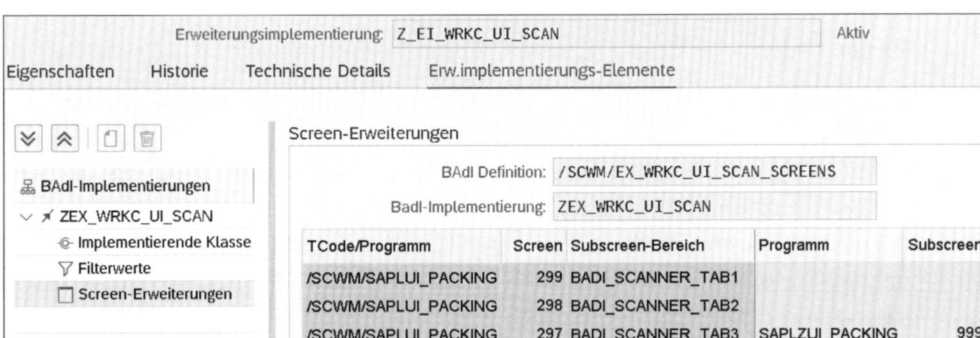

Abbildung 3.56 Subscreen und Programm der Erweiterungsimplementierung zuordnen

2. In Listing 3.20 finden Sie ein Beispielcoding für die Methode SET_TAB_NAME, die Sie in der Klasse ZCL_IM_WRKC_UI_SCAN implementieren. Hier legen Sie den Namen der neuen Registerkarte fest, z. B. »HU Multi Umpacken«, den Sie über das Textele-

ment TEXT-001 pflegen. Vergessen Sie nicht, die Klasse und die BAdI-Implementierung zu aktivieren.

```
METHOD /scwm/if_ex_wrkc_ui_scan_scr~set_tab_name.
  BREAK-POINT ID zewmdevbook_364.
  ev_text_scanner_badi_3 = text-001. "HU Multi Repack
ENDMETHOD.
```

Listing 3.20 Quellcode der Methode SET_TAB_NAME

Sie haben nun alle Entwicklungsschritte abgeschlossen. Um die neue Registerkarte sichtbar zu machen, sind die folgenden Schritte im EWM-Einführungsleitfaden erforderlich:

1. Starten Sie die IMG-Aktivität **Stammdaten • Arbeitsplatz • Arbeitsplatz-Layout definieren** und legen Sie ein neues Layout an, z. B. ZBD1. Wählen Sie **Transaktionsart 1 • Verpacken allgemein** und markieren Sie im Bereich **Registerkarten im Scannerbereich** die Kennzeichen **Scanner EWM-Bereich anzeigen** und **BAdI 3**. Sichern und beenden Sie diese IMG-Aktivität.
2. Starten Sie die folgende IMG-Aktivität **Arbeitsplatz definieren**, wählen Sie einen bestehenden Eintrag aus und kopieren Sie ihn z. B. auf den Arbeitsplatz ZBD1. Geben Sie im Feld **Arbeitsplatz-Layout** den Eintrag »ZBD1« aus dem vorherigen Schritt ein. Wählen Sie für das Feld **Prüfung Stop der Route** die Option **2 Prüfung beim Umpacken von HUs und Produkten**. Danach stellt das System sicher, dass Sie nur Kartons derselben Route auf einer Nach-Handling-Unit konsolidieren.
3. Starten Sie im SAP-Menü die Transaktion /SCWM/TWORKST (Stammdatenattribute definieren) und ordnen Sie dem Arbeitsplatz ZBD1 einen Lagerplatz zu, z. B. den Platz PACK-O01.

Um den neuen Arbeitsplatz zu testen, führen Sie die Transaktion /SCWM/PACK (Verpacken allgemein) aus. Wählen Sie auf dem Eingabebild das Lager 1010 und den Arbeitsplatz ZBD1.

Sie finden die neue Registerkarte **HU Multi Umpacken**, wie in Abbildung 3.55 gezeigt. Scannen Sie einen vorhandenen Barcode einer HU in das erste Feld, **Ziel-HU**. Das System navigiert automatisch zum nächsten Feld, **Kommi-HU**. Scannen Sie hier eine oder mehrere Karton-HUs ein. Überprüfen Sie das Ergebnis im Tree-Control-Bereich des Arbeitsplatzes: Es sollte eine verschachtelte Handling Unit angezeigt werden, die eine Paletten-Handling-Unit mit einer oder mehreren Karton-Handling-Units enthält.

[+]

Zentrale Model-Klasse zum Verpacken verwenden

Um die Model-Klasse für das Verpacken über den Arbeitsplatz in Ihren Implementierungen zu verwenden, müssen Sie die statische Methode GET_INSTANCE aufrufen:

```
/scwm/cl_wm_packing=>get_instance(IMPORTING eo_instance = go_model )
```

Dadurch wird sichergestellt, dass das Arbeitsplatz-Framework alle Ereignisse beim Umpacken verarbeitet, z. B. die Anzeige des Tree Controls nach jedem Umpack-Scan aktualisiert. Außerdem werden das automatische Speichern und Aktualisieren durch das Framework ausgelöst. Auf diese Weise müssen Sie sich in Ihrer benutzerdefinierten BAdI-Implementierung nicht um das Speichern, Aktualisieren oder Sperren kümmern; in den meisten Fällen erledigen die Model-Klasse und das Framework diese Aufgaben für Sie. Versuchen Sie, so oft wie möglich die Methoden der Model-Klasse /SCWM/CL_WM_PACKING zu verwenden, z. B. die Methode PACK_HU (zum Umpacken einer Handling Unit) oder die Methode HU_PROCESS_COMPLETED (zum Schließen einer Handling Unit).

3.6.5 Entwicklungsprojekt: Handling Unit abschließen

In diesem Abschnitt lernen Sie das BAdI /SCWM/EX_WRKC_UI_AFTER_SAVE kennen, das im Arbeitsplatz nach jedem Sichern aufgerufen wird. Hier haben Sie die Möglichkeit, eigene Folgeaktivitäten hinzuzufügen oder bestehende Folgeaktivitäten zu ändern.

Wir empfehlen Ihnen, in der IMG-Aktivität **Arbeitsplatz definieren** die Einstellung **Aktion sichern** einzuschalten, damit das System nach jeder Benutzeraktion die Änderungen in die Datenbank schreibt. Wenn die Benutzer*innen eine Handling Unit abschließen, z. B. mit der Drucktaste **Prozessschritt für HU abschließen**, gibt das System einen Speicherbefehl und eine Standardfolgeaktivität aus: Es legt als Folgeaktivität für diese Handling Unit eine Lageraufgabe zu ihrem nächsten Ziel an. Dies geschieht in der Fallback-Klasse /SCWM/CL_EI_WRKC_UI_AFTER_SAVE des BAdI /SCWM/EX_WRKC_UI_AFTER_SAVE. Wenn Sie eine eigene Implementierung dieses BAdI anlegen, schalten Sie die Fallback-Klasse automatisch aus. Falls dies nicht beabsichtigt ist, können Sie die Fallback-Klasse innerhalb Ihrer Implementierung aufrufen, indem Sie sie z. B. vor oder nach einigen Prüfungen hinzufügen.

Spezifikation

In unserem Projekt sollen die Benutzer*innen im Wareneingangsbereich den Arbeitsplatz für die Anlage der Handling Units für die Einlagerung nutzen. Für die fertigen Handling Units wird das System einen Einlagerungsplatz ermitteln und die Lageraufgabe dorthin automatisch bestätigen. Die Benutzer*innen führen die Einlagerung ohne Systeminteraktion durch, da die Einlagerungsplätze in der Nähe sind. Sie können eine oder mehrere Handling Units auswählen und die Schaltfläche **Prozessschritt für HU abschließen** verwenden. Das System ermittelt nacheinander die Einlagerungsplätze für diese Handling Units, da das Lagerkonzept mehrere Handling Units auf demselben Platz zulässt.

Realisierung

Starten Sie den BAdI-Builder (Transaktion SE19) und legen Sie eine neue Erweiterungsimplementierung (z. B. Z_EI_WRKC_UI_AFTER_SAVE) zum Erweiterungsspot /SCWM/ES_WRKC_UI an. Wählen Sie das BAdI /SCWM/EX_WRKC_UI_AFTER_SAVE und geben Sie einen Namen (z. B. »ZEX_WRKC_UI_AFTER_SAVE«) und eine Klasse (z. B. »ZCL_IM_WRKC_UI_AFTER_SAVE«) ein. Navigieren Sie zur AFTER_SAVE-Methode und geben Sie das Coding ein, das in Listing 3.21 aufgeführt ist.

Innerhalb des BAdI listet der Importparameter IT_MOVEHU alle Handling Units auf, für die eine Folge-Lageraufgabe erforderlich ist. In Abschnitt "1 des Codings ändern wir die Folge-Lageraufgaben in »sofortige Rückmeldung« (Feld SQUIT). Und in Absatz "3 stellen wir sicher, dass die Lageraufgaben nacheinander in derselben Queue ablaufen. Hier haben wir den Namen der Queue auf den Lagerplatz des Arbeitsplatzes gesetzt. Standardmäßig entspricht der Name der Queue der Handling-Unit-ID, was zu einer parallelen Verarbeitung und nicht zu einer sequenziellen Verarbeitung führt. In Absatz "2 stellen wir sicher, dass für alle anderen Arbeitsplätze das Standardcoding aufgerufen wird.

```
METHOD /scwm/if_ex_wrkc_ui_after_save~after_save.
    BREAK-POINT ID zewmdevbook_365.
    "Note, with this implementation the standard implementation is switched off
    DATA: lv_qname  TYPE trfcqnam.

    "1. Your own logic for follow-up WTs
    DATA(lt_movehu) = it_movehu.
    LOOP AT lt_movehu ASSIGNING FIELD-SYMBOL(<ls_movehu>).
      "Immediate conf. WT when Work Center = "1234"
      IF is_workstation-workstation = 'ZBD1'.
        <ls_movehu>-squit = abap_true.
      ENDIF.
    ENDLOOP.
    "2. Call standard impl. to switch on follow-up WT creation
    IF is_workstation-lgpla <> 'Y831.001.01'.
      DATA(lo_std) = NEW /scwm/cl_ei_wrkc_ui_after_save( ).
      lo_std->/scwm/if_ex_wrkc_ui_after_save~after_save(
        EXPORTING
          it_movehu      = lt_movehu
          it_closedhu    = it_closedhu
          is_workstation = is_workstation
        IMPORTING
          ev_save        = ev_save ).
    ELSE.
```

```
    "3. Change queue name to BIN (instead of HU)
    IF it_movehu IS NOT INITIAL.
      LOOP AT it_movehu INTO DATA(ls_movehu).
        CLEAR: lt_movehu, lv_qname.
        "Prepare rfc queue
        MOVE: wmegc_qrfc_hu_prcs   TO lv_qname,
              is_workstation-lgpla TO lv_qname+4.

        DATA(ls_rfc_queue) = VALUE /scwm/s_rfc_queue(
          mandt = sy-mandt
          queue = lv_qname ).
        CALL FUNCTION 'GUID_CREATE'
          IMPORTING
            ev_guid_16 = ls_rfc_queue-guid.

        CALL FUNCTION 'TRFC_SET_QIN_PROPERTIES'
          EXPORTING
            qin_name = lv_qname.
        APPEND ls_movehu TO lt_movehu.
        "Call process-oriented storage control for each HU
        CALL FUNCTION '/SCWM/TO_CREATE_MOVE_HU'
          IN BACKGROUND TASK
          AS SEPARATE UNIT
          EXPORTING
            iv_lgnum       = is_workstation-lgnum
            iv_commit_work = abap_false
            iv_bname       = sy-uname
            is_rfc_queue   = ls_rfc_queue
            iv_wtcode      = wmegc_wtcode_procs
            it_create_hu   = lt_movehu.
      ENDLOOP.
      ev_save = abap_true.
      CLEAR: ls_rfc_queue.
    ENDIF.
  ENDIF.
ENDMETHOD.
```

Listing 3.21 Beispielcoding für den Abschluss einer Handling Unit

Sie können die Entwicklung mit einer Anlieferung testen, d. h. mit einem gebuchten Wareneingang, für den noch kein Einlagerungsschritt erfolgt ist. Starten Sie die Transaktion /SCWM/PACK (Verpacken allgemein) für Ihr Lager (z. B. 1010) und Ihren

Arbeitsplatz (z. B. Y831). Geben Sie die Anlieferung in das Feld **Lageranforderung** ein. Verpacken Sie die Artikel in eine oder mehrere Handling Units, wählen Sie dann die Handling Units aus und verwenden Sie die Drucktaste **Prozessschritt für HU abschließen**.

Infolgedessen sollten die Handling Units auf ihren endgültigen Plätzen bestätigt werden, wenn eine oder mehrere Handling Units denselben Nachplatz hatten. Wenn Sie die Queue mit dem Platznamen in der Transaktion SMQ2 (qRFC-Monitor) anzeigen, sehen Sie mehrere Queueeinträge für die Anlage von Lageraufgaben.

3.6.6 Entwicklungsprojekt: Verpacken von Anlieferungen

Um Positionen einer Anlieferung vor dem Wareneingang zu verpacken, können Sie die Transaktion /SCWM/GR (physischer Wareneingang) verwenden. Markieren Sie die Anlieferung. Über die Drucktaste **Verpacken** gelangen Sie in den Packarbeitsplatz. Die Transaktion /SCWM/GR ist für Büroanwender*innen gedacht. Für Arbeiter*innen im Lager stehen mehrere andere RF-Transaktionen zur Verfügung, z. B. für den Empfang von Handling Units.

Spezifikation

Lagerarbeiter*innen nutzen eine Desktop-Transaktion, in der sie eine Anlieferung scannen und dann die Artikel verpacken können.

Realisierung

Die folgenden Schritte sind erforderlich, um die Lösung für die neue Desktop-Transaktion zu implementieren:

1. Legen Sie in der IMG-Aktivität **Stammdaten • Arbeitsplatz • Arbeitsplatz-Layout definieren** einen neuen Eintrag (z. B. »IB1«) mit der Vorgangsart **1 – Verpacken allgemein** an. Markieren Sie im Bereich **Registerkarten im Scannerbereich** die Kennzeichen **Scannerbereich anzeigen**, **HU anlegen**, **Produkt umpacken** und **HU ändern**. Markieren Sie auch das Kennzeichen **Tree Control anzeigen** im Bereich **Baum**.
2. Navigieren Sie zur nächsten IMG-Aktivität **Arbeitsplatz definieren** im selben Ordner und legen Sie einen Arbeitsplatz an, z. B. »ZWP1«. Als Beschreibung wählen Sie »Verpacken Anlieferung«. Geben Sie in das Feld **Arbeitsplatzlayout** das Layout »IB1« aus dem vorherigen Schritt ein. Entfernen Sie die Markierung des Kennzeichens **Aktion sichern**.
3. Legen Sie einen neuen Report `ZRCALL_PACK_IBDL` im ABAP Editor (Transaktion SE38) an. Kopieren Sie das Coding aus Listing 3.22 und legen Sie die Selektionstexte mit Bezug zum ABAP Dictionary an. Sie können auch einen Transaktionscode (z. B. ZPACKIBD) vergeben, über den der neue Selektionsreport aufgerufen werden

kann. Innerhalb des Reports definieren Sie zunächst die Selektionsparameter, die den Benutzer*innen zur Verfügung stehen sollen (siehe Codingabschnitt "1). In Abschnitt "2 werden die Customizing-Einstellungen des Arbeitsplatzes gelesen und angepasst. Innerhalb einer while-Schleife wird das Hauptbild des Arbeitsplatzes aufgerufen (siehe "3).

```
REPORT zrcall_pack_ibdl.

BREAK-POINT ID zewmdevbook_366.

TYPE-POOLS: wmegc.
TABLES: /scwm/s_wrk_pack.
DATA: ls_worksttyp   TYPE /scwm/twrktyp,
      lt_docid       TYPE /scwm/tt_docid,
      ls_docid       TYPE /scwm/s_docid,
      ls_workstation TYPE /scwm/tworkst,
      lo_pack_ibdl   TYPE REF TO /scwm/cl_dlv_pack_ibdl,
      lv_ucomm       TYPE sy-ucomm VALUE 'SAVE'.

"1. Selection Screen
PARAMETERS: pa_lgnum TYPE /scwm/s_wrk_pack-lgnum OBLIGATORY,
            pa_wrkst TYPE /scwm/s_wrk_pack-workstation,
            paprd    TYPE /scwm/s_wrk_pack-docno.

AT SELECTION-SCREEN.
  "2. Validate Workcenter and Delivery Document Number
  CALL FUNCTION '/SCWM/TWORKST_READ_SINGLE'
    EXPORTING
      iv_lgnum       = pa_lgnum
      iv_workstation = pa_wrkst
    IMPORTING
      es_workst      = ls_workstation
      es_wrktyp      = ls_worksttyp
    EXCEPTIONS
      OTHERS         = 3.
  IF sy-subrc <> 0.
    MESSAGE ID sy-msgid TYPE sy-msgty NUMBER sy-msgno
    WITH sy-msgv1 sy-msgv2 sy-msgv3 sy-msgv4.
  ENDIF.
  ls_workstation-save_act = space. "not recommended
  ls_worksttyp-tr_004 = abap_true. "Auto-Pack
  "validate that this workcenter is feasible
  "for inbound packing
```

```
CALL FUNCTION '/SCWM/RF_DOCNO_TO_DOCID'
  EXPORTING
    iv_docno      = paprd
    iv_whr_doccat = wmegc_doccat_pdi
  IMPORTING
    ev_rdocid     = ls_docid-docid
  EXCEPTIONS
    OTHERS        = 99.
IF sy-subrc <> 0.
  MESSAGE e000(/scwm/rf_en) WITH paprd.
ENDIF.
"3. Call workcenter UI
CREATE OBJECT lo_pack_ibdl.
APPEND ls_docid TO lt_docid.
WHILE lv_ucomm = 'SAVE' OR lv_ucomm = 'REFRESH' .
  /scwm/cl_tm=>set_lgnum( ls_workstation-lgnum ).
  "Calculate the open quantity, but no refresh
  lo_pack_ibdl->init(
    EXPORTING
      iv_lgnum        = ls_workstation-lgnum
      it_docid        = lt_docid
      iv_doccat       = wmegc_doccat_pdi
      iv_no_refresh   = abap_true
      iv_lock_dlv     = abap_true
    IMPORTING
      ev_foreign_lock = DATA(lv_foreign_lock) ).
  IF NOT lv_foreign_lock IS INITIAL.
    MESSAGE i097(/scwm/ui_packing).
  ENDIF.
  /scwm/cl_dlv_pack_ibdl=>gv_online = abap_true.
  ls_worksttyp-lgnum = pa_lgnum.
  ls_worksttyp-trtyp = '6'. "Packing Inbound
  CALL FUNCTION '/SCWM/PACKING_UI'
    EXPORTING
      iv_display     = space
      iv_plan        = abap_true
      iv_model       = lo_pack_ibdl
    IMPORTING
      ev_fcode       = lv_ucomm
    CHANGING
      cs_workstation = ls_workstation
```

```
      cs_worksttyp    = ls_worksttyp.
    /scwm/cl_tm=>cleanup( ).
  ENDWHILE.
```

Listing 3.22 Beispielcoding für das Verpacken von Anlieferungen

Wenn Sie das neue Programm/die neue Transaktion testen, sieht der Eingabebildschirm aus wie in Abbildung 3.57. Sie müssen Werte in die Eingabefelder **Lagernummer** und **Arbeitsplatz** sowie eine Anlieferung in das Feld **Lageranforderung** eingeben, bevor Sie die Selektion starten.

Abbildung 3.57 Neue Eingabemaske für das Verpacken von Anlieferungen

Auf dem Hauptbildschirm (siehe Abbildung 3.58) sehen Sie die Registerkarten, wie sie im EWM-Einführungsleitfaden konfiguriert sind, und Sie können Handling Units anlegen, Lieferpositionen in ihnen verpacken und sichern. Das System legt zu diesem Zeitpunkt Plan-Handling-Units an, da für die Anlieferung noch kein Wareneingang gebucht wurde.

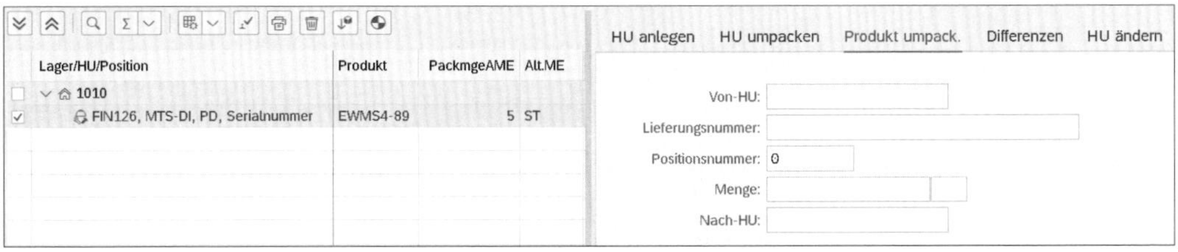

Abbildung 3.58 Neuer Hauptbildschirm für das Verpacken von Anlieferungen

Wir hoffen, dass Sie mit all diesen kleinen Beispielen zur Verbesserung des Arbeitsplatzes nun gute Ideen haben, wie Sie in Ihrem eigenen Projekt individuelle Entwicklungen vornehmen können.

3.7 Zusammenfassung

In diesem Kapitel haben wir die wichtigsten Frameworks und Entwicklungswerkzeuge beschrieben, die von EWM genutzt und zur Verwendung für Erweiterungen angeboten werden. Sie sollten nun eine gute Vorstellung davon haben, wie Sie den Lagerverwaltungsmonitor, das Easy Graphics Framework, das RF-Framework und den Arbeitsplatz erweitern können. Darüber hinaus sollten Sie in der Lage sein, Ihre eigenen benutzerdefinierten Erweiterungen und Entwicklungen mit dem Post Processing Framework und der Key-User-Erweiterbarkeit zu implementieren.

In Kapitel 4, »Erweiterungen der SAP Best Practices für Embedded EWM«, werden wir weitere praktische Beispiele vorstellen, die Ihnen helfen werden, die Entwicklungswerkzeuge noch besser zu verstehen und zu lernen, was Sie damit machen können.

Kapitel 4
Erweiterungen der SAP Best Practices für Embedded EWM

In diesem Kapitel stellen wir Ihnen eine Reihe von Eigenentwicklungen vor, die Sie für Ihre eigenen Projekte übernehmen und verwenden können. Die Grundlage für diese Beispielerweiterungen sind die SAP Best Practices für Embedded EWM in SAP S/4HANA.

In den vorangegangenen Kapiteln haben Sie die Architektur von EWM und seiner Erweiterungs-Frameworks kennengelernt. Jetzt möchten wir Ihnen die Gelegenheit geben, das Gelernte in die Praxis umzusetzen.

Qualifizierte Projektmitarbeiter*innen, die sowohl funktional als auch technisch orientiert sind und den Blick über den Tellerrand wagen, bilden die Grundlage für ein erfolgreiches EWM-Einführungsprojekt. Robuste kundenspezifische Entwicklungen kommen am ehesten zustande, wenn alle am Entwicklungsprozess Beteiligten ein klares Verständnis der Softwareanforderungen und einen soliden Lösungsansatz für eine optimale Implementierung mitbringen. Aus diesem Blickwinkel heraus haben wir dieses Kapitel geschrieben. Sowohl als Lösungsarchitekt als auch als Entwicklerin erhalten Sie einen Überblick über die Prozesse im Lager und erwerben ein Verständnis für die Kernprozesse in EWM. Darüber hinaus lernen Sie die Verwendung von Funktionen, Frameworks und Best Practices kennen, die bei der Realisierung von Eigenentwicklungen in EWM berücksichtigt werden sollten. Dieses Kapitel wendet sich daher sowohl an eher funktional orientierte Beraterinnen als auch an technisch orientierte Entwickler, die ihren Horizont für kundenspezifische Entwicklungsmöglichkeiten in EWM erweitern wollen.

Wir haben uns entschieden, die mit den *SAP Best Practices für Embedded EWM* verfügbaren Szenarien und Prozesse als Grundlage zu verwenden, um Beispiele für die Weiterentwicklung von EWM zu präsentieren. Die SAP Best Practices für Embedded EWM enthalten die Kernfunktionalitäten, die in Lagern verwendet werden, und können recht schnell in jeder SAP-S/4HANA-Systemlandschaft installiert werden. Wir werden die Funktionalität einiger dieser Prozesse um kundenspezifische Entwicklungen erweitern.

Im ersten Abschnitt dieses Kapitels lernen Sie die Funktionen kennen, die innerhalb der SAP-Best-Practices-Prozesse verwendet werden, technisch als *Scope Items* bezeichnet. Sie lernen auch, wie Sie diese installieren. Anschließend erfahren Sie, wie Sie Eigenentwicklungen innerhalb der ausgewählten Prozesse durchführen und testen können. Die weiteren Abschnitte befassen sich mit einzelnen, spezifischen Prozessszenarien für die Lagerverwaltung. Wir behandeln zwei Prozesse für den Wareneingang, zwei für den Warenausgang und einen für lagerinterne Aktivitäten:

- einfacher Wareneingang vom Lieferanten (Abschnitt 4.2)
- Wareneingang vom Lieferanten mit Chargenverwaltung (Abschnitt 4.3)
- einfacher Warenausgang zum Kunden (Abschnitt 4.4)
- erweiterter Warenausgang zum Kunden (Abschnitt 4.5)
- permanente Inventur (Abschnitt 4.6)

Bei jedem Prozess werden wir besonders darauf achten, dass die individuellen Entwicklungen für Sie nachvollziehbar sind.

[»]

Annehmen und Testen der benutzerdefinierten Entwicklungen in einem Projekt

Betrachten Sie die Beispielentwicklungen als Vorlagen. Wenn Sie vorhaben, die eine oder andere in diesem Kapitel vorgestellte Eigenentwicklung in Ihrem Projekt zu verwenden, sollten Sie deren Eignung und Korrektheit im Kontext Ihres Projekts gründlich prüfen. Insbesondere sollten Sie darauf achten, wie die Leistung Ihrer Eigenentwicklungen zu den verarbeiteten Datenmengen und der gesamten Systembelastung passt.

4.1 Einführung in die SAP Best Practices für Embedded EWM

Die SAP Best Practices für SAP S/4HANA wurden zur Verfügung gestellt, um eine schnelle Implementierung von auf Standards basierenden Kernorganisationsstrukturen und -prozessabläufen zu ermöglichen. Sie enthalten vorkonfigurierte und optionale Demodateninhalte, die mit den jeweiligen Implementierungswerkzeugen der Lösung einfach in einem System aktiviert werden können. Die SAP Best Practices sind auf die SAP-S/4HANA-Versionen abgestimmt und umfassen mehrere Länder und Sprachen.

Im Bereich des Supply Chain Managements und speziell der Lagerverwaltung wird der Inhalt der SAP Best Practices sowohl für Embedded EWM als auch für Decentralized EWM bereitgestellt. In diesem Kapitel werden die Prozesse für Embedded EWM innerhalb der SAP Best Practices beschrieben und für Erweiterungen verwendet.

Eine Teilmenge der vorkonfigurierten Prozesse für Embedded EWM bildet die Grundlage für eine Vielzahl von Eigenentwicklungen, die wir in den folgenden Abschnitten erläutern werden. Sie können die Beispiele sicherlich in Ihren selbst konfigurierten Prozessen ausprobieren und verwenden, aber sie müssen möglicherweise zunächst Ihrer individuellen Situation angepasst werden. Wenn Sie die Möglichkeit haben, SAP Best Practices für EWM in Ihrem System zu installieren, bevor Sie mit der Programmierung beginnen, empfehlen wir Ihnen, dies zu tun, da dieser Schritt die Grundlage bildet, auf der unsere Eigenentwicklungen aufgebaut und getestet wurden.

Wir werden uns nun den Funktionsumfang der SAP Best Practices für Embedded EWM ansehen und einen Überblick über die Erweiterungsmöglichkeiten innerhalb der Scope Items geben, die in den folgenden Abschnitten ausführlich beschrieben werden. Zu guter Letzt werden wir Ihnen einige Informationen dazu geben, wie Sie Ihr System darauf vorbereiten können, die beschriebenen Prozesse und Erweiterungen nachzustellen.

4.1.1 Funktionsumfang der SAP Best Practices für Embedded EWM

Wie bereits erwähnt, stellen die SAP Best Practices für SAP S/4HANA eine Bibliothek von Scope Items dar. Die verfügbaren Scope Items für Embedded EWM umfassen typische Lagerverwaltungsszenarien für den Wareneingang, Warenausgang und die internen Prozesse innerhalb einer Lagernummer. Grundlegende Einstellungen wurden für die Organisationsstruktur, die Stammdaten und die Ressourcenverwaltung sowie für die Integration mit dem SAP-S/4HANA-System vorgenommen, die für den Betrieb aller Prozesse entscheidend sind. Die elf Szenarien und Prozesse, die Sie in Tabelle 4.1 sehen, sind in den SAP Best Practices für Embedded EWM in SAP S/4HANA 2023 verfügbar. Während der Aktivierung der SAP-Best-Practices-Lösung können Elemente aus diesem Umfang von Prozessen für die benutzerdefinierte Installation ausgewählt werden.

Szenario	ID	Prozess
Wareneingang	1FS	einfacher Wareneingang vom Lieferanten
	1V5	Wareneingang vom Lieferanten mit Chargenverwaltung
	1V9	einfacher Wareneingang vom Lieferanten mit Qualitätsmanagement
Warenausgang	1G2	einfacher Warenausgang zum Kunden
	1V7	Warenausgang zum Kunden mit Chargenverwaltung
	1VD	erweiterter Warenausgang zum Kunden
	1G0	Verschrottung im Lager

Tabelle 4.1 Scope Items der SAP Best Practices für Embedded EWM

Szenario	ID	Prozess
interne Prozesse	1FY	Nachschub
	1FW	permanente Inventur
übergreifende Prozesse	1FU	Hochladen des Lagerbestandes
	1VB	Produktionsintegration – Komponentenbereitstellung und -verbrauch, Wareneingang Fertigteil

Tabelle 4.1 Scope Items der SAP Best Practices für Embedded EWM (Forts.)

In den folgenden Abschnitten geben wir Ihnen einen Überblick über die SAP Best Practices für Embedded EWM in Bezug auf die Organisationsstrukturen und die Integration mit anderen SAP-S/4HANA-Funktionen – vor allem der Materialwirtschaft und Logistics Execution.

Abbildung 4.1 gibt einen Überblick über die Organisationsstrukturen, die für die Integration mit SAP S/4HANA verwendet werden. Die SAP-S/4HANA-Lagernummer ist direkt mit der EWM-Lagernummer verknüpft, während die SAP-S/4HANA-Lagerorte den EWM-Bestandsarten über Verfügbarkeitsgruppen zugeordnet sind.

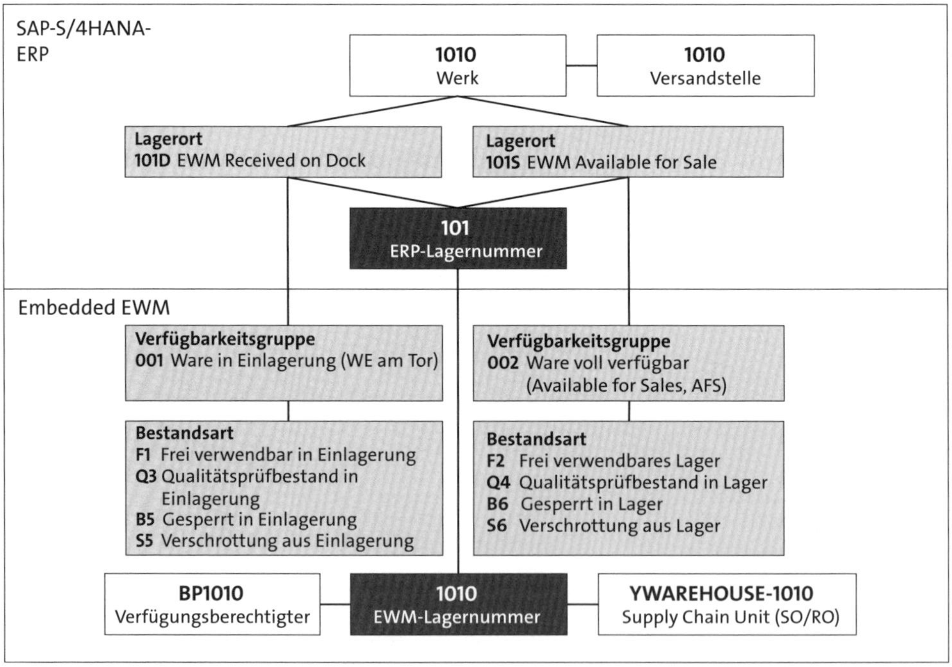

Abbildung 4.1 SAP Best Practices für Embedded EWM: Organisationsstruktur für die Integration mit SAP S/4HANA

Weitere Einzelheiten zur Zuordnung von SAP-S/4HANA- zu EWM-Bestandsdatenmodellen finden Sie in Abschnitt 2.5, »Integration mit ERP-Systemen«. Beim Einrichten der SAP-S/4HANA-Integration können Sie die Organisationsstrukturen der SAP-S/4HANA-Komponenten auswählen, die Sie mit der EWM-Lagernummer integrieren möchten.

[+]

Grundeinstellungen für EWM in SAP S/4HANA (Embedded EWM)

Wir empfehlen Ihnen die Lektüre des Leitfadens »Basic Settings for SAP EWM in SAP S/4HANA«, wenn Sie die Integration von SAP S/4HANA und EWM für die Verwendung von Embedded EWM in SAP S/4HANA einrichten. Er enthält wertvolle Informationen zur Konfiguration der qRFC-Kommunikation, zur Anlage von Lagern und zur Integration in die Organisationsstruktur Ihres Unternehmens. Sie finden den Leitfaden im Support Content des SAP Help Portals unter *https://help.sap.com/docs/SUPPORT_CONTENT/sewm/* im Ordner **EWM General Information**. Alternativ dazu können Sie im SAP Help Portal (*https://help.sap.com/*) nach »Pre-Activation Settings for Embedded EWM Scope Items« suchen.

Abbildung 4.2 zeigt die Organisationsstruktur der Lagernummer 1010, wie sie in den einzelnen Prozessen verwendet wird.

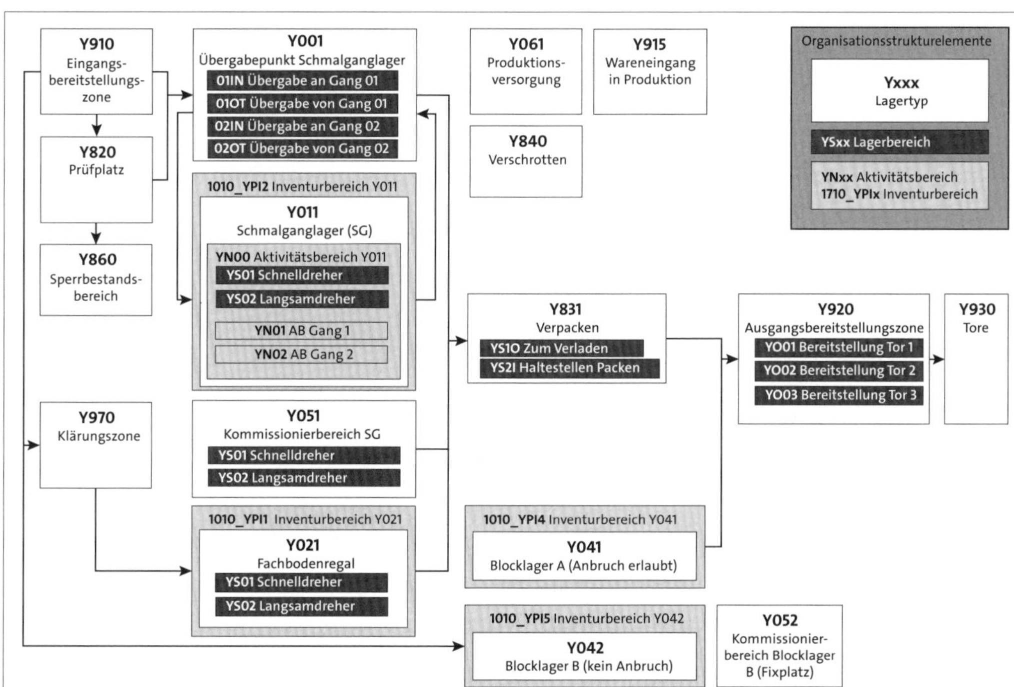

Abbildung 4.2 SAP Best Practices für Embedded EWM: Organisationsstruktur für die Integration mit SAP S/4HANA

Der Lagernummer 1010 ist eine Vielzahl von Lagertypen zugeordnet, die für die verschiedenen Materialbewegungen innerhalb der Prozesse verwendet werden. Diese unterscheiden sich in erster Linie durch die Produktgröße. Innerhalb der Lagertypen befinden sich Lagerbereiche, die wiederum nach dem Produktbedarf gegliedert sind, d. h. Schnell-, Mittel- und Langsamdreher. Es gibt Tore, Bereitstellungszonen und Arbeitsplätze für eingehende und ausgehende Vorgänge. Die Lagernummer 1010 umfasst auch Lagertypen für die Klärung und Verschrottung. Die Verwendung von Lagertypen ist in den Beschreibungen der verschiedenen Prozesse, die in der Dokumentation der jeweiligen SAP Best Practices Scope Items enthalten sind, detailliert dokumentiert.

Weitere Informationen zur Verwendung von Stammdaten und Einstellungen für das Ressourcenmanagement finden Sie in den Testfällen der SAP Best Practices Scope Items sowie in den einzelnen Schritt-für-Schritt-Prozessbeschreibungen. Sie enthalten detaillierte Informationen zu den Prozessabläufen und den Transaktionen, die für jedes der elf verfügbaren Scope Items zum Einsatz kommen. Sie finden die Beschreibungen im *Process Navigator* von SAP auf der Plattform *SAP for Me* unter *https://me.sap.com/processnavigator*. Um auf diese Inhalte zugreifen zu können, müssen Sie sich bei SAP registrieren (S-User bzw. SAP Universal ID).

Die folgende Liste gibt Ihnen einen Überblick über die Wareneingangsfunktionalität des EWM-Systems, die in den Scope Items für Embedded EWM verwendet wird:

- **Lieferabwicklung**
  - Anlegen von Anlieferungen in SAP S/4HANA mit Bestellbezug
  - Anlegen von Anlieferungen in EWM mit Bestellbezug
  - RF-basierter Empfang von Handling Units
  - (Teil-)Wareneingangsbuchung auf Ebene der Handling Unit
- **Lagerlogistik**
  - automatische Anlage von Lageraufgaben für Anlieferungen über PPF-Aktion
  - prozessorientierte Lagerungssteuerung
  - layoutorientierte Lagerungssteuerung
  - Nutzung des Qualitätsprüfungsarbeitsplatzes
  - Druck des Lagerauftrags
  - Quittierung von Lageraufgaben mit Differenzkorrektur (Lieferant/Lager)
  - Quittierung von Lageraufgaben mit Einlagerungsinventur
  - Quittierung von Lageraufgaben-/Lageraufträgen mit RF
- **Qualitätsprüfung**
  - Anlegen von Lageraufgaben als Folgeaktivität des Verwendungsentscheids aus der Qualitätsprüfung

- **Bestandsverwaltung**
  - automatische Umbuchung von »Ware in Empfang« in »verfügbarer Bestand«
  - automatische Umbuchung von Qualitätsprüfbestand in frei verwendbaren Bestand
  - automatische Umbuchung von Qualitätspüfbestand in Bestand zur Verschrottung

Im Folgenden ist die Funktionalität der Scope Items im Warenausgang aufgelistet:

- **Lieferabwicklung**
  - Anlegen von Auslieferungen in SAP S/4HANA mit Kundenauftragsbezug
  - Chargenfindung in der Auslieferungsposition
  - Drucken des Lieferscheins
- **Lagerlogistik**
  - Anlage von Lageraufgaben über PPF-Aktion
  - automatische Wellenzuordnung über PPF-Aktion (erweitert)
  - prozessorientierte Lagerungssteuerung
  - layoutorientierte Lagerungssteuerung
  - Lagerauftragserstellung mit Packprofil
  - Kommissionierung von Handling-Unit-Teilmengen
  - Verpacken und Abschließen von Kommissionier-Handling-Units als Versand-Handling-Units über RF
  - Druck von Versandetiketten
  - Quittierung von Lageraufträgen über RF
  - Quittierung von Lageraufgaben mit Ausnahmebehandlung für Differenzen bei der Kommissionierung und Verpackung
  - Bewegung der Handling Units in die Bereitstellungszone
  - kontrollierte Verladung von Handling Units auf Transporteinheiten
- **Versand**
  - manuelle Anlage von Transporteinheiten (erweiterter Warenausgangsprozess)
  - manuelle Zuordnung von Toren
  - manuelle Zuordnung von Lieferungen zu Transporteinheiten
  - Drucken von Ladelisten
- **Bestandsverwaltung**
  - manuelle Warenausgangsbuchung für Auslieferungen
  - manuelle Warenausgangsbuchung für Transporteinheit (erweiterter Warenausgangsprozess)

Die internen Lagerprozesse nutzen die Standardfunktionalität für Inventurverfahren, Verschrottung und automatischen Nachschub.

4.1.2 Übersicht der Erweiterungen innerhalb der Scope Items

Die grundlegenden Scope Items der SAP Best Practices für Embedded EWM für Wareneingang und Warenausgang enthalten bereits einen Großteil der Kernfunktionalität der Lagerverwaltung und konzentrieren sich auf die Lieferabwicklung, die SAP-S/4HANA-Integration und verschiedene Einlagerungs- und Kommissionierungsverfahren. Zusätzliche Scope Items erweitern den Umfang der Lagerverwaltung um die fortgeschrittenen Funktionen der Chargenverwaltung, des Transports und der komplexeren Lagerlogistik, die durch den Einsatz von Wellenmanagement und Qualitätsmanagement unterstützt wird. Wir haben versucht, unsere Beispielerweiterungen entsprechend innerhalb der Scope Items zu positionieren. Tabelle 4.2 gibt Ihnen einen Überblick über die Erweiterungen, die wir in diesem Kapitel vorstellen, und gibt an, welches Framework oder welche Erweiterungstechnik für jede Entwicklung verwendet wurde.

ID	Kundenspezifische Entwicklung	Realisiert durch
1FS	1FSa: automatische Handling-Unit-Anlage ohne Packspezifikation	BAdI
	1FSb: vereinfachte RF-Einlagerung (Bild überspringen)	RF-Framework
1V5	1V5a: Aktivierung der Transporteinheit nach Eingabe von Nummernschild und Pager zulassen	BAdI
	1V5b: Einlagerung in Abhängigkeit von der Quarantänezeit	BAdI
	1V5c: Erweiterung des Lagerverwaltungsmonitors	Lagerwaltungsmonitor
	1V5d: Verzögerung der Anlieferung bei fehlender Charge	BAdI
1G2	1G2a: Erweiterung der Lieferschnittstelle um projektspezifische Daten	Key-User-Erweiterbarkeit, BAdI
	1G2b: Übertragung von projektspezifischen Daten aus dem Auslieferungsauftrag in die Lageraufgabe	Key-User-Erweiterbarkeit, BAdI
	1G2c: Anzeige von projektspezifischen Daten in der Formularansicht der Auslieferungsauftragsposition	BAdI

Tabelle 4.2 Übersicht über die Erweiterungen

ID	Kundenspezifische Entwicklung	Realisiert durch
	1G2d: Übernahme des Handling-Unit-Typs aus der Packspezifikation bei der Anlage der Kommissionier-Handling-Unit	BAdI
	1G2e: Bestimmung der operativen Mengeneinheit durch die Packspezifikation aus dem Wareneingang	BAdI
	1G2f: Warenausgang wegen unvollständiger Verpackung unterbinden	BAdI
1V7	1V7a: Übernahme der Transporteinheit nach dem Entladen	PPF, BAdI
	1V7b: Druck von Kommissionier-Etiketten auf einem mobilen Drucker	Konditionstechnik, PPF
1FW	1FWa: Erweiterung der Warenbewegungsschnittstelle um zusätzliche Daten	BAdI

Tabelle 4.2 Übersicht über die Erweiterungen (Forts.)

4.1.3 Installation von SAP Best Practices für Embedded EWM

Zum Einrichten der SAP Best Practices Scope Items in einem On-Premise-EWM-System müssen Sie den *Solution Builder* verwenden (Transaktion /N/SMB/BBI). Wir empfehlen Ihnen, den »Administration Guide to Implementation of SAP S/4HANA 2022 with SAP Best Practices« zu befolgen, den Sie im SAP Help Portal für SAP S/4HANA unter *https://help.sap.com/* finden. Der Leitfaden führt Sie durch die erforderlichen Einstellungen, die Implementierung und die Upgrade-Verfahren wie Laden, Scoping und Aktivierung von SAP Best Practices in Ihrem On-Premise-System. Es gibt auch einen Abschnitt zu den SAP-S/4HANA-Scope-Items, die Sie zusätzlich zu den EWM-Scope-Items aktivieren müssen, um End-to-End-Prozesse zu ermöglichen.

4.1.4 Instanz der SAP Cloud Appliance Library aktivieren

Der schnellste und einfachste Weg, um SAP-Best-Practices-Prozesse auszuführen und die bereitgestellten Entwicklungsbeispiele nachzuvollziehen, ist die Aktivierung einer Instanz der *SAP Cloud Appliance Library*. Dies ist insbesondere dann einfach, wenn Sie bereits ein Konto bei einem der folgenden verfügbaren Cloud-Service-Anbieter haben:

- Amazon Webservices
- Microsoft Azure
- Google Cloud

Wenn Sie noch kein Konto bei einem dieser Anbieter haben, können Sie sich für eine begrenzte Zeit ein Testkonto zulegen, das es oft erlaubt, eine aktive Instanz für eine angemessene Anzahl von Stunden kostenlos zu betreiben.

Wenn Sie bereits über ein Konto eines Cloud-Anbieters verfügen, sollte es recht einfach sein, eine Testinstanz der neuesten SAP-S/4HANA-Version anzulegen. Gehen Sie auf *http://cal.sap.com*, und sehen Sie sich die verfügbaren, voll aktivierten Appliance-Vorlagen für SAP S/4HANA an. Um eine Instanz der SAP Cloud Appliance Library anzulegen, benötigen Sie eine gültige SAP-ID. Anschließend wählen Sie Ihren Cloud-Anbieter aus und müssen dann Ihre Anmeldedaten für den Anbieter angeben. Danach sollte alles für die Aktivierung der Instanz bereit sein.

Sollten bei der Aktivierung Probleme auftreten, überprüfen Sie das mitgelieferte Fehlerprotokoll. Möglicherweise müssen Sie bei Ihrem Cloud-Anbieter eine Parameteränderung beantragen, um die Anforderungen der von SAP empfohlenen Größe der virtuellen Maschine (VM) zu erfüllen. Sobald dies erledigt ist, dauert es nur noch wenige Stunden, bis eine Instanz der SAP Cloud Appliance Library für die Aktivierung und Verbindung zur Verfügung steht. Stellen Sie sicher, dass Sie die Instanz abschalten, wenn Sie sie nicht aktiv nutzen, um Kosten zu sparen. Weitere Informationen und Anleitungsvideos zur Instanzaktivierung finden Sie auf der Supportseite der SAP Cloud Appliance Library.

Wir fahren nun mit der Beschreibung der Prozesserweiterungen entlang der SAP Best Practice Scope Items fort.

4.2 Einfacher Wareneingang vom Lieferanten: 1FS

In diesem Abschnitt stellen wir zunächst den komplexen Wareneingangsprozess der SAP Best Practices vor, bei dem die Funktionen der Transportsteuerung und der RF-basierten Abwicklung von Handling Units bei der Bearbeitung des Wareneingangs im Vordergrund stehen. Anschließend legen wir die folgenden Varianten durch Eigenentwicklungen und Erweiterungen an:

- **1FSa: automatische Handling-Unit-Anlage ohne Packspezifikation**
  Sie lernen das BAdI zur automatischen Handling-Unit-Anlage kennen.
- **1FSb: vereinfachte RF-Einlagerung (Bild überspringen)**
  Sie werden das RF-Framework-Customizing anpassen, um das Erfassungsbild der RF-Einlagerungstransaktion zu überspringen.

Bei den meisten Erweiterungen, die wir in diesem Abschnitt vorstellen, finden Sie im Coding die ABAP-Anweisung `BREAK-POINT ID`. Für jede Erweiterung verwenden wir eine entsprechende Checkpoint-Gruppe. Sie können die Checkpoint-Gruppen mit der Transaktion SAAB (aktivierbare Checkpoints) anlegen und aktivieren.

4.2.1 Prozessbeschreibung des Scope Items 1FS

In Tabelle 4.3 finden Sie eine Übersicht über die Schritte für das Scope Item 1FS (einfacher Wareneingang vom Lieferanten). Wir führen die physischen Aktivitäten und die Systemaktivitäten in separaten Spalten auf. Die Prozessschritte in SAP-S/4HANA-Komponenten überspringen wir und beginnen mit der Beschreibung der Schritte in EWM. Eine Bestellung wurde vorbereitend in der Materialwirtschaft in SAP S/4HANA angelegt.

Die Schritte 3, 5 und 8 werden von Sachbearbeiter*innen im Wareneingang ausgeführt, die über einen Desktop- oder einen Tablet-PC mit dem SAP GUI oder SAP-Fiori-Apps arbeiten. Lagermitarbeiter*innen, die die Paletten physisch vom Lkw (Schritt 2) bewegen, am Packtisch verpacken (Schritt 4) und zum endgültigen Lagerplatz bringen (Schritt 7), arbeiten mit mobilen Geräten, auf denen sie die Bewegungen im System mit RF-basierten Apps verbuchen.

Bei der Einlagerung gibt es eine Reihe von Varianten, die im Scope Item zu finden sind. Diese Varianten beruhen auf unterschiedlichen Produkten, die unterschiedliche Verpackungen, Lagerkonzepte und Lagerungsverfahren erfordern. Dazu gehören die stück- oder kartonweise Lagerung von Kleinteilen im Fachbodenregal auf einer Hochebene, die palettenweise Schmalgang-Regallagerung (einschließlich der Übergabeplätze für den Schmalgangstapler) für mittelgroße Teile und die ebenerdige Blocklagerung (hauptsächlich vor- und übereinander gestapelte Vollpaletten) für große Teile, die entweder eine Voll- oder Teilpaletten-Einlagerung ermöglicht. Eine weitere Prozessvariante ist das Klären und Umpacken von Kleinteilen, die in der falschen Verpackung angekommen sind.

Schritt	Physische Aktivität	Systemaktivität
1: Ankunft des Lkws am Tor	Ein Lastwagen kommt an. Lagerist*innen nehmen den Lieferschein entgegen und melden die Ankunft am Tor. Der Lkw fährt vor das Tor.	–
2: Entladung des Lkws und Sichtkontrolle der Waren	Lagermitarbeiter*innen entladen den Lkw. Lagerist*innen prüfen die Ware anhand des Lieferscheins.	–

Tabelle 4.3 Prozessschritte im Wareneingang des Scope Items 1FS

Schritt	Physische Aktivität	Systemaktivität
3: Anlage der EWM-Anlieferung über die App **Anlieferung anlegen** (SAP-Fiori-App F1705)	–	Sachbearbeiter*innen legen die Anlieferung auf Grundlage der Lieferpapiere an.
4: Verpacken der Waren, Anlegen von Handling Units und Buchung des Wareneingangs (EWM)	–	Lagerarbeiter*innen legen die Handling Units an, etikettieren sie und buchen den Wareneingang pro Handling Unit.
5: Anlage von Lageraufträgen (EWM)	–	Sachbearbeiter*innen legen Einlagerungslageraufgaben und Lageraufträge aufgrund der für die Handling Unit gebuchten Wareneingänge an.
6: Abfahrt des Lkws	Der Lkw fährt ab.	–
7.1: Einlagerung der Handling Units auf der Hochebene (EWM)	–	Lagerarbeiter*innen melden sich als Ressource an und scannen die Handling Units. Das System ermittelt die offenen Lageraufträge für die Handling Units.
	Lagerarbeiter*innen bringen die Handling Units zum Lagerplatz in der Hochebene.	Lagerarbeiter*innen quittieren die Lageraufträge.
7.2: Einlagerung der Handling Units in Schmalgangregale (EWM)	–	Lagerarbeiter*innen melden sich als Ressource an und scannen die Handling Units. Das System ermittelt die offenen Lageraufträge für die Handling Units.
–	Lagerarbeiter*innen bringen die Handling Units in die Übergabezone des Schmalgangregallagers.	Lagerarbeiter*innen bestätigen die Lageraufträge. Das System aktiviert im Hintergrund die nächste Lageraufgabe zur endgültigen Einlagerung.

Tabelle 4.3 Prozessschritte im Wareneingang des Scope Items 1FS (Forts.)

Schritt	Physische Aktivität	Systemaktivität
–	–	Schmalgang-Gabelstaplerfahrer*innen scannen die Handling Units.
		Das System ermittelt die offenen Lageraufträge für die Handling Units.
–	–	Gabelstaplerfahrer*innen quittieren die Lageraufträge.
7.3: Einlagerung der Handling Units in das Blocklager (EWM)	–	–
7.4: Einlagerung der Handling Units in die Klärungszone und Umpacken	Packer*innen identifizieren die Waren am Packtisch und bilden Einlagerungs-Handling-Units.	Packer*innen verschließen die einzulagernden Handling Units. Das System druckt Handling-Unit-Etiketten und legt Lageraufträge an.
	Packer*innen etikettieren die einzulagernden Handling Units.	–
7.5: Einlagerung auf dem finalen Lagerplatz	Lagerarbeiter*innen bestätigen den Lagerauftrag.	Lagerarbeiter*innen melden sich als Ressource an. Lagerarbeiter*innen scannen eine einzulagernde Handling Unit. Das System ermittelt den offenen Lagerauftrag für die Handling Unit.
8: Prüfen der Anlieferungsfortschreibung (EWM)	–	–

Tabelle 4.3 Prozessschritte im Wareneingang des Scope Items 1FS (Forts.)

Die Prozessbeschreibung des Scope Items 1FS ist auch im Ablaufdiagramm und im Testskript des Scope Items zu finden.

4.2.2 Erweiterung 1FSa: Automatische Handling-Unit-Anlage ohne Packspezifikation

In der projektspezifischen Erweiterung 1FSa werden wir den Ablauf des Wareneingangs um eine Funktion für die automatische Handling-Unit-Anlage ohne Packspezifikation erweitern. Schritt 3 des Scope Items 1FS wird sich durch diese projektspezifische Entwicklung ändern, wodurch Schritt 4 obsolet wird (siehe Tabelle 4.4). Alle anderen Prozessschritte bleiben unverändert, wie in Tabelle 4.3 beschrieben.

Schritt	Physische Aktivität	Systemaktivität
3: Anlage der EWM-Anlieferung über die SAP-GUI-Transaktion /SCWM/PRDI oder /SCWM/GR und Anlage von Handling Units	–	Sachbearbeiter*innen prüfen die Mengen, legen Handling Units im System an und drucken die neuen Handling-Unit-Etiketten. Anschließend buchen sie den Wareneingang.

Tabelle 4.4 Prozessschritte mit Abweichung für die Erweiterung 1FSa

[»]

Berücksichtigung der Funktionalität für die einheitliche Erzeugung von Packstücken (Unified Package Builder)

EWM bietet eine neue Funktion, mit der Sie andere Datenquellen als die Packspezifikation für Verpackungsanforderungen oder -vorschläge aktivieren können. Zu den möglichen Datenquellen gehören Packvorschriften aus SAP S/4HANA und Packstückerstellungsregeln aus SAP SCM (z. B. zu alternativen Mengeneinheiten aus den globalen Materialdaten). Bevor Sie also zu projektspezifischen Erweiterungen greifen, sollten sie die Möglichkeiten der einheitlichen Erzeugung von Packstücken in Betracht ziehen.

Der Hauptunterschied zwischen dem Scope Item 1FS und der Erweiterung 1FSa besteht darin, dass anstelle der Lagerarbeiter*innen Sachbearbeiter*innen im Wareneingangsbüro die Handling Units angelegen und die Etiketten drucken, während die Lagerarbeiter*innen sie in der Bereitstellungszone anbringen. Die Handling-Unit-Etiketten verbleiben dann so lange wie möglich auf der Palette und können z. B. für interne Umlagerungen, Nachschub oder die Auslagerung weiterverwendet werden.

Im EWM-Standard könnten Sie das System im Eingangsprozess automatisch Handling Units auf der Grundlage von Packspezifikationen oder Packstückprofilen anlegen lassen. Sie müssen also für jedes Produkt (oder Referenzprodukt) eine Packspezifikation pflegen, die die Palettenmenge, den Handling-Unit-Typ und das Packmaterial für die Palette definiert. Wenn Sie nicht über Packspezifikationen für jedes Produkt verfügen und die Verwendung der einheitlichen Erzeugung von Packstücken nicht infrage kommt, kann die in diesem Kapitel vorgestellte Lösung eine geeignete Alternative für Ihr Projekt sein.

Um die Erweiterung 1FSa zu realisieren, sind die folgenden Schritte notwendig:

1. Sie legen eine neue Stammdatentabelle `ZHU_PMAT` an, um Packmittel für die Handling Units zu ermitteln.
2. Sie implementieren die Methode `HU_PROPOSAL` des BAdI `/SCWM/EX_HU_BASICS_AUTOPACK`.
3. Sie aktivieren die automatische Verpackung für die Anlieferung.
4. Sie Legen einen Konditionssatz für den Druck von Handling-Unit-Etiketten an und deaktivieren den Druck für Lagerauftragsetiketten.

Die Einzelheiten dieser vier Schritte werden in den folgenden Abschnitten beschrieben. Zunächst wollen wir jedoch den Prozess der Palettenbildung im Scope Item 1FS betrachten und die Voraussetzungen für diese Erweiterung diskutieren. Abschließend werden wir zeigen, wie der Prozess 1FSa getestet werden kann.

Palettenbildung in Scope Item 1FS

Das Scope Item 1FS verwendet die *Mengenklassifizierung* auf Basis der alternativen Mengeneinheit (AME) zur Ermittlung der operativen Menge bei der Einlagerung von Produkten aus der Klärungszone. Die alternativen Mengeneinheiten sind im Produkt definiert (siehe Abbildung 4.3), sodass z. B. 192 ST der Palettenmenge und 8 ST der Kartonmenge entsprechen.

Abbildung 4.3 Materialstamm mit alternativen Mengeneinheiten

In der IMG-Aktivität **Stammdaten • Produkt • Attribute für Mengeneinheit definieren** werden die Mengeneinheiten der Mengenklassifizierung zugeordnet (siehe Abbildung 4.4). So wird z. B. die **Mengenklassifizierung P** (Paletten) der **Einheit PAL** zugewiesen. Auf der Grundlage dieser Einstellung teilt das System die Mengen bei der Anlage von Lageraufgaben während der Einlagerung auf und kann auch verschiedene Lagertypen für die Einlagerung bestimmen.

Mengeneinheitenattribute definieren

Lagernummer	Einheit	MengKlass.	Bestandspezif. ME
1010	KAR	C	☑
1010	PAL	P	☑

Abbildung 4.4 IMG-Aktivität zur Zuordnung der Mengenklassifizierung zu Mengeneinheiten

Wenn also z. B. eine Anlieferung mit einer Menge von 400 ST im Lager eingeht, würde das System vier Produktlageraufgaben anlegen (siehe Abbildung 4.5, in der wir das Verpacken der Anlieferung in der Transaktion /SCWM/PRDI simulieren):

- zwei Lageraufgaben mit 192 ST = 1 PAL
- zwei Lageraufgaben mit 8 ST = 1 KAR

Lager/HU/Position	Produkt	PackmgeAME	Alt.ME	Menge	BME
1010					
Kleinteil, Schnelldreher	EWMS4-02	400	ST	0	ST
800065	EWMS4-WBTRO00				
Kleinteil, Schnelldreher	EWMS4-02	192	ST	192	ST
800066	EWMS4-WBTRO00				
Kleinteil, Schnelldreher	EWMS4-02	192	ST	192	ST
800067	EWMS4-STOCON00				
Kleinteil, Schnelldreher	EWMS4-02	8	ST	8	ST
800068	EWMS4-STOCON00				
Kleinteil, Schnelldreher	EWMS4-02	8	ST	8	ST

Abbildung 4.5 Automatische Bildung von Handling Units in der Anlieferung

Voraussetzungen für die Erweiterung 1FSa

Die Erweiterung 1FSa ist sinnvoll, wenn folgende Voraussetzungen erfüllt sind:

- Es gibt keine produktspezifischen Packspezifikationen.
- Die einheitliche Erzeugung von Packstücken ist keine valide Option.
- Die Paletten- und/oder Kartonmengen sind als alternative Mengeneinheiten pro Produkt verfügbar.

Neue Stammdatentabelle anlegen

Um eine Handling Unit im System anzulegen, ist zwingend ein Packmittel erforderlich. Das System übernimmt das Taragewicht, das Volumen und den Handling-Unit-Typ sowie Einstellungen zur Nummernvergabe (z. B. Nummernkreis, Serial Shipping Container Code (SSCC)) aus dem Packmittelstamm. Wir werden eine einfache neue Stammdatentabelle verwenden, um das Packmittel anhand der Mengenklassifizierung zu ermitteln. Außerdem wird ein Handling-Unit-Typ bestimmt, der die Einlagerungsstrategie beeinflussen und den optimalen Nach-Lagertyp ermitteln kann.

Legen Sie eine neue Datenbanktabelle im ABAP Dictionary an (Transaktion SE11). Geben Sie den Namen, z. B. ZHU_PMAT, und eine Beschreibung ein. Wählen Sie als **Auslieferungsklasse** die Option **A (Anwendungstabelle (Stamm- und Bewegungsdaten))** und stellen Sie sicher, dass Sie im Feld **Data Browser/Tabellensicht-Pflege** die Option **X Anzeige/Pflege erlaubt** wählen. Auf der Registerkarte **Felder** pflegen Sie die Felder, wie in Tabelle 4.5 gezeigt.

Feld	Datenelement	Schlüssel	Tabelle/Suchhilfe prüfen
CLIENT	MANDT	ja	–
LGNUM	/SCWM/LGNUM	ja	/SCWM/SH_LGNUM
QUANCLA	/SCWM/DE_QUANCLA	ja	/SCWM/TQUANCLA
HUTYP	/SCWM/DE_HUTYP	nein	/SCWM/THUTYP
PACKMAT	/SCWM/DE_PMAT	nein	/SCWM/SH_PMAT_ONLY

Tabelle 4.5 Felder der projektspezifischen Tabelle ZHU_PMAT

In den technischen Einstellungen der neuen Tabelle wählen Sie »APPL0« für die **Datenart** sowie »0« für die **Größenkategorie** und schalten die Pufferung ein (**vollständig gepuffert**).

Nachdem Sie die Tabelle gesichert und aktiviert haben, navigieren Sie zum Tabellenpflegegenerator (Transaktion SE55) und erzeugen eine Pflege-View (z. B. mit Berechtigungsgruppe SCEA und Funktionsgruppe ZHU_PMAT).

Zu guter Letzt pflegen Sie mit Transaktion SM31 (Tabellenansichten pflegen) einige Einträge in der neuen Tabelle (siehe Abbildung 4.6).

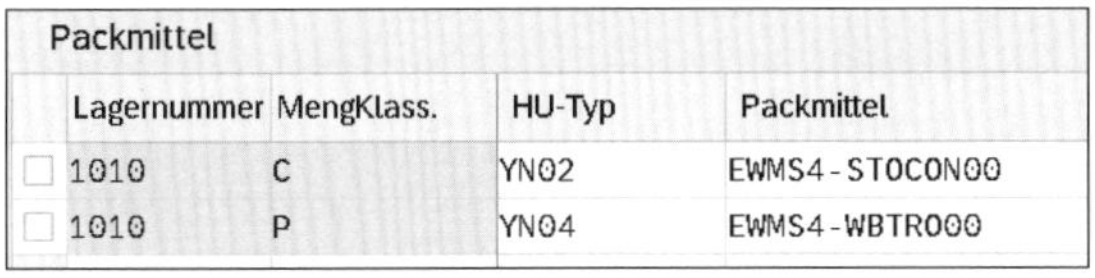
Packmittel

Lagernummer	MengKlass.	HU-Typ	Packmittel
1010	C	YN02	EWMS4-STOCON00
1010	P	YN04	EWMS4-WBTR000

Abbildung 4.6 Packmittel und Handling-Unit-Typ in Tabelle ZHU_PMAT

BAdI-Methode HU_PROPOSAL implementieren

Um die Methode HU_PROPOSAL zu implementieren, müssen Sie den BAdI-Builder (Transaktion SE19) starten und eine Implementierung für den Erweiterungsspot /SCWM/ES_HU_BASICS anlegen. Geben Sie zunächst den Namen der Erweiterungsimplementierung ein (z. B. ZEI_HU_BASICS) und wählen Sie dann die BAdI-Definition /SCWM/EX_HU_BASICS_AUTOPACK. Als Namen für die BAdI-Implementierung können Sie z. B. ZEX_HU_BASICS_AUTOPACK eingeben und als Klassennamen ZCL_IM_HU_BASICS_AUTOPACK wählen. Navigieren Sie zu der Methode HU_PROPOSAL und legen Sie das Coding an, wie in Listing 4.1 gezeigt. Definieren Sie ein statisches, privates Attribut ST_TUOM_QCLA vom Typ /SCWM/TT_UOM_QCLA für die neue Klasse.

```
METHOD /scwm/if_ex_hu_basics_autopack~hu_proposal.

  DATA: lt_mat_uom     TYPE /scwm/tt_material_uom,
        ls_mat_global TYPE /scwm/s_material_global,
        lv_quancla     TYPE /scwm/de_quancla.

  BREAK-POINT ID zewmdevbook_1fsa.
  DATA(lo_pack)  = CAST /scwm/cl_hu_packing( io_pack_ref ).
  DATA(lo_stock) = NEW /scwm/cl_ui_stock_fields( ).
  "1. Get quantity classification (prefetch)
  IF st_tuom_qcla IS INITIAL.
    SELECT * FROM /scwm/tuom_qcla
             INTO TABLE st_tuom_qcla
             WHERE lgnum = lo_pack->gv_lgnum.
    IF st_tuom_qcla IS INITIAL.
      RETURN.
    ENDIF.
  ENDIF.

  LOOP AT ct_pack ASSIGNING FIELD-SYMBOL(<pack>).
    CLEAR: lt_mat_uom.
    "2. Get product master for each delivery-item
    TRY.
        CALL FUNCTION '/SCWM/MATERIAL_READ_SINGLE'
          EXPORTING
            iv_matid      = <pack>-matid
          IMPORTING
            et_mat_uom    = lt_mat_uom
            es_mat_global = ls_mat_global.
      CATCH /scwm/cx_md.
        io_pack_ref->go_log->add_message( ).
        cv_severity = sy-msgty.
        CONTINUE.
    ENDTRY.
    WHILE <pack>-quan > 0.
      "3. Get quantity classification based on open quantity
      TRY.
          CALL FUNCTION '/SCWM/QUANCLA_DET_UOM'
            EXPORTING
```

```
          iv_lgnum      = lo_pack->gv_lgnum
          iv_matid      = <pack>-matid
          iv_batchid    = <pack>-batchid
          iv_quan       = <pack>-quan
          iv_unit       = <pack>-unit
          is_mat_global = ls_mat_global
          it_mat_uom    = lt_mat_uom
        IMPORTING
          ev_quancla    = lv_quancla.
    CATCH /scwm/cx_core.
      io_pack_ref->go_log->add_message( ).
      cv_severity = sy-msgty.
      CONTINUE.
  ENDTRY.
  "4. Determine packmat and hu_typ for the quancla
  SELECT SINGLE * FROM zhu_pmat
    INTO @DATA(ls_zhu_pmat)
    WHERE lgnum = @lo_pack->gv_lgnum
    AND quancla = @lv_quancla.
  IF ls_zhu_pmat-packmat IS INITIAL.
    "Error: No Packaging Material maintained for Quan.Class. &1.
    MESSAGE e001(zewmdevbook_1fsa) WITH lv_quancla.
    io_pack_ref->go_log->add_message( ).
    EXIT.
  ENDIF.
  DATA(lv_packmatid) = lo_stock->get_matid_by_no(
                         iv_matnr = ls_zhu_pmat-packmat ).
  "5. Determine target quantity and UoM
  LOOP AT st_tuom_qcla INTO DATA(ls_quancla) WHERE quancla = lv_quancla.
    DATA(ls_mat_uom) = VALUE #( lt_mat_uom[ matid = <pack>-matid
                                          meinh = ls_quancla-unit ] ).
    IF sy-subrc IS NOT INITIAL.
      EXIT.
    ENDIF.
  ENDLOOP.
  "6. Create new hu
  DATA(ls_hu_crea) = VALUE /scwm/s_huhdr_create_ext(
    hutyp = ls_zhu_pmat-hutyp ).
  DATA(ls_huhdr) = io_pack_ref->create_hu(
    EXPORTING
      iv_pmat      = lv_packmatid
      is_hu_create = ls_hu_crea ).
  IF sy-subrc <> 0.
```

```
        io_pack_ref->go_log->add_message( ).
        EXIT.
      ENDIF.
      "7. Pack item
      DATA(ls_quan) = CORRESPONDING /scwm/s_quan( <pack> ).
      IF <pack>-quan >= ls_mat_uom-umrez.
        ls_quan-quan = 1.
        ls_quan-unit = ls_mat_uom-meinh.
        <pack>-quan  = <pack>-quan - ls_mat_uom-umrez.
      ELSE.
        ls_quan-quan = <pack>-quan.
        <pack>-quan = 0.
      ENDIF.
      DATA(ls_mat) = CORRESPONDING /scwm/s_pack_stock( <pack> ).
      io_pack_ref->pack_stock(
        EXPORTING
          iv_dest_hu  = ls_huhdr-guid_hu
          is_material = ls_mat
          is_quantity = ls_quan ).
      IF sy-subrc <> 0.
        io_pack_ref->go_log->add_message( ).
        EXIT.
      ENDIF.
      CLEAR: ls_mat, ls_quan, ls_hu_crea, lv_quancla,
             ls_huhdr, ls_quancla, ls_mat_uom, ls_zhu_pmat.
    ENDWHILE.
  ENDLOOP.

ENDMETHOD.
```

Listing 4.1 Beispielcoding der Methode HU_PROPOSAL

Aktivieren Sie das Coding und auch die BAdI-Implementierung. Die Implementierung folgt den folgenden Schritten:

- In Codingabschnitt "1 lesen wir zunächst die Mengenklassifizierungstabelle (/SCWM/TUOM_QCLA) aus dem EWM-Einführungsleitfaden.
- Wir durchlaufen eine Schleife über alle Lieferpositionen und ermitteln für jedes Produkt die Liste der alternativen Mengeneinheiten (siehe Abschnitt "2).
- Mit dem Standardfunktionsbaustein /SCWM/QUANCLA_DET_UOM ermitteln wir die Mengenklassifizierung in Abhängigkeit von der unverpackten, offenen Menge der Anlieferungsposition (siehe Abschnitt "3).

- Auf Grundlage der Mengenklassifizierung ermitteln wir in unserer neuen Tabelle ZHU_PMAT das Packmittel und den Handling-Unit-Typ (siehe Abschnitt "4).
- Um die Zielmenge der Handling Unit zu bestimmen, wird die erste alternative Mengeneinheit gesucht, die der gewünschten Mengeneinteilung entspricht. Der Zähler dieser Einheit wird zur Zielmenge (siehe Abschnitt "5).
- In den letzten beiden Abschnitten "6 und "7 legen wir schließlich eine Handling Unit an und verpacken die Anlieferungsposition in diese.
- Beachten Sie, dass wir weder die Methode SAVE noch die Anweisung COMMIT verwenden. Da es sich um eine BAdI-Implementierung handelt, erwarten wir, dass sich die aufrufende Umgebung um das Speichern und die Datenbank-Commits kümmert.

Automatisches Verpacken einschalten

Wählen Sie in der IMG-Aktivität **Wareneingangsprozess • Anlieferung • Belegarten für den Anlieferungsprozess definieren** die Belegart INB für den Belegtyp PDI, ändern Sie die folgenden Einstellungen, und sichern Sie sie:

- **Findungsschema für Packmittelvorschlag: OIBD**
  Dieser Eintrag für das Findungsschema für den Packmittelvorschlag ist erforderlich, um das automatische Verpacken im Allgemeinen einzuschalten. Wir geben ein Findungsschema ein, obwohl wir keine Packspezifikationen verwenden werden. Stellen Sie sicher, dass Sie ein Findungsschema eingeben, für das Sie in Ihrem Projekt keine Packspezifikationen verwenden.
- **Kein automatisches Verpacken: ja**
  Mit dieser Einstellung schalten Sie das automatische Verpacken bei der Anlieferungsanlage aus. Wie in unserer Prozessvariante sollen die Benutzer*innen zunächst die Menge überprüfen und dann die Handling-Unit-Etiketten im Büro anlegen. Wir möchten, dass die Benutzer*innen das automatische Verpacken manuell starten, wenn sie mit der Überprüfung fertig sind.

Konditionssatz für Ausdruck anlegen

Da wir möchten, dass das System die Etiketten automatisch druckt, wenn die Benutzer*innen die Handling Units anlegen, müssen Sie im EWM-Anwendungsmenü unter **Arbeitsvorbereitung • Drucken • Einstellungen • Konditionssätze für Druck anlegen (HUs)** neue Konditionssätze prüfen und anlegen. Geben Sie die Applikation und Pflegegruppe PHU ein und wählen Sie bestehende Konditionssätze für die Konditionsart OHU1. Prüfen Sie die Ergebnisliste. Wenn noch keine Konditionssätze vorhanden sind, legen Sie für jedes verwendete Packmittel einen Eintrag an, wie in Abbildung 4.6 mit den folgenden Werten an:

- **Konditionsart**: 0HU1
- **Lagernummer**: 1010
- **HU-Schritt**: I (Create)
- **Packmittel**: z. B. EWMS4-STOCON00 (EWM: Standardlagerbehälter/-kiste)
- **HU-Typ**: z. B. YN02 (EWM-Karton/-Kiste)
- **Formular**: /SCWM/HU_CONTENT
- **Drucker**: z. B. LP01
- **Spooldaten**: 01
- **Aktionsdefinition**: HU_LABEL_GENERAL_AND_RF

Test der Erweiterung 1FSa

Sie können die Handling-Unit-Anlage und den Handling-Unit-Druck nun testen (siehe Tabelle 4.6). In Abbildung 4.7 sehen Sie das Ergebnis des Testschritts 4.1. Für eine Anlieferungsmenge von 40 ST hat das System fünf Handling Units erzeugt. Alle wurden als Kartons zu 8 ST angelegt.

Schritt	Schrittbeschreibung	Eingabedaten und erwartete Ergebnisse
4.2	EWM-Anlieferung anlegen	Verwenden Sie die Transaktion /SCWM/GR (Wareneingang) anstelle der App **Anlieferungen erstellen** (F1705). Suchen Sie die Anlieferung über die Bestellnummer oder über die Lieferavis-Nummer. Überprüfen Sie die Lieferdaten anhand des Lieferscheins und passen Sie die Mengen gegebenenfalls an. Verwenden Sie die Schaltfläche **Verpacken**, um zum Bildschirm **Arbeitsplatz Verpacken für Anlieferung** zu navigieren, markieren Sie die Lieferposition, und verwenden Sie die Schaltfläche **Automatisch verpacken** (siehe Abbildung 4.7). Navigieren Sie zurück und verwenden Sie die Schaltfläche **Wareneingang buchen**. *Erwartete Ergebnisse:* Das System erzeugt automatisch Handling Units. Das System druckt Etiketten für die angelegten Handling Units.

Tabelle 4.6 Testen der Erweiterung 1FSa

Lager/HU/Position	Produkt	PackmgeAME	Alt.ME	Menge	BME
1010					
Kleinteil, Schnelldreher	EWMS4-02	40	ST	0	ST
800074	EWMS4-STOCON00				
Kleinteil, Schnelldreher	EWMS4-02	8	ST	8	ST
800075	EWMS4-STOCON00				
Kleinteil, Schnelldreher	EWMS4-02	8	ST	8	ST
800076	EWMS4-STOCON00				
Kleinteil, Schnelldreher	EWMS4-02	8	ST	8	ST
800077	EWMS4-STOCON00				
Kleinteil, Schnelldreher	EWMS4-02	8	ST	8	ST
800078	EWMS4-STOCON00				
Kleinteil, Schnelldreher	EWMS4-02	8	ST	8	ST

Abbildung 4.7 Automatisches Verpacken in der Anlieferung

Nachdem die Benutzer*innen die Ergebnisse des automatischen Verpackens gespeichert haben, druckt das System automatisch die Etiketten der Handling Units, wie in Abbildung 4.8 gezeigt. Das Standardformular zeigt einen Barcode, aber es ist sehr wahrscheinlich, dass Sie dieses Formular an Ihren Drucker und Ihren Barcodetyp anpassen müssen.

HU-Inhaltschein Seite: 1

HU: 800076

EWMS4-02 Kleinteil, Schnelldreher 8,000 ST

HU 800076

Eigen BP1010 Verfüg BP1010

BA F1

Abbildung 4.8 Ausdruck des Etiketts für den Handling-Unit-Inhalt

Für den Einlagerungsschritt 4.3 (Einlagerung in das Fachbodenregal) des Testfalls haben Sie nun zwei Möglichkeiten: Entweder Sie führen den Schritt aus, wie im Standardprozess beschrieben, oder Sie fahren mit den Informationen im nächsten Abschnitt fort und verwenden die Erweiterung 1FSb.

4.2.3 Erweiterung 1FSb: Vereinfachung der RF-Einlagerung

In der Erweiterung 1FSb werden wir Schritt 7 (Einlagern der Handling Units) des Prozesses 1FS ändern. Die Änderungen sind in Tabelle 4.7 beschrieben. Im Standardprozess erfolgt die Einlagerung papiergesteuert und ohne RF-Unterstützung. Die Lagerarbeiter*innen bringen die Paletten zu den finalen Lagerplätzen und übergeben die Papierbelege an die Sachbearbeiter*innen im Wareneingangsbüro. Mehrmals am Tag bestätigen diese die Lageraufträge im System auf Grundlage der übergebenen Papierbelege. Auf diese Weise erhöht sich der Lagerbestand und wird für den Verkauf verfügbar. In der Prozessvariante 1FSb verwenden die Lagerarbeiter*innen mobile Geräte und bestätigen jede Lagerbewegung sofort im System.

In diesem Abschnitt geben wir eine Anleitung zur Vereinfachung der RF-Transaktion »Einlagerung nach Lagerauftrag« (logische RF-Transaktion PTWOSI). Durch eine Anpassung des Schrittablaufs im Customizing des RF-Frameworks reduzieren wir die Anzahl der Bilder und verzichten auf ein RF-Bild. Für jede Palette, die die Benutzer*innen einscannen, gibt es einen Lagerauftrags-Barcode auf dem Papierbeleg sowie den Barcode des Nach-Lagerplatzes.

Schritt	Physische Aktivität	Systemaktivität
7.4: Einlagerung der Handling Units in die Klärungszone und Umpacken. Lagermitarbeiter*innen bringen die einzulagernde Handling Unit zum finalen Lagerplatz.	Nach dem Umpacken nehmen die Lagermitarbeiter*innen die Lagerauftragsausdrucke und heften sie auf die Gebinde. Die Lagermitarbeiter*innen transportieren die Gebinde von der Klärungszone zum Fachbodenregal.	Die Lagerist*innen bestätigen jede Einlagerung über RF.

Tabelle 4.7 Prozessschritte mit Abweichung für die Erweiterung 1FSb

Um die Variante 1FSb (Vereinfachung der RF-Einlagerung) zu realisieren, müssen Sie folgende Schritte durchführen:

1. Sie legen das RF-Darstellungsprofil 1010 an und kopieren das Standardmenü.
2. Sie ändern den RF-Schrittablauf für die logische Transaktion PTWOSI und das Darstellungsprofil 1010 so, dass das erste Bild übersprungen wird.

Die Einzelheiten zu diesen beiden Schritten werden in den folgenden Abschnitten beschrieben. Wie üblich beginnen wir mit der Beschreibung der Voraussetzungen und schließen das Beispiel mit dem Test der Erweiterung ab.

Voraussetzungen für die Erweiterung 1FSb

Die Erweiterung 1FSb hat die folgenden Voraussetzungen:

- WiFi und mobile Geräte werden im Lager unterstützt.
- Der Barcode des Lagerauftrags befindet sich auf dem Ausdruck des Papierbelegs.

Darstellungsprofil anlegen

Legen Sie ein neues Darstellungsprofil an (siehe auch Abschnitt 3.3, »Radio Frequency Framework«), um im nächsten Schritt lagerspezifische Änderungen im RF-Framework-Customizing vorzunehmen:

1. Das neue Darstellungs- und Personalisierungsprofil legen Sie in der IMG-Aktivität **Mobile Datenerfassung • Radio-Frequency-(RF-)Framework • Schritte in logischen Transaktionen definieren** an. Legen Sie im Ordner **Darstellungsprofile definieren** einen neuen Eintrag »1010« an, indem Sie den bestehenden Eintrag **** kopieren.
2. Behalten Sie in der IMG-Aktivität **RF-Menümanager** die Standardwerte auf dem Eingabebild bei und verwenden Sie die Funktion **Menü kopieren**. Geben Sie im Pop-up-Fenster das Darstellungsprofil 1010 im Feld **Enddarstellung** ein. Fahren Sie dann fort und sichern Sie.
3. Ordnen Sie das neue Darstellungsprofil 1010 der Lagernummer 1010 zu. Dies geschieht in der IMG-Aktivität **Darstellungsprofil zu Lager zuordnen**.

RF-Schrittablauf ändern

Wir ändern nun einen Eintrag im Customizing des RF-Frameworks, damit das System das Einlagerungseinstiegsbild überspringt.

Gehen Sie zur IMG-Aktivität **Mobile Datenerfassung • Schritte in logischen Transaktionen definieren**. Wählen Sie im Ordner **Logische Transaktionen definieren** die logische Transaktion PTWO** und navigieren Sie zum Unterordner **Schrittablauf einer logischen Transaktion definieren**. Markieren und kopieren Sie den Eintrag mit den folgenden Werten:

- **Darstellungsprofil**: ****
- **Logische Transaktion**: PTWO**
- **Schritt**: PTHUSC
- **Funktionscode**: PB01

Bevor Sie speichern, ändern Sie die folgenden Felder:

- **Darstellungsprofil**: 1010
- **Nächster Schritt**: PTHUDS
- **Verarbeitungsmodus**: 1 (Hintergrund)
- **Funktionscode Hintergrund**: PB01

Mit den geänderten Einstellungen überspringt das System das Bild für den Schritt PTHUSC und fährt sofort mit dem Schritt PTHUDS fort.

[»]

Kopieren statt Ändern

Wir empfehlen, die Einstellungen für das Darstellungsprofil **** nicht zu ändern. Legen Sie für jedes Projekt/Vorlagenprojekt ein eigenes Darstellungsprofil an, wie in Schritt 3 gezeigt, und kopieren Sie die Standardeinstellungen aus dem Profil **** in Ihr eigenes Profil, bevor Sie sie ändern. Sie können dann die unveränderten Einstellungen für das Profil **** als Referenz verwenden. Wenn im RF-Framework ein Problem auftritt, können Sie zurück zu dem Profil **** wechseln, bevor Sie den SAP-Support um Hilfe bitten.

Test der Erweiterung 1FSb

Beginnen Sie den Test der Änderungen mit den Schritten 1 bis 5 des Testskripts für Scope Item 1FS. Ersetzen Sie dann Schritt 6 durch die Testanweisung aus Tabelle 4.8.

Schritt	Schrittbeschreibung	Eingabedaten und erwartete Ergebnisse
4.6.5	Produkte aus der Klärungszone in das Fachbodenregal bewegen	▪ Verwenden Sie die Transaktion /SCWM/RFUI (Anmelden in der RF-Umgebung) und melden Sie sich im Lager 1010 mit der Ressource YREC-1 und dem Endgerät YE00 an. ▪ Navigieren Sie zum Menüpunkt **03 Eingangsprozesse • 03 Einlagerung • 03 Einlagerung nach LA** (Schnellzugriff über 333). ▪ Scannen Sie den Barcode des Lagerauftrags. ▪ Scannen Sie den Nach-Lagerplatz. *Erwartetes Ergebnis:* Der Lagerauftrag ist quittiert, und der Bestand ist verfügbar.

Tabelle 4.8 Testen der Erweiterung 1FSb

In Abbildung 4.9 wollen wir Ihnen zeigen, wie die RF-Transaktion für das Standarddarstellungsprofil **** funktioniert:

❶ Im RF-Menü wählen die Benutzer*innen **03 Einlagerung nach LA**.

❷ Auf dem Erfassungsbildschirm scannen sie den Barcode für den Lagerauftrag (RF-Schritt PTWOSL).

❸ Auf dem nächsten Bildschirm (RF-Schritt PTHUSC) bestätigen die Benutzer*innen die Aufnahme des Bestandes durch mehrmaliges Drücken von [↵].

❹ Auf dem Bildschirm zur Bestätigung der Lageraufgabe/des Lagerauftrags (RF-Schritt PTHUDS) scannen die Benutzer*innen den Nach-Lagerplatz, nachdem sie den Bestand dorthin gebracht haben.

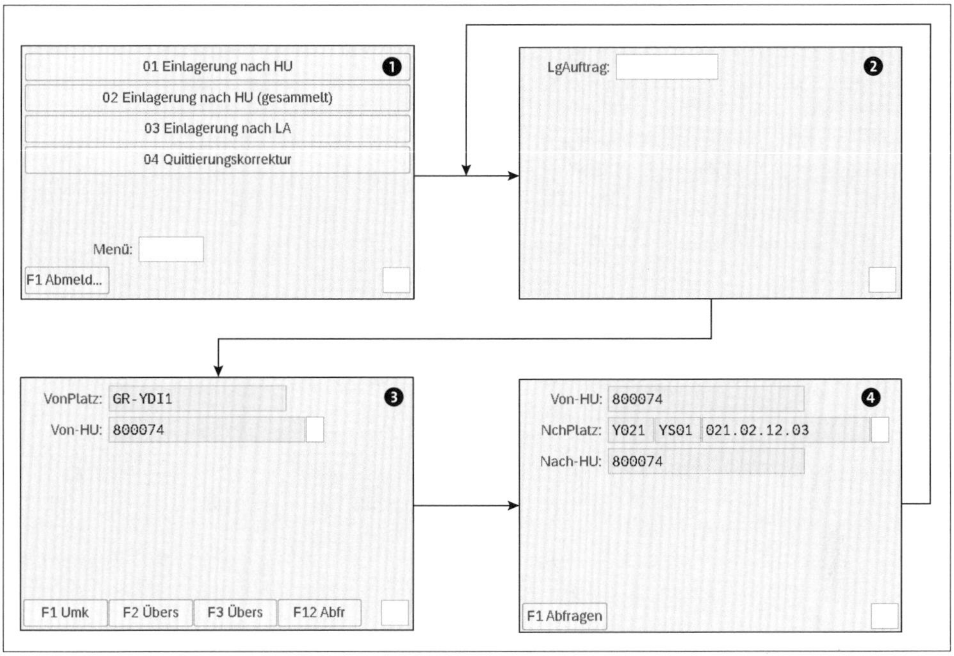

Abbildung 4.9 Einlagerung nach Lagerauftrag mit Darstellungsprofil ****

Wenn Sie das neue Darstellungsprofil 1010 verwenden, werden Sie feststellen, dass das System den Schritt PTHUSC überspringt. Der neue Ablauf ist in Abbildung 4.10 zu sehen. Für jede Einlagerungstransaktion sparen die Benutzer*innen also ein Bild und das mehrmalige Drücken der [↵]-Taste. Auch bei der Anzahl der verwendeten Lageraufgaben gibt es einen Unterschied: Das System verwendet nicht zwei Lageraufgaben (eine für die Buchung des Bestandes vom Von-Lagerplatz auf die Ressource und eine weitere für die Buchung des Bestandes von der Ressource auf den Nach-Lagerplatz). Es wird nur eine Lageraufgabe angelegt, und zwar in dem Moment, in dem die Benutzer*innen den Nach-Lagerplatz bestätigen.

Nur eine statt zwei Lageraufgaben am Ende der Transaktion zu haben, ist auch von Vorteil für den Fall, dass die Benutzer*innen ihre Meinung ändern und mit [F7] auf das erste Bild zurückgehen (Schritt PTHUDS). Bei den Standardeinstellungen würde der Bestand auf der Ressource verbleiben, sodass keine andere Ressource in der Lage wäre, diesen Lagerauftrag auszuführen. Wenn Sie mit Hochregalstaplern und Niederregalstaplern arbeiten, kann es vorkommen, dass die Person, die diese Stapler bedient, erst nach der Anzeige des Zielbildes entscheiden kann, ob sie in der Lage ist, die Einlagerung an diesem Nachlagerplatz durchzuführen.

In diesem Abschnitt haben Sie gelernt, wie Sie RF-Bilder überspringen können und wie Sie ohne Codinganpassungen Schritte im Hintergrundmodus verarbeiten lassen. Im Standard gibt es weitere RF-Transaktionen, bei denen Sie ein Bild überspringen könnten, wenn das Bild keine wertvollen Informationen für Ihre Benutzer*innen liefert.

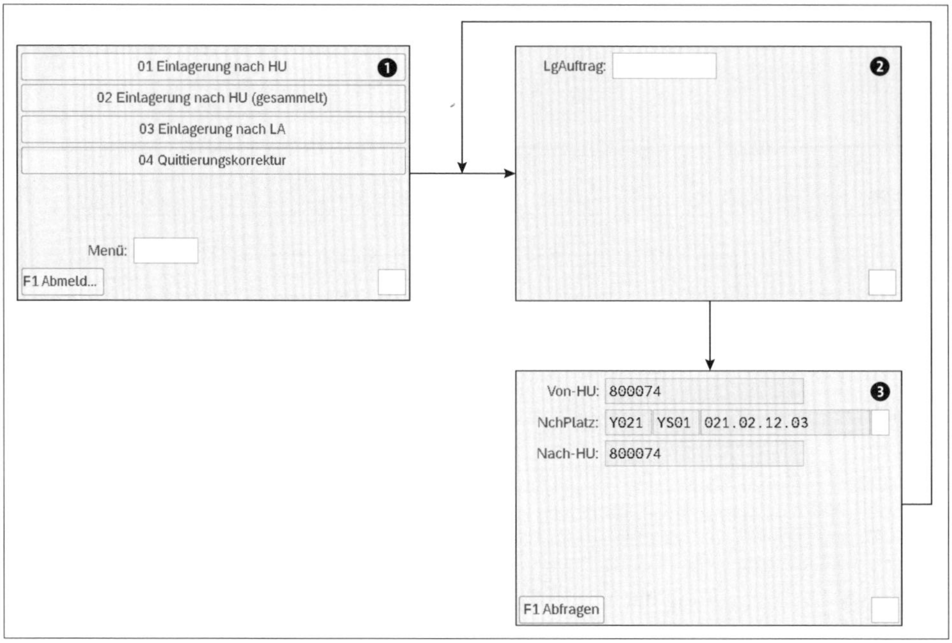

Abbildung 4.10 Einlagerung nach Lagerauftrag mit Darstellungsprofil 1010

4.3 Wareneingang vom Lieferanten mit Chargenverwaltung: 1V5

In diesem Abschnitt werden wir das Scope Item 1V5 für den Wareneingang (Wareneingang vom Lieferanten mit Chargenverwaltung) vorstellen. Wir planen, zwei Varianten dieses Prozesses anzulegen, indem wir die folgenden projektspezifischen Entwicklungen und Customizing-Einstellungen hinzufügen:

- **1V5a: Aktivierung der Transporteinheit nach Eingabe von Nummernschild und Pager zulassen**
  Wir zeigen Ihnen, wie Sie zusätzliche Prüfungen bei der Aktivierung von Transporteinheiten realisieren können.
- **1V5b: Einlagerung in Abhängigkeit von der Quarantänezeit**
  Mit dieser Eigenentwicklung zeigen wir Ihnen, wie Sie die Einlagerungsstrategie über das BAdI /SCWM/EX_CORE_PTS_TYPSQ beeinflussen können.
- **1V5c: Erweiterung des Lagerverwaltungsmonitors**
  Wir zeigen Ihnen, wie Sie für eine erweiterte Datenselektion Ihre eigenen Knoten im Lagerverwaltungsmonitor platzieren können.

- **1V5d: Anlieferungsverzögerung bei fehlender Charge**
  Sie lernen eine Möglichkeit kennen, wie Sie mit dem BAdI `/SCWM/EX_ERP_INT_CONF` die Anlage der Anlieferungsbenachrichtigung bei der Erfassung von Chargen im Wareneingang beeinflussen können.

Beide Prozessvarianten beginnen auf die gleiche Weise: Eine Anlieferung ohne Verpackungsinformationen wird in EWM angelegt. Der Lieferant etikettiert die Paletten nicht so, dass das Lager die Etiketten wiederverwenden kann. Alle beschriebenen Erweiterungen sind unabhängig voneinander.

4.3.1 Prozessbeschreibung des Scope Items 1V5

In Tabelle 4.9 finden Sie eine Übersicht der Schritte des Prozesses 1V5 (Wareneingang vom Lieferanten mit Chargenverwaltung). Wir führen die physischen Aktivitäten und die Systemaktivitäten in separaten Spalten auf. Die vorgelagerten Prozessschritte in SAP S/4HANA werden übersprungen, und wir beginnen mit der Beschreibung der Schritte in EWM. Eine Bestellung und eine Anlieferung (optional) wurden bereits im SAP-S/4HANA-System angelegt.

Die Schritte 2, 4 und 6 werden von Sachbearbeiter*innen mit Systemzugang im Wareneingangsbüro ausgeführt. Lagerarbeiter*innen, die die physischen Paletten vom Lkw zum endgültigen Lagerplatz bringen, verwenden mobile Geräte, um ihre Aktivitäten im System zu bestätigen.

Wir haben die Prozessschritte um Funktionen zur Abfertigung eingehender Lkws mit der Komponente Warenannahme und Versand des EWM-Systems erweitert. Beachten Sie, dass diese Komponente unter die erweiterten Funktionen von Embedded EWM fällt und möglicherweise eine zusätzliche Lizenzierung erfordert. Die erweiterten Schritte funktionieren in den entsprechenden SAP-Best-Practices-Prozessen jedoch sofort, sodass keine zusätzliche Konfiguration erforderlich ist.

Schritt	Physische Aktivität	Systemaktivität
1: Ankunft Lkw an der Pforte und Weiterfahrt zum Tor	Ein Lastwagen kommt an. Mitarbeiter*innen an der Pforte teilen dem Lkw-Fahrer bzw. der -Fahrerin das Tor mit. Der Lastwagen fährt zum Tor.	*Erweiterung:* Mitarbeiter*innen an der Pforte legen eine Transporteinheit an, ordnen die Transporteinheit einem Tor zu und bestätigen die Ankunft des Lkws am Tor.

Tabelle 4.9 Prozessschritte im Wareneingangs-Scope-Item 1V5

Schritt	Physische Aktivität	Systemaktivität
2: Überprüfung des Lieferscheins und Suchen oder Anlage einer Anlieferung	–	Sachbearbeiter*innen im Wareneingangsbüro finden oder legen anhand des Lieferscheins eine Anlieferung an. *Erweiterung:* Sie ordnen die Anlieferung der Transporteinheit zu.
3: Entladung des Lkws und Kontrolle der Waren	Lagerarbeiter*innen entladen den Lkw. Lagerist*innen prüfen die Ware anhand des Lieferscheins.	–
4: Buchen des Wareneingangs und Anlage von Einlagerungs-Lageraufgaben	–	Sachbearbeiter*innen prüfen die Mengen und buchen den Wareneingang. Das System legt Lageraufgaben an und druckt Lageraufträge.
5: Abfahrt des Lkws	Der Lkw fährt ab.	*Erweiterung:* Mitarbeiter*innen an der Pforte bestätigen die Abfahrt des Lkws.
6: Einlagerung der Waren	Lagerarbeiter*innen nehmen die Papierbelege der Lageraufträge und bringen sie an der Ware an. Sie bringen die Ware auf den Nach-Lagerplatz oder in die Klärungszone (Ausnahmefall).	Lagerist*innen bestätigen die Lageraufträge mit mobilen Geräten.

Tabelle 4.9 Prozessschritte im Wareneingangs-Scope-Item 1V5 (Forts.)

Die Prozessbeschreibung von Scope Item 1V5 ist auch im Ablaufdiagramm und im Testskript des Scope Items zu finden.

4.3.2 Erweiterung 1V5a: Aktivierung der Transporteinheit nach Eingabe von Nummernschild und Pager zulassen

In Variante 1V5a zeigen wir Ihnen, wie Sie zusätzliche Prüfungen bei der Aktivierung von Transporteinheiten realisieren können. Mit dieser projektspezifischen Entwicklung können Sie sicherstellen, dass beim Anlegen der Transporteinheiten oder spätestens beim Buchen der Transporteinheit-Aktivität **Ankunft am Kontrollpunkt** ein Nummernschild des Lkws und eine Pager-Nummer eingegeben werden müssen.

In größeren Lagerkomplexen ist es häufig der Fall, dass sich ein Lkw-Fahrer bzw. eine Lkw-Fahrerin zunächst an einer zentralen Pforte des Betriebs anmelden muss, um Waren abzuholen oder anzuliefern. In unserem Prozess wird der Lkw im EWM-System über die Transaktion /SCWM/TU (Transporteinheit bearbeiten) als Transporteinheit angelegt. Aus Gründen der Rückverfolgbarkeit und des Betriebsschutzes wird auch das Nummernschild erfasst. Zu diesem Zeitpunkt muss jedoch nicht unbedingt das entsprechende Tor zugewiesen werden. Dies kann daran liegen, dass eine andere Abteilung die Torzuordnung vornimmt (z. B. das Wareneingangsbüro). Die Projektanforderung könnte daher lauten, dass der Lkw-Fahrer eine Pager-Nachricht erhalten soll, sobald ihm das Tor zugewiesen wird. Die folgende projektspezifische Entwicklung stellt sicher, dass Mitarbeiter*innen bei der Einfahrt des Lkws nicht vergessen können, die Pager-Nummer und das Nummernschild des Lkws zu erfassen.

Um die Erweiterung 1V5a durchzuführen, sind folgende Schritte erforderlich:

1. Sie definieren eine Identifikationsart im EWM-Einführungsleitfaden, um die Pager-Nummer zu erfassen.
2. Sie legen drei Nachrichten in der Nachrichtenklasse `ZEWMDEVBOOK_1V5A` an.
3. Sie implementieren die Methode `BEFORE_SAVE` des BAdI `/SCWM/EX_SR_SAVE`.

Im Folgenden wird detailliert erläutert, wie Sie bei jedem dieser Schritte vorgehen, bevor wir dieses Beispiel mit Informationen zum Testen dieser Erweiterung abschließen.

Identifikationsart definieren

Um die Identifikationsart für die Erfassung der Pager-Nummer anzulegen, gehen Sie folgendermaßen vor:

1. Navigieren Sie zur IMG-Aktivität **Prozessübergreifende Einstellungen • Warenannahme und Versand • Allgemeine Einstellungen • Identifikationsart für Transporteinheit/Fahrzeug definieren.**
2. Behalten Sie unter **Identifikationsarten** in der Spalte **IdArt** die Abkürzung **P** bei und geben Sie als Beschreibung »Pager« ein (siehe Abbildung 4.11).

Identifikationsarten

	IdArt	Beschreibung
☐	P	Pager

Abbildung 4.11 Identifikationsart für Pager

3. Speichern Sie Ihre Eingaben.

Nachrichten anlegen

Um die drei neuen Nachrichten anzulegen, gehen Sie folgendermaßen vor:

1. Starten Sie die Transaktion SE91 (Nachrichtenpflege).
2. Legen Sie drei neue Nachrichten in der Nachrichtenklasse `ZEWMDEVBOOK_1V5A` an, wie in Abbildung 4.12 gezeigt.

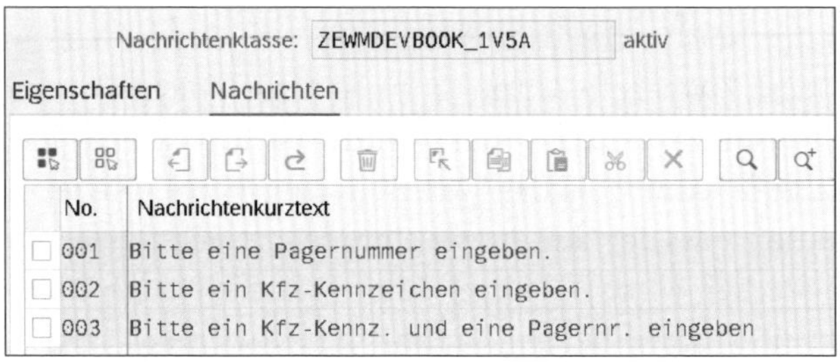

Abbildung 4.12 Meldungen zur Erweiterung 1V5a

3. Speichern Sie Ihre Eingaben.

Methode BEFORE_SAVE implementieren

Um die Methode `BEFORE_SAVE` des BAdI `/SCWM/EX_SR_SAVE` zu implementieren, gehen Sie wie folgt vor:

1. Starten Sie den BAdI-Builder (Transaktion SE19) und legen Sie eine Erweiterungsimplementierung (z. B. `ZEWM_EI_SR_SAVE`) für den Erweiterungsspot `/SCWM/ES_SR_READ_SAVE` an.
2. Legen Sie dann eine BAdI-Implementierung (z. B. `ZEX_SR_SAVE`) zur BAdI-Definition `/SCWM/EX_SR_SAVE` und eine implementierende Klasse (z. B. `ZCL_IM_SR_SAVE`) an.
3. Nun können Sie die Methode `/SCWM/IF_EX_SR_SAVE~BEFORE_SAVE` mit dem Beispielcode aus Listing 4.2 ausprogrammieren:
   - In unserem Beispiel prüfen wir zunächst, ob die Transporteinheit gerade geändert wird. Dies ermitteln Sie anhand des sogenannten *Änderungsindikators* des Business-Objekts (`wmesr_objstate_new` oder `wmesr_objstate_chg`).
   - Als Nächstes müssen Sie feststellen, welcher Geschäftsprozess für die Transporteinheit gerade abläuft. Unsere Prüfung soll nur durchgeführt werden, wenn die Transporteinheit aktiviert wird. Das BAdI und damit unsere Beispielimplementierung wird jedoch bei jeder Aktion der Transporteinheit (bei Anlegen, Ändern, Sichern, Löschen, Stornieren, etc.) ausgeführt.
   - Nachdem Sie sichergestellt haben, dass alle Voraussetzungen erfüllt sind, können Sie prüfen, ob die Benutzer*innen tatsächlich ein Nummernschild und eine Pager-Nummer eingegeben haben. An dieser Stelle möchten wir genau feststellen, welcher Eintrag eventuell fehlt, um eine gezielte Fehlermeldung ausgeben

zu können. Wurde ein Wert nicht eingegeben, schreiben wir die entsprechende Meldung in das Log-Objekt (Codingabschnitt "6) und lösen die Ausnahme /SCWM/CX_SR_ERROR aus. Mit der Ausnahme wird der Speichervorgang abgebrochen, und ein Pop-up-Fenster zeigt dem Benutzer oder der Benutzerin den entsprechenden Fehlertext an.


```
METHOD /scwm/if_ex_sr_save~before_save.

  BREAK-POINT ID zewmdevbook_1v5a.

  LOOP AT it_bo_tu ASSIGNING FIELD-SYMBOL(<fs_bo_tu>).
    IF <fs_bo_tu>-bo_ref IS BOUND.
      TRY.
          <fs_bo_tu>-bo_ref->get_data(
            IMPORTING
              ev_objstate = DATA(lv_state)
              et_ident    = DATA(lt_ident) ).
        CATCH /scwm/cx_sr_error.
          CONTINUE.
      ENDTRY.
      "1. Check changing indicator of object
      CHECK lv_state = wmesr_objstate_new
      OR    lv_state = wmesr_objstate_chg.
      "2. Determine context
      CHECK <fs_bo_tu>-bo_ref->get_sr_act_state( ) =
      wmesr_act_state_active.
      CHECK <fs_bo_tu>-bo_ref->get_status_change_by_id(
      wmesr_status_check_in ) = abap_true.
      "3. Check for pager
      TRY.
          DATA(ls_ident) = lt_ident[ idart = 'P' ].
        CATCH cx_sy_itab_line_not_found.
          DATA(lv_check) = 1.
      ENDTRY.
      IF ls_ident-ident IS INITIAL.
        lv_check = 1. "no pager
      ENDIF.
      "4. Check for lic_plate
      <fs_bo_tu>-bo_ref->get_data(
        IMPORTING es_bo_tu_data = DATA(ls_bo_tu_data) ).
      IF ( ls_bo_tu_data-lic_plate         = ''
      OR   ls_bo_tu_data-lic_plate_country = '' )
      AND  lv_check = 1.
```

```
          lv_check = 3. "no pager and no lic_plate
        ELSEIF ( ls_bo_tu_data-lic_plate         = ''
        OR       ls_bo_tu_data-lic_plate_country = '' ).
          lv_check = 2. "no lic_plate
        ENDIF.
        "5. Raise message
        CASE lv_check.
          WHEN 1. "no pager
            MESSAGE e001(zewmdevbook_1v5a) INTO DATA(lv_msg).
          WHEN 2. "no lic_plate
            MESSAGE e002(zewmdevbook_1v5a) INTO lv_msg.
          WHEN 3. "no pager and lic_plate
            MESSAGE e003(zewmdevbook_1v5a) INTO lv_msg.
        ENDCASE.
        "6. add message to current log and raise exception
        IF NOT lv_check IS INITIAL.
          /scwm/cl_sr_bom=>so_log->add_message( ).
          RAISE EXCEPTION TYPE /scwm/cx_sr_error.
        ENDIF.
      ENDIF.
      CLEAR: lv_msg, lv_check.
    ENDLOOP.

  ENDMETHOD.
```

Listing 4.2 Beispielcoding für BAdI /SCWM/EX_SR_SAVE

[»]

MESSAGE-Anweisung in BAdI-Implementierungen

Achten Sie darauf, dass Sie in Ihren eigenen BAdI-Implementierungen die `MESSAGE`-Anweisung *niemals* ohne den Zusatz `INTO` verwenden (siehe Codingabschnitt `"5` in Listing 4.2).

Test der Erweiterung 1V5a

Um die Erweiterung 1V5a zu testen, fügen Sie die Schritte in Tabelle 4.10 zur Vorbereitung des Testfalls hinzu, wobei Sie die in der Tabelle angegebenen Testanweisungen verwenden können.

Schritt	Schrittbeschreibung	Eingabedaten und erwartete Ergebnisse
1	Ein Lkw kommt am Kontrollpunkt an und fährt bis zum Tor (EWM).	–
1.1	Legen Sie eine Transporteinheit an und ordnen Sie diese einem freien Tor zu.	Starten Sie die Transaktion /SCWM/TU (Transporteinheit pflegen) und wählen Sie **Anlegen**. Geben Sie die Daten ein, die in der Testfallbeschreibung angegeben sind. Wählen Sie auf der Registerkarte **Zugeordnete Tore** die Option **Torzuordnung hinzufügen** und geben Sie die Lagernummer 1010 und ein leeres Tor ein. Speichern Sie Ihre Eingaben. *Erwartetes Ergebnis:* Die Transporteinheit wurde angelegt und ist einem Tor zugeordnet.
1.2: Variante A	Bestätigen Sie die Ankunft des Lastwagens am Tor.	Wählen Sie nun die Transporteinheit in der Transaktion /SCWM/TU aus und wählen Sie den Menüpfad **Aktion • Tor • Ankunft am Tor**. Speichern Sie dann Ihre Aktion. *Erwartetes Ergebnis:* Sie erhalten eine Fehlermeldung, die besagt, dass die Aktion abgebrochen wurde, weil Sie keine Pager-Nummer und kein Nummernschild eingegeben haben.
Variante B	Bestätigen Sie die Ankunft des Lastwagens am Tor.	Wählen Sie nun die Transporteinheit in der Transaktion /SCWM/TU. Wechseln Sie in die Formularansicht und geben Sie die folgenden Daten ein: ▪ **Kennzeichen der TE** ▪ Land der Registrierungsnummer ▪ **TE-Ident**: P ▪ **Pager** Wählen Sie dann den Menüpfad **Aktion • Tor • Ankunft am Tor** und speichern Sie Ihre Aktion. *Erwartetes Ergebnis:* Die Transporteinheit hat sowohl den Status **Ankunft am Kontrollpunkt** als auch **Ankunft am Tor**.

Tabelle 4.10 Prozessschritte mit Abweichungen für die Erweiterung 1V5a

Abbildung 4.13 zeigt ein Beispiel dafür, wie Sie in der Transaktion /SCWM/TU das Nummernschild und die Pager-Nummer eingeben können.

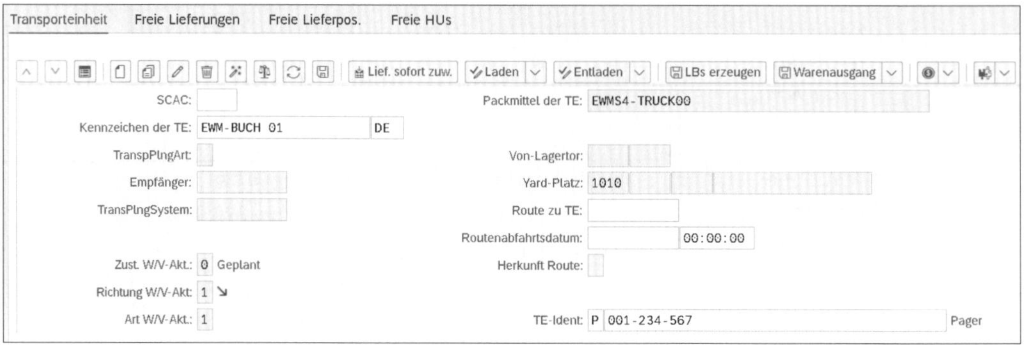

Abbildung 4.13 Beispiel für Erweiterung 1V5a

4.3.3 Erweiterung 1V5b: Einlagerung in Abhängigkeit von der Quarantänezeit

Mit dieser Projektentwicklung wollen wir die Einlagerungsstrategie beeinflussen. In Projekten kommt es häufig vor, dass Produkte separat gelagert werden müssen. Normalerweise werden solche produktspezifischen Einstellungen über Stammdatenattribute des Lagerprodukts gesteuert (z. B. Einlagerungssteuerkennzeichen, Lagerbereichskennzeichen). Soll ein Produkt jedoch flexibler behandelt werden, z. B. aufgrund produktionstechnischer Erfordernisse, kann es sinnvoll sein, eine weitere Fallunterscheidung zu verwenden. In unserem Beispiel wird das Produkt unter normalen Bedingungen in dem Lagertyp gelagert, der im Rahmen der Einlagerungsstrategie anhand des Einlagerungssteuerkennzeichens ermittelt wurde. Falls für das Produkt eine Quarantänezeit festgelegt ist, sollte es vom Normalfall abweichen und zur Reifung in einen anderen Lagertyp eingelagert werden. Die Erweiterung setzt dies in Form eines recht einfachen Zusatzes zur standardmäßig bereitgestellten Einlagerungsstrategie um. Wir wollen Ihnen damit zeigen, wie einfach benutzerdefinierte Meldungen in das Protokoll zur Anlage von Lageraufgaben integriert werden können, wodurch die Benutzer*innen nachvollziehen können, warum bestimmte Nach-Lagerplätze in einer bestimmten Situation (manchmal unerwartet) ermittelt wurden.

Die Erweiterung 1V5b (Einlagerung in Abhängigkeit von der Quarantänezeit) erfordert die folgenden Schritte:

1. Sie definieren eine neue Lagertypsuchreihenfolge im EWM-Einführungsleitfaden und ordnen ihr entsprechende Lagertypen zu.
2. Sie legen die Nachrichtenklasse `ZEWMDEVBOOK_1V5B` an und fügen ihr eine neue Nachricht hinzu.

3. Sie implementieren die Methode `STORAGE_TYPE_SEQ` des BAdI `/SCWM/EX_CORE_PTS_TYPSQ`.
4. Sie legen die Konstante `C_PTS_TYPSQ` in der implementierenden Klasse an.

Im Folgenden werden wir im Detail erklären, wie Sie bei jedem dieser Schritte vorgehen. Wie üblich beginnen wir mit der Beschreibung der Voraussetzungen und enden mit dem Testen dieser Erweiterung.

Voraussetzungen für die Erweiterung 1V5b

Voraussetzung für die erfolgreiche Implementierung der Erweiterung 1V5b ist, dass Sie eine Quarantäneperiode im entsprechenden Feld **Quarantäneperiode** auf der Registerkarte **WM-Ausführung** des Materialstamms gepflegt haben.

[«]

> **Feld »Quarantänezeit«**
>
> Das Feld **Quarantänezeit** wird im EWM-Standard (SAP S/4HANA 2022) nicht verwendet. Sie können das Feld im Materialstamm pflegen (Registerkarte **WM Execution**). Beachten Sie für Decentralized EWM, dass das Feld Teil des `MATMAS`-IDocs ist und daher während der Stammdatenübertragung von SAP S/4HANA nach EWM verteilt wird.

Suchreihenfolge definieren und Lagertyp zuweisen

Um die neue Suchreihenfolge anzulegen und dieser Suchreihenfolge Lagertypen zuzuweisen, gehen Sie folgendermaßen vor:

1. Legen Sie in der IMG-Aktivität **Wareneingangsprozess • Strategien • Lagertypfindung • Lagertypsuchreihenfolge für Einlagerung definieren** den Eintrag aus Tabelle 4.11 an, indem Sie eine vorhandene Lagertypsuchreihenfolge (z. B. YE02) kopieren und ihr ein Q anstelle eines Y voranstellen. Sie können weitere Lagertypsuchreihenfolgen in ähnlicher Weise hinzufügen.

Lagernummer	Lagertypsuchreihenfolge	Beschreibung
1010	QE02	Platzfindung in Hochebene für Produkt in Quarantäne

   Tabelle 4.11 Lagertypsuchreihenfolge für die Erweiterung 1V5b

2. Ordnen Sie nun in der IMG-Aktivität **Wareneingangsprozess • Strategien • Lagertypfindung • Lagertypen zu Lagertypsuchreihenfolge zuordnen** der neuen Suchreihenfolge die entsprechenden Lagertypen zu (z. B. Lagertyp Y970, Klärungszone). Es steht Ihnen frei, neue Lagertypen anzulegen, wenn Sie dies bevorzugen. Für unsere Demo- und Testzwecke scheint die Verwendung der Klärungszone ausreichend.

Nachrichtenklasse anlegen

Um die neue Nachricht anzulegen, starten Sie die Transaktion SE91 (Nachrichtenpflege) und legen Sie die Nachrichtenklasse ZEWMDEVBOOK_1V5B mit der neuen Nachricht 001 an. Als Kurztext geben Sie »Lagertypsuchreihenfolge & 1 geändert in & 2« ein.

Methode STORAGE_TYPE_SEQ implementieren

Um die BAdI-Implementierung vorzunehmen, gehen Sie wie folgt vor:

1. Starten Sie den BAdI-Builder (Transaktion SE19) und legen Sie eine Erweiterungsimplementierung (z. B. ZEWM_EI_CORE_PTS_TYPSQ) für den Erweiterungsspot /SCWM/ES_CORE_PTS an.
2. Legen Sie eine BAdI-Implementierung (z. B. ZEX_CORE_PTS_TYPSQ) für die BAdI-Definition /SCWM/EX_CORE_PTS_TYPSQ sowie eine implementierende Klasse an (z. B. ZCL_IM_CORE_PTS_TYPSQ).
3. Programmieren Sie nun die Methode /SCWM/IF_EX_CORE_PTS_TYPSQ~STORAGE_TYPE_SEQ mit dem Beispielcode aus Listing 4.3 aus:
   - Beginnen Sie damit, die übergebene Lagertypsuchreihenfolge (IV_PUT_SSEQ) und die Einlagerungsregel (IV_PUT_RULE) als Rückgabeparameter zu übernehmen.
   - Prüfen Sie anschließend, ob die Quarantänezeit im Produktstamm gepflegt ist und ob bereits eine Lagertypsuchreihenfolge festgelegt wurde. Sie können davon ausgehen, dass dies der Fall ist, da die Einlagerungsstrategie im SAP-Best-Practices-Szenario ausschließlich darauf beruht, dass für alle Produkte ein entsprechendes Einlagerungssteuerkennzeichen gepflegt ist.
   - Ändern Sie dann die Lagertypsuchreihenfolge so, dass die Einlagerungsstrategie später die anderen Lagertypen auf der Grundlage des Customizings findet; ändern Sie z. B. die Suchreihenfolge YE02 in QE02.
   - Schließlich dokumentieren Sie Ihre Änderungen im Anwendungsprotokoll, indem Sie eine Meldung als Information in die Tabelle ET_BAPIRET schreiben. Dies ist sehr wichtig, damit die Benutzer*innen das Systemverhalten nachvollziehen können.

```
METHOD /scwm/if_ex_core_pts_typsq~storage_type_seq.

    BREAK-POINT ID zewmdevbook_1v5b.
    "1. Set return values
    ev_put_sseq = iv_put_sseq.
    ev_put_rule = iv_put_rule.
```

```
  "2. Changing the storage type search sequence
  IF  NOT is_mat_global-qqtime IS INITIAL
  AND NOT ev_put_sseq IS INITIAL.
    REPLACE SECTION LENGTH '1' OF ev_put_sseq
    WITH c_pts_typsq.
    "3. Raise message
    MESSAGE i001(zewmbookdev_1v5b)
    WITH iv_put_sseq ev_put_sseq INTO DATA(message).
    DATA(ls_bapiret) = VALUE bapiret2( type       = sy-msgty
                                       id         = sy-msgid
                                       number     = sy-msgno
                                       message_v1 = sy-msgv1
                                       message_v2 = sy-msgv2
                                       message_v3 = sy-msgv3
                                       message_v4 = sy-msgv4 ).
    APPEND ls_bapiret TO et_bapiret.
  ENDIF.

ENDMETHOD.
```

Listing 4.3 Beispielcoding für BAdI /SCWM/EX_CORE_PTS_TYPSQ

Konstante C_PTS_TYPSQ anlegen

Legen Sie auf der Registerkarte **Implementierende Klasse • Attribute** des BAdI die neue statische Konstante C_PTS_TYPSQ vom Typ CHAR1 an und weisen Sie ihr den Initialwert Q zu.

Test der Erweiterung 1V5b

Um die Erweiterung 1V5b zu testen, führen Sie den Testfall 1V5 für die direkte Einlagerung in das Fachbodenregal mit dem Material EWMS4-01 aus. Stellen Sie sicher, dass die Quarantänezeit für das Material EWMS4-01 auf der Registerkarte **WM Execution** des Materialstamms eingestellt ist. Verwenden Sie in Schritt 4.3.2 die Testanweisungen aus Tabelle 4.12.

Schritt	Schrittbeschreibung	Eingabedaten und erwartete Ergebnisse
4.3.1	Wareneingang bearbeiten (Anlage der endgültigen Einlagerungsaufträge)	Anlage einer Einlagerungslageraufgabe beim Empfang der neu gebildeten Handling Units

Tabelle 4.12 Testen der Erweiterung 1V5b

Schritt	Schrittbeschreibung	Eingabedaten und erwartete Ergebnisse
4.3.2	Lageraufträge prüfen	*Erwartetes Ergebnis:* Es wurden Lageraufträge für die Einlagerung angelegt. Im Gegensatz zum Normalfall der Einlagerung in das Fachbodenregal auf der Hochebene verweisen die Lageraufträge auf die Nach-Lagerplätze Ihres alternativen Q-Lagertyps (z. B. 970.00.00 im Nachlagertyp Y970).

Tabelle 4.12 Testen der Erweiterung 1V5b (Forts.)

Nach erfolgreichem Test sollte im Nachrichtenprotokoll die benutzerdefinierte Meldung zur Änderung der Lagertypsuchreihenfolgen erscheinen. Außerdem sollte das Fachbodenregal durch den definierten Quarantänelagertyp aus der Lagertypsuchstrategie ersetzt werden – in unserem Fall die Klärungszone Y970. Abbildung 4.14 zeigt ein erfolgreiches Testergebnis.

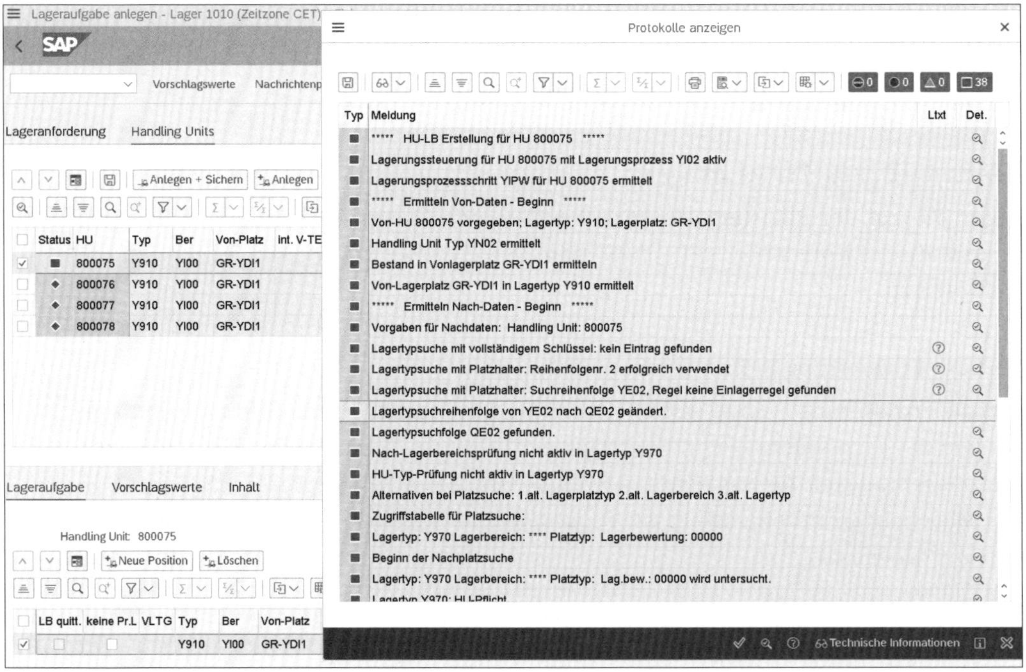

Abbildung 4.14 Erfolgreiche Testergebnisse der Erweiterung 1V5b

4.3.4 Erweiterung 1V5c: Erweiterung des Lagerverwaltungsmonitors

Anhand der Variante 1V5c wollen wir Ihnen einen detaillierten Leitfaden an die Hand geben, wie Sie für die erweiterte Datenselektion einen eigenen Knoten in den Lagerverwaltungsmonitor einfügen können. Die SAP Best Practices Scope Items sind auch ohne Chargenfunktionalität vollständig ausführbar. In der Praxis werden jedoch in den meisten Lagern zumindest teilweise Chargenbestände verarbeitet. Da diese Chargen in der Regel klassifiziert sind, d. h. Chargenmerkmale (Produktionsdatum, Lieferantencharge usw.) enthalten, möchten wir im Lagerverwaltungsmonitor zusätzlich zu den Chargenmerkmalen **Datum, an dem die Charge hergestellt wurde** und **Lieferantenchargennummer** die Auswahl des verfügbaren Bestandes anzeigen.

Wir implementieren unseren neuen Knoten und die erforderliche ABAP-Logik auf der Grundlage der Standardfunktionen, die hinter dem Knoten **Verfügbarer Bestand** im Monitor stehen. Diese Standardfunktionen finden Sie hauptsächlich im Funktionsbaustein `/SCWM/AVLSTOCK_NO_BINS_MON` und in den Includes der zugehörigen Funktionsgruppe `/SCWM/STOCK_OVERVIEW_MON`. Hier ist jedoch eine Vielzahl von Monitorknoten eingebettet, die auf den ersten Blick etwas verwirrend erscheinen mag. Daher kopieren wir einige Codingabschnitte speziell für diese Erweiterung.

Die Eigenentwicklung 1V5c (Erweiterung des Lagerverwaltungsmonitors) erfordert die folgenden Schritte:

1. Sie erweitern die Erweiterungsstruktur `/SCWM/INCL_EEW_AQUA` um die Struktur `ZEWM_S_AQUA_ALL_MON` (mit den Feldern `ZZ_PROD_DAT` und `ZZ_VEND_BATCH`).
2. Sie legen die Funktionsgruppe `Z_OVERVIEW_MONITOR` an und implementieren die Includes.
3. Sie implementieren den Funktionsbaustein `Z_YEWM_AVLSTOCK_NO_BINS_MON` innerhalb der Funktionsgruppe `Z_OVERVIEW_MONITOR`.
4. Sie legen die Textelemente an.
5. Sie definieren einen neuen Knoten **Verfügbarer Bestand (1010)** im EWM-Einführungsleitfaden und weisen ihm den Funktionsbaustein `Z_YEWM_AVLSTOCK_NO_BINS_MON` zu.

Im Folgenden erläutern wir im Detail, wie Sie bei jedem dieser Schritte vorgehen. Wie üblich beginnen wir mit der Beschreibung der Voraussetzungen und enden mit dem Testen dieser Erweiterung.

Voraussetzungen für die Erweiterung 1V5c

Für die Realisierung der Erweiterung 1V5c müssen folgende Voraussetzungen in Bezug auf Stammdaten in Ihrem System erfüllt sein:

- Mindestens ein Produkt wird in Chargen verwaltet (z. B. EWMS4-20 Großteil, Schnelldreher, Chargen).
- Sie verwenden die Standardmerkmale **Datum, an dem die Charge hergestellt wurde** (`LOBM_HSDAT`) und **Lieferantenchargennummer** (`LOBM_LICHA`) als Klassenmerkmale. Ihre Chargenklasse in EWM könnte z. B. so aussehen wie das Bild in Abbil-

dung 4.15 (Klasse YN_EWM01). Es steht Ihnen frei, die von SAP Best Practices bereitgestellte Chargenklasse zu erweitern oder eine neue Klasse anzulegen und sie Ihrem neu angelegten chargengeführten Material zuzuordnen.

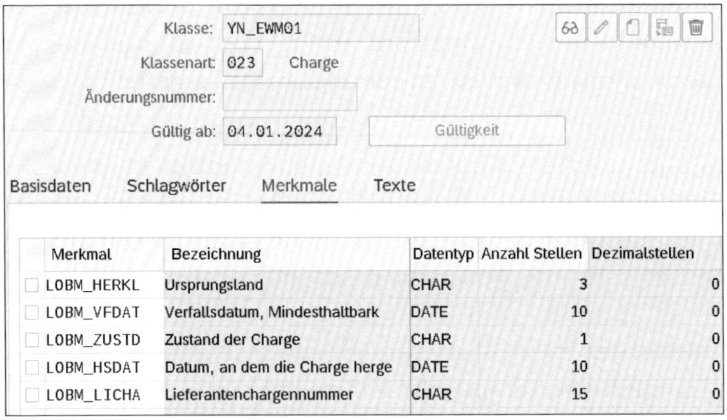

Abbildung 4.15 Chargenklasse YN_EWM01 mit erweiterten Merkmalen

- Die genannten Merkmale werden im Wareneingang erfasst.

Wie Sie die für ein Produkt erforderliche Chargenverwaltung einrichten und wie Sie Chargenklassen und deren Validierungen anlegen, wird an dieser Stelle nicht beschrieben. Zu diesem Thema gibt es zahlreiche Informationen sowie mehrere SAP-Hinweise (SAP-Hinweis 990638, SAP-Hinweis 1305698 usw.) im SAP Support Portal (*https://support.sap.com*).

Struktur erweitern

Um die neue Append-Struktur anzulegen, gehen Sie wie folgt vor:

1. Erweitern Sie zunächst die Standardstruktur, die den verfügbaren Bestand im Lagerverwaltungsmonitor anzeigt. Starten Sie die Transaktion SE11 (ABAP-Dictionary-Pflege) und wählen Sie die Struktur /SCWM/INCL_EEW_AQUA.
2. Klicken Sie auf die Drucktaste **Append-Struktur** und legen Sie die neue Append-Struktur ZEWM_S_AQUA_ALL_MON an.
3. Deklarieren Sie zwei Felder, ZZ_PROD_DAT (Datenelement /SCWM/DE_BPROD_DATE) und ZZ_VEND_BATCH (Datenelement /SCWM/DE_VENDOR_BATCHNO). Die Struktur kann erweitert werden (zeichenartig oder numerisch).
4. Aktivieren Sie Ihre Append-Struktur.

Funktionsgruppe anlegen

Um das Masterprogramm anzulegen und zu implementieren, gehen Sie wie folgt vor:

1. Starten Sie die ABAP Workbench (Transaktion SE80) und wählen Sie Ihr Entwicklungspaket. Legen Sie über das Kontextmenü die Funktionsgruppe Z_OVERVIEW_MONITOR an. Wenn Sie weitere projektspezifische Monitorknoten anlegen wollen, empfehlen wir Ihnen, die benötigten Funktionsbausteine ebenfalls in dieser Funktionsgruppe anzulegen.

2. Als Nächstes deklarieren Sie im TOP-Include LZ_OVERVIEW_MONITORTOP der Funktionsgruppe die globalen Variablen und definieren dann das Selektionsbild 100 (siehe Listing 4.4), das erscheint, wenn Sie den Monitorknoten in der Transaktion /SCWM/MON per Doppelklick auswählen. Sie sehen, dass für die Bildgestaltung weder der Screen Painter noch andere Einstellungen oder PBO- und PAI-Logik berücksichtigt werden müssen. Unser Selektionsbild sieht dann so aus wie in Abbildung 4.16.

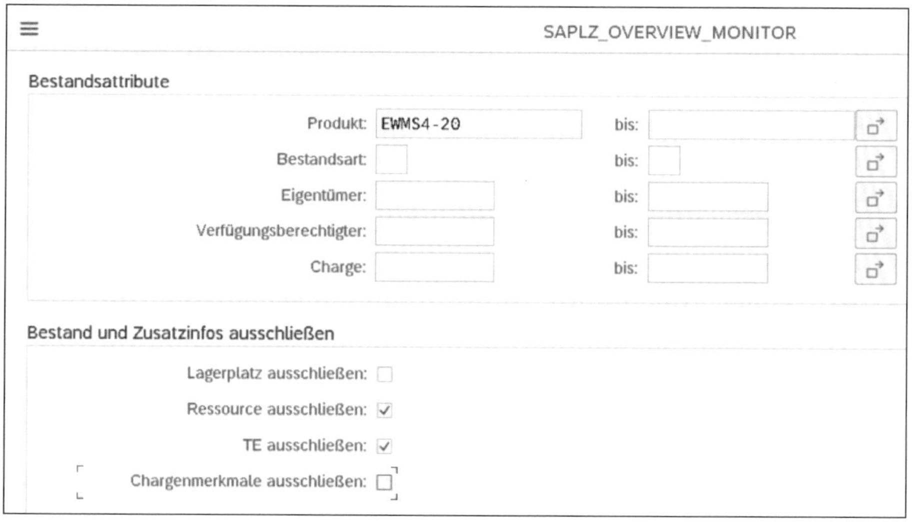

Abbildung 4.16 Anpassungen auf dem Bestandsauswahlbildschirm für die Erweiterung 1V5c

3. Fügen Sie abschließend zwei Standard-Includes in das TOP-Include ein, da die meisten Formroutinen, die wir für unser Beispiel verwenden, dort enthalten sind.

```
FUNCTION-POOL z_overview_monitor.          "MESSAGE-ID ..

* INCLUDE LZ_OVERVIEW_MONITORD...           " Local class definition

"1. Global data
TYPE-POOLS: rsds, wmegc, abap, icon.
TABLES: sscrfields, /scwm/s_ui_mon_suom_change.
TYPES:
  BEGIN OF lsty_btch_val,
```

```
      matid        TYPE /scwm/de_matid,
      batchid      TYPE /scwm/de_batchid,
      zz_vend_batch TYPE /scwm/de_charg,
      zz_prod_dat   TYPE /scwm/de_bprod_date,
    END OF lsty_btch_val,
    ltty_btch_val TYPE STANDARD TABLE OF lsty_btch_val.
  CONSTANTS: gc_vbtch TYPE atnam VALUE 'LOBM_LICHA',
             gc_hsdat TYPE atnam VALUE 'LOBM_HSDAT'.
  DATA:
    functxt         TYPE smp_dyntxt,
    gs_tabname      TYPE /scwm/s_tabname_alias,
    gt_tabname      TYPE /scwm/tt_tabname_alias,
    gt_wherecl_tab  TYPE rsds_twhere,
    gt_whereclause  TYPE rsds_where_tab,
    gv_matnr_sel    TYPE /scwm/s_lagp_mon_f4-matnr,
    gv_matid_sel    TYPE /scwm/de_matid,
    gv_stcat_sel    TYPE /scwm/s_lagp_mon_f4-stcat,
    gv_entit_sel    TYPE /scwm/s_lagp_mon_f4-entitled,
    gv_owner_sel    TYPE /scwm/s_lagp_mon_f4-owner,
    gv_batch_sel    TYPE /scwm/s_lagp_mon_f4-charg,
    gv_free_sel     TYPE char255,
    go_mon_stock    TYPE REF TO /scwm/cl_mon_stock,
    gt_btchval      TYPE ltty_btch_val.
  "Additional declarations S4
  DATA gv_txt02.
  DATA p_altme.
  DATA p_quana.
  DATA p_meins.
  DATA p_quan.
  "2. Build selection-screen 100
  SELECTION-SCREEN BEGIN OF SCREEN 100 AS WINDOW.
    SELECTION-SCREEN BEGIN OF BLOCK warehouse.
      PARAMETERS:
      p_lgnum TYPE /scwm/s_lagp_mon_f4-lgnum NO-DISPLAY.
    SELECTION-SCREEN END OF BLOCK warehouse.
    SELECTION-SCREEN BEGIN OF BLOCK stock_batch WITH FRAME TITLE text-001.
      SELECT-OPTIONS:
      s_matnr FOR gv_matnr_sel,
      s_stcat FOR gv_stcat_sel,
      s_owner FOR gv_owner_sel,
      s_entit FOR gv_entit_sel,
      s_batch FOR gv_batch_sel,
      s_matid FOR gv_matid_sel NO-DISPLAY.
```

```
  SELECTION-SCREEN END OF BLOCK stock_batch.
  SELECTION-SCREEN BEGIN OF BLOCK exclude
    WITH FRAME TITLE text-002.
    PARAMETERS:
      p_lgpla TYPE xfeld,
      p_rsrc  TYPE xfeld,
      p_tu    TYPE xfeld,
      p_ybtch TYPE xfeld.
  SELECTION-SCREEN END OF BLOCK exclude.
  SELECTION-SCREEN BEGIN OF BLOCK free.
    SELECT-OPTIONS:
    s_free FOR gv_free_sel NO-DISPLAY.
  SELECTION-SCREEN END OF BLOCK free.
  SELECTION-SCREEN: FUNCTION KEY 1.
  SELECTION-SCREEN: FUNCTION KEY 2.
  SELECTION-SCREEN: FUNCTION KEY 3.
SELECTION-SCREEN END OF SCREEN 100.
"3. Include of standard routines
INCLUDE:
/scwm/lstock_overview_monf01,
/scwm/lstock_overview_monf02.
```

Listing 4.4 TOP-Include der Funktionsgruppe Z_OVERVIEW_MONITOR

4. Fügen Sie das Include LZ_OVERVIEW_MONITORS01 durch Kopieren des Includes /SCWM/LSTOCK_OVERVIEW_MONS01 aus der Funktionsgruppe /SCWM/STOCK_OVERVIEW_MON ein. Die Logik in diesem Teil des Quelltextes (siehe Listing 4.5) ist für die Bildsteuerung des Selektionsbildes zuständig.
5. Passen Sie die Standardlogik im folgenden Abschnitt an (siehe Listing 4.5):
   - Ändern Sie den Code innerhalb der CASE-Anweisung für Bildnummer 100. Die anderen Fallunterscheidungen können Sie entfernen, da wir in unserem Beispiel nur ein Bild verwenden.
   - Wenn Sie aufgrund mehrerer einzelner Monitorknoten mehrere unterschiedliche Selektionsbilder in der Projektumgebung verwenden wollen, können Sie an dieser Stelle Fallunterscheidungen hinzufügen.

```
CASE sy-dynnr.
  WHEN '0100'.
* Fill alias table
    PERFORM aqua_alias.
ENDCASE.
* Display dynamic selections dialog
* (and take S_FREE into account)
```

```
CALL FUNCTION '/SCWM/DYN_SEL4MON'
  EXPORTING
    it_tabname     = gt_tabname
    it_selopt      = s_free[]
  IMPORTING
    et_wherecltab  = gt_wherecl_tab
    et_whereclause = gt_whereclause.
```

Listing 4.5 Beispielcoding für Include LZ_OVERVIEW_MONITORSO1

6. Als Nächstes definieren Sie zwei Formroutinen BATCH_VAL und YBTCH_MAPPING im neuen Include LZ_OVERVIEW_MONITORF01:
   - In der Unterroutine BATCH_VAL (siehe Listing 4.6) wird zunächst festgestellt, ob es sich bei der Aufrufart um ein Auffrischen des Bildschirms oder um eine neue Selektion handelt. Solange der Benutzer oder die Benutzerin keine neuen Selektionsbedingungen eingibt, halten wir die bereits ermittelten Chargenmerkmale im Puffer (gt_btchval).
   - Legen Sie dann eine Tabelle mit den gewünschten Produkt-Chargen-Kombinationen an. Produkte ohne Chargen und Mehrfacheinträge werden aussortiert. Wenn wir nicht bereits einen passenden Satz im Puffer haben, lesen wir den gesamten Chargenstamm für jede der Produkt-Chargen-Kombinationen mit der Methode GET_BATCH. Mit dieser Funktion können Sie auch andere Chargenattribute ermitteln. Für unsere Eigenentwicklung verwenden wir nur das Herstelldatum und die Lieferantencharge.
   - Wir benötigen das zweite Unterprogramm YBTCH_MAPPING (siehe Listing 4.6) für die Feldsteuerung für unser Selektionsbild. Wir verwenden einen zusätzlichen Parameter (p_ybtch), mit dem wir später den Endbenutzer*innen die Möglichkeit geben, selbst zu entscheiden, ob die Chargenmerkmale gelesen werden sollen oder nicht.
   - In Abschnitt 3.1, »Lagerverwaltungsmonitor«, haben wir auf die Bedeutung der Performance innerhalb des Lagerverwaltungsmonitors hingewiesen. Das zusätzliche Lesen von mehreren hundert Chargenstammsätzen kostet viel Zeit. Durch unseren Steuerungsparameter entscheiden die Benutzer*innen, ob sie ein längeres Laufzeitverhalten in Kauf nehmen möchten. Daher behalten die Steuerungsparameter bei der Initialisierung des Bildschirms nicht die ihnen zugewiesenen Werte. Wir müssen die Tabelle LT_MAPPING entsprechend erweitern.

```
*&---------------------------------------------------------*
*& Include          LZ_OVERVIEW_MONITORF01
*&---------------------------------------------------------*
*&-------------------------------------------------*
*& Form BATCH_VAL
```

```
*-----------------------------------------------------*
FORM batch_val USING
     it_stock_mon TYPE /scwm/tt_stock_mon
     iv_mode      TYPE /scwm/de_mon_fm_mode.
  DATA:
    lt_whbatch    TYPE /scwm/tt_batch,
    lo_batch_appl TYPE REF TO /scwm/cl_batch_appl.

  "1. Clear buffers
  /scwm/cl_batch_appl=>cleanup( ).
  "2. Check for REFRESH-Mode
  IF iv_mode NE 4.
    CLEAR gt_btchval.
  ENDIF.
  LOOP AT it_stock_mon ASSIGNING FIELD-SYMBOL(<ls_stock_mon>).
    DATA(ls_whbatch) = VALUE /scwm/s_batch( lgnum   = <ls_stock_mon>-lgnum
                                            batchid = <ls_stock_mon>-batchid
                                            matid   = <ls_stock_mon>-matid ).
    APPEND ls_whbatch TO lt_whbatch.
  ENDLOOP.
  SORT lt_whbatch BY lgnum batchid matid.
  DELETE ADJACENT DUPLICATES FROM lt_whbatch.
  CLEAR ls_whbatch.
  LOOP AT lt_whbatch INTO ls_whbatch
    WHERE matid   IS NOT INITIAL
    AND   batchid IS NOT INITIAL.
    "3. If we have the record in buffer - we use it
    IF iv_mode EQ 4.
      READ TABLE gt_btchval TRANSPORTING NO FIELDS
        WITH KEY matid   = ls_whbatch-matid
                 batchid = ls_whbatch-batchid
      BINARY SEARCH.
      CHECK NOT sy-subrc = 0.
    ENDIF.
    "4. Get instance
    TRY.
        lo_batch_appl ?= /scwm/cl_batch_appl=>get_instance(
        iv_productid = ls_whbatch-matid
        iv_batchid   = ls_whbatch-batchid
        iv_lgnum     = ls_whbatch-lgnum ).
      CATCH /scwm/cx_batch_management.
        CONTINUE.
    ENDTRY.
```

```
    "5. Get batch and values
    TRY.
        lo_batch_appl->get_batch(
        EXPORTING
          iv_no_classification = abap_true "remove if necessary
          IMPORTING
            es_batch    = DATA(ls_batch)
            et_val_num  = DATA(lt_val_num)
            et_val_char = DATA(lt_val_char)
            et_val_curr = DATA(lt_val_curr) ).
      CATCH /scwm/cx_batch_management.
    ENDTRY.
    "6. Fill global table
    READ TABLE lt_val_char ASSIGNING FIELD-SYMBOL(<val_char>)
      WITH KEY charact = gc_vbtch.
    IF sy-subrc = 0.
      DATA(ls_btchval) = VALUE lsty_btch_val( zz_vend_batch = <val_char>-
                                                                value_char ).
    ENDIF.
    IF ls_batch-vendrbatch_used = abap_true.
      ls_btchval-zz_vend_batch = ls_batch-vendrbatch.
    ENDIF.
    READ TABLE lt_val_num ASSIGNING FIELD-SYMBOL(<val_num>)
      WITH KEY charact = gc_hsdat.
    IF sy-subrc = 0.
      ls_btchval-zz_prod_dat = CONV date( <val_num>-value_from ).
    ENDIF.
    IF ls_batch-prod_date_used = abap_true.
      ls_btchval-zz_prod_dat = ls_batch-prod_date.
    ENDIF.
    ls_btchval = CORRESPONDING #( BASE ( ls_btchval ) ls_batch ).

    APPEND ls_btchval TO gt_btchval.

  ENDLOOP.
ENDFORM. " BATCH_VAL
*&---------------------------------------------------*
*& Form YBTCH_MAPPING
*&---------------------------------------------------*
FORM ybtch_mapping
CHANGING ct_mapping TYPE /scwm/tt_map_selopt2field.
  DATA: ls_mapping TYPE /scwm/s_map_selopt2field.
  MOVE: '/SCWM/AQUA' TO ls_mapping-tablename,
```

```
        'P_YBTCH'     TO ls_mapping-selname,
        'X_BTCH'      TO ls_mapping-fieldname.
  APPEND ls_mapping TO ct_mapping.
ENDFORM. " YBTCH_MAPPING
```

Listing 4.6 Beispielcoding für Include LZ_OVERVIEW_MONITORF01

Funktionsbaustein implementieren

Um den erweiterten Funktionsbaustein zu implementieren, gehen Sie wie folgt vor:

1. Markieren Sie die Funktionsgruppe in der ABAP Workbench und legen Sie über das Kontextmenü einen Funktionsbaustein an. Hier verwenden wir den Standardfunktionsbaustein `/SCWM/AVLSTOCK_NO_BINS_MON` als Vorlage für unseren neuen Funktionsbaustein `Z_YEWM_AVLSTOCK_NO_BINS_MON`.
2. In Abschnitt 3.1, »Lagerverwaltungsmonitor«, haben wir kurz die grobe Struktur vorgestellt, die Sie bei der Anlage eines eigenen Funktionsbausteins für den Lagerverwaltungsmonitor beachten sollten. Anhand des Funktionsbausteins `Z_YEWM_AVLSTOCK_NO_BINS_MON` zeigen wir diese Struktur an einem Beispiel. Die nummerierten Codeabschnitte (siehe Listing 4.7) dienen den folgenden Zwecken:
   - `"1`: Prüfung, ob eine Selektionsvariante verwendet wird
   - `"2`: Bildschirmelemente löschen
   - `"3`: Zuordnung von Selektionsoptionen und Parametern zu Datenbanktabellen und -feldern
   - `"4`: Selektionskriterien ausfüllen basierend auf der Selektionsvariante, falls verwendet
   - `"5`: Prüfen, ob das Selektionsbild angezeigt werden soll
   - `"6`: Selektion anhand der Selektionskriterien ausführen
   - `"7`: Konvertierung der Selektionsergebnisse in ein UI; die Selektion wird vollständig durch die Methode `GET_AVAILABLE_STOCK` durchgeführt.
3. Nach der Selektion der verfügbaren Bestände werden die Chargenmerkmale für das Selektionsergebnis gegebenenfalls über die Formroutine `batch_val` ermittelt. Den Steuerungsparameter `p_ybtch` setzen wir standardmäßig auf »X«. Dies ermöglicht den Benutzer*innen eine schnelle Selektion ohne Chargenmerkmale.
4. Schließlich führen wir die verfügbaren Bestände und die entsprechenden Chargenmerkmale in der Rückgabetabelle `ET_DATA` zusammen. Diese Tabelle bezieht sich auf die Deklaration der Struktur `/SCWM/S_AQUA_ALL_MON`, die wir im ersten Schritt erweitert haben.

```
FUNCTION z_ewm_avlstock_no_bins_mon.
*"----------------------------------------------------------
*"*"Local Interface:
```

```
*"  IMPORTING
*"     REFERENCE(IV_LGNUM)      TYPE  /SCWM/LGNUM
*"     REFERENCE(IV_VARIANT)    TYPE  VARIANT OPTIONAL
*"     REFERENCE(IV_MODE)       TYPE  /SCWM/DE_MON_FM_MODE DEFAULT '1'
*"  EXPORTING
*"     REFERENCE(ET_DATA)       TYPE  /SCWM/TT_AQUA_ALL_MON
*"     REFERENCE(EV_RETURNCODE) TYPE  XFELD
*"     REFERENCE(EV_VARIANT)    TYPE  VARIANT
*"  CHANGING
*"     REFERENCE(CT_TAB_RANGE)  TYPE  RSDS_TRANGE OPTIONAL
*"  RAISING
*"      /SCWM/CX_MON_NOEXEC
*"-------------------------------------------------------

  DATA:
    lv_repid   TYPE sy-repid,
    lt_mapping TYPE /scwm/tt_map_selopt2field.

  lv_repid = sy-repid.
  CLEAR gt_tabname.
  "1. Only display popup and exit
  IF iv_mode = '3'.
    CALL FUNCTION 'RS_VARIANT_CATALOG'
      EXPORTING
        report               = lv_repid
        dynnr                = '0100'
      IMPORTING
        sel_variant          = ev_variant
      EXCEPTIONS
        no_report            = 1
        report_not_existent  = 2
        report_not_supplied  = 3
        no_variants          = 4
        no_variant_selected  = 5
        variant_not_existent = 6
        OTHERS               = 7.
    IF sy-subrc <> 0.
      MESSAGE ID sy-msgid TYPE sy-msgty NUMBER sy-msgno
      WITH sy-msgv1 sy-msgv2 sy-msgv3 sy-msgv4.
    ENDIF.
    RETURN.
  ENDIF.
  "2. Initialization (clear screen elements)
  PERFORM initialization
```

```
  USING
    iv_lgnum
    lv_repid
  CHANGING
    et_data.
"3. Fill mapping table
PERFORM aqua_mapping    CHANGING lt_mapping.
PERFORM bin_ind_mapping CHANGING lt_mapping.
PERFORM ybtch_mapping   CHANGING lt_mapping.
IF iv_variant IS NOT INITIAL.
  "4. Use selection criteria
  CALL FUNCTION 'RS_SUPPORT_SELECTIONS'
    EXPORTING
      report                = lv_repid
      variant               = iv_variant
    EXCEPTIONS
      variant_not_existent = 1
      variant_obsolete     = 2
      OTHERS               = 3.
  IF sy-subrc <> 0.
    MESSAGE ID sy-msgid TYPE sy-msgty NUMBER sy-msgno
    WITH sy-msgv1 sy-msgv2 sy-msgv3 sy-msgv4.
  ENDIF.
ENDIF.
IF lines( ct_tab_range ) > 0.
  CALL FUNCTION '/SCWM/RANGETAB2SELOPT'
    EXPORTING
      iv_repid     = lv_repid
      it_mapping   = lt_mapping
    CHANGING
      ct_tab_range = ct_tab_range.
ELSEIF iv_variant IS INITIAL.
  p_rsrc  = 'X'.
  p_tu    = 'X'.
  p_ybtch = 'X'.
ENDIF.
IF iv_mode = '1'.
  "5. Show selection screen
  p_lgnum = iv_lgnum.
  CALL SELECTION-SCREEN '0100' STARTING AT 10 10
  ENDING AT 130 30.
  IF sy-subrc <> 0.
    ev_returncode = 'X'.
    RETURN.
```

```
  ENDIF.
ENDIF.
"Prepare where clause
CLEAR gt_tabname.
PERFORM aqua_alias.
"Convert free select-options to where clause
CALL FUNCTION '/SCWM/SFREE2WHERE4MON'
  EXPORTING
    it_tabname     = gt_tabname
    it_selopt      = s_free[]
  IMPORTING
    et_whereclause = gt_whereclause.
"Export selection criteria
CALL FUNCTION '/SCWM/SELOPT2RANGETAB'
  EXPORTING
    iv_repid     = lv_repid
    it_mapping   = lt_mapping
  IMPORTING
    et_tab_range = ct_tab_range.
"6. Select the data according to selection criteria
"7. Convert ui fields
CALL METHOD go_mon_stock->get_available_stock
  EXPORTING
    iv_skip_bin      = p_lgpla
    iv_skip_resource = p_rsrc
    iv_skip_tu       = p_tu
    it_matnr_r       = s_matnr[]
    it_cat_r         = s_stcat[]
    it_owner_r       = s_owner[]
    it_entitled_r    = s_entit[]
    it_charg_r       = s_batch[]
    it_whereclause   = gt_whereclause
  IMPORTING
    et_stock_mon     = DATA(lt_stock_mon)
    ev_error         = ev_returncode.
"Fill extensions (1V5c)
CHECK NOT lt_stock_mon IS INITIAL.
IF p_ybtch IS INITIAL.
  PERFORM batch_val USING lt_stock_mon iv_mode.
  SORT gt_btchval BY matid batchid.
ENDIF.
"Fill exporting table
LOOP AT lt_stock_mon ASSIGNING FIELD-SYMBOL(<fs_stock_mon>).
  DATA(ls_data) = CORRESPONDING /scwm/s_aqua_all_mon(
```

```
                    <fs_stock_mon> MAPPING
                    unit        = meins
                    cat_txt     = cat_text
                    doccat      = stref_doccat
                    stock_docno = stock_docno_ext ).
    READ TABLE gt_btchval ASSIGNING FIELD-SYMBOL(<fs_batch>)
      WITH KEY matid   = <fs_stock_mon>-matid
               batchid = <fs_stock_mon>-batchid
      BINARY SEARCH.
    IF sy-subrc EQ 0.
      ls_data = CORRESPONDING #( BASE ( ls_data ) <fs_batch> ).
    ELSE.
      CLEAR: ls_data-zz_prod_dat, ls_data-zz_vend_batch.
    ENDIF.
    APPEND ls_data TO et_data.
  ENDLOOP.
ENDFUNCTION.
```

Listing 4.7 Funktionsbaustein Z_YEWM_AVLSTOCK_NO_BINS_MON

Textelemente anlegen

Um die neuen Textelemente anzulegen, navigieren Sie über **Springen • Textelemente** zu den Selektionstexten und Textsymbolen. Die Textelemente, die Sie hier anlegen sollten, finden Sie in Tabelle 4.13 und Tabelle 4.14.

Textsymbole	Text
001	Bestandsmerkmale
002	Lagerbestand und zusätzliche Informationen ausschließen
DYN	gefüllt

Tabelle 4.13 Textsymbole

Selektionstexte	Text	Dictionary-Referenz
P_LGPLA	Lagerplatz ausschließen	–
P_RSRC	Ressource ausschließen	–
P_TU	TE ausschließen	–
P_YBTCH	Chargenmerkmale ausschließen	–

Tabelle 4.14 Selektionstexte

Selektionstexte	Text	Dictionary-Referenz
S_BATCH	Charge	X
S_ENTIT	Verfügungsberechtigter	X
S_MATNR	Produkt	X
S_EIGENTÜMER	Eigentümer	X
S_STCAT	Bestandsart	X

Tabelle 4.14 Selektionstexte (Forts.)

Monitorknoten definieren

Um den neuen Monitorknoten im Customizing zu definieren, gehen Sie wie folgt vor:

1. In Abschnitt 3.1, »Lagerverwaltungsmonitor«, haben wir beschrieben, wie Sie im Customizing einen neuen Monitor anlegen können und wie Sie sich in der Knotenhierarchie zurechtfinden. Legen Sie nun das neue Knotenprofil ZAQUA018 im EWM-Einführungsleitfaden unter **Monitoring • Lagerverwaltungsmonitor • Knoten definieren • Knotenprofile definieren** als Kopie des bestehenden Profils P0000018 an.
2. Ersetzen Sie im Feld **FB Listensicht** den Funktionsbaustein /SCWM/AVLSTOCK_NO_BINS_MON durch den neuen Funktionsbaustein Z_YEWM_AVLSTOCK_NO_BINS_MON. Ändern Sie auch die folgenden Werte:
   - **Bildprogramm**: SAPLZ_OVERVIEW_MONITOR (Name des Rahmenprogramms der Funktionsgruppe)
   - **Bildnummer**: 0100
   - **Text**: verfügbarer Bestand (1010)
3. Wählen Sie nun in derselben IMG-Aktivität den Punkt **Knoten definieren** und legen Sie den neuen Knoten ZAQUAALL18 mit dem Knotenprofil ZAQUA018 an. Sichern Sie Ihre Einstellungen.
4. Navigieren Sie nun zur IMG-Aktivität **Monitoring • Lagerverwaltungsmonitor • Monitore definieren**. Wählen Sie den Monitor, den Sie erweitern möchten, z. B. **SAP**, und springen Sie dann durch Doppelklick in der linken Dialogstruktur zu **Knotenhierarchie definieren**. Unser Knoten sollte unter dem Hauptknoten **Bestand und Platz** angeordnet werden. Klicken Sie auf die Schaltfläche **Positionieren** und suchen Sie den übergeordneten Knoten C000000011 (**Bestand und Platz**). Sie werden feststellen, dass es genau 15 Subknoten gibt. Geben Sie nun die 16. Folge ein, indem Sie die folgenden Werte verwenden:
   - **Übergeordneter Knoten**: C000000011
   - **Untergeordneter Knoten**: ZAQUAALL18

- **Folge**: 16
- Lassen Sie beide Kontrollkästchen leer.

5. Zum Schluss speichern Sie Ihre Eingaben.

Test der Erweiterung 1V5c

Um die Erweiterung 1V5c zu testen, führen Sie den Testfall 1V5 mit einem chargengeführten Material aus, für das **Datum, an dem die Charge hergestellt wurde** (`LOBM_HSDAT`) und **Lieferantenchargennummer** (`LOBM_LICHA`) gepflegt sind. Verwenden Sie dann die Testanweisungen in Tabelle 4.15, um die Projektentwicklung zu testen.

Schritt	Schrittbeschreibung	Eingabedaten und erwartete Ergebnisse
1	Selektion des verfügbaren Bestandes	▪ Starten Sie die Transaktion /SCWM/MON (Lagerverwaltungsmonitor) und navigieren Sie zum Monitorknoten **Bestand und Platz • Verfügbarer Bestand (1010)**. ▪ Öffnen Sie das Selektionsbild durch Doppelklick auf diesen Knoten, geben Sie das chargengeführte Produkt ein, und wählen Sie **Ausführen** [F8]. *Hinweis:* Stellen Sie sicher, dass Sie das Kennzeichen **Chargenmerkmale ausschließen** nicht markiert haben. *Erwartetes Ergebnis:* Beide Chargenmerkmale werden im Selektionsergebnis angezeigt.

Tabelle 4.15 Testen der Erweiterung 1V5c

Nach der Selektion kann das Ergebnis der Projektentwicklung wie in Abbildung 4.17 aussehen.

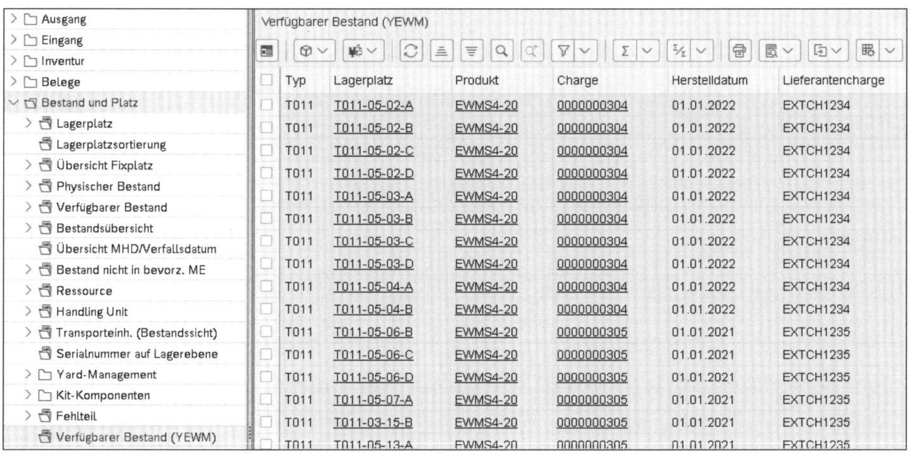

Abbildung 4.17 Monitor für den verfügbaren Chargenbestand – Erweiterung 1V5c

4.3.5 Erweiterung 1V5d: Verzögerung der Anlieferung bei fehlender Charge

Die folgende Projektentwicklung zeigt eine Möglichkeit, die Anlage der Anlieferungsbenachrichtigung bei der Chargenerfassung während der Anlieferungsverarbeitung in SAP ERP oder SAP S/4HANA zu verzögern. Dieses Szenario könnte nur in Decentralized EWM auftreten, wo eine Replikation von Chargen aus SAP ERP oder SAP S/4HANA in das EWM-System noch notwendig ist. Dennoch erwähnen wir es hier im Zusammenhang mit den SAP Best Practices für Embedded EWM für den Fall, dass Sie Decentralized EWM einsetzen und die direkte Chargenreplikation in der Customizing-Transaktion **Erweiterte Einstellungen für die Übertragung an dezentrales EWM definieren** (Sicht /SPE/V_EWM_DEST) nicht aktivieren können.

So kann es beispielsweise vorkommen, dass ein Lkw Waren anliefert, für die zwar eine Bestellung existiert, aber noch keine Anlieferung im SAP-ERP- oder SAP-S/4HANA-System angelegt wurde. Die Mitarbeiter*innen im Wareneingangsbüro legen in Transaktion VL31N (Anlieferung anlegen) auf Basis des Lieferscheins des Lieferanten eine Anlieferung im SAP-ERP- oder SAP-S/4HANA-System mit Bezug auf die Bestellung an. In dieser Transaktion lassen sich auch eine oder mehrere Chargen für jede Lieferposition anlegen, die ein chargengeführtes Produkt enthält. Da die Verteilung der Anlieferung und die der Chargenreplikation asynchron und separat erfolgen, kann in Decentralized EWM die Anlieferung vor der Charge angelegt werden. Die Aktivierung des Anlieferungsbelegs schlägt dann fehl, und der Beleg bleibt im Status **inaktiv**. Mithilfe der Erweiterung 1V5d wird die Anlage des Anlieferungsbelegs verzögert, sodass diese Situation nicht eintritt.

[+]

Alternative Lösungen

Die SAP-Hinweise 1344366 und 2863720 beschreiben detailliert andere Möglichkeiten, wie Sie das Problem inaktiver Anlieferungsbelege aufgrund fehlender Chargendaten während der Anlieferungsverarbeitung umgehen können. Sie könnten z. B. versuchen, inaktive Belege zu aktivieren, sobald fehlende Chargen in EWM eintreffen, anstatt die Anlage von Anlieferungsbelegen zu verzögern, bis Chargendaten verfügbar sind.

Die Erweiterung 1V5d (Verzögerung der Anlieferung bei fehlender Charge) erfordert die folgenden Schritte:

1. Implementierung der Methode DET_DOCTYPE des BAdI /SCWM/EX_ERP_INT_CONF
2. Anlage eines remote-fähigen Funktionsbausteins in SAP ERP oder SAP S/4HANA

Im Folgenden erläutern wir im Detail, wie Sie bei jedem dieser Schritte vorgehen. Wie üblich beginnen wir mit der Beschreibung der Voraussetzungen und enden mit dem Testen dieser Erweiterung.

Voraussetzungen für die Erweiterung 1V5d

Um die Erweiterung 1V5d zu realisieren, müssen drei Voraussetzungen erfüllt sein:

- Sie verwenden Decentralized EWM und die Übertragung von Chargen über ALE.
- Sie müssen die SAP-Chargenverwaltung einsetzen. An dieser Stelle wird nicht beschrieben, wie die für ein Produkt erforderliche Chargenverwaltung eingerichtet wird und wie Chargenklassen und deren Validierungen angelegt werden. Zu diesem Thema gibt es im SAP Support Portal (*http://support.sap.com*) eine Fülle von Informationen, darunter auch mehrere SAP-Hinweise.
- Sie dürfen nicht die automatische Chargenerstellung in EWM verwenden.
- Sie müssen alphanumerische Produktnummern ähnlich den SAP Best Practices Scope Items verwenden.

Methode DET_DOCTYPE implementieren

Um eine BAdI-Implementierung anzulegen, gehen Sie wie folgt vor:

1. Starten Sie den BAdI-Builder (Transaktion SE19) und legen Sie eine Erweiterungsimplementierung (z. B. `ZEWM_EI_ERP_INT_CONF`) für den Erweiterungsspot `/SCWM/ES_ERP_INT_CONF` an.
2. Legen Sie dann eine BAdI-Implementierung (z. B. `ZEX_ERP_INT_CONF`) zur BAdI-Definition `/SCWM/EX_ERP_INT_CONF` und eine implementierende Klasse (z. B. `ZCL_IM_ERP_INT_CONF`) an.
3. Programmieren Sie die Methode `/SCWM/IF_EX_ERP_INT_CONF~DET_DOCTYPE` mit dem Beispielcode aus Listing 4.8:
   - Zunächst integrieren Sie die Standardlogik der Methode `/SCWM/IF_EX_ERP_INT_CONF~DET_DOCTYPE` der Fallback-Klasse `/SCWM/CL_DEF_IM_ERP_INT_CONF`.

> **BAdI /SCWM/EX_ERP_INT_CONF**
>
> Sobald Sie eine Implementierung für das BAdI `/SCWM/EX_ERP_INT_CONF` anlegen, wird die Standardimplementierung der Fallback-Klasse `/SCWM/CL_DEF_IM_ERP_INT_CONF` nicht mehr ausgeführt. Die Methoden dieser Klasse sind für die Beleg-/Positionsartenfindung in Lieferbelegen zuständig. Wenn Sie nur eine dieser Ermittlungen oder keine davon ersetzen wollen, sollten Sie zunächst alle drei Methoden – `DET_DOCTYPE`, `DET_ITEMTYPE` und `DET_ERP_DLVTYPE` – implementieren und die entsprechenden Standardmethoden der Fallback-Klasse aufrufen. Nach der Standardlogik können Sie dann Ihre eigene ABAP-Logik in einer der Methoden einsetzen und ausführen.

   - Bestimmen Sie dann, basierend auf der Business-System-Gruppe (`IV_ERPBSKEY`), das logische System und die entsprechende RFC-Verbindung zu dem SAP-ERP-

oder SAP-S/4HANA-System, aus dem die aktuelle Anlieferung an EWM verteilt wurde (Codingabschnitte "1 und "2).

- Rufen Sie als Nächstes das SAP-ERP- oder SAP-S/4HANA-System per RFC auf, um alle Material-Chargen-Kombinationen der Anlieferung zu erhalten (Codingabschnitt "3).
- Wenn Sie keinen Rückgabewert (LT_MATBTCH) erhalten, konvertieren Sie die SAP-ERP- oder SAP-S/4HANA-Materialnummer in den technischen Schlüssel, der in SAP Supply Chain Management verwendet wird.
- Prüfen Sie anhand der Produkt-ID und der Charge, ob der Chargenstamm bereits in EWM angelegt wurde. Wenn der Chargenstamm der aktuellen Produkt-Chargen-Kombination bereits existiert, wird der Wert des Parameters LT_INTKEY gelöscht. Wiederholen Sie diese Routine für alle Positionen. Wenn nach Ausführung der Schleife noch ein Wert für den Parameter LT_INTKEY vorhanden ist, warten Sie 2 Sekunden und starten Sie die Prüfungen für die verbleibenden Einträge erneut (Codingabschnitt "5).
- Mit der DO-Anweisung vermeiden Sie eine Endlosschleife, sollte z. B. bei einer bestimmten Chargenverteilung oder -anlage ein Fehler auftreten.

```
METHOD /scwm/if_ex_erp_int_conf~det_doctype.

    DATA lo_std TYPE REF TO /scwm/cl_def_im_erp_int_conf.

    CREATE OBJECT lo_std.
    CALL METHOD lo_std->/scwm/if_ex_erp_int_conf~det_doctype
      EXPORTING
        iv_lgnum             = iv_lgnum
        iv_erpbskey          = iv_erpbskey
        it_bapidlvpartner    = it_bapidlvpartner
        it_header_deadlines = it_header_deadlines
        is_header            = is_header
        it_extension1        = it_extension1
        it_extension2        = it_extension2
        iv_doccat            = iv_doccat
      RECEIVING
        ev_doctype           = ev_doctype.

************ Enhancement 1V5d *****************

    TYPES:
      BEGIN OF lsty_mat_btch,
        matnr TYPE matnr,
        werks TYPE werks_d,
```

```
    charg TYPE /scwm/de_charg,
  END OF lsty_mat_btch.

DATA:
  lt_matbtch           TYPE STANDARD TABLE OF lsty_mat_btch,
  lo_send_to_bussys    TYPE REF TO /scmb/cl_business_system,
  ls_receiving_system  TYPE /scwm/s_recieving_system,
  ls_extkey            TYPE /scmb/mdl_ext_matnr_str,
  lt_extkey            TYPE /scmb/mdl_ext_matnr_tab,
  lt_extprod           TYPE /scmb/mdl_extprod_key_tab,
  ls_intkey            TYPE /scwm/dlv_matid_batchno_str,
  lt_intkey            TYPE /scwm/dlv_matid_batchno_tab,
  lo_stock_fields      TYPE REF TO /scwm/cl_ui_stock_fields.

BREAK-POINT ID zewmdevbook_1v5d.

CLEAR ls_receiving_system.

"1. Get BO with receiver infos
ls_receiving_system-bskey = iv_erpbskey.
TRY.
    lo_send_to_bussys =
    /scmb/cl_business_system=>get_instance( iv_erpbskey ).
  CATCH /scmb/cx_business_system. "#ec no_handler
    EXIT.
ENDTRY.
ls_receiving_system-logsys = lo_send_to_bussys->m_v_logsys.
"2. Get RFC-destination
TRY.
    CALL METHOD /scwm/cl_mapout=>get_rfc_destination
      EXPORTING
        iv_erplogsys       = ls_receiving_system-logsys
      IMPORTING
        ev_rfc_destination = ls_receiving_system-rfc_destination.
  CATCH /scwm/cx_mapout. "#ec no_handler
    EXIT.
ENDTRY.

"3. RFC-call: get product + batch from ERP DLV
CALL FUNCTION 'Z_EWM_GET_BATCH_FROM_DLV'
  DESTINATION ls_receiving_system-rfc_destination
  EXPORTING
    iv_vbeln               = is_header-deliv_numb
```

```
    IMPORTING
      et_matnr_charg        = lt_matbtch
    EXCEPTIONS
      communication_failure = 1
      system_failure        = 2
      OTHERS                = 3.
  IF sy-subrc <> 0 OR lt_matbtch IS INITIAL.
    EXIT.
  ENDIF.

  "4. Convert matnr to matid (prefetch)
  LOOP AT lt_matbtch ASSIGNING FIELD-SYMBOL(<matbtch>).
    CLEAR ls_extkey.
    ls_extkey-ext_matnr = <matbtch>-matnr.
    COLLECT ls_extkey INTO lt_extkey.
  ENDLOOP.
  TRY.
      CALL FUNCTION '/SCMB/MDL_EXTPROD_READ_MULTI'
        EXPORTING
          iv_logsys = ls_receiving_system-logsys
          it_extkey = lt_extkey
        IMPORTING
          et_data   = lt_extprod.
    CATCH /scmb/cx_mdl. "#ec no_handler
      EXIT.
  ENDTRY.

  LOOP AT lt_matbtch ASSIGNING <matbtch>.
    "lt_extprod is sorted
    READ TABLE lt_extprod ASSIGNING FIELD-SYMBOL(<extprod>)
               WITH KEY ext_matnr = <matbtch>-matnr
    BINARY SEARCH.
    IF sy-subrc = 0.
      ls_intkey-productid = <extprod>-matid.
      ls_intkey-batchno = <matbtch>-charg.
      APPEND ls_intkey TO lt_intkey.
    ENDIF.
  ENDLOOP.

  IF lt_intkey[] IS INITIAL.
    EXIT.
  ENDIF.
```

```
  IF NOT lo_stock_fields IS BOUND.
    CREATE OBJECT lo_stock_fields.
  ENDIF.

  "5. Check if batch master exists
  DO 10 TIMES.
    CALL METHOD lo_stock_fields->prefetch_batchid_by_no
      EXPORTING
        it_matid_charg     = lt_intkey
      IMPORTING
        et_batchid_extkey = DATA(lt_batch).
    SORT lt_batch BY batchno productid.
    LOOP AT lt_intkey ASSIGNING FIELD-SYMBOL(<intkey>).
      READ TABLE lt_batch ASSIGNING FIELD-SYMBOL(<batch>)
                 WITH KEY batchno = <intkey>-batchno
                          productid = <intkey>-productid
                 BINARY SEARCH.
      IF sy-subrc IS INITIAL AND
      <batch>-batchid IS NOT INITIAL. "batch exists
        DELETE lt_intkey.
      ENDIF.
    ENDLOOP.
    "Every batch exists -> lt_inkey is empty
    IF lt_intkey[] IS INITIAL.
      EXIT.
    ENDIF.
    WAIT UP TO 2 SECONDS.
    "Reset buffer for batches
    /scwm/cl_batch_appl=>cleanup( ).
    CLEAR lt_batch.
  ENDDO.

ENDMETHOD.
```

Listing 4.8 Beispielcoding für BAdI /SCWM/EX_ERP_INT_CONF

Remote-fähigen Funktionsbaustein anlegen

Um den RFC-Funktionsbaustein im SAP-ERP- oder SAP-S/4HANA-System zu implementieren, gehen Sie wie folgt vor:

1. Legen Sie eine Funktionsgruppe (z. B. `Z_EWM_MISSING_BATCH`) in dem SAP-ERP- oder SAP-S/4HANA-System an, das mit dem EWM verbunden ist. Starten Sie dazu die

Transaktion SE37 (Function Builder) und wählen Sie den Menüpfad **Springen • Funktionsgruppen • Gruppe anlegen**.

2. Dann legen Sie in dieser Funktionsgruppe einen neuen Funktionsbaustein an (z. B. Z_EWM_GET_BATCH_FROM_DLV) und implementieren das Coding aus Listing 4.9. Achten Sie darauf, dass Sie auf der Registerkarte **Eigenschaften** für den Funktionsbaustein als Verarbeitungsart die Einstellung **Remote-fähiger Baustein** wählen:
   - Setzen Sie zunächst die Selektionsoptionen zur Ermittlung der Lieferung und rufen Sie dann den Funktionsbaustein BAPI_DELIVERY_GETLIST mit Ihrer Lieferungsnummer aus SAP ERP bzw. SAP S/4HANA auf.
   - Der Codingabschnitt "3 prüft, zu welchen Lieferpositionen eine Charge erfasst wurde, und trägt die entsprechende Material-Chargen-Kombination in die Rückgabetabelle ET_MATNR_CHARG ein.

```
FUNCTION z_ewm_get_batch_from_dlv.
*"--------------------------------------------------------------
*"*"Local Interface:
*"  IMPORTING
*"     REFERENCE(IV_VBELN) TYPE  VBELN
*"  EXPORTING
*"     REFERENCE(ET_MATNR_CHARG) TYPE  MCHA_KEY_TABLE
*"--------------------------------------------------------------
  DATA:
    ls_vbeln        TYPE bapidlv_range_vbeln,
    lt_vbeln        TYPE STANDARD TABLE OF bapidlv_range_vbeln,
    ls_dlv_item     TYPE bapidlvitem,
    lt_dlv_item     TYPE bapidlvitem_t,
    ls_dlv_control TYPE bapidlvbuffercontrol,
    ls_matnr_charg TYPE mcha_key,
    lv_lines        TYPE i.

  "1. Set read options
  ls_dlv_control-bypassing_buffer = abap_true.
  ls_dlv_control-item = abap_true.

  ls_vbeln-sign = 'I'.
  ls_vbeln-option = 'EQ'.
  ls_vbeln-deliv_numb_low = iv_vbeln.
  APPEND ls_vbeln TO lt_vbeln.

  "2. Get delivery
  CALL FUNCTION 'BAPI_DELIVERY_GETLIST'
    EXPORTING
```

```
      is_dlv_data_control = ls_dlv_control
    TABLES
      it_vbeln            = lt_vbeln
      et_delivery_item    = lt_dlv_item.

  "3. Fill return table
  LOOP AT lt_dlv_item INTO ls_dlv_item.
    MOVE-CORRESPONDING ls_dlv_item TO ls_matnr_charg.

    CHECK NOT ls_matnr_charg-charg IS INITIAL.

    READ TABLE et_matnr_charg TRANSPORTING NO FIELDS
    WITH KEY matnr = ls_matnr_charg-matnr
    charg = ls_matnr_charg-charg.
    IF sy-subrc NE 0.
      DESCRIBE TABLE et_matnr_charg LINES lv_lines.
      ADD 1 TO lv_lines.
      INSERT ls_matnr_charg INTO et_matnr_charg
      INDEX lv_lines.
    ENDIF.
  ENDLOOP.
ENDFUNCTION.
```

Listing 4.9 Beispielfunktionsbaustein in SAP ERP oder SAP S/4HANA

Dynamische Verarbeitung

In unserem Codingbeispiel in Listing 4.9 haben wir eine recht schlanke Implementierung vorgenommen. Sie können diesen Code verwenden und ihn Ihren Projektanforderungen anpassen, indem Sie z. B. die Prüfung von der Lagernummer (IV_LGNUM) abhängig machen. Es kann auch von Vorteil sein, wenn die Anzahl der Schleifen und die Wartezeit dynamisch bestimmt werden. Dies können Sie z. B. durch das Lesen eines benutzerdefinierten Parameters zu Beginn erreichen. Auf diese Weise können Sie die Wartezeit auch in einem Produktivsystem regulieren, ohne den Code ändern zu müssen.

Test der Erweiterung 1V5d

Um die Erweiterung 1V5d zu testen, führen Sie zunächst den entsprechenden technischen Testfall aus. Anschließend können Sie den Prozess mit dem Testfall 1V5 testen, wie in Tabelle 4.16 beschrieben.

Schritt	Beschreibung	Eingabedaten und erwartete Ergebnisse
1	Deregistrierung der EWM-Eingangsqueues für die Lieferabwicklung	Starten Sie die Transaktion SMQR (Registrierung von Eingangsqueues) und deregistrieren Sie die Queues. Die ersten drei Zeichen des Queuenamens sind `DLV*`.
2	Ausschalten der sofortigen Verarbeitung von `BATMAS`-IDocs in EWM	Setzen Sie in Transaktion WE20 die Eingangsverarbeitung für den Nachrichtentyp `BATMAS` auf **Anstoß durch Hintergrundprogramm**.
3	Aktivierung der Checkpoint-Gruppe in EWM	Starten Sie die Transaktion SAAB (aktivierbare Checkpoints) und aktivieren Sie die Breakpoints der Checkpoint-Gruppe `ZEWMDEVBOOK_1V5D`.
4	Anlage einer Anlieferung mit Bezug zu einer Bestellung in SAP ERP oder SAP S/4HANA	▪ Starten Sie die Transaktion VL31N (Anlieferung anlegen). ▪ Geben Sie die Daten ein (z. B. wie in der Testfallbeschreibung angegeben). ▪ Geben Sie eine Charge für einen chargengeführten Artikel ein. ▪ Drücken Sie **Speichern**. *Erwartetes Ergebnis:* Die Anlieferung wurde an EWM verteilt.
5.1	Eingangsqueue für die Anlieferung in EWM starten	Starten Sie die Transaktion SMQ2 (QRFC-Monitor, Eingangsqueue) und suchen Sie nach allen Queues. Sie werden eine neue Queue finden: `DLV*` (enthält die Anlieferung). Aktivieren Sie die Queue der Anlieferung. Im Debugger wird bei der Anweisung `BREAK-POINT ID ZEWMDEVBOOK_1V5D` angehalten. *Erwartetes Ergebnis:* Sie erhalten nicht die erforderliche Chargen-ID über die Exporttabelle `LT_BATCH` von der Methode `prefetch_batchid_by_no`.

Tabelle 4.16 Testen der Erweiterung 1V5d

Schritt	Beschreibung	Eingabedaten und erwartete Ergebnisse
5.2	Auslösen der BATMAS-IDoc-Verarbeitung in EWM	■ Starten Sie einen zweiten Modus und verarbeiten Sie das BATMAS-IDoc mit dem Chargenstammsatz in Transaktion BD87. Starten Sie die Chargenreplikation aus SAP ERP oder SAP S/4HANA per IDoc mit Transaktion BD90, wenn noch kein IDoc empfangen wurde. ■ Jetzt können Sie eine weitere Runde der DO-Anweisung im ersten Modus starten. *Erwartetes Ergebnis:* Sie erhalten die erforderliche Chargen-ID über die Exporttabelle LT_BATCH aus der Methode prefetch_batchid_by_no.

Tabelle 4.16 Testen der Erweiterung 1V5d (Forts.)

4.4 Einfacher Warenausgang zum Kunden (Kommissionier-Handling-Units als Versand-Handling-Units): 1G2

In diesem Abschnitt wird das erste Scope Item der SAP Best Practices für Embedded EWM für den Warenausgang betrachtet, das sich auf die Funktionen der Lieferabwicklung und der Handling Units in Lager und Versand konzentriert. Nach der Vorstellung des Geschäftsprozesses werden wir die folgenden projektspezifischen Entwicklungen beschreiben:

- **1G2a: Erweiterung der Lieferschnittstelle um benutzerdefinierte Daten**
  Erfahren Sie, wie Sie über die Lieferschnittstelle benutzerdefinierte Daten von SAP S/4HANA nach EWM übertragen können.
- **1G2b: Übertragung von benutzerdefinierten Daten aus dem Auslieferungsauftrag in die Lageraufgabe**
  Erfahren Sie, wie Sie benutzerdefinierte Daten aus dem Auslieferungsauftrag in die Kommissionier-Lageraufgabe übertragen.
- **1G2c: Anzeige von benutzerdefinierten Daten in der Formularansicht der Auslieferungsauftragsposition**
  Erfahren Sie, wie Sie die Formularansicht der EWM-Lieferung erweitern können, um benutzerdefinierte Feldinformationen anzuzeigen.

- **1G2d: Ermittlung und Übernahme des Handling-Unit-Typs aus der Packspezifikation in die Kommissionier-Lageraufgabe**
  Lernen Sie, wie Sie bei der Lageraufgabenerstellung den Handling-Unit-Typ einer Kommissionier-Handling-Unit aus einer Packspezifikation ermitteln.
- **1G2e: Ermittlung der operativen Mengeneinheit durch die Packspezifikation des Wareneingangs**
  Lernen Sie, wie Sie die operative Mengeneinheit für eine Kommissionier-Lageraufgabe aus einer Packspezifikation des Wareneingangs ermitteln.
- **1G2f: Warenausgangsbuchung bei unvollständiger Verpackung unterbinden**
  Erfahren Sie, wie Sie eine projektspezifische Prüfung auf vollständige Verpackung oder eine Auslieferung zum Zeitpunkt des Warenausgangs implementieren können.

4.4.1 Prozessbeschreibung des Scope Items 1G2

Bei der Anlage von Auslieferungsaufträgen ordnet das System die Auslieferungsaufträge automatisch Routen zu. Das System legt dann automatisch Lageraufgaben und Lageraufträge an, und die Lageraktivitäten beginnen.

Die Lageraufträge werden als Arbeitsliste für die papiergestützte Kommissionierung ausgedruckt. Lagerarbeiter*innen nehmen den Ausdruck eines Lagerauftrags und bereiten eine Kommissionier-Handling-Unit vor, die für die Kommissionierung der auf dem Ausdruck des Lagerauftrags aufgeführten Produkte verwendet werden soll. Anschließend nehmen sie zwei Etiketten mit derselben Handling-Unit-Identifikationsnummer und kleben eine auf die physische Handling Unit und die andere auf den Ausdruck des Lagerauftrags. Die Lagerarbeiter*innen führen die Kommissionierung für eine oder mehrere Kommissionier-Handling-Units durch und bringen die Waren anschließend in die Bereitstellungszone. Anschließend übergeben sie die Lagerauftragausdrucke an die für die Rückmeldung der Kommissionierung zuständigen Sachbearbeiter*innen. Mit der Quittierung der Lageraufträge werden die Kommissionier-Handling-Units im System angelegt.

In der Bereitstellungszone wiegen Lagermitarbeiter*innen die Handling Units, etikettieren sie mit dem Versandetikett und legen für jede Handling Unit eine Auslieferung an. Dies löst den Ausdruck eines Lieferscheins aus, der in die Handling Unit gelegt wird, bevor die Handling Unit physisch verschlossen wird.

Wenn der Lkw ankommt, wird er eingecheckt und die Mitarbeiter*innen an der Pforte leiten ihn zu einem Tor. Sobald der Lkw am Tor angekommen ist, beginnen die Lagerarbeiter*innen mit der physischen Beladung der Handling Units. Nachdem die physische Verladung aller Handling Units für die Route abgeschlossen ist, buchen die Sachbearbeiter*innen im Versandbüro den Warenausgang, drucken für jede Auslieferung einen zweiten Lieferschein aus und übergeben die Lieferscheine an den Lkw-Fahrer oder die -Fahrerin. Der Lkw verlässt das Gelände. Tabelle 4.17 fasst die Prozessschritte zusammen.

Schritt	Physische Aktivität	Systemaktivität
0: Auslieferung in SAP S/4HANA ohne Kundenauftragsbezug anlegen	–	Die SAP-S/4HANA-Auslieferung wird angelegt und beim Sichern nach EWM repliziert.
1: Route dem Auslieferungsauftrag zuordnen	–	Das System ermittelt automatisch eine Route und ordnet sie dem Auslieferungsauftrag zu.
2: Kommissionier-Lageraufträge anlegen	–	Das System legt automatisch Kommissionier-Lageraufträge an und druckt sie aus.
3: Kommissionierung durchführen	Lagermitarbeiter*innen bereiten eine Kommissionier-HU vor, etikettieren sie und stellen sie auf eine Ressource. Anschließend kommissionieren sie die Waren in die Kommissionier-HU und fahren die Kommissionier-HU in die Bereitstellungszone.	–
	–	Lagersachbearbeiter*innen legen die Kommissionier-Handling-Unit an und bestätigen den Lagerauftrag.
4: Beladung vorbereiten	–	Lagerarbeiter*innen wiegen die Kommissionier-Handling-Unit und drucken Etiketten für die Versand-Handling-Unit.
	Lagerarbeiter*innen etikettieren die Versand-HU.	–
	–	Lagerarbeiter*innen legen eine Auslieferung für die Versand-Handling-Unit an. Das System druckt den Lieferschein.

Tabelle 4.17 Prozessschritte im Warenausgang (Scope Item 1G2)

Schritt	Physische Aktivität	Systemaktivität
4: Beladung vorbereiten (Forts.)	Lagerarbeiter*innen legen den Lieferschein in die Versand-Handling-Unit und schließen diese ab.	–
5: Ankunft des Lkws und Weiterfahrt zum Tor	Ein Lastwagen kommt an. Mitarbeiter*innen an der Pforte teilen dem Lkw-Fahrer bzw. der Lkw-Fahrerin das Tor mit. Der Lastwagen fährt zum Tor.	–
6: Lkw beladen	Lagerarbeiter*innen bringen die Versandeinheiten zum Lkw.	–
7: Warenausgang buchen und Ladeliste drucken	–	Sachbearbeiter*innen im Versandbüro buchen den Warenausgang. Das System druckt die Ladeliste aus.
	Sachbearbeiter*innen im Versandbüro übergeben dem Lkw-Fahrer die Ladeliste.	–
8: Abfahrt Lkw	Der Lkw fährt ab.	–

Tabelle 4.17 Prozessschritte im Warenausgang (Scope Item 1G2) (Forts.)

Weitere Details finden Sie in der Prozessbeschreibung von Scope Item 1G2.

4.4.2 Erweiterung 1G2a: Erweiterung der Lieferschnittstelle um benutzerdefinierte Daten

Die folgende Erweiterung zeigt, wie Sie über die Lieferschnittstelle zusätzliche Daten aus SAP S/4HANA an EWM übertragen und diese Daten in der Lagerauftragserstellung verwenden können. In diesem Beispiel kann ein Handhabungskennzeichen, das im SAP-S/4HANA-System auf der Ebene der Auslieferungsposition in einem benutzerdefinierten Feld definiert wurde, an die Auslieferungsauftragsposition in EWM übergeben werden. Damit dies funktioniert, sind die folgenden zwei BAdI-Implementierungen und zwei Strukturerweiterungen erforderlich, die wir im Detail demonstrieren werden. Wir gehen davon aus, dass das kundeneigene Datenfeld bereits in der Auslieferungsposition des SAP-S/4HANA-Systems vorhanden ist:

- Übergabe benutzerdefinierter Daten aus SAP S/4HANA an die Lieferschnittstelle (BAdI SMOD_V50B0001)
- Erweiterung des Datenobjekts der Auslieferungsanforderung (EWM, Erweiterung der Struktur /SCDL/INCL_EEW_DR_ITEM_STR). Dieser Schritt ist nur in Decentralized EWM anwendbar, wenn die Auslieferungsanforderung nicht übersprungen wird. Embedded EWM verwendet keine Auslieferungsanforderungsbelege mehr.
- Übergabe der kundenspezifischen Daten von der Lieferschnittstelle an die Auslieferungsanforderung (EWM). Auch dieser Schritt ist nur für Decentralized EWM bei Nutzung von Auslieferungsanforderungen relevant (BAdI /SCWM/EX_MAPIN_OD_SAVEREPL).
- Erweiterung des Datenobjekts des Auslieferungsauftrags in EWM durch Erweiterung der Struktur /SCDL/INCL_EEW_DLV_ITEM_STR

Die Beschreibung des Scope Items für die Erweiterung 1G2a wird nur in Schritt 0 geändert, wie in Tabelle 4.18 gezeigt.

Schritt	Physische Aktivität	Systemaktivität
0: SAP-S/4HANA-Auslieferung ohne Kundenauftragsbezug anlegen	–	▪ Die SAP-S/4HANA-Auslieferung wird angelegt und beim Sichern nach EWM repliziert. ▪ Die Replikation der Lieferung enthält ein benutzerdefiniertes Datenfeld in der Auslieferungsposition, das an EWM übergeben und in der Auslieferungsanforderung und dem Auslieferungsauftrag auf Positionsebene gespeichert wird.

Tabelle 4.18 Prozessschritte mit Abweichung für Erweiterung 1G2a

Für diese kundenspezifische Entwicklung müssen die folgenden Aktivitäten Schritt für Schritt durchgeführt werden:

1. Bereitstellung von benutzerdefinierten Daten aus SAP S/4HANA
2. Erweiterung der Strukturen für die Auslieferungsanforderungs- und die Auslieferungsauftragsposition
3. Übergabe der benutzerdefinierten Daten an die Auslieferungsanforderungsposition
4. Übergabe der kundenspezifischen Daten aus der Auslieferungsanforderungsposition an die Auslieferungsauftragsposition

Wir werden nun im Detail erklären, welche Aktivitäten Sie in den einzelnen Schritten durchführen müssen. Wir werden auch erörtern, was erforderlich ist, um diese Erweiterung zu testen.

Benutzerdefinierte Daten bereitstellen

Beginnen wir mit dem ersten Schritt im SAP-S/4HANA-System, der in Transaktion SE19 (BAdI-Builder) erfolgt. Hier müssen Sie das benutzerdefinierte Feld in der Methode EXIT_SAPLV50K_007 der BAdI-Definition SMOD_V50B0001 mit einem Wert versorgen, indem Sie es beispielsweise aus der SAP-S/4HANA-Lieferposition lesen und an den Exportparameter ET_EXTENSION2 übergeben. Diese Tabelle eignet sich für die Übergabe von strukturierten benutzerdefinierten Daten. Der andere in der Methode vorhandene Exportparameter ET_EXTENSION1 kann für unstrukturierte Daten verwendet werden. In unserem Fall haben wir das Feld mit einem festen Wert belegt, um dieses Beispiel nicht zu kompliziert zu gestalten (siehe Listing 4.10). Sie können Ihre eigene Logik verwenden, um das Beispiel zu erweitern oder abzuwandeln, z. B. können Sie weitere benutzerdefinierte Felder verwenden und die Daten entsprechend auswählen. Fügen Sie für unsere Beispieldaten zwei Konstanten (C_FIELDNAME vom Typ NAME_FELD mit dem Initialwert »ZZFIELD1« und C_FIELDVALUE vom Typ CHAR255 mit dem Initialwert »A«) als Attribute in der implementierenden Klasse Ihrer BAdI-Implementierung hinzu, die Sie z. B. ZCL_IM_EI_ODLV_EXTEND nennen.

```
METHOD if_ex_smod_v50b0001~exit_saplv50k_007.

    "Fill delivery interface extension structure from ERP
    "Simple example with one field per item only
    BREAK-POINT ID zewmdevbook_1g2a.

    LOOP AT it_lips ASSIGNING FIELD-SYMBOL(<fs_lips>).
      DATA(ls_bapiext) = VALUE bapiext( param = <fs_lips>-vbeln
                                        row   = <fs_lips>-posnr
                                        field = c_fieldname
                                        value = c_fieldvalue ).
      APPEND ls_bapiext TO et_extension2.
      CLEAR ls_bapiext.
    ENDLOOP.

  ENDMETHOD.
```

Listing 4.10 Beispielcoding für BAdI SMOD_V50B0001

Übertragung benutzerdefinierter Daten über die Lieferschnittstelle

Weitere Informationen und eine Beispielimplementierung zum Senden von benutzerdefinierten Daten über die BAPI-Struktur `EXTENSION1` finden Sie in SAP-Hinweis 351303. Die Beispielimplementierung in diesem Hinweis basiert noch auf dem ehemaligen User-Exit. Darüber hinaus enthält der Hinweis eine Auflistung der einzelnen Methoden des BAdI, der Sie die Verwendung der Methoden in der Eingangs- oder Ausgangsverarbeitung von Nachrichten entnehmen können.

Strukturen erweitern

Bevor Sie die benutzerdefinierten Daten in EWM verarbeiten, müssen Sie die ABAP-Dictionary-Struktur `/SCDL/INCL_EEW_DR_ITEM_STR` für den Auslieferungsauftrag um das zusätzliche Feld `ZZFIELD1` erweitern. Dazu wählen Sie die Struktur in Transaktion SE11 (ABAP Dictionary) aus und erweitern sie um eine Append-Struktur, die das benutzerdefinierte Feld mit der entsprechenden Felddefinition enthält (siehe Abbildung 4.18).

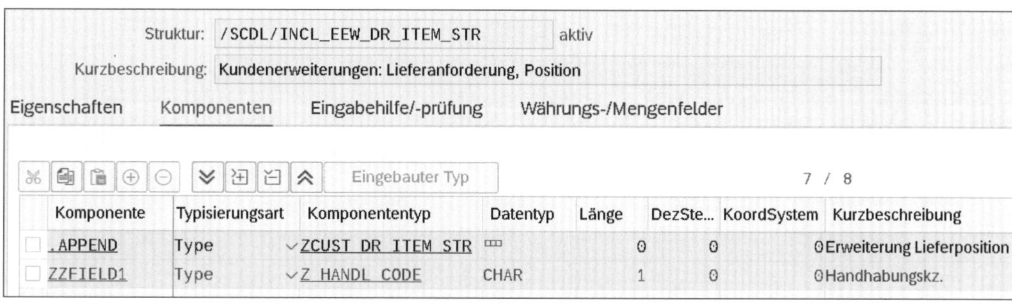

Abbildung 4.18 Erweiterung der Struktur der Benachrichtigungsposition

Gleichermaßen müssen Sie die ABAP-Dictionary-Struktur `/SCDL/INCL_EEW_DLV_ITEM_STR` des Lieferauftrags um das benutzerdefinierte Feld erweitern. Wählen Sie dazu in Transaktion SE11 die zweite Struktur aus und erweitern Sie diese. Die Felddefinition sollte mit der zuvor für die Lieferanforderung angelegten Append-Struktur identisch sein.

Überprüfen Sie das Aktivierungsprotokoll, um die angepassten transparenten Tabellen, Tabellentypen und Views einzusehen, d. h. die Änderungen aller abhängigen Objekte der Erweiterungsstruktur.

Benutzerdefinierten Daten an die Auslieferungsanforderung übergeben

Der dritte Schritt besteht darin, den Wert des benutzerdefinierten Feldes aus der Erweiterungsstruktur der Schnittstelle an die Auslieferungsanforderungsposition in

EWM zu übertragen. Zu diesem Zweck implementieren Sie das BAdI /SCWM/EX_MAPIN_OD_SAVEREPL, das im Erweiterungsspot /SCWM/ES_ERP_MAPIN enthalten ist, wie in Listing 4.11 gezeigt.

```
METHOD /scwm/if_ex_mapin_od_saverepl~mapin.

    BREAK-POINT ID zewmdevbook_1g2a.

    LOOP AT ct_dlv_request
    ASSIGNING FIELD-SYMBOL(<fs_dlv_req>).
      LOOP AT <fs_dlv_req>-t_item
      ASSIGNING FIELD-SYMBOL(<fs_item>).
        DATA(ls_keymap) = VALUE #( <fs_item>-t_keymap_item[ 1 ] ).
        CHECK sy-subrc IS INITIAL.
        DATA(lv_vbeln) = ls_keymap-docno.
        DATA(lv_posnr) = ls_keymap-itemno.
        TRY.
            DATA(ls_bapiext) = VALUE #( it_bapi_extension2[ param = lv_vbeln
                                                             row   = lv_posnr
                                                             field =
                                                              c_fieldname ] ).
          CATCH cx_sy_itab_line_not_found.
            CONTINUE.
        ENDTRY.
        MOVE ls_bapiext-value TO <fs_item>-s_eew-zzfield1.
      ENDLOOP.
    ENDLOOP.

  ENDMETHOD.
```

Listing 4.11 Beispielcoding für BAdI /SCWM/EX_MAPIN_OD_SAVEREPL

Benutzerdefinierte Daten an den Auslieferungsauftrag übergeben

Da die Übergabe der benutzerdefinierten Daten der Lieferanforderung an den Lieferauftrag für gleichnamige Felder in beiden Strukturen automatisch erfolgt, müssen Sie die BAdI-Definition des Transferservice (/SCDL/TS_DATA_COPY) nicht implementieren. Dies wäre nur bei unterschiedlich benannten Feldern erforderlich, da die automatische Übergabe über den Befehl MOVE-CORRESPONDING ausgeführt wird.

Wenn Sie eine Auslieferung aus SAP S/4HANA nach EWM replizieren, sollten Sie das benutzerdefinierte Feld **Handhabungskz.** bereits in der Auslieferungsanforderungsposition und der Auslieferungsauftragsposition versorgt sehen. Sie finden es am

Ende der Struktur der Positionsanzeige in der Listenansicht, wie in Abbildung 4.19 gezeigt.

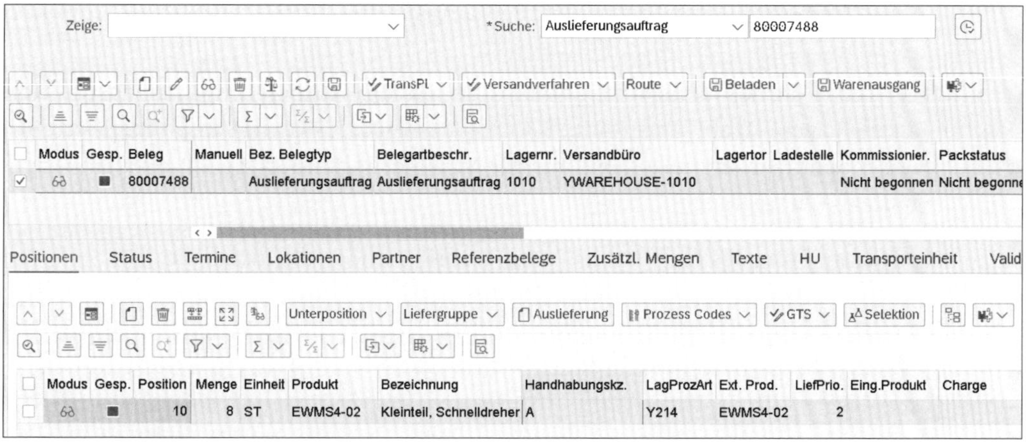

Abbildung 4.19 Benutzerdefiniertes Lieferpositionsfeld »Handhabungskz.« in der Listenansicht des Auslieferungsauftrags

Test der Erweiterung 1G2a

Um die Erweiterung zu testen, führen Sie den Testfall für Scope Item 1G2 aus. Beachten Sie die Änderung in den Testanweisungen in Tabelle 4.19.

Schritt	Beschreibung	Benutzereingaben und erwartete Ergebnisse
4.2	Lieferung anlegen	Legen Sie eine Auslieferung in SAP S/4HANA an, die beim Sichern nach EWM repliziert wird. *Erwartetes Ergebnis:* Der Auslieferungsauftrag wurde in EWM angelegt und enthält die benutzerdefinierten Daten, die von SAP S/4HANA übergeben wurden.

Tabelle 4.19 Testen der Erweiterung 1G2a

4.4.3 Erweiterung 1G2b: Übernahme benutzerdefinierter Daten aus dem Auslieferungsauftrag in die Lageraufgabe

Unser Beispiel ist noch nicht vollständig. Das benutzerdefinierte Feld, das von SAP S/4HANA an die Auslieferungsauftragsposition übergeben wird, soll nun weiter an die Kommissionier-Lageraufgabe übergeben werden. Das Feld könnte dann z. B. bei der Lagerauftragsanlage verwendet werden. Ein möglicher Anwendungsfall könnte die Findung der Queue auf der Grundlage des benutzerdefinierten Feldes **Handhabungskz.** sein.

Erweiterung 1G2b (Übernahme benutzerdefinierter Daten aus dem Auslieferungsauftrag in die Lageraufgabe) erfordert die folgenden Schritte:

1. Erweiterung des Datenobjekts der Lageraufgabe durch Erweiterung der Strukturen /SCWM/INCL_EEW_S_ORDIM und /SCWM/INCL_EEW_S_WT_CREA
2. Übergabe der kundenspezifischen Daten aus der Auslieferungsauftragsposition an die Lageraufgabe. Das BAdI /SCWM/EX_TOWHR_PTO_CREA wird implementiert, um unser benutzerdefiniertes Feld aus der Auslieferungsauftragsposition an die Lageraufgabe zu übergeben.

Die Beschreibung des geänderten Prozessschritts finden Sie in Tabelle 4.20.

Schritt	Physische Aktivität	Systemaktivität
2: Kommissionier-Lageraufgabe anlegen	–	■ Das System legt automatisch Kommissionier-Lageraufträge an und druckt sie aus. ■ Das benutzerdefinierte Feld **Handhabungskz.** wird von der Auslieferungsauftragsposition an die Lageraufgabe übergeben.

Tabelle 4.20 Prozessschritte mit Abweichung für die Erweiterung 1G2b

Datenobjekt der Lageraufgabe erweitern

Gehen Sie wie folgt vor, um die Strukturen der Lageraufgabe zu erweitern. Verwenden Sie zunächst ein Append, um das benutzerdefinierte Feld (ZZFIELD1, Typ Z_HANDL_CODE) in die Erweiterungsstrukturen /SCWM/INCL_EEW_S_ORDIM und /SCWM/INCL_EEW_S_WT_CREA der Lageraufgabe aufzunehmen. Tabelle 4.21 zeigt Ihnen, unter welchen Bedingungen ein benutzerdefiniertes Feld in die beiden Strukturen aufgenommen werden sollte.

EEW-Struktur	Wo verwendet?	Empfehlung
benutzerdefinierte Daten für die Anlage von Lageraufgaben (/SCWM/INCL_EEW_S_WT_CREA)	interne Struktur für die Anlage von Lageraufgaben/Lageraufträgen (/SCWM/S_TO_CREATE_INT)	Verwenden Sie diese Struktur für Daten, die Sie bei der Anlage von Lageraufgaben verwenden möchten, die aber nicht dauerhaft gespeichert werden müssen.

Tabelle 4.21 Felderweiterungsoptionen für Lageraufgabenstrukturen

EEW-Struktur	Wo verwendet?	Empfehlung
benutzerdefinierte Daten für die Lageraufgabe (/SCWM/INCL_EEW_S_ORDIM)	Die Struktur /SCWM/S_ORDIM_ATT wird in den Datenbanktabellen /SCWM/ORDIM* verwendet. Die Struktur /SCWM/S_TO_DET_MON* wird in den Monitorknoten für Lageraufgaben verwendet.	Verwenden Sie diese Struktur für Daten, die Sie nach der Anlage von Lageraufgaben in Folgeprozessen verwenden möchten oder die Sie im Reporting, z. B. im Lagerverwaltungsmonitor, sehen möchten. Diese Daten werden im Lagerverwaltungsmonitor und in der Datenbank vorhanden sein.

Tabelle 4.21 Felderweiterungsoptionen für Lageraufgabenstrukturen (Forts.)

Benutzerdefinierte Daten an die Lageraufgabe übergeben

Zuerst sollten Sie das BAdI /SCWM/EX_DLV_TOWHR_PTO_CREA implementieren (Erweiterungsspot /SCWM/ES_DLV_TOWHR), das speziell für den Datentransfer von Lieferbelegen zu referenzierten Produktlageraufgaben konzipiert ist. Listing 4.12 zeigt eine solche Implementierung (die Sie z. B. Z_EI_DLV_TOWHR nennen können). Aufgrund der identischen Benennung der benutzerdefinierten Felder werden bei der Anlage der Lageraufgabe automatisch Feldinhalte aus der Struktur /SCWM/INCL_EEW_S_WT_CREA in die Struktur /SCWM/INCL_EEW_S_ORDIM übertragen. In unserem Beispiel gehen wir der Einfachheit halber davon aus, dass der Feldwert aus dem Auslieferungsauftrag in die Lageraufgabe übernommen werden kann. Für Ihre Projektimplementierung sollten Sie bedenken, dass Sie über die Referenz der Auslieferungsauftragsposition in der Lageraufgabe in BAdIs jederzeit auf die Daten der Lieferposition zugreifen können. Verwenden Sie für neue Felder bei der Lageraufgabenanlage, die Sie indirekt aus der Auslieferungsauftragsposition ermitteln und die im weiteren Verlauf des Prozesses für die Benutzer*innen sichtbar sein sollen, vorzugsweise das BAdI und die Erweiterungsstrukturen.

```
METHOD /scwm/if_ex_dlv_towhr_pto_crea~get_additional_whr_data.

    BREAK-POINT id zewmdevbook_1g2b.

    "Transfer custom data to WT-structure
    MOVE is_whr_item-eew-zzfield1 TO es_prod_wt_crea_cust-zzfield1.

  ENDMETHOD.
```

Listing 4.12 Beispielcoding für BAdI /SCWM/EX_DLV_TOWHR_PTO_CREA

Um die erfolgreiche Datenübertragung zu überprüfen, können Sie einen technischen Test durchführen und prüfen, ob die benutzerdefinierten Daten in einer Lageraufgabe angezeigt werden, indem Sie die Datenbanktabelle /SCWM/ORDIM_O der offenen Lageraufgaben (z. B. in Transaktion SE16) auswerten.

Test der Erweiterung 1G2b

Um die projektspezifische Entwicklung zu testen, führen Sie Scope Item 1G2 der SAP Best Practices für Embedded EWM aus. Verwenden Sie für Schritt 4.3 die aktualisierte Testbeschreibung aus Tabelle 4.22.

Schritt	Beschreibung	Benutzereingaben und erwartete Ergebnisse
4.3	Lageraufgaben manuell anlegen	Rufen Sie den Lagerverwaltungsmonitor auf, und suchen Sie im Knoten **Belege • Lageraufgabe** die Kommissionier-Lageraufgabe, die für den Auslieferungsauftrag angelegt wurde. Nehmen Sie das benutzerdefinierte Feld in die Anzeigestruktur für die Listenansicht auf. *Erwartetes Ergebnis:* Die Lageraufgabe enthält das benutzerdefinierte Feld mit dem Wert, der von der Auslieferungsauftragsposition übergeben wurde.

Tabelle 4.22 Testen der Erweiterung 1G2b

Abbildung 4.20 zeigt die erweiterte Lageraufgabe einschließlich des benutzerdefinierten Feldes **Handhabungskz**.

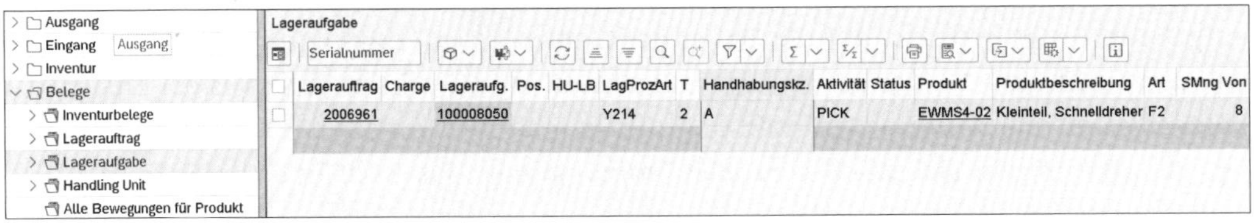

Abbildung 4.20 Benutzerdefiniertes Feld für Lageraufgabe im Monitor

4.4.4 Erweiterung 1G2c: Anzeige benutzerdefinierter Daten in der Formularansicht der Auslieferungsauftragsposition

Das benutzerdefinierte Feld soll nun in der Formularansicht der Auslieferungsauftragsposition angezeigt werden. Eine solche Erweiterung ist generell für die Daten des Lieferkopfes, der Lieferposition und der Handling Unit möglich.

Die folgenden Aktivitäten sind für die Erweiterung 1G2c (Anzeige benutzerdefinierter Daten in der Formularsicht der Auslieferungsauftragsposition) erforderlich:

1. **Anlegen einer Funktionsgruppe**
   Sie legen eine neue Funktionsgruppe mit PBO- und PAI-Modulen an.
2. **Anlegen von Dynpros und Subscreens**
   Sie legen ein neues Dynpro und einen Subscreen an, die das benutzerdefinierte Feld enthalten.
3. **Anzeige des benutzerdefinierten Feldes auf der Benutzeroberfläche des Auslieferungsauftrags**
   Sie verwenden das BAdI /SCWM/EX_DLV_UI_SCREEN, um das benutzerdefinierte Feld auf der Benutzeroberfläche anzuzeigen.

Wir werden nun im Detail erklären, welche Aktivitäten Sie in den einzelnen Schritten durchführen müssen. Wir werden auch erörtern, was erforderlich ist, um diese Erweiterung zu testen.

Funktionsgruppe anlegen

Legen Sie eine neue Funktionsgruppe an (z. B. Z_DLV_UI) und nehmen Sie darin jeweils ein neues PBO- und PAI-Modul auf, wie in Listing 4.13 und Listing 4.14 gezeigt.

```
MODULE output OUTPUT.
  CALL METHOD /scwm/cl_dlv_ui_badi_mgmt=>pbo_item
    EXPORTING
      iv_transaction = /scwm/if_ex_dlv_ui_screen=>sc_ta_prdo.
ENDMODULE.
```

Listing 4.13 Beispiel-PBO-Modul für Formularansicht der Auslieferungsauftragsposition

```
MODULE input INPUT.
  CALL METHOD /scwm/cl_dlv_ui_badi_mgmt=>pai_item
    EXPORTING
      iv_transaction = /scwm/if_ex_dlv_ui_screen=>sc_ta_prdo.
ENDMODULE.
```

Listing 4.14 Beispiel-PAI-Modul für Formularansicht der Auslieferungsauftragsposition

Dynpro und Subscreen anlegen

Nun müssen Sie ein Dynpro (z. B. 1000) vom Typ **Subscreen** anlegen. Dieser Subscreen sollte unser benutzerdefiniertes Feld enthalten, das wir in der Formularansicht anzeigen wollen. Verwenden Sie für die Definition des Feldes im Screen Painter die Erweiterungsstruktur /SCDL/INCL_EEW_DLV_ITEM_STR. Eine ausführliche Beschreibung der Vorgehensweise finden Sie in der BAdI-Dokumentation im EWM-Einführungsleitfaden unter **Business Add-Ins (BAdIs) für das Extended Warehouse Management • Prozessübergreifende Einstellungen • Lieferung – Lageranforderung • BAdI: Dynpro-Erweiterungen für Kundenerweiterungsstrukturen**.

Benutzerdefiniertes Feld anzeigen

Schließlich müssen Sie noch die Methode DEFINE_ITEM_EXTENSION des BAdI /SCWM/EX_DLV_UI_SCREEN in einer neuen Erweiterungsimplementierung (z. B. Z_EI_DLV_UI_SCREEN) ausprogrammieren. Das BAdI ist dem Erweiterungsspot /SCWM/ES_DLV_UI_SCREEN zugeordnet. Sie könnten die neue implementierende Klasse ZCL_IM_DLV_UI_SCREEN nennen. Fügen Sie der Klasse zwei Konstanten hinzu: c_repid_ewm_dlv_ui vom Typ SYREPID mit dem Initialwert SAPLZ_EWM_DLV_UI und C_DYNNR_1000 vom Typ SYDYNNR mit dem Initialwert 100. Die neu angelegte Funktionsgruppe und der Subscreen müssen in der BAdI-Methode gesetzt werden. Listing 4.15 kann hierzu als Beispiel dienen.

```
METHOD /scwm/if_ex_dlv_ui_screen~define_item_extension.

    BREAK-POINT ID zewmdevbook_1g2c.

    "Set constants as declared in class attributes
    ev_repid = c_repid_ewm_dlv_ui. "'SAPLZ_EWM_DLV_UI'
    ev_dynnr = c_dynnr_1000.       "'1000'

  ENDMETHOD.
```

Listing 4.15 Beispielcoding für BAdI /SCWM/EX_DLV_UI_SCREEN

Als Ergebnis sollten Sie nun das benutzerdefinierte Feld **HhabKz** im Bereich **Kundendaten** der Formularansicht der Auslieferungsauftragsposition sehen, wie in Abbildung 4.21 gezeigt.

Abbildung 4.21 Benutzerdefinierte Daten in der Formularansicht der Auslieferungsauftragsposition

Test der Erweiterung 1G2c

Um die Erweiterung 1G2c zu testen, wählen Sie eine neu angelegte Auslieferung aus und zeigen die Formularsicht der Auslieferungsauftragsposition (Transaktion /SCWM/PRDO) an, die das benutzerdefinierte Feld enthalten soll. Das Vorhandensein des Feldwertes haben Sie bereits in Erweiterung 1G2a überprüft. Stellen Sie nun sicher, dass das Feld und der Wert korrekt angezeigt werden.

4.4.5 Erweiterung 1G2d: Ermittlung und Übernahme des Handling-Unit-Typs aus der Packspezifikation in die Kommissionier-Lageraufgabe

Die automatische Anlage von Kommissionier-Handling-Units wird durch das *Packprofil* gesteuert, das der Lagerauftragserstellungsregel zugeordnet ist, und bei der Lagerauftragserstellung verwendet wird. Mit diesem Packprofil wird eine Packspezifikation ermittelt, die einen Handling-Unit-Typ enthält, der die Einlagerung oder den Druck steuern kann. Die Standardauslieferung von SAP S/4HANA verwendet den Standard-Handling-Unit-Typ aus dem Produktstamm des Packmaterials zur automatischen Bildung von Kommissionier-Handling-Units. Ein alternativer und flexiblerer Ansatz wäre, den Handling-Unit-Typ unabhängig von den Einstellungen im Produktstamm des Packmaterials aus der Packspezifikation zu ermitteln.

Die Erweiterung 1G2d (Ermittlung und Übernahme des Handling-Unit-Typs aus der Packspezifikation in die Kommissionier-Lageraufgabe) erfordert die folgenden Aktivitäten:

1. Implementierung der Methode `SORT` im BAdI `/SCWM/EX_WHO_SORT`
2. Definition der Methode `GET_WCR_TO` und des statischen Attributs `SS_WCR` in der implementierenden Klasse
3. Implementierung der Methode `CHANGE` im BAdI `/SCWM/EX_HU_BASICS_HUHDR`

Im Folgenden erläutern wir im Detail, wie Sie bei jedem dieser Schritte vorgehen. Wie sonst auch beginnen wir mit der Beschreibung der Voraussetzungen und enden mit dem Testen dieser Erweiterung.

Voraussetzungen für die Erweiterung 1G2d

Die Erweiterung 1G2d basiert auf den folgenden drei Annahmen zu Stammdaten und Customizing-Einstellungen:

1. Da das Warenausgangs-Scope-Item 1G2 keine automatische Anlage von Kommissionier-Handling-Units vorsieht, müssen Sie die folgenden Customizing-Einstellungen vornehmen: Rufen Sie die IMG-Aktivität **Prozessübergreifende Einstellungen • Lagerauftrag • Packprofil für Lagerauftragserstellung definieren**

auf und setzen Sie das Kennzeichen **HUs erstellen** für das Packprofil **YP02** (Kommissionierung auf Palette) für die Lagernummer 1010.

2. Definieren Sie in Transaktion /SCWM/SEBA (Start-/Endlagerplatz für Aktivitätsbereich zuordnen) einen Lagerplatz, auf dem die Kommissionier-Handling-Unit erzeugt werden soll. Weisen Sie über den Aktivitätsbereich **YN01** und die Aktivität **PICK** einen Lagerplatz zu, auf dem die Handling Unit gebildet werden soll, und legen Sie den Startpunkt fest (z. B. Lagerplatz GI-YD01).
3. Rufen Sie in der Transaktion /SCWM/PACKSPEC (Packspezifikation pflegen) die Packspezifikation für die Packmittel für Großteile (Bezeichnung: Kommissionierung auf Palette) auf, die die Ermittlung der Kommissionier-Handling-Unit für Großteile steuert. Tauschen Sie auf der Registerkarte **Lager** den Handling-Unit-Typ **YN01** (EWM-Palette) gegen einen anderen, eventuell neu angelegten Handling-Unit-Typ aus (z. B. YN03-EWM-US-Palette). Dieser Handling-Unit-Typ sollte anders definiert sein als der im Produktstamm des Packmaterials enthaltene Standard-Handling-Unit-Typ.

In der Erweiterung 1G2d können Sie für die Kommissionier-Handling-Unit einen Handling-Unit-Typ festlegen, der vom Handling-Unit-Typ des Packmaterials abweicht und stattdessen aus der Packspezifikation gezogen wird. Tabelle 4.23 zeigt die projektspezifische Entwicklung im Prozessschritt 2.

Schritt	Physische Aktivität	Systemaktivität
2: Kommissionier-Lageraufträge anlegen	–	▪ Das System legt automatisch Kommissionier-Lageraufträge an und druckt sie aus. ▪ Erweitert: Für die Kommissionierung aus einem definierten Lagertyp werden automatisch Kommissionier-Handling-Units gebildet. ▪ Projektspezifische Entwicklung: Die Kommissionier-Handling-Units werden mit dem aus der entsprechenden Packspezifikation ermittelten Handling-Unit-Typ angelegt.

Tabelle 4.23 Prozessschritte mit Abweichung für die Erweiterung 1G2d

Darüber hinaus zeigen wir in diesem Beispiel die Verwendung von lokalen Puffern im Zusammenspiel zweier BAdI-Implementierungen. Da die Kommissionier-Handling-Units gegen Ende der Lagerauftragserstellung angelegt werden, werden wir eine andere BAdI-Implementierung für die Pufferung der Daten verwenden, die für die Bestimmung des Handling-Unit-Typs erforderlich sind.

4

Methode SORT implementieren

Um die BAdI-Implementierung anzulegen, gehen Sie folgendermaßen vor:

1. Starten Sie den BAdI-Builder (Transaktion SE19) und legen Sie eine Implementierung für den Erweiterungsspot /SCWM/ES_WHO an.
2. Legen Sie daraufhin eine Implementierung und eine implementierende Klasse für die BAdI-Definition /SCWM/EX_WHO_SORT an.
3. Verwenden Sie die Methode SORT, um den lokalen Puffer mit den Eingabeparametern der Methode zu füllen – in diesem Fall die Regel für die Anlage von Lageraufträgen (IS_WCR), die wie in Listing 4.16 ausprogrammiert ist.

```
METHOD /scwm/if_ex_who_sort~sort.

    BREAK-POINT ID zewmdevbook_1g2d.

    "If a packaging profile is supplied fill the buffer
    CHECK NOT is_wcr-packprofile IS INITIAL.
    ss_wcr = is_wcr.

  ENDMETHOD.
```

Listing 4.16 Beispielcoding für BAdI /SCWM/EX_WHO_SORT

Methode GET_WCR_TO definieren

Außerdem müssen Sie in der implementierenden Klasse für das BAdI /SCWM/EX_WHO_SORT eine neue statische und öffentliche Methode GET_WCR_TO definieren (siehe Listing 4.17). Wir werden diese Methode später verwenden, um die erforderlichen Daten in den Puffer zu lesen.

```
METHOD get_wcr_to.

    BREAK-POINT ID zewmdevbook_1g2d.
    es_wcr = ss_wcr.

  ENDMETHOD.
```

Listing 4.17 Beispielmethode für die Bereitstellung von gepufferten Daten

Bevor Sie die Methode korrekt aktivieren können, müssen Sie noch das statische Attribut ss_wcr für die implementierende Klasse definieren, wie in Abbildung 4.22 gezeigt.

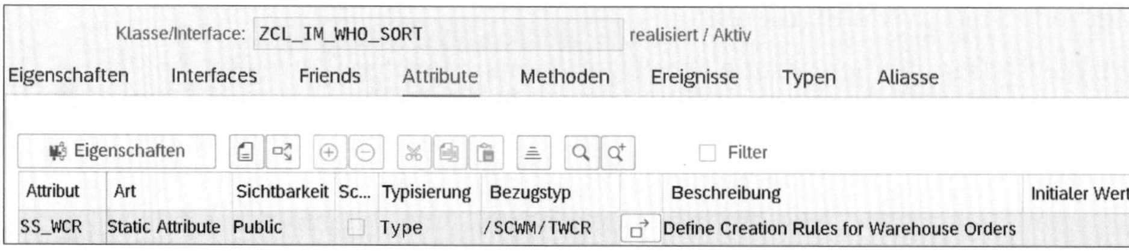

Abbildung 4.22 Statisches Attribut definieren

Methode CHANGE implementieren

Starten Sie schließlich den BAdI-Builder neu (Transaktion SE19) und legen Sie eine Implementierung für die Methode CHANGE des BAdI /SCWM/EX_HU_BASICS_HUHDR an, das dem Erweiterungsspot /SCWM/ES_HU_BASICS zugewiesen ist. Verwenden Sie das Coding in Listing 4.18:

- Zu Beginn der Methode lesen Sie die gepufferten Daten der Lagerauftragserstellungsregel sowie die Einstellungen zur Lagernummer (Schema zur Packprofilermittlung und Supply Chain Unit für die Lagernummer). Diese Daten werden für die Ermittlung der Packspezifikation auf Basis der Konditionstechnik verwendet.
- Außerdem vergleichen wir das Packmaterial der Kommissionier-Handling-Unit mit dem der ermittelten Packspezifikation. Wenn sie identisch sind, wird der Handling-Unit-Typ des Packmaterials mit dem Handling-Unit-Typ aus der Packspezifikation überschrieben.

```
METHOD /scwm/if_ex_hu_basics_huhdr~change.

  DATA: ls_t340d     TYPE /scwm/t340d,
        ls_t300md    TYPE /scwm/s_t300_md,
        lt_packspec TYPE /scwm/tt_guid_ps,
        lt_pscont    TYPE /scwm/tt_packspec_nested.

  BREAK-POINT ID zewmdevbook_1g2d.

  "Get WCR from buffer
  DATA(ls_wcr) = zcl_im_who_sort=>get_wcr_to( ).
  "Check if buffer is filled
  CHECK NOT ls_wcr IS INITIAL.
  "Get warehouse settings
  CALL FUNCTION '/SCWM/T340D_READ_SINGLE'
    EXPORTING
      iv_lgnum  = cs_huhdr-lgnum
    IMPORTING
      es_t340d  = ls_t340d
```

```
  EXCEPTIONS
    not_found = 1
    OTHERS    = 2.
IF sy-subrc <> 0.
  EXIT.
ENDIF.
"Get warehouse assignment
CALL FUNCTION '/SCWM/T300_MD_READ_SINGLE'
  EXPORTING
    iv_lgnum    = cs_huhdr-lgnum
  IMPORTING
    es_t300_md = ls_t300md
  EXCEPTIONS
    not_found   = 1
    OTHERS      = 99.
IF sy-subrc <> 0.
  EXIT.
ENDIF.
"Build up field catalog
DATA(ls_fields) = VALUE /scwm/pak_com_i( pak_locid = ls_t300md-scuguid
                                         pak_rule  = ls_wcr-packprofile ).
"Get packaging specification
CALL FUNCTION '/SCWM/PS_FIND_AND_EVALUATE'
  EXPORTING
    is_fields        = ls_fields
    iv_procedure     = ls_t340d-whoctlist
    i_data           = ls_wcr-packprofile
  IMPORTING
    et_packspec      = lt_packspec
  EXCEPTIONS
    determine_error = 1
    read_error       = 2
    OTHERS           = 99.
IF sy-subrc <> 0.
  EXIT.
ENDIF.
"Determine HU type from packspec
LOOP AT lt_packspec INTO DATA(lv_guid_ps).
  CLEAR: lt_pscont.
  CALL FUNCTION '/SCWM/PS_PACKSPEC_GET'
    EXPORTING
      iv_guid_ps               = lv_guid_ps
```

```
        iv_read_elements        = abap_true
        iv_read_dyn_attributes = abap_true
      IMPORTING
        et_packspec_content    = lt_pscont
      EXCEPTIONS
        error                  = 1
        OTHERS                 = 99.
    IF sy-subrc <> 0.
      EXIT.
    ENDIF.
    SORT lt_pscont BY content-content_seq DESCENDING.
    TRY.
        DATA(pscont) = VALUE #( lt_pscont[ 1 ] ).
      CATCH cx_sy_itab_line_not_found.
        CONTINUE.
    ENDTRY.
    SORT pscont-levels BY display_seq DESCENDING.
    DATA(level) = VALUE #( pscont-levels[ 1 ] OPTIONAL ).
    IF level-hu_matid IS INITIAL.
      CONTINUE.
    ENDIF.
    "Set HU type from packaging specification
    "Only if packmat of HU and packspec is the same
    IF level-hu_matid EQ cs_huhdr-pmat_guid
    AND NOT level-hutyp IS INITIAL.
      cs_huhdr-letyp = level-hutyp.
    ELSE.
      CONTINUE.
    ENDIF.
  ENDLOOP.

ENDMETHOD.
```

Listing 4.18 Beispielcoding für BAdI /SCWM/EX_HU_BASICS_HUHDR

Test der Erweiterung 1G2d

Um die Erweiterung 1G2d zu testen, führen Sie den Testfall für das SAP Best Practices Scope Item 1G2 mit dem Produkt EWMS4-10 aus. Verwenden Sie für Schritt 2 die geänderten Testanweisungen aus Tabelle 4.24.

Schritt	Beschreibung	Benutzereingaben und erwartete Ergebnisse
4.3	Lageraufgaben manuell anlegen	Rufen Sie den Lagerverwaltungsmonitor auf und suchen Sie den Lagerauftrag für die angelegte Lageraufgabe im Knoten **Belege • Lagerauftrag**.
		Verzweigen Sie zu den Packvorschlägen, die für den Lagerauftrag erstellt wurden, um die angelegten Kommissionier-HUs zu überprüfen. *Erwartetes Ergebnis:* ▪ Es wurden automatisch Kommissionier-Handling-Units für den Lagerauftrag angelegt. ▪ Die Kommissionier-Handling-Units wurden mit dem Handling-Unit-Typ aus der Packspezifikation angelegt.

Tabelle 4.24 Testen der Erweiterung 1G2d

4.4.6 Erweiterung 1G2e: Ermittlung der operativen Mengeneinheit durch die Packspezifikation des Wareneingangs

Bei der Erweiterung 1G2e handelt es sich ebenfalls um eine Erweiterung von Schritt 4.3 des Scope Items 1G2. In diesem Szenario wird eine Kommissionier-Lageraufgabe mit einer eindeutigen operativen Mengeneinheit angelegt, die auf der Grundlage des zu kommissionierenden Bestandes aus festgelegten Lagertypen bestimmt wird. Es wird davon ausgegangen, dass alle Bestände eines Produkts in einem bestimmten Lagertyp die gleiche Mengeneinheit haben. Mit dieser Erweiterung ermitteln wir die alternative Mengeneinheit für die Lageraufgabe abhängig von der operativen Mengeneinheit, die in der Packspezifikation der Von-Handling-Unit gepflegt ist, anhand derer die Von-Handling-Unit im Wareneingangsprozess angelegt wurde. Das zweite Ziel dieser Erweiterung ist es, die Möglichkeiten des verwendeten BAdI zu erläutern. Tabelle 4.25 zeigt die Erweiterungen in Prozessschritt 2.

Schritt	Physische Aktivität	Systemaktivität
4.3: Lageraufgaben manuell anlegen	–	▪ Die Lagerist*innen legen die Kommissionier-Lageraufträge manuell an und drucken sie aus. ▪ Die Lageraufgaben werden mit der operativen Mengeneinheit aus der Packspezifikation angelegt, mit der die Von-Handling-Unit angelegt wurde.

Tabelle 4.25 Prozessschritte mit Abweichung für die Erweiterung 1G2e

Voraussetzungen für die Erweiterung 1G2e

Damit diese Erweiterung funktioniert, müssen Sie beim Wareneingang eine automatische Verpackung nach lieferantenabhängiger Packspezifikation einrichten. Das Lager kann das Produkt A von zwei Lieferanten erhalten, die die Ware in unterschiedlichen Mengeneinheiten senden, z. B. in Kartons zu 10 Stück von Lieferant 1 und in Kartons zu 6 Stück von Lieferant 2. Die Erweiterung 1G2e basiert auf den folgenden Annahmen:

- Für jedes Produkt gibt es mehrere Packspezifikationen, die sich in den Zuordnungen der operativen Mengeneinheiten unterscheiden.
- Im Wareneingang wird eine automatische Handling-Unit-Anlage nach Packspezifikation abhängig vom Lieferanten durchgeführt (mit unterschiedlichen Verpackungsmengen pro Lieferanten).
- Komplette Handling Units werden im Lager so eingelagert, wie sie ursprünglich vom Lieferanten geliefert wurden.

Operative Mengeneinheit ermitteln

Lassen Sie uns kurz erläutern, wie die Ermittlung der operativen Mengeneinheit im Standard erfolgt. Die *Mengenklassifizierung* gibt die Ebene der Packspezifikation an, nach der die Produkte in einen Lagertyp ein- oder ausgelagert werden. Ein Beispiel für eine Mengenklassifizierung wären verschiedene Verpackungseinheiten, wie Kartons, Kisten oder Paletten. Jede dieser Einheiten wird dann durch eine andere Packspezifikationsebene repräsentiert. Bei Anlage der Kommissionier-Lageraufgabe wird eine Packspezifikation für das angeforderte Produkt mit der Konditionsart `0WHT` ermittelt. Die Lageraufgabe wird so angelegt, dass die operative Mengeneinheit der Packspezifikationsebene mit der Mengenklassifizierung des Lagertyps übereinstimmt. Wenn das System keine Packspezifikation für das Produkt ermitteln kann, wird die Lageraufgabe mit der Basismengeneinheit angelegt.

Das Standardverhalten des Systems geht davon aus, dass es für jedes Produkt nur eine Mengeneinheit für eine Mengenklassifizierung gibt und dass diese Einheit in der Packspezifikation gepflegt wird. Wenn Sie jedoch von Ihren Lieferanten unterschiedliche Kartonmengen erhalten und diese vor der Einlagerung nicht umpacken wollen, kann die Lageraufgabe eine andere operative Mengeneinheit anzeigen als die, nach der das Produkt tatsächlich im Lager gelagert wurde.

Realisierung der Erweiterung 1G2e

Um die Erweiterung 1G2e zu realisieren, müssen Sie die Methode `OPUNIT` des BAdI `/SCWM/EX_CORE_RMS_OPUNIT` implementieren, das dem Erweiterungsspot `/SCWM/EX_CORE_RMS` zugeordnet ist. Verwenden Sie dazu das Coding aus Listing 4.19, das die folgende Logik enthält:

- Zunächst übernehmen wir die operative Mengeneinheit, die bereits in der Lageraufgabe vorhanden ist. Dadurch wird sichergestellt, dass die operative Mengeneinheit nicht geändert wird, falls die Implementierung kein besseres Ergebnis ermitteln kann.
- Das Programm prüft außerdem, ob es sich um eine produktbezogene Kommissionier-Lageraufgabe handelt, und liest die Packspezifikation, anhand derer die Handling Unit ursprünglich angelegt wurde.
- Eine weitere Prüfung klärt, ob die Lageraufgabe die komplette Menge einer Handling Unit auslagert oder ob eine Teilmenge kommissioniert werden soll. Im Fall einer Vollentnahme wird die operative Mengeneinheit aus der Handling Unit ermittelt. Andernfalls wird die höchste Packspezifikationsebene verwendet, bei der die Anforderungsmenge kleiner als die Gesamtmenge ist.
- Falls das Programm erfolgreich eine operative Mengeneinheit aus der Packspezifikation ermitteln kann, wird diese Einheit als alternative Mengeneinheit in die Lageraufgabe übernommen.

```
METHOD /scwm/if_ex_core_rms_opunit~opunit.

    DATA: lt_cont  TYPE /scwm/tt_packspec_nested.

    BREAK-POINT ID zewmdevbook_1g2e.
    "Set standard value
    ev_opunit = is_ltap-altme.
    "Check context - only pick-WTs are considered
    CHECK is_ltap-trart CA wmegc_trart_pick. "'2'
    "Source-HU must be supplied
    IF is_ltap-vlenr IS INITIAL OR
    is_ltap-flghuto = abap_true.
      RETURN.
    ENDIF.
    "Get data of source-HU
    /scwm/cl_wm_packing=>set_global_fields( iv_lgnum = is_ltap-lgnum ).
    DATA(lo_pack) = NEW /scwm/cl_wm_packing( ).
    lo_pack->get_hu(
      EXPORTING
        iv_guid_hu = is_ltap-sguid_hu
      IMPORTING
        es_huhdr = DATA(ls_huhdr) ).
    IF NOT sy-subrc IS INITIAL.
      io_log->add_message( ip_row   = iv_row
                           ip_field = 'ALTME' ).
      RETURN.
```

```
    ENDIF.
    "HU must contain a packaging specification
    IF ls_huhdr-ps_guid IS INITIAL.
      RETURN.
    ENDIF.
    "Get packaging specification
    CALL FUNCTION '/SCWM/PS_PACKSPEC_GET'
      EXPORTING
        iv_guid_ps          = ls_huhdr-ps_guid
      IMPORTING
        et_packspec_content = lt_cont
      EXCEPTIONS
        OTHERS              = 99.
    IF NOT sy-subrc IS INITIAL.
      io_log->add_message( ip_row   = iv_row
                           ip_field = 'ALTME' ).
      RETURN.
    ENDIF.
    DATA(pscont) = VALUE #( lt_cont[ 1 ] OPTIONAL ).
    IF pscont IS INITIAL.
      RETURN.
    ENDIF.
    SORT pscont-levels BY level_seq.
    LOOP AT pscont-levels
    ASSIGNING FIELD-SYMBOL(<pslevel>).
      IF is_ltap-vsolm < <pslevel>-total_quan.
        EXIT.
      ENDIF.
      CHECK NOT <pslevel>-operat_unit IS INITIAL.
      "Set operative unit of measure
      ev_opunit = <pslevel>-operat_unit.
      "Operative unit of measure &1 set.
      MESSAGE s001(zewmdevbook_1g2e) WITH ev_opunit
      INTO DATA(lv_msg).
    ENDLOOP.
    IF NOT lv_msg IS INITIAL.
      io_log->add_message( ip_row = iv_row ).
    ENDIF.

  ENDMETHOD.
```

Listing 4.19 Beispielcoding für BAdI /SCWM/EX_CORE_RMS_OPUNIT

Test der Erweiterung 1G2e

Sie können nun die Ermittlung der operativen Mengeneinheit innerhalb des Scope Items 1G2 testen. Überprüfen Sie die Ergebnisse von Schritt 4.3, wie in Tabelle 4.26 beschrieben.

Schritt	Beschreibung	Benutzereingaben und erwartete Ergebnisse
4.3	Lageraufgabe manuell anlegen	Rufen Sie den Lagerverwaltungsmonitor auf und suchen Sie die Lageraufgabe mit Bezug auf den Auslieferungsauftrag im Knoten **Belege • Lageraufgabe**. Prüfen Sie die operative Mengeneinheit. *Erwartetes Ergebnis:* Die Kommissionier-Lageraufgabe zeigt als alternative Mengeneinheit die Mengeneinheit der Packspezifikation, nach der die Handling Unit im Wareneingang gebildet wurde.

Tabelle 4.26 Testen der Erweiterung 1G2e

4.4.7 Erweiterung 1G2f: Warenausgangsbuchung bei unvollständiger Verpackung unterbinden

In dieser Erweiterung zeigen wir Ihnen eine einfache Implementierung, durch die Sie die Warenausgangsbuchung von nicht vollständig verpackten Auslieferungen verhindern können. Wenn Sie Lieferungen verwenden, für die parallel zur Warenausgangsbuchung ein Lieferavis mit Verpackungsinformationen gesendet wird, sollte die an SAP S/4HANA gemeldete Buchung auch die vollständigen Verpackungsinformationen enthalten, insbesondere wenn Sie im SAP-S/4HANA-Customizing die Verpackungspflicht für den Lieferpositionstyp aktiviert haben. Falls nicht alle Verpackungsinformationen gesendet werden, gibt die SAP-S/4HANA-Eingangsverarbeitung einen Fehler zurück (Meldung VL615: Lieferposition ist nicht oder nur teilweise verpackt). Mit der projektspezifischen Entwicklung in diesem Abschnitt können Sie solche Fehler vermeiden, indem Sie die Warenausgangsbuchung in EWM validieren und gegebenenfalls verhindern. Die Erweiterung kann in Schritt 4.12 des Scope Items 1G2 angewendet werden, wie Tabelle 4.27 zeigt.

Schritt	Physische Aktivität	Systemaktivität
4.12: Warenausgang zum Auslieferungsauftrag buchen	Die Sachbearbeiter*innen im Versandbüro übergeben den Lkw-Fahrer*innen die Ladeliste.	Die Sachbearbeiter*innen der Versandstelle buchen den Warenausgang, während das System prüft, ob die Auslieferungen vollständig verpackt sind. Das System druckt die Ladeliste aus.

Tabelle 4.27 Prozessschritte mit Abweichung für Erweiterung 1G2f

Die Erweiterung 1G2f (Warenausgang bei unvollständiger Verpackung unterbinden) erfordert die Durchführung der folgenden Schritte:

1. **Implementierung der Prüflogik**
   Sie legen eine Implementierung des BAdI /SCWM/EX_DLV_GM an, die zum Zeitpunkt des Warenausgangs für einen Auslieferungsauftrag aufgerufen wird.
2. **Anlage einer benutzerdefinierten Nachricht**
   Sie legen eine neue Nachricht 001 in einer benutzerdefinieren Nachrichtenklasse namens zewmdevbook_1g2f an.

Im Folgenden erläutern wir im Detail, wie Sie bei jedem dieser Schritte vorgehen. Wie üblich beginnen wir mit der Beschreibung der Voraussetzungen und enden mit dem Testen dieser Erweiterung.

Voraussetzungen für die Erweiterung 1G2f

Wir gehen bei dieser Erweiterung davon aus, dass keine Chargensplitpositionen verwendet werden. Würden Chargensplitpositionen verwendet, müsste die Erweiterung entsprechend angepasst werden.

Prüflogik implementieren

Legen Sie unter Verwendung des Beispielcodings in Listing 4.20 eine Implementierung der Methode CHECK_DOCUMENT des BAdI /SCWM/EX_DLV_GM an, das dem Erweiterungsspot /SCWM/ES_DLV_GM zugeordnet ist.

```
METHOD /scwm/if_ex_dlv_gm_process~check_document.

    BREAK-POINT ID zewmdevbook_1g2f.

    "Check if goods issue is being processed
    CHECK iv_gmcat = /scwm/if_docflow_c=>sc_gi.
    LOOP AT it_dlv_item
    ASSIGNING FIELD-SYMBOL(<item>).
      "Check if current item is completely packed
      DATA(ls_status) = VALUE #( <item>-status[
        status_type = /scdl/if_dl_status_c=>sc_t_packing ] OPTIONAL ).
      IF ls_status IS INITIAL
      OR ls_status-status_value NE /scdl/if_dl_status_c=>sc_v_finished.
        "Delivery &1 item &2 not fully packed. GM not allowed.
        MESSAGE e001(zewmdevbook_1g2f)
        WITH <item>-docno <item>-itemno INTO DATA(lv_msg).
        DATA(ls_symsg) = /scwm/cl_dm_message_no=>get_symsg_fields( ).
        "Issue message
```

```
      co_message->add_message(
        iv_msgcat = /scdl/cl_dm_message=>sc_mcat_bus
        iv_doccat = <item>-doccat
        iv_docid  = <item>-docid
        iv_itemid = <item>-itemid
        is_symsg  = ls_symsg ).
    ENDIF.
  ENDLOOP.

ENDMETHOD.
```

Listing 4.20 Beispielcoding für BAdI /SCWM/EX_DLV_GM

Nachricht anlegen

Legen Sie in Transaktion SE91 eine neue Nachrichtenklasse `zewmdevbook_1g2f` und die Nachricht 001 an. Verwenden Sie einen Nachrichtentext wie »Lieferung &1 Position &2 nicht voll verpackt. WA nicht erlaubt.« Die Nachricht sollte selbsterklärend sein.

Test der Erweiterung 1G2f

Führen Sie den Testfall für das Scope Item 1G2 mit Schritt 4.12 aus, wie in Tabelle 4.28 gezeigt. Wir verwenden hier einen Negativtest und packen die Auslieferung aus, bevor wir versuchen, den Warenausgang zu buchen. Als Nächstes sollten Sie die Handling-Unit-Pflicht aus dem Lagertyp Y920 entfernen, um unverpackten Bestand in der Bereitstellungszone für Auslieferungen zu ermöglichen.

Schritt	Beschreibung	Benutzereingaben und erwartete Ergebnisse
4.12	Warenausgang für Auslieferung buchen	■ Rufen Sie den Verpackungsdialog für den Auslieferungsauftrag auf. ■ Löschen Sie eine Handling Unit oder packen Sie eine in einer Handling Unit enthaltene Lagerposition aus, indem Sie sie auf den Lagerplatz ziehen. ■ Sichern Sie die Änderungen und kehren Sie zur Lieferabwicklung zurück. *Erwartetes Ergebnis:* Es erscheint eine Fehlermeldung, die besagt, dass der Warenausgang aufgrund einer unvollständigen Verpackung nicht zulässig ist.

Tabelle 4.28 Testen der Erweiterung 1G2f

Abbildung 4.23 zeigt ein Beispiel dafür, wie die Fehlermeldung aussehen könnte.

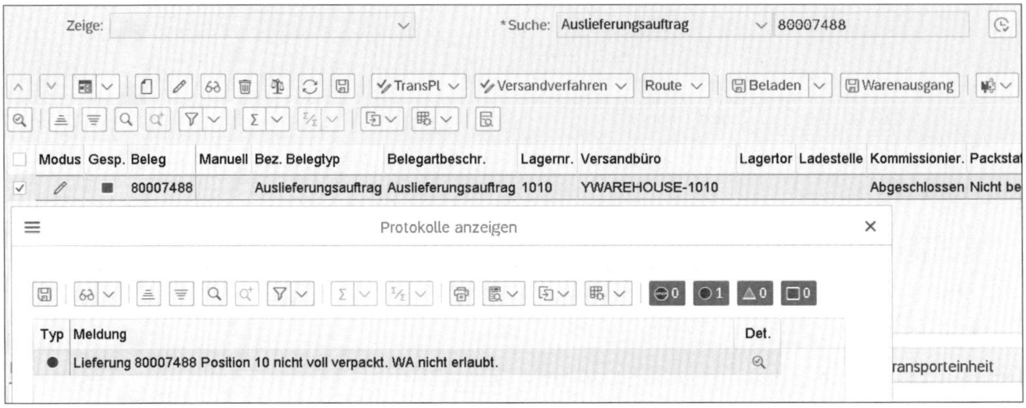

Abbildung 4.23 Fehlermeldung für Warenausgang mit unvollständiger Verpackung

4.5 Erweiterter Warenausgang zum Kunden (Wellen, Kommissionier-Handling-Units, Verpacken, Bereitstellen und Verladen): 1V7

In diesem Abschnitt werden wir Ihnen das Scope Item 1V7 vorstellen. Wir werden zwei Varianten des enthaltenen Prozesses anlegen, indem wir benutzerdefinierte Entwicklungen hinzufügen:

- **1V7a: Übernahme der Transporteinheit aus dem Wareneingang**
  Hier erfahren Sie, wie Sie eine PPF-Aktion mit einer Einplanbedingung entwickeln können.
- **1V7b: Druck von Kommissionier-Etiketten auf einem mobilen Drucker**
  Die Konditionstechnik wird um ein neues Feld erweitert. Sie machen sich mit den BAdIs für den Druck in EWM vertraut.

4.5.1 Prozessbeschreibung des Scope Items 1V7

Für die Schritte von Scope Item 1V7 (erweiterter Warenausgang zum Kunden) finden Sie in Tabelle 4.29 eine Übersicht. Die physischen Aktivitäten und die Systemaktivitäten sind in separaten Spalten aufgeführt. Die Prozessschritte im SAP-S/4HANA-System überspringen wir und beginnen mit der Beschreibung der in EWM ausgeführten Schritte. Im SAP-S/4HANA-System wurden vorbereitend ein Kundenauftrag und eine Auslieferung angelegt.

Schritt	Physische Aktivität	Systemaktivität
1: Routenfindung	–	Das System ermittelt für jede Auslieferung eine Route.
2: Wellen erzeugen	–	Das System legt Kommissionier-Wellen an.
3: Anlage einer Transporteinheit	Das Versandbüro klärt die Transportkapazität der Aufträge.	–
	Der Spediteur bestätigt die Transportkapazität und teilt eine externe Kennung mit.	Sachbearbeiter*innen der Versandstelle legen eine Transporteinheit mit der externen Kennung und der Route an.
4: Wellenfreigabe	–	Das System gibt die Wellen frei, legt Lageraufträge an und ordnet ihnen Queues zu.
5: Kommissionierung durchführen	–	Lagermitarbeiter*innen melden sich als Ressource in der RF-Umgebung an. Das System schlägt den nächsten zu bearbeitenden Lagerauftrag in der Queue vor.
	Die Lagerarbeiter*innen stellen eine Gitterbox auf die Ressource.	Die Lagerarbeiter*innen legen die Kommissionier-Handling-Unit an.
	Die Lagerarbeiter*innen kommissionieren die Waren in die Kommissionier-Handling-Unit und fahren die Kommissionier-Handling-Unit zum Packtisch.	Die Lagerarbeiter*innen bestätigen die Lageraufgabe und den Lagerauftrag.
6: Ware verpacken	–	Die Packer*innen melden sich als Ressource in der RF-Umgebung an. Sie scannen die Kommissionier-Handling-Unit.
	Die Packer*innen stellen für jeden Warenempfänger eine leere Palette bereit.	Die Packer*innen legen die Versand-Handling-Unit an. Das System druckt vorläufige Handling-Unit-Etiketten.

Tabelle 4.29 Prozessschritte im Warenausgang (Scope Item 1V7)

Schritt	Physische Aktivität	Systemaktivität
6: Ware verpacken (Forts.)	Die Packer*innen kleben die Etiketten auf die Versand-Handling-Units und packen den Bestand aus den Kommissionier-Handling-Unit in die Versand-Handling-Units um.	Die Packer*innen bestätigen das Umpacken.
	–	Die Packer*innen wiegen und verschließen die Versand-Handling-Unit. Das System druckt die endgültigen Etiketten für die Versand-Handling-Unit und legt einen Lagerauftrag an die Bereitstellungszone an.
	Die Packer*innen bringen die Etiketten an der Versand-Handling-Unit an.	–
7: Versand-HUs bereitstellen	–	Lagerarbeiter*innen melden sich als Ressource an und scannen die Versand-Handling-Unit. Das System ermittelt den offenen Lagerauftrag für die Versand-Handling-Unit.
	Die Lagerarbeiter*innen bringen die Versand-Handling-Units in die Bereitstellungszone.	Die Lagerarbeiter*innen bestätigen den Lagerauftrag.
8: Ankunft Lkw und Weiterfahrt zum Tor	Ein Lastwagen kommt an.	Mitarbeiter*innen an der Pforte ordnen das Tor zu und bestätigen die Ankunft des Lkws.
	Die Pforte teilt dem Lkw-Fahrer bzw. der -Fahrerin das Tor mit. Der Lastwagen fährt bis zum Tor.	–

Tabelle 4.29 Prozessschritte im Warenausgang (Scope Item 1V7) (Forts.)

Schritt	Physische Aktivität	Systemaktivität
9: Lkw beladen	–	Lagermitarbeiter*innen melden sich als Ressource an. Die Lagerarbeiter*innen scannen die Versand-Handling-Unit. Das System bestimmt das Tor für die Beladung.
	Lagerarbeiter*innen bringen die Versand-Handling-Units zum Lkw.	Lagerarbeiter*innen bestätigen die Beladung der Versand-Handling-Units.
10: Warenausgang buchen und Lieferscheine und Frachtbrief drucken.	–	Die Sachbearbeiter*innen der Versandstelle buchen den Warenausgang. Das System druckt die Lieferscheine und den Straßenfrachtbrief.
	Die Sachbearbeiter*innen der Versandstelle übergeben dem Lkw-Fahrer oder der -Fahrerin die Lieferscheine und den Frachtbrief.	–
11: Abfahrt Lkw	Der Lkw fährt ab.	Die Sachbearbeiter*innen der Versandstelle bestätigen die Abfahrt des Lkws.

Tabelle 4.29 Prozessschritte im Warenausgang (Scope Item 1V7) (Forts.)

Weitere Details finden Sie in der Prozessbeschreibung von Scope Item 1V7.

4.5.2 Erweiterung 1V7a: Übernahme der Transporteinheit aus dem Wareneingang

In der Erweiterung 1V7a (Übernahme der Transporteinheit nach dem Entladen) verbinden wir das Wareneingangs-Scope-Item 1V5 mit dem Warenausgangs-Scope-Item 1V7, indem wir die gleiche Transporteinheit verwenden. Nachdem die Wechselbrücke eines Lkws am Tor entladen wurde (1V5), wird sie für die Beladung im Warenausgangsprozess (1V7) am selben Tor verwendet. Dieses Verfahren kann in Lagern eingesetzt werden, in denen die gleichen Tore zum Be- und Entladen verwendet werden.

Die Wiederverwendung einer Transporteinheit wird von EWM unterstützt (siehe Abbildung 4.24). In der Transaktion /SCWM/TU (Transporteinheit bearbeiten) können

Sie die Schaltflächen **Kopieren** und **Aktivieren** verwenden, um eine Transporteinheit nach dem Entladen zu übernehmen.

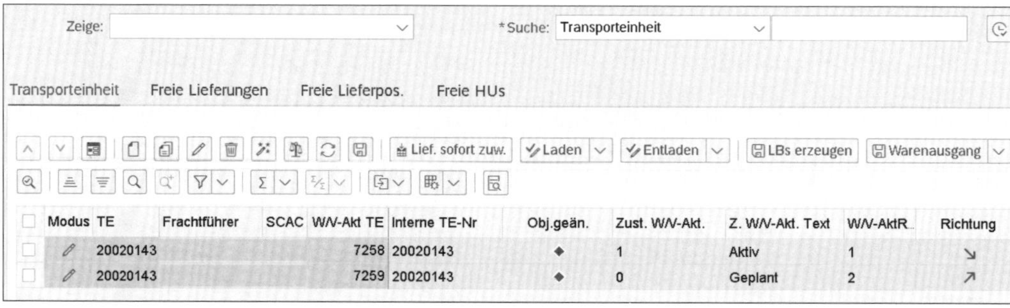

Abbildung 4.24 Wiederverwendung der Transporteinheit für den Eingangsprozess nach dem Entladen (manueller Ansatz)

Das System schließt die Empfangsaktivität und legt eine neue Versandaktivität für die Transporteinheit an. So bleibt die Transporteinheit mit ihren Attributen **Frachtführer**, **Kennzeichen** usw. im System und kann für den Ausgangsprozess verwendet werden.

In Erweiterung 1V7a werden wir eine PPF-Aktion namens Z_TU_COPY für das Objekt Transporteinheit entwickeln. Unser Ziel ist, dass das System die beiden erwähnten Benutzeraktivitäten (Kopieren und Aktivieren) automatisch ausführt, sobald das Entladen abgeschlossen ist. Um sicherzustellen, dass die PPF-Aktion zum richtigen Zeitpunkt ausgeführt wird, entwickeln wir auch eine Einplanbedingung (Z_TU_COPY_CHECK).

In Tabelle 4.30 finden Sie die Abweichungen im Ablauf der Scope Items 1V5 und 1V7. Alle Schritte, die nicht in der Tabelle aufgeführt sind, bleiben unverändert und sind weiterhin erforderlich (siehe Tabelle 4.3 in Abschnitt 4.6.1, »Prozessbeschreibung des Scope Items 1FW«, und Tabelle 4.29).

Schritt	Physische Aktivität	System Aktivität
1: Ankunft Lkw und Weiterfahrt zum Tor	Mitarbeiter*innen an der Pforte weisen die Lkw-Fahrer*innen darauf hin, dass diese Wechselbrücke zunächst zum Entladen und dann zum Beladen an einem speziellen Tor vorgesehen ist.	Mitarbeiter*innen an der Pforte legen eine Transporteinheit mit dem Wechselbrückenanhänger an. Dann weisen sie der Transporteinheit ein spezielles Tor zu und bestätigen die Ankunft des Lkws an diesem Tor.

Tabelle 4.30 Prozessschritte mit Abweichungen für die Erweiterung 1V7a

Schritt	Physische Aktivität	System Aktivität
3: Transporteinheit anlegen	–	Das System legt eine Transporteinheit für den Warenausgang an.
5: Entladen ist beendet.	Der Lkw bleibt vor dem Tor.	Das Wareneingangsbüro bestätigt, dass die Entladung des Lkws abgeschlossen ist.

Tabelle 4.30 Prozessschritte mit Abweichungen für die Erweiterung 1V7a (Forts.)

Um die Erweiterung 1V7a in Ihrem EWM-System zu realisieren, müssen Sie die folgenden vier Schritte durchführen:

1. Sie legen im EWM-Einführungsleitfaden ein neues Tor an, das Entladen und Beladen zulässt.
2. Sie legen eine neue PPF-Aktions-Ausführung, z. B. `Z_TU_COPY`, für das klassische BAdI `EXEC_METHODCALL_PPF` im BAdI-Builder an (Transaktion SE19).
3. Sie legen eine neue PPF-Einplanbedingung, z. B. `Z_TU_COPY_SCHED` für das klassische BAdI `EVAL_SCHEDCOND_PPF`, an.
4. Sie legen IMG-Einträge für die neue PPF-Aktion `ZSR_TU_COPY_ACTIVATE` an.

Im Folgenden erläutern wir im Detail, wie Sie bei jedem dieser Schritte vorgehen. Wie üblich beginnen wir mit der Beschreibung der Voraussetzungen und enden mit dem Testen dieser Erweiterung.

Voraussetzungen für die Erweiterung 1V7a

Um die Erweiterung 1V7a in Ihrem Lager nutzen zu können, müssen die folgenden beiden Voraussetzungen erfüllt sein:

- Sie haben Tore, die zum Be- und Entladen genutzt werden können.
- Sie verwenden keine Yard-Management-Funktionen in EWM.

Tor anlegen

Gehen Sie folgendermaßen vor, um im EWM-Einführungsleitfaden ein neues Tor anzulegen, das sowohl Be- als auch Entladen ermöglicht:

1. Legen Sie im EWM-Einführungsleitfaden unter **Stammdaten • Tor • Tor definieren** einen neuen Eintrag für Lagernummer 1010 an. Die Laderichtung des neuen Tores

(z. B. YDX1) muss die Option **B-Eingang und Ausgang** haben. Behalten Sie für die anderen Attribute die gleichen Werte wie für die anderen vorhandenen Tore bei:

   - **Nummernkreis**: 01
   - **Bereitstellungszonengruppe**: Y930
   - **Bereitstellungszone**: YSOO

2. Legen Sie einen neuen Lagerplatz an (z. B. DOOR-YDX1) und ordnen Sie ihn dem neuen Tor YDX1 zu. Verwenden Sie dazu die Transaktionen /SCWM/LS01 (Lagerplätze anlegen) und /SCWM/DOOR_SCU (Zuordnungen von Tor zu SCU).
3. Legen Sie in der IMG-Aktivität **Stammdaten • Warenannahme und Versand • Transportmittel definieren** einen neuen Eintrag »ZSWAP« (Beschreibung: Wechselbrücke) an. Übernehmen Sie die Attribute aus dem bestehenden Eintrag 0001 (Lkw).
4. Legen Sie in der IMG-Aktivität **Prozessübergreifende Einstellungen • Warenannahme und Versand – Allgemeine Einstellungen • Kontrollparameter zur Fahrzeug-/Transporteinheiten-Bildung definieren** einen neuen Eintrag an. Verwenden Sie die folgenden Attribute:
   - **Transportmittel**: ZSWAP
   - **Fahrzeug-/Transporteinheit**: TE
   - **Nummernkreis**: 01
   - **Aktionsprofil**: /SCWM/TU
5. Starten Sie im SAP-Menü die Transaktion /SCWM/PM_MTR (Verknüpfung zwischen Packmittel und Transportmittel) und legen Sie einen neuen Eintrag an. Geben Sie im Feld **Transportmittel** »ZSWAP« und im Feld **Packmittel** »EWMS4-TRUCK00« ein. Setzen Sie außerdem die Kennzeichen **Optionales Packmittel** und **Packmittel hat Containercharakter**.
6. Nachdem Sie diese Einstellungen vorgenommen haben, sollten Sie in der Lage sein, in der Transaktion /SCWM/TU eine neue Transporteinheit mit dem Transportmittel ZSWAP anzulegen.

PPF-Aktions-Ausführung anlegen

Legen Sie im BAdI-Builder (Transaktion SE19) eine neue Implementierung für das klassische BAdI `EXEC_METHODCALL_PPF` an, z. B. `Z_TU_COPY`. Geben Sie eine Filterwertmethode an, z. B. `Z_TU_COPY` (siehe Abbildung 4.25).

Abbildung 4.25 Implementierung für BAdI EXEC_METHODCALL_PPF anlegen

Wenn Sie per Doppelklick zur EXECUTE-Methode der implementierenden Klasse ZCL_IM__TU_COPY navigieren, können Sie das Coding eingeben (siehe Listing 4.21). Aktivieren Sie die Klasse und die BAdI-Implementierung. Ein paar Hinweise zum Coding:

- Im Coding übernehmen wir zunächst das generische Anwendungsobjekt aus dem PPF (siehe Abschnitt "1) und casten es in das Objekt der Transporteinheit (Klasse /SCWM/CL_SR_TU_PPF).
- Im folgenden Absatz "2 suchen wir das Business-Objekt für diese Transporteinheit aus der Datenbank oder dem Puffer (Methode GET_BO_TU_BY_KEY).
- Um das Kopieren der Transporteinheit vorzubereiten, suchen wir das tatsächliche Tor der Transporteinheit auf und übernehmen von diesem Tor die Planzeiten und die Lagernummer (siehe Abschnitt "3).
- In den Codingabschnitten "4 und "5 wird die Transporteinheit zunächst kopiert und dann aktiviert (Methode SWITCH_TU_ACTIVE).
- Schließlich werden die Änderungen in die Datenbank übertragen (siehe "6), und der Rückgabeparameter für die erfolgreiche Verarbeitung (Parameter RP_STATUS) wird gesetzt.

```
METHOD if_ex_exec_methodcall_ppf~execute.

  DATA: lt_tu_key TYPE /scwm/tt_aspk_tu.

  BREAK-POINT ID zewmdevbook_1v7a.
```

```
rp_status = sppf_status_error.
"1. Cast imported PPFf-object to get the TU-key:
DATA(lo_tu_ppf) = CAST /scwm/cl_sr_tu_ppf( io_appl_object ).
DATA(ls_key) = VALUE /scwm/s_tu_sr_act_num(
  tu_num        = lo_tu_ppf->get_tu_num( )
  tu_sr_act_num = lo_tu_ppf->get_tu_sr_act_num( ) ).
IF ( ls_key-tu_num IS INITIAL ) OR ( ls_key-tu_sr_act_num IS INITIAL ).
  MESSAGE e136(/scwm/shp_rcv) WITH flt_val INTO DATA(msg).
  CALL METHOD cl_log_ppf=>add_message
    EXPORTING
      ip_problemclass = wmegc_log_vip "'1' very important
      ip_handle       = ip_application_log.
  EXIT.
ENDIF.
TRY.
    "2. Get the bo for the inbound TU
    DATA(lo_bom) = /scwm/cl_sr_bom=>get_instance( ).
    DATA(lo_tu)  = lo_bom->get_bo_tu_by_key(
      EXPORTING
        is_tu_sr_act_num = ls_key ).
    "3. Get active door of the inb TU
    lo_tu->get_tu_door(
      EXPORTING
        iv_get_executed = space
      IMPORTING
        et_bo_tu_door   = DATA(lt_door) ).
    LOOP AT lt_door ASSIGNING FIELD-SYMBOL(<ls_door>)
    WHERE start_actual IS NOT INITIAL
    AND end_actual IS INITIAL.
      EXIT. "active door found
    ENDLOOP.
    IF <ls_door> IS NOT ASSIGNED.
      RETURN.
    ENDIF.
    lo_tu->get_data(
      IMPORTING
        es_act = DATA(ls_act) ).
    "4. Create a new outbound TU (copy from inbound)
    DATA(ls_tu_new) = CORRESPONDING /scwm/s_bo_tu_new( <ls_door> ). "times
    ls_tu_new-yard = <ls_door>-lgnum.
```

```
      ls_tu_new-act_dir = /scdl/if_dl_doc_c=>sc_procat_out.
      lo_bom->create_new_bo_tu(
        EXPORTING
          is_bo_tu_new     = ls_tu_new
          is_tu_sr_act_num = ls_key
        IMPORTING
          eo_bo_tu         = DATA(lo_tu_new) ).
      ls_key = lo_tu_new->get_num( ).
      /scwm/cl_tm=>set_lgnum( iv_lgnum = ls_act-yard ).
      "5. Activate the outbound TU
      APPEND ls_key TO lt_tu_key.
      /scwm/cl_sr_my_service=>switch_tu_active(
        EXPORTING
          iv_lgnum   = ls_act-yard
          it_aspk_tu = lt_tu_key ).
      "6. Save
      lo_bom->save( ).
    CATCH /scwm/cx_sr_error .
      CALL METHOD cl_log_ppf=>add_message
        EXPORTING
          ip_problemclass = wmegc_log_vip "'1' very important
          ip_handle       = ip_application_log.
      /scwm/cl_tm=>cleanup( ).
      EXIT.
  ENDTRY.
  /scwm/cl_tm=>cleanup( ).
  rp_status = sppf_status_processed.

ENDMETHOD.
```

Listing 4.21 Beispielcoding für die PPF-EXECUTE-Methode

PPF-Einplanbedingung anlegen

Legen Sie im BAdI-Builder (Transaktion SE19) eine neue Implementierung für das klassische BAdI EVAL_SCHEDCOND_PPF an, z. B. Z_TU_COPY_SCHED. Geben Sie eine Filterwertplanbedingung ein, z. B. Z_TU_COPY_SCHED. Navigieren Sie zur Methode EVALUATE_SCHEDULE_CONDITION der implementierenden Klasse ZCL_IM__TU_COPY_SCHED und geben Sie das Coding aus Listing 4.22 ein. Aktivieren Sie die Klasse und die BAdI-Implementierung (siehe Abbildung 4.26).

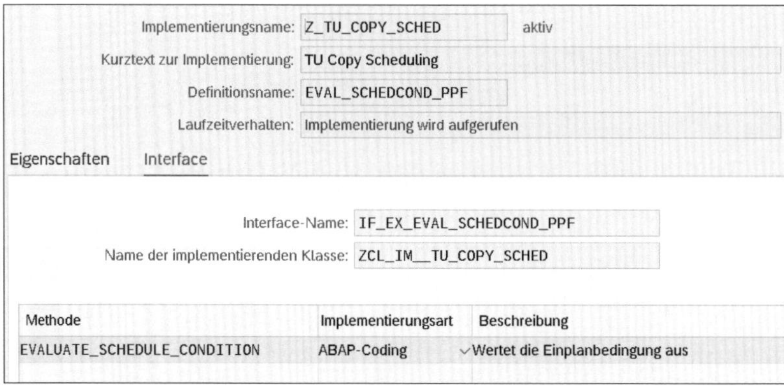

Abbildung 4.26 BAdI für PPF-Einplanbedingung aktivieren

Innerhalb der BAdI-Implementierung (siehe Listing 4.22), stellen wir zunächst sicher, dass wir uns im richtigen Kontext befinden. Die PPF-Aktion wird beim Speichern einer Transporteinheit und erneut bei der Synchronisation von Lieferungen mit einer Transporteinheit aufgerufen. Wir stellen also sicher, dass dieses Coding nicht während der Liefersynchronisation läuft (siehe den Aufruf der Methode `ONLY_SYNCH`).

Ähnlich wie beim Coding der Methode `EXECUTE` (siehe Listing 4.21) übernehmen wir in den Abschnitten `"1` und `"2` das Anwendungsobjekt. In den Abschnitten `"3` bis `"6` führt das System mehrere Prüfungen durch:

- Hat die Transporteinheit die Richtung »Eingang«?
- Wechselt die Transporteinheit in den Status **Entladen beendet**?
- Hat die Transporteinheit den Status **WE gebucht**?
- Verfügt die Transporteinheit über das Transportmittel ZSWAP?

```
METHOD if_ex_eval_schedcond_ppf~evaluate_schedule_condition.

    BREAK-POINT ID zewmdevbook_1v7a.

    ep_rc = 1. "Condition not fulfilled
    DATA(lo_context) = CAST /scwm/cl_sr_context_tuppf( io_context ).
    IF lo_context->only_sync = abap_true.
      RETURN.
    ENDIF.
    "1. Cast imported PPF-object to get the TU-key:
    DATA(lo_tu_ppf) = CAST /scwm/cl_sr_tu_ppf( io_context->appl ).
    DATA(ls_key) = VALUE /scwm/s_tu_sr_act_num(
      tu_num        = lo_tu_ppf->get_tu_num( )
      tu_sr_act_num = lo_tu_ppf->get_tu_sr_act_num( ) ).
    IF ( ls_key-tu_num IS INITIAL ) OR
```

```
( ls_key-tu_sr_act_num IS INITIAL ).
  MESSAGE e136(/scwm/shp_rcv) WITH flt_val
  INTO DATA(msg).
  CALL METHOD cl_log_ppf=>add_message
    EXPORTING
      ip_problemclass = wmegc_log_vip "'1' very important
      ip_handle       = ip_protocol.
  EXIT.
ENDIF.
IF lo_tu_ppf->get_deleted( ) = abap_true.
  "Undefined side effects may occur.
  EXIT.
ENDIF.
TRY.
    "2. Get the bo for the inbound TU
    DATA(lo_bom) = /scwm/cl_sr_bom=>get_instance( ).
    DATA(lo_tu)  = lo_bom->get_bo_tu_by_key(
      EXPORTING
        is_tu_sr_act_num = ls_key ).
    "3. Check direction of the TU
    CALL METHOD lo_tu->get_sr_act_dir
      RECEIVING
        ev_sr_act_dir = DATA(lv_dir).
    IF lv_dir <> wmesr_sr_act_dir_inb .
      EXIT. "no inbound tu
    ENDIF.
    "4. Check the status "unloading end"
    DATA(lv_status) = wmesr_status_unload_end.
    DATA(lv_tu_status) =
    lo_tu->get_status_by_id( lv_status ) .
    IF lv_tu_status = abap_false.
      EXIT. "not unloaded yet
    ENDIF.
    IF lo_tu->get_status_change_by_id(
    lv_status ) = abap_false.
      EXIT. "not the correct point of time
    ENDIF.
    "5. Check status "goods receipt" if dlvs are assigned
    lo_tu->get_tu_dlv(
      EXPORTING
        iv_dlv_data_retrieval = abap_true
      IMPORTING
        et_bo_tu_dlv          = DATA(lt_bo_tu_dlv) ).
```

```
        IF lt_bo_tu_dlv IS NOT INITIAL.
          CLEAR lv_tu_status.
          lv_status = wmesr_status_goods_receipt.
          lv_tu_status =
          lo_tu->get_status_by_id( lv_status ) .
          IF lv_tu_status = abap_false.
            EXIT. "not unloaded yet
          ENDIF.
        ENDIF.
        "6. Check the means of transport
        DATA(lv_mtr) = lo_tu->get_mtr( ).
        IF lv_mtr = c_mtr_zswap. "'ZSWAP'
          ep_rc = 0.
        ENDIF.
      CATCH /scwm/cx_sr_error .
        CALL METHOD cl_log_ppf=>add_message
          EXPORTING
            ip_problemclass = wmegc_log_vip "'1' very important
            ip_handle       = ip_protocol.
        EXIT.
    ENDTRY.

  ENDMETHOD.
```

Listing 4.22 Beispielcoding für die PPF-Scheduling-Methode

Customizing-Einträge anlegen

Wählen Sie in der IMG-Aktivität **Prozessübergreifende Einstellungen • Warenannahme und Versand • Nachrichtenverarbeitung • Aktionsprofile für Transporteinheiten definieren** das Aktionsprofil **/SCWM/TU** und navigieren Sie zum Unterordner **Aktionsdefinition**. Legen Sie im Änderungsmodus einen neuen Eintrag an (z. B. ZSR_TU_COPY_ACTIVATE) und geben Sie die folgenden Einstellungen ein:

- **Verarbeitungszeitpunkt**: Wählen Sie die Option **4-Verarbeitung beim Sichern des Belegs**.
- **Nicht zulässige Verarbeitungszeitpunkte**: Wählen Sie die Option **X0OX0-Sofortige Verarbeitung**. Dies ist notwendig, da wir die Methode SAVE verwenden, um die Transporteinheit in der PPF-Aktion zu aktualisieren.
- **Automatisch einplanen**: ja
- **Findungstechnik**: **Findung über transportierbare Bedingungen**

- **Regeltyp**: Wechseln Sie zur Option **COD-Bedingungen über BAdI**.
- **Aktionsverdichtung**: Wählen Sie die Option **EWM: Max. 1 unverarbeitete Aktion für jede Aktionsdefinition**.
- **Beschreibung** und **Aktionsbeschreibung**: Geben Sie z. B. »TU kopieren und aktivieren« ein.

Navigieren Sie nun zum Unterordner **Verarbeitungsarten** und klicken Sie auf die Schaltfläche **Neue Einträge**. Über die F4-Wertehilfe können Sie in der Tabelle **Zugelassene Verarbeitungsarten der Aktion** eine neue Zeile mit dem Wert »Methodenaufruf« eingeben (siehe Abbildung 4.27). Im Feld **Methode** können Sie über die F4-Wertehilfe den Wert `Z_TU_COPY` eingeben. Beachten Sie, dass beide Felder nicht eingabebereit sind. Sie können Werte eingeben, aber nur über die Wertehilfe. Speichern Sie Ihre Eingaben.

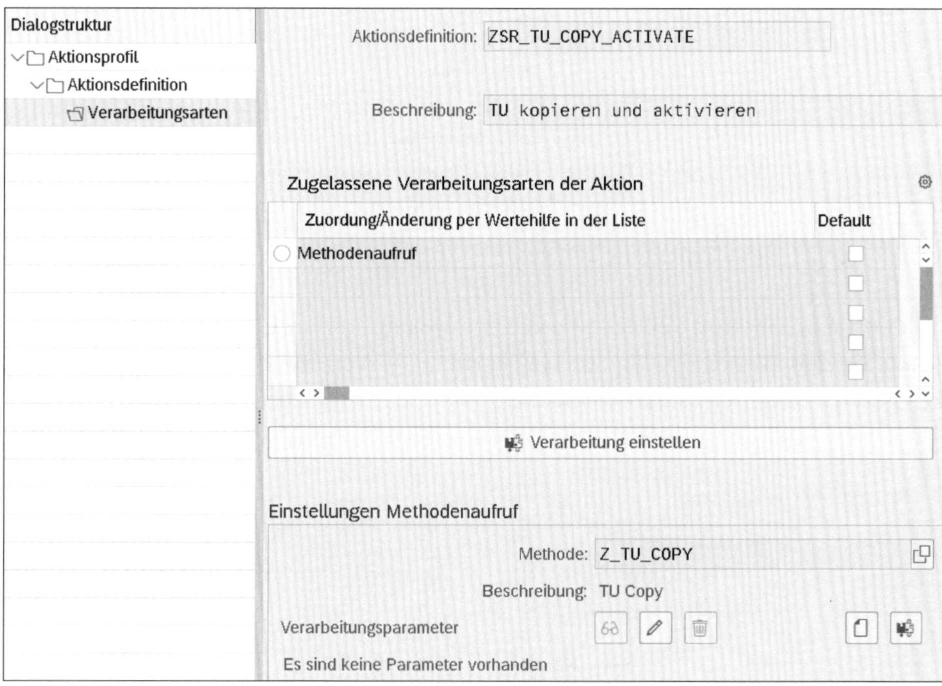

Abbildung 4.27 Einstellungen im EWM-Einführungsleitfaden für die Verarbeitungsart

Als Nächstes legen Sie eine neue Einplanbedingung für die soeben erstellte Aktion an. Dazu verlassen Sie die vorherige IMG-Aktivität und wählen die IMG-Aktivität **Aktionsbedingungen für Transporteinheiten definieren**. In diesem Bild (siehe Abbildung 4.28) wählen Sie im Tree-Control auf der linken Seite das Aktionsprofil **Transporteinheit** aus. Klicken Sie auf der rechten Seite die Drucktaste **Anlegen** und wählen Sie aus der Dropdown-Liste den Eintrag **TU kopieren und aktivieren**.

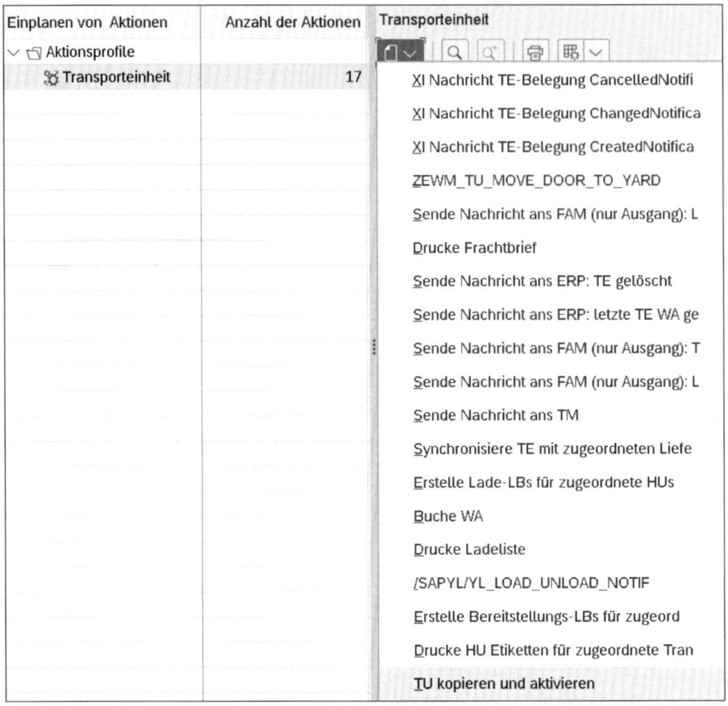

Abbildung 4.28 Neue Bedingung anlegen, »TU kopieren und aktivieren«

Wählen Sie im unteren Teil des Bildschirms die Registerkarte **Einplanbedingung** und geben Sie den Wert Z_TUCOPY_SCHED über die F4-Wertehilfe ein, wie in Abbildung 4.29 gezeigt. Speichern Sie Ihre Eingabe.

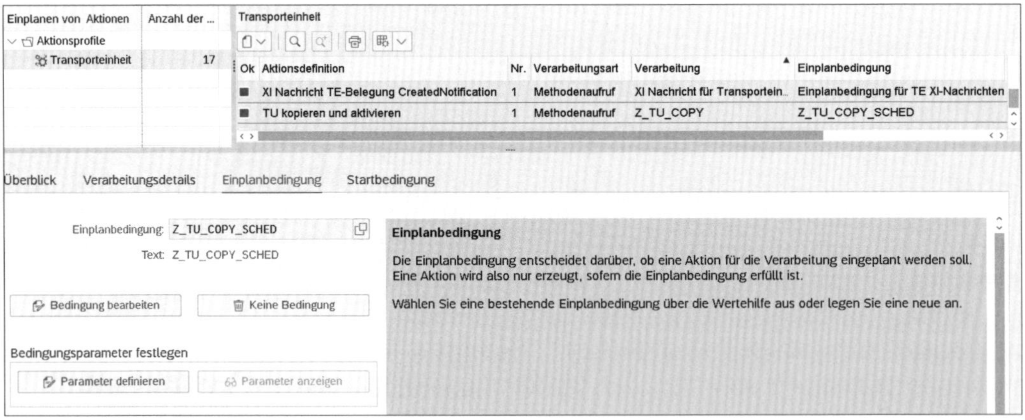

Abbildung 4.29 Einplanbedingung hinzufügen

Test der Erweiterung 1V7a

Jetzt können Sie das automatische Kopieren und Aktivieren einer Transporteinheit testen. In Tabelle 4.31 finden Sie die Testschritte. Wir haben den Test vereinfacht, um uns auf die projektspezifische Entwicklung zu konzentrieren.

Schritt	Beschreibung	Eingabedaten und erwartete Ergebnisse
1	Legen Sie eine Transporteinheit an und ordnen Sie diese einem Tor zu.	Verwenden Sie die Transaktion /SCWM/TU (Transporteinheit bearbeiten). Wählen Sie auf der Registerkarte **Transporteinheit** die Drucktaste **Anlegen**. Geben Sie im Pop-up-Fenster die folgenden Werte ein: ▪ **TE**: z. B. Container ▪ **Transportmittel**: ZSWAP ▪ **Packmittel**: MTR ▪ **Richtung der W/V-Aktivität**: eingehend Wählen Sie auf der Registerkarte **Zugeordnete Tore** die Schaltfläche **Torzuordnung hinzufügen** und wählen Sie das Tor YDX1 und die Lagernummer 1010. Wählen Sie nun den Menüeintrag **Aktion • Tor • Ankunft am Tor**. Speichern und aktualisieren Sie die Anzeige. *Erwartetes Ergebnis:* Die Transporteinheit wird angelegt, und ein Tor wird zugewiesen. Auf der Registerkarte **Status** wird der Statuswert **Am Tor angedockt** (DD) mit einem grünen Symbol für den gesetzten Status angezeigt.
5	Das Entladen des Lkws ist abgeschlossen.	Nachdem Sie den Wareneingang für die zugeordneten Anlieferungen gebucht haben, wählen Sie die Transporteinheit in der Transaktion /SCWM/TU (Transporteinheit bearbeiten) aus. Verwenden Sie die Schaltfläche **Entladen beendet** und sichern Sie. *Erwartetes Ergebnis:* Auf der Registerkarte **Status** finden Sie den Status **Entladung beendet** (UC) und **Abfahrt vom Kontrollpunkt** (CHKO) mit dem grünen Symbol. Auf der Registerkarte **PPF** finden Sie Ihre PPF-Aktion in der Tabelle, die eine grüne Ampel für eine erfolgreiche Bearbeitung anzeigt (siehe Abbildung 4.30).
6	Abfahrt Lkw	Bei dieser Testvariante bleibt der Lkw am Tor stehen, sodass zu diesem Zeitpunkt im System keine Abfahrt vom Kontrollpunkt gebucht wird.

Tabelle 4.31 Testen der Erweiterung 1V7a

Schritt	Beschreibung	Eingabedaten und erwartete Ergebnisse
7	Wählen Sie die Transporteinheit aus und weisen Sie eine Route zu.	Wählen Sie die Transporteinheit in der Transaktion /SCWM/TU (Transporteinheit bearbeiten). Da das System zwei Einträge anzeigt, wählen Sie die aktive Transporteinheit mit Richtung »ausgehend«. *Erwartetes Ergebnis:* Auf der Registerkarte **Zugeordnete Tore** finden Sie das aktive Tor YDX1, und auf der Registerkarte **Status** finden Sie den Status **Am Tor angedockt** (DD) mit einem grünen Symbol für den gesetzten Status.
8	Ankunft Lkw	Bei dieser Variante wird dieser Schritt übersprungen.
11	Der Lkw verlässt das Lager.	Wählen Sie die Transporteinheit in der Transaktion /SCWM/TU (Transporteinheit bearbeiten). Wählen Sie den Menüeintrag **Aktion • Kontrollpunkt • Abfahrt + Sichern**. *Erwartetes Ergebnis:* Die Transporteinheit ist abgeschlossen.

Tabelle 4.31 Testen der Erweiterung 1V7a (Forts.)

In Abbildung 4.30 sehen Sie das Ergebnis nach Prüfschritt 3 (1V7): Es sind zwei W/V-Aktivitäten (Warenannahme und Versand) für die Transporteinheit 7263 und 7265 vorhanden.

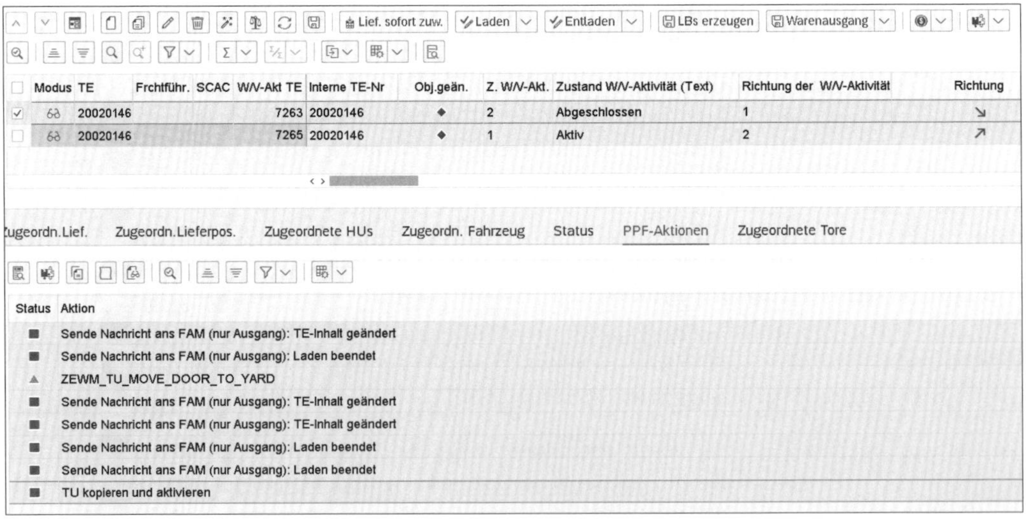

Abbildung 4.30 Wiederverwendung der Transporteinheit für den Warenausgang nach dem Entladen im Wareneingang (automatischer Ansatz)

Die erste Zeile zeigt die abgeschlossene Transporteinheit mit der Richtung »eingehend«. Für diese Zeile sehen Sie die PPF-Aktion **TU kopieren und aktivieren**. Die zweite Zeile zeigt die Transporteinheit mit der Richtung »ausgehend«.

4.5.3 Erweiterung 1V7b: Druck von Kommissionier-Etiketten auf einem mobilen Drucker

In der Erweiterung 1V7b werden wir Schritt 5 des Warenausgangs-Scope-Items 1V7, Kommissionierung, durchführen, um den Druck von Kommissionier-Etiketten auf einem mobilen Drucker zu erweitern (siehe auch Tabelle 4.29). Während des Kommissionier-Vorgangs bewegen sich die Lagerarbeiter*innen von Lagerplatz zu Lagerplatz (z. B. mit einem Gabelstapler) und entnehmen die angeforderten Artikel. Die Benutzer*innen bestätigen jede Entnahme im System, woraufhin das System ein Kommissionier-Etikett druckt. Es wird davon ausgegangen, dass die Benutzer*innen einen mobilen Drucker an ihrem Arbeitsplatz haben. Das Kommissionier-Etikett könnte wie in Abbildung 4.31 aussehen. Es enthält Produktinformationen ❹, den Kunden ❶, die Route ❸ und einen Barcode zur Identifizierung des Bestandes ❷/❺. Die Lagerarbeiter*innen bringen das Kommissionier-Etikett an der gerade entnommenen Ware an. Nachdem sie die Gitterbox mit allen entnommenen Artikeln am Packtisch abgesetzt haben, scannen andere Mitarbeiter*innen den Barcode auf dem Kommissionier-Etikett, um die Ware in eine Versand-Handling-Unit zu verpacken.

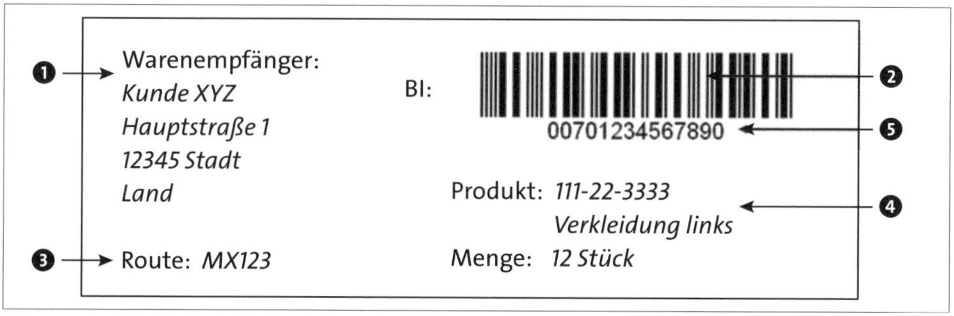

Abbildung 4.31 Beispiel für ein Kommissionier-Etikett

Um sicherzustellen, dass das Kommissionier-Etikett nur für Teilmengen und nicht für vollständige Palettenentnahmen gedruckt wird, fügen wir in dieser projektspezifischen Entwicklung ein Handling-Unit-Markierungsfeld in den Feldkatalog für den Druck ein. Wenn die Benutzer*innen also eine Handling Unit entnehmen müssen, druckt das System kein Kommissionier-Etikett; stattdessen wird das vorhandene Handling-Unit-Etikett verwendet.

In Tabelle 4.32 finden Sie für die Erweiterung 1V7b die Abweichungen zum Scope Item 1V7. Alle Schritte, die nicht in der Tabelle aufgeführt sind, bleiben unverändert, sind aber weiterhin erforderlich (siehe auch Tabelle 4.29).

Schritt	Physische Aktivität	Systemaktivität
5: Kommissionierung durchführen	–	Lagerarbeiter*innen melden sich als Ressource in der RF-Umgebung an. Das System schlägt den nächsten zu bearbeitende Lagerauftrag in der Queue vor.
	Die Lagerarbeiter*innen stellen eine Gitterbox auf die Ressource.	Die Lagerarbeiter*innen legen die Kommissionier-Handling-Unit an.
	Die Lagerarbeiter*innen kommissionieren und etikettieren die Waren, legen sie in die Gitterbox und bringen die Gitterbox zum Packtisch.	Die Lagerarbeiter*innen bestätigen die Lageraufgaben und den Lagerauftrag. Für jede quittierte Kommissionier-Lageraufgabe druckt das System ein Kommissionier-Etikett. Die Lagerarbeiter*innen bestätigen das Absetzen der Kommissionier-Handling-Units am Packtisch.
6: Ware verpacken	–	Ein Packer oder eine Packerin meldet sich als Ressource in der RF-Umgebung an und scannt die Kommissionier-Handling-Unit.
	Die Packer*innen stellen für jeden Warenempfänger eine leere Palette bereit.	Die Packer*innen legen die Versand-Handling-Unit an. Das System druckt vorläufige Handling-Unit-Etiketten.
	Die Packer*innen kleben die vorläufigen Etiketten auf die Versand-Handling-Units und packen die Waren von der Kommissionier-Handling-Unit in die Versand-Handling-Units um.	Die Packer*innen scannen jeden Barcode des Kommissionier-Etiketts und bestätigt das Umpacken in die richtige Versand-Handling-Unit, indem sie auch die Versand-Handling-Unit scannen.

Tabelle 4.32 Prozessschritte mit Abweichungen für die Erweiterung 1V7b

Schritt	Physische Aktivität	Systemaktivität
	–	Die Packer*innen wiegen und verschließen die Versand-Handling-Unit. Das System druckt die endgültigen Etiketten für die Versand-Handling-Unit und legt einen Lagerauftrag für die Bereitstellungszone an.
	Die Packer*innen bringen die endgültigen Etiketten an der Versand-Handling-Unit an.	–

Tabelle 4.32 Prozessschritte mit Abweichungen für die Erweiterung 1V7b (Forts.)

Um die Erweiterung 1V7b in Ihrem EWM-System zu realisieren, müssen Sie die folgenden vier Schritte durchführen:

1. Sie legen eine neue Domäne `ZDO_HUFLAG` und ein neues Datenelement `ZDE_HUFLAG` an.
2. Sie fügen dem Feldkatalog für den Lagerauftragsdruck ein neues Feld `ZHUFLG` hinzu. Sie legen eine neue Konditionssatztabelle an und vervollständigen das Customizing des Konditionssatzes.
3. Sie implementieren das BAdI `/SCWM/EX_PRNT_CCAT_WO`, damit der Wert für das neue Feld `ZHUFLG` ermittelt wird.
4. Sie legen einen neuen Konditionssatz für Ihre Ressource und Ihren Drucker an, damit Sie die Erweiterung testen können.

Im Folgenden erläutern wir im Detail, wie Sie bei jedem dieser Schritte vorgehen. Wie üblich beginnen wir mit der Beschreibung der Voraussetzungen und enden mit dem Testen dieser Erweiterung.

Voraussetzungen für die Erweiterung 1V7b

Diese Erweiterung ist für Ihr Lager denkbar, wenn die Ressourcen (z. B. Gabelstapler) mit einem mobilen Drucker ausgestattet sind und Sie die Bestandsgenauigkeit im Ausgangsprozess durch den Einsatz von Kommissionier-Etiketten erhöhen wollen.

Domäne anlegen

Starten Sie das ABAP Dictionary (Transaktion SE11) und legen Sie eine neue Domäne `ZDO_HUFLAG` mit der Bezeichnung »Lageraufgabe: HU oder Produkt« an. Geben Sie auf der Registerkarte **Definition** den Datentyp **CHAR** und die Anzahl der Zeichen »1« ein.

Auf der Registerkarte **Wertebereich** geben Sie zwei Festwerte ein: H für »HU Lageraufgabe« und P für »Produkt Lageraufgabe« (siehe Abbildung 4.32). Aktivieren Sie die Domäne.

Abbildung 4.32 Domäne ZDO_HUFLAG

Feldkatalog erweitern

Legen Sie ein neues Datenelement ZDE_HUFLAG mit der gleichen Beschreibung wie die Domäne an und referenzieren Sie auf der Registerkarte **Datentyp** die neue Domäne ZDO_HUFLAG. Geben Sie auf der Registerkarte **Feldbezeichnung** die Beschreibung »LB HU/Prod« ein. Aktivieren Sie das Datenelement.

Unter dem EWM-Einführungsleitfaden-Pfad **Prozessübergreifende Einstellungen • Lagerauftrag • Druck** geben Sie nun die Einstellungen für die folgenden acht IMG-Aktivitäten ein:

1. **IMG-Aktivität »Feldkatalog anlegen«**

   Legen Sie im Änderungsmodus einen neuen Eintrag mit dem Feldnamen »ZHUFLAG« und den folgenden Attributen an (siehe Abbildung 4.33):

   - **Feldtyp**: Wählen Sie die Option **I-Positionsfeld**
   - **Implementierungsart**: Wählen Sie den Wert **1-Standardimplementierung**.
   - **Virtuell**: Wählen Sie Wert **C-Interne und externe Nutzung**.
   - **Selektionsart**: Wählen Sie die Option **B-Einzelwerte ohne Operator**.
   - **Datenelement**: ZDE_HUFLAG

   Sichern Sie den Eintrag, und das System wird automatisch einige Customizing- und Datenbankeinträge generieren.

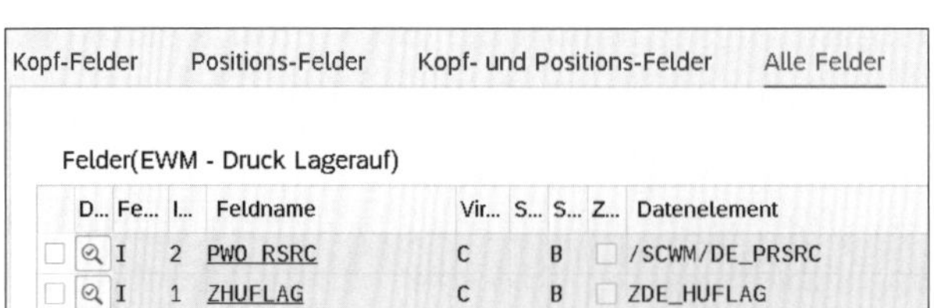

Abbildung 4.33 Neues Feld ZHUFLAG im Feldkatalog des Lagerauftrags

2. **IMG-Aktivität »Konditionstabellen definieren«**
   Legen Sie eine neue Konditionstabelle `CUS_RES1` an und wählen Sie die folgenden Felder aus:
   - `PWO_LGNUM`: Lagernummer
   - `PWO_TOSTEP`: LB-Zeitpunkt (Anlegen/Quittieren)
   - `PWO_RSRC`: ausführende Ressource (Transportmittel oder Benutzer)
   - `ZHUFLAG`: HU oder Produkt Lageraufgabe

   Speichern und aktivieren Sie die Tabelle. Beachten Sie, dass das Präfix `CUS` für Konditionstabellen obligatorisch ist und dass Sie ein Entwicklungspaket benötigen, dessen Name mit Z* oder Y* beginnt. Das System wird dieses Entwicklungspaket verwenden, um die neue Konditionstabelle zu generieren.
3. **IMG-Aktivität »Zugriffsfolgen definieren«**
   Legen Sie eine neue Zugriffsfolge (z. B. »ZARF«) an und geben Sie die Konditionstabelle `CUS_RES1` ein. Navigieren Sie zum Ordner **Felder** und überprüfen Sie, ob alle Felder der Tabelle aufgelistet sind (siehe Abbildung 4.34). Speichern Sie Ihre Eingaben.

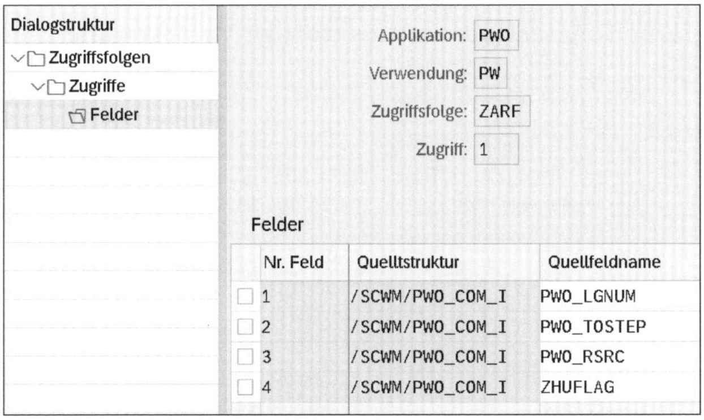

Abbildung 4.34 Zugriffsfolge ZARF mit vier Quellfeldern

4. **IMG-Aktivität »Konditionsarten definieren«**
   Legen Sie eine neue Konditionsart »ZCRF« an und fügen Sie Ihre Zugriffsfolge `ZARF` dieser neuen Konditionsart hinzu.
5. **IMG-Aktivität »Findungsschema definieren«**
   Legen Sie einen neuen Eintrag »ZPRF« an und fügen Sie die Konditionsart `ZCRF` hinzu.
6. **IMG-Aktivität »Findungsschema zuweisen«**
   Fügen Sie der bestehenden Lagerprozessart Y214 für das Lager 1010 das Findungsschema `ZPRF` hinzu.

7. **IMG-Aktivität »Konditionspflegegruppe anlegen«**
   Wählen Sie die **Pflegegruppe** PWO und öffnen Sie den Ordner **Konditionspflegegruppe: Detail**. Legen Sie einen neuen Eintrag mit **Zähler** 3 an und tragen Sie die **Konditionsart** `ZCRF` und die **Konditionstabelle** `CUS_RES1` ein, wie in Abbildung 4.35 gezeigt. Verwenden Sie die [F4]-Wertehilfe. Beim Sichern generiert das System automatisch das erforderliche Coding für die View-Pflege.

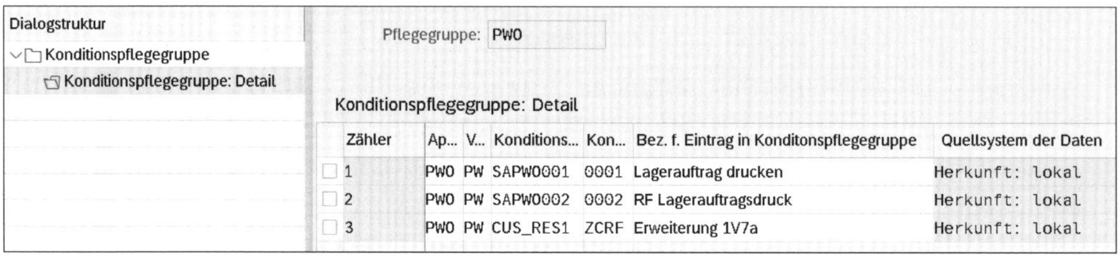

Abbildung 4.35 Konditionspflegegruppe PWO mit neuer Konditionstabelle CUS_RES1

8. **IMG-Aktivität »PPF-Bedingungen definieren«**
   Wählen Sie die vorhandene Aktion `WO_SINGLE` für das Aktionsprofil `/SCWM/WO`. Deaktivieren Sie das Kennzeichen **Voreinstellungen aus Aktionsdefinition** und ändern Sie den Wert im Feld **Verarbeitungszeitpunkt** auf **sofortige Verarbeitung**, wie in Abbildung 4.36 gezeigt.

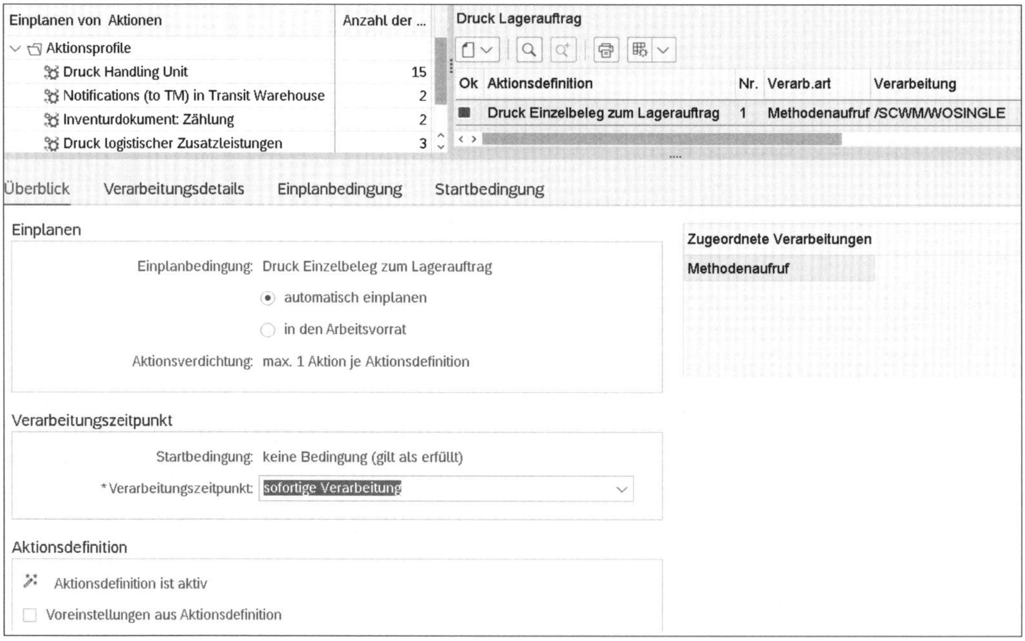

Abbildung 4.36 PPF-Aktion WO_SINGLE auf »sofortige Verarbeitung« umstellen

[«]

Sonderfälle für den Druck von Lageraufträgen

In SAP-Hinweis 1344974 finden Sie viele Informationen zum Lagerauftragsdruck. Dieser Beratungshinweis beschreibt die notwendigen Einstellungen für verschiedene Druckszenarien. Die in Schritt 2 erwähnte Einstellung **3-Sofortdruck** wird für das Szenario »Druck von einzelnen Lageraufgaben« beschrieben.

Die letzte erforderliche Customizing-Einstellung in Schritt 2 muss in der IMG-Aktivität **Lagerprozessart definieren** im Ordner **EWM • Prozessübergreifende Einstellungen • Lageraufgabe** vorgenommen werden. Ändern Sie für die bestehende Lagerprozessart Y214 die Einstellung für das Feld **Steuerung Bestandsidentifikation** auf den Wert **C-Bestandsidentifikation immer neu vergeben**. Basierend auf dieser neuen Einstellung generiert das System eine Bestandsidentifikation für jede Kommissionier-Lageraufgabe. Die generierte Bestandsidentifikationsnummer wird in der Regel durch eine Kombination aus der Lagernummer und der Nummer der Lageraufgabe gebildet.

BAdI /SCWM/EX_PRNT_CCAT_WO implementieren

Legen Sie im BAdI-Builder (Transaktion SE19) eine neue Erweiterungsimplementierung Z_EI_PRNT_CCAT für den Erweiterungsspot /SCWM/ES_PRNT_CCAT an. Wählen Sie das BAdI /SCWM/EX_PRNT_CCAT_WO und geben Sie einen Implementierungsnamen (z. B. ZEX_PRNT_CCAT_WO) und den Namen der implementierenden Klasse (z. B. ZCL_IM_PRNT_CCAT_WO) ein.

Sie finden das Beispielcoding für die Methode CHANGE in Listing 4.23:

- Im Codingabschnitt "1 wird geprüft, ob das neue Feld ZHUFLAG in der Anforderung der Konditionstechnik enthalten ist.
- In Abschnitt "2 wird die aktuelle Lageraufgabe aus dem Speicher gelesen.
- In Abschnitt "3 schließlich wird der Wert auf der Grundlage des Attributs FLGHUTO-Lageraufgabe (Handling-Unit-Lageraufgabe) ermittelt.

Da der BAdI-Schnittstellenparameter CT_REQUEST die sortierte Tabelle ITEM_ATTRIBUTES verwendet, müssen Sie zunächst den vorhandenen Eintrag (ohne Wert) löschen und einen neuen Eintrag (mit Wert) hinzufügen.

```
METHOD /scwm/if_ex_prnt_ccat_wo~change.

    DATA: lt_ordim_o    TYPE /scwm/tt_ordim_o,
          ls_attribute TYPE /sapcnd/det_attrib_value.

    BREAK-POINT ID zewmdevbook_453.
```

```
DATA(lo_appl) = CAST /scwm/cl_wo_ppf( io_context_wo->appl ).
DATA(lv_tanum) = lo_appl->get_tanum( ).
IF lv_tanum IS INITIAL.
  RETURN.
ENDIF.
"1. See if field ZHUFLAG is in request
READ TABLE ct_request
ASSIGNING FIELD-SYMBOL(<fs_request>) INDEX 1.
READ TABLE <fs_request>-item_attributes
ASSIGNING FIELD-SYMBOL(<fs_attribute>)
WITH KEY fieldname = cv_fieldname. "'ZHUFLAG'
IF sy-subrc = 0 AND <fs_attribute>-value IS INITIAL.
  DELETE <fs_request>-item_attributes INDEX sy-tabix.
ELSE.
  RETURN. "field is not in condition table, value is not required
ENDIF.
"2. Get the WT from memory
DATA(lv_who) = lo_appl->get_who( ).
IF lv_who IS NOT INITIAL.
  TRY.
      CALL FUNCTION '/SCWM/WHO_GET'
        EXPORTING
          iv_lgnum   = iv_lgnum
          iv_whoid   = lv_who
          iv_to      = abap_true
        IMPORTING
          et_ordim_o = lt_ordim_o.
    CATCH /scwm/cx_core.
      "no error
  ENDTRY.
ENDIF.
"3. Determine if it is a product or HU task
READ TABLE lt_ordim_o ASSIGNING FIELD-SYMBOL(<ordim_o>)
WITH KEY tanum = lv_tanum.
IF sy-subrc IS INITIAL.
  CASE <ordim_o>-flghuto.
    WHEN space.
      ls_attribute-value = 'P'.
    WHEN abap_true.
      ls_attribute-value = 'H'.
```

```
    ENDCASE.
  ENDIF.
  "4. Return the value
  ls_attribute-fieldname = cv_fieldname. "'ZHUFLAG'
  TRANSLATE ls_attribute-value TO UPPER CASE.
  INSERT ls_attribute INTO TABLE <fs_request>-item_attributes.

ENDMETHOD.
```

Listing 4.23 Beispielcoding für BAdI /SCWM/EX_PRNT_CCAT_WO

Konditionssatz anlegen

Starten Sie im SAP-Menü die Transaktion /SCWM/PRWO6 (Konditionssätze für Druck anlegen – Lagerauftrag) und geben Sie die Pflegegruppe PWO ein.

Legen Sie einen neuen Eintrag für die Konditionsart (**KArt**) `ZCRF` an und geben Sie die Lagernummer (**LNr**, z. B. 1010), die **Ressource** (z. B. `YALL-1`), den **LB-Zeitpkt** (wählen Sie den Wert **2 – Lageraufgabe quittieren**) und für das neue Feld **LB HU/Prod** den Wert »P« ein, wie in Abbildung 4.37 gezeigt.

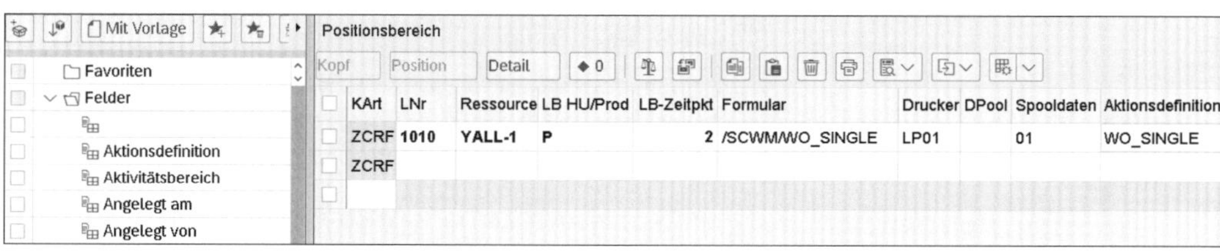

Abbildung 4.37 Pflege des Konditionssatzes

Test der Erweiterung 1V7b

Nun können Sie den Druck von Kommissionier-Etiketten während der RF-Kommissionierung testen. Führen Sie den Testfall von Scope Item 1V7 mit den Änderungen in Schritt 5 und 6 aus (siehe Tabelle 4.33). In Schritt 5, Kommissionierung durchführen, testen Sie die Erweiterung für den Lagerauftragsdruck, die wir gerade eingerichtet haben. Wenn Ihr Lagerauftrag aus mehreren Kommissionier-Lageraufgaben besteht, stellen Sie sicher, dass das System nach jeder Kommissionierung druckt. Das System druckt kein Kommissionier-Etikett, wenn eine Lageraufgabe eine Vollpaletten-Kommissionierung vorsieht. In Schritt 6, Waren verpacken, können Sie die RF-Transaktion ZSORT testen, die in Abschnitt 3.3.6, »Realisierung der neuen RF-Transaktion im System«, beschrieben ist.

Schritt	Beschreibung	Eingabedaten und erwartete Ergebnisse
5	Kommissionierung durchführen	■ Verwenden Sie Transaktion /SCWM/RFUI (Anmeldung an RF-Umgebung). ■ Melden Sie sich im Lager 1010, Ressource YALL-1, an und verwenden Sie das Endgerät YE00. Stellen Sie sicher, dass Sie die Ressource eingegeben haben, für die Sie einen Konditionssatz gepflegt haben (siehe Abbildung 4.37). ■ Wählen Sie die RF-Kommissionierung (z. B. die systemgeführte Kommissionierung). ■ Scannen Sie auf dem Erfassungsbild für die Kommissionierung den Barcode der Kommissionier-Handling-Unit ein, und wählen Sie F2 (**HU-Anlegen**). ■ Bestätigen Sie auf dem Kommissionier-Bildschirm die angeforderte Menge und scannen Sie die Kommissionier-Handling-Unit. ■ Bestätigen Sie auf dem Bestätigungsbild der Handling Unit die Ablage der Kommissionier-Handling-Unit auf dem Nachplatz. *Erwartetes Ergebnis:* Nach jedem Kommissionier-Bildschirm druckt das System automatisch ein Kommissionier-Etikett. Überprüfen Sie dies im Spool (Transaktion SP01).
6	Verpacken der Waren	■ Verwenden Sie Transaktion /SCWM/RFUI (Anmeldung an RF-Umgebung). ■ Melden Sie sich im Lager 1010, Ressource YALL-1, an und verwenden Sie das Endgerät YE00. ■ Wählen Sie die RF-Transaktion ZSORT aus Abschnitt 3.3.6, »Realisierung der neuen RF-Transaktion im System«. ■ Scannen Sie die Bestandsidentifikation des ersten Artikels in der Kommissionier-Handling-Unit. ■ Scannen Sie die Versand-Handling-Unit. *Erwartetes Ergebnis:* Nach jedem Scanpaar (Barcode des Kommissionier-Etiketts, Barcode der Versandeinheit) packt das System den Artikel automatisch von der Kommissionier-Handling-Unit in die Versand-Handling-Unit um.

Tabelle 4.33 Testen der Erweiterung 1V7b

In Abbildung 4.38 sehen Sie die RF-Kommissionier-Bildschirme ❶, ❷, ❸ wie in Schritt 5, Kommissionierung durchführen, in Tabelle 4.33 beschrieben. Der Ausdruck, den Sie im Spool finden, sieht nicht wie das zuvor gezeigte Kommissionier-Etikett aus (siehe Abbildung 4.31). Die Anpassung des Standardetiketts (/SCWM/WO_SINGLE) kann nicht Teil dieser Entwicklung sein, da sie stark vom Projekt, dem Lager und dem verwendeten Drucker abhängt.

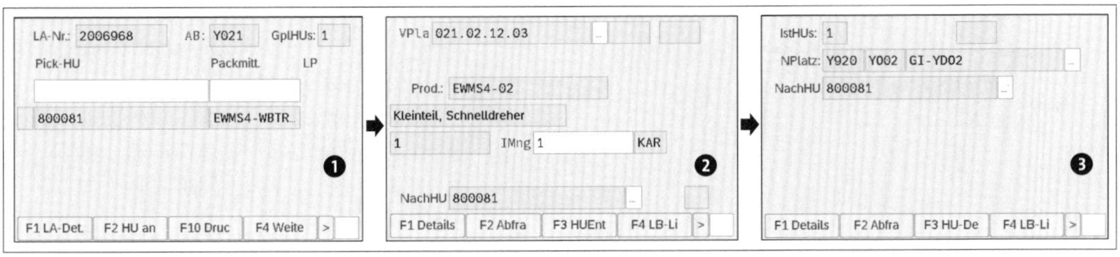

Abbildung 4.38 RF-Kommissionierung mit Eingabe-, Bestätigungs- und Zielbildschirm

4.6 Permanente Inventur: 1FW

Dieser Abschnitt befasst sich mit dem Verfahren der Inventur im Lager. Der in den SAP Best Practices für Embedded EWM verfügbare Prozess der permanenten Inventur wird auf folgende Weise erweitert:

- **1FWa: Erweiterung der Warenbewegungsschnittstelle um zusätzliche Daten**
  Sie lernen die Erweiterung der Warenbewegungsschnittstelle durch die Implementierung des BAdI /SCWM/EX_ERP_GOODSMVT_EXT kennen.

4.6.1 Prozessbeschreibung des Scope Items 1FW

Die Durchführung einer Inventur ist ein gängiges und notwendiges Verfahren, um den Bestand in Ihrem Lager zu kontrollieren und die gesetzlichen Vorschriften einzuhalten. Im Rahmen der *permanenten Inventur* legen Sie regelmäßig Inventurbelege für eine ausgewählte Anzahl von Lagerplätzen oder Produkten an, um den Arbeitsaufwand für die Zählung über das Jahr zu verteilen. Das Verfahren beginnt mit der Anlage von Inventurbelegen, auf deren Grundlage die Zählung des Bestandes entweder in Papierform oder mit einem mobilen Gerät durchgeführt wird. Das System legt auch einen Lagerauftrag mit Bezug auf einen Inventurbeleg an, sodass die Belege entweder gedruckt oder per RF auf der Grundlage eines solchen Lagerauftrags ausgeführt werden können. Anschließend wird durch die Buchung der Inventurbelege der Buchbestand in EWM angepasst. Erkannte Differenzen werden an das SAP-S/4HANA-System weitergeleitet, wo der Bestand entsprechend angepasst wird.

Während der Inventur können Sie mithilfe des Lagerverwaltungsmonitors Fortschritte auswerten. Wenn Sie hauptsächlich mit produktspezifischer Inventur arbeiten, sollten Sie auch die Inventurverfahren *Einlagerungsinventur* und *Niederbestandskontrolle* in Ihrem Lager einsetzen, um damit den Zählaufwand zu reduzieren.

Diese Inventurverfahren sind in EWM neben der periodischen oder jährlichen Inventur verfügbar. Der Prozess der permanenten Inventur läuft ab, wie in Tabelle 4.34 gezeigt.

Schritt	Physische Aktivität	Systemaktivität
4.1: Anlegen von Inventurbelegen und Lageraufträgen	–	■ Lagerist*innen überwachen den Verlauf der Inventur und legen Inventurbelege an. ■ Lagerist*innen drucken die Lageraufträge (in Papierform). ■ Das System ordnet die Lageraufträge einer Queue zu (RF-basiert).
4.2: Zählung der Behälter oder Produkte	■ Zähler*innen erfassen die Menge der Behälter oder des Produkts.	■ Zähler*innen melden sich als Ressource an (RF-basiert). ■ Das System schlägt den nächsten zu zählenden Lagerplatz oder das nächste Produkt vor (RF-basiert). ■ Lagerist*innen (papierbasiert) oder Zähler*innen (RF-basiert) geben die Zählergebnisse ein.
4.3: Ausbuchung der Inventurbelege	■ Die Lagerleitung bucht die restlichen Inventurbelege. ■ Die Lagerleitung prüft und bucht die verbleibenden Differenzen.	■ Das System bucht Inventurbelege gemäß den Toleranzeinstellungen. ■ Das System bucht die Differenzen gemäß den Toleranzeinstellungen.

Tabelle 4.34 Prozessschritte im Inventur Scope Item 1FW

Weitere Details finden Sie in der Prozessbeschreibung von Scope Item 1FW.

4.6.2 Erweiterung 1FWa: Erweiterung der Warenbewegungsschnittstelle um zusätzliche Daten

Mit der folgenden Projektentwicklung zeigen wir Ihnen, wie die Warenbewegungsschnittstelle zwischen EWM und SAP S/4HANA erweitert werden kann. Als Beispiel wird das Feld **Referenz** aus dem Inventurbeleg in EWM an den Materialbeleg im SAP-S/4HANA-System übergeben. Diese Daten werden standardmäßig nicht übergeben. Es ist daher ratsam, das Feld **Positionstext** im SAP-S/4HANA-Materialbeleg mit diesen Daten zu füllen. Seitens der SAP-S/4HANA-Materialwirtschaft kann der **Positionstext** sogar aus dem Materialbeleg an den Buchhaltungsbeleg weitergegeben und somit für Auswertungszwecke genutzt werden. Das Feld **Referenz** kann als einzeiliges, verkürztes Textfeld verwendet werden, das ein gutes Pendant zum Feld **Positionstext** des Materialbelegs darstellt.

Abbildung 4.39 zeigt die Felder beim Anlegen eines EWM-Inventurbelegs.

Abbildung 4.39 Referenzen im EWM-Inventurbeleg

Unser Beispiel einer kundenspezifischen Entwicklung findet in den Schritten 4.1 und 4.3 des Inventurprozesses statt, wie in Tabelle 4.35 beschrieben.

Schritt	Physische Aktivität	Systemaktivität
4.1: Anlage von Inventurbelegen und Lageraufträgen	k. A.	■ Lagerist*innen überwachen den Verlauf der Inventur und legen Inventurbelege an. ■ Bei der Anlage von Inventurbelegen geben die Lagerist*innen zusätzlich Referenzen ein.
4.3: Ausbuchung der Differenzen	k. A.	■ Das System bucht die Differenzen gemäß den Toleranzeinstellungen. ■ Die Lagerleitung prüft und bucht die verbleibenden Differenzen. ■ Der Inhalt des Feldes **Referenz** findet sich im SAP-S/4HANA-Materialbeleg als Positionstext wieder (Transaktion MIGO).

Tabelle 4.35 Prozessschritte mit Abweichung für die Erweiterung 1FWa

Im Folgenden erläutern wir, wie Sie diese Erweiterung implementieren und testen können.

Realisierung der Erweiterung 1FWa

Um die Erweiterung 1FWa zu implementieren, gehen Sie wie folgt vor. Beginnen Sie mit der Implementierung des BAdI `/SCWM/EX_ERP_GOODSMVT_EXT` in der Warenbewegungsschnittstelle, das dem Erweiterungsspot `/SCWM/ES_ERP_GOODSMVT` zugeordnet ist. Dieses BAdI wird in der Ausgangsverarbeitung für in EWM angelegte, für SAP S/4HANA relevante Warenbewegungen aufgerufen. Innerhalb des BAdI stehen die Daten der entsprechenden EWM-Warenbewegungsbelege (quittierte Lageraufgaben) als Eingabeparameter zur Verfügung. Die für die Anlage des SAP-S/4HANA-Materialbelegs relevanten Daten wurden bereits generiert und sind ebenfalls verfügbar. Diese können innerhalb des BAdI geändert werden.

Sie müssen jedoch beachten, dass die Positionen in der EWM-Warenbewegung und dem SAP-S/4HANA-Materialbeleg nicht unbedingt 1 : 1 abgebildet werden. Dies gilt insbesondere für das Szenario der kumulierten Differenzen, die vom *Difference Analyzer* in EWM ausgelöst werden, bei denen die Anzahl der an SAP S/4HANA zurückgebuchten Einzelposten reduziert wird. Bei einer EWM-Warenbewegung gibt es eine Position für jede Differenz. Jede Lageraufgabenposition könnte auf eine Position eines Inventurbelegs verweisen. Wenn jedoch eine kumulierte Buchung angefordert wird, enthält der zugehörige SAP-S/4HANA-Materialbeleg eine Position für jedes Bestandsmerkmal mit kumulierten Mengen und einen Verweis auf den entsprechenden EWM-Warenbewegungsbeleg auf Kopfebene (Parameter `CS_GOODSMVT_REF_EWM`). Wie bereits erwähnt, bietet der Difference Analyzer Einzel- und Sammelbuchungen von Differenzpositionen an, wie in Abbildung 4.40 dargestellt.

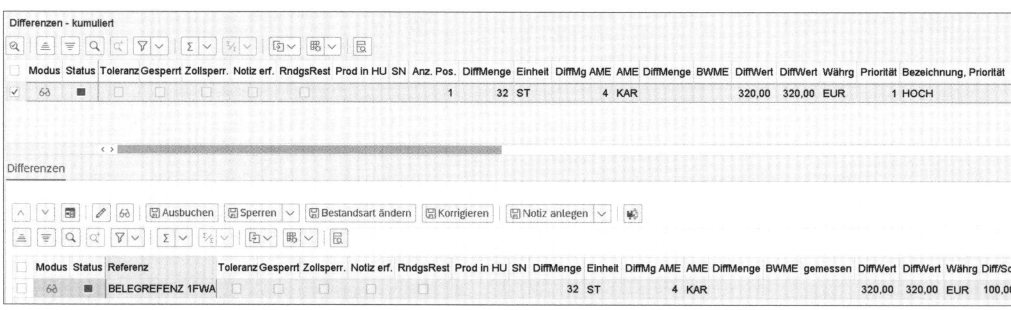

Abbildung 4.40 Verbuchung von Differenzen mit dem Difference Analyzer

Für unser Beispiel ist es daher wichtig zu beachten, dass bei der kumulativen Buchung von Differenzen keine Positionsreferenz zur Verfügung steht, die eine Rückverfolgung des Feldes **Referenz** der zugrunde liegenden Inventurbelege ermöglichen würde. Beachten Sie, dass dies auch für die periodische Buchung von Differenzen im Hintergrund über die Transaktion /SCWM/WM_ADJUST (automatisches Ausbuchen von Differenzen) gilt.

Für das Feld **Referenz** sollten Sie auch beachten, dass bei Nachzählungen der Wert nicht vom Originalbeleg auf den neuen Inventurbeleg übertragen wird. Original- und Nachzählungsbelege referenzieren sich jedoch gegenseitig, sodass Sie den Wert im Allgemeinen dem Originalbeleg entnehmen können. Für unser vereinfachtes Beispiel gehen wir davon aus, dass weder kumulierte Buchungen noch Nachzählungen verwendet werden. Daher sollten die Belegpositionen für die EWM-Warenbewegung und den SAP-S/4HANA-Materialbeleg in Anzahl und Sortierung identisch sein, und es kann ein eindeutiger Verweis auf die verknüpfte Bestandsbelegposition bestehen, um die Referenzinformationen zurückzuverfolgen.

Listing 4.24 zeigt das entsprechende Beispielcoding für die Zusatzentwicklung.

```
METHOD /scwm/if_ex_erp_goodsmvt~change_matdoc.

    "Reference to be found in text type 'scwm_refui'
    DATA: lt_item_pi TYPE /lime/pi_t_guid,
          ls_item_pi TYPE /lime/pi_guid.

    "Set BreakPointID
    BREAK-POINT ID zewmdevbook_1fwa.
* Assumptions:
* 1. NO cumulative posting!
* 2. NO recounts!
* 3. Entries of ordim_c = entries of goodsmvt_item
    DATA(lv_erplines) = lines( ct_goodsmvt_item ).
    DATA(lv_ewmlines) = lines( it_ordim_c ).
    IF lv_erplines <> lv_ewmlines.
      RETURN.
    ENDIF.
    LOOP AT it_ordim_c ASSIGNING FIELD-SYMBOL(<fs_ordim_c>).
      DATA(lv_tabix) = sy-tabix.
      "Is predecessor pi document?
      IF <fs_ordim_c>-qdoccat <> wmegc_doccat_wil
      AND <fs_ordim_c>-qdocid IS INITIAL.
        CONTINUE.
      ENDIF.
      CLEAR: lt_item_pi, ls_item_pi.
      MOVE <fs_ordim_c>-qdocid TO ls_item_pi-guid.
      APPEND ls_item_pi TO lt_item_pi.
      CALL METHOD me->z_pi_item_get(
        EXPORTING
          is_pi_item_guid        = ls_item_pi
```

```
        IMPORTING
          et_pi_item_read_single = DATA(lt_item_read) ).

      "Get reference for PID
      DATA(ls_item_read) = VALUE #( lt_item_read[ 1 ] ).
      IF sy-subrc <> 0.
        CONTINUE.
      ENDIF.
      DATA(ls_logitem) = VALUE #( ls_item_read-t_logitem[ ref_doc_type =
                                                          c_doc_type ] ).
      DATA(lv_reference) = ls_logitem-ref_doc_id.
      "Move reference into materialdocument
      READ TABLE ct_goodsmvt_item
      ASSIGNING FIELD-SYMBOL(<fs_gm_item>) INDEX lv_tabix.
      IF  <fs_gm_item> IS ASSIGNED
      AND <fs_gm_item>-item_text IS INITIAL.
        MOVE lv_reference TO <fs_gm_item>-item_text.
      ENDIF.
      CLEAR lv_tabix.
    ENDLOOP.

  ENDMETHOD.
```

Listing 4.24 Beispielcoding für BAdI /SCWM/EX_ERP_GOODSMVT_EXT

[+]

Debugging des BAdI

Um das BAdI /SCWM/EX_ERP_GOODSMVT_EXT zu debuggen, sollten Sie am Anfang der BAdI-Methode eine Checkpoint-Gruppe setzen und aktivieren. Stellen Sie außerdem sicher, dass Sie das Update-Debugging aktivieren.

In der Beispielimplementierung verwenden wir eine proprietäre statische Methode zum Lesen der Inventurbelegdaten, die der BAdI-Implementierungsklasse zugeordnet ist. Den Inhalt dieser Methode sehen Sie in Listing 4.25.

```
METHOD z_pi_item_get.

  DATA:
    lt_item_key  TYPE /lime/pi_t_item_key,
    lt_item_read TYPE /lime/pi_t_item_read_getsingle,
    lt_item_pi   TYPE /lime/pi_t_guid,
    lt_item_guid TYPE /lime/pi_t_guid_item.
```

```
    CLEAR lt_item_pi.
    APPEND is_pi_item_guid TO lt_item_pi.
    "Get key of PID
    CALL FUNCTION '/LIME/PI_DOCUMENT_GET_ITEM_KEY'
      EXPORTING
        it_line_guid = lt_item_pi
      IMPORTING
        et_item_key  = lt_item_key.
    IF sy-subrc = 0.
      "Get PID
      DATA(ls_item_key) = VALUE #( lt_item_key[ 1 ] ).
      DATA(ls_head) = VALUE /lime/pi_head_attributes(
        process_type = ls_item_key-process_type
        lgnum        = ls_item_key-lgnum ).
      CLEAR lt_item_guid.
      DATA(ls_item_guid) = VALUE /lime/pi_s_guid_item(
        guid_doc = ls_item_key-guid_doc ).
      APPEND ls_item_guid TO lt_item_guid.
      CALL FUNCTION '/LIME/PI_DOCUMENT_READ_SINGLE'
        EXPORTING
          is_head     = ls_head
          it_guid_doc  = lt_item_guid
        IMPORTING
          et_item_read = lt_item_read.
      IF sy-subrc = 0.
        et_pi_item_read_single = lt_item_read.
      ENDIF.
    ENDIF.

  ENDMETHOD.
```

Listing 4.25 Methode zum Lesen von Inventurbelegdaten

Im Rahmen dieser Beispielentwicklung haben wir Ihnen gezeigt, wie Sie über ein BAdI die Warenbewegungsschnittstelle zum SAP-S/4HANA-System anpassen können. Gleichzeitig haben wir die Übergabe des zusätzlichen Referenzfeldes an den SAP-S/4HANA-Materialbeleg beim Buchen von Bestandsdifferenzen erweitert. Die Erweiterung funktioniert so allerdings nur, wenn eine Reihe von Annahmen zutreffen. Sie könnten diese durch zusätzliche Prüfungen bei der Buchung von Inventurbelegen noch verstärken oder durch zusätzliche Logik auf sie verzichten.

Test der Erweiterung 1FWa

Um die Eigenentwicklung zu testen, führen Sie den Testfall für SAP Best Practices Scope Item 1FW für Lagernummer 1010 aus. Tabelle 4.36 zeigt den relevanten Teil der Schritte 4.1 und 4.3.3 der Testanleitung.

Schritt	Beschreibung	Benutzereingaben und erwartete Ergebnisse
4.1	manuelle Anlage eines oder mehrerer Inventurbelege	▪ Rufen Sie die Transaktion /SCWM/PI_DOC_CREATE auf oder verwenden Sie die App **Inventurbelege anlegen** (SAP Fiori App F3197). ▪ Geben Sie Werte für das Feld **Referenz** an.
4.3.3	Buchung von Differenzen nach SAP S/4HANA	▪ Rufen Sie die Transaktion /SCWM/DIFF_ANALYZER auf und wählen Sie die Inventurbelege aus. ▪ In SAP S/4HANA wählen Sie den Materialbeleg für Differenzbuchungen nach Produkt oder EWM-Lageraufgabe (Materialschein) in der Transaktion MIGO. *Erwartetes Ergebnis:* Im SAP-S/4HANA-Materialbeleg finden Sie die Referenz als Positionstext.

Tabelle 4.36 Testen der Erweiterung 1FWa

In Abbildung 4.41 sehen Sie einen Materialbeleg in SAP S/4HANA mit dem Feld **Text** auf Positionsebene, der mithilfe der Eigenentwicklung aus dem EWM-Inventurbeleg in den SAP-S/4HANA-Materialbeleg übertragen wurde. Im Feld **Materialschein** finden Sie die Standardreferenz, die sich aus der zugehörigen EWM-Lagernummer und der Lageraufgabe Warenbewegung zusammensetzt, z. B. 1010100000004801.

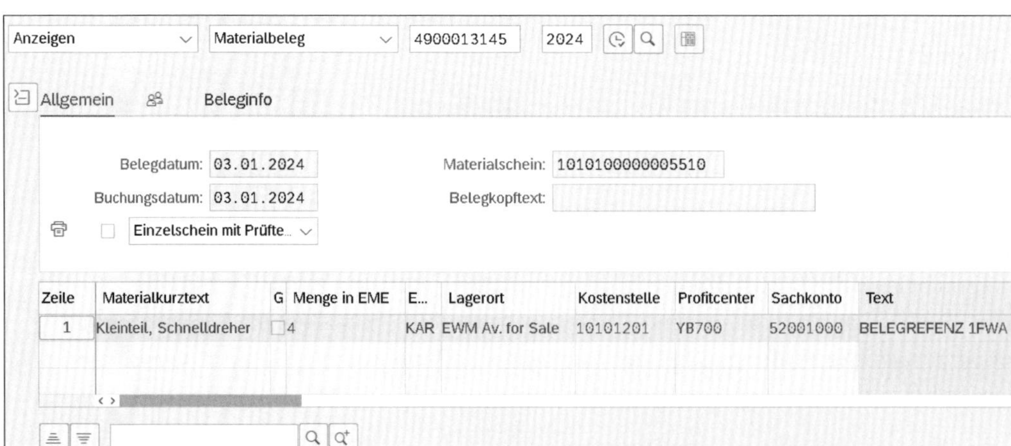

Abbildung 4.41 Transaktion MIGO: Materialbeleg mit Positionstext

4.7 Zusammenfassung

In diesem Kapitel haben wir mehrere Erweiterungsentwicklungen im Zusammenhang mit den Hauptprozessen der SAP Best Practices Scope Items für Embedded EWM beschrieben. In Ihrem Projekt könnte die SAP-Best-Practices-Lagernummer 1010 die Grundlage sein, von der aus Sie Schritt für Schritt die Prozessabläufe erweitern, indem Sie die EWM-BAdIs und -Frameworks verwenden, um zusätzliche Systemanforderungen zu implementieren, die nicht durch die Standardfunktionalität erfüllt werden können. In Abschnitt 4.2 und Abschnitt 4.3 haben Sie Beispiele dafür gefunden, wie Sie die Wareneingangsprozesse in einem Lager mithilfe von BAdIs, dem Lagerverwaltungsmonitor und RF-Framework-Erweiterungen realisieren können. In Abschnitt 4.4 und Abschnitt 4.5 haben wir gezeigt, wie Sie das PPF, die Konditionstechnik und BAdIs zur Erweiterung der Warenausgangsprozesse einsetzen können. In Abschnitt 4.6 haben wir eine nützliche Inventurerweiterung beschrieben, die innerhalb eines BAdI realisiert wurde.

In Kapitel 5 erhalten Sie nun einen Überblick über die gängigsten Funktionsbausteine, Methoden und APIs, die Sie in Ihren eigenen Entwicklungen in EWM verwenden können.

Kapitel 5

Funktionsbausteine, Methoden und APIs für EWM

In diesem Kapitel lernen Sie, wie Sie zentrale Funktionsbausteine, Methoden und APIs in EWM nutzen können. Verwenden Sie dieses Kapitel als Ausgangspunkt für Ihr technisches Design und die Programmierung in EWM.

In diesem Kapitel finden Sie eine Sammlung von zentralen Funktionsbausteinen und Methoden in EWM. Die Verwendung dieser Funktionen in EWM und ihre Aufrufe in möglichen Kundenentwicklungen werden anhand kurzer Codingbeispiele erläutert.

Die Funktionen werden jeweils nach dem folgenden Muster beschrieben:

- **Technischer Name**
  Die folgenden Unterabschnitte sind möglich:
  - Funktionsbaustein(e)
  - Klasse(n)
  - Methode(n)
  - Typgruppe(n)
  - Interface(s)
- **Programmlogik**
  Wir beschreiben grob den Programmablauf innerhalb einer Methode oder eines Funktionsbausteins.
- **Dokumentation**
  Wenn eine zusätzliche offizielle Dokumentation für die Funktion verfügbar ist, wird sie in diesem Abschnitt erwähnt.
- **Verwendung in EWM**
  In diesem Abschnitt wird erläutert, wo in EWM die Funktion verwendet wird. So haben Sie die Möglichkeit, sich diese Funktion in einem Beispiel näher anzusehen, bevor Sie sie in einer eigenen Kundenentwicklung einsetzen.
- **Verwendungsempfehlung für Zusatzentwicklungen**
  Hier finden Sie Empfehlungen und Tipps für die Verwendung einer Funktion in Ihrer eigenen Entwicklung.

- **Beispielcoding**
  In einigen Fällen haben wir Beispielcode erstellt, der die Verwendung der Funktion anhand eines Beispiels demonstriert.

[!]

Risikominimierung

Ihre benutzerdefinierten Entwicklungen können bei richtiger Nutzung der EWM-Funktionen spezifischer, stabiler und weniger zeitaufwendig sein. Missbräuche können jedoch zu Performanceproblemen und Datenbankinkonsistenzen führen. Nur ausreichende Tests aller möglichen Szenarien und Massentests können diese Risiken minimieren.

[!]

Eigenentwicklungen eingehend testen

Nur sehr wenige der hier aufgeführten Funktionsbausteine und Methoden wurden bisher offiziell für Kunden freigegeben. Daher können Schnittstellen oder Funktionen inkompatibel verändert sein, und es fehlt eine offizielle Dokumentation. Wir empfehlen Ihnen daher dringend, Ihre Eigenentwicklungen zu testen, insbesondere nach einem Release oder einem Support-Package-Upgrade.

5.1 Transaction Manager für eine Logical Unit of Work in EWM

Der *EWM Transaction Manager* koordiniert zentrale Aufgaben und bietet Dienste, mit denen Sie Informationen über globale Daten abrufen können. Vergewissern Sie sich, dass Sie sein Konzept verstehen, bevor Sie benutzerdefinierte Anwendungen in EWM erstellen.

Klasse

`/SCWM/CL_TM`

Methoden

- `CLEANUP` (statisch)
- `SET_LGNUM` (statisch)

Programmlogik

- Die Methode `CLEANUP` setzt den lokalen und globalen Speicherbereich für registrierte EWM-Objekte zurück und hebt Sperren auf. Diese Methode ist im EWM-Umfeld eine obligatorische Ergänzung zu den ABAP-Befehlen `COMMIT` und `ROLLBACK`.

- Die Methode SET_LGNUM setzt die Lagernummer für EWM-Objekte, deren Speicherbereich für jede Lagernummer gehalten wird.

Dokumentation

In den SAP-Hinweisen 1414179 und 3140915 finden Sie angehängte oder verlinkte Dokumente, die sich mit der technischen Transaktionsabwicklung und der Lieferabwicklung in SAP EWM und EWM in SAP S/4HANA befassen. Für die Entwicklung Ihrer eigenen Programme und Transaktionen in der EWM-Umgebung finden Sie in diesen Dokumenten viele wichtige Grundlagen erläutert.

Verwendung in EWM

Die zentralen Funktionsgruppen/Klassen für Handling Unit, Lieferung, Lageraufgabe, Warenbewegung und andere EWM-Objekte registrieren sich mit der Methode REGISTER_CLEANUP_XX im Transaction Manager, sobald die globalen Tabellen und Strukturen jeder Funktionsgruppe/Klasse gefüllt sind. Der Aufruf der Methode CLEANUP bewirkt, dass die globalen Tabellen/Parameter der registrierten Funktionsgruppen und Klassen initialisiert werden.

Wenn ein Benutzer oder eine Benutzerin z. B. eine EWM-Dialogtransaktion startet und ein Objekt bearbeitet, wird bei den Benutzerbefehlen SAVE oder CANCEL die Methode CLEANUP ausgeführt, d. h., das Objekt und gegebenenfalls abhängige Elemente werden aus dem Speicher entfernt. Der Benutzer bzw. die Benutzerin kann weiter mit der Dialogtransaktion arbeiten und das nächste Objekt bearbeiten, ohne dass die Änderungen am ersten Objekt zu unerwünschten Nebeneffekten im Speicher führen.

Verwendungsempfehlung für Zusatzentwicklungen

Wenn Sie eine neue (RF-)Transaktion oder ein neues Programm entwickeln, verwenden Sie die Methode /SCWM/CL_TM=>SET_LGNUM() am Anfang Ihrer Programmlogik und die Methode /SCWM/CL_TM=>CLEANUP(), wenn Sie Ihr Programm beenden oder abbrechen. Wenn Sie unsicher sind, ob eine frühere Logical Unit of Work (LUW) korrekt beendet wurde oder ob die Benutzer*innen Ihrer Anwendung die Selektion der Objekte wieder ändern können, rufen Sie die Methode /SCWM/CL_TM=>CLEANUP() erneut auf.

[!]

Nicht in BAdI-Implementierungen verwenden

Verwenden Sie diese Methoden auf keinen Fall in BAdI-Implementierungen, da Sie dadurch die globalen Tabellen der Standardverarbeitung zurücksetzen würden.

Der Importparameter IV_REASON ist mit der Konstante /SCDL/IF_SP1_TRANSACTION=>SC_CLEANUP_END vorbelegt. Dieser Wert wird empfohlen. Er gewährleistet eine vollständige Bereinigung, d. h., es befinden sich dann keine EWM-Objekte mehr im Speicher, und Sperren werden aufgehoben.

In sehr seltenen Fällen (z. B. aus Performancegründen in zeitkritischen Anwendungen) sollten Sie die Konstante /SCDL/IF_SP1_TRANSACTION=>SC_CLEANUP_COMMIT verwenden, die sicherstellt, dass Speicher und Datenbank denselben Status haben und Sie mit denselben Objekten weiterarbeiten können.

[»]

COMMIT und AND WAIT

Es wird auch empfohlen, den COMMIT-Befehl mit dem Zusatz AND WAIT zu verwenden, da viele EWM-Objekte (Handling Unit, Lageraufgabe, Lagerauftrag usw.) die Verbuchungstasks für komplexe Verarbeitungen verwenden.

Beispielcoding

Fügen Sie zu Beginn einer unabhängigen Kundenentwicklung folgende Codezeile hinzu:

```
/scwm/cl_tm=>set_lgnum( lv_lgnum )
```

Ab SAP S/4HANA 2020 sollten Sie die Anweisung in Listing 5.1 verwenden, die eine Wertvalidierung enthält.

```
DATA: lo_tm TYPE REF TO /scwm/if_tm.
lo_tm ?= /scwm/cl_tm_factory=>get_service(
  /scwm/cl_tm_factory=>sc_manager ).
TRY.
    lo_tm->set_whno_w_check( p_lgnum ).
  CATCH /scwm/cx_tm_check INTO DATA(lx_lgnum).
    MESSAGE lx_lgnum TYPE 'E'.
ENDTRY.
```

Listing 5.1 EWM Transaction Manager verwenden

Implementieren Sie am Ende den Code in Listing 5.2 als Zusatz zum ROLLBACK- oder COMMIT-Befehl.

```
IF lv_rejected = abap_true.
  ROLLBACK WORK.
  /scwm/cl_tm=>cleanup( ).
ELSE.
  COMMIT WORK AND WAIT.
```

```
  /scwm/cl_tm=>cleanup( ).
ENDIF.
```

Listing 5.2 CLEANUP-Methode

5.2 API-Konzept für EWM

EWM stellt eine Liste von Application Programming Interfaces (APIs) als objektorientierte ABAP-Schnittstellen bereit, die in Eigenentwicklungen genutzt werden können.

Schnittstellen

/SCWM/IF_API...

Verwendung in EWM

Jede verfügbare EWM-basierte API beginnt mit dem Präfix /SCWM/IF_API im Namen der technischen Schnittstelle. Die Klasse /SCWM/CL_API_FACTORY kümmert sich um die Instanzerstellung für die API-Implementierungen. Alle API-Schnittstellen und ihre Implementierungen sind in der Datenbanktabelle /SCWM/TAPI_IMPL zu finden.

Die vollständige Liste der verfügbaren APIs finden Sie in den SAP-Hinweisen 3115182 und 3078938. Zu jeder Schnittstelle gibt es eine eigene technische Dokumentation, auf die in der ABAP-Entwicklungsumgebung zugegriffen werden kann, z. B. über Transaktion SE24. Da alle API-Schnittstellen das Präfix /SCWM/IF_API enthalten, können Sie sich leicht einen Überblick über die in Ihrem System verfügbaren APIs verschaffen, indem Sie diese Schnittstelle mit ihren implementierenden Klassen in der Transaktion SE80 anzeigen lassen.

Verwendungsempfehlung für Zusatzentwicklungen

Für eine schlankere und harmonisierte, d. h. auf ABAP Objects basierende Programmierung empfehlen wir generell die Verwendung der von EWM bereitgestellten APIs. Beachten Sie jedoch, dass die APIs, anders als BAPIs oder freigegebene Funktionsbausteine, von SAP ohne einen offiziellen Stabilitätsvertrag bereitgestellt werden. Daher ist nicht garantiert, dass diese APIs in zukünftigen Softwareversionen vollständig aufwärtskompatibel bestehen bleiben. Dennoch versucht SAP, sie so weit wie möglich kompatibel zu halten.

Beispielcoding

Für die meisten APIs sollten Sie neben weiteren Informationen auch Beispielcode in der Dokumentation der technischen Schnittstelle finden. Ein schnelles Beispiel für das Lesen von Fehlteilen finden Sie jedoch in Listing 5.3.

```
REPORT z_pas_read.

PARAMETERS: p_lgnum TYPE /scwm/lgnum.
DATA pas_api TYPE REF TO /scwm/if_api_pre_allocated.

TRY.
    /scwm/cl_api_factory=>get_service( IMPORTING eo_api = pas_api ).
    CHECK pas_api IS BOUND.
    pas_api->read(
      EXPORTING
        iv_whno                = p_lgnum
      IMPORTING
        eo_message             = DATA(lo_pas_message)
        et_pre_allocated_stock = DATA(pre_allocated_tab) ).

  CATCH /scwm/cx_api_pre_allocated INTO DATA(lo_pas_exception).
    MESSAGE ID sy-msgid TYPE /scwm/if_api_message=>sc_msgty_error
           NUMBER sy-msgno INTO DATA(error_message)
             WITH sy-msgv1 sy-msgv2 sy-msgv3 sy-msgv4.
    WRITE error_message.  "e.g. warehouse does not exist
    RETURN.
ENDTRY.

WRITE: 'Number of Preallocated Stock in Warehouse', p_lgnum, ':',
       lines( pre_allocated_tab ).
```

Listing 5.3 Beispiel für die Verwendung eines APIs für Fehlteile

5.3 Externe APIs

Zusätzlich zu den eher intern verwendeten APIs, die in den vorangegangenen Abschnitten beschrieben wurden, bietet EWM auch APIs, die für die externe, d. h. systemübergreifende Verwendung bestimmt sind.

Verwendung in EWM

EWM bietet im Standard einige OData-APIs für kundenspezifische Entwicklungen. Diese wurden speziell für die Lagerverwaltung in SAP S/4HANA Cloud entwickelt. Sie finden die in Ihrem System verfügbaren OData-APIs in der ABAP Workbench (Transaktion SE80) im Paket `WME_ODATA_API`. Alternativ können Sie für Backend-Implementierungen der APIs auch die Unterpakete des Pakets `/SCWM/ODATA_MAIN` konsultieren. Die meisten API-Methoden implementieren die Checkpoint-Gruppe `/SCWM/ODATA_`

API_DEBUG, die Sie in der Transaktion SAAB aktivieren und zum Debuggen verwenden können.

Verwendungsempfehlung für Zusatzentwicklungen

Die externen APIs können für die Verwendung in Embedded- oder Decentralized-EWM-Systemen zur Verfügung gestellt werden, z. B. bei der Erstellung von Sidecar-Apps auf der SAP Business Technology Platform (SAP BTP) oder bei der Erstellung von benutzerdefinierten SAP-Fiori-Apps für die Bearbeitung von Lageraufgaben und Aufträgen. Sie sollten den SAP-Hinweis 3078938 lesen, um weitere Einzelheiten über die Bereitstellung dieser APIs zu erfahren. Bedenken Sie auch, dass die APIs möglicherweise nicht dem von Ihnen benötigten Funktionsumfang entsprechen, da sie für den potenziell eingeschränkten Umfang der Cloud-Lagerverwaltung entwickelt wurden. Wir empfehlen daher, den Umfang zu prüfen, bevor Sie eine externe API verwenden.

Beispielcoding

Die vollständige Liste der OData-APIs finden Sie im *SAP Business Accelerator Hub* (*https://api.sap.com/*). Jede API wird hier detailliert erklärt, und es werden in der Regel auch Codeschnipsel bereitgestellt.

5.4 Serviceklasse zum Füllen von Bestandsfeldern

EWM erfordert eine Umsetzung der technischen Schlüssel von bestandsbezogenen EWM-Objekten, die mithilfe der Klasse in diesem Abschnitt durchgeführt werden kann.

Klasse

/SCWM/CL_UI_STOCK_FIELDS

Methoden

- GET_XX_BY_YY
- PREFETCH_XX_BY_YY

Programmlogik

- Die GET-Methoden der Klasse konvertieren den technischen Wert eines Bestandsfeldes – Produkt, Charge usw. – in einen benutzerlesbaren Namen oder umgekehrt.
- Die Methode PREFETCH_XX_BY_YY entspricht im Wesentlichen der Methode GET, jedoch wird hier eine Wertetabelle umgesetzt.

Verwendung in EWM

In EWM werden die technischen Schlüssel (in der Regel der Code und der globale eindeutige Bezeichner, GUID) für die systeminterne Verarbeitung verwendet. Durch die Verwendung dieser Serviceklasse werden die technischen Werte vor der Ausgabe auf dem Bildschirm konvertiert. Eine Benutzereingabe wird in den technischen Wert umgewandelt, bevor die interne Verarbeitung aufgerufen wird.

Verwendungsempfehlung für Zusatzentwicklungen

Wir empfehlen Ihnen, die GET-Methoden für Einzelzugriffe und PREFETCH-Methoden für Massenzugriffe und eine bessere Performance zu verwenden. Verwenden Sie die Methoden auch, um Ausgaben für die Benutzer*innen oder Benutzereingaben vorzubereiten und um eigene Transformationen oder Datenbankzugriffe zu vermeiden. Arbeiten Sie nur intern mit den technischen Werten.

Beispielcoding

Listing 5.4 zeigt ein kurzes Beispiel für die Umsetzung technischer Materialschlüssel in EWM.

```
DATA(go_stock) = NEW /scwm/cl_ui_stock_fields( ).
go_stock->get_matkey_by_id(
   EXPORTING iv_matid = p_matid
   IMPORTING ev_matnr = DATA(matnr) ).
```

Listing 5.4 Umwandlung des technischen Produktschlüssels in eine lesbare Produktnummer

5.5 Datum und Uhrzeit für die Zeitzone der Lagernummer

EWM ermöglicht die Zuordnung von Zeitzonen zu Lagernummern, da es Lager mit unterschiedlichen Zeitzonen geben kann, die auf demselben System betrieben werden. Stellen Sie sicher, dass Sie Datums- und Zeitkonvertierungen in Ihrem benutzerdefinierten Code berücksichtigen, indem Sie die Funktionsbausteine in diesem Abschnitt verwenden.

Funktionsbausteine

- /SCWM/CONVERT_DATE_TIME
- /SCWM/CONVERT_TIMESTAMP

Programmlogik

- Im Funktionsbaustein /SCWM/CONVERT_DATE_TIME wird die Eingabe aus dem Benutzerzeitintervall (von Datum/Uhrzeit bis Datum/Uhrzeit) unter Berücksichtigung der Zeitzone der Lagernummer in zwei Referenzzeitstempel (UTC) umgerechnet.
- Im Funktionsbaustein /SCWM/CONVERT_TIMESTAMP wird ein Referenzzeitstempel (UTC) in das Datum/die Uhrzeit der Zeitzone der Lagernummer umgerechnet.

Verwendung in EWM

Zeitstempel werden in den EWM-Datenbanken als UTC-Referenzzeitstempel gespeichert. Wenn ein Benutzer oder eine Benutzerin auf einem Selektionsbildschirm (z. B. dem Lagerverwaltungsmonitor) ein Datum und eine Uhrzeit eingibt, wird der Zeitstempel für die Datenbankselektion mithilfe des Funktionsbausteins /SCWM/CONVERT_DATE_TIME unter Berücksichtigung der Zeitzone der Lagernummer berechnet. Alle Zeitstempel, die in EWM-Transaktionen angezeigt werden (z. B. Änderungsdatum einer Handling Unit, Rückmeldedatum der Lageraufgabe), wurden zuvor mit dem Funktionsbaustein /SCWM/CONVERT_TIMESTAMP in die Zeitzone der Lagernummer umgerechnet.

Verwendungsempfehlung für Zusatzentwicklungen

Immer wenn das Datum und die Uhrzeit in Ihrer Kundenentwicklung eine Rolle spielen, sollten Sie die beiden Funktionsbausteine nutzen, um Benutzereingaben in Referenzzeitstempel umzuwandeln. Wenn in Ihrer Kundenentwicklung neue Datenbanktabellen mit Zeitstempeln vorhanden sind, sollten Sie auch den Referenzzeitstempel speichern. Nehmen Sie nicht die Zeitzone des Benutzers als Referenz, sondern die Zeitzone der Lagernummer.

Beispielcoding

Siehe Listing 5.17 für Anweisungen zur Verwendung des Funktionsbausteins /SCWM/CONVERT_DATE_TIME.

5.6 Anwendungsübergreifende Konstanten

In diesem Abschnitt werden die am häufigsten verwendeten anwendungsübergreifenden EWM-Konstanten erörtert, d. h. Konstanten, die häufig in Standardcode verwendet werden und in ähnlicher Weise auch in benutzerdefiniertem Code verwendet werden können, um eine gemeinsame Lesbarkeit und Wiederverwendung von Objekten zu ermöglichen.

Typgruppen

- WMEGC
- WMESR

Schnittstellen

- /SCWM/IF_DL_C
- /SCDL/IF_DL_C

Verwendung in EWM

Die meisten Objekte, wie z. B. Lageraufgabe, Handling Unit, Lagerplatz, Warenbewegung, Transporteinheit usw., haben Konstanten in Typgruppen hinterlegt. Oft sind dies die einzigen übergreifenden Konstanten. Das bedeutet, dass fast jedes Objekt auch seine eigenen lokalen Konstanten hat, die in einer Schnittstelle oder in einer Funktionsgruppe definiert sind. Das Auslieferungsobjekt hat Konstanten in Schnittstellen hinterlegt. Die oben genannten Schnittstellen sind nur die bekanntesten. Für weitere Auslieferungskonstanten suchen Sie in der Transaktion SE24 (Class Builder) nach »/SCDL/IF*DL*C« oder »/SCWM/IF*DL*C«.

Verwendungsempfehlung für Zusatzentwicklungen

Selbstverständlich können Sie die Konstanten der EWM-Standardtypgruppen und -schnittstellen auch in Ihren Kundenentwicklungen verwenden. Beachten Sie, dass Sie nicht nur den Festwert, sondern auch das entsprechende Datenelement auswählen sollten.

Beispielcoding

Ein kurzes Beispiel für die Verwendung einer anwendungsübergreifenden Konstante finden Sie in Listing 5.5. Die Konstante wird verwendet, um den Belegtyp PDI für die Anlieferung zu deklarieren und zu setzen.

```
TYPE-POOLS: wmegc.
DATA(doccat) = wmegc_doccat_pdi.
```

Listing 5.5 Verwendung der Konstante WMEGC

5.7 Anwendungsprotokoll anlegen und erweitern

Das auch aus anderen Anwendungen bekannte Anwendungsprotokoll wird im EWM-Standard häufig verwendet und oft in benutzerdefiniertem Code implementiert, um alle Arten von Meldungen und Informationen zu protokollieren.

Klasse

/SCWM/CL_LOG

Methoden

- ADD_MESSAGE
- CREATE_LOG
- DISPLAY_LOG

Programmlogik

Wrapping der Funktionsbausteine des zentralen Anwendungsprotokolls aus der SAP-Basis

Verwendung in EWM

Viele der Funktionsbausteine, Methoden und BAdIs haben einen Parameter für eine Instanz der Klasse /SCWM/CL_LOG. Die Funktionen sammeln alle auftretenden Erfolgs-, Warn- und Fehlermeldungen als Datensatz über mehrere Aufruferschritte.

Die EWM-Benutzeroberflächen bieten die Möglichkeit, das Protokoll anzuzeigen (Ausnahme: RF-Umgebung). Transaktion /SCWM/ACTLOG (Anwendungsprotokoll aktivieren) steuert pro Unterobjekt des /SCWM/WME-Objekts, ob das Protokoll der Instanz /SCWM/CL_LOG als Anwendungsprotokoll in die Datenbank geschrieben wird oder nicht. In diesem Fall können Benutzer*innen oder der SAP-Support später in Transaktion SLG1 auf das Protokoll zurückgreifen, um eine Analyse durchzuführen.

Für das Objekt Lagerauftrag gibt es zusätzliche Protokolleinstellungen in der Transaktion /SCWM/WOLOG (Steuerungsparameter für Lagerauftragserstellung einrichten).

Verwendungsempfehlung für Zusatzentwicklungen

Wenn Sie sich für ein BAdI entscheiden, das einen Importparameter für eine /SCWM/CL_LOG-Instanz hat, können Sie damit eigene Meldungen in das Standardprotokoll schreiben. Eine Erfolgsmeldung pro Rückgabeparameter im BAdI kann für eine Analyse während einer Testphase sehr nützlich sein. Bei der Verwendung von BAdIs im Rahmen der Anlage und Quittierung von Lageraufgaben können Sie den Funktionsbaustein /SCWM/TO_LOG_GET_INSTANCE verwenden, um auf die Protokollinstanz zuzugreifen.

So ist es möglich, projektspezifische Kundenmeldungen und Standardmeldungen in ein und demselben Protokoll zu mischen. Damit z. B. für die Support-Mitarbeiter*innen klar und schnell erkennbar ist, welche Meldung eines Protokolls SAP-Standard und welche kundenspezifisch ist, fügen Sie einfach am Anfang oder Ende jedes Meldungstextes eine Konstante ein, z. B. »(ZBADI)«, sodass die Meldung wie folgt aussieht: »Betrag auf 20 gekürzt (ZBADI)«.

Beispielcoding

Der Beispielcode in Listing 5.6 zeigt eine typische Verwendung der Klasse /SCWM/CL_LOG in EWM. Zunächst wird die eigentliche Fehlermeldung mit der MESSAGE-Anweisung in der Stringvariablen ausgelöst. Anschließend werden die gefüllten Systemfelder für Nachrichten (z. B. sy-msgid) mit der Methode ADD_MESSAGE an das Protokoll übergeben. Dieser Ansatz hat unter anderem den Vorteil, dass der Verwendungsnachweis für die Fehlermeldung funktioniert.

```
/scwm/cl_log=>get_instance( IMPORTING eo_instance = DATA(lo_log) ).
MESSAGE e042(/scwm/wmebasics) INTO DATA(string).
lo_log->add_message( ).
```

Listing 5.6 Übergabe der Fehlermeldung an die Log-Instanz

Kundenspezifische Entwicklung mit Ihrem eigenen Protokoll

Pflegen Sie Ihr eigenes Teilobjekt (z. B. ZE_123) im Objekt- bzw. Arbeitsbereich /SCWM/WME in der Sicht V_BALSUB (über Transaktion SM31). Dieses Teilobjekt können Sie dann auch über die Transaktion /SCWM/ACTLOG (Anwendungsprotokoll aktivieren) verwalten. Die aktuellen Einstellungen zu Ihrem Teilobjekt müssen dann mit dem Funktionsbaustein /SCWM/LOG_ACT_READ_SINGLE innerhalb Ihres Kundencodings gelesen werden.

Wir empfehlen, das Anwendungsprotokoll mit dem Funktionsbaustein /SCWM/APP_LOG_WRITE_V2 über einen V2-Verbuchungstask mit niedriger Priorität zu sichern. Eine gute Vorlage, bei der auch die Gültigkeit von Protokolleinstellungen berücksichtigt wird, bietet der Funktionsbaustein /SCWM/MFS_WRITE_LOG.

5.8 EWM-Lieferungen und -Lageranforderungen lesen

Das Lesen der Daten von EWM-Lageranforderungen oder -Lieferungen kann aufgrund der Architektur der Objekte etwas schwierig sein. Studieren Sie die Methoden dieses Abschnitts und ihre jeweilige Dokumentation, um besser zu verstehen, wie Sie auf EWM-Lieferdaten zugreifen können.

Klasse

/SCWM/CL_DLV_MANAGEMENT_PRD

Verwandte Klassen

- /SCWM/CL_DLV_MANAGEMENT_DR
- /SCWM/CL_DLV_MANAGEMENT_FD

Methode

QUERY

Programmlogik

Lageranforderungen oder Lieferungen werden entsprechend den vorgegebenen Selektionen (Parameter IT_DOCID, IT_DOCNO, IT_SELECTION) teilweise oder vollständig gelesen. Die Parameter IS_READ_OPTIONS, IS_EXCLUDE_DATA und IS_INCLUDE_DATA steuern, ob das Lieferobjekt vollständig instanziiert werden muss oder nicht und welche Attribute des Objekts gelesen werden müssen. Beachten Sie, dass Sie den Parameter IS_EXCLUDE_DATA nicht verwenden dürfen; verwenden Sie stattdessen IS_INCLUDE_DATA.

Dokumentation

Starten Sie Transaktion SE24 (Class Builder) und navigieren Sie zur **Dokumentation** der Methode QUERY. Die Methode ist auf etwa zehn Seiten sehr ausführlich dokumentiert. Mit der richtigen Anwendung dieser Methode minimieren Sie das Performancerisiko Ihrer individuellen Entwicklung.

Verwendung in EWM

Die mehr als 300 Verwendungen innerhalb des EWM-Codings zeigen, dass dies die zentrale Methode zum Lesen von Lageranforderungen ist.

Verwendungsempfehlung für Zusatzentwicklungen

Wenn Sie im Rahmen Ihrer benutzerdefinierten Entwicklung lesenden Zugriff auf eine Lageranforderung benötigen, verwenden Sie diese Methode. Die anderen Methoden der Klasse /SCWM/CL_DLV_MANAGEMENT_PRD werden nicht zur Verwendung empfohlen.

Beispielcoding

Das Codebeispiel in Listing 5.7 zeigt einen Report, der die Route eines Auslieferungsauftrags ausgibt.

```
REPORT z_query_odo.

PARAMETERS: p_docid  TYPE /scdl/dl_docid.
```

```
DATA:        lt_docid TYPE /scwm/dlv_docid_item_tab.

DATA(ls_incl_data) = VALUE /scwm/dlv_query_incl_str_prd( head_transport =
 abap_true ).

DATA(ls_read_options) = VALUE /scwm/dlv_query_contr_str(
  data_retrival_only      = abap_true
  mix_in_object_instances = abap_true
  head_part_select        = abap_true ).

DATA(ls_docid) = VALUE /scwm/dlv_docid_item_str(
  docid  = p_docid
  doccat = /scdl/if_dl_doc_c=>sc_doccat_out_prd ).
APPEND ls_docid TO lt_docid.

DATA(lo_bom_prd) = /scwm/cl_dlv_management_prd=>get_instance( ).
TRY.
    CALL METHOD lo_bom_prd->query
      EXPORTING
        it_docid        = lt_docid
        is_include_data = ls_incl_data
        is_read_options = ls_read_options
      IMPORTING
        et_headers      = DATA(lt_prd_hdr).
  CATCH /scdl/cx_delivery.
    MESSAGE ID sy-msgid TYPE sy-msgty NUMBER sy-msgno
    WITH sy-msgv1 sy-msgv2 sy-msgv3 sy-msgv4
    RAISING error.
ENDTRY.
DATA(ls_prd_hdr)   = lt_prd_hdr[ 1 ].
DATA(ls_transport) = ls_prd_hdr-transport[ 1 ].
WRITE: ls_prd_hdr-docno, ls_transport-route_id.
```

Listing 5.7 Lesen einer Lieferung mit der Methode QUERY

5.9 EWM-Lieferungen und -Lageranforderungen bearbeiten

Das Ändern einer EWM-Lageranforderung oder -Lieferung kann ähnlich schwierig sein wie das Lesen einer solchen. Befassen Sie sich mit den in diesem Abschnitt erwähnten Klassen und der zusätzlichen Dokumentation, um besser zu verstehen, wie Sie EWM-Lieferdaten in Ihrem eigenen Code ändern können.

Klassen

- /SCDL/CL_SP_PRD_OUT
- /SCDL/CL_BO_MANAGEMENT

Dokumentation

Um eine Anlieferung oder einen Auslieferungsauftrag zu bearbeiten, finden Sie in den SAP-Hinweisen 1414179 und 1064376 detaillierte Informationen.

Verwendung in EWM

Die Klassen werden unter anderem in den Transaktionen der Lieferabwicklung (z. B. /SCWM/PRDI, /SCWM/PRDO) verwendet.

Verwendungsempfehlung für Zusatzentwicklungen

Wenn Sie Lageranforderungen innerhalb einer BAdI-Implementierung bearbeiten und die technischen Schlüssel der Lageranforderungen verfügbar sind, können Sie direkt auf die Klassen der Service Provider zugreifen (siehe Beispielcoding in SAP-Hinweis 1064376).

Wenn Sie Lageranforderungen in einer separaten benutzerdefinierten Entwicklung (z. B. einem Report mit einer Benutzeroberfläche) bearbeiten, stellen Sie sicher, dass Sie die Klasse für den Service Provider verwenden (/SCDL/CL_SP_PRD_OUT). Einzelheiten finden Sie in SAP-Hinweis 1414179 und in der Anlage **DelivServiceProviderCall-Examples.pdf**.

Beispielcoding

In dem Beispielcoding in Listing 5.8 wird das projektspezifische Feld my_own_field auf den Wert my_own_value für eine Lieferposition gesetzt. Der Methode werden die technischen Schlüssel des Auslieferungsauftrags (iv_docid) und der zu ändernden Position (iv_itemid) übergeben. Der Beispielcode kann innerhalb eines BAdI der Lieferabwicklung verwendet werden. Er setzt daher keine Sperren und löst keine SAVE-Aktion aus.

```
REPORT z_change_odo.

PARAMETERS: p_doccat TYPE /scwm/de_doccat,
            p_docid  TYPE /scdl/dl_docid,
            p_itemid TYPE /scdl/dl_itemid.

"1. Get business object manager (BOM)
CHECK p_doccat = wmegc_doccat_out_pdo.
DATA(lo_bom) = /scdl/cl_bo_management=>get_instance( ).
```

```
"2. Get business object (BO)
DATA(lo_bo) = lo_bom->get_bo_by_id( iv_docid = p_docid ).
IF lo_bo IS NOT BOUND.
  RETURN. "Add error handling
ENDIF.

"3. Get current custom extension for ODO item
DATA(lo_item_prd) = CAST /scdl/cl_dl_item_prd(
lo_bo->get_item( iv_itemid = p_itemid ) ).
DATA(ls_eew) = lo_item_prd->get_eew( ).
"4. Update custom fields
ls_eew-zzactivity = '1'. "Custom field
"5. Write changes to item
lo_item_prd->set_eew( ls_eew ).

"Add error handling and saving
```

Listing 5.8 Lieferposition ändern

5.10 Lagerproduktstamm lesen

Lagerprodukt-Stammdaten in Ihrem benutzerdefinierten Code zu verwenden ist eine häufige Anforderung. Die Funktionsbausteine und der Beispielcode in diesem Abschnitt bieten Beispiele für das Lesen von globalen und lagerbezogenen Produktdaten.

Funktionsbausteine

- /SCWM/MATERIAL_READ_SINGLE
- /SCWM/MATERIAL_READ_MULTIPLE
- /SCWM/MATERIAL_READ_RANGE

Programmlogik

Der Produktstamm wird für eine oder mehrere Produktnummern gelesen. Der Zugriff auf die notwendigen Datenbanktabellen (z. B. globale oder lagerspezifische Produktattribute) wird optimiert und die Ergebnisse werden gepuffert. Die generischen Servicefunktionsbausteine der Stammdatenschicht werden optimal genutzt.

Verwendung in EWM

Der Zugriff auf den Produktstamm in EWM erfolgt ausschließlich über diese Funktionsbausteine und nicht über einen direkten Datenbankzugriff.

Verwendungsempfehlung für Zusatzentwicklungen

Wir empfehlen Ihnen, diese Funktionsbausteine zu verwenden und eigene Datenbankzugriffe auf den Produktstamm zu vermeiden. Wenn Sie den Produktstamm um kundeneigene Attribute erweitert haben, geben diese Funktionsbausteine auch die Erweiterungsfelder zurück. Implementieren Sie aus Performancegründen nur die Exportparameter der Funktionsbausteine, die Sie im aufrufenden Programm tatsächlich benötigen.

Beispielcoding

Das Beispiel in Listing 5.9 zeigt das Auslesen der globalen Produktstammattribute.

```
REPORT z_read_product.

PARAMETERS: p_lgnum TYPE /scwm/lgnum,
            p_matnr TYPE /scwm/de_matnr,
            p_prod  TYPE abap_bool AS CHECKBOX.

DATA: lv_matid      TYPE /scwm/de_matid,
      ls_mat_global TYPE /scwm/s_material_global,
      ls_mara       TYPE mara,
      ls_makt       TYPE makt.

IF p_prod = abap_true. "Read Product
  TRY.
      CALL FUNCTION 'CONVERSION_EXIT_MDLPD_INPUT'
        EXPORTING
          input  = p_matnr
        IMPORTING
          output = lv_matid.

      CALL FUNCTION '/SCWM/MATERIAL_READ_SINGLE'
        EXPORTING
          iv_matid      = lv_matid
          iv_lgnum      = p_lgnum
        IMPORTING
          es_mat_global = ls_mat_global.
    CATCH /scwm/cx_md.
      MESSAGE ID sy-msgid TYPE sy-msgty NUMBER sy-msgno
      WITH sy-msgv1 sy-msgv2 sy-msgv3 sy-msgv4
      RAISING error.
  ENDTRY.
ELSE. "Read Material Global Data (MARA)
```

```
  CALL FUNCTION 'MARA_READ'
    EXPORTING
      i_matnr   = p_matnr
      i_sprache = sy-langu
    IMPORTING
      e_makt    = ls_makt
      e_mara    = ls_mara
    EXCEPTIONS
      no_entry  = 1
      OTHERS    = 2.
  IF sy-subrc <> 0.
* Implement suitable error handling here
  ENDIF.

ENDIF.
IF p_prod = abap_true.
  WRITE: ls_mat_global-maktx.
ELSE.
  WRITE: ls_makt-maktx.
ENDIF.
```

Listing 5.9 Produktstamm lesen

5.11 Lagerproduktstamm anlegen/ändern

In diesem Abschnitt lernen Sie den zentralen Funktionsbaustein zur Anlage und Änderung von EWM-Lagerproduktdaten kennen.

Funktionsbaustein

/SCWM/MATERIAL_WHST_MAINT_MULT

Programmlogik

Der Funktionsbaustein legt ein Lagerprodukt für ein Produkt und den Verfügungsberechtigten oder die Verfügungsberechtigte an. Außerdem ermöglicht diese Funktion Änderungsroutinen für ein Lagerprodukt. Mit dem Funktionsbaustein lassen sich darüber hinaus mehrere Produkte mit einem einzigen Aufruf lesen.

Verwendung in EWM

Der Report /SCWM/R_CCIND_MAINTAIN (Transaktion /SCWM/CCIND_MAINTAIN) ermittelt das Cycle-Counting-Kennzeichen aus SAP Advanced Planning and Optimization für alle Lagerprodukte und ändert die Lagerprodukte über den Funktionsbaustein /SCWM/MATERIAL_WHST_MAINT_MULT.

Verwendungsempfehlung für Zusatzentwicklungen

Sie können diesen Funktionsbaustein für Ihren eigenen Migrationsreport zur Migration lagerspezifischer Attribute (z. B. Einlagerungssteuerungskennzeichen und Auslagerungssteuerungskennzeichen) nutzen. Ab SAP EWM 7.0 EHP 2 können Sie den bestehenden Migrationsreport verwenden.

Sperren

Der Funktionsbaustein /SCWM/MATERIAL_WHST_MAINT_MULT setzt keine Datenbanksperren. Wenn Sie Sperren setzen wollen, müssen Sie den Funktionsbaustein /SCWM/MATERIAL_WHST_ENQ implementieren. Um Sperren zu löschen, verwenden Sie den Funktionsbaustein /SCWM/MATERIAL_WHST_DEQ_ALL.

Beispielcoding

Der Beispielcode in Listing 5.10 zeigt einen Report, der Lagerprodukte für einen Produktstamm anlegt. Die Benutzer*innen geben lediglich das Produkt und den Titel ein.

```
REPORT z_create_whse_product.

DATA: lt_mat_lgnum TYPE /scwm/tt_material_lgnum_maint,
      lt_matmap    TYPE /scwm/tt_matid_matnr,
      lt_bapiret   TYPE bapirettab.

PARAMETERS:
  p_lgnum  TYPE /scwm/lgnum MEMORY ID /scwm/lgn OBLIGATORY,
  p_entitl TYPE /scwm/de_entitled,
  p_matnr  TYPE /scwm/de_matnr.

START-OF-SELECTION.
  "1. Convert product into GUID
  DATA(lo_stock) = NEW /scwm/cl_ui_stock_fields( ).
  DATA(lo_log)   = NEW /scwm/cl_log( ).
  DATA(ls_mat_lgnum) = VALUE /scwm/s_material_lgnum_maint(
    matid    = lo_stock->get_matid_by_no(
                 iv_matnr = p_matnr )
    entitled = p_entitl ).
  APPEND ls_mat_lgnum TO lt_mat_lgnum.
  DATA(ls_matmap) = VALUE /scwm/s_matid_matnr(
```

```
    matid = ls_mat_lgnum-matid ).
  APPEND ls_matmap TO lt_matmap.
  "2. Lock product
  CALL FUNCTION '/SCWM/MATERIAL_WHST_ENQ'
    EXPORTING
      iv_lgnum      = p_lgnum
      iv_entitled   = p_entitl
    CHANGING
      ct_matid_matnr = lt_matmap.
  "3. Create warehouse product
  TRY.
      CALL FUNCTION '/SCWM/MATERIAL_WHST_MAINT_MULT'
        EXPORTING
          it_mat_lgnum = lt_mat_lgnum
          iv_lgnum     = p_lgnum
          iv_commit    = abap_true
        IMPORTING
          et_bapiret   = lt_bapiret.
      lo_log->add_log( it_prot = lt_bapiret ).
    CATCH /scwm/cx_md_lgnum_locid.
    CATCH /scwm/cx_md_interface.
      "Add error handling
  ENDTRY.
  "4. Unlock product
  CALL FUNCTION '/SCWM/MATERIAL_WHST_DEQ_ALL'.
```

Listing 5.10 Report zur Anlage von Lagerprodukten

5.12 Serviceklasse für Chargenverwaltung

Machen Sie sich in diesem Abschnitt damit vertraut, wie Sie Chargen in EWM in Ihren Programmierungen verwenden können.

Klasse

/SCWM/CL_BATCH_APPL

Methoden

- GET_INSTANZ
- GET_BATCH (Instanzmethode)

- PRODUCT_GET_CLASS
- GET_BATCH_ATTR_BY_CLASS

Programmlogik

- Um die Daten einer Charge abzurufen, legen Sie zunächst für jede Produkt-Chargen-Kombination mit der Methode GET_INSTANCE eine Instanz der Klasse /SCWM/CL_BATCH_APPL an.
- Mit der Instanzmethode GET_BATCH können Sie dann die Details der Charge lesen: Klasse, Status, die Standardmerkmale usw. Diese Klasse hat einen Puffer für Chargen, d. h., nicht jeder Aufruf führt zu einem Datenbankzugriff.
- Die statischen Methoden PRODUCT_GET_CLASS und GET_BATCH_ATTR_BY_CLASS bestimmen die Klasse und die Merkmale für ein Produkt.

Verwendung in EWM

Diese Klasse wird in EWM unter anderem zur Anzeige von Chargendetails im Lagerverwaltungsmonitor verwendet (Transaktion /SCWM/MON).

Verwendungsempfehlung für Zusatzentwicklungen

Wenn Sie in Ihrer eigenen Entwicklung Chargendetails benötigen, können Sie die Methode GET_BATCH verwenden, um auf den Puffer zuzugreifen und eigene Datenbankselektionen zu vermeiden. Listing 5.11 zeigt ein Beispiel für das Lesen einer Charge.

```
REPORT z_get_batch.

PARAMETERS:
  p_matnr TYPE /scwm/de_matnr,
  p_charg TYPE /scwm/de_charg.

TRY.
    DATA(lo_batch) = /scwm/cl_batch_appl=>get_instance(
     iv_productno = p_matnr
     iv_batchno   = p_charg ).
    lo_batch->get_batch( IMPORTING es_batch = DATA(ls_batch) ).
  CATCH /scwm/cx_batch_management.
    MESSAGE ID sy-msgid TYPE sy-msgty NUMBER sy-msgno
    WITH sy-msgv1 sy-msgv2 sy-msgv3 sy-msgv4.
ENDTRY.
WRITE: ls_batch-charg, ls_batch-coo.
```

Listing 5.11 Charge lesen

5.13 Lageraufgabe lesen

In kundenspezifischen Erweiterungen von EWM wird mit Lageraufgaben sicherlich am häufigsten gearbeitet. Dieser Abschnitt stellt Funktionsbausteine zum Lesen von Lageraufgaben vor.

Funktionsbausteine

- /SCWM/TO_GET_WIP: Lageraufgaben lesen (unter Verwendung von Selektionsbedingungen)
- /SCWM/TO_READ_SINGLE: Lageraufgabe lesen (Einzelzugriff)
- /SCWM/TO_READ_MULT: Lageraufgaben lesen (Massenzugriff)

Verwendung in EWM

- Der Funktionsbaustein /SCWM/TO_GET_WIP wird im Monitor verwendet und ermöglicht die Selektion von Lageraufgaben anhand von Attributen (Produkt, Von-Lagerplatz usw.).
- Die Funktionsbausteine /SCWM/TO_READ_SINGLE und /SCWM/TO_READ_MULT ermöglichen das Lesen einer oder mehrerer Lageraufgaben über einen Schlüssel (Lageraufgabennummer und Lagernummer).

Verwendungsempfehlung für Zusatzentwicklungen

Für Kundenreports, Monitorknoten usw. ist die Verwendung des Funktionsbausteins /SCWM/TO_GET_WIP dem direkten Datenbankzugriff vorzuziehen. Die Funktionsbausteine /SCWM/TO_READ_xxx können nur verwendet werden, wenn die Nummer der Lageraufgabe verfügbar ist.

5.14 Lageraufgabe anlegen, quittieren und stornieren

In diesem Abschnitt werden Funktionsbausteine für alle weiteren Aktionen behandelt, die mit Lageraufgaben durchgeführt werden.

Funktionsbausteine

- /SCWM/TO_CREATE
- /SCWM/TO_CREATE_MOVE_HU
- /SCWM/TO_CANCEL
- /SCWM/TO_CONFIRM

Programmlogik

- Der Funktionsbaustein /SCWM/TO_CREATE wird zum Anlegen von Produktlageraufgaben verwendet.
- Der Funktionsbaustein /SCWM/TO_CREATE_MOVE_HU dient dem Anlegen von Handling-Unit-Lageraufgaben.
- Der Funktionsbaustein /SCWM/TO_CANCEL dient dem Stornieren von Lageraufgaben.
- Der Funktionsbaustein /SCWM/TO_CONFIRM wird zur Quittierung von Lageraufgaben verwendet.

Verwendung in EWM

Diese Funktionsbausteine werden insbesondere bei RF-Transaktionen eingesetzt.

Verwendungsempfehlung für Zusatzentwicklungen

Diese Funktionsbausteine sind für eigenständige Kundenentwicklungen wie Programme und (RF-)Transaktionen geeignet. Pro LUW darf nur einer dieser Funktionsbausteine als erster Schritt innerhalb der Funktionsbausteine zur Initialisierung des internen Speichers aufgerufen werden. In BAdI-Implementierungen sollten Sie diese Funktionsbausteine daher nicht direkt verwenden. Sie können die Funktionsbausteine jedoch mit dem Zusatz AS SEPARATE UNIT über qRFC in einer eigenen LUW verwenden.

Beispielcoding

Der Beispielcode in Listing 5.12 zeigt, wie mit dem Funktionsbaustein /SCWM/TO_CREATE eine Lageraufgabe unter Verwendung einer separaten Queue angelegt wird. Für den Namen der Queue wird hier das Präfix WMZZ vorgeschlagen. Der EWM-Standard verwendet die Präfixe WMTH, WMTR, WMTP usw. für Warteschlagen. Eine vollständige Liste findet sich in der WMEGC-Typgruppe. In seltenen Fällen kann es für Ihre eigene Implementierung sinnvoll sein, ein Standardqueuepräfix zu verwenden. Wenn Sie sich für ein eigenes Präfix entscheiden, verwenden Sie entweder WM* oder prüfen Sie in Transaktion SMQR (Queuenamen registrieren), ob Ihr Queuepräfix registriert ist.

```
REPORT z_move_hu.

PARAMETERS: p_lgnum TYPE /scwm/lgnum,
            p_hu    TYPE /scwm/de_huident.

DATA:  lt_create_hu TYPE /scwm/tt_to_crea_hu.

"1. Set HU WT data (assumption HU moved by next process step)
DATA(ls_create_hu) = VALUE /scwm/s_to_crea_hu( huident = p_hu ).
```

```
APPEND ls_create_hu TO lt_create_hu.
"2. Set queue name
CONCATENATE 'WMZZ' p_lgnum p_hu INTO DATA(queue).
DATA(ls_queue) = VALUE /scwm/s_rfc_queue(
  queue = queue
  mandt = sy-mandt ).
"3. Create queue
CALL FUNCTION 'TRFC_SET_QIN_PROPERTIES'
  EXPORTING
    qin_name = ls_queue-queue.
"4. Create HU WT
CALL FUNCTION '/SCWM/TO_CREATE_MOVE_HU'
  IN BACKGROUND TASK
  AS SEPARATE UNIT
  EXPORTING
    iv_lgnum       = p_lgnum
    iv_commit_work = abap_true
    iv_bname       = sy-uname
    is_rfc_queue   = ls_queue
    it_create_hu   = lt_create_hu.

COMMIT WORK.
```

Listing 5.12 Anlage einer Handling-Unit-Lageraufgabe über qRFC

5.15 Handling Units von der Datenbank selektieren

Handling Units sind zentrale Objekte in der Lagerverwaltung. Den Funktionsbaustein in diesem Abschnitt können Sie zum Lesen von Handling-Unit-Daten in Ihrem Projekt verwenden.

Funktionsbaustein

/SCWM/HU_SELECT_GEN

Programmlogik

Mit etwa 60 Selektionskriterien für die Handling Unit ist die Funktionsbausteinschnittstelle sehr leistungsfähig. Abhängig von den Selektionsbedingungen, die der Aufrufer liefert, wird die Anzahl der Treffer für die Handling Units durch komplexe Datenbankselektionen ermittelt. Mit dem Parameter IV_FILTER können Sie steuern, ob in Ihren Exportparametern die genaue Anzahl der Treffer oder alternativ die gesamte Handling Unit erwartet wird.

Dokumentation

Der Importparameter IV_HIERARCHY ist in Transaktion SE37 (Function Builder) dokumentiert.

Verwendung in EWM

Der Funktionsbaustein wird unter anderem aus dem Lagerverwaltungsmonitor und den Arbeitsplatztransaktionen aufgerufen. Der Funktionsbaustein selektiert die Handling Units aus der Datenbank und füllt den globalen Handling-Unit-Speicher.

Verwendungsempfehlung für Zusatzentwicklungen

Der Funktionsbaustein eignet sich für eigene, kundenspezifische Reports zur Selektion von Handling Units oder Beständen. Insbesondere, wenn die Handling Units anhand eines bestimmten Attributs (z. B. Lagerprozess oder Bestandsidentifikation) identifiziert werden sollen, bietet dieser Funktionsbaustein zahlreiche Möglichkeiten. Prüfen Sie, ob der Funktionsbaustein für Ihre Anforderungen geeignet ist, und vermeiden Sie die Programmierung eigener Datenbankselektionen. Für das einfache Auslesen von Handling Units (z. B. in einer BAdI-Implementierung) ist der Funktionsbaustein nicht zu empfehlen, da der Handling-Unit-Speicher umgangen wird.

Beispielcoding

In dem Beispielcode in Listing 5.13 gibt der Benutzer oder die Benutzerin eine Konsolidierungskreisnummer ein. Entsprechend dem eingegebenen Wert werden die Handling Units über den Funktionsbaustein /SCWM/HU_SELECT_GEN ermittelt.

```
REPORT z_select_hu.

TABLES: /scwm/s_quan_att.

PARAMETERS: p_lgnum TYPE /scwm/lgnum
            MEMORY ID /scwm/lgn OBLIGATORY.
SELECT-OPTIONS: sr_dgrp FOR /scwm/s_quan_att-dstgrp.

DATA: lt_huhdr TYPE /scwm/tt_huhdr_int,
      lt_huitm TYPE /scwm/tt_huitm_int,
      lr_dgrp  TYPE rseloption.

/scwm/cl_tm=>set_lgnum( p_lgnum ).
APPEND LINES OF sr_dgrp TO lr_dgrp.

CALL FUNCTION '/SCWM/HU_SELECT_GEN'
  EXPORTING
```

```
    iv_lgnum        = p_lgnum
    ir_dstgrp       = lr_dgrp
    iv_filter_items = abap_true
  IMPORTING
    et_huitm        = lt_huitm
    et_huhdr        = lt_huhdr
  EXCEPTIONS
    wrong_input     = 1
    not_possible    = 2
    error           = 3
    OTHERS          = 99.
IF sy-subrc <> 0.
  MESSAGE ID sy-msgid TYPE sy-msgty NUMBER sy-msgno
  WITH sy-msgv1 sy-msgv2 sy-msgv3 sy-msgv4.
ENDIF.

LOOP AT lt_huhdr ASSIGNING FIELD-SYMBOL(<huhdr>).
  WRITE:/ 'HU: ', <huhdr>-huident, 'HU GUID: ', <huhdr>-guid_hu.
ENDLOOP.
```

Listing 5.13 Ermitteln der Handling Unit nach Konsolidierungskreis

5.16 Handling Units lesen, anlegen und ändern

Die in diesem Abschnitt beschriebene zentrale Klasse können Sie für die benutzerdefinierte Anlage und Änderung von Handling Units verwenden.

Klasse

/SCWM/CL_WM_PACKING

Methoden

- GET_INSTANCE (statisch)
- SET_GLOBAL_FIELDS (statisch)
- INIT
- GET_HU
- CHANGE_HUHDR
- CREATE_HU
- PACK_HU
- MOVE_HU

- REPACK_STOCK
- SAVE

Programmlogik

Die Methoden umfassen einfache Schnittstellen. Handling Units können gelesen (GET_HU), angelegt (CREATE_HU) und geändert (CHANGE_HUHDR) werden. Lagerpositionen können von der Von-Handling Unit oder vom Lagerplatz in die Nach-Handling-Unit umgepackt werden (REPACK_STOCK). Handling Units können auch in andere Handling Units geschachtelt (PACK_HU) oder aufgelöst (MOVE_HU) werden. Die Methoden verwenden den globalen Handling-Unit-Speicher und greifen nur im Bedarfsfall auf die Datenbank zu.

Verwendung in EWM

Die Methoden werden für Verpackungsprozesse am Arbeitsplatz und in der RF-Umgebung eingesetzt.

Verwendungsempfehlung für Zusatzentwicklungen

Verwenden Sie diese Methoden in BAdIs, Reports und RF-Transaktionen. Über die Methode GET_INSTANCE erhalten Sie eine eigene Instanz der Klasse. Dies sollten Sie aus Performancegründen bevorzugen, anstatt eine eigene Instanz zu erzeugen. Wenn Sie sich nicht in einer BAdI-Implementierung befinden, beginnen Sie jede LUW mit der Methode INIT und beenden sie mit der Methode SAVE. Innerhalb einer BAdI-Implementierung sollten Sie die Methode SET_GLOBAL_FIELDS einmal zu Beginn aufrufen und die Lagernummer übergeben (siehe Listing 5.14).

```
/scwm/cl_wm_packing=>set_global_fields(
               iv_lgnum = iv_lgnum ).
/scwm/cl_wm_packing=>get_instance(
  IMPORTING eo_instance = DATA(lo_pack) ).
lo_pack->get_hu(
            EXPORTING
              iv_guid_hu = iv_guid_hu
            IMPORTING
              es_huhdr = DATA(ls_huhdr) ).
IF NOT sy-subrc IS INITIAL.
  io_log->add_message( ).
  RETURN.
ENDIF.
```

Listing 5.14 Lesen einer Handling Unit innerhalb einer BAdI-Implementierung

5.17 Bestand lesen

In diesem Abschnitt beschreiben wir eine Klasse, die Sie verwenden können, um benutzerdefinierte Anforderungen an die Bestandsselektion in Ihrem Projekt umzusetzen.

Klasse

/SCWM/CL_MON_STOCK

Methoden

- GET_AVAILABLE_STOCK
- GET_STOCK_OVERVIEW
- GET_PHYSICAL_STOCK
- GET_HU
- GET_PHYSICAL_STOCK_ON_HU

Programmlogik

Ausgehend von verschiedenen Selektionsoptionen (Lagerplatz, Bestand, Handling Unit) wird der physische oder verfügbare Bestand ermittelt. Abhängig von den Selektionsbedingungen, die beim Aufruf angegeben werden, wird der Bestand über komplexe Datenbankselektionen (z. B. Inner Joins) ermittelt.

Verwendung in EWM

Die Methoden werden im Lagerverwaltungsmonitor (Transaktion /SCWM/MON) für die Bestandsanzeige verwendet. Tabelle 5.1 zeigt die Methoden, die in bestimmten Monitorknoten verwendet werden.

Methode	Monitorknoten
GET_AVAILABLE_STOCK	**Bestand und Lager • Verfügbarer Bestand**
GET_PHYSICAL_STOCK	**Bestand und Lager • Physischer Bestand**
GET_STOCK_OVERVIEW	**Bestand und Behälter • Bestandsübersicht**
GET_HU	**Lager und Behälter • Handling Unit**
GET_PHYSICAL_STOCK_ON_HU	**Bestand und Lagerplatz • HU • Physischer Bestand**

Tabelle 5.1 Verwendung von Methoden im Lagerverwaltungsmonitor

Verwendungsempfehlung für Zusatzentwicklungen

Wenn Sie in Ihren Kundenentwicklungen Bestände ermitteln müssen, prüfen Sie zunächst, ob die genannten Methoden für Ihre Zwecke ausreichend sind. Die Leistungsfähigkeit dieser Methoden hängt davon ab, wie die Selektionsbedingungen vom Aufrufer verwendet werden. Das heißt, je besser Sie die Anzahl der Treffer auf eine Selektion einschränken, desto schneller liefert eine Methode die Ergebnisse. Um die Leistung zu steigern, kann es hilfreich sein, neue Indizes für die Selektionen anzulegen. Vermeiden Sie es, eigene Selektionen auf den Datenbanktabellen zu entwickeln.

Beispielcoding

Der Beispielcode in Listing 5.15 wählt den verfügbaren Bestand für ein Produkt aus. Produkt- und Lagernummern müssen in diesem Beispiel von den Benutzer*innen eingegeben werden.

```
REPORT z_get_avail_stock.

TABLES: /scwm/s_matnr_r.

PARAMETERS: p_lgnum TYPE /scwm/lgnum
            MEMORY ID /scwm/lgn OBLIGATORY.
SELECT-OPTIONS: sr_matnr FOR /scwm/s_matnr_r-low.

DATA(go_mon_stock) = NEW /scwm/cl_mon_stock( iv_lgnum = p_lgnum ).

CALL METHOD go_mon_stock->get_available_stock
  EXPORTING
    iv_skip_bin      = abap_false
    iv_skip_resource = abap_true
    iv_skip_tu       = abap_true
    it_matnr_r       = sr_matnr[]
  IMPORTING
    et_stock_mon     = DATA(gt_stock_mon).

LOOP AT gt_stock_mon ASSIGNING FIELD-SYMBOL(<stock_mon>).
  WRITE:/ 'MATNR: ', <stock_mon>-matnr,
          'QUAN : ', <stock_mon>-quana,
          'UoM :',   <stock_mon>-altme.
ENDLOOP.
```

Listing 5.15 Verfügbaren Bestand für ein Produkt ermitteln

5.18 Bestand umbuchen

In Kundenprojekten ist es eine häufige Anforderung, den Bestand zu ändern. Der in diesem Abschnitt beschriebene Funktionsbaustein sollte für alle Anforderungen in Ihrem Projekt, die Bestandsänderungen umfassen, berücksichtigt werden.

Funktionsbaustein

/SCWM/STOCK_CHANGE

Programmlogik

Eine Umbuchung kann für einen oder mehrere Bestandsposten durchgeführt werden; z. B. kann eine Bestandsart für ein Produkt von **Gesperrt** (B6) auf **Frei verwendbar** (F2) geändert werden. Wenn Sie mit der Bestandsverwaltung in SAP ERP oder SAP S/4HANA vertraut sind, können Sie diesen Funktionsbaustein mit dem BAPI BAPI_GOODSMVT_CREATE vergleichen.

Verwendung in EWM

Transaktion /SCWM/POST (Umbuchung für Produkt) zeigt Ihnen die Möglichkeiten an, um die Bestandsattribute eines Produkts zu ändern: Charge, Produkt, Bestandsart, Verfügungsberechtigter, Eigentümer, Verwendung usw. Nach dem Klick auf die Schaltfläche **Umbuchung anlegen** wird die Benutzereingabe für die Buchung in die technischen Werte umgewandelt und an den Funktionsbaustein /SCWM/STOCK_CHANGE übergeben.

Verwendungsempfehlung für Zusatzentwicklungen

Sie können diesen Funktionsbaustein für Umbuchungen im Lagerverwaltungsmonitor in Ihren eigenen Programmen oder in RF-Transaktionen verwenden. Es wird nicht empfohlen, diesen Funktionsbaustein innerhalb einer BAdI-Implementierung zu verwenden.

Aktivieren Sie die Breakpoints für die Checkpoint-Gruppe /SCWM/GM, um die Verwendung des Funktionsbausteins /SCWM/STOCK_CHANGE in Transaktion /SCWM/POST zu verstehen oder um herauszufinden, welche Parameter oder Felder der Schnittstelle in den jeweiligen Umbuchungsszenarien zu füllen sind.

Beispielcoding

Der Beispielcode in Listing 5.16 liest eine Handling Unit mit Positionsdaten und bucht den ermittelten Bestand auf die neue Bestandsart. Für die Umbuchung müssen Sie die Quelldaten (siehe Parameter ls_item-source_s) und die Zieldaten (siehe Parameter ls_item-dest_s) richtig einstellen.

```
REPORT z_change_stock.

PARAMETERS: p_lgnum TYPE /scwm/lgnum
            MEMORY ID /scwm/lgn OBLIGATORY,
            p_hu    TYPE /scwm/huident OBLIGATORY,
            p_cat   TYPE /scwm/de_cat OBLIGATORY.

DATA: lt_huitm    TYPE /scwm/tt_huitm_int,
      lt_sitem    TYPE /scwm/tt_spitem,
      lv_severity TYPE bapi_mtype,
      lt_bapiret  TYPE TABLE OF bapiret2,
      lv_item_id  TYPE /lime/line_item_id.

/scwm/cl_tm=>cleanup( EXPORTING iv_lgnum = p_lgnum ).
"1. Read HU Data
CALL FUNCTION '/SCWM/HU_READ'
  EXPORTING
    iv_appl    = wmegc_huappl_wme
    iv_lgnum   = p_lgnum
    iv_huident = p_hu
  IMPORTING
    et_huitm   = lt_huitm
  EXCEPTIONS
    deleted    = 1
    not_found  = 2
    error      = 3.
IF sy-subrc <> 0.
  "Add error handling
ENDIF.
"2. Fill posting change header data
DATA(ls_header) = VALUE /scwm/s_gmheader(
  lgnum      = p_lgnum
  created_by = sy-uname
  code       = '/SCWM/MON' "example tx
  compl      = abap_true
  post       = abap_true ).
GET TIME STAMP FIELD ls_header-created_at.
"3. Fill Pposting change item data
LOOP AT lt_huitm INTO DATA(ls_huitem).
  DATA(ls_sitem) = CORRESPONDING /scwm/s_spitem( ls_huitem ).
  lv_item_id = lv_item_id + 1.
  ls_sitem-id = lv_item_id.
  ls_sitem-id_group = '000001'.
```

```
  ls_sitem-direction = wmegc_lime_post_transfer. "Movement: Transfer 'T'
  ls_sitem-squant_set = abap_true.
  ls_sitem-guid_hu = ls_huitem-guid_parent.
  "Quantities
  IF NOT ls_huitem-quan_t IS INITIAL.
    ls_sitem-t_quan = ls_huitem-quan_t.
  ELSE.
    DATA(ls_quan) = VALUE /scwm/s_quan(
       unit = ls_huitem-meins
       quan = ls_huitem-quan ).
    APPEND ls_quan TO ls_sitem-t_quan.
    CLEAR ls_quan.
  ENDIF.
  ls_sitem-t_serid = ls_huitem-serid.
  MOVE-CORRESPONDING ls_huitem TO ls_sitem-source_s.
  MOVE-CORRESPONDING ls_huitem TO ls_sitem-dest_s.
  "Stock Type
  ls_sitem-dest_s-cat = p_cat.
  "Clear destination data
  CLEAR ls_sitem-dest_s-idx_stock.
  CLEAR ls_sitem-dest_s-guid_stock.
  CLEAR ls_sitem-dest_s-guid_stock0.
  APPEND ls_sitem TO lt_sitem.
ENDLOOP.
"4. Change stock
CALL FUNCTION '/SCWM/STOCK_CHANGE'
  EXPORTING
    is_header   = ls_header
    it_item     = lt_sitem
  IMPORTING
    et_bapiret  = lt_bapiret
    ev_severity = lv_severity.
IF lv_severity CA wmegc_severity_ea.
  ROLLBACK WORK.
  /scwm/cl_tm=>cleanup( EXPORTING iv_lgnum = p_lgnum ).
  "Add error handling
ELSE.
  COMMIT WORK AND WAIT.
  /scwm/cl_tm=>cleanup( EXPORTING iv_lgnum = p_lgnum ).
ENDIF.
```

Listing 5.16 Umbuchung in neue Bestandsart

5.19 Wellen lesen, freigeben, splitten und zusammenführen

In diesem Abschnitt lernen Sie, wie Sie in Ihren Programmen mit EWM-Wellen arbeiten können.

Funktionsbausteine

- /SCWM/WAVE_SELECT_EXT
- /SCWM/WAVE_RELEASE_EXT
- /SCWM/WAVE_MERGE_EXT
- /SCWM/WAVE_SPLIT_EXT

Programmlogik

- Der Funktionsbaustein /SCWM/WAVE_SELECT_EXT hat über 30 Selektionskriterien als Parameter zur Bestimmung von Wellen und Wellenpositionen.
- Mit den Funktionsbausteinen /SCWM/WAVE_MERGE_EXT und /SCWM/WAVE_SPLIT_EXT können Sie Wellen zusammenführen oder splitten.
- Die Wellenfreigabe kann durch den Funktionsbaustein /SCWM/WAVE_RELEASE_EXT ausgelöst werden.

Verwendung in EWM

Im Lagerverwaltungsmonitor finden Sie eine Reihe von Methoden für den Knoten **Welle**, die die Funktionsbausteine der Funktionsgruppe /SCWM/WAVE_MGMT_EXT verwenden.

Verwendungsempfehlung für Zusatzentwicklungen

Die Funktionsbausteine der Funktionsgruppe /SCWM/WAVE_MGMT_EXT eignen sich besonders für eigenständige Entwicklungen, z. B. für eigene Reports. Sie sollten nicht in BAdI-Implementierungen verwendet werden, da die Funktionsbausteine alle die Methode /SCWM/CL_TM=>CLEANUP aufrufen.

Beispielcoding

In Listing 5.17 werden mit dem Report Z_WAVE_REPEAT die Positionen bereits freigegebener Wellen ausgewählt und wieder freigegeben. Der Report ermöglicht die Einplanung als Hintergrundjob.

```
REPORT z_wave_repeat.

TYPE-POOLS wmegc.
DATA: lt_so_stat_cr   TYPE rseloption,
```

```
      lt_so_tmplt     TYPE rseloption,
      lt_so_wvtyp     TYPE rseloption,
      lt_so_wvcat     TYPE rseloption,
      lt_so_rlsdt     TYPE rseloption,
      lt_wave_itm     TYPE /scwm/tt_waveitm_int,
      ls_wave_itm     TYPE /scwm/s_waveitm_int,
      lt_bapiret      TYPE bapirettab,
      lt_ordim_o      TYPE /scwm/tt_ordim_o_int,
      lv_wave         TYPE /scwm/de_wave,
      ls_wave_int     TYPE /scwm/s_wavehdr_int,
      lt_wave_itm_ext TYPE /scwm/tt_wave_itm,
      ls_timestamp_r  TYPE /scwm/s_timestamp_r.

"1. Selection Screen
PARAMETERS:
  p_lgnum TYPE /scwm/lgnum MEMORY ID /scwm/lgn OBLIGATORY.
SELECT-OPTIONS:
  so_tmplt FOR ls_wave_int-tmplt,
  so_wvtyp FOR ls_wave_int-wave_type,
  so_wvcat FOR ls_wave_int-wave_cat.

SELECTION-SCREEN BEGIN OF LINE.
  SELECTION-SCREEN COMMENT 1(34) text-001 FOR FIELD p_wrdtf.
  PARAMETERS: p_wrdtf TYPE /scwm/de_rls_date. "Rel. Date from
  SELECTION-SCREEN COMMENT 52(5) text-002 FOR FIELD p_wrdtt.
  PARAMETERS: p_wrdtt TYPE /scwm/de_rls_date. "Rel. Date to
SELECTION-SCREEN END OF LINE.

SELECT-OPTIONS: so_stcr FOR ls_wave_itm-stat_cr.
PARAMETERS: p_thresh TYPE sy-tabix DEFAULT '1000'.

START-OF-SELECTION.
  CLEAR: lt_so_tmplt, lt_so_wvtyp, lt_so_wvcat,
         lt_so_stat_cr, lt_so_rlsdt, lt_wave_itm_ext,
         ls_timestamp_r.
  APPEND LINES OF so_tmplt TO lt_so_tmplt.
  APPEND LINES OF so_wvtyp TO lt_so_wvtyp.
  APPEND LINES OF so_wvcat TO lt_so_wvcat.
  APPEND LINES OF so_stcr TO lt_so_stat_cr.
  "Convert date & time to time stamp
  IF p_wrdtf IS NOT INITIAL OR
     p_wrdtt IS NOT INITIAL.
```

```
  DATA(ls_dattim_from) = VALUE /scwm/s_date_time( date = p_wrdtf ).
  DATA(ls_dattim_to)   = VALUE /scwm/s_date_time( date = p_wrdtt ).
  CALL FUNCTION '/SCWM/CONVERT_DATE_TIME'
    EXPORTING
      iv_lgnum           = p_lgnum
      is_dattim_from     = ls_dattim_from
      is_dattim_to       = ls_dattim_to
    IMPORTING
      es_timestamp_range = ls_timestamp_r
    EXCEPTIONS
      input_error        = 1
      data_not_found     = 2
      OTHERS             = 3.
  IF sy-subrc > 0.
    MESSAGE ID sy-msgid TYPE sy-msgty NUMBER sy-msgno
    WITH sy-msgv1 sy-msgv2 sy-msgv3 sy-msgv4.
  ENDIF.
  DATA(ls_so) = CORRESPONDING rsdsselopt( ls_timestamp_r ).
  APPEND ls_so TO lt_so_rlsdt.
ENDIF.

IF lt_so_stat_cr IS INITIAL AND
   lt_so_rlsdt IS INITIAL.
  RETURN. "input missing
ENDIF.
"2. Select failed wave items up to threshold
CALL FUNCTION '/SCWM/WAVE_SELECT_EXT'
  EXPORTING
    iv_lgnum       = p_lgnum
    iv_rdoccat     = wmegc_doccat_pdo
    ir_tmplt       = lt_so_tmplt
    ir_wave_type   = lt_so_wvtyp
    ir_wave_cat    = lt_so_wvcat
    ir_stat_cr     = lt_so_stat_cr
    ir_released_at = lt_so_rlsdt
  IMPORTING
    et_waveitm     = lt_wave_itm.
SORT lt_wave_itm BY wave wave_itm ASCENDING.
LOOP AT lt_wave_itm ASSIGNING FIELD-SYMBOL(<wave_itm>).
  DATA(lv_tabix) = sy-tabix.
  IF lv_wave <> <wave_itm>-wave AND
  lv_tabix > p_thresh.
```

```
      EXIT.
    ENDIF.

    DATA(ls_wave_itm_ext) = CORRESPONDING /scwm/s_wave_itm( ls_wave_itm ).
    APPEND ls_wave_itm_ext TO lt_wave_itm_ext.
    lv_wave = ls_wave_itm-wave.
    CLEAR ls_wave_itm_ext.
  ENDLOOP.
  "3. Release waves again
  CALL FUNCTION '/SCWM/WAVE_RELEASE_EXT'
    EXPORTING
      iv_lgnum       = p_lgnum
      iv_rdoccat     = wmegc_doccat_pdo
      it_wave_itm    = lt_wave_itm_ext
      iv_immediate   = abap_true
      iv_update_task = abap_true
      iv_commit_work = abap_true
    IMPORTING
      et_ordim_o     = lt_ordim_o
      et_bapiret     = lt_bapiret.
  "4. Write messages for batch job output in spool
  WRITE: / 'Wave-items released: ', lv_tabix.
  LOOP AT lt_ordim_o ASSIGNING FIELD-SYMBOL(<ordim_o>).
    WRITE: / 'Warehouse Task ' ,
    <ordim_o>-tanum , ' created'.
  ENDLOOP.
  LOOP AT lt_bapiret ASSIGNING FIELD-SYMBOL(<bapiret>) WHERE type CA 'EAX'.
    MESSAGE ID <bapiret>-id TYPE <bapiret>-type
    NUMBER <bapiret>-number WITH <bapiret>-message_v1
    <bapiret>-message_v2 <bapiret>-message_v3
    <bapiret>-message_v4 INTO DATA(lv_msgtxt).
    WRITE:/ 'Error ' , lv_msgtxt.
  ENDLOOP.
```

Listing 5.17 Wellenfreigabe über Report Z_WAVE_REPEAT

Aus Performancegründen lassen sich im Selektionsbild des Reports das Freigabedatum sowie die Wellenpositionen einschränken (siehe Abbildung 5.1). Würde der Report in einem Produktivsystem ausgeführt und gäbe alle (fehlerhaften) Wellen ohne Einschränkung wieder frei, könnte die Sperrtabelle sonst überlaufen. Der Report kann direkt gestartet werden. Nur mit sehr restriktiven Selektionskriterien kann er auch regelmäßig im Hintergrund eingeplant werden. Es wird empfohlen, den Parameter **WT-Erstellung** auf **B** zu setzen, um nur Wellen mit fehlenden Lageraufgaben auszuwählen. Wir empfehlen Ihnen außerdem, das Freigabedatum auf ein Datum zu setzen, das nicht mehr als drei Tage in der Vergangenheit liegt.

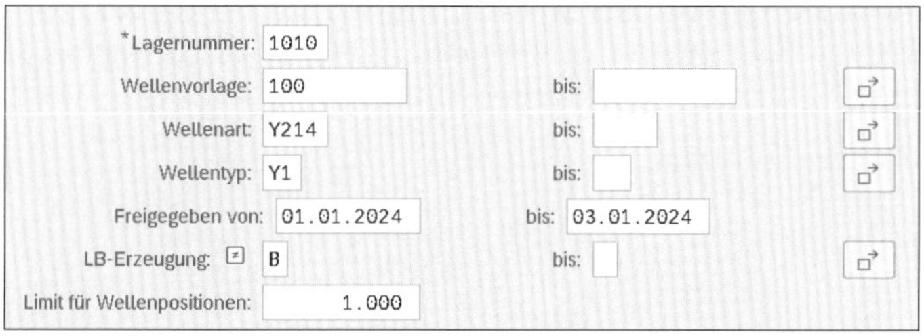

Abbildung 5.1 Eingabebildschirm für den Report Z_WAVE_REPEAT

Der Parameter `IV_RELEASE_SINGLE` des Funktionsbausteins `/SCWM/WAVE_RELEASE_EXT` kann einen großen Einfluss haben. Dieser Parameter steuert, ob die Lagerauftraganlage pro Welle oder für alle ausgewählten Wellen läuft.

5.20 Transporteinheit lesen

Beachten Sie beim Lesen der Transporteinheiten die in diesem Abschnitt beschriebenen Klassen und den Beispielcode.

Klassen

- `/SCWM/CL_SR_TU_QUERY`
- `/SCWM/CL_SR_DB_TU`

Programmlogik

Die Selektionsbedingungen (Handling Unit, Tor etc.) werden über die Methoden der Klasse `/SCWM/CL_SR_TU_QUERY` an eine Query-Instanz übergeben. Diese Query-Instanz muss dann als Parameter an die Datenbankselektionsmethode `/SCWM/CL_SR_DB_TU=>READ_SR_ACTIVITY` übergeben werden. Sie erhalten dann eine Tabelle der Transporteinheiten, einschließlich des eindeutigen Schlüssels (interne Transporteinheitsnummer, Versand- und Empfangsaktivitätsnummer). Wenn Sie den eindeutigen Schlüssel einer Transporteinheit bereits kennen, können Sie die Methode `/SCWM/CL_SR_DB_TU=>READ_SR_ACT_BY_NUM` verwenden. Diese Methode sucht die Transporteinheit zuerst im Puffer, bevor eine Datenbankselektion durchgeführt wird.

Verwendung in EWM

Die Methoden werden unter anderem für die Selektion von Transporteinheiten im Lagerverwaltungsmonitor verwendet.

Verwendungsempfehlung für Zusatzentwicklungen

Die Selektion der Transporteinheiten kann sowohl in kundenspezifischen Reports als auch in BAdI-Implementierungen verwendet werden. Achten Sie bei der Verwendung der Methode /SCWM/CL_SR_DB_TU=>READ_SR_ACTIVITY darauf, dass die Selektion optimal eingeschränkt wird, d. h. die Anzahl der Treffer gering ist. Listing 5.18 zeigt ein Beispiel für eine Transporteinheitsabfrage.

```
REPORT z_read_tu.

DATA: ls_sel_hu          TYPE /scwm/s_sel_huident.

PARAMETERS:     p_lgnum TYPE /scwm/lgnum OBLIGATORY.
SELECT-OPTIONS: s_hu    FOR  ls_sel_hu-low.

"1. Create query instance for warehouse and HU
DATA(lo_log)      = NEW /scwm/cl_log( ).
DATA(lo_tu_query) = NEW /scwm/cl_sr_tu_query(
  iv_sel_start = wmesr_ass_start_min
  iv_sel_end   = wmesr_ass_end_max
  io_log       = lo_log ).
DATA(ls_sel_whse) = VALUE /scwm/s_sel_whse(
  sign   = wmesr_sel_include
  option = wmesr_sel_equal
  low    = p_lgnum ).
lo_tu_query->add_whse( is_whse = ls_sel_whse ).
LOOP AT s_hu.
  CLEAR: ls_sel_hu.
  ls_sel_hu = CORRESPONDING #( s_hu ).
  lo_tu_query->add_huident( is_sel_huident = ls_sel_hu ).
ENDLOOP.

"2. Select TUs from database
TRY.
    /scwm/cl_sr_db_tu=>read_sr_activity(
      EXPORTING
        io_tu_query = lo_tu_query
        io_log = lo_log
      IMPORTING
        et_tu_sr_act = DATA(lt_tu_sr_act) ).
  CATCH /scwm/cx_sr_error .
    MESSAGE e524(/scwm/shp_rcv).
ENDTRY.
```

```
LOOP AT lt_tu_sr_act ASSIGNING FIELD-SYMBOL(<tu_sr_act>).
  WRITE:/ <tu_sr_act>-tu_num,
          <tu_sr_act>-tu_sr_act_num.
ENDLOOP.
```

Listing 5.18 Bestimmung der Transporteinheit anhand der zugewiesenen Handling Unit

Transporteinheiten sind Gruppierungen von Handling Units. Positionen von Handling Units verweisen auf Lieferpositionen. So kann die Selektion einer Transporteinheit zu einer Selektion aller abhängigen Objekte führen.

5.21 Transporteinheit ändern

Berücksichtigen Sie die in diesem Abschnitt beschriebenen Klassen und Methoden für Ihre benutzerspezifischen Änderungen an Transporteinheiten.

Klassen

- /SCWM/CL_SR_BO
- /SCWM/CL_SR_BOM

Methoden

- GET_DATA
- SET_*
- SAVE

Programmlogik

Die Methoden dieser Klassen lesen eine Transporteinheit aus der Datenbank oder aus dem Puffer. In den SET_*-Methoden können die Attribute der Transporteinheit geändert werden.

Verwendung in EWM

Die Methoden werden z. B. in der Transaktion /SCWM/TU (Transporteinheit pflegen) und im RF-Umfeld (laden/entladen) verwendet.

Verwendungsempfehlung für Zusatzentwicklungen

Verwenden Sie diese Methoden in Ihren per Customizing angepassten Reports oder RF-Anwendungen, ähnlich wie im Beispiel in Listing 5.19. Innerhalb einer BAdI-Implementierung sollte die Methode SAVE nicht aufgerufen werden.

```
REPORT z_change_tu.

PARAMETERS: p_tu_sr TYPE /scwm/de_tu_sr_act_num OBLIGATORY.

TRY.
    "1. Get TU
    DATA(lo_bom) = /scwm/cl_sr_bom=>get_instance( ).
    DATA(lo_bo_tu) = lo_bom->get_bo_tu_by_act_id( p_tu_sr ).
    CALL METHOD lo_bo_tu->get_data
      IMPORTING
        es_bo_tu_data = DATA(ls_tu).
    "2. Change TU license plate
    ls_tu-lic_plate = '1234'.
    CALL METHOD lo_bo_tu->set_tu_data
      EXPORTING
        is_bo_tu_data = ls_tu.
    lo_bom->save( ).
  CATCH /scwm/cx_sr_error.
    ROLLBACK WORK.
    /scwm/cl_tm=>cleanup( ).
    RETURN.
ENDTRY.
COMMIT WORK AND WAIT.
/scwm/cl_tm=>cleanup( ).
```

Listing 5.19 Benutzerdefinierte Felder von Transporteinheiten ändern

5.22 Packspezifikationen finden und lesen

Packspezifikationen werden in EWM-Prozessen häufig verwendet, um Packmittel oder Behältermengen zu bestimmen. Die in diesem Abschnitt beschriebenen Funktionsbausteine können für diese Zwecke verwendet werden.

Funktionsbausteine

- /SCWM/API_PACKSPEC_GETLIST
- /SCWM/API_PACKSPEC_READ
- /SCWM/PS_FIND_AUSWERTEN_MULTI

Programmlogik

- Der Funktionsbaustein /SCWM/API_PACKSPEC_GETLIST ermittelt eine Liste von Packspezifikationsschlüsseln nach verschiedenen Selektionskriterien (Identifikation der Packspezifikation, Status, Gruppe der Packspezifikation usw.) aus der Datenbank.

- Der Funktionsbaustein /SCWM/API_PACKSPEC_READ liest vollständige Packspezifikationen aus dem Speicher oder aus der Datenbank und puffert sie gegebenenfalls.
- Der Funktionsbaustein /SCWM/PS_FIND_EVALUATE_MULTI ermittelt anhand eines Schemas der Konditionstechnik und der Felder aus dem Feldkatalog (Produkt, Lagernummer, Warenempfänger etc.) gültige Packspezifikationen.

Verwendung in EWM

Die API-Funktionsbausteine werden in Transaktion /SCWM/PACKSPEC (Packspezifikation pflegen) auf dem Einstiegsbild zur Ermittlung der Packspezifikationen verwendet. Zum Auffinden der Packspezifikation (automatische Verpackung, Lageraufgabe, Lagerungsdisposition usw.) wird der Funktionsbaustein /SCWM/PS_FIND_EVALUATE_MULTI empfohlen.

Verwendungsempfehlung für Zusatzentwicklungen

Die Funktionsbausteine eignen sich sowohl für Ihre eigenen kundenspezifischen Programme als auch, um die Festlegung von Packspezifikationen nach einem eigenen neuen Schema zu realisieren.

5.23 Packspezifikationen anlegen, ändern, kopieren und löschen

Beachten Sie die Funktionsbausteine in diesem Abschnitt, um in Ihrer Programmierung mit Packspezifikationen zu arbeiten.

Funktionsbausteine

- /SCWM/API_PACKSPEC_CREATE
- /SCWM/API_PACKSPEC_CHANGE
- /SCWM/API_PACKSPEC_COPY
- /SCWM/API_PACKSPEC_DELETE

Programmlogik

Diese API-Funktionsbausteine können Packspezifikationen anlegen, ändern, kopieren und löschen.

Verwendung in EWM

Diese API-Funktionsbausteine werden unter anderem in dem Report zum initialen Upload von Packspezifikationen über die Transaktion /SCWM/IPU verwendet.

Verwendungsempfehlung für Zusatzentwicklungen

Die Funktionsbausteine sind für Ihre eigenen Programme geeignet.

5.24 Serviceklasse für RF-Framework

Schauen Sie sich die Klasse in diesem Abschnitt genauer an, wenn Sie Anpassungen an den mobilen Transaktionen des RF-Frameworks vornehmen.

Klasse

`/SCWM/CL_RF_BLL_SRVC`

Methoden

- `GET_ACT_FIELD`
- `SET_FCODE`
- `SET_CRELM_INPUT_OFF`
- `SET_SCRELM_INPUT_ON`

Programmlogik

Die Methoden dieser Serviceklasse bieten einfache Schnittstellen und ermöglichen es Ihnen, in den Prozess und die Darstellung der RF-Transaktionen einzugreifen:

- Die Methode `GET_ACT_FIELD` gibt den Feldnamen des aktuell vom Benutzer bzw. der Benutzerin bearbeiteten Eingabefeldes zurück.
- Verwenden Sie die Methoden `SET_SCRELM_INPUT_OFF` und `SET_SCRELM_INPUT_ON`, um zu steuern, ob bestimmte Felder eingabebereit sind oder nicht.
- Mit der Methode `SET_FCODE` ist es möglich, die Customizing-Einstellung für die Folgeaktivität zu übersteuern.

Verwendung in EWM

Die Methoden werden sowohl im RF-Framework als auch in den RF-Transaktionen für die Einlagerung, Kommissionierung usw. eingesetzt.

Verwendungsempfehlung für Zusatzentwicklungen

Einfache RF-Transaktionen kommen ohne diese Methoden aus, solange die Funktionsbausteine der Anwendung ordnungsgemäß verwendet werden. Wenn Sie jedoch an die Grenzen des RF-Customizings stoßen, können Sie diese Methoden verwenden.

5.25 Zusammenfassung

In diesem Kapitel haben wir einen Überblick über die zentralen Funktionsbausteine und Methoden in EWM gegeben. Dies sollte Ihnen ein gutes Verständnis für die Verwendung dieser Funktionen in EWM und ihre Aufrufe in möglichen Eigenentwicklungen vermitteln. Wir haben auch zahlreiche Codebeispiele und einige Hinweise gegeben, was bei der Implementierung zu beachten ist.

Im nächsten Kapitel werden wir eine Reihe ausgewählter BAdIs innerhalb der EWM-Kernanwendungen vorstellen.

Kapitel 6
Nützliche Business Add-ins in EWM

Die meisten EWM-Implementierungen machen von BAdIs Gebrauch. Dieses Kapitel enthält Informationen über ausgewählte BAdIs innerhalb der Kernmodule Lieferabwicklung und Lagerlogistik.

In den vorangegangenen Kapiteln haben Sie die Verwendung von häufig verfügbaren Elementen des SAP Enhancement Frameworks, den Business Add-ins (BAdIs) kennengelernt. In diesem Kapitel finden Sie eine Auflistung weiterer BAdIs, die in EWM verfügbar sind. Aufgrund ihrer großen Anzahl können wir keine vollständige Liste aller BAdIs präsentieren und beschränken uns daher auf einige Schwerpunktbereiche rund um die Lieferabwicklung und die Lagerlogistik. Dazu gehören die folgenden:

- Lieferabwicklung (Abschnitt 6.1)
- Wellenmanagement (Abschnitt 6.2)
- Lageraufgabe (Abschnitt 6.3)
- Lagerauftragsanlage (Abschnitt 6.4)
- Ausnahmebehandlung (Abschnitt 6.5)

Wenn Sie bereits andere SAP-Produkte, wie z. B. SAP S/4HANA, einsetzen, haben Sie sicherlich schon Erfahrungen mit BAdI-basierten Erweiterungen gesammelt. EWM wird Sie jedoch mit seiner gut strukturierten BAdI-Suchmöglichkeit und Dokumentation überraschen. Die BAdIs sind nicht nur eindeutig sinnvollen Erweiterungsspots zugeordnet, sondern auch meist sehr detailliert dokumentiert. Sie finden diese Dokumentation im Einführungsleitfaden (IMG) unter **Extended Warehouse Management Business Add-Ins (BAdIs) für Extended Warehouse** oder in der mit dem BAdI verbundenen Schnittstelle (Transaktion SE24). Gelegentlich sind dort auch Beispielimplementierungen verfügbar.

Überblick über die verfügbaren Business Add-ins in EWM

Neben der Berücksichtigung des Einführungsleitfadens empfehlen wir Ihnen, sich einen Überblick über die verfügbaren BAdIs zu verschaffen, indem Sie einen Blick auf die Erweiterungsspots für EWM werfen. Rufen Sie dazu Transaktion SE20 auf und wählen Sie den zusammengesetzten Erweiterungsspot `/SCWM/ESC_MAIN`. Dieser zusammengesetzte Erweiterungsspot besteht wiederum aus einer weiteren Ebene von zusammengesetzten Erweiterungsspots, die nach Funktionsbereichen oder Entwicklungspaketen untergliedert sind. Durch einen Doppelklick auf einen dieser zusammengesetzten Erweiterungsspots erhalten Sie eine Liste der enthaltenen Erweiterungsspots auf der nächsten Ebene. Mit einem weiteren Doppelklick gelangen Sie dann zu den im ausgewählten Erweiterungsspot enthaltenen BAdI-Definitionen.

In EWM werden keine User-Exits verwendet. Benutzerdefinierte Erweiterungen sind nur über BAdIs als Teil des Enhancement Frameworks möglich.

Einführung in die Implementierung von Business Add-ins

Wir gehen davon aus, dass Sie bereits ein oder mehrere BAdIs implementiert haben. Daher verzichten wir an dieser Stelle auf eine Einführung in die Arbeit mit BAdIs. Eine gute Einführung in die Implementierung von BAdIs finden Sie in der SAP-Hilfe unter **Enhancement Framework** (siehe *http://help.sap.com*).

In den folgenden Abschnitten beschreiben wir die BAdIs anhand des folgenden Schemas:

- **Zusammengesetzter Erweiterungsspot <Name>**
  In Transaktion SE20 finden Sie ein BAdI, das mit einem Erweiterungsspot verknüpft ist, der diesem zusammengesetzten Erweiterungsspot zugeordnet ist.
- **Erweiterungsspot <Name>**
  Sie finden das BAdI in der Transaktion SE18, wenn Sie nach diesem Erweiterungsspot selektieren.
- **BAdI <Name>**
  Sie finden das BAdI unter diesem Namen in Transaktion SE18.
- **Funktionelle Beschreibung**
  In diesem Abschnitt wird die Funktion des BAdI zusammengefasst. Dies soll Ihnen helfen zu prüfen, ob das BAdI für Ihre geplante Erweiterung infrage kommt. Falls vorhanden, finden Sie weitere Details zum BAdI in seiner spezifischen Dokumentation innerhalb der Customizing-Dokumentation oder in der technischen Dokumentation der zugrunde liegenden Schnittstelle.
- **Methoden <Name>**
  Die Namen der im BAdI enthaltenen Methoden geben Ihnen wahrscheinlich schon eine Vorstellung davon, wofür sie verwendet werden sollen. Dies kann bei der Suche nach der richtigen Erweiterungsoption eine gewisse Hilfe sein.
- **Aufrufende Stelle**
  Hier finden Sie Anwendungen oder Entwicklungsobjekte, die das BAdI aufrufen, ähnlich wie in einem Verwendungsnachweis.

- **Customizing-Pfad <Pfad>**
  Für die meisten BAdIs wird ein Customizing-Knoten verfügbar sein, der weitere Informationen zu dem BAdI enthalten kann und über den dessen Implementierung gestartet werden kann.

6.1 Lieferabwicklung

Abbildung 6.1 zeigt die Verwendung der ausgewählten Erweiterungsspots während der Bearbeitung einer Lieferung (bzw. Lageranforderung). Die Erweiterungsspots sind nach dem Belegfluss des Liefer- (oder Lageranforderungs-)Belegs in EWM chronologisch von ❶ bis ❿ aufgeführt, entsprechend Abschnitt 6.1.1 bis Abschnitt 6.1.10.

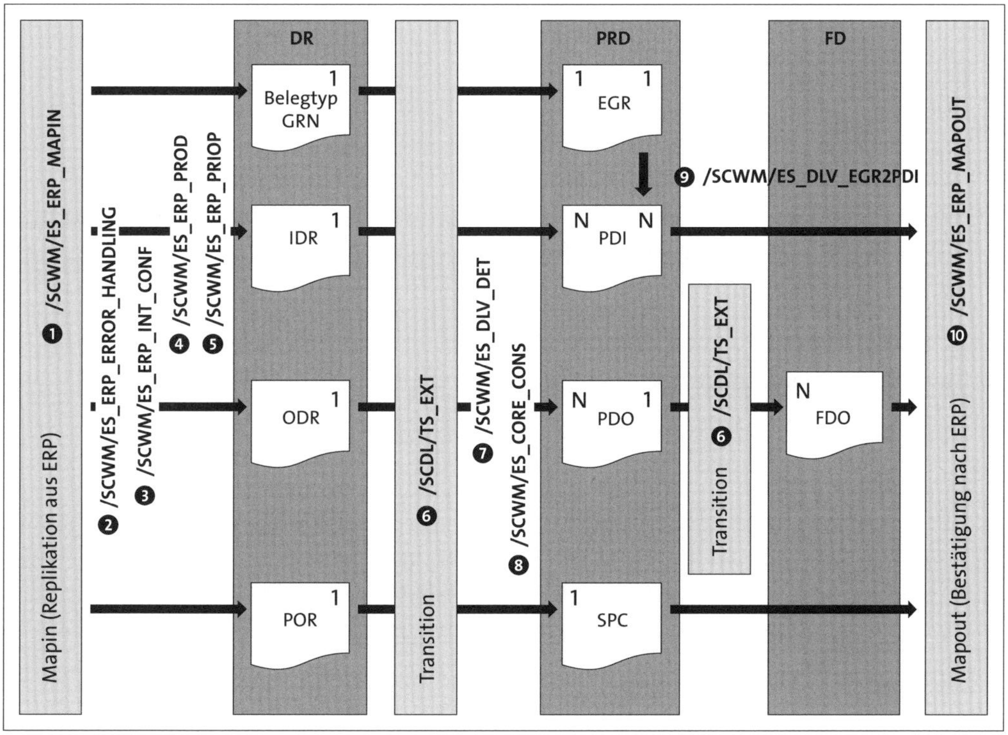

Abbildung 6.1 Ausgewählte Erweiterungsspots in der Lieferabwicklung

Der Belegfluss beginnt mit der Replikation des Belegs aus SAP ERP bzw. SAP S/4HANA in die EWM-Eingangsverarbeitung (`MAPIN`) ❶–❺, durchläuft je nach Typ ein oder zwei Folgebelege (Belegübergang bzw. Transition) ❻–❾ und reicht bis zur Rückmeldung an SAP ERP bzw. SAP S/4HANA (`MAPOUT`) ❿. Die verfügbaren Erweiterungsspots basieren auf den jeweiligen Bearbeitungszeiten der Lieferanforderung, der Lieferung in Bearbeitung und der bestätigten oder endgültigen Lieferung.

Die Erweiterungsspots in diesem Abschnitt gehören zu den zusammengesetzten Erweiterungsspots /SCWM/ESC_ERP und /SCWM/ESC_DLV.

6.1.1 Erweiterungsspot /SCWM/ES_ERP_MAPIN

Die BAdIs für eingehende Nachrichten aus dem SAP-S/4HANA-System (Customer-Exits) lauten wie folgt:

- /SCWM/EX_ERP_MAPIN_ID_REPLACE
- /SCWM/EX_ERP_MAPIN_ID_SAVEREPL
- /SCWM/EX_ERP_MAPIN_OD_SAVEREPL
- /SCWM/EX_ERP_MAPIN_OD_CHANGE
- /SCWM/EX_ERP_MAPIN_MFG
- /SCWM/EX_ERP_MFG_DATE_CMP

In diesen BAdIs können Sie das Mapping von Liefer- und Fertigungsauftragsdaten aus SAP S/4HANA mit Liefer- und Produktionsmaterialanforderungsdaten in EWM beeinflussen. Sie können z. B. kundenspezifische Daten aus den Erweiterungsstrukturen an kundenspezifische Felder der EWM-Liefer- und Produktionsmaterialanforderung übergeben oder Termine für die Bereitstellung von Komponenten mithilfe kundenspezifischer Logik bestimmen.

Die wichtigsten Methoden dieser BAdIs sind folgende:

- MAPIN: kundenspezifisches Feld-Mapping
- GET_STAGING_DATE: Termine für die Bereitstellung von Komponenten (in /SCWM/EX_ERP_MFG_DATE_CMP)

Die BAdIs werden in der Eingangsverarbeitung kurz vor der Übergabe der Lieferdaten aus SAP S/4HANA an die EWM-Lieferabwicklung aufgerufen. Dies geschieht in der Methode CALL_MAPIN_BADI der folgenden Klassen:

- /SCWM/CL_MAPIN_ID_REPLACE
- /SCWM/CL_MAPIN_ID_SAVEREPLICA
- /SCWM/CL_MAPIN_OD_SAVEREPLICA
- /SCWM/CL_MAPIN_OD_CHANGE

Für Produktionsmaterialanforderungen werden die folgenden Methoden verwendet:

- /SCWM/CL_MAPIN_PRODUCTION~CREATE_WHR
- /SCWM/CL_MAPIN_PRODUCTION~MAP_COMP_DATES

Die entsprechenden Customizing-Pfade lauten wie folgt:

- **Schnittstellen • ERP-Integration • Eingehende Nachrichten vom ERP-System zum EWM**
- **Schnittstellen • ERP-Integration • Produktion**

6.1.2 Erweiterungsspot /SCWM/ES_ERP_ERROR_HANDLING

Dieser Erweiterungsspot verwendet das BAdI `/SCWM/EX_ERP_ERROR_QUEUE` (zusätzliche Funktionen für Fehler im qRFC). Mit diesem BAdI können Sie zusätzliche Funktionen bei einer fehlerhaften Verarbeitung von Eingangsnachrichten in EWM hinzufügen. Sie können z. B. eine Funktion implementieren, um einen Alert oder Workflow auszulösen, der die Administration umgehend über eine nicht verarbeitete Nachricht informiert, ähnlich wie die standardmäßig verfügbare Alerting-Funktion für die Nachrichtenverarbeitung. Beachten Sie, dass hängende Queueeinträge auch im Lagerverwaltungsmonitor angezeigt werden können.

Die wichtigste Methode dieses BAdI ist `PUBLISH_Q_ERROR` (Reaktion auf Fehler bei der Verarbeitung der eingehenden qRFC-Nachricht).

Dieses BAdI wird bei einem Fehler aufgerufen, der bei der Nachrichtenbehandlung in der Methode `CREATE_APPL_LOG` der Klasse `/SCWM/CL_MESS_MAPIN` bearbeitet wurde.

Der entsprechende Customizing-Pfad lautet **Schnittstellen • ERP-Integration • Lieferabwicklung • BAdI: Zusatzfunktionen Fehler im qRFC**.

[+]

Anleitung zum Alertig bei der qRFC-Nachrichtenverarbeitung

Weitere Informationen zum Einrichten des EWM-Standards für die Benachrichtigung über qRFC-Nachrichten finden Sie in der EWM-Anleitung »How to Configure Email Alerting for qRFC: Simplified qRFC Monitoring«. Sie finden sie in der Liste der EWM-Anleitungen im SAP-Support-Wiki unter *http://s-prs.de/v1013801*.

6.1.3 Erweiterungsspot /SCWM/ES_ERP_INT_CONF

Dieser Erweiterungsspot verwendet das BAdI `/SCWM/EX_ERP_INT_CONF` (ERP-EWM-Integration der Beleg- und Positionsarten). Dieses BAdI wird für das Mapping der Beleg- und Positionsarten der SAP-S/4HANA-Lieferung und der EWM-Lieferung oder -Lageranforderung verwendet. Standardmäßig ist die BAdI-Implementierung `/SCWM/CL_DEF_IM_ERP_INT_CONF` aktiv. Der Standardcode wird automatisch ausgeführt. Es wird entweder eine Kundenimplementierung oder die Standardimplementierung durchlaufen. Aus diesem Grund sollten Sie die Standardverarbeitungslogik in Ihre Implementierung einbeziehen, falls Ihre kundenspezifische Logik keine Beleg- oder Positionsart zurückgibt.

Die wichtigsten Methoden dieser BAdIs sind folgende:

- DET_DOCTYPE (Ermittlung der Belegart für die Lieferung aus dem SAP-S/4HANA-System)
- DET_ITEMTYPE (Ermittlung der Positionsart für die Lieferung aus dem SAP-S/4HANA-System)
- DET_ERP_DLVTYPE (SAP-S/4HANA-Lieferart für EWM-Belegart ermitteln)

Die Methoden DET_DOCTYPE und DET_ITEMTYPE werden bei der Eingangsverarbeitung von Nachrichten zu Lieferungen von SAP S/4HANA an EWM sequenziell aufgerufen. Sie werden für jede Position einmal durchlaufen. Die Methode DET_ERP_DLVTYPE wird bei der Replikation von in EWM angelegten Lieferungen nach SAP S/4HANA aufgerufen und dient der Ermittlung von Beleg- und Positionsarten.

Der entsprechende Customizing-Pfad lautet **Schnittstellen • ERP-Integration • BAdI: ERP-EWM-Integration für die Auslieferung**.

6.1.4 Erweiterungsspot /SCWM/ES_ERP_PROD

Dieser Erweiterungsspot verwendet das BAdI /SCWM/EX_ERP_PROD (Produktstamm in der Mapping-Eingangsverarbeitung neu anlegen). Mit diesem BAdI können Sie einen Produktstammsatz innerhalb der Nachrichteneingangsverarbeitung einer Anlieferung anlegen. Es enthält eine Beispielimplementierung /SCWM/CL_EI_ERP_PROD, an der Sie sich orientieren können.

Die wichtigsten Methoden dieses BAdI sind folgende:

- PRODUCT_ADD (Daten für die Anlage eines Produkts sammeln)
- PRODUCT_CREATE (Produkte anlegen)

Das BAdI wird bei der Eingangsverarbeitung von Nachrichten in der Methode CREATE_DR der Klasse /SCWM/CL_MAPIN_ID_SAVEREPLICA aufgerufen.

Der relevante Customizing-Pfad lautet **Schnittstellen • ERP-Integration • Eingangsnachrichten vom ERP-System an EWM • BAdI: Fehlende Produktstammdaten in der Mapping-Eingangsverarbeitung behandeln**.

6.1.5 Erweiterungsspot /SCWM/ES_ERP_PRIOP

Dieser Erweiterungsspot verwendet das BAdI /SCWM/EX_ERP_PRIOP (PrioP auf Folgebelegen aktualisieren). Mit diesem BAdI können Sie die *Prioritätspunkte* (PrioP) in den Folgebelegen der Lageranforderung für den Wareneingang ändern, z. B. die Lageraufgabe oder die Handling Unit.

Die wichtigste Methode dieses BAdI ist SAVE (speichert Prioritätspunkte in Folgebelegen).

Das BAdI wird ausgeführt, wenn eine Anlieferung in SAP S/4HANA nachträglich eine Aktualisierung der Prioritätspunkte aus SAP Advanced Planning and Optimization (SAP APO) erhält und daher die Aktualisierung der Nachrichtenverarbeitung für die entsprechende Anlieferungsanforderung in EWM anstößt. Das BAdI wird in der Methode CALL_BADI der Klasse /SCWM/CL_MAPIN_ID_PRIOP aufgerufen.

Der entsprechende Customizing-Pfad lautet **Schnittstellen • ERP-Integration • Eingangsnachrichten vom ERP-System an EWM • BAdI: Aktualisierungspriorität für Folgebelege**.

6.1.6 Erweiterungsspot /SCDL/TS_EXT

Dieser Erweiterungsspot verwendet die folgenden BAdIs:

- /SCDL/TS_DATA_COPY (Lageranforderung für Wareneingang)
- /SCDL/TS_DATA_COPY_O (Lageranforderung für Warenausgang)

Mit diesen BAdIs können Sie die Übertragung von Daten zwischen den Lieferbelegarten steuern. Dazu müssen Sie die entsprechenden Methoden implementieren. Eine Implementierung ist nur dann erforderlich, wenn die benutzerdefinierten Felder nachfolgender Belegarten unterschiedliche Bezeichnungen tragen. Der Datenaustausch zwischen Feldern mit identischer Namensgebung erfolgt automatisch.

Ein Beispielfall wäre die Übergabe von kundenspezifischen Daten aus Lageranforderungsmeldungen an die Kopfdaten (MODIFY_EEW_HEAD) oder Positionsdaten (MODIFY_EEW_ITEM) der Verarbeitungsbelege. Beachten Sie, dass diese BAdIs im Nachrichteneingang nur dann aufgerufen werden, wenn Lieferanforderungen nicht übersprungen werden, d. h., wenn Sie Decentralized EWM verwenden und das Überspringen der Lageranforderung im Customizing nicht aktiviert haben.

Die wichtigsten Methoden dieser BAdIs sind folgende:

- MODIFY_DATE_HEAD
- MODIFY_REFDOC_HEAD
- MODIFY_PARTYLOC_HEAD
- MODIFY_INCOTERMS_HEAD
- MODIFY_TRANSP_HEAD
- MODIFY_DATE_ITEM
- MODIFY_REFDOC_ITEM
- MODIFY_STOCK_ITEM
- MODIFY_PARTYLOC_ITEM
- MODIFY_PRODUCT_ITEM
- MODIFY_DELTERM_ITEM

- MODIFY_HU
- MODIFY_PRCODES_ITEM
- MODIFY_EEW_HEAD
- MODIFY_EEW_ITEM
- MODIFY_PRODUCT_ITEM_EXT
- MODIFY_ADDMEAS_HEAD
- MODIFY_ADDMEAS_ITEM

Die BAdIs werden im Übergangsservice durchlaufen, der bei der Anlage von Folgebelegen in der Lageranforderungsverarbeitung aufgerufen wird. Die BAdI-Methoden werden in den entsprechenden Methoden der Klassen /SCDL/CL_TS_DT* aufgerufen.

Der entsprechende Customizing-Pfad lautet **Prozessübergreifende Einstellungen • Lieferung • Lageranforderung • BAdI: Datenübertragung von Quell- zu Zielobjekt (Eingangsprozess)** bzw. **BAdI: Datenübertragung von Quell- zu Zielobjekt (Ausgangsprozess)**.

6.1.7 Erweiterungsspot /SCWM/ES_DLV_DET

Dieser Erweiterungsspot verwendet die folgenden BAdIs:

- /SCWM/EX_DLV_AVAIL_CHECK (Verfügbarkeitsprüfung bei der Verarbeitung von Eingabe- und Ausgabedaten)
- /SCWM/EX_DLV_DET_ADDMEAS (Bearbeitung von Zusatzmengen)
- /SCWM/EX_DLV_DET_AFTER_CHANGE (Ermittlung nach dem Zeitpunkt Anlegen/Ändern)
- /SCWM/EX_DLV_DET_AFTER_SAVE (Zeitpunkt nach Übergabe der Lieferung an die Verbuchungstask)
- /SCWM/EX_DLV_DET_AT_SAVE (Ermittlung zum Zeitpunkt Speichern)
- /SCWM/EX_DLV_DET_GM_BIN (Ermittlung des Warenbewegungsplatzes)
- /SCWM/EX_DLV_DET_HIER_CORR (Ermittlung der Liefermengenkorrelation in Hierarchien)
- /SCWM/EX_DLV_DET_LOAD (Ermittlungen zum Zeitpunkt Laden (Felder noch änderbar))
- /SCWM/EX_DLV_DET_POD_REL (BAdI: Ermittlung der LEB-Relevanz für in EWM angelegte Lieferposition)
- /SCWM/EX_DLV_DET_PROCTYPE (Ermittlung der Lagerprozessart)
- /SCWM/EX_DLV_DET_REJ (Einplanung eines Jobs zum Setzen des Status DWM)
- /SCWM/EX_DLV_DET_ROUTE (Routenfindung und Validierung)

Mit diesen BAdIs können Sie verschiedene Ermittlungen in der Lageranforderungsverarbeitung beeinflussen, meist am Übergang von der Benachrichtigung zum Bearbeitungsbeleg. Sie können z. B. die Ermittlung der Route, der Lagerprozessart oder des Warenbewegungsplatzes durch eigene Logik überschreiben. Details und Beispielimplementierungen zu den BAdIs /SCWM/EX_DLV_DET_AFTER_CHANGE und /SCWM/EX_DLV_VAL_VALIDATE finden Sie in SAP-Hinweis 1064376.

[+]

Informationen zur Analyse der Methoden

Weitere Informationen zur Methodenanalyse, insbesondere zum Verständnis der Eingabe- und Ausgabeparameter, finden Sie in der jeweiligen BAdI- oder Schnittstellendokumentation.

Die BAdIs werden bei der Anlage oder Änderung von Lageranforderungen aufgerufen.

Der entsprechende Customizing-Pfad lautet **Prozessübergreifende Einstellungen • Lieferung • Lagerabruf • Ermittlungen**.

6.1.8 Erweiterungsspot /SCWM/ES_CORE_CONS

Für den Erweiterungsspot /SCWM/ES_CORE_CONS werden wir uns zwei BAdIs ansehen: /SCWM/EX_CORE_CONS und /SCWM/EX_CORE_CONS_ST.

BAdI /SCWM/EX_CORE_CONS

Das erste BAdI, das wir uns ansehen, ist /SCWM/EX_CORE_CONS (Ermittlung der Konsolidierungsgruppe). Mit diesem BAdI können Sie die Konsolidierungsgruppe für eine Auslieferungsposition nach Ihrer eigenen Logik bestimmen. Neben den Standardparametern Lagernummer, Warenempfänger, Route, Priorität und Tor können Sie zusätzliche Daten aus der Lageranforderung für die Ermittlung der Konsolidierungsgruppe abfragen.

Die wichtigste Methode dieses BAdI ist DSTGRP (Konsolidierungsgruppe).

Das BAdI wird bei der Anlage eines Verarbeitungsbelegs für eine Lageranforderung für den Warenausgang im Funktionsbaustein /SCWM/DSTGRP_OUTB_DET aufgerufen.

Der entsprechende Customizing-Pfad lautet **Warenausgangsprozess • BAdI: Konsolidierungsgruppe definieren**.

BAdI /SCWM/EX_CORE_CONS_ST

Das zweite BAdI, das wir uns ansehen, ist /SCWM/EX_CORE_CONS_ST (Definition der Konsolidierungsgruppe für die Umlagerung). Mit diesem BAdI können Sie die Konsolidierungsgruppe für eine Umlagerungslieferposition nach Ihrer eigenen Logik bestimmen. Neben den voreingestellten Parametern Lagernummer, Priorität, Lagerprozessart und Belegtyp können Sie weitere Lieferdaten für die Ermittlung der Konsolidierungsgruppe abfragen. Customizing und Nummernkreise sind für die Konsolidierungsgruppenermittlung ebenfalls verfügbar. Setzen Sie den Changing-Parameter CV_DSTGRP in Ihrer eigenen Implementierung nach Ihrer eigenen Logik.

Die wichtigste Methode dieses BAdI ist DSTGRP (Konsolidierungsgruppe).

Das BAdI wird beim Anlegen eines Umlagerungs-Lieferabwicklungsbelegs in der lokalen Klasse lcl_st_doc des Includes /SCWM/LDSTGRPF03 mit der Methode call_badi aufgerufen.

Der relevante Customizing-Pfad lautet **Lagerinterne Prozesse • Umlagerung • BAdI: Definition der Konsolidierungsgruppen für Umlagerung**.

6.1.9 Erweiterungsspot /SCWM/ES_DLV_EGR2PDI

Dieser Erweiterungsspot enthält die folgenden BAdIs:

- /SCWM/EX_DLV_EGR2PDI_AFTERCOPY (zusätzliche Daten vom erwarteten WE in die Anlieferung kopieren)
- /SCWM/EX_DLV_EGR2PDI_COMPARE (Füllen zusätzlicher Felder für den Vergleich der erwarteten WE-Anlieferung)
- /SCWM/EX_DLV_EGR2PDI_TEXT (Texte aus dem erwarteten Wareneingang bei der Anlieferungsanlage ändern)
- /SCWM/EX_DLV_EGR2PDI_VAL (Validierung der erwarteten WE-Anlieferung vor Anlage der Anlieferung aus dem erwarteten WE)

Mit diesen BAdIs können Sie zusätzliche Daten aus einem erwarteten Wareneingangsbeleg in eine Eingangslageranforderung kopieren und die Übertragung von benutzerdefinierten Feldern sowie die Verwendung von Texten steuern.

[+]

Informationen zur Analyse der Methode

Weitere Informationen zur Methodenanalyse, insbesondere zum Verständnis der Eingabe- und Ausgabeparameter, finden Sie in der jeweiligen BAdI- oder Schnittstellendokumentation.

Die BAdIs werden bei der Übergabe eines erwarteten Wareneingangsbelegs an eine Eingangslageranforderung in den entsprechenden Methoden der Klasse /SCWM/CL_DLV_EGR2PDI aufgerufen.

Der entsprechende Customizing-Pfad lautet **Wareneingangsprozess • Erwarteter Wareneingang**.

6.1.10 Erweiterungsspot /SCWM/ES_ERP_MAPOUT

Alle in diesem Abschnitt behandelten BAdIs werden beim Speichern des jeweiligen Lageranforderungsbelegs aufgerufen. Der entsprechende Customizing-Pfad für diese BAdIs lautet **Schnittstellen • ERP-Integration • Ausgehende Nachrichten vom EWM an das ERP-System**.

In den folgenden Abschnitten betrachten wir drei spezifische BAdIs (/SCWM/EX_ERP_MAPOUT_DELINFO, /SCWM/EX_MSL_MESSAGE_SORT, /SCWM/EX_VAL_PROD_REF) sowie zwei Gruppen von BAdIs näher.

BAdI /SCWM/EX_ERP_MAPOUT_DELINFO

Das erste BAdI, das wir uns ansehen, ist /SCWM/EX_ERP_MAPOUT_DELINFO (Zuordnung einer Nachricht zu einer Behandlungsklasse). Dieses BAdI kann bei der Integration von EWM mit SAP S/4HANA verwendet werden, um einer benutzerdefinierten Nachrichtenart eine Verarbeitungsklasse zuzuweisen. Neue Nachrichtenarten werden über die entsprechenden BAdIs mit dem Namen /SCWM/EX_MSL_FILL_* bestimmt. Sie können eine standardmäßig verfügbare oder eine von Ihnen angelegte Verarbeitungsklasse zuordnen. Die eigene Klasse muss das Interface /SCWM/IF_MAPOUT_DELINFO implementieren. Beispiele für die Zuordnung einer Klasse finden Sie in der Methode PROCESS_MESSAGES der Klasse /SCWM/CL_MAPOUT_MSG_DELINFO.

Die wichtigste Methode dieses BAdI ist ASSIGN_CLASS. Sie ordnet eine Nachricht einer Behandlungsklasse zu.

BAdI /SCWM/EX_MSL_MESSAGE_SORT

Als Nächstes sehen wir uns das BAdI /SCWM/EX_MSL_MESSAGE_SORT (Sortierung ermittelter Nachrichten) an. Sie können dieses BAdI verwenden, um die benutzerdefinierten Nachrichtenarten zu sortieren. Eine oder mehrere Nachrichtenarten legen Sie im BAdI /SCWM/CL_DLV_MSL_FILL fest. Zusätzlich zu diesen benutzerdefinierten Nachrichtenarten können Sie auch Standardnachrichtenarten festlegen. Diese werden in der Methode SORT_INSERT_MESSAGES der Klasse /SCWM/CL_DLV_MSG_LOG sortiert. Die Sortierung erfolgt nach dem Feld time_stamp. Dazu müssen Sie Ihrer Nachrichtenart eine Rangnummer zuweisen, die aus einer ganzen (positiven) Zahl bestehen sollte. Wenn Sie keine Rangnummer zuweisen, wird das System Ihrer Nachrichtenart die Rangnummer 999 zuweisen. Die Nachrichtenarten (Standard und benutzerdefiniert) werden anschließend nach ihren Rangnummern sortiert. Die zugehörigen SAP-S/4HANA-Nachrichten werden in genau dieser Reihenfolge an das SAP-S/4HANA-System gesendet.

Die wichtigste Methode dieses BAdI ist SORT. Sie sortiert die ermittelten Nachrichten.

BAdI /SCWM/EX_VAL_PROD_REF

Betrachten wir zum Schluss noch das BAdI /SCWM/EX_VAL_PROD_REF (Validierung von Produktionsdaten). Dieses BAdI wird beim Speichern einer manuell angelegten Lageranforderung für den Wareneingang aufgerufen. Das BAdI prüft, ob die Referenz zum Produktionsauftrag gültig ist. Die Validierung kann in EWM oder in SAP S/4HANA durchgeführt werden. Während der Validierung in EWM wird in der Datenbank nach Lageranforderungspositionen mit derselben Referenz zum Produktionsauftrag gesucht. Wenn diese Referenz vorhanden ist, war die Validierung erfolgreich.

Bei der Validierung in SAP S/4HANA wird der Funktionsbaustein /SPE/INB_GR_PROD_CHECK im SAP-S/4HANA-System aufgerufen. Dieser Funktionsbaustein prüft, ob es eine Referenz zur Produktion gibt, und vergleicht die offenen Mengen in SAP S/4HANA mit den Lageranforderungsmengen in EWM. Wenn die Validierung in SAP S/4HANA nicht erfolgreich ist, sendet SAP S/4HANA detaillierte Informationen an EWM zurück.

Die wichtigste Methode dieses BAdI ist CHECK_REFERENCE. Sie prüft die Produktionsreferenz.

BAdIs zur Beeinflussung der Datenübertragung von Nachrichten

Der Erweiterungsspot /SCWM/ES_ERP_MAPOUT enthält zwei Hauptgruppen von BAdIs. Mit der ersten Gruppe (MAPOUT-BAdIs) können Sie die Datenübertragung der Nachrichten von EWM nach SAP S/4HANA beeinflussen:

- /SCWM/EX_ERP_MAPOUT_ID_CONFDEC (BAdI für WE von Anlieferungen)
- /SCWM/EX_ERP_MAPOUT_ID_REPLACE (BAdI für ID REPLACE)
- /SCWM/EX_ERP_MAPOUT_ID_REPLICA (BAdI für ID REPLICA)
- /SCWM/EX_ERP_MAPOUT_ID_SPLIT (BAdI für ID SPLIT DEC)
- /SCWM/EX_ERP_MAPOUT_OD_CHANGE (BAdI für OD CHANGE)
- /SCWM/EX_ERP_MAPOUT_OD_CONFDEC (BAdI für OD CONF DEC)
- /SCWM/EX_ERP_MAPOUT_OD_REPLICA (BAdI für OD REPLICA)
- /SCWM/EX_ERP_MAPOUT_OD_SPLIT (BAdI für OD SPLIT DEC)

Alle BAdIs enthalten eine Methode namens MAPOUT.

BAdIs zum Füllen des Nachrichtenprotokolls mit benutzerdefinierter Logik

Die andere Gruppe von BAdIs (MSL_FILL) ermöglicht es Ihnen, das Nachrichtenprotokoll über eine eigene Logik zu befüllen. Meldungen an SAP S/4HANA werden im Nachrichtenprotokoll geplant, von wo aus der Versand gesteuert wird. Die folgenden einzelnen BAdIs beziehen sich auf die verschiedenen Belegtypen und werden alle über dasselbe Interface /SCWM/IF_EX_MSL_FILL definiert:

- /SCWM/EX_MSL_FILL_FD (BAdI für FD-Nachrichtenprotokollermittlung)
- /SCWM/EX_MSL_FILL_PRD_INB (BAdI für PRDI-Nachrichtenprotokollermittlung)
- /SCWM/EX_MSL_FILL_PRD_OUTB (BAdI für PRDO-Nachrichtenprotokollermittlung)
- /SCWM/EX_MSL_FILL_SPC (BAdI für SPC-Nachrichtenprotokollermittlung)

Dieses Interface enthält die Methode DET_ERP_MESSAGES.

6.2 Wellenmanagement

Die automatische Wellenplanung kann eine Wellenermittlung durchführen und Auslieferungsaufträge, Umbuchungen oder Umlagerungspositionen als Wellenpositionen nach den in den sogenannten *Wellenvorlagen* definierten Regeln optimal zu Wellen zusammenfassen. Neben umfangreichen Customizing-Optionen können Sie in der Wellenplanung zwei BAdIs verwenden, um diesen Prozess Ihren eigenen Bedürfnissen anzupassen, wie in Abbildung 6.2 gezeigt. Die drei BAdI-Methoden, die generell für die Wellenverarbeitung zur Verfügung stehen, finden sich in zwei von drei Verarbeitungsblöcken des Wellenmanagements wieder.

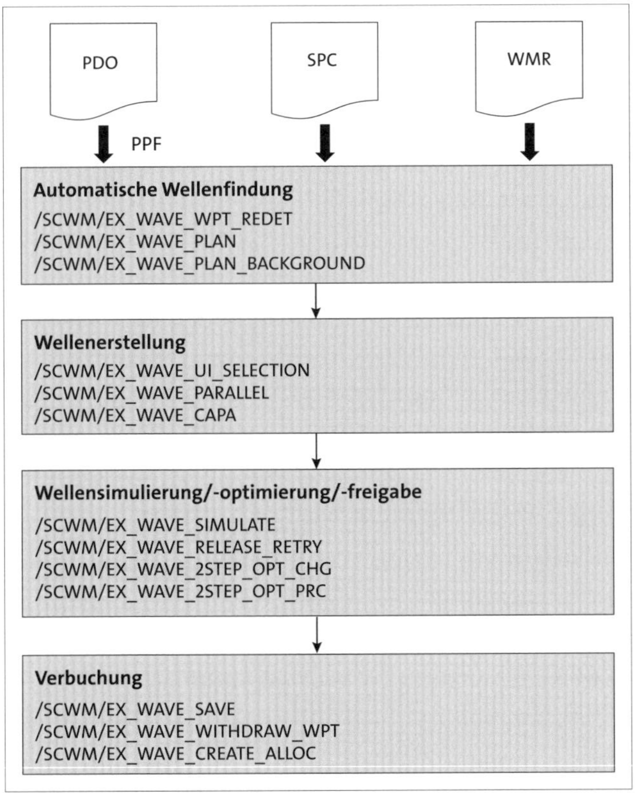

Abbildung 6.2 BAdIs im Wellenmanagement

Lageranforderungspositionen können automatisch Wellen zugewiesen werden. Die Wellenvorlage, die auf der Grundlage der Konditionstechnik ermittelt wird, definiert die entsprechenden Regeln für diese Gruppierung. Die Werte von zusätzlichen Feldern, die in der Konditionstechnik verwendet werden sollen, können über ein BAdI festgelegt werden. Daneben können Sie das Ergebnis der automatischen Wellenzuordnung beeinflussen. Schließlich können Sie Wellenkopf- und -positionsfelder zum Zeitpunkt des Speicherns der Welle ändern. Bei der Fehlersuche in der Wellenverwaltung kann die Aktivierung der Checkpoint-Gruppe /SCWM/WAVE hilfreich sein. Der Erweiterungsspot /SCWM/ES_WAVE gehört zum zusammengesetzten Erweiterungsspot /SCWM_ESC_CORE.

6.2.1 Erweiterungsspot /SCWM/ES_WAVE

In den folgenden Abschnitten werden wir 13 BAdIs besprechen, die im Erweiterungsspot /SCWM/ES_WAVE enthalten sind.

BAdI /SCWM/EX_WAVE_WPT_REDET

Betrachten wir zunächst das BAdI /SCWM/EX_WAVE_WPT_REDET (Aktivierung der Lagerprozessarten-Neuermittlung vor der Wellenermittlung). Mit diesem BAdI können Sie eine Neuermittlung der Lagerprozessart anstoßen, bevor Lieferpositionen einer Welle hinzugefügt werden. Die Neuermittlung wird nur durchgeführt, wenn die Wellenermittlung im Post Processing Framework (PPF) stattfindet. Mit der Methode IS_REDETERMINATION_REQUIRED können Sie die Kopf- und Positionsinformationen der Lieferung prüfen und entscheiden, ob die Neuermittlung durchgeführt werden soll. Wenn dies der Fall ist, wird die Lagerprozessart zurückgesetzt, um eine neue Ermittlung zu initiieren.

Sie können auch das BAdI /SCWM/EX_DLV_DET_PROCTYPE (Bestimmung der Lagerprozessart) implementieren, um eine neue Lagerprozessart auf Grundlage einer benutzerdefinierten Logik abzuleiten. Für die neue Lagerprozessart muss die automatische Wellenbildung aktiviert werden; andernfalls wird ein Fehler ausgegeben.

Die wichtigste Methode dieses BAdI ist IS_REDETERMINATION_REQUIRED. Sie entscheidet, ob eine Neuermittlung der Lagerprozessart erforderlich ist.

Das BAdI wird bei der automatischen Wellenermittlung und -zuordnung in der Klasse /SCWM/CL_PROCTY_REDETERMINE aufgerufen.

Der entsprechende Customizing-Pfad lautet **Warenausgangsprozess • Wellenmanagement • BAdI: Lagerprozessart Neuermittlung vor Wellenermittlung**.

BAdI /SCWM/EX_WAVE_PLAN

Schauen wir uns nun das BAdI /SCWM/EX_WAVE_PLAN an. Mit diesem BAdI können Sie die automatische Zuordnung von Lageranforderungspositionen zu Wellen beeinflussen.

Die wichtigsten Methoden dieses BAdI sind folgende:

- **FILL_FIELDS (Feldwerte füllen)**
  Mit dieser BAdI-Methode können Sie Werte für benutzerdefinierte Felder des Feldkatalogs für die Konditionstechnik liefern, die bei der automatischen Wellenzuordnung verwendet werden. Der Changing-Parameter CS_FIELDNAME_VALUE hat zwei Felder. Im Feld FIELDNAME wird der Feldname des zusätzlich definierten Feldes aus dem Feldkatalog geliefert. Das Feld VALUE sollte dann den entsprechenden Wert für das Feld enthalten, um die Wellenvorlagenermittlung zu beeinflussen.
- **CHANGE_WAVES (automatische Wellenzuordnung ändern)**
  Die vorgeschlagenen Wellen werden in der Tabelle CT_WHRITEM_WAVE an die BAdI-Methode übergeben. Als Importparameter stehen die Kopf- und Positionsdaten der Lageranforderung sowie die Daten gültiger Wellenvorlagen zur Verfügung. Nach dem Durchlaufen des BAdI versucht die weitere Wellenverarbeitungslogik, die Lageranforderungspositionen den Wellen aus der Tabelle CT_WHRITEM_WAVE zuzuordnen.

Die BAdIs werden bei der automatischen Wellenermittlung und -zuordnung aufgerufen, wie sie in den Methoden FILL_FIELDS und ASSIGN_WHR_TO_WAVE der Klasse /SCWM/CL_WAVE_PLAN durchgeführt wird.

Der entsprechende Customizing-Pfad lautet **Warenausgangsprozess • Wellenmanagement • BAdI: Wellenplanung**.

BAdI /SCWM/EX_WAVE_PLAN_BACKGROUND

Mit dem BAdI /SCWM/EX_WAVE_PLAN_BACKGROUND können Sie das Selektionsbild und die Logik des Reports /SCWM/R_WAVE_PLAN_BACKGROUND (Wellengenerierung im Hintergrund) erweitern. Eine Beispielimplementierung finden Sie in der Klasse /SCWM/CL_EI_WAVE_PLAN_BG. Sie demonstriert, wie die Selektion sowohl der Lageranforderung als auch des JIT-Aufrufes (just in time) verbessert werden kann. Die Klasse enthält auch Beispielcoding für einen Report, der den erforderlichen Subscreen für die zusätzlichen Felder in der Methode SCREEN_ENHANCEMENT_EXAMPLE enthält. In dem Beispiel werden die Felder **Priorität** und **Regelkreis** als kundeneigene Felder in das Selektionsbild aufgenommen. Sie sind eingabebereit, wenn der Belegtyp WMR (Umlagerungslieferung) lautet; ansonsten sind sie schreibgeschützt. Wenn der Report ausgeführt wird, werden die Selektionen aus den benutzerdefinierten Feldern in der Instanz der Klasse /SCWM/CL_EI_WAVE_PLAN_BG gespeichert. Der Report /SCWM/R_WAVE_PLAN_BACKGROUND ruft dann diese Instanz der BAdI-Implementierung auf, die die Selektionskriterien zur Berücksichtigung der kundeneigenen Felder anpasst.

Die wichtigsten Methoden dieses BAdI sind folgende:

- CHANGE_WHR_SELECTION (Selektionstabelle für Lageranforderungen ändern)
- AT_SELECTION_SCREEN_OUTPUT (Handler bei Selektionsbildausgabe)
- CHANGE_JIT_SELECT_REQUIRED (ändert, ob die Selektion des JIT-Aufrufes erforderlich ist)
- CHANGE_JIT_SELECTION (Selektion der JIT-Aufrufe ändern)
- GET_VARIANT_DATA (holt Selektionsdaten als XString, um sie in Reportvarianten zu speichern)
- SET_VARIANT_DATA (Selektionsdaten aus dem in die Reportvariante geladenen XString setzen)

Die BAdI-Methoden werden in verschiedenen Phasen des Reports /SCWM/R_WAVE_PLAN_BACKGROUND aufgerufen.

Für dieses BAdI gibt es keinen Customizing-Pfad.

BAdI /SCWM/EX_WAVE_UI_SELECTION

Betrachten wir als Nächstes das BAdI /SCWM/EX_WAVE_UI_SELECTION (Erweiterung der Selektion von Lieferungen auf der Benutzeroberfläche des Wellenmanagements). Mit diesem BAdI können Sie die Selektionsbildschirme in der Transaktion /SCWM/WAVE (Waves pflegen) um kundeneigene Felder zur Selektion von Lageranforderungen erweitern.

Die wichtigste Methode dieses BAdI ist MODIFY_SELECTIONS (Modifizierung der Selektionstabelle).

Das BAdI wird in der Methode WHR_QUERY der Klasse /SCWM/CL_WVMGT_SP aufgerufen.

Der entsprechende Customizing-Pfad lautet **Warenausgangsprozess • Wellenmanagement • BAdI: Erweiterung der Auswahl von WHRs in Wellen**.

BAdI /SCWM/EX_WAVE_PARALLEL

Betrachten wir nun das BAdI /SCWM/EX_WAVE_PARALLEL (Einfluss auf Parallelisierung von Wellen). Mit diesem BAdI können Sie die Parallelisierungseinstellungen des Wellen-Customizings flexibler ändern. Sie können beeinflussen, ob das Anlegen und Buchen der Lageraufgaben mit parallelen Prozessen ausgeführt wird oder nicht. Die parallele Anlage von Lageraufträgen können Sie jedoch nicht beeinflussen. Dies kann in der Transaktion /SCWM/LALOG eingestellt werden. Sehen Sie sich die Klasse /SCWM/CL_EI_WAVE_PARALLEL als Implementierungsbeispiel an.

Die wichtigste Methode dieses BAdI ist CHANGE_PARALLELIZATION (Wellenparallelisierung deaktivieren).

Das BAdI wird während der Simulation der Wellenfreigabe und der Wellenauslösung innerhalb des Funktionsbausteins /SCWM/WAVE_CREATE_TO_1ST_STEP und des Includes /SCWM/LWAVE_MGMT_BASICSF32, Unterprogramm TO_CREATE_WAVE, aufgerufen.

Der relevante Customizing-Pfad lautet **Warenausgangsprozess • Wellenmanagement • BAdI: Einfluss auf Parallelisierung von Wellen**.

BAdI /SCWM/EX_WAVE_CAPA

Als Nächstes stellen wir Ihnen das BAdI /SCWM/EX_WAVE_CAPA (Kapazitätsprüfung für Wellen) vor. Mit diesem BAdI können Sie die Kapazitätsprüfung bei der Zuordnung von Lieferpositionen zu Wellen beeinflussen und ändern. Das BAdI wird für Wellen, die ein Kapazitätsprofil haben, in den folgenden Situationen aufgerufen:

- Erzeugung von Wellen
- Zuweisung oder Neuzuweisung von Positionen zu bestehenden Wellen
- automatische Wellenzuordnung (Vorabprüfung)
- Änderungen der Wellenattribute

Die wichtigste Methode dieses BAdI ist CHECK_CAPA. Sie prüft die Kapazität einer Welle.

Das BAdI wird im Include /SCWM/LWAVE_MGMT_BASICSF43, Unterprogramm CHECK_CAPA aufgerufen.

Der entsprechende Customizing-Pfad lautet **Warenausgangsprozess • Wellenmanagement • BAdI: Kapazitätsprüfung für Wellen**.

BAdI /SCWM/EX_WAVE_SIMULATE

Betrachten wir nun das BAdI /SCWM/EX_WAVE_SIMULATE (Verarbeitung nach der Wellensimulation). Mit diesem BAdI können Sie zusätzliche Meldungen in das Wellensimulationsprotokoll aufnehmen und den Simulationsstatus des Wellenkopfes beeinflussen. Außerdem können Sie mit diesem BAdI Folgeaktionen nach der Wellensimulation auslösen. Prüfen Sie die Beispielimplementierung /SCWM/CL_EI_WAVE_SIMULATE. Mit dieser Beispielimplementierung können Sie die Zuordnung nicht erfüllter Wellenpositionen, d. h. aller Wellenpositionen ohne den Simulationsstatus **Durchgeführt, kann vollständig erfüllt werden (A)**, aufheben. Nur erfolgreich simulierte Wellenpositionen verbleiben in der Welle. Der Simulationsstatus des Wellenkopfes wird auf Grün gesetzt.

Die wichtigste Methode dieses BAdI ist AFTER_SIMULATION (Methode zur Änderung des Simulationsstatus und zum Hinzufügen von Protokollmeldungen).

Das BAdI wird beim Speichern von Wellen im Include /SCWM/LWAVE_MGMT_BASICSF24, Unterprogramm WAVE_UPDATE, aufgerufen.

Der entsprechende Customizing-Pfad lautet **Warenausgangsprozess • Wellenmanagement • BAdI: Bearbeitung nach Wellensimulation**.

BAdI /SCWM/EX_WAVE_RELEASE_RETRY

Schauen wir uns nun das BAdI /SCWM/EX_WAVE_RELEASE_RETRY (Steuerung der automatischen Wellenfreigabe-Wiederholung) an. Mit diesem BAdI können Sie steuern, ob das System auf Grundlage der Kopf- und Positionsdaten der Welle automatisch versuchen soll, die Welle erneut freizugeben. Wenn eine Welle mit Fehlern freigegeben wurde, kann das System versuchen, die Welle zu einem späteren Zeitpunkt automatisch erneut freizugeben. In der Standardauslieferung können Sie pro Wellenvorlage ein Wiederholungsintervall definieren. Mit diesem BAdI kann festgelegt werden, ob die Freigabe der Welle automatisch wiederholt werden soll und wie lange das System vor der Wiederholung warten soll.

Die wichtigste Methode dieses BAdI ist CHANGE_RETRY_CONTROL (Steuerung der automatischen Wiederholung der Wellenfreigabe).

Das BAdI wird beim Speichern von Wellen im Include /SCWM/LWAVE_MGMT_BASICSF52, Unterprogramm SCHEDULE_RELEASE_RETRY, aufgerufen.

Der entsprechende Customizing-Pfad lautet **Warenausgangsprozess • Wellenmanagement • BAdI: Steuerung der automatischen Wellenfreigabe-Wiederholung**.

BAdI /SCWM/EX_WAVE_2STEP_OPT_CHG

In diesem Abschnitt betrachten wir das BAdI /SCWM/EX_WAVE_2STEP_OPT_CHG (Änderung der Optimierung für die zweistufige Kommissionierung). Mit diesem BAdI können Sie die Optimierung der zweistufigen Kommissionierung beeinflussen. Die Methode DISABLE_OPTIMIZATION ermöglicht es Ihnen, die Optimierung für eine Welle zu überspringen, eine Liste von Produkten bereitzustellen, die nicht optimiert werden sollen, und die Mengeneinheiten zu filtern, die bei der Optimierung verwendet werden können.

[»]

Keine zusätzlichen Mengeneinheiten

Fügen Sie dem Änderungsparameter CT_UOMS_PER_PRODUCT keine zusätzlichen Mengeneinheiten hinzu.

Die Methode CHANGE_TLA_STEP_PICKING ermöglicht es Ihnen, den zweistufigen Kommissionier-Status für jede Wellenposition nach der Optimierung zu ändern sowie den Optimierungsstatus der Welle zu setzen oder zurückzusetzen. Der Änderungsparameter CV_WAVE_OPTIMIZATION_STATUS muss auf abap_true gesetzt werden, um die Änderungen des Zweischritt-Kommissionier-Kennzeichens im Änderungsparameter CT_WAVE_ITEM_TLA_STEP zu übernehmen.

Wenn Sie den Changing-Parameter CV_WAVE_OPTIMIZATION_STATUS löschen, werden alle Aktualisierungen im Changing-Parameter CT_WAVE_ITEM_TLA_STEP ignoriert. Diese Methode wird auch dann aufgerufen, wenn die Optimierung aus der ersten Methode übersprungen wird. Daher können Sie mit diesem BAdI einen einfachen Optimierungsalgorithmus implementieren, indem Sie die Optimierung und die programmierspezifische Logik in der Methode CHANGE_TLA_STEP_PICKING immer überspringen. Die Beispielimplementierungsklasse /SCWM/CL_EI_WAVE_2STEP_OPT_CHG steht Ihnen als weitere Referenz zur Verfügung.

Die wichtigsten Methoden dieses BAdI sind folgende:

- DISABLE_OPTIMIZATION (Optimierung deaktivieren oder Produkte und Mengeneinheiten filtern)
- CHANGE_TLA_STEP_PICKING (Änderung des zweistufigen Kommissionier-Status von Wellenpositionen)

Das BAdI wird in der Klasse /SCWM/CL_WAVE_2STEP_OPTIMIZE aufgerufen.

Der relevante Customizing-Pfad lautet **Warenausgangsprozess • Wellenmanagement • Zweistufige Kommissionierung • BAdI: Änderung der Optimierung für die zweistufige Kommissionierung**.

BAdI /SCWM/EX_WAVE_2STEP_OPT_PRC

Schauen wir uns das BAdI /SCWM/EX_WAVE_2STEP_OPT_PRC (Implementierung eines Optimierungsalgorithmus für die zweistufige Kommissionierung) an. Mit diesem BAdI können Sie einen benutzerdefinierten Optimierungsalgorithmus in einem zweistufigen Kommissionierungsszenario implementieren. In der Standardauslieferung wird die Fallback-Klasse /SCWM/CL_EI_WAVE_2STEP_OPT_PRC aufgerufen, die die Standardlogik für die Optimierung der zweistufigen Kommissionierung enthält. Das Ziel dieser Logik ist es, größere Stücklisten zu kommissionieren. Das BAdI umfasst die folgenden Methoden:

- **SKIP_OPTIMIERUNG**
  Sie können den gesamten Optimierungsprozess überspringen. Damit können Sie den persistierten Optimierungsstatus ignorieren.
- **FILTER_OPTIMIZATION_CANDIDATES**
  Sie können wählen, welche Produkte ignoriert werden sollen, welche Produkte direkt ausgewählt werden sollen und ob die Mengeneinheiten gefiltert werden sollen. Es ist auch möglich, die Optimierung zu überspringen, nachdem die Mengeneinheiten vom System ermittelt worden sind. Beachten Sie, dass die Fallback-

Klasse die Methode DISABLE_OPTIMIZATION des BAdI SCWM/EX_WAVE_2STEP_OPT_CHG aufruft. Wenn Sie Ihre eigene Implementierung anlegen, wird dieses BAdI möglicherweise nicht mehr aufgerufen.

- GROUP_WAVE_ITEMS
  Sie können die Tabelle CT_WITHDRAWAL_REQUEST in weitere Einträge aufteilen, die dann als Input für die Simulation der Anlage von Entnahmeaufgaben verwendet werden. Jede Wellenposition muss einer Entnahmegruppe zugeordnet sein. Die Menge der Entnahmegruppe muss mit den kumulierten Mengen der Wellenpositionen übereinstimmen, die der Entnahmegruppe zugeordnet sind. Wenn Sie also Wellenpositionen aus der Entnahmegruppe abspalten, müssen Sie die Menge der ursprünglichen Entnahmegruppe entsprechend verringern und gleichzeitig die Menge der neuen Entnahmegruppe erhöhen. Darüber hinaus müssen Sie das Feld WITHDRAWAL_GROUP der Wellenpositionen aktualisieren. Andere Felder der Wellenpositionen dürfen Sie nicht aktualisieren.
- BESTIMMEN_2SCHRITT_KOMMISSIONIERUNG
  Sie können die simulierten Entnahmeaufgaben auswerten und wählen, für welche Wellenpositionen eine zweistufige Kommissionierung und für welche eine direkte Kommissionierung erfolgen soll.

Wenn Sie eine Optimierungslogik implementieren wollen, die keine simulierten Entnahmeaufgaben erfordert, ist es wahrscheinlich einfacher, nur das BAdI /SCWM/EX_WAVE_2STEP_OPT_CHG zu implementieren.

Das BAdI wird in der Klasse /SCWM/CL_WAVE_2STEP_OPTIMIZE aufgerufen.

Der relevante Customizing-Pfad lautet **Warenausgangsprozess • Wellenmanagement • Zweistufige Kommissionierung • BAdI: Implementierung eines Optimierungsalgorithmus für die zweistufige Kommissionierung**.

BAdI /SCWM/EX_WAVE_SAVE

Mit dem BAdI /SCWM/EX_WAVE_SAVE können Sie steuern, ob das System anhand der Kopf- und Positionsdaten der Welle automatisch versuchen soll, diese erneut freizugeben. Wenn eine Welle mit Fehlern freigegeben wurde, kann das System versuchen, die Welle zu einem späteren Zeitpunkt automatisch wieder freizugeben. In der Standardauslieferung können Sie pro Wellenvorlage ein Wiederholungsintervall festlegen.

Die wichtigste Methode dieses BAdI ist SAVE. Beim Sichern von Wellen können Sie dieses BAdI für Änderungen von unkritischen Daten des Wellenkopfes und der Wellenpositionen verwenden. Das System überträgt die Tabellen von Wellenkopf und Wellenpositionen. Mit dem Exportparameter EV_CHANGED sollten Sie dem System mitteilen, dass Sie Änderungen innerhalb des BAdI vorgenommen haben.

Das BAdI wird beim Speichern von Wellen im Include /SCWM/LWAVE_MGMT_BASICSF24, Unterprogramm WAVE_UPDATE, aufgerufen.

Der entsprechende Customizing-Pfad lautet **Warenausgangsprozess • Wellenmanagement • BAdI: Wellendaten beim Sichern ändern**.

BAdI /SCWM/EX_WAVE_WITHDRAW_WPT

In diesem Abschnitt betrachten wir das BAdI /SCWM/EX_WAVE_WITHDRAW_WPT (Änderung der Lagerprozessart für Entnahmeaufgabe).

Mit diesem BAdI können Sie die Lagerprozessart für die Lageraufgaben ändern, die für den Entnahmeschritt der zweistufigen Kommissionierung angelegt werden. Das BAdI wird bei der Wellenfreigabe für den Entnahmeschritt, bei der Wellensimulation für Wellen, die für die zweistufige Kommissionierung relevant sind, und bei der Optimierung der zweistufigen Kommissionierung aufgerufen. Die Beispielklasse /SCWM/CL_EI_WAVE_WITHDRAW_WPT steht Ihnen als Referenz zur Verfügung.

Die wichtigste Methode dieses BAdI ist CHANGE_WITHDRAWAL_WPT (Änderung der Lagerprozessart der Entnahmeaufgabe).

Das BAdI wird beim Speichern von Wellen im Include /SCWM/LWAVE_MGMT_BASICSP13 aufgerufen, in der lokalen Klassenmethode CALL_BADI_CHANGE_WITHDRAW_WPT.

Der entsprechende Customizing-Pfad lautet **Warenausgangsprozess • Wellenmanagement • Zweistufige Kommissionierung • BAdI: Änderung der Lagerprozessart für Entnahmeaufgabe**.

BAdI /SCWM/EX_WAVE_CREATE_ALLOC

Betrachten wir zum Schluss noch das BAdI /SCWM/EX_WAVE_CREATE_ALLOC (automatische Anlage der Aufteilungsaufgabe). Mit diesem BAdI können Sie die automatische Anlage von Lageraufgaben für den Aufteilungsschritt des zweistufigen Kommissionier-Prozesses in der Wellenverwaltung steuern. Das BAdI wird in der Verbuchungsphase der Bestätigung der Lageraufgabe aufgerufen, wenn die bestätigte Lageraufgabe eine Entnahmeaufgabe für die zweistufige Kommissionierung ist. Das System ermittelt die zugehörigen Wellenpositionen für die Entnahmeaufgabe, um die erforderlichen Aufteilungsaufgaben anzulegen. Mit diesem BAdI kann diese automatische Aufgabenanlage pro Entnahmegruppe aktiviert oder deaktiviert werden. Wenn die automatische Anlage von Zuordnungsaufgaben aktiviert ist, startet das System die Anlage der Lageraufgabe über einen queued RFC (qRFC).

Beachten Sie, dass das System in einigen Fällen die zugehörigen freizugebenden Wellenpositionen nicht identifizieren kann und die automatische Aufgabenanlage nicht erfolgt. Dies kann vorkommen, wenn die Rückmeldung der Lageraufgabe an den Zwischenlagerplatz komplexer ist, wie z. B. bei der layoutorientierten Lagerungssteuerung. In diesem Fall wird das BAdI nicht aufgerufen. Daher empfehlen wir, nach der Quittierung aller Entnahmeaufgaben die Freigabe der Welle für die Aufteilung zu planen, entweder manuell oder automatisch, um sicherzustellen, dass alle Lageraufgaben angelegt werden.

Die wichtigste Methode dieses BAdI ist `CREATE_ALLOC_TASKS` (Anlegen von Aufteilungslageraufgaben bei der Quittierung von Entnahmelageraufgaben).

Das BAdI wird bei der Fortschreibung der Lageraufgabe innerhalb des Includes `/SCWM/LHU_TO_UPDF71` in der Unterroutine `WAVE_TRIGGER_ALLOCATION_TASK` aufgerufen.

Der relevante Customizing-Pfad lautet **Warenausgangsprozess • Wellenmanagement • Zweistufige Kommissionierung • BAdI: Automatisches Anlegen einer Aufteilungsaufgabe**.

6.3 Lageraufgaben

Die Anlage und Bestätigung von Lageraufgaben ist sicherlich das Herzstück von EWM. Sie steuern die Aktivitäten der Lagerhaltung und Warenbewegung. Es steht eine Vielzahl von Erweiterungsmöglichkeiten zur Verfügung, mit denen Sie die Anlage, Validierung, Ermittlung und Buchung von Lageraufgaben sowie die Strategien für Von- und Nachlagerplätze beeinflussen können. Abbildung 6.3 zeigt die BAdIs, die im Folgenden näher vorgestellt werden, gruppiert in einzelne Verarbeitungsblöcke (1–8).

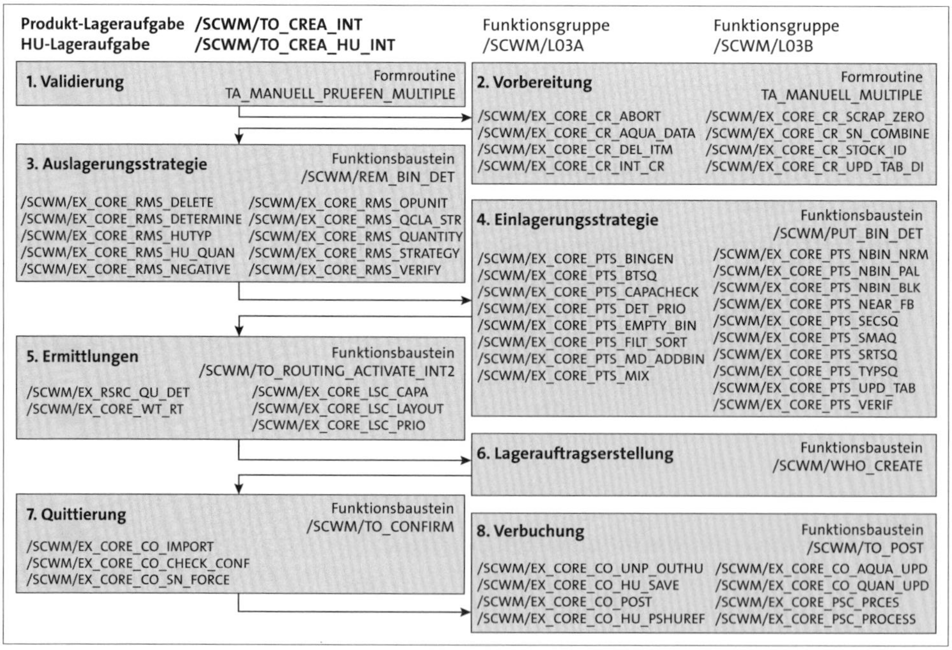

Abbildung 6.3 Ausgewählte BAdIs bei der Verarbeitung von Lageraufgaben

Die verfügbaren BAdIs werden chronologisch in der Reihenfolge ihres Aufrufes aufgelistet, gruppiert in die jeweiligen Verarbeitungsblöcke. In den oberen rechten Ecken der Blöcke finden Sie die Unterprogramme und Funktionsbausteine, die die Einstiegspunkte der einzelnen Verarbeitungsblöcke darstellen. Die Funktionsgruppen /SCWM/L03A und /SCWM/L03B, die in der oberen rechten Ecke von Abbildung 6.3 zu sehen sind, enthalten alle aufgelisteten Objekte.

Die folgenden Erweiterungsspots gehören zum zusammengesetzten Erweiterungsspot /SCWM/ESC_CORE.

6.3.1 Erweiterungsspot /SCWM/ES_CORE_CR

Aus dem Erweiterungsspot /SCWM/ES_CORE_CR (Lageraufgabe anlegen) werden wir in den folgenden Abschnitten acht verschiedene BAdIs betrachten.

BAdI /SCWM/EX_CORE_CR_ABORT

Beginnen wir mit dem BAdI /SCWM/EX_CORE_CR_ABORT (Abbruch der Lageraufgabenerstellung). Mit diesem BAdI können Sie den Prozess der Anlage von Lageraufgaben für eine Aufgabe abbrechen, z. B. im Fall einer unzureichenden verfügbaren Menge, die ein Unterlieferungsszenario auslösen würde. Eine Beispielimplementierung finden Sie in der Klasse /SCWM/CL_EI_LB_CR_ABORT_PACK.

Die wichtigste Methode dieses BAdI ist ABORT (Abbruch der Lageraufgabenerstellung bei Unterlieferung).

Das BAdI wird in der Verarbeitung der Lageraufgabenerstellung innerhalb des Funktionsbausteins /SCWM/BADI_TO_CREATE_ABORT aufgerufen.

Der entsprechende Customizing-Pfad lautet **Prozessübergreifende Einstellungen • Erstellung von Lageraufgaben • BAdI: Abbruch der Lageraufgabenerstellung**.

BAdI /SCWM/EX_CORE_CR_AQUA_DATA

In diesem Abschnitt betrachten wir das BAdI /SCWM/EX_CORE_CR_AQUA_DATA (Daten für verfügbare Menge füllen). In diesem BAdI können Sie kundenspezifische Felder in der Tabelle /SCWM/AQUA füllen, die die verfügbaren Mengen enthält.

Die wichtigste Methode dieses BAdI ist CHANGE_DATA (Daten ändern in Aqua Data Studio).

Das BAdI wird in der Verarbeitung der Lageraufgabenerstellung innerhalb des Funktionsbausteins /SCWM/AQUA_DATA_DETERMINE aufgerufen.

Der entsprechende Customizing-Pfad lautet **Prozessübergreifende Einstellungen • Erstellung von Lageraufgaben • BAdI: Daten zur verfügbaren Menge**.

BAdI /SCWM/EX_CORE_CR_DEL_ITM

Schauen wir uns als Nächstes das BAdI /SCWM/EX_CORE_CR_DEL_ITM (Verhindern des Löschens von Artikeln) an. Mit diesem BAdI können Sie das Löschen temporär angelegter Lageraufgaben zur Laufzeit verhindern. Sie können Ihre eigene temporäre Tabelle bei Bedarf aktualisieren oder Aktualisierungen, die beim Anlegen der temporären Lageraufgabe bereits erfolgt sind, zurücksetzen. Das Löschen zu verhindern ist z. B. dann sinnvoll, wenn durch andere BAdI-Methoden mehrere Lageraufgaben angelegt wurden, die intern konsistent sind, und das Löschen einer abhängigen Lageraufgabe nicht durchgeführt werden darf. Wenn diese BAdI-Methode das Löschen einer Lageraufgabe verweigert, sollte sie eine Meldung in die Tabelle ET_BAPIRET stellen, um die Benutzer*innen entsprechend zu informieren.

Die wichtigste Methode dieses BAdI ist DEL_ITM (Verhindern des Löschens von Lageraufgaben).

Das BAdI wird in der Verarbeitung der Lageraufgabenerstellung innerhalb des Funktionsbausteins /SCWM/BADI_TO_CREATE_DEL_ITM aufgerufen.

Der entsprechende Customizing-Pfad lautet **Prozessübergreifende Einstellungen • Erstellung von Lageraufgaben • BAdI: Verhinderung des Löschens von Artikeln**.

BAdI /SCWM/EX_CORE_CR_INT_CR

Betrachten wir nun das BAdI /SCWM/EX_CORE_CR_INT_CR (interne Anlage einer Lageraufgabe). Mit diesem BAdI können Sie die Anlage einer Lageraufgabe gezielt beeinflussen, um kundenspezifische Felder auf der Ebene der Lageraufgabe zu aktualisieren. Die BAdI-Methode wird ausgeführt, wenn eine Lageraufgabe transient angelegt wird. Sie können kundeneigene Datenfelder in der Struktur CS_LTAP_CUST_S4 aktualisieren, die in der Lageraufgabenerweiterungsstruktur /SCWM/INCL_EEW_S_ORDIM_PS enthalten ist.

Die wichtigste Methode dieses BAdI ist INSERT (Aktualisierung von benutzerdefinierten Tabellen).

Das BAdI wird in der Verarbeitung der Lageraufgabenerstellung im Include /SCWM/LL03AF87 im Unterprogramm TAPOS_HINZUFUEGEN aufgerufen.

Der entsprechende Customizing-Pfad lautet **Prozessübergreifende Einstellungen • Erstellung von Lageraufgaben • BAdI: Interne Lageraufgabenerstellung**.

BAdI /SCWM/EX_CORE_CR_SCRAP_ZERO

In diesem Abschnitt schauen wir uns das BAdI /SCWM/EX_CORE_CR_SCRAP_ZERO (Anlegen von LBs für die Verschrottung ohne Kommissionier-Menge) an. Die wichtigste Methode dieses BAdI ist SCRAP_ZERO (Lageraufgaben für die Verschrottung ohne Kommissionier-Menge anlegen).

Mit diesem BAdI können Sie Lageraufgaben zur Verschrottung ohne Kommissionier-Menge anlegen. So kann die Nicht-Verschrottungsmenge eines Produkts auf einem Lagerplatz geprüft werden. Diese BAdI-Methode wird durchlaufen, wenn eine Lageraufgabe transient angelegt wird. Zunächst legen Sie eine Lageraufgabe zur Verschrottung eines Produkts an. Anschließend geben Sie eine Menge ein, die zurückbehalten werden soll. Die verfügbare Menge auf einem Lagerplatz oder in einer Handling Unit ist kleiner oder gleich der Menge, die Sie zurückbehalten möchten.

Das BAdI wird in der Verarbeitung der Lageraufgabenerstellung innerhalb des Funktionsbausteins `/SCWM/BADI_TO_CREATE_SCRAP_ZER` aufgerufen.

Der entsprechende Customizing-Pfad lautet **Prozessübergreifende Einstellungen • Erstellung von Lageraufgaben • BAdI: Anlegen von Lageraufgaben zur Verschrottung ohne Kommissioniermenge**.

BAdI /SCWM/EX_CORE_CR_SN_COMBINE

Als Nächstes betrachten wir das BAdI `/SCWM/EX_CORE_CR_SN_COMBINE` (Kombinieren von Quants für Serialnummern nach verfügbarer Menge). Sie können dieses BAdI bei der Suche nach vordefinierten Serialnummern verwenden. Wenn das System Bestandsartikel zu den vordefinierten Serialnummern findet, können Sie mit diesem BAdI die Quants entsprechend der Ebene der verfügbaren Menge (Lagerplatz oder Handling Unit), wie sie im Lagertyp eingestellt ist, oder als verfügbare Menge für Chargen (chargenspezifisch oder chargenneutral) zusammenfassen.

Die wichtigste Methode dieses BAdI ist `SN_COMBINE`.

Das BAdI wird in der Verarbeitung der Lageraufgabenerstellung innerhalb des Includes `/SCWM/LREM_BIN_DETF42`, Unterprogramm `QMAT_CREATE_SN`, aufgerufen.

Der entsprechende Customizing-Pfad lautet **Prozessübergreifende Einstellungen • Erstellung von Lageraufgaben • BAdI: Quants für Serialnummern entsprechend verfügbarer Menge kombinieren**.

BAdI /SCWM/EX_CORE_CR_STOCK_ID

In diesem Abschnitt schauen wir uns das BAdI `/SCWM/EX_CORE_CR_STOCK_ID` (Nummernvergabe für Bestandsidentifikation) an. Mit diesem BAdI können Sie die Nummernvergabe der Bestandsidentifikation beeinflussen. Im EWM-Standard wird die Bestandsidentifikation aus der Lagernummer und der aktuellen Lageraufgabennummer oder einer aus einem Nummernkreis gezogenen Lageraufgabennummer angelegt. Sie können dieses BAdI verwenden, um Ihre eigenen Nummernvergaben vorzunehmen (um z. B. eine SSCC-Nummer – Serial Shipping Container Code zu nutzen). Tragen Sie das Ergebnis Ihrer Ermittlung innerhalb der BAdI-Methode im Parameter `CV_IDPLATE` ein. Innerhalb der BAdI-Methode stehen Ihnen die Daten der Lageraufgabe zur Verfügung.

Die wichtigste Methode dieses BAdI ist STOCK_ID (individuelle Nummernvergabe zur Bestandsidentifikation).

Das BAdI wird in der Verarbeitung der Lageraufgabenerstellung im Include /SCWM/LL03AF31, Unterprogramm STOCK_ID_GET, aufgerufen.

Der entsprechende Customizing-Pfad lautet **Prozessübergreifende Einstellungen • Erstellung von Lageraufgaben • BAdI: Nummernvergabe Bestandsidentifikation**.

BAdI /SCWM/EX_CORE_CR_UPD_TAB_DI

Betrachten wir abschließend das BAdI /SCWM/EX_CORE_CR_UPD_TAB_DI (Tabellen fortschreiben beim Löschen einer intern erstellten Lageraufgabe). Mit diesem BAdI können Sie kundenspezifische Daten für die Lageraufgabe aktualisieren, wenn eine temporär angelegte Lageraufgabe zur Laufzeit gelöscht wird. Stellen Sie sicher, dass der Changing-Parameter CS_ORDIM_CUST_S4 innerhalb der BAdI-Methode entsprechend gesetzt ist.

Die wichtigste Methode dieses BAdI ist UPD_TABLES_DEL_ITEM (Tabellen aktualisieren beim Löschen einer intern angelegten Lageraufgabe).

Das BAdI wird in der Verarbeitung der Lageraufgabenerstellung innerhalb des Funktionsbausteins /SCWM/BADI_TO_CREATE_UPD_DEL aufgerufen.

Der entsprechende Customizing-Pfad lautet **Prozessübergreifende Einstellungen • Erstellung von Lageraufgaben • BAdI: Tabellenfortschreibung beim Löschen einer Position**.

6.3.2 Erweiterungsspot /SCWM/ES_CORE_RMS

In den folgenden Abschnitten stellen wir zehn verschiedene BAdIs aus dem Erweiterungsspot SCWM/ES_CORE_RMS (Auslagerungsstrategie) vor.

BAdI /SCWM/EX_CORE_RMS_DELETE

Beginnen wir mit dem BAdI /SCWM/EX_CORE_RMS_DELETE (Quantpuffer löschen). Mit diesem BAdI können Sie den Quantpuffer für verfügbare Bestände löschen. Dazu setzen Sie den Exportparameter EV_DELETE auf ABAP_TRUE. Das BAdI wird bei der Erstellung der Lageraufgabe, genauer gesagt zu Beginn der Quantermittlung, ausgeführt. Mit dem BAdI können Sie auch kundenspezifische Felder aktualisieren, die als Append der Struktur /SCWM/INCL_EEW_S_ORDIM_PS hinzugefügt wurden.

Die wichtigste Methode dieses BAdI ist DELETE (Löschen des Quantpuffers).

Das BAdI wird zu Beginn der Quantermittlung im Include /SCWM/LREM_BIN_DETF35, Unterprogramm BADI_REM_BIN_DET_DELETE, und im Include /SCWM/LREM_BIN_DETF13, Unterprogramm QMAT_CREATE, aufgerufen.

Der entsprechende Customizing-Pfad lautet **Warenausgangsprozess • Strategien • Auslagerungsstrategien • BAdI: Löschung des Quantpuffers**.

BAdI /SCWM/EX_CORE_RMS_DETERMINE

In diesem Abschnitt betrachten wir das BAdI /SCWM/EX_CORE_RMS_DETERMINE (Quants filtern und/oder sortieren). Mit diesem BAdI können Sie die verfügbaren Quants nach Ihrer eigenen Logik filtern und sortieren, um schließlich den zu verwendenden Auslagerungsplatz zu bestimmen. Das BAdI wird immer nach der Standardbestandsermittlung und -sortierung aufgerufen. So ist es möglich, zu berücksichtigen, was nach der Standardauslagerungsstrategie getan würde, und diese Schritte bei Bedarf zu beeinflussen. Mit dem BAdI können Sie auch kundenspezifische Felder aktualisieren, die als Append der Struktur /SCWM/INCL_EEW_S_ORDIM_PS angehängt wurden. Beachten Sie die Fallback-Klasse /SCWM/CL_EI_CORE_RMS_DET, die ausgeführt wird, wenn keine Implementierung für dieses BAdI existiert. Bei der Anlage einer benutzerdefinierten Implementierung sollten die Fallback-Klasse und ihre Methoden am Anfang oder am Ende der Implementierung aufgerufen werden. Das BAdI enthält mehrere Beispielklassen für die Implementierung, die Sie sich ansehen oder für Ihre eigene Implementierung kopieren können.

Die wichtigste Methode dieses BAdI ist DETERMINE (Quants filtern und/oder sortieren).

Das BAdI wird bei der Entnahmeplatzermittlung im Include /SCWM/LREM_BIN_DETF12, Unterprogramm SRC_BIN_DET, aufgerufen.

Der entsprechende Customizing-Pfad lautet **Warenausgangsprozess • Strategien • Auslagerungsstrategien • BAdI: Filtern und/oder Sortieren von Quants**.

BAdI /SCWM/EX_CORE_RMS_HUTYP

Mit dem BAdI /SCWM/EX_CORE_RMS_HUTYP (HU-Typ ändern) können Sie eine benutzerdefinierte Logik für die Bestimmung des Handling-Unit-Typs bei der Verarbeitung der Lageraufgabenerstellung implementieren. Setzen Sie den von Ihnen ermittelten Handling-Unit-Typ entsprechend im Exportparameter EV_HUTYP. Mit dem BAdI können Sie auch kundenspezifische Felder aktualisieren, die als Append der Struktur /SCWM/INCL_EEW_S_ORDIM_PS angehängt wurden.

Die wichtigste Methode dieses BAdI ist HUTYP (Handling-Unit-Typ ändern).

Das BAdI wird während der Verarbeitung der Entnahmestrategie im Include /SCWM/LREM_BIN_DETF39, Unterprogramm BADI_REM_BIN_DET_HUTYP, und im Include /SCWM/LREM_BIN_DETF02, Unterprogramm SRC_QUANTITY_DET, aufgerufen.

Der entsprechende Customizing-Pfad lautet **Warenausgangsprozess • Strategien • Auslagerungsstrategien • BAdI: Änderung des HU-Typs**.

BAdI /SCWM/EX_CORE_RMS_HU_QUAN

In diesem Abschnitt betrachten wir das BAdI /SCWM/EX_CORE_RMS_HU_QUAN (Menge einer HU ändern). Mit diesem BAdI können Sie die Menge einer Handling Unit, die alternative Mengeneinheit einer Lageraufgabe und die Rundungsstufe innerhalb der Auslagerungsstrategie ändern. Es ist auch möglich zu entscheiden, ob das aktuelle Quant übersprungen werden soll. Die Menge in der Handling Unit wird nur verwendet, um die Menge in der Lageraufgabe entsprechend zu runden. Das BAdI ermöglicht auch die Aktualisierung kundenspezifischer Felder, die als Append der Struktur /SCWM/INCL_EEW_S_ORDIM_PS angefügt wurden.

Die wichtigste Methode dieses BAdI ist HU_QUAN (Änderungsmenge in einer Handling Unit).

Der Aufruf des BAdI erfolgt im Include /SCWM/LREM_BIN_DETF02, Unterprogramm SRC_QUANTITY_DET.

Der relevante Customizing-Pfad lautet **Warenausgangsprozess • Strategien • Auslagerungsstrategien • BAdI: Änderung der HU-Menge**.

BAdI /SCWM/EX_CORE_RMS_NEGATIVE

Schauen wir uns als Nächstes das BAdI /SCWM/EX_CORE_RMS_NEGATIVE (negative Mengen zulassen) an. Mit diesem BAdI können Sie zulassen, dass Kommissionier-Aufgaben angelegt werden, die negative Bestände verursachen. Auf diese Weise können Sie eine detailliertere Logik für negative Bestände definieren, als dies im Customizing möglich ist. Setzen Sie den Änderungsparameter CV_NEGAT auf A (negative verfügbare Bestände zulassen), X (negative Bestände zulassen) oder leer (keine negativen Bestände zulassen). Mit dem BAdI können Sie auch benutzerdefinierte Felder aktualisieren, die per Append der Struktur /SCWM/INCL_EEW_S_ORDIM_PS hinzugefügt wurden.

Die wichtigste Methode dieses BAdI ist NEGATIVE (negative Mengen zulassen).

Das BAdI wird während der Verarbeitung der Auslagerungsstrategie im Include /SCWM/LREM_BIN_DETF61, Unterprogramm BADI_REM_BIN_DET_NEGATIVE, und im Include /SCWM/LREM_BIN_DETF12, Unterprogramm SRC_BIN_DET, aufgerufen.

Der relevante Customizing-Pfad lautet **Warenausgangsprozess • Strategien • Auslagerungsstrategien • BAdI: Zulässigkeit negativer Mengen**.

BAdI /SCWM/EX_CORE_RMS_OPUNIT

Mit dem BAdI /SCWM/EX_CORE_RMS_OPUNIT (operative Mengeneinheit ändern) können Sie die operative oder alternative Mengeneinheit ändern, die in der Kommissionier-Lageraufgabe verwendet werden soll. Setzen Sie den Exportparameter EV_OPUNIT entsprechend. Mit dem BAdI können Sie auch kundenspezifische Felder aktualisieren, die als Append der Struktur /SCWM/INCL_EEW_S_ORDIM_PS hinzugefügt wurden.

Die wichtigste Methode dieses BAdI ist OPUNIT (Änderung der operativen Mengeneinheit).

Das BAdI wird im Funktionsbaustein /SCWM/TO_OPUNIT_DET aufgerufen.

Der relevante Customizing-Pfad lautet **Warenausgangsprozess • Strategien • Auslagerungsstrategien • BAdI: Änderung der operativen Mengeneinheit**.

BAdI /SCWM/EX_CORE_RMS_QCLA_STR

Mit dem BAdI /SCWM/EX_CORE_RMS_QCLA_STR (Mengenklassifikator für Lagertypsuchreihenfolge ändern) können Sie den Mengenklassifikator ändern, der für die Ermittlung der Lagertypsuchreihenfolge durch Ihre eigene Logik verwendet werden soll. Setzen Sie den Änderungsparameter CV_QUANCLA entsprechend. Mit dem BAdI können Sie auch kundeneigene Felder aktualisieren, die als Append der Struktur /SCWM/INCL_EEW_S_ORDIM_PS hinzugefügt wurden.

Die wichtigste Methode dieses BAdI ist CHANGE (Änderung der Mengengliederung).

Der Aufruf des BAdI erfolgt im Include /SCWM/LREM_BIN_DETF11, Unterprogramm SRC_TYPE_DET.

Der entsprechende Customizing-Pfad lautet **Warenausgangsprozess • Strategien • Auslagerungsstrategien • BAdI: Änderung des Mengenklassifikators für Lagertypsuchreihenfolge**.

BAdI /SCWM/EX_CORE_RMS_QUANTITY

Mit dem BAdI /SCWM/EX_CORE_RMS_QUANTITY (Anforderungsmenge ändern) können Sie die Anforderungsmenge (für Unter- und Überlieferungen), den Handling-Unit-Typ und die alternative Mengeneinheit in der Kommissionier-Lageraufgabe ändern. Stellen Sie sicher, dass Sie den Exportparameter EV_SET auf ABAP_TRUE setzen, um Ihre Änderungen zu kommunizieren. Wenn beispielsweise eine Lageraufgabe zur Auslagerung für eine kleine Menge angelegt wird und eine Quellpalette in einem Regal ermittelt wird, können Sie dieses BAdI verwenden, um die auszulagernde Menge unter bestimmten betriebswirtschaftlichen Bedingungen zu erhöhen, sodass die gesamte Handling Unit kommissioniert wird. Beachten Sie jedoch, dass die entsprechende Auslieferungsauftragsposition das Szenario der Überkommissionierung zulassen sollte. Mit dem BAdI können Sie auch kundenspezifische Felder aktualisieren, die als Append der Struktur /SCWM/INCL_EEW_S_ORDIM_PS hinzugefügt wurden.

Die wichtigste Methode dieses BAdI ist QUANTITY (Wunschmenge ändern).

Der Aufruf des BAdI erfolgt im Include /SCWM/LREM_BIN_DETF02, Unterprogramm SRC_QUANTITY_DET.

Der entsprechende Customizing-Pfad lautet **Warenausgangsprozess • Strategien • Auslagerungsstrategien • BAdI: Änderung der Anforderungsmenge**.

BAdI /SCWM/EX_CORE_RMS_STRATEGY

Mit dem BAdI /SCWM/EX_CORE_RMS_STRATEGY (Lagertypsuchreihenfolge und Auslagerungsregel ändern) können Sie die Lagertypsuchreihenfolge und die Auslagerungsregel ändern. Setzen Sie die Exportparameter EV_REM_SSEQ und EV_REM_RULE entsprechend. Um die Auslagerungsregel anzuwenden, muss der Parameter EV_REM_RULE_SET auf ABAP_TRUE gesetzt werden. Mit dem BAdI können Sie auch kundenspezifische Felder aktualisieren, die als Append der Struktur /SCWM/INCL_FFW_S_ORDIM_PS angehängt wurden.

Die wichtigste Methode dieses BAdI ist STRATEGY (Suchreihenfolge und Auslagerungsregel ändern).

Der Aufruf des BAdI erfolgt im Include /SCWM/LREM_BIN_DETF11, Unterprogramm SRC_TYPE_DET.

Der entsprechende Customizing-Pfad lautet **Warenausgangsprozess • Strategien • Auslagerungsstrategien • BAdI: Änderung der Suchreihenfolge und Auslagerungsregel**.

BAdI /SCWM/EX_CORE_RMS_VERIFY

Betrachten wir abschließend das BAdI /SCWM/EX_CORE_RMS_VERIFY (Lagerplatz prüfen). Mit diesem BAdI können Sie eine letzte zusätzliche Prüfung des durch die Auslagerungsstrategie ermittelten Lagerplatzes für die Auslagerung durchführen. Sie können den Prozess der Lageraufgabenerstellung über zusätzliche Meldungen und Nachrichtenarten beeinflussen und überwachen. Es ist möglich zu verhindern, dass das System diesen Lagerplatz für die Auslagerung verwendet. Dazu nehmen Sie eine Meldung in die Tabelle ET_BAPIRET auf und setzen den Parameter EV_SEVERITY auf E oder A. Das System fährt dann mit der nächsten verfügbaren Menge fort.

Die wichtigsten Methoden dieses BAdI sind folgende:

- VERIFY (vorgeschlagenen Platz prüfen)
- ADJ_SRC_BIN_CHECK (Anpassung der Von-Lagerplatz-Prüfungen)

Das BAdI wird im Include /SCWM/LREM_BIN_DETF08 im Unterprogramm SRC_QUANT_DET aufgerufen.

Der entsprechende Customizing-Pfad lautet **Warenausgangsprozess • Strategien • Auslagerungsstrategien • BAdI: Prüfung des angegebenen Platzes**.

6.3.3 Erweiterungsspot /SCWM/ES_CORE_PTS

In den folgenden Abschnitten betrachten wir 18 verschiedene BAdIs aus dem Erweiterungsspot /SCWM/ES_CORE_PTS (Einlagerungsstrategien).

BAdI /SCWM/EX_CORE_PTS_BINGEN

Beginnen wir mit einem Blick auf das BAdI /SCWM/EX_CORE_PTS_BINGEN (Suche nach generischem Nachlagerplatz bei Lageraufgabenerstellung ändern). Das BAdI ermöglicht es Ihnen, das generische Lageraufgaben-Customizing, das auf Lagertypebene eingestellt ist, bei der Erstellung von Lageraufgaben zu übersteuern. Das BAdI wird bei der Erstellung jeder einzelnen Lageraufgabe aufgerufen, sodass Sie die Customizing-Einstellung für jede Lageraufgabe einzeln beeinflussen können. Die Verwendung dieses BAdI hängt wie folgt von der lagertypspezifischen Customizing-Einstellung im Feld **LB Generisch** ab:

- Wenn die Anlage der Lageraufgaben generisch erfolgt (Customizing-Einstellungswert **1-Lagertyp und Lagerung** oder **2-Nur Lagertyp**), können Sie diese Einstellung mit diesem BAdI deaktivieren, um eine Suche nach einem bestimmten Nachlagerplatz durchzuführen.
- Wenn die Anlage der Lageraufgabe nicht generisch erfolgt (Wert ist **<leer>-Nicht generisch (Lagertyp, Lagerbereich und Lagerplatz)**), können Sie dieses BAdI verwenden, um eine generische Lageraufgabenerstellung für einen Nachlagertyp zu aktivieren.

Setzen Sie den Changing-Parameter CV_PARTDET in Ihrer Implementierung entsprechend.

Die wichtigste Methode dieses BAdI ist CHANGE (generische Lagerplatzbestimmung ändern).

Das BAdI wird zu Beginn der Nach-Lagerplatzermittlung in der Einlagerungsstrategie aufgerufen, genauer gesagt im Include /SCWM/LPUT_BIN_DETF96, Unterprogramm DET_BINGEN.

Der entsprechende Customizing-Pfad lautet **Wareneingangsprozess • Strategien • Einlagerungsstrategien • BAdI: Suche nach generischem Nachlagerplatz bei LB-Erstellung ändern**.

BAdI /SCWM/EX_CORE_PTS_BTSQ

Mit dem BAdI /SCWM/EX_CORE_PTS_BTSQ (Suchreihenfolge des Lagerplatztyps) können Sie die Suchreihenfolge für die Bestimmung des Einlagerungsplatzes durch Ihre eigene Logik festlegen.

Die wichtigste Methode dieses BAdI ist STORAGE_BINTYPE_SEQ (Suchreihenfolge des Lagerplatztyps).

Der Aufruf des BAdI erfolgt im Include /SCWM/LPUT_BIN_DETF19, Unterprogramm BINTYPES_DETERMINE.

Der entsprechende Customizing-Pfad lautet **Wareneingangsprozess • Strategien • Einlagerungsstrategien • BAdI: Änderung der Lagerplatztypsuchreihenfolge**

BAdI /SCWM/EX_CORE_PTS_CAPACHECK

Betrachten wir als Nächstes das BAdI /SCWM/EX_CORE_PTS_CAPACHECK (Ermittlung des Ergebnisses der Kapazitätsprüfung [für Lageraufgabe]). Mit diesem BAdI können Sie eine benutzerdefinierte Kapazitätsprüfung durchführen. Die Kapazitätsprüfung ist eine weitverbreitete Funktion, die beim Anlegen oder Ändern einer Lageraufgabe angewendet wird, um festzustellen, ob der Nach-Lagerplatz oder die Nach-Handling-Unit über genügend freie Kapazität verfügt. Die Kapazität kann unter Berücksichtigung von Gewicht, Volumen und Kapazitätsfaktor bewertet werden. Die *frühe Kapazitätsprüfung* dient der Suche nach möglichen Lagerplatztypen, bevor der eigentliche Lagerplatz ermittelt wird. Wir empfehlen die Lektüre der weiteren Dokumentation zu den folgenden Schnittstellenmethoden des BAdI:

- CUSTOM_CAPA_CHECK (Ergebnis der Kapazitätsprüfung beeinflussen)
- CANCEL_BUFFERED_LB (intern erstellte Lageraufgabe aus dem Puffer entfernen)

Der Aufruf des BAdI erfolgt im Include /SCWM/LHUFUNCF29, Unterprogramm CAPA_CHECK_BADI. Dieses BAdI wird aufgerufen, wenn folgende Voraussetzungen eintreten:

- Die Kapazitätsprüfung ist abgeschlossen, und es wurde eine Entscheidung darüber getroffen, ob die Kapazität am Zielort für die Erstellung der Lageraufgabe ausreichend ist.
- Die Kapazitätsprüfung ist erfolgreich und die Lageraufgabe kann angelegt werden, oder die Standardlogik entscheidet, dass nicht genügend Kapazität auf dem Lagerplatz/in der Handling Unit vorhanden ist (Methode CUSTOM_CAPA_CHECK).
- Die angelegte Lageraufgabe wird mit Änderungen bestätigt (Methode CUSTOM_CAPA_CHECK).
- Die frühe Kapazitätsprüfung gegen Lagerplatztypen wird durchgeführt (Methode CUSTOM_CAPA_CHECK).
- Transaktion /SCWM/TODLV_I berechnet die Informationen auf der Registerkarte **Zulagerung** (Methode CUSTOM_CAPA_CHECK).
- Eine interne Lageraufgabe, die angelegt, aber nicht gespeichert wurde, wird storniert (Methode CANCEL_BUFFERED_LB).

In folgenden Fällen wird dieses BAdI nicht aufgerufen:

- Kapazitätsprüfung schlägt wegen Verletzung von Mischplatzbeschränkungen fehl.
- Kapazitätsprüfung bricht aufgrund von Fremdsperren, Dateninkonsistenzen und anderen Ausnahmesituationen ab.

- Die Kapazität eines Platzes wird berechnet (Transaktion /SCWM/LS03), und es wird keine Prüfung auf Einlagerung durchgeführt, sondern nur die dynamische Platzkapazität berechnet.
- Es wird eine generische Lageraufgabe erstellt, da zu diesem Zeitpunkt kein Lagerplatz bekannt ist. Wenn die Lageraufgabe später mit dem tatsächlichen Nachlagerplatz bestätigt wird, wird die Standardkapazitätsprüfung durchgeführt (Methode CUSTOM_CAPA_CHECK).

Die Implementierung dieses BAdI hat Einfluss darauf, ob die Kapazitätsprüfung erfolgreich ist oder nicht. Dies wird über die Änderung des Parameters CV_CAPA_OK entschieden. Diese Entscheidung wird bei der Anlage von Lageraufgaben wie folgt berücksichtigt:

- Wenn die BAdI-Implementierung entscheidet, dass genügend Kapazität vorhanden ist, kann die Lageraufgabe angelegt werden (gemäß der Standard-Kapazitätsprüfung).
- Wenn die BAdI-Implementierung entscheidet, dass die Kapazität nicht ausreicht, wird die Lageraufgabe nicht mit dem Nach-Lagerplatz/der Nach-Handling-Unit angelegt. Sie können im Customizing Einstellungen vornehmen, um die Aufteilung von Lageraufgaben zu ermöglichen.

Der entsprechende Customizing-Pfad lautet **Wareneingangsprozess • Strategien • Einlagerungsstrategien • BAdI: Findung des Kapazitätsprüfungsergebnisses (für Lageraufgabe)**

BAdI /SCWM/EX_CORE_PTS_DET_PRIO

Schauen wir uns als Nächstes das BAdI /SCWM/EX_CORE_PTS_DET_PRIO (Priorität von Lagertyp/Lagerbereich/Lagerplatztyp festlegen) an. Mit diesem BAdI können Sie die Priorität von Lagertyp, Lagerbereich und Lagerplatztyp innerhalb der Einlagerungsplatzfindung festlegen. Durch das Setzen der Priorität können Sie die Reihenfolge beeinflussen, in der die Organisationselemente bei der Platzfindung berücksichtigt werden sollen.

Die wichtigste Methode dieses BAdI ist DET_PRIORITIES (Angabe der Priorität von Lagertyp/Lagerbereich/Lagerplatztyp).

Der Aufruf des BAdI erfolgt im Include /SCWM/LPUT_BIN_DETF78, Unterprogramm DET_ENTRANCE_TABLE.

Der entsprechende Customizing-Pfad lautet **Wareneingangsprozess • Strategien • Einlagerungsstrategien • BAdI: Priorität von Lagertyp/Lagerbereich/Lagerplatztyp festlegen**.

BAdI /SCWM/EX_CORE_PTS_FILT_SORT

Mit dem BAdI /SCWM/EX_CORE_PTS_FILT_SORT (mögliche Lagerplätze filtern und sortieren) können Sie Nachlagerplatzkandidaten für Lagertypen in verschiedenen Kontexten filtern und sortieren. Dieses BAdI wird bei normalem oder losem Lagerungsverhalten aufgerufen, wenn das System nach Plätzen für zusätzliche Mengen sucht. In diesem Fall können Sie den verfügbaren Bestand, der in Lagerplatzkandidaten gefunden wurde, sortieren oder filtern. Sie können in diesem Kontext keine zusätzlichen Nachlagerplatzdaten anhängen.

Dieses BAdI wird auch bei der Suche nach leeren Nachlagerplätzen aufgerufen, um die Liste der Kandidaten auf der Grundlage von Daten zu sortieren oder zu filtern, die entweder aus der Datenbank oder aus einer gepufferten Tabelle ausgewählt wurden, wenn mehrere Anfragen innerhalb derselben Logical Unit of Work (LUW) bearbeitet werden. In beiden Fällen können Sie die Kandidaten sortieren oder filtern; zusätzliche Zieldaten können Sie in diesem Zusammenhang jedoch nicht anhängen.

Bei einem Nahe-Fixplatz-Szenario wird das BAdI aufgerufen, um die Lagerplatzkandidaten zu sortieren oder zu filtern, die sich im Reservelagertyp der verwendeten Einlagerungsstrategie befinden. In diesem Zusammenhang können Sie zusätzliche Nachlagerplatzdaten anhängen. Dies kann z. B. verwendet werden, um einen Reserveplatz in einem Gang zuzuordnen, der sich von dem Gang des zugehörigen Fixplatzes unterscheidet.

Die verschiedenen Kontexte lassen sich durch die bereitgestellten Changing-Parameter unterscheiden. Das System führt dieses BAdI aus, wenn eine Lageraufgabe angelegt wird. Bei der Suche nach leeren Plätzen verwendet das System einen Puffer, wenn es das BAdI für identische Nachlagerplatzdaten mehrmals in derselben LUW aufruft. Dies hat zur Folge, dass gefilterte Kandidaten, die in einer BAdI-Implementierung entfernt wurden, bei den nächsten Aufrufen in derselben LUW nicht mehr bereitgestellt werden.

Das BAdI enthält die Beispielimplementierung /SCWM/CL_EI_CORE_PTS_FILT_SORT für die gleichmäßige Verteilung von Produkten über mehrere Gänge.

Die wichtigste Methode dieses BAdI ist FILT_SORT (Filtern und Sortieren möglicher Lagerplätze).

Das BAdI wird im Include /SCWM/LPUT_BIN_DETF17, Unterprogramm BIN_DETERMINATION_1, sowie im Include /SCWM/LPUT_BIN_DETF92, Unterprogramm NEARFIXBIN_SEARCH, und im Include /SCWM/LPUT_BIN_DETF75, Unterprogramm NEARFIXBIN_SEARCH, aufgerufen.

Der entsprechende Customizing-Pfad lautet **Wareneingangsprozess • Strategien • Einlagerungsstrategien • BAdI: Mögliche Lagerplätze filtern und sortieren**.

BAdI /SCWM/EX_CORE_PTS_MIX

Mit dem BAdI /SCWM/EX_CORE_PTS_MIX (Mischbelegung) können Sie eine zusätzliche Prüfung für die Zulassung der Mischbelegung definieren. Beispielsweise kann dieses BAdI beim Umgang mit zusätzlichen kundeneigenen Bestandsattributen auf Quantebene verwendet werden, um die Attribute in Von- und Nachlagerplätzen zu vergleichen. Dadurch wird die Vermischung von Beständen mit unterschiedlichen Eigenschaften vermieden. Wenn ein Quant einem bestehenden Quant hinzugefügt wird, sind die benutzerdefinierten Attribute für die Trennung der Quants nicht relevant, und die zusätzlichen Attribute könnten durch die Zusammenführung der Quants verloren gehen.

Die wichtigsten Methoden dieses BAdI sind folgende:

- MIX_ALLOWED (Mischbelegung trotz Customizing erlauben)
- MIX_CHECK (Verbot der Mischbelegung; Customizing erlaubt)

Der Aufruf des BAdI erfolgt im Include /SCWM/LHUFUNCF23, Unterprogramm MIX_CHECK_HUITM.

Der relevante Customizing-Pfad lautet **Wareneingangsprozess • Strategien • Einlagerungsstrategien • BAdI: Mischbelegung**.

BAdI /SCWM/EX_CORE_PTS_NBIN_NRM

Mit dem BAdI /SCWM/EX_CORE_PTS_NBIN_NRM (Ermittlung des Nachlagerplatzes – Einlagerungsverhalten: Normal) können Sie die Nachlagerplatzermittlung für das normale Einlagerungsverfahren beeinflussen.

Die wichtige Methode dieses BAdI ist DET_DEST_BIN_NORMAL (Nachlagerplatz ermitteln – Einlagerungsverhalten: normal).

Der Aufruf des BAdI erfolgt im Include /SCWM/LPUT_BIN_DETF17, Unterprogramm BIN_DETERMINATION_1.

Der entsprechende Customizing-Pfad lautet **Wareneingangsprozess • Strategien • Einlagerungsstrategien • BAdI: Nachplatzermittlung: Lagerungsverhalten Normal**.

BAdI /SCWM/EX_CORE_PTS_NBIN_PAL

Mit dem BAdI /SCWM/EX_CORE_PTS_NBIN_PAL (Nachlagerplatz ermitteln – Einlagerungsverhalten: Palette) können Sie die Bestimmung des Nachlagerplatzes für das Palettenlagerverfahren beeinflussen.

Die wichtige Methode dieses BAdI ist DET_DEST_BIN_PALLET (Nachlagerplatz ermitteln – Einlagerungsverhalten: Palette).

Der Aufruf des BAdI erfolgt im Include /SCWM/LPUT_BIN_DETF17, Unterprogramm BIN_DETERMINATION_1.

Der relevante Customizing-Pfad lautet **Wareneingangsprozess • Strategien • Einlagerungsstrategien BAdI: Nachplatzermittlung: Lagerungsverhalten Palette**.

BAdI /SCWM/EX_CORE_PTS_NBIN_BLK

Mit dem BAdI /SCWM/EX_CORE_PTS_NBIN_BLK (Nachlagerplatz ermitteln – Einlagerungsverhalten: Blocklager) können Sie die Bestimmung des Nachlagerplatzes für das Blocklagerverfahren beeinflussen.

Die wichtigste Methode dieses BAdI ist DET_DEST_BIN_BULK (Nachlagerplatz ermitteln – Einlagerungsverhalten: Blocklager).

Das BAdI wird im Include /SCWM/LPUT_BIN_DETF33, Unterprogramm CALL_BADI_CORE_PTS_NBIN_BLK, aufgerufen.

Der relevante Customizing-Pfad lautet **Wareneingangsprozess • Strategien • Einlagerungsstrategien • BAdI: Nachplatzermittlung: Lagerungsverhalten Block**.

BAdI /SCWM/EX_CORE_PTS_NEAR_FB

Mit dem BAdI /SCWM/EX_CORE_PTS_NEAR_FB (Nahe Fixplatz – Fixplatz ermitteln) können Sie das Einlagerungsverhalten »Nahe Fixplatz« beeinflussen, indem Sie den räumlichen Abstand zur Identifizierung freier Lagerplätze berücksichtigen. Die Beispielimplementierung /SCWM/CORE_PTS_ NEAR_FB_IMPL kann bei der Verwendung des BAdI hilfreich sein.

Die wichtigste Methode dieses BAdI ist DET_NEAR_FB.

Der Aufruf des BAdI erfolgt im Include /SCWM/LPUT_BIN_DETF74, Unterprogramm NEARFIXBIN_INIT.

Der entsprechende Customizing-Pfad lautet **Wareneingangsprozess • Strategien • Einlagerungsstrategien • BAdI: Nahe Fixlagerplatz: Fixlagerplatz festlegen**.

BAdI /SCWM/EX_CORE_PTS_SECSQ

Mit dem BAdI /SCWM/EX_CORE_PTS_SECSQ (Lagerbereichssuchreihenfolge ändern) können Sie die Lagerbereichssuchreihenfolge ändern, indem Sie beeinflussen, welche Lagerbereiche bei der Erstellung der Lageraufgabe für die Nachlagerplatzfindung berücksichtigt werden.

Die wichtigste Methode dieses BAdI ist STORAGE_SECTION_SEQ (Suchreihenfolge der Lagerbereiche ändern).

Der Aufruf des BAdI erfolgt im Include /SCWM/LPUT_BIN_DETF18, Unterprogramm STORAGESECTIONS_DETERMINE.

Der entsprechende Customizing-Pfad lautet **Wareneingangsprozess • Strategien • Einlagerungsstrategien • BAdI: Suchreihenfolge der Lagerbereiche ändern**.

BAdI /SCWM/EX_CORE_PTS_SMAQ

In diesem Abschnitt schauen wir uns das BAdI /SCWM/EX_CORE_PTS_SMAQ an, mit dem Sie entscheiden können, ob die maximale Lagertypmenge berücksichtigt wird.

Die wichtigsten Methoden dieses BAdI sind folgende:

- DECIDE_SMAQ_USE (entscheidet, ob die maximale Lagertypmenge berücksichtigt wird)
- CHECK_SMAQ_LGTYPG (prüft die Höchstmenge der Lagertypgruppe)

Der Aufruf des BAdI erfolgt im Include /SCWM/LPUT_BIN_DETF81, Unterprogramm BIN_DETRERMINATION_SINGLE.

Der relevante Customizing-Pfad lautet **Wareneingangsprozess • Strategien • Einlagerungsstrategien • BAdI: Höchstmenge im Lagertyp berücksichtigen**.

BAdI /SCWM/EX_CORE_PTS_SRTSQ

Mit dem BAdI /SCWM/EX_CORE_PTS_SRTSQ (Einlagerungssuchreihenfolge ändern) können Sie die Einlagerungssuchreihenfolge ändern, indem Sie die Reihenfolge steuern, in der Lagertypen, Lagerbereiche und Lagerplatztypen in der Nachlagerplatzfindung gesucht werden. Sie müssen den Inhalt der Importtabelle IT_SORTTAB in die Exporttabelle ET_SORTTAB übernehmen und jedem Eintrag über das Feld EVALPOS eine Priorität zuweisen.

Die wichtigste Methode dieses BAdI ist SORT_SEQUENCE (Einlagerungssuchreihenfolge ändern).

Der Aufruf des BAdI erfolgt im Include /SCWM/LPUT_BIN_DETF78, Unterprogramm DET_ENTRANCE_TABLE.

Der entsprechende Customizing-Pfad lautet **Wareneingangsprozess • Strategien • Einlagerungsstrategien • BAdI: Einlagerungssuchreihenfolge ändern**.

BAdI /SCWM/EX_CORE_PTS_TYPSQ

Mit dem BAdI /SCWM/EX_CORE_PTS_TYPSQ (Lagertypsuchreihenfolge und Einlagerungsregel ändern) können Sie die Lagertypsuchreihenfolge und die Einlagerungsregel ändern.

Die wichtigste Methode dieses BAdI ist STORAGE_TYPE_SEQ (Lagertypsuchreihenfolge und Einlagerungsregel ändern).

Der Aufruf des BAdI erfolgt im Include /SCWM/LPUT_BIN_DETF03, Unterprogramm DEST_TYPE_DET.

Der entsprechende Customizing-Pfad lautet **Wareneingangsprozess • Strategien • Einlagerungsstrategien • BAdI: Lagertypsuchreihenfolge und Einlagerungsregel ändern**.

BAdI /SCWM/EX_CORE_PTS_UPD_TAB

Mit dem BAdI /SCWM/EX_CORE_PTS_UPD_TAB (Tabellen beim Anlegen eines Fixplatzes aktualisieren) können Sie benutzerdefinierte Tabellen bei der Ermittlung eines Fixplatzes aktualisieren. Es wird durchlaufen, wenn ein Produkt einem Platz zugewiesen wird. Das BAdI wird bei allen Prozessen durchlaufen, die einen Fixlagerplatz anlegen können (Lageraufgabenerstellung, Lagerungsdisposition, manuelle Tabellenpflege für Fixlagerplätze). Das BAdI stellt keine Export- oder Änderungsparameter zur Verfügung, kann aber verwendet werden, um z. B. kundenspezifische Aktionen auszulösen oder kundenspezifische Tabellen bei der Erstellung von Lageraufgaben zu aktualisieren.

Die wichtigste Methode dieses BAdI ist UPDATE_TABLES (Aktualisierung benutzerdefinierter Tabellen).

Das BAdI wird im Funktionsbaustein /SCWM/FB_UPDATE_VB aufgerufen.

Der entsprechende Customizing-Pfad lautet **Wareneingangsprozess • Strategien • Einlagerungsstrategien • BAdI: Fortschreibung von Tabellen beim Anlegen eines Fixplatzes.**

BAdI /SCWM/EX_CORE_PTS_VERIF

Mit dem BAdI /SCWM/EX_CORE_PTS_VERIF (gegebenen Lagerplatz prüfen) können Sie einen manuell eingegebenen Nachlagerplatz bei der Erstellung von Lageraufgaben prüfen. Sie können zusätzliche Warn- oder Fehlermeldungen für die Benutzer*innen bereitstellen, falls Ihre benutzerdefinierte Prüfung der Verwendung eines bestimmten Platzes fehlschlägt. Mit dem BAdI können Sie auch kundenspezifische Felder aktualisieren, die als Append der Struktur /SCWM/INCL_EEW_S_ORDIM_PS hinzugefügt wurden.

Die wichtigste Methode dieses BAdI ist VERIFY (Prüfung des angegebenen Lagerplatzes). Das BAdI wird im Include /SCWM/LPUT_BIN_DETF52, Unterprogramm DEST_BIN_CHECK, aufgerufen.

Der entsprechende Customizing-Pfad lautet **Wareneingangsprozess • Strategien • Einlagerungsstrategien • BAdI: Prüfung des eingegebenen Lagerplatzes.**

BAdI /SCWM/EX_CORE_PTS_EMPTY_BIN

Das BAdI /SCWM/EX_CORE_PTS_EMPTY_BIN (Leerplatzermittlung) kann verwendet werden, um leere Lagerplätze entsprechend den benutzerdefinierten Anforderungen zu ermitteln.

Die wichtigsten Methoden dieses BAdI sind folgende:

- DELETE_EMPTY_BIN_BUFFER (internen leeren Lagerplatzpuffer löschen)

- DETERMINE_EMPTY_BINS (Ermittlung leerer Plätze anhand benutzerdefinierter Kriterien)

Das BAdI wird im Include /SCWM/LPUT_BIN_DETA03, Unterprogramme CALL_BADI_EMPTY_BIN_1 und CALL_BADI_EMPTY_BIN_2, aufgerufen.

Der entsprechende Customizing-Pfad lautet **Wareneingangsprozess • Strategien • Einlagerungsstrategien • BAdI: Leerplatzermittlung**.

BAdI /SCWM/EX_CORE_PTS_MD_ADDBIN

Mit dem BAdI /SCWM/EX_CORE_PTS_MD_ADDBIN (mehrfachtiefe Platzermittlung für die Zulagerung) können Sie einen Lagerplatz ermitteln, auf den die aktuelle Lageraufgabe die Handling Unit zulagern soll. Die Handling Unit wird dann vor die letzte Handling Unit auf dem Lagerplatz gestellt.

Die wichtigste Methode dieses BAdI ist DETERMINE_BIN (Lagerplatz ermitteln).

Der Aufruf des BAdI erfolgt im Include /SCWM/LPUT_BIN_DETF17, Unterprogramm CALL_BADI_MD_ADDBIN.

Der relevante Customizing-Pfad lautet **Wareneingangsprozess • Strategien • Einlagerungsstrategien • BAdI: mehrfachtiefe Platzermittlung für die Zulagerung**.

6.3.4 Erweiterungsspot /SCWM/ES_RSRC_QU

Der Erweiterungsspot /SCWM/ES_RSRC_QU verwendet das BAdI /SCWM/EX_RSRC_QU_DET (RF: Queuefindung bei der Lageraufgabenerstellung). Mit diesem BAdI können Sie bei der Lageraufgabenanlage eine Queue ermitteln. Das BAdI wird für jede Lageraufgabe durchlaufen. Für die Queuefindungslogik innerhalb des BAdI stehen kundeneigene Felder zur Verfügung.

Die wichtigste Methode dieses BAdI ist DETERMINE (Queuefindung bei Lageraufgabenerstellung).

Der Aufruf des BAdI erfolgt im Include /SCWM/LCORE_CUST_SELF03, Unterprogramm BADI_TO_CREATE_QUEUE.

Der entsprechende Customizing-Pfad lautet **Lagerinterne Prozesse • Ressourcenverwaltung • Queue-Findung**.

6.3.5 Erweiterungsspot /SCWM/ES_CORE_LB_RT

Der Erweiterungsspot /SCWM/ES_CORE_LB_RT verwendet das BAdI /SCWM/EX_CORE_LB_RT (Greifzeitermittlung in Lageraufgabe). Bei der Erstellung einer Lageraufgabe wird gemäß den Customizing-Einstellungen eine Auslagerungszeit berechnet. Die Auslagerungszeit gibt an, wie viel Zeit für die Kommissionierung oder Einlagerung des Produkts in der Lageraufgabe benötigt wird. Mit diesem BAdI können Sie die ermittelte Zeit bei der Anlage oder Aktivierung der Lageraufgabe nach Ihren Vorgaben ändern.

Die wichtigste Methode dieses BAdI ist REACHTIME_OVERWRITE (Überschreiben der für jede Lageraufgabe ermittelten Greifzeit).

Das BAdI wird im Include /SCWM/LTO_REACHTIMEF06, Unterprogramm REACHTIME_DET_BADI, aufgerufen.

Der entsprechende Customizing-Pfad lautet **Prozessübergreifende Einstellungen • Lageraufgabe • BAdI: Greifzeitermittlung in der Lageraufgabe**.

6.3.6 Erweiterungsspot /SCWM/ES_CORE_LSC

In den folgenden Abschnitten stellen wir drei BAdIs aus dem Erweiterungsspot /SCWM/ES_CORE_LSC (layoutorientierte Lagerungssteuerung) vor.

BAdI /SCWM/EX_CORE_LSC_CAPA

Beginnen wir mit dem BAdI /SCWM/EX_CORE_LSC_CAPA (Kapazitätsprüfung in der layoutorientierten Lagerungssteuerung). Mit diesem BAdI können Sie eine Kapazitätsprüfung in der layoutorientierten Lagerungssteuerung durchführen. So wird z. B. im Rahmen eines Materialflusssystems (nicht aber bei der Behälterförderlogik) die Kapazität des Bereichs und des Meldepunktes vor dem Anlegen der Lageraufgabe für den nächsten Meldepunkt geprüft. Sie können eine kundenindividuelle Kapazitätsprüfung für den von der layoutorientierten Lagerungssteuerung ermittelten Bereich durchführen und ihn bei der Erstellung einer Lageraufgabe für den nächsten Meldepunkt ausschließen, damit das System nach alternativen Routen sucht.

Die wichtigste Methode dieses BAdI ist CHECK (Kapazitätsprüfung).

Das BAdI wird im Funktionsbaustein /SCWM/MFS_LB_R2S_CHK aufgerufen.

Der entsprechende Customizing-Pfad lautet **Prozessübergreifende Einstellungen • Lageraufgabe • Layoutorientierte Lagerungssteuerung • BAdI: Kapazitätsprüfung in der layoutorientierten Lagerungssteuerung**.

BAdI /SCWM/EX_CORE_LSC_LAYOUT

Mit dem BAdI /SCWM/EX_CORE_LSC_LAYOUT (layoutorientierte Lagerungssteuerung) können Sie im Rahmen der layoutorientierten Lagerungssteuerung die ermittelten Zieldaten ändern oder die Umleitung der Lageraufgabe auf einen Zwischenplatz verhindern. Um die Verwendung eines Zwischenplatzes zu verhindern, löschen Sie die Changing-Parameter CV_ILTYP, CV_ILBER und CV_ILPLA.

Die wichtigste Methode dieses BAdI ist LAYOUT (layoutorientierte Lagerungssteuerung).

Das BAdI wird im Funktionsbaustein /SCWM/BADI_STORAGE_CTRL_LAYOUT aufgerufen.

Der entsprechende Customizing-Pfad lautet **Prozessübergreifende Einstellungen • Lageraufgabe • Layoutorientierte Lagerungssteuerung • BAdI: Layoutorientierte Lagerungssteuerung**.

BAdI /SCWM/EX_CORE_LSC_PRIO

Betrachten wir schließlich das BAdI /SCWM/EX_CORE_LSC_PRIO (Priorisierung in der layoutorientierten Lagerungssteuerung). Mit diesem BAdI können Sie aus allen geeigneten Segmenten eines ermitteln, bevor das System im Rahmen eines Materialflusssystems eine Lageraufgabe für den nächsten Meldepunkt anlegt.

Die wichtigsten Methoden dieses BAdI sind folgende:

- SORT (Sortierung der Segmente)
- SORT_NOFIT (Sortierung von inaktiven Segmenten)

Das BAdI wird im Funktionsbaustein /SCWM/TROUTL_DET aufgerufen.

Der entsprechende Customizing-Pfad lautet **Prozessübergreifende Einstellungen • Lageraufgabe • Layoutorientierte Lagerungssteuerung • BAdI: Priorisierung in der Layoutorientierten Lagerungssteuerung**.

6.3.7 Erweiterungsspot /SCWM/ES_CORE_PSC

In diesem Abschnitt stellen wir zwei BAdIs aus dem Erweiterungsspot /SCWM/ES_CORE_PSC (prozessorientierte Lagerungssteuerung) vor: /SCWM/EX_CORE_PSC_PRCES und /SCWM/EX_CORE_PSC_PROCESS.

BAdI /SCWM/EX_CORE_PSC_PRCES

Betrachten wir zunächst das BAdI /SCWM/EX_CORE_PSC_PRCES (Prozessprofil setzen). Mit diesem BAdI können Sie die Festlegung eines Prozessprofils beeinflussen. Es wird durchlaufen, wenn für alle verpackten Bestände einer Handling Unit nicht die gleiche Lagerungssteuerung angewendet wird. Im Standard ermittelt das System die Lagerungssteuerung für eine Handling Unit aus der ersten darin enthaltenen Bestandsposition. Sie können dieses Verhalten durch Ihre eigene Logik übersteuern, indem Sie den Exportparameter EV_PRCES entsprechend setzen.

Die wichtigste Methode dieses BAdI ist HUHDR_PRCES (Prozessprofil setzen).

Das BAdI wird im Include /SCWM/LL03AF37, Unterroutine ROUTING_SET_HU_ATT, aufgerufen. Es wird auch beim Verpacken für Anlieferungen und Kundenretouren aufgerufen.

Der entsprechende Customizing-Pfad lautet **Prozessübergreifende Einstellungen • Lageraufgabe • Prozessorientierte Lagerungssteuerung • BAdI: Prozessprofil setzen**.

BAdI /SCWM/EX_CORE_PSC_PROCESS

Betrachten wir als Nächstes das BAdI /SCWM/EX_CORE_PSC_PROCESS (prozessorientierte Lagerungssteuerung). Mit diesem BAdI können Sie die standardmäßig festgelegten Zieldaten und die Lagerprozessart im Rahmen der prozessorientierten Lagerungssteuerung ändern. Es ermöglicht Ihnen auch, den vorgesehenen Prozessschritt zu überspringen oder die Erstellung von Lageraufgaben abzubrechen.

Die wichtigste Methode dieses BAdI ist PROCESS (prozessorientierte Lagerungssteuerung).

Das BAdI wird im Funktionsbaustein /SCWM/BADI_STORAGE_CTRL_PROCES aufgerufen.

Der entsprechende Customizing-Pfad lautet **Prozessübergreifende Einstellungen • Lageraufgabe • Prozessorientierte Lagerungssteuerung • BAdI: Prozessorientierte Lagerungssteuerung**.

6.3.8 Erweiterungsspot /SCWM/ES_CORE_CO

Für den Erweiterungsspot /SCWM/ES_CORE_CO (Quittierung Lageraufgabe) werden wir in den folgenden Abschnitten neun verschiedene BAdIs betrachten.

BAdI /SCWM/EX_CORE_CO_CHECK_CONF

Beginnen wir mit dem BAdI /SCWM/EX_CORE_CO_CHECK_CONF (Prüfung bei der Quittierung). Mit diesem BAdI können Sie die Prüfungen bei der Quittierung einer Lageraufgabe erweitern und die Bestätigung gegebenenfalls verweigern.

Die wichtigste Methode dieses BAdI ist CHECK_CONF (Prüfung bei der Quittierung).

Das BAdI wird im Funktionsbaustein /SCWM/BADI_TO_CONFIRM_CHECK aufgerufen.

Der entsprechende Customizing-Pfad lautet **Prozessübergreifende Einstellungen • Lageraufgabe • Quittierung einer Lageraufgabe • BAdI: Prüfung bei Quittierung**.

BAdI /SCWM/EX_CORE_CO_HU_SAVE

Mit dem BAdI /SCWM/EX_CORE_CO_HU_SAVE (HU-Aktualisierungen beim Sichern) können Sie die Handling-Unit-Daten beim Sichern der Handling Unit im Rahmen der Quittierung der Lageraufgabe ändern.

Die wichtigste Methode dieses BAdI ist CONF (Quittierung von Lageraufgaben).

Der Aufruf des BAdI erfolgt im Include /SCWM/LHU_TO_UPDF12, Unterprogramm UPDATE_HU.

Der entsprechende Customizing-Pfad lautet **Prozessübergreifende Einstellungen • Lageraufgabe • Quittierung einer Lageraufgabe • BAdI: HU-Fortschreibung beim Sichern**.

BAdI /SCWM/EX_CORE_CO_IMPORT

Schauen wir uns als Nächstes das BAdI /SCWM/EX_CORE_CO_IMPORT (Importparameter bei Lageraufgabenquittierung ändern) an. Dieses BAdI ermöglicht die Änderung von Importparametern für die Bestätigung von Lageraufgaben.

Die wichtigste Methode dieses BAdI ist CHANGE (Importparameter ändern).

Der Aufruf des BAdI erfolgt im Include /SCWM/LL03BF53, Unterprogramm BADI_IMPORT.

Der entsprechende Customizing-Pfad lautet **Prozessübergreifende Einstellungen • Lagertätigkeit • Quittierung einer Lageraufgabe • BAdI: Ändern der Importparameter bei der Quittierung der LB**.

BAdI /SCWM/EX_CORE_CO_POST

Mit dem BAdI /SCWM/EX_CORE_CO_POST (quittierte Lageraufgaben aktualisieren) können Sie Ihre benutzerdefinierten Daten bei der Quittierung von Lageraufgaben speichern oder Folgeaktionen einleiten. Alle anderen Datenbankaktualisierungen im Rahmen der Lageraufgabenerstellung sind bereits erfolgt. Das BAdI läuft während der Verbuchungsverarbeitung.

Die wichtigste Methode dieses BAdI ist POST (Aktualisierung quittierter Lageraufgaben).

Das BAdI wird im Funktionsbaustein /SCWM/BADI_TO_CONFIRM_POST aufgerufen.

Der entsprechende Customizing-Pfad lautet **Prozessübergreifende Einstellungen • Lageraufgabe • Quittierung einer Lageraufgabe • BAdI: Buchung von quittierten Lageraufgaben**.

BAdI /SCWM/EX_CORE_CO_SN_FORCE

Mit dem BAdI /SCWM/EX_CORE_CO_SN_FORCE (Erzwingen der Serialnummerneingabe bei der Quittierung) können Sie die Eingabe von Serialnummern bei der Bestätigung von Lageraufgaben erzwingen.

Die wichtigste Methode dieses BAdI ist FORCE (forcierte Eingabe von Serialnummern).

Der Aufruf des BAdI erfolgt im Include /SCWM/LL03BF70, Unterprogramm SN_CHECK_DATA.

Der entsprechende Customizing-Pfad lautet **Prozessübergreifende Einstellungen • Lageraufgabe • Quittierung einer Lageraufgabe • BAdI: Obligatorische Serialnummerneingabe bei Quittierung**

BAdI /SCWM/EX_CORE_CO_UNP_OUTHU

Mit dem BAdI /SCWM/EX_CORE_CO_UNP_OUTHU (übergeordnete HU bei Lageraufgabenquittierung auspacken) können Sie die übergeordnete Handling Unit bei der Quittierung der Lageraufgabe auspacken. Das System packt so viele übergeordnete Ebenen aus, wie Sie an den Parameter EV_DEL_LEVEL zurückgeben. Das BAdI enthält die Beispielimplementierung /SCWM/CL_EI_CORE_CO_UNP_OUTHU.

Die wichtigste Methode dieses BAdI ist UNPACK_OUTER_HU (übergeordnete Handling Unit auspacken).

Der Aufruf des BAdI erfolgt im Include /SCWM/LL03AF13, Unterprogramm OUTER_HU_UNPACK_DET.

Der entsprechende Customizing-Pfad lautet **Prozessübergreifende Einstellungen • Lageraufgabe • Quittierung einer Lageraufgabe • BAdI: Auspacken übergeordneter Handling Units bei Quittierung der Lageraufgabe**.

BAdI /SCWM/EX_CORE_CO_HU_PSHUREF

Mit dem BAdI /SCWM/EX_CORE_CO_HU_PSHUREF (Steuerung geplante HU-Referenz für Vollpalettenentnahme) können Sie die Standardprüfung übersteuern, die die Entscheidung trifft, die Referenz der geplanten Versand-Handling-Unit der entnommenen Handling Unit hinzuzufügen. Die Standardprüfung erfolgt bei der Vollpalettenentnahme. Die Standardentscheidung, die geplante Versand-Handling-Unit bei Vollpalettenentnahme der Handling Unit als Referenz hinzuzufügen, basiert auf der Gleichheit von Handling Unit und geplanter Versand-Handling-Unit bezüglich Packmittel, Abmessungen und Mengen. Es ist auch möglich, diese Prüfungen nach kundenspezifischen Bedürfnissen zu optimieren. Dies geschieht in der Customizing-Aktivität **Geplante HU-Referenz bei Vollpalettenentnahme steuern**, die es erlaubt, einige der Standardprüfungen zu deaktivieren.

Die wichtigste Methode dieses BAdI ist CHECK_PSHU_EQUALS_REAL_HU (Prüfung, ob die Plan-Handling-Unit mit der realen Handling Unit übereinstimmt).

Das BAdI wird in der Methode CHECK_PSHU_EQUALS_REAL_HU_BADI der Klasse /SCWM/CL_CORE_PSHU_HU_IDENT aufgerufen.

Der entsprechende Customizing-Pfad lautet **Prozessübergreifende Einstellungen • Lageraufgabe • Quittierung einer Lageraufgabe • BAdI: Steuerung der geplanten HU-Referenz für Vollpalettenentnahme**.

BAdI /SCWM/EX_CORE_CO_AQUA_UPD

Mit dem BAdI /SCWM/EX_CORE_CO_AQUA_UPD (BAdI: Aktualisierungsunterdrückung von kumulierten Feldern in Tabelle »Verfügbare Menge«) können Sie bestimmte Daten von der Berechnung der verfügbaren Bestände ausschließen, die kumuliert aus dem zugeordneten physischen Bestand gebildet werden. Die folgenden Felder werden in der Tabelle /SCWM/AQUA nicht mehr fortgeschrieben:

- Haltbarkeitsdatum Verfallsdatum
- Datum des Wareneingangs
- Inventur aktiv
- Land/Region der Herkunft
- Charge im nicht frei verwendbaren Bestand
- alternative Maßeinheit
- Art der Inspektion
- Inspektionsobjekt
- Nummer der Bescheinigung
- kundenspezifische Felder

Wenn Sie dieses BAdI implementieren, liest das System nicht mehr alle physischen Bestände, die zur Tabelle der verfügbaren Menge gehören, was die Performance für Lagerplätze mit einer großen Anzahl von Bestandspositionen bei der Berechnung der verfügbaren Menge auf Platzebene verbessern kann.

[!]

Verwendung der Felder prüfen

Diese Felder können für Auslagerungsstrategien relevant sein, z. B. das Wareneingangsdatum für die FIFO-Regel (First-in-First-out). Setzen Sie den Exportparameter im BAdI nur, wenn die Auslagerungsstrategie keines der aufgeführten Felder berücksichtigt und die Daten nicht für bestimmte Übersichten (z. B. Bestandsübersicht) benötigt werden. Alle anderen Felder der verfügbaren Mengentabelle, wie z. B. die Mengen-, Orts- und Handling-Unit-Daten, werden wie gewohnt fortgeschrieben.

Die wichtigste Methode dieses BAdI ist AQUA_NOUPD (keine Aktualisierung).

Das BAdI wird im Funktionsbaustein /SCWM/AQUA_DATA_DETERMINE aufgerufen.

Der entsprechende Customizing-Pfad lautet **Prozessübergreifende Einstellungen • Lageraufgabe • Quittierung einer Lageraufgabe • BAdI: Aktualis.-Unterdrückung von kumul. Feldern in Tabelle Verfügbare Menge**.

BAdI /SCWM/EX_CORE_CO_QUAN_UPD

Betrachten wir abschließend das BAdI /SCWM/EX_CORE_CO_QUAN_UPD (Attribute der Tabelle /SCWM/QUAN während der Quittierung der Lageraufgabe ändern). Mit diesem BAdI können Sie ausgewählte Attribute der Von- und Nach-Quants der Lageraufgabe ändern. Das System führt dieses BAdI während der Quittierung der Produktlageraufgabe aus. Weitere Einzelheiten finden Sie in der Dokumentation zu den Schnittstellenmethoden des BAdI.

Die wichtigsten Methoden dieses BAdI sind folgende:

- SOURCE_CHANGE (Attribute des Von-Quants ändern)
- DESTINATION_CHANGE (Attribute des Nach-Quants ändern)
- HU_CHANGE (Attribute aller Quants ändern, die mit einer Handling Unit bewegt werden)

Der Aufruf des BAdI erfolgt im Include /SCWM/LHU_TO_UPDF39, Unterprogramm TO_CONF_SITM.

Der entsprechende Customizing-Pfad lautet **Prozessübergreifende Einstellungen • Lagertätigkeit • Quittierung einer Lageraufgabe • BAdI: Ändern von Mengenattributen bei LB-Quittierung**.

6.4 Lagerauftragserstellung

Die Lagerauftragserstellung ist eine hochgradig konfigurierbare Anwendung der EWM-Lagerlogistik, die sich um die optimale Gruppierung von Lageraufgaben in ausführbare Lageraufträge kümmert. Die Lagerauftragserstellung wird nach jeder Erstellung einer Lageraufgabe aufgerufen. Verschiedene Kriterien wie Sortieranforderungen, Grenzwerte und Packalgorithmen werden bei der Gruppierung und eventuellen Aufteilung von Lageraufgaben durch die Regeln der Lagerauftragserstellung berücksichtigt. Die erstellten Lageraufträge werden schließlich den entsprechenden Ressourcen zur Ausführung zugewiesen.

Im EWM-Customizing finden Sie die Konfigurationsmöglichkeiten der Lagerauftragserstellung über den Pfad **Erweiterte Lagerverwaltung • Prozessübergreifende Einstellungen • Lagerauftrag**. Darüber hinaus finden Sie die Erweiterungsoptionen für die Lagerauftragserstellung über den Pfad **Extended Warehouse Management • Business Add-Ins (BAdIs) für Extended Warehouse Management • Prozessübergreifende Einstellungen • Lagerauftragserstellung**.

In diesem Abschnitt stellen wir jedes einzelne BAdI für die Erstellung von Lageraufträgen vor. Abbildung 6.4 zeigt die Erweiterungsspots innerhalb der Lagerauftragserstellung. Die Lagerauftragserstellung beginnt unter anderem mit der Freigabe einer

Welle. Nach der Erstellung der Lageraufgaben werden diese an die Lagerauftragserstellung übergeben, wo sie zunächst nach Aktivitätsbereich und Queue gruppiert werden, da diese Aspekte für alle Lageraufgaben innerhalb eines Lagerauftrags eindeutig sein müssen. Die erste anwendbare Lagerauftragserstellungsregel für die gruppierten Lageraufgaben wird durch den Aktivitätsbereich der Aufgaben bestimmt. Die Lagerauftragserstellungsregel kann weitere Filter- und Begrenzungskriterien enthalten, die für die Gruppierung der Aufgaben anzuwenden sind. Dies bedeutet, dass einige Lageraufgaben aus der ursprünglichen Gruppierung entfernt werden können.

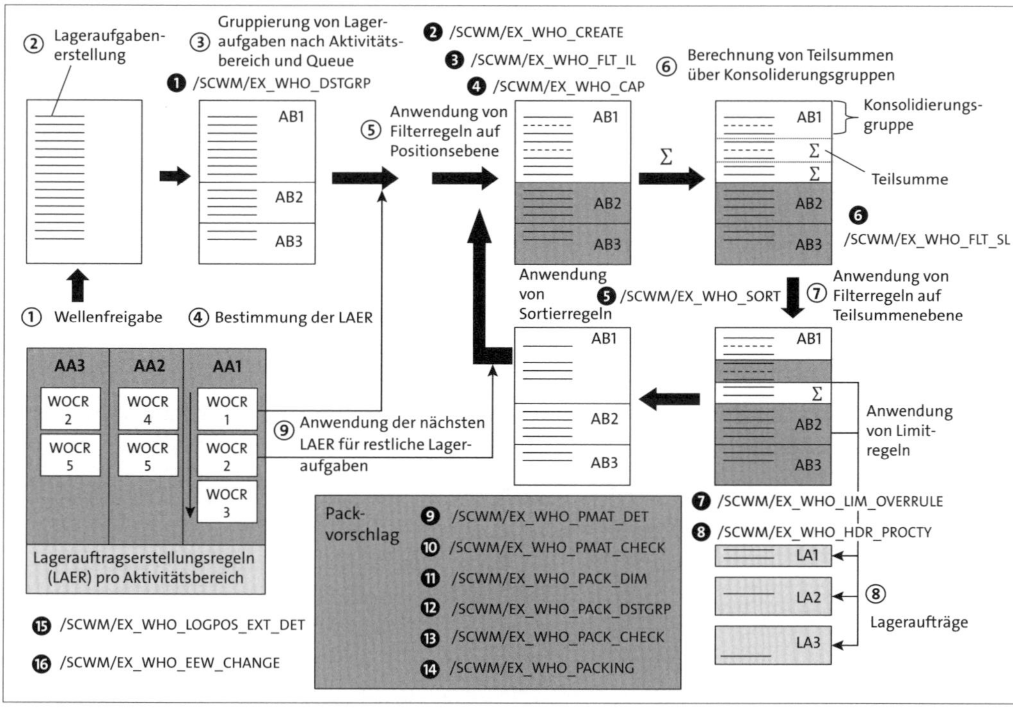

Abbildung 6.4 BAdIs in der Lagerauftragserstellung

Sobald eine Gruppe von Lageraufgaben bestimmt wurde, kann für sie ein Packvorschlag erstellt werden. Das Packprofil in der Lagerauftragserstellungsregel bestimmt das geeignete Packverfahren, dessen Anpassung durch eine hohe Anzahl von BAdIs ermöglicht wird. Die gruppierten Aufgaben dieses ersten Lagerauftrags werden noch nach definierten Sortierregeln sortiert. Für noch nicht bearbeitete Lageraufgaben wird die zuvor beschriebene Logik mit der nächsten verfügbaren Lagerauftragserstellungsregel für den Aktivitätsbereich durchlaufen. Diese Prozedur wird so lange durchgeführt, bis alle Lageraufgaben abgearbeitet sind. Zur Fehlersuche bei der Lagerauftragserstellung kann es hilfreich sein, die Checkpoint-Gruppe `/SCWM/WHO` zu aktivieren.

6.4.1 Erweiterungsspot /SCWM/ES_WHO

Für den Erweiterungsspot /SCWM/ES_WHO stellen wir in den folgenden Abschnitten 16 BAdIs vor.

BAdI /SCWM/EX_WHO_DSTGRP

Beginnen wir mit der Betrachtung des BAdI /SCWM/EX_WHO_DSTGRP (Konsolidierungsgruppe überschreiben). Mit diesem BAdI können Sie die Konsolidierungsgruppe in der Lageraufgabe überschreiben, kurz bevor die Lagerauftragserstellung gestartet wird. Das BAdI wird für jede Lageraufgabe innerhalb einer Gruppe von Aufgaben durchlaufen, die für die Lagerauftragserstellung bearbeitet werden sollen. Sie können die Konsolidierungsgruppe neu ermitteln und gegebenenfalls ändern. Die Änderung anderer Felder der Lageraufgabe ist innerhalb des BAdI ebenfalls möglich; wir empfehlen dies jedoch nicht für Standardfelder der Lageraufgabe, da diese Änderungen unvorhersehbare Seiteneffekte für die Standardverarbeitung haben können. Änderungen an kundeneigenen Feldern, die als Append der Struktur /SCWM/INCL_EEW_S_ORDIM_PS (kundeneigene Felder auf der Ebene der Lageraufgabe) hinzugefügt werden, sollten problemlos möglich sein.

Die wichtigste Methode dieses BAdI ist DSTGRP (Konsolidierungsgruppe überschreiben).

Das BAdI wird zu Beginn der Lagerauftragserstellung im Funktionsbaustein /SCWM/WHO_CREATE aufgerufen.

Der entsprechende Customizing-Pfad lautet **Prozessübergreifende Einstellungen • Lagerauftragserstellung • BAdI: Konsolidierungsgruppe überschreiben**.

BAdI /SCWM/EX_WHO_CREATE

Mit dem BAdI /SCWM/EX_WHO_CREATE (vollständige Lagerauftragserstellung über BAdI) können Sie eine vollständige kundenspezifische Logik für die Erstellung von Lageraufträgen in EWM implementieren, einschließlich der Gruppierung von Lageraufgaben in Lageraufträge und der optionalen Erstellung von Kommissionier-Einheiten. Wenn dieses BAdI aktiviert ist, wird es ausgeführt, anstatt die verfügbaren Lagerauftragserstellungsregeln aus dem Customizing anzuwenden. Wir empfehlen Ihnen, zunächst die Möglichkeiten der anderen verfügbaren BAdIs für die Lagerauftragserstellung zu nutzen, bevor Sie dieses BAdI implementieren, da die Lagerauftragserstellung eine umfangreiche und komplexe Anwendung ist und die anderen verfügbaren BAdIs in der Lagerauftragsanwendung normalerweise ausreichen, um die meisten projektspezifischen Anforderungen abzudecken.

Die wichtigste Methode dieses BAdI ist CREATE (benutzerspezifische Lagerauftragserstellung).

Der Aufruf des BAdI erfolgt im Include /SCWM/LWHO_MAINF32, Unterprogramm LA_CREATION_BADI.

Der entsprechende Customizing-Pfad lautet **Prozessübergreifende Einstellungen • Lagerauftragserstellung • BAdI: Volle LA-Erstellung**.

BAdI /SCWM/EX_WHO_FLT_IL

Betrachten wir das BAdI /SCWM/EX_WHO_FLT_IL (zusätzliche Filter auf Artikelebene verwenden). Mit diesem BAdI können Sie neben den im Customizing der Regel zur Anlage von Lageraufträgen eingerichteten Filtern zusätzliche Filter für die Filterung auf Artikelebene hinzufügen. Sie müssen Ihre benutzerdefinierte Filterlogik in der BAdI-Methode bereitstellen, indem Sie Artikel für die weitere Verarbeitung im Rückgabeparameter CT_TO_SUCCESS und Artikel, die die zusätzlichen Filterkriterien nicht erfüllen, im Rückgabeparameter CT_TO_FAILED mitgeben.

Die wichtigste Methode dieses BAdI ist FILTER_IL (Verwendung zusätzlicher Filter auf Positionsebene).

Der Aufruf des BAdI erfolgt im Include /SCWM/LWHO_MAINF04, Unterprogramm WHO_FILTER_IL_CHECK.

Der entsprechende Customizing-Pfad lautet **Prozessübergreifende Einstellungen • Lagerauftragserstellung • BAdI: Verwendung von zusätzlichen Filtern auf Positionsebene**.

BAdI /SCWM/EX_WHO_CAP

Mit dem BAdI /SCWM/EX_WHO_CAP (geplante Versand-HUs filtern) können Sie die Liste der geplanten Versand-Handling-Units während der Ausführung der Lagerauftragserstellungsregeln filtern, um möglicherweise Positionen von geplanten Versand-Handling-Units für Packvorschläge durch die Lagerauftragserstellung zu öffnen. Dabei wird davon ausgegangen, dass für geplante Versand-Handling-Units (oder Versand-Handling-Units im Allgemeinen) keine weiteren Packvorschläge erforderlich sind. Die standardmäßig angewandte Fallback-Klasse /SCWM/CL_EI_WHO_CAP löscht jedoch bereits vorhandene geplante Versand-Handling-Units.

Die wichtigste Methode dieses BAdI ist FILTER_PSHUS (Filterung von geplanten Versand-HU-Tabellen).

Der Aufruf des BAdI erfolgt im Include /SCWM/LWHO_MAINF46, Unterprogramm READ_POHU.

Der entsprechende Customizing-Pfad lautet **Prozessübergreifende Einstellungen • Lagerauftragserstellung • BAdI: Geplante Versand-HUs filtern**.

BAdI /SCWM/EX_WHO_SORT

Mit dem BAdI /SCWM/EX_WHO_SORT (zusätzliche Lageraufgabensortierung verwenden) können Sie eine zusätzliche Sortierung der Lageraufgaben zu verschiedenen Zeitpunkten des Lagerauftragserstellungsprozesses vornehmen:

- zwischen Positions- und Zwischensummenfilterung (Eingangssortierung, IV_SORTTYPE = A)
- vor dem Packen (IV_SORTTYPE = C)
- ganz am Ende des Lagerauftragserstellungsprozesses (Ausgangssortierung, IV_SORTTYPE = B)

Ohne Angabe einer Sortierregel wird die Standardsortierung angewendet, die der Lagerplatzsortierung folgt. Die Eingangssortierung hängt von der Erstellungskategorie der angewendeten Lagerauftragserstellungsregel ab.

Die wichtigste Methode dieses BAdI ist SORT (zusätzliche Lageraufgabensortierung verwenden).

Der Aufruf des BAdI erfolgt im Include /SCWM/LWHO_MAINF03, Unterprogramm WHO_TO_SORT.

Der entsprechende Customizing-Pfad lautet **Prozessübergreifende Einstellungen • Lagerauftragserstellung • BAdI: Zusätzliche LB-Sortierung verwenden**.

BAdI /SCWM/EX_WHO_FLT_SL

Mit dem BAdI /SCWM/EX_WHO_FLT_SL (zusätzliche Filter auf Zwischensummenebene verwenden) können Sie auf der Zwischensummenebene der übergebenen Konsolidierungsgruppen neben den im Customizing der Lagerauftragserstellungsregel definierten Filterkriterien zusätzliche Filterkriterien anwenden. Setzen Sie den Changing-Parameter CV_FAILED auf ABAP_TRUE, wenn die angegebene Konsolidierungsgruppe den zusätzlichen Filter nicht bestanden hat. Alle Positionen, die zu dieser Konsolidierungsgruppe gehören, werden nicht mehr mit der aktuellen Erstellungsregel bearbeitet.

Die wichtigste Methode dieses BAdI ist FILTER_SL (zusätzliche Filter auf der Ebene der Zwischensumme verwenden).

Der Aufruf des BAdI erfolgt im Include /SCWM/LWHO_MAINF05, Unterprogramm WHO_FILTER_SL.

Der entsprechende Customizing-Pfad lautet **Prozessübergreifende Einstellungen • Lagerauftragserstellung • BAdI: Verwendung von Zusatzfiltern auf Zwischensummenebene**.

BAdI /SCWM/EX_WHO_LIM_OVERRULE

Mit dem BAdI /SCWM/EX_WHO_LIM_OVERRULE (Überschreiben von Grenzwerten) können Sie die im Customizing der Lagerauftragserstellungsregel definierten Grenzwerte überschreiben. Dazu müssen Sie in der BAdI-Methode LIMIT_OVERRULE die Grenzwerte der Struktur CS_LIMITS durch Ihre eigenen Werte ersetzen. Diese geänderten Grenzwerte werden dann in der weiteren Verarbeitung verwendet, um die Größe des Lagerauftrags zu ermitteln. Beachten Sie, dass einem Lagerauftrag maximal 999 Packvorschläge zugeordnet werden können.

Die wichtigste Methode dieses BAdI ist LIMIT_OVERRULE (Überschreiben von Grenzwerten).

Der Aufruf des BAdI erfolgt im Include /SCWM/LWHO_MAINF01, Unterprogramm WHO_LIMIT_APPLY.

Der entsprechende Customizing-Pfad lautet **Prozessübergreifende Einstellungen • Lagerauftragserstellung • BAdI: Überschreiben von Grenzwerten**.

BAdI /SCWM/EX_WHO_HDR_PROCTY

Mit dem BAdI /SCWM/EX_WHO_HDR_PROCTY (Überschreiben der Lagerprozessart auf Lagerauftragsebene) können Sie die Lagerprozessart im Lagerauftrag überschreiben. Standardmäßig wird die Lagerprozessart der ersten Lageraufgabe innerhalb des Lagerauftrags verwendet. Die Lageraufgaben des Lagerauftrags werden an das BAdI übergeben. Mit diesen Daten können Sie eine eigene Ermittlung der Lagerprozessart durchführen und die ermittelte Lagerprozessart zurückgeben.

Die wichtigste Methode dieses BAdI ist HDR_PROCTY (Überschreiben der Lagerprozessart auf Lagerauftragsebene).

Der Aufruf des BAdI erfolgt im Include /SCWM/LWHO_MAINF26, Unterprogramm WHO_STRUCTURE_CREATE.

Der entsprechende Customizing-Pfad lautet **Prozessübergreifende Einstellungen • Lagerauftragserstellung • BAdI: Lagerprozessart auf LA-Ebene überschreiben**.

BAdI /SCWM/EX_WHO_PMAT_DET

Mit dem BAdI /SCWM/EX_WHO_PMAT_DET (Ermitteln möglicher Packmittel für die HU) können Sie verfügbare Packmittel für die Anlage eines Packvorschlags ermitteln. Wenn Sie entsprechende Werte in der Tabelle CT_PMAT der BAdI-Methode zurückgeben, wird die Standardlogik zur Packmittelermittlung nicht mehr aufgerufen.

Die wichtige Methode dieses BAdI ist PMAT_DETERMINATION (Ermittlung möglicher Packmittel für die Handling-Unit-Ermittlung).

Der Aufruf des BAdI erfolgt im Include /SCWM/LWHO_MAINF28, Unterprogramm PMAT_DETERMINATION.

Der entsprechende Customizing-Pfad lautet **Prozessübergreifende Einstellungen • Lagerauftragserstellung • BAdI: Ermittlung möglicher Packmittel für HU-Ermittlung**.

BAdI /SCWM/EX_WHO_PMAT_CHECK

Mit dem BAdI /SCWM/EX_WHO_PMAT_CHECK (Prüfung und Sortierung gefundener Packmittel) können Sie eine zusätzliche Prüfung und Ermittlung von möglichen Packmitteln für den Packvorschlag implementieren. Die von der Anwendung ermittelten Packmittel werden an die BAdI-Methode übergeben und Sie können z. B. eine eigene Sortierung der Packmittel nach Priorität vornehmen.

Die wichtigste Methode dieses BAdI ist PMAT_CHECK (Prüfung und Sortierung gefundener Packmittel).

Der Aufruf des BAdI erfolgt im Include /SCWM/LWHO_MAINF28, Unterprogramm PMAT_DETERMINATION.

Der entsprechende Customizing-Pfad lautet **Prozessübergreifende Einstellungen • Lagerauftragserstellung • BAdI: Prüfung und Sortierung gefundener Packmittel**.

BAdI /SCWM/EX_WHO_PACK_DIM

Mit dem BAdI /SCWM/EX_WHO_PACK_DIM (Prüfung auf Länge, Breite, Höhe) können Sie zusätzliche Prüfungen der Abmessungen einer Handling Unit – oder besser gesagt eines Packmittels – durchführen, um festzustellen, ob die Verpackung für die Lageraufgabe geeignet ist. Es lassen sich Länge, Breite und Höhe prüfen. Voraussetzung für die Durchführung dieser Prüfung ist, dass die Prüfung der Maße im Packprofilkennzeichen **LBH prüfen** aktiviert ist.

Die wichtigste Methode dieses BAdI ist PACK_DIMENSION (Prüfung auf Länge, Breite, Höhe).

Das BAdI wird im Include /SCWM/LWHO_MAINF19, Unterprogramm DIMENSION_CHECK, aufgerufen.

Der entsprechende Customizing-Pfad lautet **Prozessübergreifende Einstellungen • Lagerauftragserstellung • BAdI: Prüfung von Länge, Breite, Höhe**.

BAdI /SCWM/EX_WHO_PACK_DSTGRP

Mit dem BAdI /SCWM/EX_WHO_PACK_DSTGRP (Prüfung, ob Lageraufgabe bei abweichender DSTGRP übersprungen werden soll) können Sie prüfen, ob bei der Zuordnung zu einer Kommissionier-Einheit eine Lageraufgabe für eine abweichende Konsolidierungsgruppe ausgelassen werden soll. Anhand der übergebenen Daten können Sie eigene Prüfungen zum Überspringen von Lageraufgaben durchführen. Das BAdI wird aufgerufen, wenn die Konsolidierungsgruppe der Lageraufgabe von der Konsolidierungsgruppe der bereits der Kommissionier-Handling-Unit zugeordneten Lageraufgaben abweicht und wenn die maximale Anzahl an Konsolidierungsgruppen für die Handling Unit bereits erreicht ist. Die Zuordnung von Lageraufgaben zur Kommissionier-Handling-Unit wird nicht unterbrochen, sondern mit der nächsten Lageraufgabe fortgesetzt. Das BAdI ist mit der Customizing-Option **LB überspringen** des Packprofils verknüpft.

Die wichtigste Methode dieses BAdI ist PACK_DSTGRP (Prüfung, ob eine Lageraufgabe für verschiedene Konsolidierungsgruppen übersprungen werden soll).

Der Aufruf des BAdI erfolgt im Include /SCWM/LWHO_MAINF08, Unterprogramm ADVANCED_PACKING.

Der entsprechende Customizing-Pfad lautet **Prozessübergreifende Einstellungen • Lagerauftragserstellung • BAdI: Prüfung, ob LB bei abweichender KonsGrp. übersprungen werden soll**.

BAdI /SCWM/EX_WHO_PACK_CHECK

Mit dem BAdI /SCWM/EX_WHO_PACK_CHECK (Prüfung, ob Lageraufgabe in Handling Unit zu verpacken ist) können Sie überprüfen, ob eine bestimmte Lageraufgabe tatsächlich in die vorgeschlagene Handling Unit verpackt werden soll. Die Daten der aktuellen Lageraufgabe und der zugeordneten Handling Unit stehen dem BAdI zur Verfügung und ermöglichen eine zusätzliche Prüfung der Zuordnung der Lageraufgabe.

Die wichtigste Methode dieses BAdI ist PACK_CHECK (Prüfung, ob Lageraufgabe in Handling Unit verpackt werden soll).

Der Aufruf des BAdI erfolgt im Include /SCWM/LWHO_MAINF08, Unterprogramm ADVANCED_PACKING.

Der entsprechende Customizing-Pfad lautet **Prozessübergreifende Einstellungen • Lagerauftragserstellung • BAdI: Prüfung, ob LB in HU verpackt werden soll**.

BAdI /SCWM/EX_WHO_PACKING

Mit dem BAdI /SCWM/EX_WHO_PACKING (HU-Ermittlung für Lagerauftrag) können Sie eine vollständig benutzerdefinierte Packlogik und Handling-Unit-Ermittlung für die Lagerauftragserstellung implementieren. Sie müssen den Packmodus **BAdI** im Packprofil im Customizing der angewandten Lagerauftragserstellungsregel ausgewählt haben. Wir empfehlen Ihnen, zunächst die Verwendungsmöglichkeiten der anderen für die Packlogik verfügbaren BAdIs zu prüfen, bevor Sie dieses komplexere BAdI verwenden.

Die wichtigste Methode dieses BAdI ist PACKING (Handling-Unit-Ermittlung für Lagerauftrag).

Der Aufruf des BAdI erfolgt im Include /SCWM/LWHO_MAINF06, Unterprogramm HU_DETERMINATION.

Der entsprechende Customizing-Pfad lautet **Prozessübergreifende Einstellungen • Lagerauftragserstellung • BAdI: HU-Ermittlung für Lagerauftrag**.

BAdI /SCWM/EX_WHO_LOGPOS_EXT_DET

Mit dem BAdI /SCWM/EX_WHO_LOGPOS_EXT_DET (Ermittlung geplanter HU-Positionen für die Kommissionierung) können Sie die Lageraufgaben in einem Lagerauftrag mit einer Plan-Handling-Unit-Position (Feld DLOGPOS_EXT_LB) aktualisieren. Dieses Feld wird in der RF-Kommissionier-Transaktion angezeigt und hilft bei der Selektion der richtigen Handling-Unit-Position auf dem Transportgerät. Die Lageraufgabenposition kann die Positions-IDs mehrerer geschachtelter Handling Units enthalten, wenn diese verwendet werden. Wenn Sie mit geschachtelten Handling Units arbeiten, können Sie ein Trennzeichen (typischerweise /) zur Verkettung der Positionen definieren und verwenden. Das System führt dieses BAdI nur aus, wenn der Lagerauftragserstellungstyp in der Lagerauftragserstellungsregel auf **I – Kommissionierung von Transportgeräten** gesetzt ist.

Die wichtigsten Methoden dieses BAdI sind folgende:

- GET_DELIMETER (liefert das Trennzeichen für verkettete Positionen)
- LOGPOS_EXT_DETERMINATION (Ermittlung der Plan-Handling-Unit-Positionen)

Das BAdI wird im Include /SCWM/LWHO_MAINF53, Unterroutine LA_BADI_LOGPOS_EXT, der Positionsbestimmung aufgerufen. Es wird auch in der RF-Verarbeitung (z. B. Funktionsbaustein /SCWM/RF_DDLD_DEST_ENTER_PAI) zur Trennzeichenvalidierung aufgerufen.

Der entsprechende Customizing-Pfad lautet **Prozessübergreifende Einstellungen • Lagerauftragserstellung • BAdI: Ermittlung geplanter HU-Positionen für die Kommissionierung**.

BAdI /SCWM/EX_WHO_EEW_CHANGE

Zum Schluss werfen wir noch einen Blick auf das BAdI /SCWM/EX_WHO_EEW_CHANGE (Aktualisierung von Kundenfeldern bei der Anlage/Aktualisierung von LAs). Mit diesem BAdI können Sie Ihre kundenspezifischen Felder bei der Lagerauftragserstellung füllen. Voraussetzung ist, dass Sie zuvor ein Append angelegt haben, das Ihre kundeneigenen Felder zur Erweiterungsstruktur /SCWM/INCL_EEW_S_WHO des Lagerauftrags enthält.

Die wichtigste Methode dieses BAdI ist UPDATE (Aktualisierung von Kundenfeldern für Lageraufträge).

Der Aufruf des BAdI erfolgt im Include /SCWM/LWHO_MAINF52, Unterprogramm LA_BADI_UPDATE_EEW.

Der entsprechende Customizing-Pfad lautet **Prozessübergreifende Einstellungen • Lagerauftragserstellung • BAdI: Aktualisierung der Kundenfelder beim Anlegen/Aktualisieren von LAs**.

6.5 Ausnahmebehandlung

Die Ausnahmebehandlung in EWM ermöglicht es Ihnen, nicht normale Situationen in den Lagerprozessen genau dann zu erkennen, wenn sie auftreten, und ermöglicht eine angemessene Reaktion und Folgeverarbeitung. So können Bestandsinkonsistenzen und andere Problemsituationen umgehend gemeldet und behoben werden. Die im Folgenden beschriebenen Erweiterungsspots finden Sie in der Checkpoint-Gruppe /SCWM/EXCEPTION.

6.5.1 Erweiterungsspot /SCWM/ES_EXCP_EXC

Für den Erweiterungsspot /SCWM/ES_EXCP_EXC (Ausnahmebehandlung) werden wir in den folgenden Abschnitten vier verschiedene BAdIs vorstellen.

BAdI /SCWM/EX_EXCP_EXC_BLKBINS

Beginnen wir mit dem BAdI /SCWM/EX_EXCP_EXC_BLKBINS (Steuerung der Sperrung/Entsperrung von Lagerplätzen für Ressourcen). Mit diesem BAdI können Sie die Sperrung/Entsperrung von Lagerplätzen für eine Ressource steuern. Es wird im Bereich des Materialflusssystems verwendet. Sie können die zu sperrenden oder zu entsperrenden Lagerplätze nach einer eigenen Logik filtern. Außerdem können Sie das Sperrkennzeichen (Einlagerung und/oder Auslagerung) für die Platzermittlung festlegen und einen gültigen Anwenderstatus für den Platz setzen. Das BAdI verwendet die aktuellen Daten des Materialflusssystems, die von der Sperre betroffenen Lagerplätze und das Anwenderstatusschema der Lagerplätze.

Die wichtigste Methode dieses BAdI ist CONTROL_BLKBINS (Verwaltung der Sperrung/Entsperrung von Lagerplätzen für Ressourcen).

Das BAdI wird in der Methode BLCK_REL_BINS_2_RESOURCE der Klasse /SCWM/CL_EXCEPTION_OBJ_MFS aufgerufen.

Der relevante Customizing-Pfad lautet **Materialflusssystem (MFS) • BAdI: Steuerung Sperrung/Entsperrung von Lagerplätzen für Ressourcen**.

BAdI /SCWM/EX_EXCP_EXC_FLT

Mit dem BAdI /SCWM/EX_EXCP_EXC_FLT (Ausnahmecodes filtern) können Sie Ausnahmecodes filtern und gegebenenfalls Ausnahmecodes entfernen, die bereits von der Anwendung ermittelt wurden.

Die wichtigste Methode dieses BAdI ist FILTER_EXCEPTION_CODES (Ausnahmecodes filtern).

Das BAdI wird in der Methode GET_EXCEPTION_CODE der Klasse /SCWM/CL_EXCEPTION_APPL aufgerufen.

Der entsprechende Customizing-Pfad lautet **Prozessübergreifende Einstellungen • Ausnahmebehandlung • BAdI: Filterung von Ausnahmecodes**.

BAdI /SCWM/EX_EXCP_EXC_FLT_FOLLOUP

Mit dem BAdI /SCWM/EX_EXCP_EXC_FLT_FOLLOUP (Standardfolgeaktionen für Ausnahmebehandlung filtern) können Sie Folgeaktionen der Ausnahmebehandlung filtern, die von der Anwendung festgelegt wurden, und solche Folgeaktionen im Rahmen von Workflows, Alerts und der Statusverwaltung abbrechen.

Die wichtigste Methode dieses BAdI ist FILTER_FOLLOW_UP_ACTIONS (Standardfolgeaktionen filtern).

Das BAdI wird in der Methode PROCESS_EXCEPTION_CODE der Klasse /SCWM/CL_EXCEPTION_APPL aufgerufen.

Der entsprechende Customizing-Pfad lautet **Prozessübergreifende Einstellungen • Ausnahmebehandlung • BAdI: Filterung von Standard-Folgeaktionen für die Ausnahmebehandlung**.

BAdI /SCWM/EX_EXCP_EXC_FUNC

Betrachten wir abschließend das BAdI /SCWM/EX_EXCP_EXC_FUNC (Ausführen von Funktionen). In diesem BAdI können Sie als Reaktion auf bestimmte Ausnahmecodes beliebige Folgeaktionen auslösen.

Die wichtigste Methode dieses BAdI ist EXECUTE_FUNCTIONS (Funktionen ausführen).

Das BAdI wird in der Methode PROCESS_EXCEPTION_CODE der Klasse /SCWM/CL_EXCEPTION_APPL aufgerufen.

Der entsprechende Customizing-Pfad lautet **Prozessübergreifende Einstellungen • Ausnahmebehandlung • BAdI: Ausführen von Funktionen**.

6.6 Zusammenfassung

In diesem letzten Kapitel wurde eine Reihe ausgewählter BAdIs innerhalb der EWM-Kernanwendungen vorgestellt. Verwenden Sie diese Übersicht als Referenz für die BAdI-Ermittlung und als erweiterte Dokumentation für kundenspezifische Erweiterungen der funktionsreichen EWM-Anwendung.

Anhang A

Programmierrichtlinien für Erweiterungen in EWM

Eine einheitliche Nomenklatur und Struktur in der Programmierung erleichtern die Lesbarkeit des Codes und damit die Wartung. In diesem Anhang stellen wir ausgewählte Richtlinien für die Programmierung in EWM vor. Die Verwendung dieser Programmierrichtlinien bei der kundeneigenen Entwicklung ermöglicht es z. B. einem Anwendungs-Support-Team, den Code schneller zu verstehen und mögliche Fehler zu beseitigen.

Die hier aufgeführten Richtlinien dienen Ihrer Information. Es liegt an Ihnen, ob Sie sie in Ihrem Projekt anwenden (und wenn ja, welche). Wir empfehlen Ihnen, sich vor Beginn eines Projekts auf bestimmte Richtlinien zu einigen, da es sicherlich nicht ratsam ist, den Code kurz vor dem Go-live noch einmal zu ändern.

[«]

Richtlinien zur Programmierung in EWM

In den letzten 15 Jahren ist EWM erheblich gewachsen – nicht nur in Bezug auf die Funktionalität, sondern auch in Bezug auf die Anzahl der Codezeilen. In diesem Zeitraum haben sich die ProgrammXierrichtlinien geändert und wurden verbessert, weshalb Sie für jede der hier aufgeführten Bestimmungen auch im Standardcode Ausnahmen finden werden.

A.1 Allgemeine Richtlinien

Die allgemeinen Programmierrichtlinien definieren sehr grob das Niveau, wie die Programmierung in EWM erfolgen sollte. Sie sind nicht projektspezifisch, und wir empfehlen, sie bei der kundenspezifischen Entwicklung zu berücksichtigen. Im Folgenden haben wir einige der grundlegenden Richtlinien nach Kategorien unterteilt:

- **Sprache**
  Die Namen der Programmierelemente (Variablen, Routinen usw.) und die Kommentare im Code sollten in Englisch verfasst sein.

- **Datenbankzugriffe**
  Für Datenbanktabellen eines neuen Objekts ist es ratsam, eine neue zentrale Funktionsgruppe oder Klasse für das Lesen und Schreiben, einschließlich der Pufferung, vorzusehen. Schreibende Datenbankzugriffe auf Standardobjekte sind nicht erlaubt; verwenden Sie dazu immer die EWM-eigenen Funktionsbausteine und Methoden.
- **Benachrichtigungen**
  Verwenden Sie das Anwendungsprotokoll oder die Klasse `/SCWM/CL_LOG`, um Erfolgs- und Fehlermeldungen zu sammeln. Die Anweisung `MESSAGE … INTO lv_dummy` gewährleistet, dass der Verweis auf die Nachrichten funktioniert.
- **Konstanten**
  Anstelle von Literalen (z. B. `PDO`) sollten Sie Konstanten verwenden.
- **Checkpoint-Gruppe**
  Verwenden Sie aus Supportgründen eine Checkpoint-Gruppe pro Erweiterung und die Anweisung `BREAK-POINT ID` in jedem Funktionsbaustein oder jeder Methode.
- **Sichtbarkeit von Variablen**
  Lokale Variablen sind zu bevorzugen und sollten, wenn möglich, anstelle von globalen Variablen verwendet werden. Globale Variablen dürfen nur zur Speicherung von Daten verwendet werden, die für den Rest der Logical Unit of Work (LUW) relevant sind, die mindestens länger als der aktuelle Methodenaufruf dauert.
- **Schnittstellen**
  Übergeben Sie Daten über wohldefinierte Schnittstellen wie `IMPORT/USING`, `CHANGING` usw. Verwenden Sie nach Möglichkeit Referenzparameter anstelle von Wertparametern. Verwenden Sie keine `TABLES`-Parameter in Funktionsbausteinen (sie sind nur aus historischen Gründen verfügbar).
- **Strukturierung und Wiederverwendbarkeit**
  Verwenden Sie entsprechende Klassen und Methoden zur besseren Strukturierung und Lesbarkeit von Programmen, Funktionsgruppen und Formroutinen.
- **Transparenz versus Kompaktheit**
  Transparenter Code ist leichter zu verstehen als kompakter Code. Vermeiden Sie kompakten Code, wenn er nicht transparent oder einfach zu lesen ist.
- **Code Inspector und erweiterte Syntaxprüfung**
  Verwenden Sie den Code Inspector (Transaktion SCI) und die erweiterte Syntaxprüfung (Transaktion SLIN), nachdem Sie ein Programm oder eine Erweiterung abgeschlossen haben.
- **Komplexer Code**
  Vermeiden Sie übermäßig komplexen Code, z. B. dreifach verschachtelte `IF`-Anweisungen.

- **Systemvariablen**
  Ändern Sie keine Systemvariablen.
- **Makros**
  Vermeiden Sie Makros. Aufrufpositionen und Schnittstellen von Makros sind nicht transparent.
- **Externe Formroutinen**
  Vermeiden Sie Aufrufe externer Formroutinen.
- **Kopfzeilen**
  Die Verwendung von Kopfzeilen für interne Tabellen ist beim Debuggen oder Lesen des Codes nicht sehr transparent und wird nicht empfohlen. Die Definition von internen Tabellen mit Tabellentypen garantiert, dass keine Kopfzeilen existieren.
- **Veraltete ABAP-Anweisungen**
  In der ABAP-Hilfe (Transaktion ABAPHELP) finden Sie eine Liste veralteter ABAP-Anweisungen. Diese sollten nicht mehr verwendet werden.

A.2 Namenskonventionen für das ABAP Dictionary

ABAP-Dictionary-Objekte (DDIC-Objekte) in EWM beginnen mit dem Namensraum `/SCWM/` und einem Präfix `<Namensraum><Präfix>_<Name>`. Die verfügbaren Präfixe sind in Tabelle A.1 aufgelistet. Definieren Sie einen eigenen Namensraum für Ihre Projekte (z. B. Z*).

Datenart	Präfix	Beispiel
Domäne	DO	/SCWM/DO_TU_NUM
Datenelement	DE	/SCWM/DE_TU_NUM
Struktur	S	/SCWM/S_TU_NUM
Tabellentyp	TT	/SCWM/TT_TU_NUM
Suchhilfe	SH	/SCWM/SH_LGPLA
Enqueue-Objekte	E	/SCWM/EHU
View	V	/SCWM/V_LGN_PRES
Datenbanktabelle	▪ Kein Präfix: Anwendungstabelle ▪ T: Customizing-Tabelle	/SCWM/HUHDR /SCWM/TPMTYP

Tabelle A.1 Namenskonventionen für ABAP-Dictionary-Objekte

Anwendungstabellen sollten durch die Verwendung von Include-Strukturen und die Verwendung des GROUP-Feldes definiert werden. Hier ist der Tabellenschlüssel ein Include, und der Datenteil besteht aus mindestens einem Include. Eine erweiterte Strukturierung ist bei größeren Tabellen sinnvoll. Beispielsweise besteht die Handling-Unit-Datenbanktabelle /SCWM/HUHDR aus einer Schlüsselstruktur /SCWM/S_HUHDR_KEY und einem Daten-Include /SCWM/S_HUHDR.

Wie bei der internen Verarbeitung sind mehr Felder als die Datenbankfelder notwendig; fast immer existiert eine zusammenhängende Struktur mit den Datenbankfeldern und den dynamischen Feldern. Dies wird oft durch das Suffix _INT signalisiert, z. B. bei den Strukturen /SCWM/S_HUHDR_INT oder /SCWM/S_ORDIM_O_INT.

Der entsprechende Tabellentyp einer solchen Struktur enthält ebenfalls das Suffix _INT, z. B. /SCWM/TT_HUHDR_INT oder /SCWM/TT_ORDIM_O_INT.

Im Bereich der Lieferabwicklung (Namensraum /SCDL/) sind Datenelemente und Domänen nicht unterscheidbar; beide verwenden das Präfix DL. Strukturen und Tabellentypen verwenden kein Präfix, sondern ein Suffix: STR für Strukturen (/SCDL/DM_MESSAGE_STR) und TAB für Tabellentypen (/SCDL/DM_MESSAGE_TAB).

A.3 Namenskonventionen für ABAP-Objekte

Tabelle A.2 listet die Namenskonventionen für ABAP-Objekte auf.

ABAP-Objekt	Namenskonvention und Beispiel
Programm (Report)	<Namensraum>R<Name> /SCWM/RCALL_GWL_UI
Klasse	<Namensraum>CL_<Objekt><Name> /SCWM/CL_SR_TUDLV
Interface	<Namensraum>IF_<Objekt><Name> /SCWM/IF_TM
Funktionsgruppe	<Namensraum><Name> /SCWM/HUMAIN
Klasse implementieren	<Namensraum>CL_IM_<Objekt><Name> /SCWM/CL_IM_DLV_PPF_SCHED
Implementierung von Erweiterungen	<Namensraum>EI_<Objekt><Name> /SCWM/EI_CD_OPP_INBOUND
Ausnahmenklasse	<Namensraum>CX_<Objekt><Name> /SCWM/CX_SR_ERROR

Tabelle A.2 Namenskonventionen für ABAP-Objekte

A.4 Namenskonventionen für Variablen und Parameter

Parameter in Schnittstellen und Variablen in Programmen sind nach dem Muster `<Sichtbarkeit><Datentyp>_<Name>` zu definieren. Die möglichen Werte für Sichtbarkeit und Datentyp sind in Tabelle A.3 aufgeführt.

Sichtbarkeit	Datentyp				
	V (Feld/Variable)	T (Tabelle)	S (Struktur)	C (Konstante)	O (Objektreferenz)
I (Importparameter)	IV_	IT_	IS_	–	IO_
E (Exportparameter)	EV_	ET_	ES_	–	EO_
C (Changing-Parameter)	CV_	CT_	CS_	–	CO_
R (Returnparameter)	RV_	RT_	RS_	–	RO_
L (lokal)	LV_	LT_	LS_	LC_	LO_
G (global)	GV_	GT_	GS_	GC_	GO_
S (statisch)	SV_	ST_	SS_	SC_	SO_
M (Instanzattribut einer Klasse)	MV_	MT_	MS_	–	MO_

Tabelle A.3 Namenskonventionen für Parameter und Variablen

A.5 Performancerichtlinien

Die weiteren Programmierrichtlinien decken Anforderungen zur Performanceoptimierung ab. Wir haben die Grundsätze in den folgenden Abschnitten zusammengefasst. Sie sollen Ihnen helfen, Laufzeitverluste bei der Arbeit mit großen Datenmengen so gering wie möglich zu halten.

A.5.1 Feldsymbole

Verwenden Sie, wenn möglich, `ASSIGNING` in Schleifen und Leseanweisungen. Dies erhöht die Performance, insbesondere bei Tabellen mit einer breiten oder komplexen Struktur.

A.5.2 Verarbeitung von internen Tabellen

Verwenden Sie nach Möglichkeit sortierte Tabellen und Schlüsselzugriffe, d. h. Zugriffe mit READ TABLE WITH TABLE KEY oder READ TABLE BINARY SEARCH. Um die Sortierung in einer Standardtabelle zu gewährleisten, genügt eine (aufsteigende) Sortierung. Die Verwendung von sortierten Tabellentypen ist nur dann sinnvoll, wenn alle Zugriffe immer über diesen Schlüssel erfolgen. Beim Lesen von Tabellen mit Standardfunktionen/-methoden ist zu prüfen, ob das Ergebnis sortiert ist. Greifen Sie nur mit BINARY SEARCH auf diese Tabellen zu.

Wenn nur ein Eintrag einer internen Tabelle benötigt wird, empfiehlt sich das Lesen mit binärer Suche:

```
READ table ASSIGNING <fieldsymbol> WITH KEY abc = xyz BINARY SEARCH.
```

Wenn mehrere Datensätze benötigt werden, ist es ratsam, zunächst per binäre Suche zu positionieren und die weitere Verarbeitung in einer Schleife durchzuführen, wie im Beispiel in Listing A.1.

```
READ table TRANSPORTING NO FIELDS
                    WITH KEY abc = xyz
                    BINARY SEARCH.
IF SY-SUBRC IS INITIAL.
  LOOP AT table ASSIGNING <fieldsymbol> FROM SY-TABIX.
     IF <fieldsymbol>-abc <> xyz.
         EXIT.
     ENDIF.
*Do something.
   ENDLOOP.
ENDIF.
```

Listing A.1 Interner Tabellenzugriff für mehrere Datensätze mit gleichem Tabellenschlüssel

Vermeiden Sie es, eine Sortierung von sortierten Tabellen durchzuführen. Wenn Sie einen neuen Datensatz in eine sortierte Tabelle einfügen wollen, verwenden Sie INSERT INTO TABLE.

A.5.3 Datenbankselektionen

Vermeiden Sie eigene Datenbankselektionen, insbesondere solche auf Standardtabellen. Um ein Programm performant zu machen, sollten Sie Standarddaten immer über Standardfunktionen lesen. Dadurch wird sichergestellt, dass zuvor gelesene Daten aus dem Puffer entnommen werden und nicht erneut gelesen werden müssen. Auch wenn nur ein Feld einer Tabelle benötigt wird, ist es besser, die gepufferten Daten zu lesen.

Um EWM-Anwendungsdaten zu lesen, finden Sie in Kapitel 5, »Funktionsbausteine, Methoden und APIs für EWM«, Lesefunktionen für viele Objekte. Oft finden Sie eine zentrale Lesefunktion für EWM-Customizing-Tabellen, z. B. `/SCWM/T331_READ_SINGLE` für die Tabelle `/SCWM/T331`.

Wenn Sie Ihre eigene Datenbankselektion programmieren, vermeiden Sie die Anweisung `SELECT - ENDSELECT` und verwenden Sie stattdessen die Anweisung `SELECT INTO TABLE`.

A.6 Zusammenfassung

In diesem Anhang haben wir die allgemeinen Entwicklungsrichtlinien beschrieben, wie sie von dem EWM-Produktentwicklungsteam bei SAP verwendet werden. Sie sollten nun ein grundlegendes Verständnis dafür haben, wie Sie Ihr eigenes Coding strukturieren und gestalten können.

Anhang B
Migration von SAP EWM nach EWM in SAP S/4HANA

Da die Wartung für SAP EWM als einer auf SAP NetWeaver basierenden Stand-alone-Lösung in nicht allzu ferner Zukunft ausläuft (zum Zeitpunkt der Fertigstellung der aktuellen Ausgabe dieses Buches soll die Mainstream-Wartung für SAP EWM 9.5 bis Ende 2027 eingestellt werden), wollen immer mehr Unternehmen von SAP EWM migrieren. Da sie möglicherweise viele Lagerstandorte auf die neue SAP-S/4HANA-Plattform migrieren müssen, sind schon EWM-Migrationsinitiativen gestartet worden, häufig sogar noch vor der allgemeinen SAP-S/4HANA-Umstellung für z. B. ERP-Systeme.

Wie könnten Sie nun bei der Migration vorgehen? Zuallererst sollte eine Entscheidung für eine Deployment-Option von EWM in SAP S/4HANA getroffen werden: entweder Embedded oder Decentralized EWM. Diese Entscheidung ist oft recht einfach zu treffen, da viele Kunden ihr ERP-System entweder noch nicht auf SAP S/4HANA betreiben, sodass Embedded EWM keine Option ist, oder die Anbindung mehrerer ERP-Systeme an ihre EWM-Installation benötigen, was Decentralized EWM erforderlich macht. Neben diesen entscheidenden Aspekten lassen sich eine Reihe von strategischen, operativen Risiko-, Betriebskosten- und Hardwarekostenkriterien nennen, die zur Unterstützung des Entscheidungsprozesses bewertet werden sollten. SAP-Hinweis 1606493 stellt die EWM-Deployment-Optionen vor und bietet einen möglichen Ausgangspunkt für die fallbezogene Diskussion dieser Entscheidungskriterien. Wir empfehlen Ihnen, diesen Hinweis durchzugehen und möglicherweise den Rat Ihres Implementierungspartners während des Entscheidungsprozesses einzuholen.

Unterschiede zwischen den EWM-Deployment-Optionen

Denken Sie daran, dass bei der Entscheidung für eine EWM-Deployment-Option nicht nur Performance- oder Kostenkriterien berücksichtigt werden sollten, sondern es auch funktionale Anforderungen und Einschränkungen geben kann, die im Zusammenhang mit dem von Ihnen geplanten SAP-S/4HANA-Release zu bewerten sind. Wir möchten Ihnen empfehlen, die verfügbaren SAP-Hinweise, z. B. 3218673, durchzugehen. Berücksichtigen Sie bei der Wahl auch Ihr SAP-S/4HANA-Release, um die Unterschiede in Ihre Entscheidung für eine Deployment-Option einzubeziehen.

SAP bietet eine ausführliche Dokumentation zur Migration von SAP EWM nach EWM in SAP S/4HANA. Bevor wir Ihnen in diesem Anhang einen Überblick über die Vorgehensweise und die Schritte geben, möchten wir kurz in das übergeordnete Migrationsthema einführen und einige Gedanken zu Migrationsstrategien erörtern.

B.1 Migrationsstrategien

Im Allgemeinen sehen wir zwei Migrationsstrategien, die von Kunden bei der Umstellung von SAP EWM auf EWM in SAP S/4HANA verfolgt werden. Diese können wie folgt benannt und kurz beschrieben werden:

- **Alles auf einmal**
  Alle Lager (Lagernummern) einer SAP-EWM-Systeminstanz werden gleichzeitig nach EWM in SAP S/4HANA migriert und in Betrieb genommen. Man könnte dies auch als eine systemweite Migration bezeichnen, die einer technischen Systemumstellung nahekommt.
- **Eins nach dem anderen**
  Einzelne Lager (Lagernummern) einer SAP-EWM-Systeminstanz werden nacheinander migriert und in SAP S/4HANA live gesetzt, in der Regel eins nach dem anderen (oder n nach dem anderen, wobei n nicht die Gesamtheit aller Lager ist).

In der Regel gibt es bei Kunden, die sich für eine der beiden Migrationsstrategien entscheiden, unterschiedliche Situationen und einschränkende Faktoren. Während einige Kunden großen Wert darauf legen, neu verfügbare Standardfunktionen zu nutzen und möglicherweise kundeneigene Erweiterungen während der Migration nach SAP S/4HANA über Bord zu werfen, sind andere vielleicht eher an einer rein technischen Migration oder Systemkonvertierung interessiert und akzeptieren bzw. erwarten keine oder nur sehr geringe Änderungen der aktuellen Funktionen und laufenden Prozesse.

Sie können die endgültige Strategieentscheidung anhand der folgenden Kriterien treffen. Wir gehen davon aus, dass der Ansatz »Alles auf einmal« wahrscheinlicher ist (und der Ansatz »Eins nach dem anderen« demnach weniger wahrscheinlich), wenn

- die folgenden Kriterien als *niedrig* eingestuft werden:
  - Anzahl und Komplexität der kundeneigenen Erweiterungen
  - Potenzial neuer Standardfunktionen, die kundeneigene Erweiterungen ersetzen
  - Möglichkeit, alle oder die meisten Transaktionsbelege zum Zeitpunkt des Go-live abzuschließen

- und die folgenden Kriterien als *hoch* eingestuft werden:
  - Fähigkeit, die Inbetriebnahme für alle Lager gleichzeitig zu unterstützen (Verfügbarkeit von Ressourcen)
  - Anzahl und Variation der externen Schnittstellen
  - Anzahl der laufenden/geplanten EWM-Projekte (wodurch weniger Zeit für das Migrationsprojekt bleibt)
  - Risiko/Aufwand beim parallelen Betrieb von zwei EWM-Versionen

Wendet man diese Kriterien auf ein Beispiel an, könnte man sagen, dass bei einer geringen Anzahl und Komplexität von kundeneigenen Erweiterungen und einer hohen Fähigkeit, die Einführung für alle Lager gleichzeitig zu unterstützen, die Anwendung der Strategie »Alles auf einmal« wahrscheinlicher ist. Die Entscheidung kann jedoch auch von anderen als den hier aufgeführten Faktoren abhängen, und ein wenig Bauchgefühl wird am Ende sicherlich auch eine Rolle spielen. Auch hier könnten Sie den Rat Ihres Implementierungspartners zur Bewertung und Bestimmung möglicher Strategieoptionen in Erwägung ziehen.

B.2 Migrationsverfahren

In diesem Abschnitt stellen wir ein mögliches Vorgehen für ein EWM-Migrationsprojekt dar, das sich nicht allzu sehr von einem herkömmlichen Softwaremigrationsprojekt unterscheiden dürfte. Wir verweisen dabei jedoch auf EWM-spezifische Aspekte und erwähnen zusätzliche Informationsquellen für einige der Schritte, die Sie in Ihrem Projekt berücksichtigen können.

SAP stellt zwei wichtige Leitfäden zur Verfügung, die Sie in Ihrem Migrationsprojekt nutzen sollten. Wir bezeichnen diese als *Integrationsleitfaden* und *Migrationsleitfaden*. Beide Dokumente finden Sie im Support Content des SAP Help Portals unter der URL *https://help.sap.com/docs/SUPPORT_CONTENT/sewm* im Abschnitt **EWM General Information**. Beide Dokumente sind nur in englischer Sprache verfügbar.

Der Integrationsleitfaden heißt offiziell »Integration of SAP ERP or SAP S/4HANA with decentralized EWM in SAP S/4HANA« und der Migrationsleitfaden »How to Migrate from SAP EWM (Business Suite) to Decentralized EWM Based on SAP S/4HANA«. Beide Dokumente enthalten detaillierte Beschreibungen der zu planenden und durchzuführenden Aktivitäten während der Integration und Migration von EWM in SAP S/4HANA in einer schrittweisen Abfolge. Wo zutreffend, werden wir die entsprechenden Kapitel der beiden Leitfäden bei den jeweiligen Schritten der Vorgehensweise erwähnen, die in Abbildung B.1 dargestellt ist.

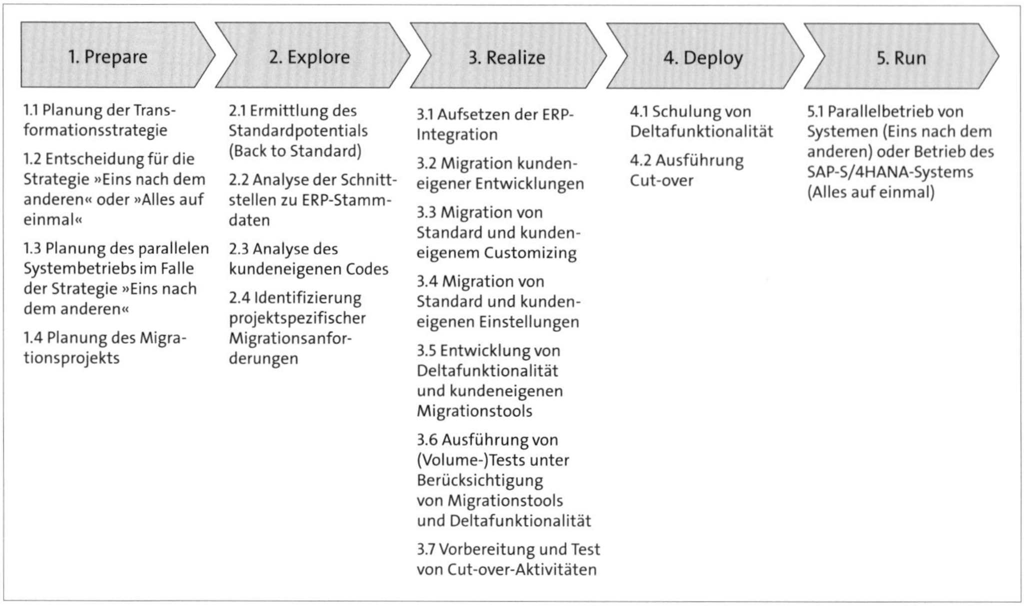

Abbildung B.1 Mögliche Phasen und Schritte eines EWM-Migrationsprojekts

1. **Prepare**
   – *Planung der Migrationsstrategie*
   Die Planung einer Migrationsstrategie für Ihre EWM-Installation(en) kann umso komplizierter werden, je mehr Systeme Sie neben EWM in die gesamte SAP-S/4HANA-Migration einbeziehen und je mehr Lager (genauer gesagt, Lagertyp-Cluster) Sie einbeziehen müssen. Sie sollten ein klares Verständnis der beabsichtigten SAP-S/4HANA-Architekturlandschaft entwickeln, um Ihre EWM-Migrationsstrategie darauf zu gründen und um über die EWM-Deployment-Optionen zu entscheiden. Wahrscheinlich werden Sie auch eine Instanzstrategie entwickeln, die z. B. die Performanceanforderungen oder die Netzwerkverfügbarkeit für Ihre Lagerstandorte (Lokationen) bewertet, um zu verstehen, wie viele EWM-Systeme in welchen Regionen eingesetzt werden sollen.
   – *Entscheidung für eine Migrationsstrategie*
   Sie sollten eine Migrationsstrategie wählen, wie sie in Abschnitt B.1 beschrieben ist.
   – *Planung des parallelen Systembetriebs*
   Sie sollten sicherstellen, dass Sie zu Beginn des Migrationsprojekts und während der Zeit, in der Sie zwei produktive EWM-Systeme parallel laufen lassen, bis die EWM-Migration abgeschlossen ist und alle Lager auf das SAP-S/4HANA-System umgezogen sind, einen Plan für die parallele Systempflege bereithalten. Der zweite Teil gilt nur, wenn Sie sich für die Strategie »Eins nach dem anderen«

entschieden haben. Weitere Informationen hierzu finden Sie in Abschnitt 2.3 und Kapitel 4 des Migrationsleitfadens.

- *Planung des Migrationsprojekts*
  Es versteht sich von selbst, dass Sie einen detaillierten Projektplan für das Migrationsprojekt aufstellen sollten, wobei Sie möglicherweise die in Abbildung B.1 beschriebenen Schritte befolgen.

2. **Explore**
   - *Potenzialanalyse von Standardfunktionen*
     Je niedriger das SAP-EWM-Release ist, von dem Sie ausgehen, desto wahrscheinlicher ist es, dass das (neueste) Release von EWM in SAP S/4HANA, auf das Sie umsteigen, das Potenzial bietet, kundenspezifische Erweiterungen oder Schnittstellen durch die Einführung von Standardfunktionen zu ersetzen. Wir empfehlen, dieses Potenzial im Detail zu analysieren und zu entscheiden, wie viel davon Sie im neuen System tatsächlich realisieren wollen.
   - *Analyse der Schnittstellen zu ERP-Stammdaten*
     Wenn Sie sich für die Implementierung von Decentralized EWM entschieden haben, müssen Sie die Stammdatenverteilung über ALE-Schnittstellen (IDoc) einrichten. Wir empfehlen Ihnen, alle benutzerdefinierten Erweiterungen (benutzerdefinierte Felder) von übertragenen Stammdatenobjekten zu analysieren, um alle Anforderungen zu verstehen, die für die Übernahme dieser Erweiterungen in die neue Schnittstellenverarbeitung (im Grunde genommen der Wechsel von CIF zu ALE) erforderlich sind. Lesen Sie in Kapitel 6 des Integrationsleitfadens nach, welche Schnittstellen für die Stammdatenreplikation zu verwenden sind. Auch mit Embedded EWM sollten Sie sicherstellen, dass EWM-relevante Stammdatenerweiterungen im zentralen SAP-S/4HANA-System vorhanden sind.
   - *Analyse des kundeneigenen Codes*
     Wie allgemein bei SAP-S/4HANA-Migrationen üblich, sollten Sie einen *Readiness Check* für benutzerdefinierten Code durchführen. Dazu gehört, den Code im *ABAP Test Cockpit* auf SAP-S/4HANA-Readiness hin zu prüfen und dadurch ein Verständnis für potenzielle Konflikte aufgrund von Standardcodeänderungen zu gewinnen. In Abschnitt 2.3 des Migrationsleitfadens finden Sie weitere Informationen zu technischen Änderungen in EWM in SAP S/4HANA im Vergleich zu SAP EWM, hauptsächlich in den Bereichen Customizing und verwendete Stammdatenobjekte, die durch Vereinfachung und die Vermeidung von Datenredundanz in SAP S/4HANA bedingt sind.
   - *Identifizierung projektspezifischer Migrationsanforderungen*
     Noch in der Explore-Phase des Projekts sollten Sie eine Liste der Stamm- und Belegdatenobjekte anlegen, die migriert werden müssen, einschließlich der Anfor-

derungen für archivierte Daten. Wir empfehlen Ihnen, jedem der Objekte in der Liste ein Migrationstool zuzuordnen, sei es ein Standard- oder ein kundenspezifisches Tool. Das Migrationscockpit, das Änderungs- und Transportsystem und die Vergleichs- und Abgleichsfunktionen von Pflege-Views sind als von SAP standardmäßig bereitgestellte Tools in Betracht zu ziehen. Identifizieren Sie, ob kundeneigene Tools benötigt werden, die in der Realisierungsphase des Projekts anstelle von fehlenden Migrationstools aus dem SAP-Standard entwickelt und getestet werden müssen, und nehmen Sie diese Tools in die Backlog-Liste für die Realisierung auf. Solche Tools können sowohl die Migration von kundeneigenen Stammdaten als auch von Transaktionsbelegen abdecken, falls Sie z. B. nicht in der Lage sind, offene Transaktionsbelege während des Cut-over zu schließen, wie im Migrationsleitfaden angenommen. Wir empfehlen Ihnen dringend, sich bei Ihrem Implementierungspartner nach weiteren von ihm angebotenen Migrationsverfahren und -tools zu erkundigen.

[»]

SAP-S/4HANA-Migrationscockpit für EWM

Um sich mit den Funktionen und Migrationsobjekten vertraut zu machen, die vom Migrationscockpit unterstützt werden, lesen Sie SAP-Hinweis 2976757. Er gibt einen Überblick über die Voraussetzungen für die Verwendung des Migrationscockpits für die EWM-Migration und listet weitere Informationsquellen auf, z. B. einen Link zu einer Übersicht der verfügbaren Migrationsobjekte für SAP S/4HANA im SAP Help Portal (Filtern Sie nach **Migrationsansatz: Direct Transfer-EWM**). Sie finden so auch den Migrationsleitfaden (Version 1.7), der dem SAP-Hinweis beigefügt ist.

3. **Realize**
   - *Aufsetzen der ERP-Integration*
     Einer der ersten Schritte in der Realisierungsphase eines EWM-Implementierungsprojekts ist normalerweise die Einrichtung der ERP-Integration, da die meisten EWM-Prozesse in angeschlossenen ERP-Systemen beginnen und enden. Folgen Sie hierzu den Schritten in allen Kapiteln des Integrationsleitfadens.
   - *Migration kundeneigener Entwicklungen*
     Die bevorzugte Methode zur Migration von Eigenentwicklungen besteht darin, geänderte Objekte aus Workbench-Transporten im Produktivsystem zu sammeln und in einen oder mehrere neue Transporte aufzunehmen. Diese Transporte können Sie dann in das Entwicklungssystem der SAP-S/4HANA-Landschaft importieren. Weitere Informationen finden Sie in Abschnitt 3.1 des Migrationsleitfadens.

- *Migration von Customizing*
  Sie können die Migration von Customizing-Einstellungen auf ähnliche Weise durchführen, indem Sie geänderte Objekte aus Customizing-Transporten im Produktivsystem sammeln und in neue Transporte aufnehmen. Auch hier können Sie diese Customizing-Transporte wieder in das SAP-S/4HANA-Entwicklungssystem importieren. Weitere detaillierte Informationen hierzu finden Sie in Kapitel 4 des Migrationsleitfadens. Beachten Sie dabei insbesondere die Empfehlungen für den Transport von Customizing für Embedded oder Decentralized EWM.
- *Migration lagerspezifischer Stammdaten und Einstellungen*
  Sie können das Migrationscockpit für die Migration der meisten lagerspezifischen Stammdaten und Einstellungen von SAP EWM nach EWM in SAP S/4HANA verwenden. Ab SAP S/4HANA 2022 unterstützt Embedded EWM in SAP S/4HANA auch die direkte Übertragung von Migrationsobjekten mit dem Migrationscockpit. Weitere Informationen finden Sie in den Kapiteln 6 und 7 des Migrationsleitfadens.
- *Migration kundeneigener Stammdaten und Einstellungen*
  Eine Möglichkeit, benutzerdefinierte Stammdaten und Einstellungen zu migrieren, ist die Verwendung von Transportaufträgen mit Tabelleninhalten für benutzerdefinierte Stamm- oder Anwendungsdaten, vorausgesetzt, es werden keine Änderungen an solchen benutzerdefinierten Datenobjekten im Quell- und Zielsystem vorgenommen. Eine andere Möglichkeit wäre die Erstellung eines benutzerdefinierten Migrationswerkzeugs.
- *Konfiguration der Deltafunktionalität und Erstellung projektspezifischer Migrationstools*
  In diesem Schritt führen Sie die klassischen Aktivitäten der Realisierungsphase eines Softwareimplementierungsprojekts durch, indem Sie die zuvor identifizierte Deltafunktionalität über die Deltakonfiguration und die benutzerdefinierte Entwicklung von Backlog-Elementen implementieren. Benutzerdefinierte Migrationstools können kleine Reports für das Lesen einfacher Datenstrukturen aus dem Quellsystem und das Kopieren dieser Strukturen in identisch vorhandene Datenstrukturen im Zielsystem sein. Es kann sich aber auch um umfangreiche Reports handeln, die komplexere, remote-fähige Funktionsbausteine erfordern können, um Daten im Quellsystem aus mehreren Tabellen zu lesen und diese Daten nach bestimmten Regeln im Zielsystem abzubilden, bevor sie definierten Datenstrukturen hinzugefügt werden. Das Migrationscockpit kann ein interessantes Framework darstellen, um solche komplexen Reports zu realisieren, da es die Möglichkeit bietet, benutzerdefinierte Migrationsobjekte zu erstellen, die mit den verschiedenen Übertragungsmethoden des Migra-

tionscockpits ausgeführt werden können. Zu diesen Übertragungsmethoden gehören hauptsächlich die direkte Datenübertragung oder die Übertragung über indirekte Downloads und Uploads unter Verwendung von Dateien oder Staging-Tabellen. Nähere Informationen zum Migrationscockpit finden Sie im SAP Help Portal oder in der SAP Community.

- *Ausführung von Tests*
  Stellen Sie sicher, dass alle Migrationstools und die mehr oder weniger umfangreich geänderten Prozessfunktionen ordnungsgemäß funktionieren, indem Sie Tests zur Nutzung der Tools und zu den Prozessen durchführen. Stellen Sie sicher, dass die Tests mit einer angemessenen Datenmenge durchgeführt werden, die so nah wie möglich an der in der Produktivumgebung verwendeten Datenmenge liegt.
- *Vorbereitung des Cut-over*
  Legen Sie eine Cut-over-Liste an und verfolgen Sie die Laufzeiten der einzelnen Schritte, um die Aktivitäten bei der Einführung und Inbetriebnahme planen zu können. Verwenden Sie die Einrichtung der Qualitätssysteme als ersten Testfall für den späteren Cut-over auf das Produktivsystem. Wir empfehlen Ihnen, mit Ihrem Basisteam oder einem Beratungshaus zu klären, ob es möglich ist, diese Tests mehrfach durchzuführen – z. B. mit definierten Systemzuständen, zu denen Sie zurückkehren können.

4. **Deploy**
   - *Schulung der Deltafunktionalität*
     Stellen Sie sicher, dass die Endanwender*innen auf die Arbeit mit den neuen Funktionen vorbereitet sind.
   - *Durchführung der Cut-over-Aktivitäten*
     Befolgen Sie die in Ihrer Cut-over-Liste entwickelten Schritte für den endgültigen Einsatz im Produktivsystem kurz vor oder beim Go-live.
   - *Schließen aller Transaktionsbelege*
     Wenn nicht anders definiert, stellen Sie sicher, dass Sie alle Transaktionsbelege schließen. In Kapitel 8 des Migrationsleitfadens finden Sie eine Liste von Transaktionsbelegen, die Sie schließen sollten. Beachten Sie, dass SAP keine Standardwerkzeuge für die Migration von Transaktionsbelegen bereitstellt. Wenn Sie benutzerdefinierte Tools für die Migration von Belegdaten entwickelt haben, sollten diese bei der Umstellung zum Zeitpunkt des Go-live eingesetzt werden.

5. **Run**
   - *Paralleler Systembetrieb*
     In Kapitel 9 des Migrationsleitfadens finden Sie weitere Aktivitäten, die zum Zeitpunkt der Inbetriebnahme geplant und durchgeführt werden müssen, z. B. die Migration von Beständen. Folgen Sie dem zuvor entwickelten Plan für den Parallelbetrieb der Systeme, wobei Sie sich der transportbedingten Änderungen in den verschiedenen Landschaften bewusst sein sollten, bis der Übergang vollständig abgeschlossen ist. Dies gilt nicht für die Strategie »Alles auf einmal«.

B.3 Zusammenfassung

In diesem Anhang haben wir mögliche Migrationsstrategien und -verfahren beschrieben, um Ihre EWM-Implementierung von der SAP Business Suite auf SAP S/4HANA zu migrieren. Wir hoffen, dass Ihnen die bereitgestellten Informationen bei Ihrem Migrationsprojekt helfen können.

Das Autorenteam

Peter Zoellner ist seit 2001 bei SAP Consulting tätig und arbeitet seit der Markteinführung von SAP EWM für nationale und internationale Kunden aus zahlreichen Branchen mit den Schwerpunkten Logistics Execution und SAP EWM. Er hat ein Studium der Wirtschaftswissenschaften (Diplom-Kaufmann) an der Katholischen Universität Eichstätt absolviert. Peter Zoellner ist verheiratet und hat Kinder. Er lebt in Berlin-Kreuzberg.

Robert Halm ist Leiter des Portfoliomanagements bei prismat, einem Beratungsunternehmen mit den Schwerpunkten mobile Anwendungen und SAP-HANA-Lösungen, insbesondere für Lagerprozesse. Zuvor war er seit 2014 als Senior Consultant und Projektleiter in dem Unternehmen tätig und leitet seit 2011 erfolgreich ein Beratungsteam. Seit mehr als acht Jahren unterstützt er branchenübergreifend Unternehmen bei der Konzeption, Implementierung und Optimierung von Geschäftsprozessen. Seine Schwerpunkte sind dabei Einführungs- und Roll-out-Projekte im Bereich der integrierten Lager- und Distributionslogistik mit SAP EWM sowie Workshops zu Spezialthemen im Supply Chain Management. In Zusammenarbeit mit hochspezialisierten Partnern aus verschiedenen Branchen treibt er kontinuierlich die Innovations- und Go-to-Market-Aktivitäten für Spitzentechnologien in Verbindung mit SAP-Lösungen voran. Robert Halm hält zudem SAP-EWM-Schulungen ab. Er studierte Logistik an der TU Dortmund.

Daniela Schapler ist Solution Architect bei SAP SE. Nach ihrem Studium der Physik an der Universität Tübingen kam sie 1996 als Entwicklerin im Bereich Logistics Execution zu SAP SE. Als Lösungsarchitektin war sie von Anfang an Teil des Designteams von SAP EWM. So war sie maßgeblich an der Entwicklung des Handling Unit Managements beteiligt und hat mehrere Projekte für Unternehmen mit SAP betreut. Seit 2010 ist sie im Rahmen des installierten Wartungssupports für SAP EWM tätig.

Karen Schulze ist seit mehr als 14 Jahren als Entwicklerin und Beraterin im Bereich SAP EWM tätig. Derzeit ist sie Senior Consultant bei abat, einem Unternehmen mit dem Schwerpunkt Automobilindustrie und Logistik. Nach Abschluss ihres Studiums der Mathematik und Informatik an der Universität Kaiserslautern im Jahr 1998 begann Karen Schulze ihre berufliche Laufbahn als Entwicklerin bei SAP SE im Bereich Warehouse Management und wurde Mitglied des EWM-Entwicklungsteams. Ab 2006 fungierte sie als Beraterin für deutsche und internationale SAP-EWM-Projekte verschiedener Branchen. Derzeit arbeitet sie an SAP-EWM-Projekten in der Automobil- und Möbelindustrie, wo sie zusammen mit ihren abat-Kolleginnen und -Kollegen SAP-EWM-Standardprozesse implementiert.

Index

A

B

C

D

E

G

H

I

J

K

L

M

N

T

U

V

W

Y

Z